中央级公益性科研院所基本科研业务专项资金
（中国水产科学研究院南海水产研究所）资助项目

南海鱼类检索

（上 册）

孙典荣 陈 铮 主编

海洋出版社

2013年·北京

图书在版编目（CIP）数据

南海鱼类检索. 上册/孙典荣，陈铮主编. —北京：海洋出版社，2013.3
ISBN 978-7-5027-8462-1

Ⅰ.①南… Ⅱ.①孙…②陈… Ⅲ.①鱼类资源–渔业调查–南海 Ⅳ.①S932.4

中国版本图书馆CIP数据核字（2012）第298386号

责任编辑：杨　明
责任印制：赵麟苏

海洋出版社　出版发行

http://www.oceanpress.com.cn

北京市海淀区大慧寺路8号　邮编：100081
北京画中画印刷有限公司印刷　新华书店北京发行所经销
2013年3月第1版　2013年3月第1次印刷
开本：889 mm×1194 mm　1/16　印张：38.875
字数：1020千字　定价：180.00元
发行部：62132549　邮购部：68038093　总编室：62114335

海洋版图书印、装错误可随时退换

编 委 会

主　　编：孙典荣　陈　铮（通信主编）
编写组长：陈　铮　孙典荣　林昭进
参编人员：梁小芸　吴洽儿　王雪辉　王跃中　梁　新

前　言

南海水产研究所在20世纪60—90年代先后对南海北部陆架海域、陆坡海域，南海南部西沙群岛、中沙群岛海域和南沙群岛及与其毗邻的其他大陆架海域开展了渔业资源普查、重点渔场调查等项目，其中包括对巽他陆架海域底拖网渔业资源的系统性开发调查。此外，还承担了国家有关200海里专属经济区渔业资源本底调查南方片调查的任务。本书主要根据上述各项调查，并参照国内外其他有关调查所记录的鱼类种类，依照我国内地现行的分类系统，予以汇集编修而成。

中文鱼名主要依照海峡两岸鱼类分类学者共同编著的《拉汉世界鱼类名典》所载，利于两岸统一交流。

本书收集的鱼类超过2 100种，较为全面地反映了南海的鱼类组成。编撰过程中难免存在疏漏和错误，恳请学界同仁和读者惠赐高见。

承西澳大利亚博物馆G. R. Allen先生惠赠太平洋热带海域有关珊瑚礁鱼类的资料，特表谢意。

编者
2012年7月

目　次

- 圆口纲 CYCLOSTOMATA ……………………………………………………………… (1)
  - 盲鳗目 MYXINIFORMES ……………………………………………………………… (1)
    - 盲鳗科 Myxinidae ……………………………………………………………… (1)
- 软骨鱼纲 CHONDRICHTHYES ……………………………………………………… (2)
  - 全头亚纲 HOLOCEPHALI …………………………………………………………… (2)
    - 银鲛目 CHIMAERIFORMES ……………………………………………………… (3)
      - 银鲛科 Chimaeridae ……………………………………………………… (3)
      - 长吻银鲛科 Rhinochimaeridae ………………………………………… (4)
  - 板鳃亚纲 ELASMOBRANCHII ……………………………………………………… (5)
    - 鲨形总目 SELACHOMORPHA ……………………………………………………… (6)
    - 六鳃鲨目 HEXANCHIFORMES ……………………………………………………… (6)
      - 六鳃鲨亚目 Hexanchoidei ……………………………………………… (6)
        - 六鳃鲨科 Hexanchidae ………………………………………………… (7)
    - 虎鲨目 HETERODONTIFORMES …………………………………………………… (8)
      - 虎鲨科 Heterodontidae ……………………………………………………… (8)
    - 鼠鲨目 LAMNIFORMES ……………………………………………………………… (9)
      - 砂锥齿鲨科 Odontaspididae（＝锥齿鲨科 Carchariidae） …………… (10)
      - 鲭鲨科 Isuridae（＝鼠鲨科 Lamnidae） …………………………………… (10)
      - 姥鲨科 Cetorhinidae ………………………………………………………… (12)
      - 长尾鲨科 Alopiidae ………………………………………………………… (12)
    - 须鲨目 ORECTOLOBIFORMES …………………………………………………… (13)
      - 豹纹鲨科 Stegostomatidae ………………………………………………… (14)
      - 须鲨科 Orectolobidae ……………………………………………………… (15)
      - 铰口鲨科（锈须鲨科）Ginglymostomatidae …………………………… (16)
      - 斑鳍鲨科 Parascylliidae …………………………………………………… (16)
      - 长尾须鲨科（斑竹鲨科）Hemiscylliidae ……………………………… (17)
      - 鲸鲨科 Rhincodontidae ……………………………………………………… (19)
    - 真鲨目 CARCHARHINIFORMES ………………………………………………… (20)
      - 猫鲨亚目 SCYLIORHINOIDEI …………………………………………………… (20)
        - 猫鲨科 Scyliorhinidae ……………………………………………………… (20)
      - 皱唇鲨亚目 TRIAKOIDEI ………………………………………………………… (29)
        - 原鲨科 Proscylliidae ………………………………………………………… (29)
        - 皱唇鲨科 Triakidae …………………………………………………………… (30)
      - 真鲨亚目 CARCHARHINOIDEI ………………………………………………… (33)

半沙条鲨科 Hemigaleidae ………………………………………………………………（33）
　　　真鲨科 Carcharhinidae …………………………………………………………………（35）
　双髻鲨亚目 SPHYRNOIDEI …………………………………………………………………（46）
　　　双髻鲨科 Sphyrnidae ……………………………………………………………………（46）
角鲨目 SQUALIFORMES …………………………………………………………………………（47）
　　　角鲨科 Squalidae …………………………………………………………………………（47）
扁鲨目 SQUATINIFORMES ………………………………………………………………………（55）
　　　扁鲨科 Squatinidae ………………………………………………………………………（55）
锯鲨目 PRISTIOPHORIFORMES ………………………………………………………………（57）
　　　锯鲨科 Pristiophoridae …………………………………………………………………（57）
鳐形总目 BATOMORPHA ………………………………………………………………………（57）
锯鳐目 PRISTIFORMES …………………………………………………………………………（58）
　　　锯鳐科 Pristidae …………………………………………………………………………（58）
电鳐目 TORPEDINIFORMES ……………………………………………………………………（59）
　　　电鳐科 Torpedinidae ……………………………………………………………………（60）
　　　单鳍电鳐科 Narkidae ……………………………………………………………………（63）
鳐目 RAJIFORMES ………………………………………………………………………………（64）
　犁头鳐亚目 RHINOBATOIDEI ………………………………………………………………（64）
　　　圆犁头鳐科 Rhinidae ……………………………………………………………………（64）
　　　尖犁头鳐科 Rhynchobatidae ……………………………………………………………（65）
　　　犁头鳐科 Rhinobatidae …………………………………………………………………（66）
　　　团扇鳐科 Platyrhinidae …………………………………………………………………（68）
　鳐亚目 RAJOIDEI ……………………………………………………………………………（69）
　　　鳐科 Rajidae ………………………………………………………………………………（69）
　　　无刺鳐科（无鳍鳐科）Anacanthobatidae ……………………………………………（74）
鲼目 MYLIOBATIFORMES ………………………………………………………………………（76）
　魟亚目 DASYATOIDEI …………………………………………………………………………（76）
　　　六鳃魟科 Hexatrygonidae ………………………………………………………………（77）
　　　深水尾魟科 Plesiobatidae ………………………………………………………………（78）
　　　魟科 Dasyatidae …………………………………………………………………………（79）
　　　燕魟科 Gymnuridae ………………………………………………………………………（84）
　鲼亚目 MYLIOBATOIDEI ……………………………………………………………………（86）
　　　鲼科 Myliobatidae ………………………………………………………………………（86）
　　　鹞鲼科 Aetobatidae ………………………………………………………………………（89）
　　　牛鼻鲼科 Rhinopteridae …………………………………………………………………（90）
　　　蝠鲼科 Mobulidae …………………………………………………………………………（92）
鲟形目 ACIPENSERIFORMES ……………………………………………………………………（94）
　　　鲟科 Acipenseridae ………………………………………………………………………（94）
海鲢目 ELOPIFORMES ……………………………………………………………………………（95）

海鲢亚目 ELOPOIDEI	(95)
海鲢科 Elopidae	(95)
大海鲢科 Megalopidae	(96)
北梭鱼亚目 ALBULOIDEI	(97)
北梭鱼科 Albulidae	(97)
鲱形目 CLUPEIFORMES	(98)
鲱亚目 CLUPEOIDEI	(98)
鲱科 Clupeidae	(98)
鳀科 Engraulidae	(116)
宝刀鱼亚目 CHIROCENTROIDEI	(126)
宝刀鱼科 Chirocentridae	(126)
鼠鱚目 GONORHYNCHIFORMES	(127)
遮目鱼亚目 CHANOIDEI	(127)
遮目鱼科 Chanidae	(127)
鼠鱚亚目 GONORHYNCHOIDEI	(128)
鼠鱚科 Gonorhynchidae	(128)
鲑形目 SALMONIFORMES	(128)
胡瓜鱼亚目 OSMEROIDEI	(129)
香鱼科 Plecoglossidae	(129)
银鱼科 Salangidae	(130)
水珍鱼亚目 ARGENTINOIDEI	(132)
水珍鱼科 Argentinidae	(132)
后肛鱼科 Opisthoproctidae	(134)
巨口鱼亚目 STOMIATOIDEI(STOMIATOIDEI + ASTRONESTHOIDEI)	(135)
钻光鱼科 Gonostomatidae	(136)
褶胸鱼科 Sternoptychidae	(143)
蝰鱼科 Chauliodontidae	(150)
巨口鱼科 Stomiidae (Stomiatidae)	(151)
黑巨口鱼科 Melanostomiidae (Melanostomiatidae)	(152)
星衫鱼科 Astronesthidae	(154)
奇棘鱼科 Idiacanthidae	(155)
柔骨鱼科 Malacosteidae	(156)
平头鱼亚目(黑头鱼亚目)ALEPOCEPHALOIDEI	(157)
平头鱼科(黑头鱼科)Alepocephalidae	(157)
灯笼鱼目 MYCTOPHIFORMES	(158)
灯笼鱼亚目 MYCTOPHOIDEI	(159)
狗母鱼科 Synodontidae	(160)
龙头鱼科 Harpadontidae	(167)
仙女鱼科(仙鱼科)Aulopodidae	(168)

青眼鱼科 Chlorophthalmidae ……………………………………………………………（169）
　　　异目鱼科 Ipnopidae ………………………………………………………………………（172）
　　　深海狗母鱼科（蛛鱼科）Bathypteroidae ………………………………………………（172）
　　　新灯鱼科 Neoscopelidae …………………………………………………………………（174）
　　　灯笼鱼科 Myctophidae ……………………………………………………………………（178）
　　帆蜥鱼亚目 ALEPISAUROIDEI …………………………………………………………………（214）
　　　珠目鱼科 Scopelarchidae …………………………………………………………………（214）
　　　刀齿蜥鱼科 Evermannellidae（= Odontostomidae）……………………………………（217）
　　　魣蜥鱼科 Paralepididae（= Sudidae）……………………………………………………（219）
　　　锤颌鱼科 Omosudidae ……………………………………………………………………（220）
　　　帆蜥鱼科 Alepisauridae（= Alepidosauridae；Plagyodontidae）………………………（221）
鲸口鱼目 CETOMIMIFORMES ……………………………………………………………………（222）
　　鲸口鱼亚目 CETOMIMOIDEI ……………………………………………………………………（222）
　　　龙氏鱼科 Rondeletiidae ……………………………………………………………………（223）
　　　大鼻鱼科 Megalomycteridae ………………………………………………………………（223）
　　辫鱼亚目 ATELEOPODOIDEI ……………………………………………………………………（224）
　　　辫鱼科 Ateleopodidae ………………………………………………………………………（224）
鳗鲡目 ANGUILLIFORMES …………………………………………………………………………（225）
　　鳗鲡亚目 ANGUILLOIDEI …………………………………………………………………………（225）
　　　鳗鲡科 Anguillidae …………………………………………………………………………（226）
　　　合鳃鳗科 Synaphobranchiade ……………………………………………………………（228）
　　　康吉鳗科 Congridae ………………………………………………………………………（228）
　　　海鳗科 Muraenesocidae ……………………………………………………………………（233）
　　　丝鳗科（鸭嘴鳗科）Nettastomidae ………………………………………………………（236）
　　　海鳝科 Muraenidae …………………………………………………………………………（237）
　　　蚓鳗科 Moringuidae …………………………………………………………………………（249）
　　　前肛鳗科 Dysommidae ……………………………………………………………………（250）
　　　蠕鳗科 Echelidae ……………………………………………………………………………（250）
　　　蛇鳗科 Ophichthyidae ………………………………………………………………………（251）
背棘鱼目 NOTACANTHIFORMES …………………………………………………………………（259）
　　海蜥鱼亚目 HALOSAUROIDEI …………………………………………………………………（259）
　　　海蜥鱼科 Halosauridae ……………………………………………………………………（260）
鲇形目 SILURIFORMES ……………………………………………………………………………（260）
　　　鳗鲇科 Plotosidae ……………………………………………………………………………（261）
　　　海鲇科 Ariidae ………………………………………………………………………………（261）
银汉鱼目 ATHERINIFORMES ………………………………………………………………………（264）
　　　银汉鱼科 Atherinidae ………………………………………………………………………（264）
颌针鱼目 BELONIFORMES …………………………………………………………………………（265）
　　颌针鱼亚目 BELONOIDEI ………………………………………………………………………（266）

4

颌针鱼科 Belonidae ……………………………………………………………… （266）
　　飞鱼亚目 EXOCOETOIDEI …………………………………………………………… （269）
　　　鱵科 Hemiramphidae …………………………………………………………… （270）
　　　飞鱵科（针飞鱼科）Oxyporhamphidae ……………………………………… （275）
　　　飞鱼科 Exocoetidae …………………………………………………………… （275）
鳕形目 GADIFORMES ……………………………………………………………………… （288）
　　鳕亚目 GADOIDEI ……………………………………………………………………… （288）
　　　深海鳕科 Moridae ……………………………………………………………… （289）
　　　犀鳕科 Bregmacerotidae ……………………………………………………… （290）
　　长尾鳕亚目 MACROUROIDEI ………………………………………………………… （292）
　　　长尾鳕科 Macrouridae（= Coryphaenoididae）…………………………… （292）
　　鼬鳚亚目 OPHIDIOIDEI ………………………………………………………………… （302）
　　　潜鱼科 Carapidae ……………………………………………………………… （303）
　　　鼬鳚科 Ophidiidae ……………………………………………………………… （305）
　　　胎鼬鳚科 Bythitidae …………………………………………………………… （312）
　　　胶鼬鳚科 Aphyonidae ………………………………………………………… （315）
金眼鲷目 BERYCIFORMES ……………………………………………………………… （316）
　　奇金眼鲷亚目（冠鲷亚目）STEPHANOBERYCOIDEI ……………………………… （316）
　　　孔头鲷科 Melamphaidae ……………………………………………………… （316）
　　金眼鲷亚目 BERYCOIDEI …………………………………………………………… （320）
　　　须鳂科 Polymixiidae …………………………………………………………… （321）
　　　洞鳍鲷科 Diretmidae …………………………………………………………… （322）
　　　金眼鲷科 Berycidae …………………………………………………………… （322）
　　　燧鲷科（棘鲷科）Trachichthyidae …………………………………………… （324）
　　　鳂科 Holocentridae …………………………………………………………… （326）
　　　鳂牙科 Holocentrinae ………………………………………………………… （332）
　　　松球鱼科 Monocentridae ……………………………………………………… （341）
海鲂目 ZEIFORMES ……………………………………………………………………… （341）
　　　线菱鲷科（的鲷科）Grammicolepidae ……………………………………… （342）
　　　海鲂科 Zeidae ………………………………………………………………… （343）
　　　菱鲷科 Antigonidae（= Caproidae）………………………………………… （348）
月鱼目 LAMPRIDIFORMES（= LAMPRIFORMES）…………………………………… （349）
　　旗月鱼亚目 VELIFEROIDEI …………………………………………………………… （349）
　　　月鱼科 Lamprididae（= Lampridae）………………………………………… （350）
　　　旗月鱼科 Veliferidae …………………………………………………………… （351）
　　粗鳍鱼亚目 TRACHIPTEROIDEI ……………………………………………………… （351）
　　　粗鳍鱼科 Trachipteridae ……………………………………………………… （352）
　　　皇带鱼科 Regalecidae ………………………………………………………… （353）
刺鱼目 GASTEROSTEIFORMES ………………………………………………………… （353）

管口鱼亚目 AULOSTOMOIDEI (354)
　烟管鱼科 Fistulariidae (354)
　管口鱼科 Aulostomidae (355)
　长吻鱼科 Macroramphosidae(Macrorhamphosidae) (356)
　玻甲鱼科 Centriscidae (357)
海龙亚目 SYNGNATHOIDEI (357)
　剃刀鱼科 Solenostomidae (358)
　海龙科 Syngnathidae (359)
鲻形目 MUGILIFORMES (369)
　魣亚目 SPHYRAENOIDEI (369)
　　魣科 Sphyraenidae (369)
　鲻亚目 MUGILOIDEI (372)
　　鲻科 Mugilidae (372)
　马鲅亚目 POLYNEMOIDEI (380)
　　马鲅科 Polynemidae (380)
鲈形目 PERCIFORMES (382)
　鲈亚目 PERCOIDEI (383)
鲈总科 Percoidae (384)
　双边鱼科 Ambassidae (386)
　尖吻鲈科 Latidae (388)
　鮨科 Serranidae (390)
　叶鲷科 Glaucosomidae (438)
　拟雀鲷科 Pseudochromidae (439)
　拟线鲈科 Pseudogrammitidae (441)
　鮻科 Plesiopidae (441)
　汤鲤科 Kuhliidae (442)
　大眼鲷科 Priacanthidae (443)
　发光鲷科 Acropomidae (449)
　天竺鲷科 Apogonidae (450)
　乳香鱼科 Lactaiidae (468)
　鱚科 Sillaginidae (468)
　方头鱼科 Branchiostegidae (470)
　鲹科 Carangidae (474)
　眼镜鱼科 Menidae (512)
　乌鲳科 Formionidae (512)
　乌鲂科 Bramidae (513)
　军曹鱼科 Rachycentridae (516)
　鲯鳅科 Coryphaenidae (517)
　石首鱼科 Sciaenidae (518)

鲾科 Leiognathidae ……………………………………………………………（539）
银鲈科 Gerridae ………………………………………………………………（548）
笛鲷科 Lutjanidae ……………………………………………………………（552）
谐鱼科 Emmelichthyidae ……………………………………………………（580）
裸颊鲷科 Lethrinidae ………………………………………………………（581）
鲷科 Sparidae …………………………………………………………………（589）
松鲷科 Lobotidae ……………………………………………………………（597）
寿鱼科 Banjosidae ……………………………………………………………（598）
金线鱼科 Nemipteridae ………………………………………………………（599）

圆口纲 CYCLOSTOMATA

〔检索主要依朱元鼎、孟庆闻等（2001），略有调整〕

体鳗形；无鳞；无上下颌；具角质齿；鼻孔1个，位吻端或头背面中央；外鳃孔1~16对；无偶鳍；生殖孔与肛门分开。

现生种有2目2科12属约84种；我国产2目2科3属13种，南海只产1目1科1属2种。

盲鳗目 MYXINIFORMES

吻端具须；无背鳍；眼埋于皮下；鼻孔位于吻端；口纵缝状。

盲鳗科 Myxinidae

吻端具鼻须2对，口须2对；体侧各有1纵列黏液孔；肛门近尾鳍基部；尾鳍短；具外鳃孔，其中盲鳗亚科 Myxininae 外鳃孔仅1对，黏盲鳗亚科 Eptatretinae 外鳃孔5~16对（南海所产黏盲鳗属 Eptatretus 隶于此亚科）。

黏盲鳗属 *Eptatretus*（Cloquet，1819）

外鳃孔5~15（16）对，但大多数为5~7对，其中左侧最后1个鳃孔为扩大的咽皮管孔，通常各外鳃孔的间距相等，排列成规则的1纵列（个别种排列不规则）。各鳃囊的外鳃管几乎等长。鳃孔区具黏液孔，位于鳃孔下方或鳃孔之间。具舌齿2列。

我国有4种，其中南海有2种。

种的检索表

1(2) 背面正中具白线纹；外鳃孔6对；体灰褐色（分布：南海、东海、黄海南部；朝鲜半岛南部、日本本州中部以南） ············ 蒲氏黏盲鳗 *Eptatretus burgeri*（Girard，1854）〈图1〉

2(1) 背面正中无白线纹；外鳃孔8对；体紫黑色（分布：南海、东海；日本。栖息水深200~1 100 m） ············ 紫黏盲鳗 *E. okinoseanus*（Dean，1903）〈图2〉

图1 蒲氏黏盲鳗 *Eptatretus burgeri* (Girard) (全长 484 mm)

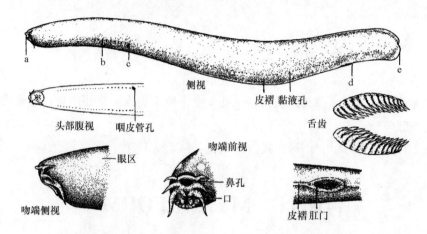

图2 紫黏盲鳗 *Eptatretus okinoseanus* (Dean) (全长 660 mm)
a—b. 鳃孔前头长;a—c. 头长;b—c. 鳃孔区长;c—d. 躯干长;d—e. 尾部长

软骨鱼纲 CHONDRICHTHYES

〔检索主要依朱元鼎、孟庆闻等 (2001),略有调整〕

亚纲的检索表

1 (2) 鳃孔1对,具膜质鳃盖;上颌与脑颅愈合;雄性具鳍脚、腹前鳍脚及额鳍脚 …………… ……………………………………………………………………… 全头亚纲 HOLOCEPHALI
2 (1) 鳃孔5~7对,无膜质鳃盖;上颌与脑颅不愈合;雄性仅具鳍脚,无腹前鳍脚及额鳍脚…… …………………………………………………………………… 板鳃亚纲 ELASMOBRAHCHII

全头亚纲 HOLOCEPHALI

(现存只1目)

银鲛目 CHIMAERIFORMES

（本目有3科，我国有2科）

科的检索表

1（2） 吻短圆锥形；雄性鳍脚末端2分支或3分支 ················· 银鲛科 Chimaeridae
2（1） 吻长而尖；雄性鳍脚不分支，呈棍棒形 ················· 长吻银鲛科 Rhinochimaeridae

银鲛科 Chimaeridae

（本科有2属约21种，南海有2属3种）

属的检索表

1（2） 臀鳍与背鳍下叶有一缺刻相隔 ················· 银鲛属 *Chimaera*
2（1） 臀鳍消失或与尾鳍连续 ················· 兔银鲛属 *Hydrolagus*

银鲛属 *Chimaera*（Linnaeus，1758）

（我国有2种，南海产1种）

黑线银鲛 *Chimaera phantasma*（Jordan et Snyder，1900）〈图3〉

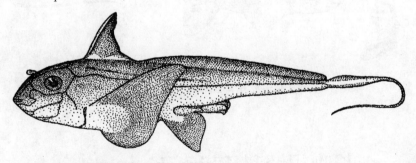

图3 黑线银鲛 *Chimaera phantasma*（Jordan et Snyder）（全长647 mm）

尾鳍上叶鳍高约为第二背鳍后部鳍高的1/2；侧线呈波纹纵走；体银白色，具2条暗褐色纵纹。
分布：黄海、东海、台湾省沿岸海域、南海；朝鲜半岛西南部和日本南部。

兔银鲛属 *Hydrolagus*（Gill，1862）

（我国有2种，南海皆产）

种的检索表

1（2） 臂鳍与尾鳍下叶连续；侧线前部具连续小波曲；体褐色，腹部略淡，各鳍暗褐色（分布：南海北部陆坡海域；日本、澳大利亚）·· 澳氏兔银鲛 *Hydrolagus ogilbyi*（Waite，1898）〈图4〉

2（1） 无臂鳍；侧线无小波曲；体淡褐色，下部淡色，背侧在侧线上方具多条断纹状窄横斑（分布：南海和东海的陆坡海域；日本）··· 箕作氏兔银鲛 *H. mitsukurii*（Dean，1904）〈图5〉

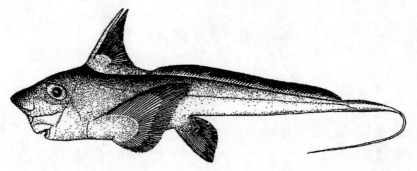

图4　澳氏兔银鲛 *Hydrolagus ogilbyi*（Waite）（全长742 mm）

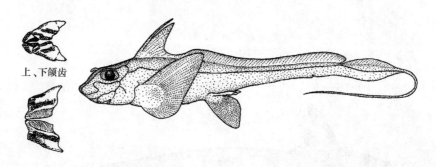

图5　箕作氏兔银鲛 *H. mitsukurii*（Dean）（全长709 mm）

长吻银鲛科 Rhinochimaeridae

（本科有3属约6种，我国有2属2种，南海有1属1种）

长吻银鲛属 *Rhinochimaera* （Garman，1891）

吻背视呈梭镖状，基部侧扁，从中部至吻端转为平扁；前齿板表面几乎光滑；尾鳍上叶边缘排列有 30~50 枚小棘。雄性额鳍脚的柄短而直，不弯曲。

太平洋长吻银鲛 *Rhinochimaera pacifica*（Mitsukuri，1895）〈图6〉

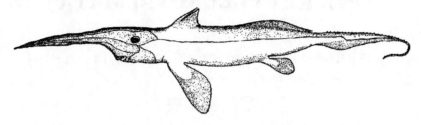

图6 太平洋长吻银鲛 *Rhinochimaera pacifica*（Mitsukuri）（全长 587 mm）

第一背鳍具 1 尖直长棘，截面三角形，边缘平滑；鲜本体棕黑色，各鳍紫黑色；液浸标本体灰白色，鳍及局部体表残留有暗褐色。

分布：南海和东海的陆坡海域；日本、新西兰、秘鲁。

板鳃亚纲 ELASMOBRANCHII

（本亚纲有 2 总目 12 目 43 科 164 属，约 815 种；我国有 12 目 43 科 89 属 213 种，其中南海有 12 目 38 科 79 属 156 种）

总目的检索表

1（2） 眼和鳃孔侧位；眼缘游离；胸鳍前缘游离，与体侧和头侧不愈合 ·· 鲨形总目 SELACHOMORPHA

2（1） 眼背位，鳃孔腹位；上眼缘不游离，胸鳍前缘与体侧及头侧愈合 ·· 鳐形总目 BATOMORPHA

鲨形总目 SELACHOMORPHA

（侧孔总目 PLEUROTREMATA）

(本总目有8目30科，我国有8目25科，其中南海有8目21科)

目的检索表

1 (2)	鳃孔6~7对，背鳍1个	六鳃鲨目 HEXANCHIFORMES
2 (1)	鳃孔5对，背鳍2个。	
3 (10)	具臀鳍。	
4 (5)	背鳍前方具1硬棘	虎鲨目 HETERODONTIFORMES
5 (4)	背鳍前方无硬棘。	
6 (9)	眼无瞬膜或瞬褶；椎体的4个不钙化区无钙化辐条。	
7 (8)	无鼻口沟，鼻孔不开口于口内	鼠鲨目 LAMNIFORMES
8 (7)	具鼻口沟或鼻孔开口于口内	须鲨目 ORECTOLOBIFORMES
9 (6)	眼具瞬膜或瞬褶；椎体的4个不钙化区有钙化辐条	真鲨目 CARCHARHINIFORMES
10 (3)	无臀鳍。	
11 (14)	吻短或中长，不呈锯状突出，鳃孔5对。	
12 (13)	体亚圆筒形；胸鳍正常；背鳍一般具棘	角鲨目 SQUALIFORMES
13 (12)	体平扁；胸鳍扩大，向头侧延伸；背鳍无棘	扁鲨目 SQUATINIFORMES
14 (11)	吻很长，锯状突出，两侧具锯齿；鳃孔5~6对	锯鲨目 PRISTIOPHORIFORMES

六鳃鲨目 HEXANCHIFORMES

(本目有2亚目，我国均产；南海有1亚目)

六鳃鲨亚目 Hexanchoidei

两侧鳃孔均不连接；上下颌齿异型，下颌侧齿大而梳状；体粗壮不呈鳗形。

六鳃鲨科 Hexanchidae

(本科有 3 属，我国均产，南海有 2 属)

属的检索表

1 (2) 鳃孔 6 对 ·· 六鳃鲨属 *Hexanchus*
2 (1) 鳃孔 7 对；头狭长；吻尖突 ··· 七鳃鲨属 *Heptranchias*

六鳃鲨属 *Hexanchus*（Rafinesque，1810）

(本属有 2 种，我国包括南海均产)

种的检索表

1 (2) 吻较短钝；下颌梳状齿 6 个；背鳍基末端与尾鳍起点间距约等于背鳍基底长或稍长；臀鳍起点位于背鳍基底中央下方；体大型，长可达 4.7 m 以上（分布：南海、东海和台湾省东北海域；广布于各大洋热带和温带海域）·· 灰六鳃鲨 *Hexanchus griseus*（Bonnaterre，1788）〈图 7〉
2 (1) 吻较长而窄尖；下颌梳状齿 5 个；背鳍基末端与尾鳍起点间距大于背鳍基底长 2 倍多；臀鳍起点多于背鳍基底后端下方；体较小，长可达 1.8m（分布：南海、台湾省东北海域；西太平洋，西北大西洋，温带和热带海域）·· 长吻六鳃鲨 *H. nakamurai*（Teng，1962）〈图 8〉
〔同种异名：大眼六鳃鲨 *H. vitulus*（Springer et waller，1969）〕

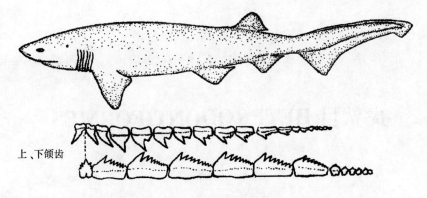

图 7　灰六鳃鲨 *Hexanchus griseus*（Bonnaterre）（全长 1 220 mm）

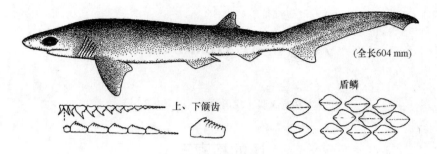

图8 长吻六鳃鲨 *H. nakamurai* (Teng)

七鳃鲨属 *Heptranchias* (Rafinesque, 1810)

(本属只1种,我国含南海有产)

尖吻七鳃鲨 *Heptranchias perlo* (Bonnaterre, 1788) 〈图9〉
〔同种异名:达氏七鳃鲨 *H. dakini* (Whitley, 1931)〕

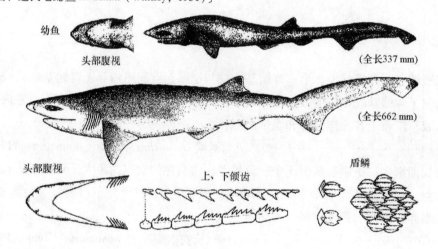

图9 尖吻七鳃鲨 *Heptranchias perlo* (Bonnaterre)

体背侧暗褐色,腹侧色较淡,背鳍上部和尾鳍端部灰黑色。
分布:南海、东海、台湾省北部及东北部海域;太平洋,印度洋,大西洋,热带和温带海域。

虎鲨目 HETERODONTIFORMES

(本目只1科)

虎鲨科 Heterodontidae

(本科只1属)

虎鲨属 Heterodontus (Blainville, 1816)

背鳍2个，各具1硬棘；具臀鳍。（有2种，南海产1种）

狭纹虎鲨 Heterodontus zebra (Gray, 1831)〈图10〉

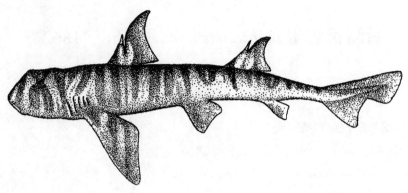

图10 狭纹虎鲨 Heterodontus zebra (Gray)

臀鳍距尾基为臀鳍基底长的2倍余；体淡黄色，具深褐色较狭横条斑。

分布：南海、东海南部和台湾省北部海域；日本南部，朝鲜半岛西南部，印度尼西亚。

鼠鲨目 LAMNIFORMES

（鲭鲨目 ISURIFORMES）

（本目有7科10属约16种，我国有5科6属9种，南海有4科5属6种）

科的检索表

1 (6) 尾鳍短于全长之半；5对鳃孔均位于胸鳍基底前方。
2 (3) 尾鳍下叶短，不呈新月型；尾柄无侧突；眼较小；仅在尾鳍基上方具凹洼；鳃孔不伸延至背侧；体形短壮 ·················· 砂锥齿鲨科 Odontaspididae
3 (2) 尾鳍下叶长，呈新月型；尾柄具显著强侧突。
4 (5) 齿较少，两颌齿各少于40列；鳃孔大，但不伸延至背侧；无鳃耙 ········ 鲭鲨科 Isuridae
5 (4) 齿颇多而细小，两颌齿均逾150列；鳃孔极长，上延达头背侧；具发达鳃耙 ·················· 姥鲨科 Cetorhinidae
6 (1) 尾鳍长占全长之半；最后2个鳃孔位于胸鳍基底上方 ············ 长尾鲨科 Alopiidae

砂锥齿鲨科 Odontaspididae（=锥齿鲨科 Carchariidae）

(本科有 2 属 5 种；我国含南海产 1 属 1 种)

后鳍锥齿鲨属 *Eugomphodus*（Gill，1862）

(本属有 3 种，我国含南海产 1 种)

第一背鳍距胸鳍基底较距腹鳍基底为远。
后鳍锥齿鲨 *Eugomphodus taurus*（Rafinesque，1810）〈图 11〉
〔同种异名：欧氏锥齿鲨 *Carcharias owstoni*（Garman，1913）；
　　　　　　沙锥齿鲨 *Carcharias arenaries*（Ogilby，1911）；
　　　　　　沙锥齿鲨 *Eugomphodus arenaries*〕

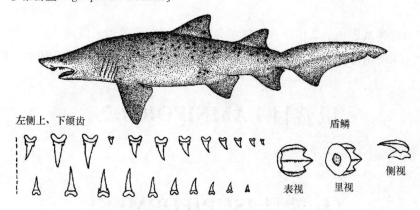

图 11　后鳍锥齿鲨 *Eugomphodus taurus*（Rafinesque）（全长 1 218 mm）

体灰褐色或黄褐色，体侧和鳍上具不规则锈色斑点，鳍缘黑色。
　　分布：南海、东海和台湾省东北及东部海域，黄海；日本、朝鲜、印度尼西亚；各大洋温带和热带海域。

鲭鲨科 Isuridae（=鼠鲨科 Lamnidae）

(本科有 3 属 5 种；我国有 2 属 3 种，南海有 2 属 2 种)

属的检索表

1（2）　齿狭长，锥形，边缘光滑……………………………………………………鲭鲨属 *Isurus*
2（1）　齿宽扁，三角形，边缘具小锯齿……………………………………………噬人鲨属 *Carcharodon*

鲭鲨属 *Isurus* (Rafinesque, 1810)

(本属有2种；我国均产，南海产1种)

尖吻鲭鲨（灰鲭鲨）*Isurus oxyrinchus* (Rafinesque, 1809) 〈图12〉

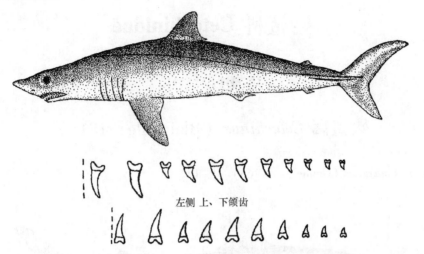

图12　尖吻鲭鲨 *Isurus oxyrinchus* Rafinesque（全长793 mm）

吻尖锐圆锥形；胸鳍长稍短于头长；臀鳍起点约与第二背鳍基底中点相对；体青色，腹部和吻部腹侧白色。

分布：南海、东海；日本；世界各大洋温带和热带海域。

噬人鲨属 *Carcharodon* (Agassiz, 1838)

(本属只1种)

噬人鲨 *Carcharodon carcharias* (Linnaeus, 1758) 〈图13〉

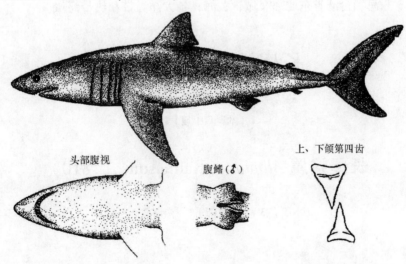

图13　噬人鲨 *Carcharodon carcharias* (Linnaeus)（全长5 468 mm）

背面和上侧面或暗褐色，或青灰色，或近黑色；下侧面和腹面淡色至白色；胸鳍腋上具一黑色斑块；腹鳍白色，前部具一青灰色斑块，胸鳍、背鳍和尾鳍后部暗色。

体长可逾 8 m，俗称"大白鲨"（Great white shark）。

分布：南海、东海和台湾省东北海域；各大洋温带和热带海域。

姥鲨科 Cetorhinidae

（本科只 1 属 1 种）

姥鲨属 *Cetorhinus*（Blainville, 1816）

姥鲨 *Cetorhinus maximus*（Gunnerus, 1765）〈图 14〉

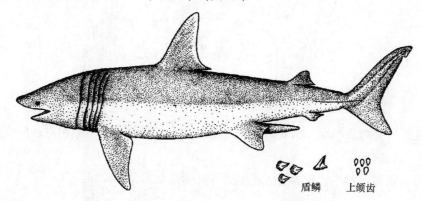

图 14　姥鲨 *Cetorhinus maximus*（Gunnerus）（全长 6 900 mm）

鳃孔极长，向上伸延至头背侧；鳃弓密具角质细长鳃耙，成为过滤器。体灰褐色，腹面白色。体长最长达 12.2～15.2 m，通常不超过 9.8 m。

分布：南海、东海和台湾省东北部海域，黄海；各大洋温带和热带海域。

长尾鲨科 Alopiidae

（本科只 1 属）

长尾鲨属 *Alopias*（Rafinesque, 1810）

（本属有 3 种；我国均产，南海产 2 种）

种的检索表

南海所产两种长尾鲨的共同特征：头背部在两眼之间明显弯曲；头侧鳃孔前上方不具纵沟；眼小，眼眶不向上延伸达头背侧；齿较小，上颌齿常多于29列；第一背鳍基底位于胸鳍与腹鳍基底之间的中央位置，或较接近胸鳍基底。

1（2）头窄；吻较延长；前额近于平直；不具唇沟；侧面齿具小齿头；胸鳍几近平直，端部钝尖；第二背鳍基底起点位于腹鳍内角末端正上方；尾鳍下叶短，前缘长约与第一背鳍基底长相等（分布：南海、台湾省东北海域；广布于太平洋和印度洋）……………………………………………………………浅海长尾鲨 Alopias pelagicus（Nakamura, 1935）〈图15〉

2（1）头宽；吻较短；前额弧形弯曲；具唇沟；侧面齿常无小齿头；胸鳍镰刀形，端部狭尖；第二背鳍基底起点位于腹鳍内角末端后上方；尾鳍下叶长，前缘长大于第一背鳍基底长（分布：南海、东海和台湾省东北海域，黄海和渤海；广布于各大洋温带和热带海域）……………………………………………………………狐形长尾鲨 A. vulpinus（Bonnaterre, 1788）〈图16〉

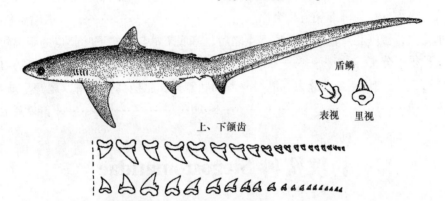

图15 浅海长尾鲨 Alopias pelagicus（Nakamura）（全长 1 376 mm）

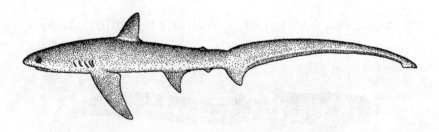

图16 狐形长尾鲨 A. vulpinus（Bonnaterre）（全长 1 615 mm）

须鲨目 ORECTOLOBIFORMES

（本目有7科；我国包括南海有6科）

科的检索表

1（10） 口小，亚端位；鳃孔小，鳃弓无鳃耙；尾柄无强侧嵴；尾鳍狭长，不呈新月型。
2（3） 尾鳍长几等于尾鳍前体长 ··· 豹纹鲨科 Stegostomatidae
3（2） 尾鳍长短于尾鳍前体长。
4（5） 头和体均平扁；前鼻瓣具1分支鼻须；上唇上方、口隅后方、头侧后部均具皮须；上颌愈合处具2列大型犬齿，下颌具3列犬齿 ··· 须鲨科 Orectolobidae
5（4） 头和体圆柱形或稍平扁；前鼻瓣具1不分支鼻须或分化为1圆形袋盖状突出；上唇上方、口隅后方、头侧后部均无皮须，或仅在喉部具1对皮须；齿小，上下颌愈合处无大型犬齿。
6（7） 鼻孔外缘不分叶，无沟围绕；鼻须不分支 ······ 铰口鲨科（锈须鲨科）Ginglymostomatidae
7（6） 鼻孔外缘分叶，具环沟围绕；鼻须不分支或分化为袋盖状突出。
8（9） 喷水孔小；臀鳍起点在第二背鳍起点之前，基底末端与尾鳍下叶起点的距离不短于臀鳍基底长；鼻须分化为圆形袋盖状突出 ··································· 斑鳍鲨科 Parascyllidae
9（8） 喷水孔大；臀鳍起点在第二背鳍起点之后，基底末端与尾鳍下叶起点的距离短于臀鳍基底长；鼻须不分支 ································· 长尾须鲨科（斑竹鲨科）Hemiscyllidae
10（1） 口宽大，近端位；鳃孔颇大，鳃弓具海绵状鳃耙；尾柄具强侧嵴，尾鳍呈新月形 ··· 鲸鲨科 Rhincodontidae

豹纹鲨科 Stegostomatidae

（本科只1属1种，我国包括南海有产）

豹纹鲨属 *Stegostoma*（Müller et Henle，1837）

豹纹鲨 *Stegostoma fasciatum*（Hermann，1783）〈图17〉

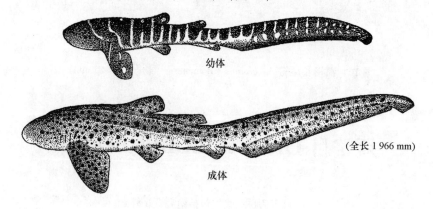

图17　豹纹鲨 *Stegostoma fasciatum*（Hermann）

幼体深褐色或黑褐色，具许多黄色狭横纹和斑点；成体黄褐色，腹面浅褐色，除吻背面外，全体和鳍遍布深褐色小圆斑，吻侧和眼下的斑点细小。雄性成鱼全长 147～183 cm，雌性成鱼全长 169～171 cm。

分布：南海、东海南部和台湾省海域；西太平洋，印度洋。

须鲨科 Orectolobidae

（本科有 3 属，我国只产 1 属）

须鲨属 *Orectolobus* （Bonaparte，1834）

（本属有 5 种；我国包括南海有 2 种）

种的检索表

1(2) 眼的上方无乳突；眼前下方具 5～6 枚皮须；体锈褐色，遍具深暗和浅白色云石状花纹及斑点，背面和侧面及尾鳍具暗色不规则横斑共 10 条（分布：南海、东海和台湾省海域；西太平洋沿海，自日本至越南、菲律宾）································· 日本须鲨 *Orectolobus japonicus* （Regan，1906）〈图 18〉

2(1) 眼的上方具 2 个乳头状突起；眼前下方至眼下方具 8～10 枚皮须；体棕褐色，体上及鳍上具许多白色斑点和圆形或不规则花纹；背上和尾上具不规则暗褐色横纹；腹面白色（分布：南海、台湾省西南及东北海域；日本及澳大利亚沿海）································· 斑纹须鲨 *O. maculatus* （Bonnaterre，1788）〈图 19〉

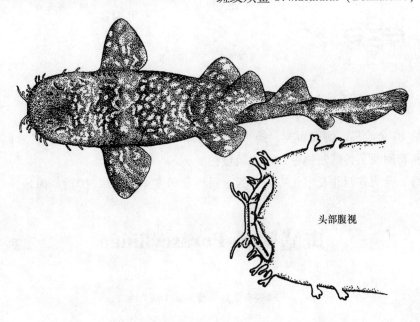

头部腹视

图 18　日本须鲨 *Orectolobus japonicus* （Regan）（全长 544 mm）

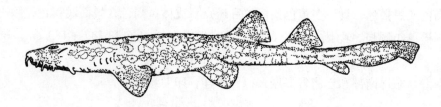

图 19　斑纹须鲨 *O. maculatus*（Bonnaterre）（依 Compagno）

铰口鲨科（锈须鲨科）Ginglymostomatidae

（本科有 2 属，我国有 1 属）

光鳞鲨属 *Nebrius*（Rüppell，1835）

（本属只 1 种，南海有产）

光鳞鲨（长尾光鳞鲨）*Nebrius ferrugineus*（Lesson，1830）〈图 20〉

〔同种异名：锈色铰口鲨 *Ginglymostoma ferrugineus*；

　　　　　光鳞鲨 *Nebrius macrurus*（Garman，1913）〕

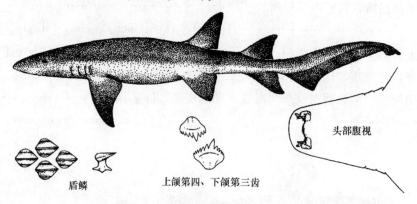

图 20　光鳞鲨（长尾光鳞鲨）*Nebrius ferrugineus*（Lesson）（全长 700 mm）

上下颌齿具 10 余齿头，侧扁而宽，排列紧密；背鳍和臀鳍上下角尖角状；胸鳍后缘凹入，外角尖突；体背面和侧面及各鳍锈褐色，腹面淡黄色。

分布：南海、台湾省西北及东北海域；西太平洋及印度洋南北纬 30°沿岸海域。

斑鳍鲨科 Parascyllidae

（本科有 2 属，我国只 1 属）

橙黄鲨属 Cirrhoscyllium (Smith et Radcliffe, 1913)

(本属有3种，我国皆产，南海有2种)

口后头侧，在眼后角下方喉部两侧各具1皮须。体黄褐色，腹面白色。

种的检索表

1 (2) 第一背鳍起点距吻端较距尾鳍下叶缺刻为远；第二背鳍起点后于腹鳍内角后端；臂鳍基底长小于臂鳍基底后端至尾鳍下叶起点距；臂鳍基底后端与第二背鳍起点几相对；头背缘较平缓；体部从头后至尾鳍具10条暗褐色横带（分布：南海北部；日本） ················· 日本橙黄鲨 Cirrhoscyllium japonicum (Kamohara, 1943)〈图21〉
〔同种异名：橙黄鲨 C. expolitum (非 Smith et Radcliffe), 中国软骨鱼类志, 1960；南海鱼类志, 1962；中国鱼类系统检索, 1987〕

2 (1) 第一背鳍起点距吻端较距尾鳍下叶缺刻为近；第二背鳍起点前于腹鳍内角后端；臂鳍基底长大于臂鳍基底后端至尾鳍下叶起点距；臂鳍基底后端与第二背鳍基底中央相对；头背缘后部较陡；体部从头后至尾鳍约具9~10条暗褐色横斑（分布：南海；日本） ················· 橙黄鲨 C. expolitum (Smith et Radcliffe, 1913)〈图22〉

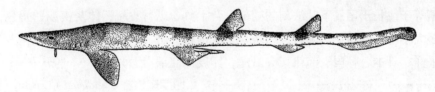

图21　日本橙黄鲨 Cirrhoscyllium japonicum (Kamohara)（全长341 mm）

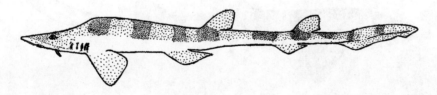

图22　橙黄鲨 C. expolitum (Smith et Radcliffe)

长尾须鲨科（斑竹鲨科）Hemiscyllidae

(本科有2属，我国只1属)

斑竹鲨属 *Chiloscyllium*（Müller et Henle, 1837）

（本属有9种；我国有4种，南海均产）

种的检索表

1（6）臀鳍短于尾鳍下叶缺刻的前部；背正中具1纵行皮嵴。
2（5）背鳍后缘圆凸，下角不突出。
3（4）第一背鳍起点位于腹鳍基底中央上方；体灰褐色，背侧具12~13条暗色宽条横斑，条斑内外镶嵌有许多白色和暗灰色圆或卵圆形的斑点（分布：南海、东海和台湾省西南海域；日本太平洋侧沿海，菲律宾；印度洋东部）………………………………………………………………………… 条纹斑竹鲨 *Chiloscyllium plagiosum*（Bennett, 1830）〈图23〉
4（3）第一背鳍起点位于腹鳍基底末端上方；体灰色，无斑纹（分布：南海南部；日本、菲律宾；西太平洋至印度洋）………… 灰斑竹鲨 *C. griseum*（Müller et Henle, 1838）〈图24〉
5（2）背鳍后缘凹入，下角尖突；第一背鳍起点位于腹鳍基底前部上方；体浅黄褐色，具11条淡棕褐色宽条横斑，体和鳍上常具许多暗褐色小斑（分布：南海、台湾省海域；西太平洋至东印度洋，日本、越南、新加坡、马来西亚、印度尼西亚、澳大利亚、印度沿海）………………………………………… 点纹斑竹鲨 *C. punctatum*（Müller et Henle, 1838）〈图25〉
6（1）臀鳍等于或长于尾鳍下叶缺刻的前部；背上具3纵行皮嵴；体灰褐或锈褐色，体和鳍上具许多大小不等的赭色小圆斑，约略呈条状横行（分布：南海、台湾省西南及东北海域；西太平洋、日本、韩国、菲律宾等沿海；印度洋北部沿海）………………………………………………………………………… 印度斑竹鲨 *C. indicum*（Gmelin, 1789）〈图26〉
〔同种异名：长鳍斑竹鲨 *C. colax*（Meuschen, 1781）〕

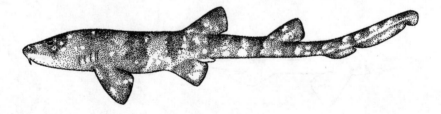

图23 条纹斑竹鲨 *Chiloscyllium plagiosum*（Bennett）（全长693 mm）

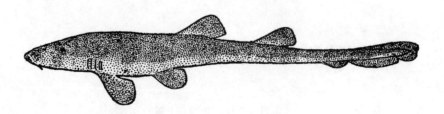

图24 灰斑竹鲨 *C. griseum*（Müller et Henle）

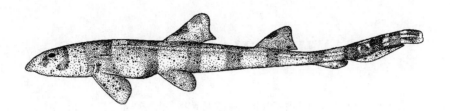

图 25 点纹斑竹鲨 C. punctatum（Müller et Henle）

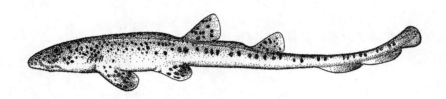

图 26 印度斑竹鲨 C. indicum（Gmelin）（依 Regan）

鲸鲨科 Rhincodontidae

（本科只1属1种）

鲸鲨属 *Rhincodon*（Smith，1829）

鲸鲨 *Rhincodon typus*（Smith，1829）〈图 27〉

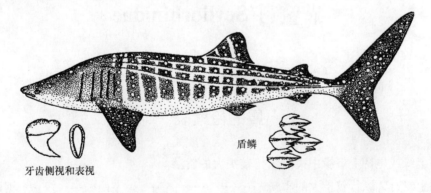

图 27 鲸鲨 *Rhincodon typus*（Smith）（全长 4 000 mm）
（依朱元鼎，孟庆闻等，2001）

背面正中自头后至第一背鳍具1皮嵴；体侧在第一鳃孔上方具2~3条皮嵴向尾方延伸；尾叉形；尾基上方有1凹洼；尾方具1显著侧突，自臀鳍前上方向后延伸至尾基上侧。大洋性大型鲨鱼，一般体长10 m左右，最长可达20 m。

分布：我国沿海；世界各大洋温带和热带海域。

真鲨目 CARCHARHINIFORMES

(本目有 4 亚目 8 科；我国有 4 亚目 6 科，南海产 4 亚目 5 科)

亚目的检索表

1 (6) 头颅的额骨区正常，不向左右两侧突出。
2 (5) 齿细小，带状或铺石状排列，多行在使用；下眼睑上部分化为瞬褶，能上闭；喷水孔显著。
3 (4) 第一背鳍位于腹鳍上方或后方 ································· 猫鲨亚目 SCYLIORHINOIDEI
4 (3) 第一背鳍位于腹鳍前或胸鳍和腹鳍之间 ················· 皱唇鲨亚目 TRIAKOIDEI
5 (2) 齿侧扁而大，1~3 行在使用；瞬膜发达；喷水孔细小或无 ··· 真鲨亚目 CARCHARHINOIDEI
6 (1) 头颅的额骨区向左右两侧突出，眼位于突出的两端 ············· 双髻鲨亚目 SPHYRNOIDEI

猫鲨亚目 SCYLIORHINOIDEI

(本亚目只有 1 科)

猫鲨科 Scyliorhinidae

(本科有 15 属；我国有 7 属，南海有 6 属)

属的检索表

1 (4) 尾鳍上缘或尾柄上下缘中央有纵行较扩大的盾鳞。
2 (3) 尾鳍上缘有 2 纵行较扩大的盾鳞 ································· 锯尾鲨属 *Galeus*
3 (2) 尾柄上下缘中央各有 2~3 纵行较扩大的盾鳞 ············ 盾尾鲨属（双锯鲨属）*Parmaturus*
4 (1) 尾鳍上缘或尾柄上下缘中央均无纵行较扩大的盾鳞。
5 (6) 上下颌唇褶退化或消失 ································· 绒毛鲨属 *Cephaloscyllium*
6 (5) 上下颌均具唇褶。
7 (8) 吻部背、腹面有显著成行的黏液孔；臂鳍与尾鳍间距小于臂鳍基底长的 1/5；体柔软 ··· 光尾鲨属 *Apristurus*
8 (7) 吻部无显著成行的黏液孔；臂鳍与尾鳍间距大于臂鳍基底长的 1/5。
9 (10) 前鼻瓣不伸达上颌；体具黑色圆斑，似梅花状排列；背鳍后缘圆或斜直，下角不突出 ······

		………………………………………………………………………… 梅花鲨属 *Halaelurus*
10（9）	前鼻瓣伸达上颌；体具黑色斑点及不规则条纹；背鳍后缘凹入，下角突出 …………	
	……………………………………………………………………………… 斑鲨属 *Atelomycterus*	

锯尾鲨属 *Galeus*（Rafinesque，1810）

(本属有14种；我国有3种，南海同)

种的检索表

1（2） 臂鳍内角伸达或几伸达第二背鳍下角下方；体无鞍状或云状横纹；背鳍上半部、尾鳍上端和下叶前部暗褐色（分布：南海、台湾海峡；西太平洋；日本、菲律宾）…………
…………… 沙氏锯尾鲨（黑鳍锯尾鲨）*Galeus sauteri*（Jordan et Richardson，1909）〈图28〉

2（1） 臂鳍内角未伸达第二背鳍下角下方；体侧上部具鞍状或云状暗色横纹。

3（4） 鼻孔至吻端间距大于或等于眼径；臂鳍基底长短于腹鳍至臂鳍基底间距；体灰褐色，腹面色稍淡，背面及上侧面具8~9个明显的黑褐色鞍状斑（分布：南海；日本）…………
…………………………………… 日本锯尾鲨 *G. nipponensis*（Nakaya，1975）〈图29〉

4（3） 鼻孔至吻端间距小于眼径；臂鳍基底长大于腹鳍至臂鳍基底间距；体褐色，背面和上侧面具8~9个暗褐色云状横斑（分布：南海、东海和台湾省北部海域；越南、日本）………
………………………………………… 伊氏锯尾鲨 *G. eastmani*（Jordan et Snyder，1904）〈图30〉

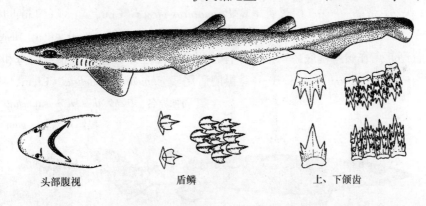

图28　沙氏锯尾鲨 *Galeus sauteri*（Jordan et Richardson）（全长420 mm）

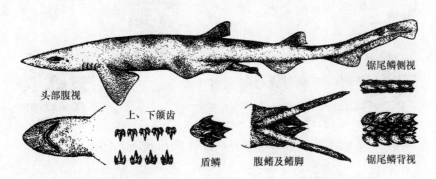

图29　日本锯尾鲨 *G. nipponensis*（Nakaya）（全长450 mm）

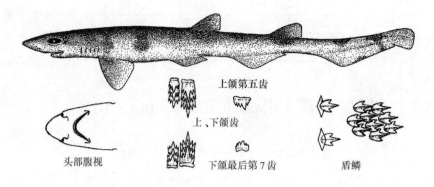

图30 伊氏锯尾鲨 G. eastmani (Jordan et Snyder)（全长294 mm）

盾尾鲨属（双锯鲨属）Parmaturus（Garman，1906）

〔异名：*Figaro*（Whitley，1928）；*Dichichthys*（Chan，1966）〕

（本属有5种；我国有2种，南海同）

种的检索表

1（2） 第一背鳍起点在腹鳍基底中央上方；体棕黑色（分布：南海北部陆坡海域）……………………………………………… 棕黑盾尾鲨 *Parmaturus piceus*（Chu，Meng et Liu，1983）〈图31〉
〔同种异名：棕黑双锯鲨 *Figaro piceus*（Chu，Meng et Liu，1983）〕

2（1） 第一背鳍起点在腹鳍基底后端上方；体浅褐色，鳃腔黑褐色（分布：南海和东海的陆坡海域）……………………………………… 黑鳃盾尾鲨 *P. melanobranchius*（Chan，1966）〈图32〉
〔同种异名：*Dichichthys melanobranchius*（Chan，1966）；
黑鳃双锯鲨 *Figaro melanobranchius*〕

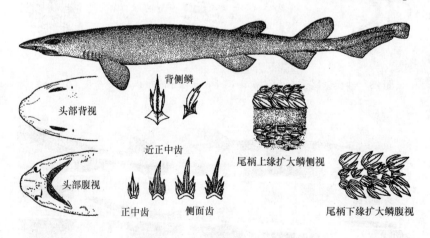

图31 棕黑盾尾鲨 *Parmaturus piceus*（Chu，Meng et Liu）（全长850 mm）

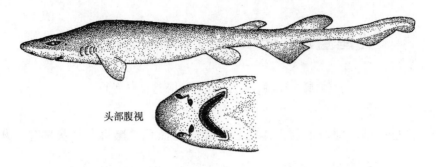

图32　黑鳃盾尾鲨 P. melanobranchius（Chan）（全长 388 mm）

绒毛鲨属 Cephaloscyllium（Gill，1862）

（本属有9种；我国有3种，南海有2种）

种的检索表

1（2）　背部及体侧有暗色鞍状斑、网状线纹和斑点（分布：南海；越南，澳大利亚西北海域）……………………… 网纹绒毛鲨 Cephaloscyllium fasciatum（Chan，1966）〈图33〉

2（1）　体无暗色网状线纹而具暗色斑块与小点（分布：南海、东海、黄海；朝鲜半岛西南，日本南部，新西兰）……………… 阴影绒毛鲨 C. isabellum（Bonnaterre，1788）〈图34〉

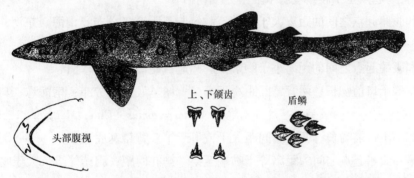

图33　网纹绒毛鲨 Cephaloscyllium fasciatum（Chan）（全长 422 mm）

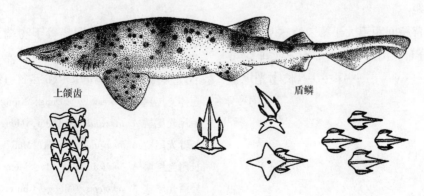

图34　阴影绒毛鲨 C. isabellum（Bonnaterre）（全长 777 mm）

光尾鲨属 *Apristurus*（Garman, 1913）

(本属有 32 种，我国有 13 种，南海有 11 种)

深海鲨类，栖息于陆坡海域底层；体色皆深暗，有黑色、黑褐色、灰黑色、灰褐色和灰棕色等。

种的检索表

1 (2)　　眼后背方斜行，隆起颇高；全长为体高的 5.7~6.8 倍，稍呈灰黑色（分布：南海北部珠江口外海）………… 驼背光尾鲨 *Apristurus gibbosus*（Meng, Chu et Li, 1985）〈图 35〉

2 (1)　　眼后背方稍凸，不斜行隆起；全长为体高的 7.5 倍以上。

3 (4)　　鳃膜后缘中央有 1 小尖突（分布：南海、东海）……………………………………………
………………………………… 中华光尾鲨 *A. sinensis*（Chu et Hu, 1981）〈图 36〉

4 (3)　　鳃膜后缘中央无小尖突。

5 (6)　　第一背鳍很小，约为第二背鳍的 1/9（分布：南海北部珠江口外海）………………………
………………………………… 微鳍光尾鲨 *A. micropterygeus*（Meng, Chu et Li, 1986）〈图 37〉

6 (5)　　第一背鳍为第二背鳍的 1/3~1/2，或者稍小或者等于第二背鳍。

7 (18)　 第一背鳍起点位于腹鳍基底末端上方或稍后。

8 (9)　　胸鳍和腹鳍起点之间的距离大于吻端至胸鳍起点距离（分布：南海、东海；日本）………
………………………………… 日本光尾鲨 *A. japonicus*（Nakaya, 1975）〈图 38〉

9 (8)　　胸鳍和腹鳍起点之间的距离小于吻端至胸鳍起点距离。

10 (11)　口宽等于口前吻长；两背鳍间距小于第二背鳍基底长（分布：南海珠江口外海）………
………………………………… 大口光尾鲨 *A. macrostomus*（Chu, Meng et Li, 1985）〈图 39〉

11 (10)　口宽小于口前吻长；两背鳍间距大于或等于第二背鳍基底长。

12 (13)　胸鳍和腹鳍起点之间的距离等于吻端至第一鳃孔间距；胸鳍外缘长大于吻端至眼后缘距（分布：南海、东海；日本）…… 扁吻光尾鲨 *A. platyrhynchus*（Tanaka, 1909）〈图 40〉

13 (12)　胸鳍和腹鳍起点之间的距离小于吻端至第一鳃孔间距；胸鳍外缘长小于吻端至眼后缘距。

14 (15)　两背鳍间距不大于第二背鳍基底长；胸鳍和腹鳍起点之间的距离等于吻端至眼中央间距（分布：南海、东海；日本，菲律宾）……………………………………………………
………………………………… 长吻光尾鲨（霍氏光尾鲨）*A. herklotsi*（Fowler, 1934）〈图 41〉

〔同种异名：短体光尾鲨 *A. abbreviatus*（Deng, Xiong et Zhan, 1985）
短尾光尾鲨 *A. brevcaudatus*（Chu, Meng et Li, 1986）
长臂光尾鲨 *A. longianalis*（Chu, Meng et Li, 1986）
长尾光尾鲨 *A. longicaudatus*（Li, Meng et Chu, 1986）
异鳞光尾鲨 *A. xenolepis*（Meng, Chu et Li, 1985）〕

15 (14)　两背鳍间距大于第二背鳍基底长；胸鳍和腹鳍起点之间的距离等于吻端至眼后缘或至喷

水孔间距。

16（17）臂鳍低长，约为尾鳍下叶高的1/2；上颌具正中齿（分布：南海珠江口外海） ············
··············· 无斑光尾鲨 *A. acanutus*（Chu, Meng et Li, 1985）〈图42〉

17（16）臂鳍高，等于尾鳍下叶高；上颌无正中齿（分布：南海、东海；大西洋） ············
··············· 高臂光尾鲨（灰光尾鲨）*A. canutus*（Springer et Heemstra, 1979）〈图43〉

18（7）第一背鳍起点位于腹鳍基底上方。

19（20）吻长约为两眼间隔的1.5倍；胸鳍外缘长大于吻长；臂鳍基底长等于吻端至第一鳃孔距（分布：南海，台湾省东北海域；日本） ············
············· 大吻光尾鲨（平头光尾鲨）*A. macrorhynchus*（Tanaka, 1909）〈图44〉

24（23）吻长约为两眼间距的2倍；胸鳍外缘长小于吻长；臂鳍基底长等于吻端至眼后缘距（分布：南海、东海；日本） ········ 长头光尾鲨 *A. longicephalus*（Nakaya, 1975）〈图45〉

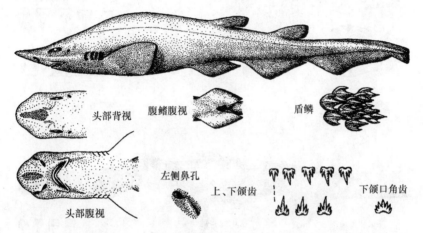

图35 驼背光尾鲨 *Apristurus gibbosus*（Meng, Chu et Li）（全长410 mm）

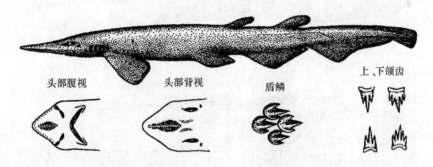

图36 中华光尾鲨 *A. sinensis*（Chu et Hu）（全长417 mm）

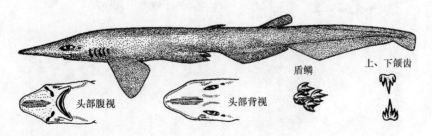

图37 微鳍光尾鲨 *A. micropterygeus*（Meng, Chu et Li）（全长372 mm）

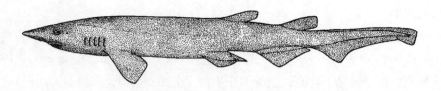

图 38　日本光尾鲨 A. *japonicus*（Nakaya）（全长 465 mm）

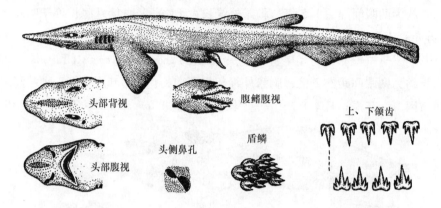

图 39　大口光尾鲨 A. *macrostomus*（Chu，Meng et Li）（全长 380 mm）

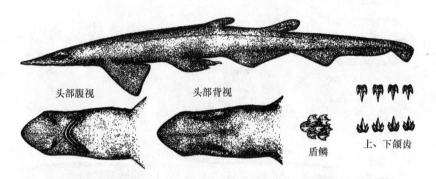

图 40　扁吻光尾鲨 A. *platyrhynchus*（Tanaka）（全长 456 mm）

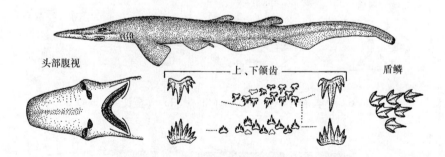

图 41　长吻光尾鲨（霍氏光尾鲨）A. *herklotsi*（Fowler）
（全长 430 mm）

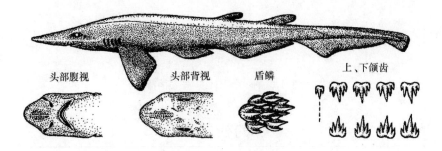

图42 无斑光尾鲨 A. *acanutus* (Chu, Meng et Li)（全长516 mm）

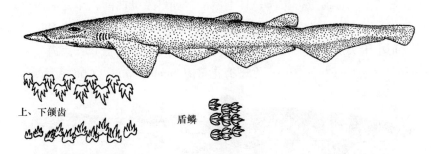

图43 高臂光尾鲨 A. *canutus* (Springer et Heemstra)（全长515 mm）

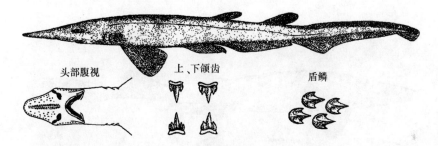

图44 大吻光尾鲨 A. *macrorhynchus* (Tanaka)（全长427 mm）

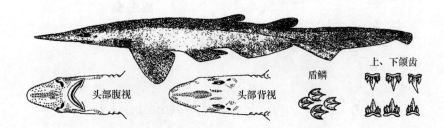

图45 长头光尾鲨 A. *longicephalus* (Nakaya)（全长448 mm）

梅花鲨属 *Halaelurus*（Gill，1862）

（本属有12种；我国有2种，南海同）

种的检索表

1（2）尾部长度大于头加躯干的长度；体浅黑褐色，具梅花状排列的黑色斑点（分布：南海，东海南部和台湾省北部海域，黄海；日本南部，朝鲜半岛西南，印度尼西亚）………………………………………………… 梅花鲨 *Halaelurus burgeri*（Müller et Henle，1838）〈图46〉
2（1）尾部长度稍小于头加躯干的长度；体纯褐黄色，无斑点（分布：南海）………………………………………………… 无斑梅花鲨 *H. immaculatus*（Chu et Meng，1982）〈图47〉

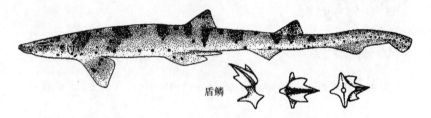

图46 梅花鲨 *Halaelurus burgeri*（Müller et Henle）（全长413 mm）

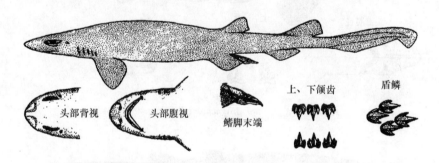

图47 无斑梅花鲨 *H. immaculatus*（Chu et Meng）（全长708 mm）

斑鲨属 *Atelomycterus*（Garman，1913）

（本属有3种；我国只有1种，南海同）

白斑斑鲨（斑鲨）*Atelomycterus marmoratus*（Bennett，1830）〈图48〉

珊瑚礁鱼类。体浅褐色；幼体前部具暗褐色点线状和连续纵纹，后部具暗褐色小斑块，体侧和背部具形状不一的大白斑，外缘均镶有闭合或不完全闭合的暗褐色边纹；各鳍具暗褐色斑点或斑块，鳍端白色。成体具不规则白色斑块及浅淡的暗色斑点和条纹。

分布：南海，台湾省澎佳屿海域；马来半岛、印度尼西亚、印度等，25°N—10°S之间的西太平洋和印度洋沿岸海域。

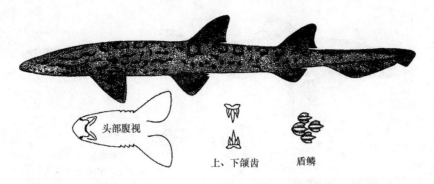

图 48　白斑斑鲨（斑鲨）*Atelomycterus marmoratus*（Bennett）（全长 425 mm）

皱唇鲨亚目 TRIAKOIDEI

（本亚目有 3 科；我国均产，南海产 2 科）

科的检索表

1（2）唇褶很短或不存在；尾鳍下叶前部无明显突出而与中部平缓连接呈窄带状；两背鳍同形且几同大 ·· 原鲨科 Proscyllidae
2（1）唇褶较长；尾鳍下叶前部显著尖突；两背鳍同形而不同大，第一背鳍大于第二背鳍 ······ ·· 皱唇鲨科 Triakidae

原鲨科 Proscyllidae

（本科有 4 属；我国有 2 属，南海同）

属的检索表

1（2）头长大于两背鳍间距；体无点纹 ·· 光唇鲨属 *Eridacnis*
2（1）头长小于两背鳍间距；体具点纹 ·· 原鲨属 *Proscyllium*

光唇鲨属 *Eridacnis*（Smith，1913）

（本属有 3 种；我国只 1 种，南海同）

斑鳍光唇鲨（光唇鲨）*Eridacnis radcliffei*（Smith，1913）〈图 49〉
热带深水鲨，常栖于泥底水深 71～766 m 处；为现存最小 2 种鲨之一。体背灰褐色，腹面白

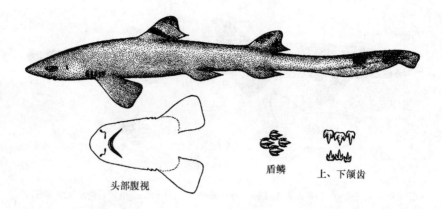

图49 斑鳍光唇鲨 *Eridacnis radcliffei*（Smith）（全长 208 mm）

色，两背鳍中部有时具深褐色斜走斑，尾部具 2~4 条横行深褐色带状斑。

分布：南海，台湾省西南海域；西太平洋和印度洋；菲律宾；亚丁湾。

原鲨属 *Proscyllium*（Hilgendorf，1904）

（本属只1种；我国有产，南海同）

原鲨 *Proscyllium habereri*（Hilgendorf，1904）〈图50〉

（中国鱼类系统检索，1987，称之为"哈氏台湾鲨"）

〔同种异名：斑点丽鲨 *Calliscyllium venustum*（Tanaka，1912）；斑点皱唇鲨 *Triakis venustum*〕

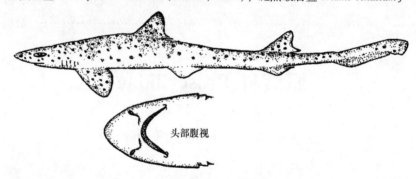

图50 原鲨 *Proscyllium habereri*（Hilgendorf）（全长 513 mm）

体浅褐色，隐具暗色横条斑十余条，条斑上具许多排列不规则的黑色斑点；除臀鳍外，各鳍也具黑色斑点；第一背鳍上端黑色；体腹面白色。

分布：南海、东海和台湾省北部海域；日本、朝鲜半岛、越南。

皱唇鲨科 Triakidae

（本科有9属；我国有4属，南海有3属）

属的检索表

1（4） 齿侧扁，多齿头型，不呈铺石状排列。
2（3） 前后齿异形，大多数为齿头向外倾斜；第一背鳍位于胸鳍基底末端与腹鳍起点之间中部的上方，较靠近胸鳍，但与胸鳍和腹鳍均有一段距离；体上无斑纹 ·· 半皱唇鲨属（半灰鲨属）*Hemitriakis*
3（2） 前后齿几同形，不向外倾斜；第一背鳍贴近胸鳍，起点与胸鳍内角相对（幼小者）或稍靠后；体具横条斑 ·· 皱唇鲨属 *Triakis*
4（1） 齿平扁，齿头退化或消失，铺石状排列 ·· 星鲨属 *Mustelus*

半皱唇鲨属（半灰鲨属）*Hemitriakis*（Herre，1923）

（本属有4种；我国只1种，南海同）

日本半皱唇鲨（日本半灰鲨）*Hemitriakis japonica*（Müller et Henle，1839）〈图51〉
〔同种异名：日本翅鲨 *Galeorhinus japonicus*〕
体灰褐色或锈褐色，腹面、胸鳍和背鳍后缘白色，尾端和背鳍端都呈暗褐色。
分布：南海、东海和台湾省东北部海域，渤海、黄海；日本南部，朝鲜半岛。

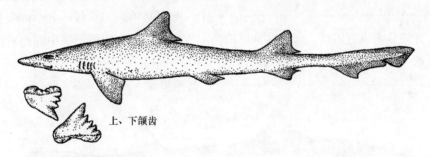

上、下颌齿

图51　日本半皱唇鲨 *Hemitriakis japonica*（Müller et Henle）（全长 307 mm）

皱唇鲨属 *Triakis*（Müller et Henle，1838）

（本属有5种；我国只1种，南海同）

皱唇鲨 *Triakis scyllium*（Müller et Henle，1839）〈图52〉
体灰褐带紫，具13条暗褐色横斑（体前、后部横斑有时不明显），横斑上具不规则且大小不一的黑色点斑。腹面白色。各鳍褐色，有时也具黑色点斑。
分布：南海、东海和台湾省东北与西南海域，黄海、渤海；日本北海道以南。

图 52 皱唇鲨 *Triakis scyllium*（Müller et Henle）（全长 580 mm）

星鲨属 *Mustelus*（Linck，1790）

（本属有 23 种；我国有 3 种，南海同）

种的检索表

1（2） 体具白色斑点（分布：南海、东海和台湾省东北及西南海域，黄海；朝鲜半岛东岸，日本）················ 白斑星鲨 *Mustelus manazo*（Bleeker, 1857）〈图 53〉
2（1） 体无白色斑点。
3（4） 第一背鳍显著靠近腹鳍，起点几对着或稍后于胸鳍内角上方；上唇褶短于或等于下唇褶（分布：南海、东海和台湾省东北海域，黄海；日本、朝鲜半岛东岸，越南）················
··············· 灰星鲨 *M. griseus*（Pietschmann, 1908）〈图 54〉
4（3） 第一背鳍显著靠近胸鳍，起点在胸鳍内角上方之前；约与胸鳍里缘中部相对；上唇褶长于下唇褶（分布：南海、东海南部；日本）················
··············· 前鳍星鲨 *M. kanekonis*（Tanaka, 1916）〈图 55〉

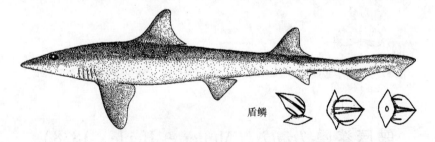

盾鳞

图 53 白斑星鲨 *Mustelus manazo*（Bleeker）（全长 783 mm）

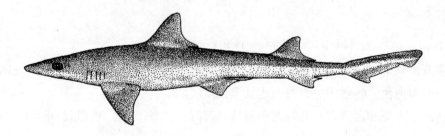

图 54 灰星鲨 *M. griseus*（Pietschmann）（全长 560 mm）

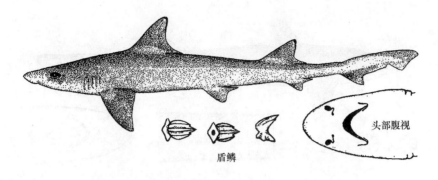

图 55　前鳍星鲨 *M. kanekonis*（Tanaka）（全长 545 mm）

真鲨亚目 CARCHARHINOIDEI

（本亚目有 2 科；我国皆产，南海同）

科的检索表

1（2）　肠内螺旋瓣螺旋型 ··· 半沙条鲨科 Hemigaleidae
2（1）　肠内螺旋瓣画卷型 ··· 真鲨科 Carcharhinidae

半沙条鲨科 Hemigaleidae

（本科有 4 属；我国均产，南海产 3 属）

属的检索表

1（4）　下颌前侧齿细长钩状；鳃孔大，最大鳃孔为眼径 1.8~3 倍。
2（3）　吻端钝尖；上下颌正中具齿，上颌齿里缘光滑，外缘具小齿头 ······ 尖齿鲨属 *Chaenogaleus*
3（2）　吻端钝圆；上下颌正中无齿，上颌里缘、外缘均具小齿头 ············ 钝吻鲨属 *Hemipristis*
4（1）　下颌前侧齿尖短呈矛状；下颌齿无小齿头，齿根强烈弯曲而使齿呈倒 Y 字形；鳃孔小，最长鳃孔为眼径 1.1~1.3 倍 ····························· 半沙条鲨属 *Hemigaleus*

尖齿鲨属（强诺沙条鲨属）*Chaenogaleus*（Gill，1862）

（本属只 1 种；我国有产，南海同）

尖齿鲨（大孔沙条鲨）*Chaenogaleus macrostoma*（Bleeker，1852）〈图 56〉
〔同种异名：大孔沙条鲨 *Negogaleus macrostoma*；鲍氏沙条鲨 *Negogaleus balfouri*（Day，1878）〕

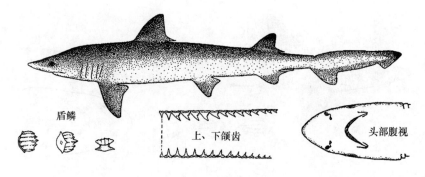

图 56　尖齿鲨 *Chaenogaleus macrostoma*（Bleeker）（全长 642 mm）

背侧面灰褐色，腹侧面白色；第二背鳍上部、第一背鳍后缘、尾鳍上缘和尾端黑色。
分布：南海、台湾省西南海域；西太平洋、北印度洋。

钝吻鲨属（半锯鲨属）*Hemipristis*（Agassiz，1843）

（本属只 1 种；我国有产，南海同）

钝吻鲨（半锯鲨）*Hemipristis elongatus*（Klunzinger，1871）〈图 57〉
〔同种异名：尖鳍副沙条鲨 *Paragaleus acutiventralis*（Chu，1960）〕

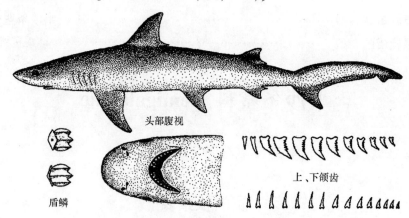

图 57　钝吻鲨 *Hemipristis elongatus*（Klunzinger）（全长 716 mm）

背侧面灰褐色，腹面色稍淡；第二背鳍中部具 1 黑色纵条斑。
分布：南海、台湾海峡；泰国、巴基斯坦、印度；西太平洋、印度洋、红海。

半沙条鲨属 *Hemigaleus*（Bleeker，1852）

（本属有 1 种或 2 种，种数有争议；南海皆有记录）

种的检索表

1（2）　口长为口宽的 1/2；胸鳍外角钝尖；背侧面灰褐色，腹侧面白色；第一和第二背鳍后缘及尾鳍后端暗褐色（分布：南海、东海南部和台湾省西南海域；西太平洋、印度洋）……
…………………… 犁鳍半沙条鲨 Hemigaleus microstoma（Bleeker，1852）〈图 58〉
〔同种异名：小孔沙条鲨 Negogaleus microstoma〕

2（1） 口长为口宽的 1/3；胸鳍和腹鳍的外角延长尖突；背侧面灰褐色，腹面稍淡；各鳍暗黑色，边缘稍淡。（此种是否为独立种存在争议）（分布：南海）……………………
………………………… 短颌半沙条鲨 H. brachygnathus（Chu，1960）〈图 59〉
〔同种异名：短颌沙条鲨 Negogaleus brachygnathus（Chu，1960）〕

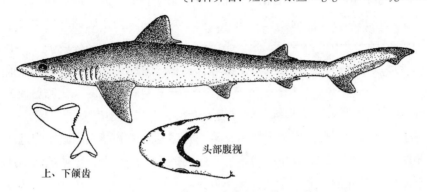

图 58 犁鳍半沙条鲨 Hemigaleus microstoma（Bleeker）（全长 635 mm）

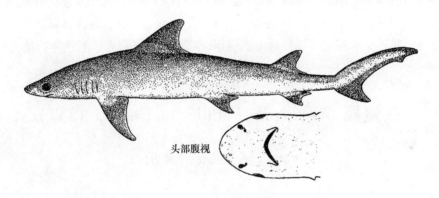

图 59 短颌半沙条鲨 H. brachygnathus（Chu）（全长 712 mm）

真鲨科 Carcharhinidae

（本科有 13 属，我国包括南海有 10 属）

属的检索表

1（2） 上唇沟很长，向前伸延至眼下；尾鳍具 2 缺刻，分别位于下叶中部与后部交接处及下叶后部与上叶分隔处；尾柄侧面具 1 纵向隆起嵴 ………………………… 鼬鲨属 Galeocerdo
2（1） 上唇沟不长或很短，不向前延伸至眼下；尾鳍具 1 缺刻，位于下叶中部与后部交接处。
3（4） 齿为三齿头型；前鼻瓣和中鼻瓣合成管状出水孔 ………………… 三齿鲨属 Triaenodon

4（3）	齿为单齿头型；鼻瓣不形成管状。	
5（6）	第二背鳍与第一背鳍几等大或稍小 ·················	柠檬鲨属 Negaprion
6（5）	第二背鳍显著小于第一背鳍。	
7（12）	上下颌齿颇倾斜，边缘光滑，基底无小齿头。	
8（9）	眼后缘中央有 1 向后凹缺；胸鳍和腹鳍基底间距为第一背鳍基底长的 2~3 倍············· ···	弯齿鲨属（隙眼鲨属）Loxodon
9（8）	眼后缘中央无凹缺；胸鳍和腹鳍基底间距小于第一背鳍基底长的 2 倍。	
10（11）	头很平扁；胸鳍宽度与前缘长几相等；第一背鳍后端位于腹鳍基底中央上方 ········· ··	斜齿鲨属 Scoliodon
11（10）	头圆锥形或稍平扁；胸鳍宽度短于前缘长；第一背鳍后端位于腹鳍起点前上方 ········ ···	斜锯牙鲨属（尖吻鲨属）Rhizoprionodon
12（7）	上下颌齿直立或稍倾斜，边缘具细锯齿或光滑，基底具小齿头。	
13（18）	鳃弓上无乳头状鳃耙；尾柄无侧褶；第一背鳍基底距胸鳍较距腹鳍为近或几等距。	
14（17）	口闭时齿不外露；第二背鳍高为第一背鳍高的 2/5 或更小；尾鳍基上凹洼横列。	
15（16）	上下颌齿边缘光滑，上颌齿基底具小齿头 ·················	基齿鲨属 Hypoprion
16（15）	上下颌齿或上颌齿边缘具细锯齿 ·························	真鲨属 Carcharhinus
17（14）	口闭时齿暴露；第二背鳍高为第一背鳍高的 1/2~3/5；尾鳍基上凹洼纵列 ········· ··	露齿鲨属（恒河鲨属）Glyphis
18（13）	鳃弓上具乳头状鳃耙；尾柄具 1 弱侧褶；第一背鳍基底距腹鳍比距胸鳍为近 ········· ··	大青鲨属 Prionace

鼬鲨属 Galeocerdo（Müller et Henle，1837）

（本属只 1 种；我国有产，南海同）

鼬鲨 Galeocerdo cuvieri（Péron et Lesueur，1822）〈图 60〉

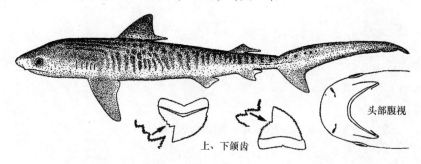

图 60　鼬鲨 Galeocerdo cuvieri（Péron et Lesueur）（全长 1 065 mm）

体灰褐至青褐色，体侧和鳍上具不规则褐色斑点，连成许多纵行和横行条纹，腹面白色。

分布：南海、东海和台湾省东北与西南海域，黄海；广布于各大洋南北纬 40°之间。

三齿鲨属 Triaenodon (Müller et Henle, 1837)

(本属只1种；我国有产，南海同)

灰三齿鲨（三尖齿鲨）Triaenodon obesus (Rüppell, 1837)〈图61〉

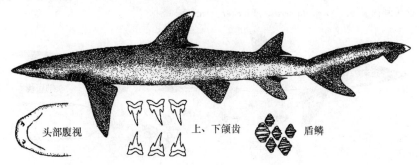

图61　灰三齿鲨 Triaenodon obesus (Rüppell)（全长780 mm）

体灰褐色，腹面白色；各鳍色较深，第一背鳍和尾鳍上叶尖端白色。幼体第二背鳍、腹鳍和臀鳍等的鳍缘暗色。

分布：南海；西太平洋、红海、印度洋。

柠檬鲨属 Negaprion (Whitley, 1940)

(本属有2种；我国只1种，产于南海南部岛礁海域)

犁鳍柠檬鲨（尖鳍柠檬鲨）Negaprion acutidens (Rüppell, 1837)〈图62〉

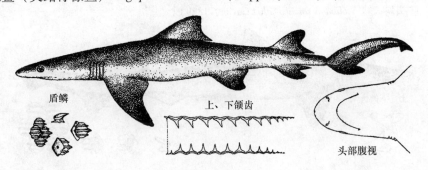

图62　犁鳍柠檬鲨（尖鳍柠檬鲨）Negaprion acutidens (Rüppell)
（全长640 mm）

生活时体柠檬黄色，出水后为黄褐色，腹部色淡，尾鳍上叶及下叶前部黑褐色；两背鳍上部、胸鳍背面色暗。液浸标本灰褐色。

分布：南海南部岛礁海域；日本八重山诸岛、越南、马来西亚、印度尼西亚、澳大利亚、泰国、印度、巴基斯坦；西太平洋至印度洋。

弯齿鲨属（隙眼鲨属）*Loxodon*（Müller et Henle，1838）

（本属只1种；我国有产，南海同）

弯齿鲨（隙眼鲨）*Loxodon macrorhinus*（Müller et Henle，1839）〈图63〉
〔同种异名：杜氏斜齿鲨 *Scoliodon dumerilii*（Bleeker，1856）〕

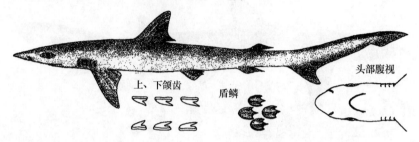

图63 弯齿鲨 *Loxodon macrorhinus*（Müller et Henle）（全386 mm）

体灰色至灰褐色。

分布：南海，台湾省海域；印度－西太平洋热带海域；日本南部、菲律宾、印度尼西亚、印度、红海、南非。

斜齿鲨属 *Scoliodon*（Müller et Henle，1837）

（本属只1种；我国有产，南海同）

宽尾斜齿鲨 *Scoliodon laticaudus*（Müller et Henle，1838）〈图64〉
〔同种异名：尖头斜齿鲨 *Scoliodon sorrakowah*（Cuvier，1829）〕

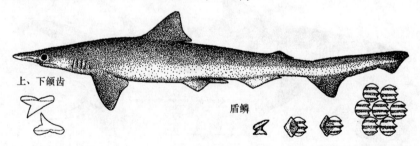

图64 宽尾斜齿鲨 *Scoliodon laticaudus*（Müller et Henle）（全长631 mm）

背面和上侧面灰褐色，下侧面和腹面白色；背鳍、尾鳍和胸鳍灰褐色；臂鳍、腹鳍淡白色。

分布：南海，东海南部和中部，台湾省西南海域，偶见于东海北部和黄海；日本南部；印度洋、太平洋35°N—10°S。

斜锯牙鲨属（尖吻鲨属） *Rhizoprionodon* （Whitley，1929）

（本属有 7 种；我国有 2 种，南海同）

种的检索表

1（2） 上唇褶不发达，只见于口隅（分布：南海；日本、朝鲜半岛、新加坡、马来西亚、泰国、印度、斯里兰卡、西南太平洋、印度洋、红海） ……………………………………………………………………………… 寡线斜锯牙鲨（短鳍尖吻鲨）*Rhizoprionodon oligolinx*（Springer，1964）〈图65〉
〔同种异名：短鳍斜齿鲨 *Scoliodon palasorrah*（Cuvier，1829）〕

2（1） 上唇褶发达，向前延伸（分布：南海，东海南部，台湾省西部及西南部海域；日本；西太平洋、印度洋、东大西洋） ……………………………………………………………………… 尖吻斜锯牙鲨（尖吻鲨）*R. acutus*（Rüppell，1837）〈图66〉
〔同种异名：瓦氏斜齿鲨 *Scoliodon walbeehmi*（Bleeker，1856）〕

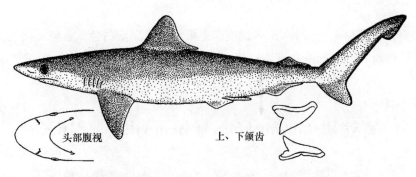

图65　寡线斜锯牙鲨 *Rhizoprionodon oligolinx*（Springer）（全长 595 mm）

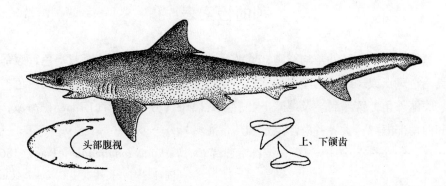

图66　尖吻斜锯牙鲨 *R. acutus*（Rüppell）（全长 780 mm）

基齿鲨属 *Hypoprion*（Müller et Henle，1838）

（本属只1种；我国有产，南海同）

长吻基齿鲨 *Hypoprion macloti*（Müller et Henle，1839）〈图67〉

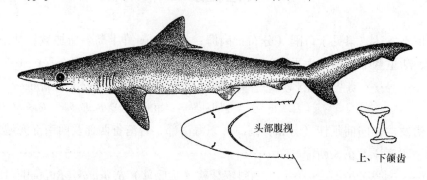

图67 长吻基齿鲨 *Hypoprion macloti*（Müller et Henle）（全长 628 mm）

吻延长而尖突；头长约为全长 1/4；体背侧面青褐色，腹面淡白色，各鳍深褐色。

分布：南海，东海和台湾省西部海域；日本南部、越南、缅甸、印度、斯里兰卡、巴基斯坦、澳大利亚东北部。

真鲨属 *Carcharhinus*（Blainville，1816）

（鲨类中最大的1属，有39种；我国有15种，南海产11种）

种的检索表

1（2） 第一背鳍上角和胸鳍外角均宽圆；臂鳍后端几达尾鳍起点。体背灰褐色，腹部白色；鳍上常具暗色斑点或斑纹；胸鳍末端，第一背鳍上端、腹鳍后缘，尾鳍尖端白色；第二背鳍上端、腹鳍外角、臂鳍后端及尾鳍下叶后端具黑斑（分布：南海南部岛礁海域，台湾省东北部和西南部海域；世界各海洋温带和热带海域）···
·························· 长鳍真鲨 *Carcharhinus longimanus*（Poey，1861）〈图68〉
〔同种异名：长鳍真鲨 *C. lamia*（Günther，1874）〕

2（1） 第一背鳍上角和胸鳍外角钝尖或钝圆；臂鳍后端距尾鳍起点有段距离。

3（4） 体侧具暗色云状斑纹和白色小点；背鳍前缘特别低斜，与背面成 30°～40°角；眼很小；胸鳍宽大，三角形（分布：南海）······ 小眼真鲨 *C. microphthalmus*（Chu，1960）〈图69〉

4（3） 体侧无暗色云状斑纹和白色小点；背鳍前缘不特别低斜，眼较大；胸鳍呈镰形或近镰形。

5（6） 第一背鳍、腹鳍、胸鳍和尾鳍各鳍尖及后缘明显呈白色（分布：南海南部岛礁海域，东海和台湾省东北部及西南部海域；太平洋中部至红海）··
···························· 白边真鲨 *C. albimarginatus*（Rüppell，1837）〈图70〉

6（5） 各鳍尖及后缘不为白色；各鳍素色，或鳍尖黑色，或鳍缘稍呈淡色。

7（8） 第一背鳍起点与胸鳍基底后端相对；第一背鳍的鳍高几为其鳍前体长之半（分布：南海、东海和台湾省东北部海域，黄海；中、西太平洋，西印度洋；大西洋）……………………………………………………………… 铅灰真鲨 *C. plumbeus*（Nardo，1827）〈图71〉

〔同种异名：阔口真鲨 *C. latistomus*（Fang et Wang，1937）〕

8（7） 第一背鳍起点在胸鳍后角之后；或与胸鳍后角相对或稍前；第一背鳍的鳍高明显小于其鳍前体长之半。

9（10） 第二背鳍上部黑色、其他各鳍素色（分布：中国沿海；日本南部，东南亚；西太平洋、印度洋）…………………………… 黑印真鲨 *C. menisorrah*（Valenciennes，1839）〈图72〉

〔同种异名：杜氏真鲨 *C. dussumieri*（Müller et Henle，1839）；
黑印白眼鲛 *C. amblyrhynchos*（Bleeker，1856）〕

10（9） 第二背鳍素色或白色，若鳍尖黑色则不止第二背鳍具黑斑。

11（18） 两背鳍间不具纵嵴。

12（13） 尾鳍具窄而明显的黑色后缘；胸鳍和两背鳍及尾鳍具明显的黑色鳍尖（分布：南海，台湾省东北和西南海域；日本、红海；西太平洋、印度洋）………………………………………………………… 乌翅真鲨 *C. melanopterus*（Quoy et Gaimard，1824）〈图73〉

13（12） 尾鳍后缘不为黑色或仅有部分黑色；各鳍尖黑色或不为黑色。

14（17） 尾鳍后缘有部分黑色；第二背鳍和胸鳍鳍尖黑色；唇褶不发达；两背鳍间距小于第一背鳍鳍高的2倍；第一背鳍起点在胸鳍基底后端稍后上方。

15（16） 腹鳍和臀鳍端部暗黑色；上唇褶颇短（分布：南海，东海和台湾省海域；南北纬40°之间世界各大洋沿岸海域）………… 黑梢真鲨 *C. limbatus*（Valenciennes，1839）〈图74〉

〔同种异名：侧条真鲨 *C. pleurotaenia*（Bleeker，1852）〕

16（15） 腹鳍和臀鳍全为素色；上唇褶仅见于口隅处（分布：南海，台湾海峡南部；越南，巴布亚新几内亚，印度尼西亚，澳大利亚北部，印度 巴基斯坦）…………………………………………………………………… 印度真鲨 *C. hemiodon*（Valenciennes，1839）〈图75〉

〔同种异名：黑鳍基齿鲨 *Hypoprion hemiodon*；黑鳍基齿鲨 *H. atripinnis*（Chu，1960）〕

17（14） 尾鳍后缘及各鳍鳍尖均不为黑色；上唇褶长；两背鳍间距超过第一背鳍鳍高的2.2倍；第一背鳍起点与胸鳍里角后端相对或稍后（分布：南海，台湾省东北海域；日本；西太平洋、东印度洋、非洲沿岸、北美东南岸、南美东岸各海域）……………………………………………………… 直齿真鲨 *C. brevipinna*（Müller et Henle，1839）〈图76〉

〔同种异名：短鳍直齿鲨 *Aprionodon brevipinna*〕

18（11） 两背鳍间具纵褶。

19（20） 第二背鳍起点后于臀鳍起点；胸鳍揪平时鳍端几达第一背鳍基底后端下方；第二背鳍、尾鳍下叶前部和胸鳍端部黑色（分布：南海，东海和台湾省东北部海域；日本南部；太平洋和印度洋的热带海域）……… 沙拉真鲨 *C. sorrah*（Valenciennes，1839）〈图77〉

20（19） 第二背鳍起点与臀鳍起点相对；胸鳍揪平时鳍端达第一背鳍基底中部下方；各鳍无黑斑，体背侧近黑色（分布：南海，台湾省东到东北部海域；日本南部；各大洋热带亚热带海域）…………………………………… 镰形真鲨 *C. falciformis*（Bibron，1839）〈图78〉

〔同种异名：黑背真鲨 *C. atrodorsus*（Deng，Xiong et Zhan，1981）〕

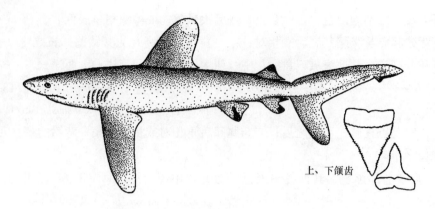

图 68　长鳍真鲨 *Carcharhinus longimanus*（Poey）（全长 1 690 mm）

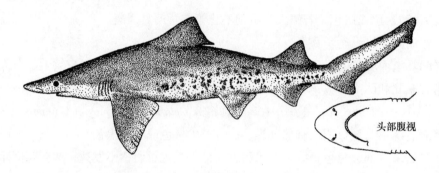

图 69　小眼真鲨 *C. microphthalmus*（Chu）（全长 739 mm）
（依朱元鼎，孟庆闻等，2001）

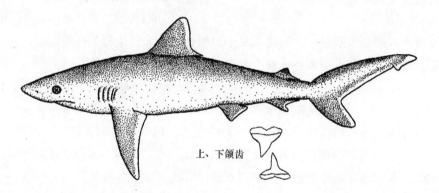

图 70　白边真鲨 *C. albimarginatus*（Rüppell）（全长 1 010 mm）
（依朱元鼎，孟庆闻等，2001）

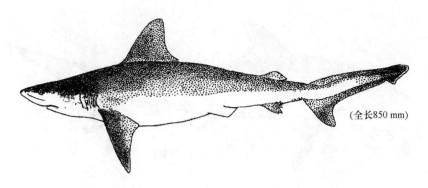

图 71　铅灰真鲨 C. *plumbeus*（Nardo）（全者原图）

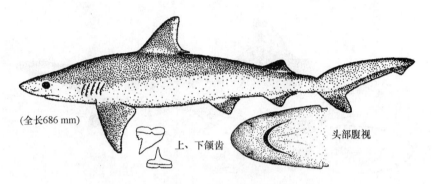

图 72　黑印真鲨 C. *menisorrah*（Müller et Henle）
（依朱元鼎，孟庆闻等，2001）

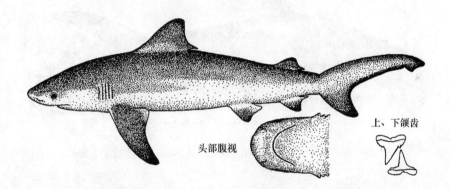

图 73　乌翅真鲨 C. *melanopterus*（Quoy et Gaimard）（全长 745 mm）

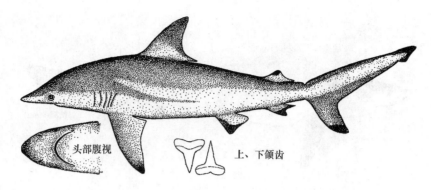

图 74　黑梢真鲨 C. *limbatus*（Valenciennes）（全长 784 mm）

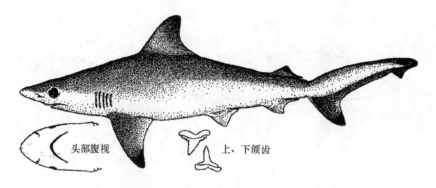

图 75　印度真鲨 C. *hemiodon*（Valenciennes）（全长 595 mm）

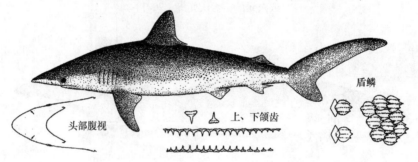

图 76　直齿真鲨 C. *brevipinna*（Müller et Henle）（全长 872 mm）

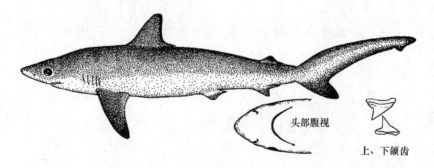

图 77　沙拉真鲨 C. *sorrah*（Valenciennes）（全长 781 mm）

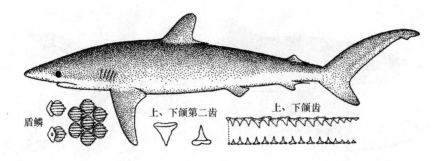

图 78　镰形真鲨 C. falciformis（Bibron）（全长 1 093 mm）

露齿鲨属（恒河鲨属）Glyphis（Agassiz, 1843）

（本属有 2 种；我国只 1 种，南海有产）

印度露齿鲨 Glyphis gangeticus（Müller et Henle, 1839）〈图 79〉
〔同种异名：恒河真鲨 Carcharhinus gangeticus〕

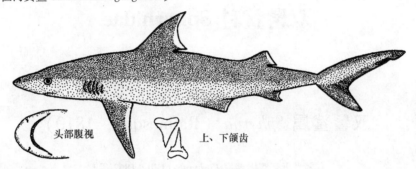

图 79　印度露齿鲨 Glyphis gangeticus（Müller et Henle）（全长 784 mm）

下颌短，口闭时齿暴露；吻宽扁钝圆，口前吻长很短，口宽约为口前吻长的 2 倍余；鼻孔距口端比距吻端为近；尾基上凹洼纵列。

分布：南海南部岛礁海域，东海和台湾省东北海域；孟加拉、印度、巴基斯坦；太平洋中部至西部，印度洋。

大青鲨属 Prionace（Cantor, 1849）

（本属只 1 种；我国有产，南海同）

大青鲨 Prionace glauca（Linnaeus, 1758）〈图 80〉
第一背鳍距胸鳍远，离腹鳍颇近；胸鳍狭长，镰形，鳍端伸达第一背鳍基底后部下方。
分布：南海南部岛礁海域及中央海域，台湾省东北海域；世界各温带热带海域。

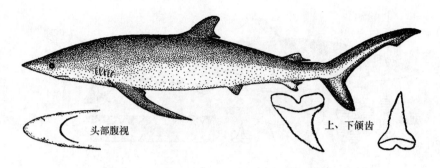

图 80　大青鲨 *Prionace glauca*（Linnaeus）（全长 1 100 mm）

双髻鲨亚目 SPHYRNOIDEI

（本亚目只 1 科）

双髻鲨科 Sphyrnidae

（本科只 1 属）

双髻鲨属 *Sphyrna*（Rafinesque，1810）

〔含"丁字双髻鲨属 *Eushyrna*（Gill, 1862）"〕

（本属有 9 种；我国有 5 种，南海产 3 种）

种的检索表

1（2）头侧突起狭长呈翼状；鼻孔距吻端中央比距眼为近；鼻孔长，几为口宽的 2 倍；头侧鼻孔前缘有结节状突起（分布：南海；马来西亚，泰国、印度、巴基斯坦）……………………………………………………………… 丁字双髻鲨 *Sphyrna blochii*（Cuvier, 1816）〈图 81〉

〔同种异名：*Eusphyrna blochii*〕

2（1）头侧突起较短宽或甚短圆，不呈翼状；鼻孔距眼比距吻端中央为近；鼻孔短，小于口宽之半；头前缘无结节状突起；吻端中央凹入，不圆凸。

3（4）里鼻沟显著；臂鳍基底大于第二背鳍基底；第二背鳍后缘斜直（分布：南海，东海和台湾省东部沿岸海域，黄海；日本关东以南；各大洋温带至热带海域）…………………………………………………… 路氏双髻鲨 *S. lewini*（Griffith et Smith, 1834）〈图 82〉

4（3）里鼻沟消失；臂鳍基底约与第二背鳍基底等长；第二背鳍后缘凹入（分布：南海，台湾省

北部海域，日本九洲；琉球群岛；各大洋温带至热带海域） ·················
················ 无沟双髻鲨 *S. mokarran*（Rüppell，1855）〈图83〉

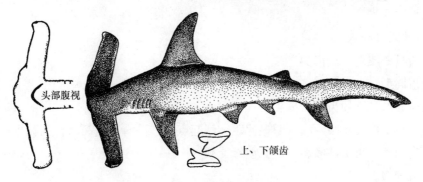

图81　丁字双髻鲨 *Sphyrna blochii*（Cuvier）（全长1 047 mm）

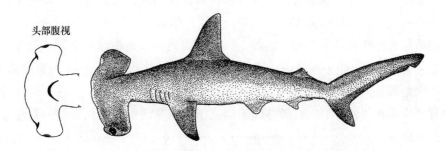

图82　路氏双髻鲨 *S. lewini*（Griffith et Smith）（全长641 mm）

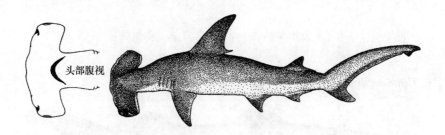

图83　无沟双髻鲨 *S. mokarran*（Rüppell）（全长922 mm）

角鲨目 SQUALIFORMES

（本目有3科；我国有2科，南海产1科）

角鲨科 Squalidae

（本科有17属；我国有11属，南海有7属）

属的检索表

1 (12) 两背鳍均具硬棘。
2 (5) 上颌齿具 3 或更多个齿尖。
3 (4) 两颌齿同型 ………………………………………………………… 霞鲨属 *Centroscyllium*
4 (3) 两颌齿异型，下颌齿具 1 齿尖 ……………………………………… 乌鲨属 *Etmopterus*
5 (2) 上颌齿具 1 齿尖；眼距吻端明显比距胸鳍起点近；盾鳞不呈叉状，柄宽短或无柄。
6 (7) 两颌齿同型，齿头甚倾斜；鼻孔前缘无须 ……………………………… 角鲨属 *Squalus*
7 (6) 两颌齿异型。
8 (11) 胸鳍内角宽圆。
9 (10) 第一背鳍后方体部盾鳞平滑，边缘圆形；而在体前部，尤其在第一鳃孔上方体背，盾鳞具纵嵴或线纹，鳞后缘尖或有 1 尖突；下颌齿稍低，齿头倾斜 …… 荆鲨属 *Centroscymnus*
10 (9) 体前后部的盾鳞均具 3 棘突 3 纵嵴，纵嵴之间尚有数条横嵴；下颌齿高宽，三角形，近直立 ……………………………………………………………… 异鳞鲨属 *Scymnodon*
11 (8) 胸鳍内角延长尖突 ………………………………………………… 刺鲨属 *Centrophorus*
12 (1) 两背鳍均不具硬棘；第一背鳍基底末端位于腹鳍基底上方；两背鳍间距短于第二背鳍至尾鳍间距 ……………………………………………………………… 达摩鲨属 *Isistius*

霞鲨属 *Centroscyllium*（Müller et Henle，1841）

（本属约有 6~8 种；我国只 1 种，南海同）

蒲原氏霞鲨 *Centroscyllium kamoharai*（Abe，1966）〈图 84〉

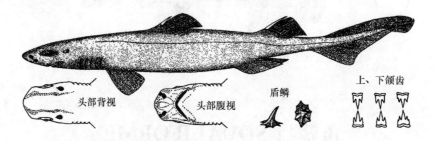

图 84　蒲原氏霞鲨 *Centroscyllium kamoharai*（Abe）（全长 416 mm）

鳞稀疏，皮肤几裸露，仅少许鳞散布于鳍的基部；第二背鳍起点位于腹鳍基底中央稍后上方；体黑褐色。

分布：南海北部和东海，产于陆坡海域；日本本州骏河湾的西太平洋。

乌鲨属 *Etmopterus*（Rafinesque，1810）

（本属有 23 种；我国有 5 种，南海有 3 种）

体柔软，灰褐色或灰黑色。

种的检索表

1（2） 盾鳞粗短而顶端截平；体背面灰褐色，腹面色深，各鳍黑褐色（分布：南海，台湾省东港海域；日本、南非；太平洋和大西洋）……………………………………………………………………………………光鳞乌鲨（小乌鲨）*Etmopterus pusillus*（Lowe，1839）〈图 85〉

2（1） 盾鳞细长弯曲呈刚毛状。

3（4） 头部左、右侧自瞳孔后缘向前至鼻孔强烈凹缩，吻部在鼻孔前方十分平扁，侧观呈圆瘤形突出；上颌齿具 9~10 齿头；腹鳍上方深色条斑宽度均匀，不呈翼状，而在腹鳍里缘上方向下弯凹，向弯凹后方延伸的长度大于向前方延伸的长度；液浸标本背部及两侧灰褐色，腹侧和各鳍黑褐色；除腹鳍上方条斑外，尚具 2 条条斑，1 条自胸鳍基底后端后上方延伸至腹鳍起点前方，另 1 条自尾鳍下叶起点向后上方延伸（分布：南海）…………………………………………………………………………海南乌鲨 *E. decacuspidatus*（Chan，1966）〈图 86〉

4（3） 头部无凹缩，吻部在鼻孔前不呈平扁；上颌齿 5 齿头（成年鱼）至 8 齿头（老龄鱼）；腹鳍上方深色条斑形成翼斑，在腹鳍里缘上方向上强烈扩宽成块状，其前方条纹的长度大于后方条纹的长度；体背侧面暗灰黑色，各鳍淡褐色，尾鳍后端黑色；体侧有三条浅色纵条；除深色翼斑外，胸鳍基底腹面尚具一黑色条斑（分布：南海，东海和台湾省海域；印度尼西亚、菲律宾；太平洋和大西洋）……………………………………………………………………………………乌鲨 *E. lucifer*（Jordan et Snyder，1902）〈图 87〉

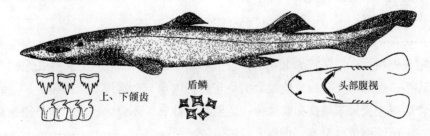

图 85　光鳞乌鲨 *Etmopterus pusillus*（Lowe）（全长 315 mm）

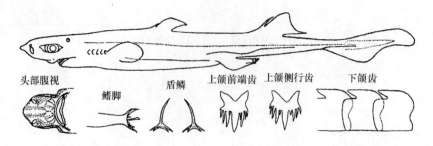

图86 海南乌鲨 E. decacuspidatus (Chan)（全长292 mm）（依 Chan, 1966）

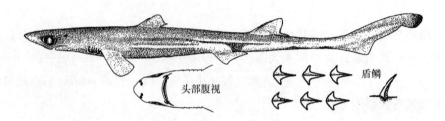

图87 乌鲨 E. lucifer (Jordan et Snyder)（全长305 mm）

角鲨属 Squalus (Linnaeus, 1758)

（本属有10种；我国有6种，南海产3种）

种的检索表

1（2）口前吻长较长，约为口宽的1.7倍；眼距第一鳃孔比距吻端为近；鼻孔距口端比距吻端近；吻端与鼻孔内角连线距离大于鼻孔内角与上唇沟连线距离。体背侧面暗褐微带赤色，腹面淡白色；两背鳍和尾鳍下叶中部边缘黑色（分布：南海，东海和台湾省海域，黄海；朝鲜半岛、日本；太平洋、印度洋）··· 长吻角鲨 Squalus mitsukurii (Jordan et Snyder, 1903)〈图88〉

2（1）口前吻长较短，短于口宽的1.4倍；眼距吻端比距第一鳃孔为近；鼻孔距吻端比距口端近或近许多；吻端与鼻孔内角连线距离小于鼻孔内角与上唇沟连线距离。

3（4）第二背鳍下缘长大于鳍高和前缘长；盾鳞具3棘突；体背面、侧面和各鳍暗褐色，背面色较深；腹面淡白色（分布：南海）··· 尖吻角鲨 S. acutirostris (Chu, Meng et Li, 1984)〈图89〉

4（3）第二背鳍下缘长小于鳍高和前缘长；盾鳞具1棘突；体背面暗褐微带赤色；两背鳍端部黑色；腹鳍后缘浅色（分布：南海，东海和台湾省西南海域，黄海；西太平洋、西印度洋、东大西洋）··· 大眼角鲨 S. megalops (Macleay, 1881)〈图90〉

〔同种异名：短吻角鲨 S. brevirostris (Tanaka, 1917)〕

50

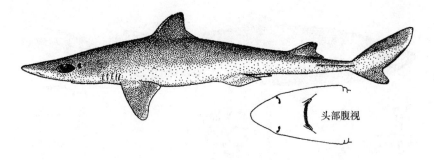

图 88　长吻角鲨 *Squalus mitsukurii*（Jordan et Snyder）（全长 475 mm）

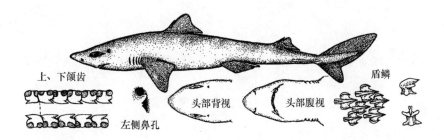

图 89　尖吻角鲨 *S. acutirostris*（Chu, Meng et Li）（全长 651 mm）

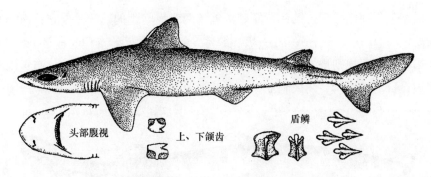

图 90　大眼角鲨 *S. megalops*（Macleay）（全长 411 mm）

荆鲨属 *Centroscymnus*（Bocage et Capello, 1864）

（本属约有 7 种；我国有 2 种，南海产 1 种）

腔鳞荆鲨 *Centroscymnus coelolepis*（Bocage et Capello, 1864）〈图 91〉

〔同种异名：大眼荆鲨 *C. macrops* Hu et Li（胡蔼荪，李生），1982〕

吻长小于眼径；口宽大于口前吻长；盾鳞较大，大小不一，表面光滑，卵圆形叶片状，覆瓦状排列；全体纯黑色有光泽，下唇及鳍基底后端白色。栖息于陆坡海域近底水深 270～3 675 m 处。

分布：南海；太平洋、大西洋、地中海。

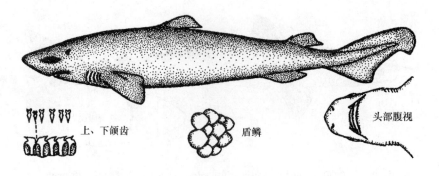

图91 腔鳞荆鲨 *Centroscymnus coelolepis* (Bocage et Capello)（全长 792 mm）

异鳞鲨属 *Scymnodon* (Bocage et Capello, 1864)

(本属约有6种；我国有2种，南海同)

种的检索表

1（2） 盾鳞横嵴强，规则排列；第一背鳍基约等于两背鳍间距的1/3（分布：南海和东海的斜坡海域） ·················· 黑异鳞鲨 *Scymnodon niger* (Chu et Meng, 1982)〈图92〉
2（1） 盾鳞横嵴弱，不规则排列；第一背鳍基约等于两背鳍间距的1/5（分布：南海和东海的斜坡海域；日本相模湾，澳大利亚，新西兰；西太平洋，大西洋） ··· 异鳞鲨 *S. squamulosus* (Günther, 1877)〈图93〉

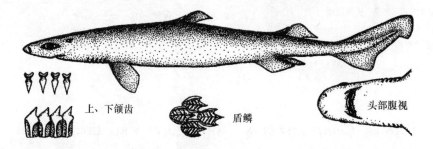

图92 黑异鳞鲨 *Scymnodon niger* (Chu et Meng)（全长 482 mm）

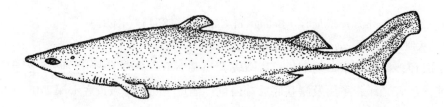

图93 异鳞鲨 *S. squamulosus* (Günther)（全长 453 mm）

刺鲨属 *Centrophorus* (Müllet et Henle, 1837)

(我国有 10 种，其中南海有 6 种)

种的检索表

1 (4) 胸鳍内角稍尖突，末端与第一背鳍棘尖端垂直线有较大距离。

2 (3) 眼径大于吻长；尾鳍长等于吻端至胸鳍基底距；体褐黄色，各鳍色稍深(分布：南海) ……
……………………… 锈色刺鲨 *Centrophorus ferrugineus* (Meng, Hu et Li, 1982) 〈图94〉

3 (2) 眼径小于吻长；尾鳍短，鳍长稍短于吻端至胸鳍基底距；盾鳞密列，彼此交叠，叶片状，后缘锯齿状，具中央大棘突；体灰褐色，尾鳍后缘和下缘黑色 (分布：南海、东海；西太平洋、日本、菲律宾、澳大利亚、新西兰；东大西洋、西印度洋) ……………………
……………………………… 叶鳞刺鲨 *C. squamosus* (Bonnaterre, 1788) 〈图95〉

4 (1) 胸鳍内角尖长或呈长刺状尖突，末端几达或越过第一背鳍棘尖端垂直线。

5 (6) 第二背鳍高小于第一背鳍高；体背铁灰色，腹面灰白色，尾鳍上叶、第二背鳍前缘近上角处及鳃孔上方灰黑色 (分布：南海、台湾省大溪外海；东大西洋非洲西至西北部沿海，西北大西洋，印度洋) ……………………… 同齿刺鲨 *C. uyato* (Rafinesque, 1810) 〈图96〉
〔同种异名：同齿拟刺鲨 *Pseudocentrophorus isodon* (Chu, Meng et Liu, 1981)〕

6 (5) 第二背鳍高约等于或稍小于第一背鳍高；盾鳞叶片状；体不粗壮。

7 (10) 两背鳍间距小，短于或等于吻端至第三鳃孔距。

8 (9) 胸鳍内角尖突的后端几达第一背鳍基底 1/3；盾鳞具柄；体灰褐色，腹部色淡 (分布：南海、台湾省大溪海域；太平洋日本、墨西哥湾；西北大西洋) …………………………
……………………………………………… 针刺鲨 *C. acus* (Garman, 1906) 〈图97〉

9 (8) 胸鳍内角尖突的后端几达第一背鳍基底后端；盾鳞无柄；体背侧暗褐色，腹侧褐色，各鳍端部色深 (分布：南海；日本；西北太平洋，中太平洋) …………………………………
……………………………………… 锯齿刺鲨 *C. tessellatus* (Garman, 1906) 〈图98〉

10 (7) 两背鳍间距大，等于吻端至胸鳍基底中央距；胸鳍内角形成 1 刺状长尖突；体淡褐至灰褐色 (分布：南海；太平洋、印度洋、大西洋) …………………………………………
……………………………… 颗粒刺鲨 *C. granulosus* (Bloch et Schneider, 1801) 〈图99〉

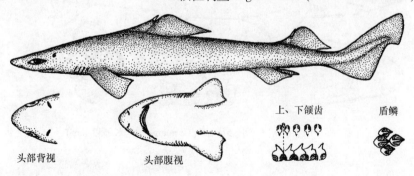

图94 锈色刺鲨 *Centrophorus ferrugineus* (Meng, Hu et Li) (全长 1 044 mm)

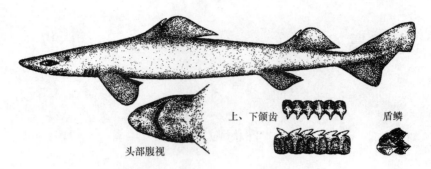

图 95　叶鳞刺鲨 C. *squamosus*（Bonnaterre）（全长 882 mm）

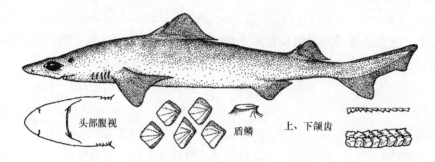

图 96　同齿刺鲨 C. *uyato*（Rafinesque）（依 Compagno）

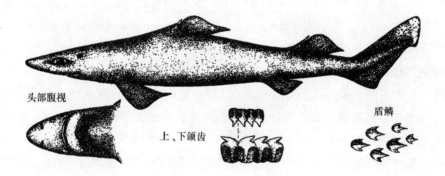

图 97　针刺鲨 C. *acus*（Garman）（全长 848 mm）

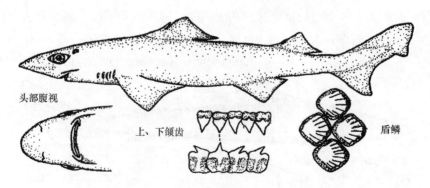

图 98　锯齿刺鲨 C. *tessellatus*（Garman）（全长 653 mm）

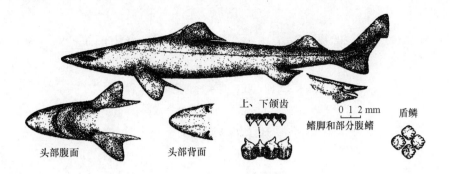

图 99 颗粒刺鲨 *C. granulosus*（Bloch et Schneider）（全长 792 mm）

达摩鲨属 *Isistius*（Gill，1865）

（本属有3种；我国有2种，南海产1种）

唇达摩鲨 *Isistius labialis*（Meng，Chu et Li，1985）〈图 100〉

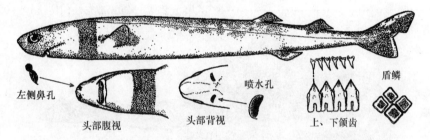

图 100 唇达摩鲨 *Isistius labialis*（Meng，Chu et Li）（全长 442 mm）

下颌后方具发达横行的下唇褶。吻长小于眼径。腹鳍起点在第一背鳍基后端的后下方。液浸标本体背面深棕褐色，腹部浅棕色，前部淡白色；侧线黑色；胸鳍前方鳃孔间有1条明显的横行黑褐色宽环带跨越腹部；唇白色；尾鳍中部和下部后缘及其他各鳍边缘淡白色。腹部具发光器官。

分布：南海北部陆坡海域。

扁鲨目 SQUATINIFORMES

（本目只1科）

扁鲨科 Squatinidae

（本科只1属）

扁鲨属 *Squatina* (Dumeril, 1806)

(本属有15种；我国有4种，南海产2种)

种的检索表

1（2） 内鼻须末端分枝，内外鼻须间的鼻孔缘具短须；体背密布白色小斑，两背鳍近基底前部处黑色；胸鳍前角和后角各具1大黑斑（大于眼径，下同），后角至鳍基后端之间具1小黑斑（小于眼径，下同）；腹鳍前、后部各具1小黑斑；尾部近前端两侧各具1大黑斑。体淡黄褐色（分布：南海，台湾海峡）··· 拟背斑扁鲨 *Squatina tergocellatoides* (Chen, 1963)〈图101〉

2（1） 内鼻须末端不分枝，内外鼻须间的鼻孔缘无短须；体背隐具斑纹和白色斑点；胸鳍前角和后角各具1大黑斑（大于眼径），两背鳍基部各具1小黑斑（小于眼径），尾部前端具2小黑斑。体锈褐色（分布：南海，东海南部和台湾省东北海域；日本南部，朝鲜半岛）··· 星云扁鲨 *S. nebulosa* (Regan, 1906)〈图102〉

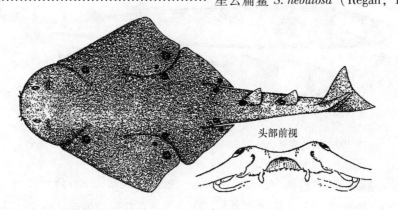

图101 拟背斑扁鲨 *Squatina tergocellatoides* (Chen)（依陈兼善）

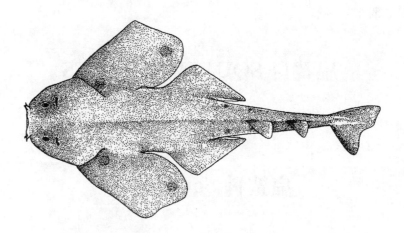

图102 星云扁鲨 *S. nebulosa* (Regan)（全长308 mm）
（依朱元鼎，孟庆闻等，2001）

锯鲨目 PRISTIOPHORIFORMES

(本目只1科)

锯鲨科 Pristiophoridae

(本科有2属；我国只产1属)

锯鲨属 *Pristiophorus*（Müller et Henle, 1837）

(本属有4种；我国只产1种，南海同)

日本锯鲨 *Pristiophorus japonicus*（Günther, 1870）〈图103〉

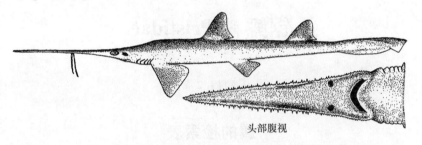

图103　日本锯鲨 *Pristiophorus japonicus*（Günther）（全长630 mm）

（依朱元鼎，孟庆闻等，2001）

吻平扁，很延长，呈剑状，两侧缘从口隅外侧开始至吻端，各具大尖齿1纵行，每2个大齿之间有1~3个小齿；在吻的腹面，鼻孔前方至吻端，另具1纵行较小尖齿，排列稀疏；吻腹面中间稍后近侧缘处具扁长皮须1对。鳃孔5个。体灰褐色，腹面白色；吻上具暗褐色纵纹2条。

分布：南海北部陆坡，黄海、东海；日本中南部，朝鲜半岛西南部。

鳐形总目 BATOMORPHA

（下孔总目 HYPOTREMATA）

(本总目有4目)

目的检索表

1（2） 吻特别延长，呈剑状突出，侧缘具1行横突大吻齿 ················· 锯鳐目 PRISTIFORMES
2（1） 吻正常，侧缘无吻齿。
3（4） 头侧与胸鳍间有大型发电器官 ························· 电鳐目 TORPEDINIFORMES
4（3） 头侧与胸鳍间无大型发电器官。
5（6） 尾部通常粗大，具尾鳍；背鳍2个或无背鳍；无尾刺 ················· 鳐目 RAJIFORMES
6（5） 尾部通常细小呈鞭状（如粗大，则具尾鳍）；尾鳍一般退化或消失；背鳍1个；常具尾刺
    ··· 鲼目 MYLIOBATIFORMES

锯鳐目 PRISTIFORMES

（本目只1科）

锯鳐科 Pristidae

（本科有2属）

属的检索表

1（2） 第一背鳍起点对着腹鳍基底后端上方；尾鳍下叶前部显著呈长三角形突出；吻突狭长，前端圆突；吻齿较短小 ·· 钝锯鳐属 *Anoxypristis*
2（1） 第一背鳍起点前于腹鳍起点或前于腹鳍基底后端；尾鳍下叶前部稍呈三角形突出；吻突宽长，前端稍拱突；吻齿较长尖 ·· 锯鳐属 *Pristis*

钝锯鳐属 *Anoxypristis*（White et Moy – Thomas，1944）

（本属只1种）

钝锯鳐 *Anoxypristis cuspidatus*（Latham，1794）〈图104〉

〔同种异名：尖齿锯鳐 *Pristis cuspidatus*〕

吻齿21~26对。体背面暗褐色，腹面白色；胸鳍和腹鳍前缘白色；背面肩上具一浅白色横条纹。

分布：南海，东海南部；日本南部、印度尼西亚；红海、印度洋。

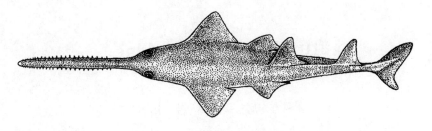

图104　钝锯鳐 *Anoxypristis cuspidatus*（Latham）（全长1 179 mm）

（依朱元鼎，孟庆闻等，2001）

锯鳐属 *Pristis*（Linck，1790）

（本属有5种；我国产1种，南海同）

小齿锯鳐 *Pristis microdon*（Latham，1794）〈图105〉

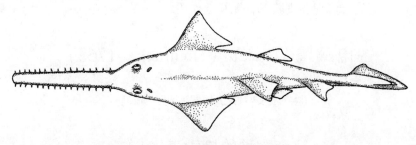

图105　小齿锯鳐 *Pristis microdon*（Latham）（依Day）

第一背鳍起点前于腹鳍起点；吻齿17～22对。背面赤褐色，腹面淡白色；虹膜金色，边缘黑色。

分布：南海；印度尼西亚；澳大利亚东北部；印度洋和大西洋热带海域。

电鳐目 TORPEDINIFORMES

（本目有2科）

科的检索表

1（2）　背鳍2个 ·· 电鳐科 Torpedinidae
2（1）　背鳍1个 ·· 单鳍电鳐科 Narkidae

电鳐科 Torpedinidae

(本科有6属；我国有3属，南海同)

属的检索表

1（2） 口大，弧形，稍能突出；上下颌口隅不被唇软骨所束缚，齿带牢固附于颌骨上 ………… ……………………………………………………………………………… 电鳐属 *Torpedo*
2（1） 口小，平横，可伸出呈一软管；上下颌口偶被唇软骨束缚，唇软骨彼此相连；齿带松软附于颌骨皮肤上。
3（4） 眼发育正常，有视觉作用 ……………………………………………… 双鳍电鳐属 *Narcine*
4（3） 眼颇小，有时完全隐埋在皮肤下，无视觉作用 …………………… 深海电鳐属 *Benthobatis*

电鳐属 *Torpedo*（Houttuyn，1768）

(本属有13种；我国有2种，南海同)

种的检索表

1（2） 体盘亚圆形，宽度大于长度；液浸标本体背面紫褐色，腹面灰白色，偶鳍边缘深褐色，两背鳍后缘浅灰色（分布：南海北部陆坡海域，东海和台湾省海域；东大西洋、地中海、南非） ………………………………… 珍电鳐 *Torpedo nobiliana*（Bonaparte，1835）〈图106〉
2（1） 体盘圆形，宽度等于长度；背面、尾部上方及后缘下方、背鳍、尾鳍、腹鳍背面、体盘腹面边缘均为深褐色；腹面、尾部前方，腹鳍腹面、侧皮褶、背鳍后缘白色；喷水孔边缘淡白色（分布：南海北部陆坡海域，台湾省东港海域）………………………………………… ………………………………………………… 东京电鳐 *T. tokionis*（Tanaka，1908）〈图107〉

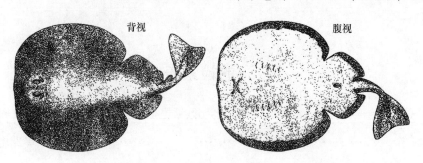

图106 珍电鳐 *Torpedo nobiliana*（Bonaparte）（全长402 mm）
(依朱元鼎，孟庆闻等，2001)

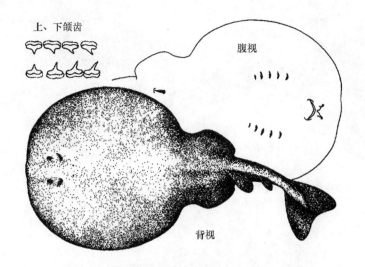

图107 东京电鳐 *T. tokionis*（Tanaka）（全长492 mm）

（依朱元鼎，孟庆闻等，2001）

双鳍电鳐属 *Narcine*（Henle，1834）

（本属有14种；我国有3种，南海同）

种的检索表

1（4） 体盘亚圆形，宽大于长。
2（3） 第一背鳍起点与腹鳍基后端相对；体具黑色大圆斑及密集的小圆斑（分布：南海，台湾省沿岸海域；印度尼西亚） ········ 黑斑双鳍电鳐 *Narcine maculata*（Shaw，1804）〈图108〉
3（2） 第一背鳍起点稍后于腹鳍基底后端；体具中型暗褐色圆斑，随年龄增长，圆斑彼此融合反使背面淡色部分缩窄而形成淡色虫纹斑（分布：南海，台湾省沿岸海域；日本、印度尼西亚、菲律宾、印度洋） ······ 丁氏双鳍电鳐 *N. timlei*（Bloch et Schneider，1801）〈图109〉
4（1） 体盘圆形，宽与长约相等；体具中大暗褐色圆斑或条状短斑（分布：南海）···············
································· 舌形双鳍电鳐 *N. lingula*（Richardson，1846）〈图110〉

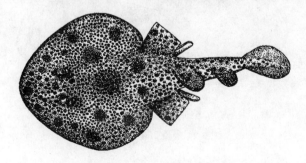

图108 黑斑双鳍电鳐 *Narcine maculata*（Shaw）

（全长333 mm）

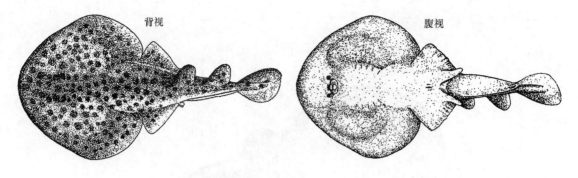

图109 丁氏双鳍电鳐 N. timlei (Bloch et Schneider)（全长387 mm）

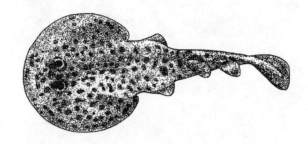

图110 舌形双鳍电鳐 N. lingula (Richardson)
（全长308 mm）

深海电鳐属 Benthobatis（Alcock，1898）

（本属有2种；我国有1种，南海同）

深海电鳐 Benthobatis moresbyi（Alcock，1898）〈图111〉

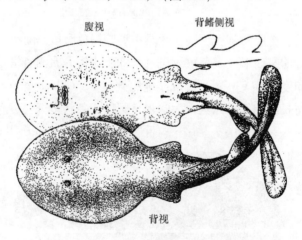

图111 深海电鳐 Benthobatis moresbyi（Alcock）
（全长256 mm）

体背面褐色，偶有深褐色浅纹；腹面白色或前部淡黄色。
分布：南海北部陆坡海域，台湾省东部海域；印度、阿拉伯海、地中海。

单鳍电鳐科 Narkidae

(本科有5属；我国有2属，南海同)

属的检索表

1（2） 眼微小而凹入；喷水孔边缘不隆起；前鼻瓣短小，仅伸达口前；皮肤坚韧 ·················· ·· 坚皮单鳍电鳐属 Crassinarke
2（1） 眼小而突出；喷水孔边缘隆起；前鼻瓣宽大，伸达下唇；皮肤柔软 ······ 单鳍电鳐属 Narke

坚皮单鳍电鳐属 Crassinarke（Takagi，1951）

(本属只1种；我国有产，南海同)

坚皮单鳍电鳐 Crassinarke dormitor（Takagi，1951）〈图112〉

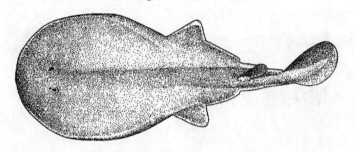

图112 坚皮单鳍电鳐 Crassinarke dormitor（Takagi）

（全长158 mm）

背面灰褐至赤褐色，具不规则暗色斑点，体盘和腹鳍的边缘、尾的侧部白色；体侧胸、腹鳍间的区域白色；腹面白色。

分布：南海，东海和台湾省沿海；日本南部。

单鳍电鳐属 Narke（Kaup，1826）

(本属有3种；我国有1种，南海同)

日本单鳍电鳐 Narke japonica（Temminck et Schlegel，1850）〈图113〉

腹鳍前角圆钝不突出，后缘斜直或圆凸；尾的后半部侧褶明显。体背面灰褐色、沙黄色或赤褐色，有时具白色或黑色斑；腹面淡白色。

分布：南海，东海和台湾省沿海，黄海；日本南部、朝鲜半岛。

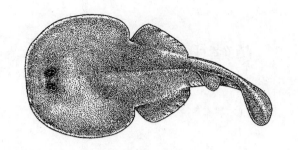

图 113　日本单鳍电鳐 *Narke japonica*（Temminck et Schlegel）

（全长 163 mm）

鳐目 RAJIFORMES

（本目有 2 亚目）

亚目的检索表

1（2）　腹鳍正常，前部不分化为足趾状构造 ·· 犁头鳐亚目 RHINOBATOIDEI
2（1）　腹鳍前部分化为足趾状构造 ··· 鳐亚目 RAJOIDEI

犁头鳐亚目 RHINOBATOIDEI

（本亚目有 4 科）

科的检索表

1（6）　体盘中大，似鲨形或近盘形；胸鳍小，前延不伸达吻端。
2（5）　腹鳍距胸鳍有一段距离；尾鳍下叶前部突出；第一背鳍位于腹鳍基底上方。
3（4）　吻宽短，圆形；第一背鳍起点稍前于腹鳍起点 ························· 圆犁头鳐科 Rhinidae
4（3）　吻长而尖突；第一背鳍起点稍后于腹鳍起点 ······················ 尖犁头鳐科 Rhynchobatidae
5（2）　腹鳍接近胸鳍；尾鳍下叶前部不突出；第一背鳍位于腹鳍后方 ······ 犁头鳐科 Rhinbatidae
6（1）　体盘宽大，团扇形；胸鳍前延，伸达吻端 ···························· 团扁鳐科 Platyrhinidae

圆犁头鳐科 Rhinidae

（本科有 1 属）

圆犁头鳐属 *Rhina* (Bloch et Schneider, 1801)

(本属只1种；我国有产，南海同)

圆犁头鳐 *Rhina ancylostoma* (Bloch et Schneider, 1801) 〈图114〉

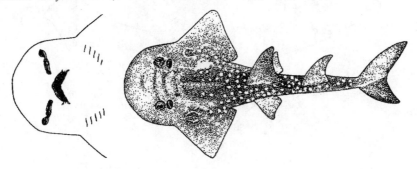

图114 圆犁头鳐 *Rhina ancylostoma* (Bloch et Schneider)（全长629 mm）

体褐色（个体大者常呈灰褐色），体上、鳍上散布白色斑点；头和背上常具暗色横纹；胸鳍基底上常有1~2行条纹。体长可达2 m余。

分布：南海，东海和台湾省沿海；红海、东非、印度洋、日本、菲律宾、印度尼西亚、大洋洲。

尖犁头鳐科 Rhynchobatidae

(本科有1属)

尖犁头鳐属 *Rhynchobatus* (Müller et Henle, 1837)

(本属有3种；我国产1种，南海同)

及达尖犁头鳐 *Rhynchobatus djiddensis* (Forskål, 1775) 〈图115〉

体褐色（个体大者常呈灰褐色）；胸鳍基底中部具1黑色圆斑；胸鳍和尾的前部散布有淡色斑，其中有4个在黑斑周围，鲜活时淡色斑稍呈蓝色，但离水或标本固定后，淡色斑转呈白色。体长可达2 m。鳍可制成优质鱼翅。

分布：南海，东海和台湾省沿海；日本、菲律宾、印度尼西亚；红海、东非。

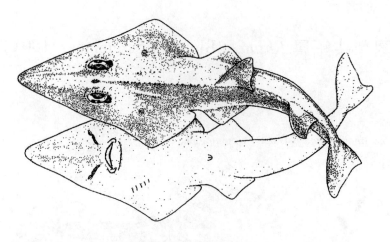

图115　及达尖犁头鳐 Rhynchobatus djiddensis（Forskål）

（全长450 mm）

犁头鳐科 Rhinobatidae

（本科有6属；我国有2属，南海同）

属的检索表

1（2）第一背鳍前方背中线上有1纵行粗大结刺（基底扩大的盾鳞）；两背鳍间距小，仅相当于第二背鳍的宽度 ·· 颗粒犁头鳐属 Scobatus
2（1）第一背鳍前方背中线上无纵行粗大结刺；两背鳍间距大，约相当于第二背鳍宽度的2倍 ·· 犁头鳐属 Rhinobatos

颗粒犁头鳐属 Scobatus（Whitley，1939）

（本属约有2种；我国产2种，南海产1种）

颗粒犁头鳐 Scobatus granulatus（Cuvier, 1829）〈图116〉

〔同种异名：Rhinobatos granulatus（Cuvier, 1829）〕

背面赤褐或紫褐色，吻侧淡赤色，腹面淡白色。体长可达2 m余。

分布：南海，东海南部和台湾省海域；日本，韩国西南海区，印度尼西亚；印度洋。

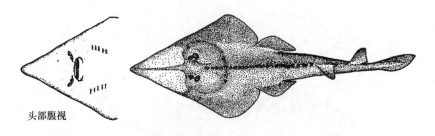

图116　颗粒犁头鳐 Scobatus granulatus（Cuvier）（全长568 mm）

犁头鳐属 Rhinobatos（Linck，1790）

（本属有31种；我国产3种，南海同）

种的检索表

1（2）口前吻长为口宽2.8倍；体密具睛状、条状或蠕虫状暗色斑纹（分布：中国沿海；朝鲜半岛，日本）………… 斑纹犁头鳐 Rhinobatos hynnicephalus（Richardson，1846）〈图117〉
2（1）口前吻长为口宽3倍以上；体无斑纹。
3（4）吻软骨侧突几全部较宽地分离；鼻孔外侧缘至吻部侧缘的垂直距离稍小于鼻孔长（分布：南海，东海和台湾省沿海）………… 台湾犁头鳐 R. formosensis（Norman，1926）〈图118〉
4（3）吻软骨侧突前部2/3相互靠近；鼻孔外侧缘至吻部侧缘的垂直距离长于鼻孔长（分布：中国沿海；朝鲜半岛，日本）………………………………………………………………
……………………………… 许氏犁头鳐 R. schlegelii（Müller et Henle，1841）〈图119〉

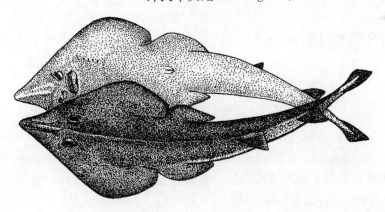

图117　斑纹犁头鳐 Rhinobatos hynnicephalus（Richardson）

（全长565 mm）

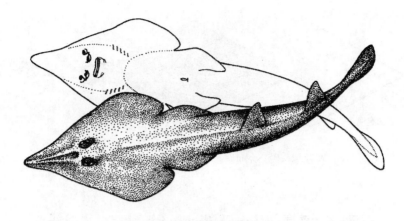

图 118 台湾犁头鳐 R. formosensis (Norman)（全长 612 mm）

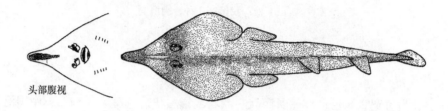

图 119 许氏犁头鳐 R. schlegelii (Müller et Henle)（全长 632 mm）

团扇鳐科 Platyrhinidae

（本科有 1 属）

团扇鳐属 Platyrhina (Müller et Henle, 1838)

（本属有 2 种；我国均产，南海同）

种的检索表

1（2）背部和尾部正中具 1 纵行结刺；第一背鳍起点距腹鳍基底比距尾基为近（分布：中国沿海；朝鲜半岛，日本）……………………………………………………………………
…………………… 中国团扇鳐 Platyrhina sinensis (Bloch et Schneider, 1801)〈图 120〉

2（1）背部和尾部正中具 2~3 行结刺；第一背鳍起点距尾基比距腹鳍基底稍近（分布：南海，台湾海峡西部）………………… 林氏团扇鳐 P. limboonkengi (Tang, 1933)〈图 121〉

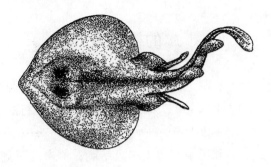

图 120　中国团扇鳐 *Platyrhina sinensis*（Bloch et Schneider）

（全长 415 mm）

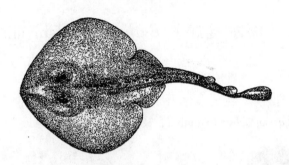

图 121　林氏团扇鳐 *P. limboonkengi*（Tang）

（全长 454 mm）

鳐亚目 RAJOIDEI

（本亚目有 2 科）

科的检索表

1（2）　具 2 背鳍；腹鳍有缺刻，分成前瓣和后瓣，但前瓣为无节片状 ················· 鳐科 Rajidae
2（1）　无背鳍；腹鳍深缺刻，分成前部和后叶，前部分化为两节"腿足"状构造 ···············
·· 无刺鳐科 Anacanthobatidae

鳐科 Rajidae

（本科有 18 属；我国有 3 属，南海同）

〔属的检索据 Nakabo T.（1993）、Ishiyama R.（1967），并参考朱元鼎、孟庆闻等（2001）的资料综合编写〕

属的检索表

1（4） 吻软骨窄而软，掰之易弯；眶上侧无结刺；雄性的鳍脚常呈圆柱形，末端钝。
2（3） 尾长小于体盘宽，项和肩有或无扩大结刺，但尾中部有纵行的扩大结刺；侧褶较弱，在尾的近后半部两侧；背中部不隆起 ································· 深海鳐属 *Bathyraja*
3（2） 尾长大于体盘宽，项、肩和尾中部均无扩大结刺；侧褶薄而宽，自尾的基部延伸至尾端；背中部嵴状隆起 ·· 隆背鳐属 *Notoraja*
4（1） 吻软骨宽而硬，掰之难弯；眶上侧有结刺；雄性的鳍脚后部常扁平，末端尖 ··· 鳐属 *Raja*

深海鳐属（深水鳐属）*Bathyraja*（Ishiyama，1958）

（本属有 48 种；我国产 2 种，南海产 1 种）

匀棘深海鳐属 *Bathyraja isotrachys*（Günther，1877）〈图 122〉

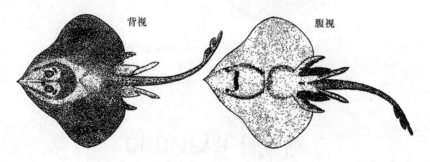

图 122　匀棘深海鳐属 *Bathyraja isotrachys*（Günther）（全长 410 mm）

胸鳍两侧具明显的钩刺群。背腹面均呈黑褐色，腹面色较淡。生长于水深 450～1 100 m 处。
分布：南海、东海；日本。

隆背鳐属 *Notoraja*（Ishiyama，1958）

（本属有 3 种；我国产 1 种，南海同）

隆背鳐 *Notoraja tobitukai*（Hiyama，1940）〈图 123〉
〔同种异名：短鳐 *Breviraja tobitukai*〕
背面深褐色，略带暗紫色；腹面色稍浅。生长于水深 300～1 000 m 处。
分布：南海、东海；日本东南沿海；土耳其。

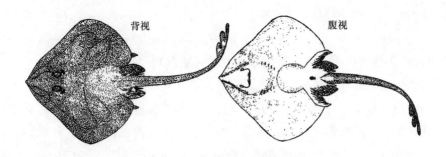

图 123　隆背鳐 *Notoraja tobitukai*（Hiyama）（全长 330 mm）

鳐属 *Raja*（Linnaeus，1758）

（本属有 2 亚属 109 种；我国产 11 种，南海产 8 种）

〔亚属及种的检索据标本及 Nakabo T.（1993），Ishiyama R.（1967），沈世杰（1993）和朱元鼎、孟庆闻等（2001）的资料综合编撰〕

亚属和种的检索表

1（8）吻软骨长，长度大于头长 60%；尾部背面结刺雄鱼 1 行，雌鱼 3 行或 5 行；吻腹面及体盘前缘均具小刺；体盘腹面常呈暗色；成鱼全长一般大于 55 cm ……………………………………………………………………………………… 长吻鳐亚属 *Dipturus*（Rafinesque，1810）

2（3）腹鳍前瓣长于后瓣。体背面铅灰色或浅灰黑色，腹面浅灰色（分布：南海、东海；日本。水深 300~1 000 m 处。）……… 巨鳐 *Raja*（*Dipturus*）*gigas*（Ishiyama，1958）〈图 124〉

3（2）腹鳍前瓣短于后瓣。

4（5）体盘背面散布许多淡色小圆斑，肩部具一对较大的淡色卵形斑；尾部侧褶较不发达。体背面黑褐色，腹面灰褐色，腹鳍足趾状前瓣尖端白色（分布：南海、台湾海峡、黄海；日本）…………………………… 广东鳐 *R.*（*D.*）*kwangtungensis*（Chu，1960）〈图 125〉

5（4）体盘背面无斑，尾部侧褶发达。

6（7）尾宽厚而短，前端稍圆，后部平扁，中段稍增宽；尾长小于体盘长；第二背鳍后的尾长小于第二背鳍基底长的 80%；背鳍间隔小于一个背鳍基底；尾背面纵行结刺不向体盘背面延伸；体背面褐色，腹面黑褐色，周缘淡色（分布：南海、东海和台湾海峡；日本）……………………………………… 大尾鳐 *R.*（*D.*）*macrocauda*（Ishiyama，1955）〈图 126〉

7（6）尾较狭长，自尾基向后平缓渐窄；尾长大于体盘长；第二背鳍后的尾长大于第二背鳍基底长的 80%；背鳍间隔约等于一个背鳍基底；雄鱼尾背面结刺 1 行，向前延伸至肩部水平，雌鱼尾背面结刺 3 行，不向前延伸至体盘背面；体背面棕褐色至黑褐色，腹面色较浅（分布：南海，东海和台湾省海域；日本东南沿海）……………………………………………………… 长鼻鳐（尖吻鳐）*R.*（*D.*）*tengu*（Jordan et Fowler，1903）〈图 127〉

8（1）吻软骨短，长度小于头长 60%；尾部背面结刺雄鱼 3 行，雌鱼 3 行或 5 行；仅吻腹面具小刺；体盘腹面一般为白色；成鱼全长小于 55 cm ·· ·· 短吻鳐亚属 *Okamejei*（Ishiyama，1958）

9（12） 背面具许多淡黄色小圆斑（液浸标本，转为暗色）。

10（11） 尾部侧褶向后延伸至尾鳍中央之后；背面具 2 对卵形大斑，最大一对为暗色或淡色，位于两侧肩，较小一对为白色，斑中央具黑色斑点而呈眼状，位于前一对斑的外后方；背面和腹面均为棕褐色（分布：南海，东海和台湾省海域，黄海；日本）············· ·· 斑鳐 *Raja*（*Okamejei*）*Kenojei*（Müller et Henle，1841）〈图 128〉

11（10） 尾部侧褶向后止于尾鳍中央之前；背面具一对较大的淡白色圆斑，位于胸鳍中间稍后处，但固定液浸泡后转为暗色或不明显；背面黄褐色，腹面除吻端和体盘边缘黄褐色外，其余部分近白色（分布：南海，东海和台湾省海域；日本）··························· ·· 麦氏鳐 *R.*（*O.*）*meerdervoortii*（Bleeker，1860）〈图 129〉

〔同种异名：大眼鳐 *R. macrophthalma*（Ishiyama，1958）〕

12（9） 背面具许多暗褐色点状斑。

13（14） 背鳍间隔小于第一背鳍基底长；背面点状斑分布不均匀，形成数个蔷薇花状斑块，在背中线两侧对称排列；另在胸鳍近后角处明显具 1 黑褐色环形斑，此斑雄鱼约与眼径等大，雌鱼则稍大于眼径；体背面和腹面均呈灰褐色，雌鱼色较深（分布：南海，东海和台湾省海域；日本）················ 鲍氏鳐 *R.*（*O.*）*boesemani*（Ishihara，1987）〈图 130〉

〔同种异名：何氏鳐 *Raja hollandi*（非 Jordan et Richardson），见：南海鱼类志；中国鱼类系统检索（1987）〕

14（13） 背鳍间隔大于第一背鳍基底长；背面点状斑分布均匀，胸鳍近后角处无环形斑；背面棕褐色（分布：南海，东海和台湾省海域）·· ························· 何氏鳐 *R.*（*O.*）*hollandi*（Jordan et Richardson，1909）〈图 131〉

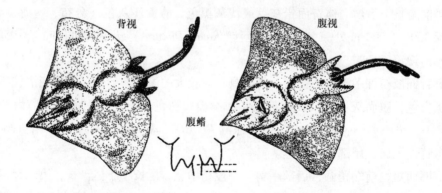

图 124　巨鳐 *R.*（*D.*）*gigas*（Ishiyama）（全长 1 047 mm）

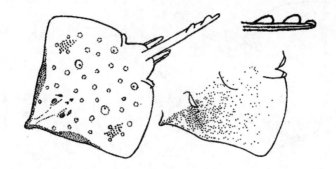

图 125　广东鳐 R. (D.) kwangtungensis (Chu)

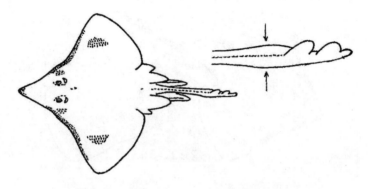

图 126　大尾鳐 R. (D.) macrocauda (Ishiyama)

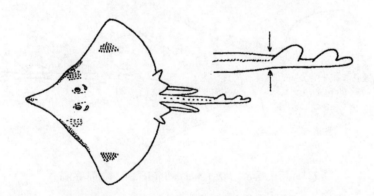

图 127　长鼻鳐 R. (D.) tengu (Jordan et Fowler)

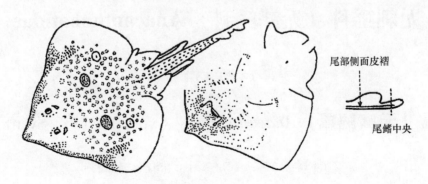

尾部侧面皮褶

尾鳍中央

图 128　斑鳐 R. (O.) Kenojei (Müller et Henle)

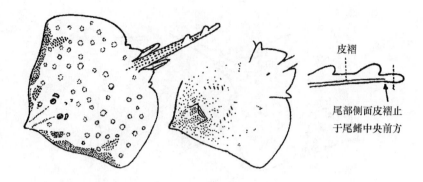

图 129　麦氏鳐 R.（O.）*meerdervoortii*（Bleeker）

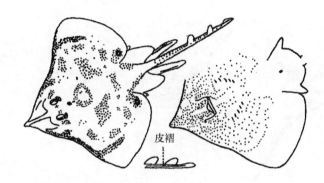

图 130　鲍氏鳐 R.（O.）*boesemani*（Ishihara）

图 131　何氏鳐 R.（O.）*hollandi*（Jordan et Richardson）

无刺鳐科（无鳍鳐科）Anacanthobatidae

（本科只 1 属）

无刺鳐属（无鳍鳐属）*Anacanthobatis*（von Bonde et Swart，1923）

（本属有 10 种；我国产 5 种，南海产 4 种）

无背鳍；腹鳍前部分化为两节的"腿足"。

74

种的检索表

1（2）尾长；泄殖孔中央至尾端长大于至吻端长的1.5倍。背面黑褐色至黑色，腹面黑褐色；口及腹鳍"腿足"部白色；尾背面褐色，腹面白色（分布：南海，台湾省海域）……………………………………………………… 黑体无刺鳐 Anacanthobatis melanosoma（Chan, 1965）〈图132〉

〔同种异名：黑体施氏鳐 Springeria melanosoma〕

2（1）尾短；泄殖孔中央至尾端长小于至吻端长。
3（4）体盘宽小于体盘长。背面灰褐色，腹鳍灰白色，泄殖腔周围和腹鳍"腿足"背面及其基部附近浅褐色（分布：南海）……………………………………………………………………… 狭体无刺鳐 A. stenosoma（Li et Hu, 1982）〈图133〉

〔同种异名：狭体施氏鳐 Springeria stenosoma〕

4（3）体盘宽大于或几等于体盘长。
5（6）口前吻长为口宽4.7~5.4倍；吻长为眼径7.8~8.2倍；背面淡褐色；腹面灰白色；尾部后方及尾鳍上叶褐色（分布：南海）……………………………………………………… 南海无刺鳐 A. nanhaiensis（Meng et Li, 1981）〈图134〉

〔同种异名：南海施氏鳐 Springeria nanhaiensis〕

6（5）口前吻长为口宽3.3~3.6倍；吻长为眼径6.8~7.1倍。背面褐色；腹面淡白色，腹鳍边缘和鳍脚浅黑色，尾端黑色（分布：南海，台湾省海域；日本）……………………………………………………… 加里曼丹无刺鳐 A. borneensis（Chan, 1965）〈图135〉

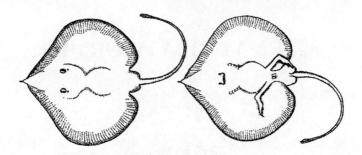

图132 黑体无刺鳐 Anacanthobatis melanosoma（Chan）

（依Chan）

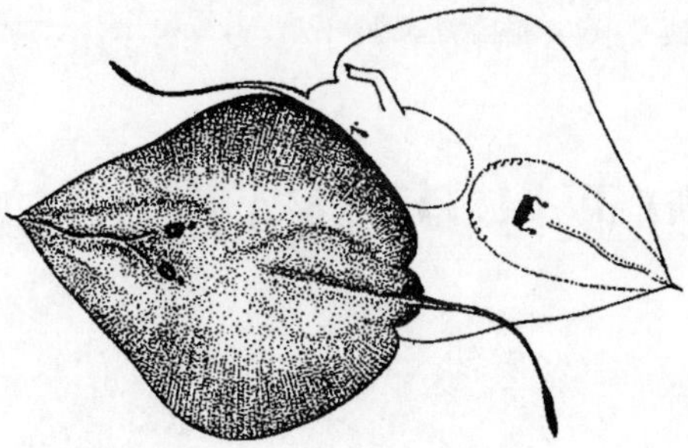

图133 狭体无刺鳐 A. stenosoma（Li et Hu）

（全长520 mm）

（依朱元鼎，孟庆闻等，2001）

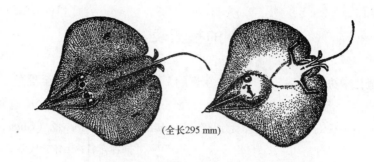

图 134　南海无刺鳐 A. nanhaiensis（Meng et Li）
（依朱元鼎，孟庆闻等，2001）

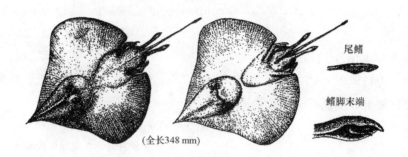

图 135　加里曼丹无刺鳐 A. borneensis（Chan）
（依朱元鼎，孟庆闻等，2001）

鲼目 MYLIOBATIFORMES

（有 2 亚目）

亚目检索表

1（2）　胸鳍前部不分化为吻鳍或头鳍；胸鳍后缘圆凸 ············· 魟亚目 DASYATOIDEI
2（1）　胸鳍前部分化为吻鳍或头鳍；胸鳍后缘凹入 ············· 鲼亚目 MYLIOBATOIDEI

魟亚目 DASYATOIDEI

（本亚目有 5 科）

科的检索表

1（2）　鳃孔 6 对；无口鼻沟 ················· 六鳃魟科 Hexatrygonidae

2	(1)	鳃孔5对；具口鼻沟。
3	(4)	尾鳍发达，较长，尾鳍宽约为尾鳍长1/6 ·················· 深水尾魟科 Plesiobatidae
4	(3)	无尾鳍。
5	(6)	体盘宽不超过体盘长的1.3倍；从泄殖腔中央至尾端距离大于体盘宽；无背鳍 ············ ··· 魟科 Dasyatidae
6	(5)	体盘宽超过体盘长的1.5倍；从泄殖腔中央至尾端距离小于体盘宽；背鳍有或无；尾短，具暗色和淡色相间的节状斑 ·················· 燕魟科 Gymnuridae

六鳃魟科 Hexatrygonidae

(本科只有1属)

六鳃魟属 *Hexatrygon*（Heemstra et Smith，1980）

(本属有5种；我国有4种，南海产2种)

种的检索表

1	(2)	尾端不裸出；尾刺侧缘仅后部具锯齿；背面深褐色，腹面灰白色（分布：南海，东海；日本）············ 长吻六鳃魟 *Hexatrygon longirostra*（Chu et Meng，1981）〈图136〉
2	(1)	尾端裸出；尾刺侧缘从基部至末端均具锯齿；背面褐色，吻部灰色，腹面白色，尾部深褐色（分布：南海，台湾省西南和东北海域）···································· ························· 杨氏六鳃魟 *H. yangi*（Shen et Liu，1984）〈图137〉

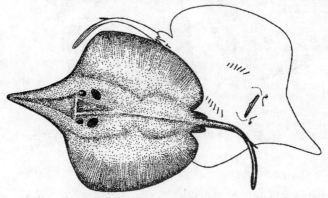

图136 长吻六鳃魟 *Hexatrygon longirostra*（Chu et Meng）
(全条680 mm)
(依朱元鼎，孟庆闻等，2001)

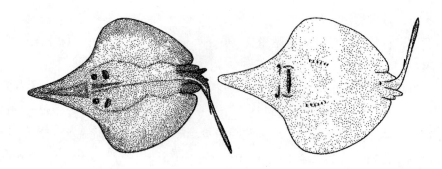

图 137　杨氏六鳃𫚉 *H. yangi*（Shen et Liu）（依沈世杰等）

深水尾𫚉科 Plesiobatidae

（本科只有 1 属 1 种）

深水尾𫚉属 *Plesiobatis*（Nishida，1990）

吻长，体盘长为吻长 2.8 倍；前鼻瓣联合为一长方形口盖，边缘细裂为锯齿状；尾长稍小于体盘长；尾刺起点至尾基间距约为尾长 46%。

达氏深水尾𫚉 *Plesiobatis daviesi*（Wallace，1967）〈图 138〉

〔同种异名：斑纹扁𫚉 *Urolophus marmoratus*（Chu，Hu et Li，1981）；达氏巨尾𫚉 *Urotrygon daviesi*〕

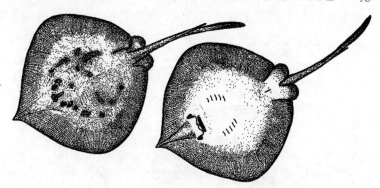

图 138　达氏深水尾𫚉 *Plesiobatis daviesi*（Wallace）（全长 742 mm）

（依朱元鼎，孟庆闻等，2001）

眼较小，吻长约为眼径 6 倍余；背面灰褐色，腹面中间灰白色，背面、腹面周沿灰黑色；背面具黑斑，眼后外侧有近圆形或条形黑色斑块 2~3 个，喷水孔间隔中央后方有 1 近圆形黑斑，腹腔后外侧有半月形黑斑，但幼体黑斑不明显。

分布：南海，东海；日本；太平洋北中部和南非。

魟科 Dasyatidae

(本科有 4 属)

〔属、种检索参考：Nakabo T. (1993)；沈世杰 (1993)；Lindberg and al. (1959)；朱元鼎、孟庆闻等 (2001)〕

属的检索表

1 (6) 具尾刺；背面光滑或部分具结刺。
2 (5) 体盘斜方形或扇形。
3 (4) 尾的上下方均无皮褶或突起；尾长鞭状，很长，为体盘长 3 倍或 3 倍余，自基部至末端具黑白或黑黄相间的节状斑 ················· 窄尾魟属 *Himantura*
4 (3) 尾的上下方均具皮褶，或下方具皮褶而上方无突起或有短小隆脊；尾长短不一，后部细鞭状，尾部最长者不超过体盘长 3 倍，通常无斑，仅个别种在尾后部具黑白相间的节状斑 ··· 魟属 *Dasyatis*
5 (2) 体盘圆形。尾中长，后部侧扁，尾腹侧自尾刺下方至尾端具皮褶 ······ 条尾魟属 *Taeniura*
6 (1) 无尾刺；背面密具结刺；体盘卵圆形 ································· 沙粒魟属 *Urogymnus*

窄尾魟属 *Himantura* (Müller et Henle, 1837)

(本属有 20 种；我国产 2 种，南海同)

种的检索表

1 (2) 尾长为体盘长 3 倍余；体密具圆形或多边形黑色斑块；背面赤褐色或黄色，腹鳍外缘黄色；腹面淡白色，周沿褐色；尾后部所具黑白相间节状斑的白色部分中间具 1 黑色斑点。体盘宽可达 1.5 m 以上 (分布：南海，东海南部和台湾省东北及西南海域；日本；太平洋西部至印度洋的温热带海域) ···································
··················· 花点窄尾魟 *Himantura uarnak* (Forskål, 1775) 〈图 139〉
〔同种异名：花点魟 *Dasyatis uarnak*〕
2 (1) 尾长约为体盘长 3 倍；体具黄色小圆斑 (液浸标本的斑点褪为白色)；背面褐色，腹鳍边缘黄色，腹面淡白色。体盘宽可达 1 m 余 (分布：南海，福建和台湾两省沿海；日本南部、印度尼西亚；红海、印度洋) ········ 杰氏窄尾魟 *H. gerrardi* (Gray, 1851) 〈图 140〉
〔同种异名：齐氏魟 *Dasyatis gerrardi*〕

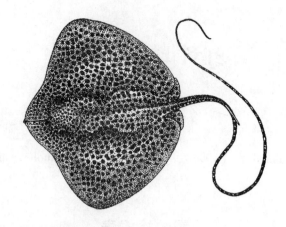

图 139　花点窄尾魟 *Himantura uarnak*（Forskål）（全长 1 405 mm）

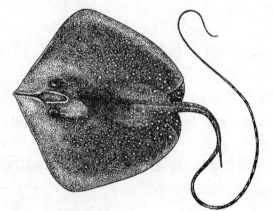

图 140　杰氏窄尾魟 *H. gerrardi*（Gray）（全长 1 116 mm）

魟属 *Dasyatis*（Rafinesque，1810）

（本属有 43 种；我国有 12 种，南海产 5 种）

种的检索表

1（4）　尾仅下方具皮褶，上方无突起和隆脊。
2（3）　吻前缘广圆；口底乳突 16 个；体背黑褐色，腹面灰色，尾端有一小段呈乳白色；尾长约为体盘长 2.5 倍（分布：南海南部；日本）…… 黑魟 *Dasyatis atratus*（Ishiyama et Okada，1955）〈图 141〉
3（2）　吻前缘中央尖突；口底乳突 5 个；体背黄褐色或灰褐色；腹面淡白色，尾长为体盘长 2.7～3 倍（分布：东海和台湾省海域；日本；印度洋，太平洋）……………………………………………………………………………………………… 黄魟 *D. bennetti*（Müller et Henle，1841）〈图 142〉
4（1）　尾的上下方均具皮褶。
5（6）　口底无乳突，吻延长尖突。背面赤褐色或灰褐色；腹面淡白色，边缘灰褐色（分布：南海，东海和台湾省海域，黄海；日本、朝鲜半岛、印度尼西亚、印度）………………

		……………………………………… 尖嘴魟 *D. zugei*（Müller et Henle，1841）〈图143〉
6	(5)	口底乳突2~7个，吻不延长尖突。
7	(8)	口底乳突2个；背面褐色，常具黑缘浅蓝色圆斑，眼间隔前和眼围具暗色横条；腹面淡白色，边缘灰褐色；尾后部具白色环，近尾端白色（分布：南海，东海和台湾省海域；日本南部、菲律宾、印度尼西亚）……… 古氏魟 *D. kuhlii*（Müller et Henle，1841）〈图144〉
8	(7)	口底乳突3~7个，中间3个显著；背面正中具1纵行结刺，在尾刺前方者较大，但不形成宽大的盾形结刺；肩区两侧具1~2行结刺；尾长为体盘长2~2.7倍；体赤褐色（分布：南海，东海及台湾省海域，有的溯江至广西南宁；日本南部，朝鲜半岛西南部）……………………………………… 赤魟 *D. akajei*（Müller et Henle，1841）〈图145〉

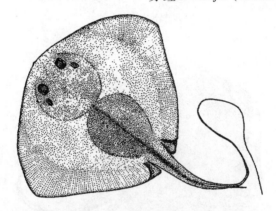

图141 黑魟 *Dasyatis atratus*（Ishiyama et Okada）
（全长894 mm）

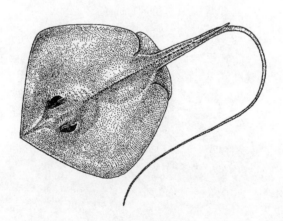

图142 黄魟 *D. bennetti*（Müller et Henle）
（全长970 mm）

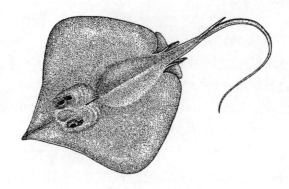

图 143　尖嘴魟 *D. zugei*（Müller et Henle）
（全长 556 mm）

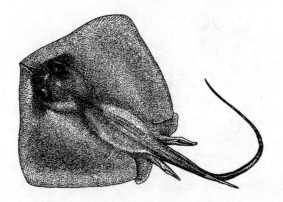

图 144　古氏魟 *D. kuhlii*（Müller et Henle）
（全长 441 mm）

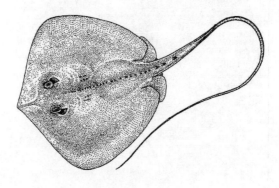

图 145　赤魟 *D. akajei*（Müller et Henle）
（全长 731 mm）

条尾魟属 *Taeniura*（Müller et Henle，1837）

（本属有 7 种；我国有 1 种，南海同）

迈氏条尾魟 *Taeniura meyeni*（Müller et Henle，1841）〈图 146〉
〔同种异名：黑斑条尾魟 *T. melanospilos* Bleeker，1873〕

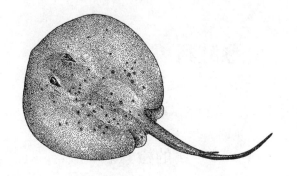

图146　迈氏条尾𫚉 *Taeniura meyeni*（Müller et Henle）
（全长600 mm）

背面暗褐色，具许多不规则且大小不一的黑褐色斑块，尾下方皮褶黑色。
分布：南海，福建；印度尼西亚；红海、印度洋。

沙粒𫚉属 *Urogymnus*（Müller et Henle，1837）

（本属有2种；我国有1种，只产于南海）

粗糙沙粒𫚉 *Urogymnus asperrimus*（Bloch et Schneider，1801）〈图147〉
〔同种异名：非洲沙粒𫚉 *U. africana*（Bloch et Schneider，1801）〕

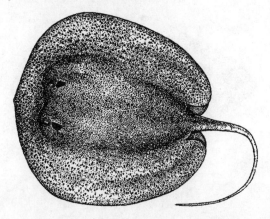

图147　粗糙沙粒𫚉 *Urogymnus asperrimus*（Bloch et Schneider）
（全长964 mm）

体背暗褐色，结刺黄色，腹面白色。
分布：南海；印度尼西亚，澳大利亚昆士兰；红海、印度洋。

燕魟科 Gymnuridae

(本科2属)

属的检索表

1（2） 背鳍1个 ··· 鸢魟属 Aetoplatea
2（1） 无背鳍 ·· 燕魟属 Gymnura

鸢魟属 Aetoplatea（Valenciennes，1841）

(本属只1种)

条尾鸢魟 Aetoplatea zonura（Bleeker，1852）〈图148〉

背面灰褐色，密布暗色小圆斑及较大的淡色圆斑；尾短窄，约为体盘长1/2或稍长；背鳍1个，低小，位尾刺前。

分布：南海，台湾省沿海和台湾海峡；新加坡、印度尼西亚；印度。

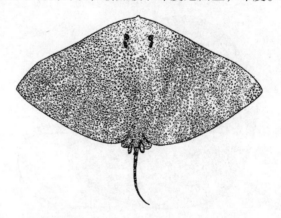

图148　条尾鸢魟 Aetoplatea zonura（Bleeker）

(全长371 mm)

燕魟属 Gymnura（van Hasselt，1823）

(本属有11种；我国有3种，南海同)

无背鳍；尾具深色和淡色相间的节状斑。

种的检索表

1（2） 眼后外侧具2个白斑。背面青灰褐色，隐具不规则斑纹，腹面白色。尾短窄，约为体盘长1/2（分布：南海，东海和台湾省沿海；印度） ··· 双斑燕魟 *Gymnura bimaculata*（Norman，1925）〈图149〉
2（1） 眼后外侧无白色斑块。
3（4） 尾长约为体盘长的1/2；体上具黑色的小斑和较大斑块。背面灰褐色或青褐色，腹面白色（分布：我国沿海；日本，朝鲜半岛） ··· 日本燕魟 *G. japonica*（Temminck et Schlegel，1850）〈图150〉
4（3） 尾长几与体盘长相等；体上具白色小斑点。背面暗褐色，腹面白色（分布：南海；日本、印度尼西亚；红海、印度洋） ··············· 花尾燕魟 *G. poecilura*（Shaw，1804）〈图151〉

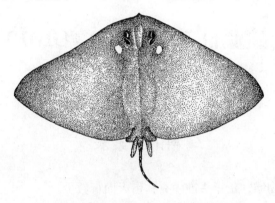

图149　双斑燕魟 *Gymnura bimaculata*（Norman）

（全长389 mm）

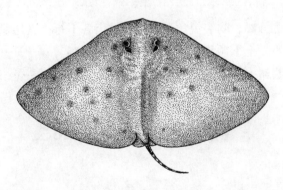

图150　日本燕魟 *G. japonica*（Temminck et Schlegel）

（全长559 mm）

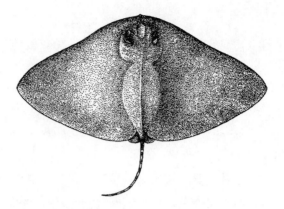

图 151 花尾燕魟 *G. poecilura*（Shaw）

（全长 406 mm）

鲼亚目 MYLIOBATOIDEI

（本亚目有 4 科）

科的检索表

1 (6) 胸鳍前部分化为吻鳍，位于头前中央；齿大而行数少。
2 (5) 吻鳍 1 个，不分瓣。
3 (4) 吻鳍与胸鳍在头侧相连或分离；吻突弧拱形或钝角形；上下颌齿各 7 行；尾刺有或无 ··· 鲼科 Myliobatidae
4 (3) 吻鳍与胸鳍在头侧分离；吻突锐角形；上下颌齿各 1 行；具尾刺 ······ 鹞鲼科 Aetobatidae
5 (2) 吻鳍前部分成两瓣；上下颌具齿 5~10 纵行；具尾刺 ············ 牛鼻鲼科 Rhinopteridae
6 (1) 胸鳍前部分化为头鳍，位于头前两侧；齿细小，多行 ··················· 蝠鲼科 Mobulidae

鲼科 Myliobatidae

（本科有 3 属；我国有 2 属）

属的检索表

1 (2) 胸鳍与吻鳍在头侧分离；吻突弧拱形；无尾刺 ··················· 无刺鲼属 *Aetomylaeus*
2 (1) 胸鳍与吻鳍在头侧相连；吻突钝角形；具尾刺 ································ 鲼属 *Myliobatis*

无刺鲼属 *Aetomylaeus*（Garman, 1980）

（本属有 4 种；我国皆产，南海同）

种的检索表

1（4） 背鳍起点在腹鳍基底终点之后。
2（3） 体盘背面散布白色黑缘小圆斑；背面中间具结刺一纵群；前颌上具小刺。背面褐色，腹面白色，尾前部淡白带蓝色（分布：南海，东海和台湾省沿海；新加坡、印度尼西亚；印度洋） ………………………… 花点无刺鲼 *Aetomylaeus maculatus*（Gray, 1834）〈图 152〉
3（2） 体盘背面前部具黄色蓝边横纹，后部具黄色蓝边网纹；背面中间光滑；前颌上无小刺。背面黄褐色，腹面白色，背鳍白色（分布：南海北部湾；印度尼西亚爪哇海，马六甲海峡，泰国） ………………………… 鲾状无刺鲼 *A. vespertilio*（Bleeker, 1852）〈图 153〉
4（1） 背鳍起点与腹鳍基底终点相对。
5（6） 背面完全光滑，具蓝色曲折横纹 5 条或 6 条。背面蓝褐色，腹面白色或散布淡蓝色云状斑块（分布：南海，东海和台湾省沿海；日本、东南亚、澳大利亚、印度、斯里兰卡） ………………………… 聂氏无刺鲼 *A. nichofii*（Bloch et Schneider, 1801）〈图 154〉
6（5） 幼体光滑，个体较大者背面及胸鳍具细小星状鳞片；体暗褐色；体盘后部常具白色斑点（分布：南海，台湾省海域；菲律宾、印度尼西亚、红海、印度洋） ………………………… 鹰状无刺鲼 *A. milvus*（Müller et Henle, 1841）〈图 155〉

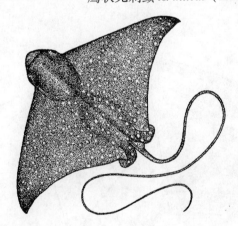

图 152　花点无刺鲼 *Aetomylaeus maculatus*（Gray）

（全长 1 264 mm）

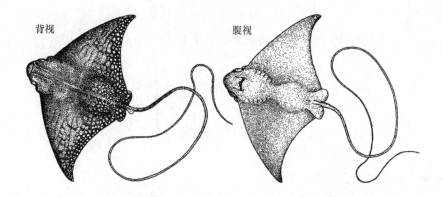

图 153　蝠状无刺鲼 A. vespertilio（Bleeker）（全长 1 430 mm）

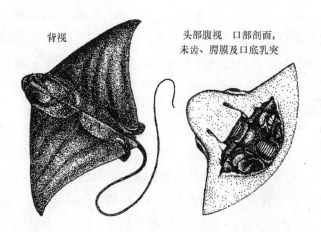

图 154　聂氏无刺鲼 A. nichofii（Bloch et Schneider）
（全长 853 mm）

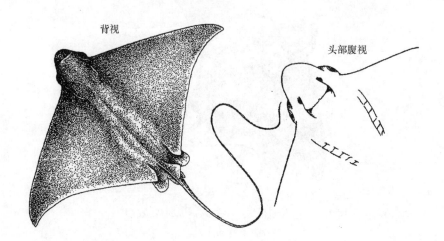

图 155　鹰状无刺鲼 A. milvus（Müller et Henle）（全长 829 mm）

鲼属 *Myliobatis* (Cuvier, 1816)

(本属有14种；我国只产1种，南海同)

鸢鲼 *Myliobatis tobijei* (Bleeker, 1854) 〈图156〉

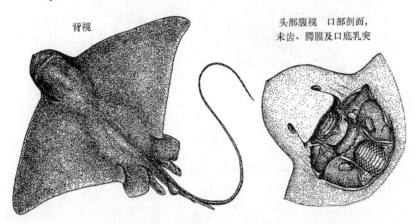

图156　鸢鲼 *Myliobatis tobijei* (Bleeker)（全长971 mm）

尾粗糙，具细鳞。背面黄褐带赤色。
分布：我国沿海；日本，朝鲜半岛。

鹞鲼科 Aetobatidae

(本科只1属)

鹞鲼属 *Aetobatus* (Blainville, 1816)

(本属有4种；我国有3种，南海产2种)

吻突呈锐角形。南海所产2种均为喷水孔开口于背面；具尾刺。

种的检索表

1 (2)　体背密具白色或蓝色斑点；吻较短而宽；口底乳突2行，后行具显著乳突7~9个，前行具细小乳突2个。体背面暗褐色或赤褐色，腹面白色（分布：南海，东海和台湾省沿海；三大洋热带和暖温带） ··· 纳氏鹞鲼（斑点鹞鲼）*Aetobatus narinari* (Euphrasen, 1790) 〈图157〉
2 (1)　体背无斑；吻较长而尖；口底具细小乳突1行，15~16个。背面暗褐色或赤褐色，腹面白色（分布：南海，东海；太平洋西部至印度洋热带和温带海域）⋯⋯⋯⋯⋯⋯⋯⋯⋯⋯⋯⋯⋯⋯⋯⋯⋯⋯⋯⋯⋯无斑鹞鲼 A. flagellum（Bloch et Schneider，1801）〈图158〉

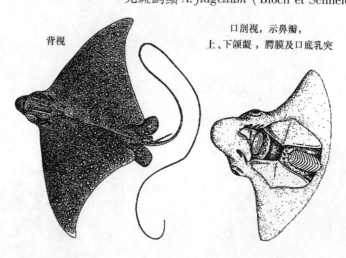

图157　纳氏鹞鲼（斑点鹞鲼）Aetobatus narinari（Euphrasen）
（全长568 mm）

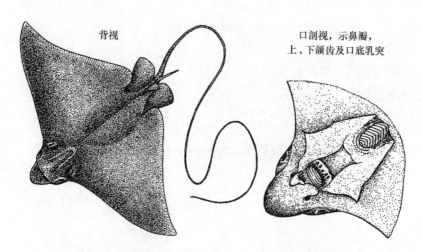

图158　无斑鹞鲼 A. flagellum（Bloch et Schneider）（全长485 mm）

牛鼻鲼科 Rhinopteridae

（本科有1属）

牛鼻鲼属 Rhinoptera（Cuvier，1829）

（本属有9种；我国产2种，南海同）

种的检索表

1（2） 上下颌齿各9行。背面黑褐色带紫蓝色，头颅前侧、背鳍上部及尾部蓝色；腹面乳白色，常有蓝色斑块（分布：南海）…… 海南牛鼻鲼 *Rhinoptera hainanica*（Chu，1960）〈图159〉

2（1） 上下颌齿各7行。背面灰褐色带蓝色，胸鳍前缘蓝色；腹面白色，头部及胸鳍前腹面散布有不规则蓝色斑块，胸鳍外侧部及腹鳍灰黑带蓝色（分布：南海，东海及台湾海峡；日本、印度尼西亚、印度、斯里兰卡）……………………………………………………………………………… 爪哇牛鼻鲼 *R. javanica*（Müller et Henle，1841）〈图160〉

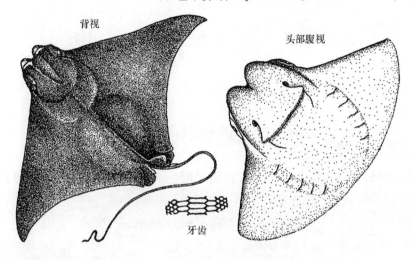

图159 海南牛鼻鲼 *Rhinoptera hainanica*（Chu）（全长734 mm）

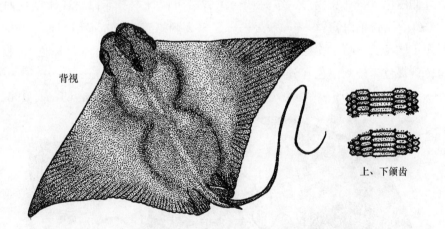

图160 爪哇牛鼻鲼 *R. javanica*（Müller et Henle）（全长1 310 mm）

鲼科 Mobulidae

（本科有2属）

属的检索表

1（2） 口下位；上颌和下颌各具1齿带 ··· 蝠鲼属 *Mobula*
2（1） 口前位；只下颌具1齿带 ··· 前口蝠鲼属 *Manta*

蝠鲼属 *Mobula*（Rafinesque，1810）

（本属有13种；我国有4种，南海产3种）

种的检索表

1（2） 具尾刺，尾长约为体盘长2倍余。背面青褐色，腹面白色；头鳍里侧青褐色，外侧白色（分布：我国沿海；日本、朝鲜半岛、夏威夷群岛） ···
··························· 日本蝠鲼 *Mobula japonica*（Müller et Henle，1841）〈图161〉
2（1） 无尾刺；尾长短于体盘长或为体盘长1~1.5倍。
3（4） 尾长为体盘长1~1.5倍；喷水孔径为眼径1/4。背面黑褐色，腹面白色；头鳍里侧黑褐色，外侧白色（分布：南海，东海和台湾省沿海；日本、菲律宾、印度尼西亚、澳大利亚、红海、阿拉伯海） ······························· 无刺蝠鲼 *M. diabola*（Shaw，1804）〈图162〉
4（3） 尾长短于体盘长；喷水孔径为眼径2倍。背面黄褐色（液浸标本呈棕色），腹面白色；头鳍里侧黄褐色，外侧白色（分布：南海，台湾省海域） ···
··························· 台湾蝠鲼 *M. formosana*（Teng，1962）〈图163〉

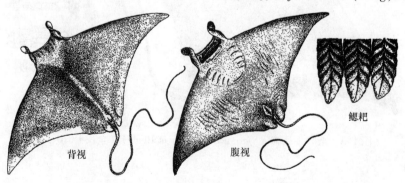

图161 日本蝠鲼 *Mobula japonica*（Müller et Henle）（全长1 669 mm）

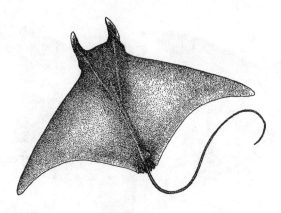

图 162　无刺鲾鲼 M. diabola（Shaw）

（全长 1 300 mm）

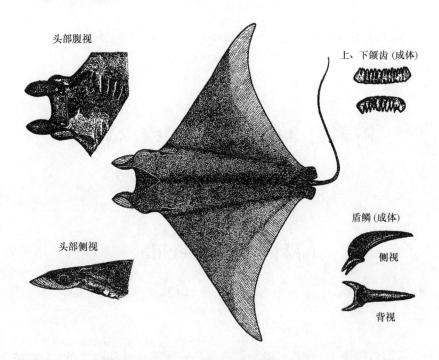

图 163　台湾鲾鲼 M. formosana（Teng）（依邓火土）（全长 1 105 mm）

前口蝠鲼属 Manta（Bancroft，1829）

（本属有 2 种；我国有 1 种，南海有产）

双吻前口蝠鲼 Manta birostris（Walbaum，1792）（图 164）

[俗称：鹏鱼或彭鱼]

背面浅灰青色，头的前部自前囟至喷水孔及头鳍里面之上下缘均呈黑褐色，胸鳍外缘灰褐色，尾的后部黑褐色；腹面淡白色，泄殖孔周围黑色。

鳃可入药，煮汤或煮粥吃，可治小儿麻疹。

分布：我国沿海；各大洋的热带和温带各海域。

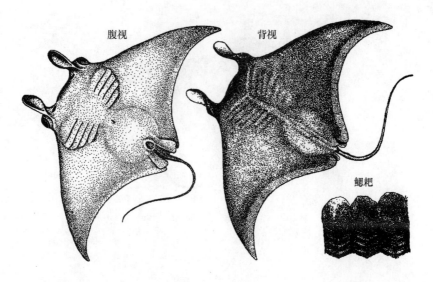

图 164　双吻前口鲼鳐 *Manta birostris*（Walbaum）（全长 845 mm）

（依朱元鼎，孟庆闻等，2001）

鲟形目 ACIPENSERIFORMES

（本目有 2 科；南海只有 1 科）

鲟科 Acipenseridae

（本科有 4 属）

体具 5 行骨板；口前吻须 4；吻长；眼小；口腹位；无鳃盖骨和鳃盖条；1 背鳍，后位；尾鳍歪形。

鲟属 *Acipenser*（Linnaeus，1758）

（南海只有 1 种）

中华鲟 *Acipenser sinensis*（Gray，1834）〈图 165〉

口裂小，不达头侧；鳃盖膜与峡部不相连；两侧骨板大。

下唇中断；体侧骨板 29～43；吻较尖长，口前吻长大于宽；吻须很短，须长短于须基与口前缘距离的 1/2。侧骨板上方青灰、灰褐或灰黄色，侧骨板下方由浅灰色逐步过渡到黄白色；腹部白色；各鳍灰色，边缘色浅。

分布：黄海至南海北部。（南海极少捕获，已知仅于 20 世纪 60 年代初资源调查时在珠江口海

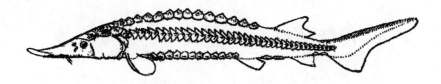

图165　中华鲟 *Acipenser sinensis*（Gray）

域有个别捕获，此后再未见捕获的报道。该种现已作为养殖对象批量生产。）

海鲢目 ELOPIFORMES

〔本目分类系统及检索主要依张世义（2001）和 Nakabo T.（2000）〕

（本目有2亚目）

亚目的检索表

1（2）　鳃盖条23～25；喉板很发达 ………………………………………………… 海鲢亚目 ELOPOIDEI
2（1）　鳃盖条6～16；无喉板或缩成细条 ……………………………………………… 北梭鱼亚目 ALBULOIDEI

海鲢亚目 ELOPOIDEI

（本目有2科）

科的检索表

1（2）　有假鳃；背鳍最后鳍条不延长 ……………………………………………… 海鲢科 Elopidae
2（1）　无假鳃；背鳍最后鳍条延长为丝状 …………………………………………… 大海鲢科 Megalopidae

海鲢科 Elopidae

（本科有1属）

海鲢属 *Elops*（Linnaeus，1766）

（本属有5种；我国有1种，南海同）

大眼海鲢 *Elops machnata* (Forskål, 1755) 〈图166〉
〔同种异名：海鲢 *E. saurus*（非 Linnaeus），见：南海鱼类志，中国鱼类系统检索等〕
背部深绿色，头背略呈黄色；体侧与腹部白色，各鳍略呈淡黄色，背鳍和尾鳍边缘黑色。
分布：南海，东海和台湾省海域，黄海；太平洋、印度洋、大西洋。

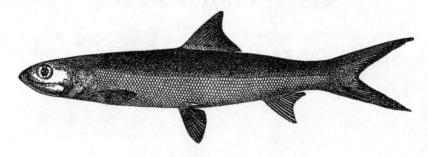

图166 大眼海鲢 *Elops machnata* (Forskål)
（依王文滨，1962，南海鱼类志）

大海鲢科 Megalopidae

（本科有1属）

大海鲢属 *Megalops*（Lacépède，1803）

（本属只1种；南海有产）

大海鲢 *Megalops cyprinoides* (Broussonet, 1782) 〈图167〉
背部深绿色，侧线以下至腹部银白色，吻端灰绿色，各鳍淡黄色。
分布：南海，东海和台湾省海域；日本、澳大利亚；太平洋中西部至印度洋。

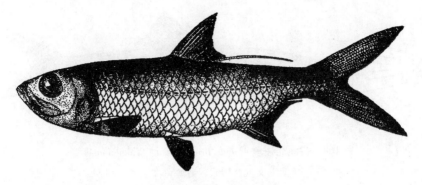

图167 大海鲢 *Megalops cyprinoides*（Broussonet）
（依王文滨，1962，南海鱼类志）

北梭鱼亚目 ALBULOIDEI

（本亚目有2科；我国有1科，南海同）

北梭鱼科 Albulidae

（有1属）

无喉板；背鳍基短，鳍条不到20；鳃盖条多于10。

北梭鱼属 *Albula*（Gronow，1763）

（本属有2种；我国有1种，南海同）

尖颌北梭鱼 *Albula neoguinaica*（Valenciennes，1847）〈图168〉

[同种异名：北梭鱼 *Albula vulpes*，见：南海鱼类志；中国鱼类系统检索；北梭鱼 *A. glossodonta*（张世义，2001）]

体背和体侧胸鳍水平以上有10余条灰褐色带蓝色纵纹，纵纹之间的鳞列和腹部，以及头部侧面和腹面均为银白色；上颌橙黄色；背鳍和尾鳍灰褐色，尾鳍色较深。

下颌前端尖突。腹鳍始于背鳍基部后1/3处。吻较长，头长约为吻长2.7倍。背鳍前方背缘较平缓。胸鳍橙黄色，腹鳍和臀鳍白色。

分布：南海、东海和台湾省海域；日本；太平洋热带和亚热带海域。

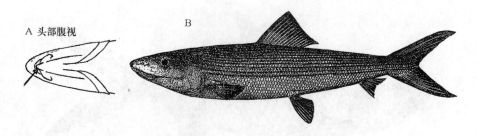

图168 尖颌北梭鱼 *Alubula neoguinaica*（Valenciennes）
（依王文滨，1962，南海鱼类志）

鲱形目 CLUPEIFORMES

（本目有2亚目）

〔检索主要据张世义（2001）并参考丘书院（1982）和 Chan, W. L.（1965）〕

亚目的检索表

1（2） 背鳍通常位于臀鳍前方；纵列鳞少于200；颌齿细小，不呈犬齿状 ·· 鲱亚目 CLUPEOIDEI
2（1） 背鳍与臀鳍相对；纵列鳞多于200；颌上有锐利的犬齿 ··· 宝刀鱼亚目 CHIRCENTROIDEI

鲱亚目 CLUPEOIDEI

（本亚目有3科）

科的检索表

1（4） 下颌关节在眼下方或紧邻眼后的下方；鳃盖膜彼此不相连。
2（3） 臀鳍基中等长，鳍条少于30 ·· 鲱科 Clupeidae
3（2） 臀鳍基长，鳍条多于30 ·· 锯腹鳓科 Pristigasteridae
4（1） 下颌关节在眼的远后下方；鳃盖膜彼此微连 ································ 鳀科 Engraulidae

鲱科 Clupeidae

（本科有4亚科）

亚科的检索表

1 (2) 腹部圆，无棱鳞；腰棱呈 W 形 ·················· 圆腹鲱亚科 Dussumierinae
2 (1) 腹部通常侧扁，有棱鳞；腰棱呈直立扁针状。
3 (6) 口前位；辅上颌骨 2 块；胃不为沙囊状。
4 (5) 上颌中间无缺刻；上颌骨后端通常伸至眼中部前方或下方 ·············· 鲱亚科 Clupeinae
5 (4) 上颌中间有显著缺刻；上颌骨后端在眼中部或后部下方 ················ 西鲱亚科 Alosinae
6 (3) 口下位；辅上颌骨 1 块；胃呈沙囊状 ·················· 鰶亚科 Dorosomatinae

圆腹鲱亚科 Dussumierinae

(本亚科有 4 属；我国有 3 属，南海同)

属的检索表

1 (4) 背鳍条 16~21；鳃盖条 14~19。
2 (3) 腹鳍位于背鳍基底下方；犁骨无齿；臀鳍条 14~19；脂眼睑不全盖着眼 ·····················
·· 圆腹鲱属 Dussumieria
3 (2) 腹鳍位于背鳍基底后方；犁骨有齿；臀鳍条 9~13；脂眼睑完全盖着眼 ·····················
·· 脂眼鲱属 Etrumeus
4 (1) 背鳍条 11~16；鳃盖条 6~7 ························ 银带鲱属 Spratelloides

圆腹鲱属 Dussumieria (Valenciennes, 1847)

(本属有 2 种；我国均产，南海同)

种的检索表

1 (2) 纵列鳞 40~48；胸鳍长等于吻端至眼后缘距；体长为体高 3.6 倍。背侧蓝褐色，体侧中部以下浅灰黄色，各鳍淡色，背鳍散有黑点（分布：南海，东海和台湾海峡；印度洋至太平洋西北部）·············· 尖吻圆腹鲱 Dussumieria acuta (Valenciennes, 1847) 〈图 169〉
2 (1) 纵列鳞 52~58；胸鳍短于吻端至眼后缘距；体长为体高 4.42~5.58 倍。体背部蓝绿色，腹部银白色；体侧中上部具 1 条金黄色光泽的纵带；各鳍淡黄绿色（分布：南海，东海和台湾省海域；日本；印度洋至太平洋西北）··································
··· 黄带圆腹鲱 D. elopsoides (Bleeker, 1849) 〈图 170〉
〔同种异名：圆腹鲱 D. hasselti (Bleeker, 1851)〕

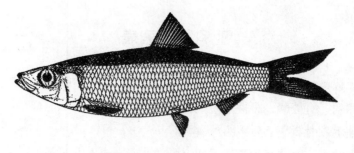

图169 尖吻圆腹鲱 *Dussumieria acuta*（Valenciennes）
（仿 Whitehead，1985）

图170 黄带圆腹鲱 *D. elopsoides*（Bleeker）
（依王文滨，1962，南海鱼类志）

脂眼鲱属 *Etrumeus*（Bleeker，1853）

（本属有3种；我国产1种，南海同）

脂眼鲱 *Etrumeus teres*（De Kay，1842）〈图171〉
〔同种异名：脂眼鲱 *E. micropus*（Temm. et Schl.，1846）〕

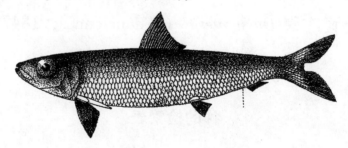

图171 脂眼鲱 *Etrumeus teres*（De Kay）
（依王文滨，1962，南海鱼类志）

背部深蓝绿色，体侧下部和腹部白色；吻、背鳍、胸鳍和尾鳍淡黄色，腹鳍、臀鳍白色。
分布：南海，东海和台湾省海域；太平洋、印度洋。

银带鲱属（小体鲱属）*Spratelloides*（Bleeker，1851）

（本属有 4 种；我国有 2 种，南海有 1 种）

锈眼银带鲱（弱姿小体鲱）*Spratelloides delicatulus*（Bennett，1831）〈图 172〉
　　上颌无齿；臂鳍条 9～11；纵列鳞 35～41；背部灰青褐色，体侧银白色，无纵带，鳍灰白色。最大体长 70 mm。
　　分布：南海，台湾省近海；太平洋西部、印度洋。

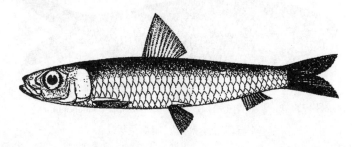

图 172　锈眼银带鲱（弱姿小体鲱）*Spratelloides delicatulus*（Bennett）

（仿 Whitehead，1985）

鲱亚科 Clupeinae

（本科有 16 属；我国有 6 属，南海有 5 属）

属的检索表

1（8）　鳃盖光滑；第三鳃弓内侧（后面）通常有鳃耙；角舌骨上缘光滑。
2（3）　鳃孔内的后缘圆，无肉突。腹鳍条 7；腹棱强；腹鳍始于背鳍起点前下方 ················
　　　　·· 叶鲱属 *Escualosa*
3（2）　鳃孔内的后缘具 2 显著肉突。腹鳍条 8；腹棱较强或弱小；腹鳍始于背鳍起点后下方。
4（5）　额顶面细纹少（3～7）；第二辅上颌骨近梨形；臂鳍最后 2 鳍条通常不大 ···············
　　　　·· 翠鳞鱼属 *Herklotsichthys*
5（4）　额顶面细纹多（7～14）；第二辅上颌骨呈铲形；臂鳍最后 2 鳍条通常很大。
6（7）　下鳃耙 26～43；前背鳞经中线单列 ··· 钝腹鲱属 *Amblygaster*
7（6）　下鳃耙罕有少于 45（多为 45～90，有些种类超过 200）；前背鳞通常经中线对列 ········
　　　　·· 小沙丁鱼属 *Sardinella*
8（1）　鳃盖具辐射状骨质纹；第三鳃弓内侧（后面）无鳃耙；角舌骨上缘具肉质耙 ···············
　　　　·· 拟沙丁鱼属 *Sardinops*

叶鲱属（洁白鲱属）*Escualosa*（Whitley，1940）

（本属有2种；我国有1种，南海同）

叶鲱（洁白鲱）*Escualosa thoracata*（Valenciennes，1847）〈图173〉
〔同种异名：玉鳞鱼 *Kowala coval*：南海鱼类志；中国鱼类系统检索〕

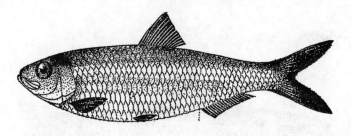

图173 叶鲱（洁白鲱）*Escualosa thoracata*（Valenciennes）
（依王文滨，1962，南海鱼类志）

体洁白如玉，体侧中上方具1条约与眼径等宽的白色纵行亮带。沿背部有2行平行的小黑点。一般体长70 mm，最大体长82 mm。

分布：南海；印度尼西亚、菲律宾、巴布亚新几内亚、澳大利亚、印度洋北部。

翠鳞鱼属 *Herklotsichthys*（Whitley，1951）

（本属有11种；我国有2种，南海产1种）

大眼翠鳞鱼 *Herklotsichthys ovalis*（Bennett，1830）〈图174〉
〔同种异名：大眼青鳞鱼 *Harengula ovalis*，见：南海鱼类志〕

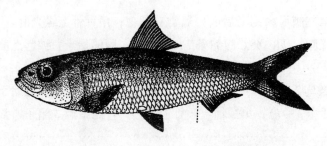

图174 大眼翠鳞鱼 *Herklotsichthys ovalis*（Bennett）（依王文滨，1962，南海鱼类志）

背部绿色，腹部白色。体上侧有一条淡绿色纵带，口缘周围黑色。

分布：南海，台湾省海域；太平洋、印度洋。

钝腹鲱属（圆腹沙丁鱼属）*Amblygaster*（Bleeker，1849）

（本属有4种；我国有3种，南海同）

种的检索表

1（2） 体侧有10~20个金黄色圆斑（离水后很快变为蓝褐色）；上颌骨末端伸达或超过眼前缘。鲜本背侧蓝绿色（液体标本转为黑褐色），腹部银白色；颌端与背侧同色（分布：南海多见于南部，台湾省海域；太平洋西部，印度洋）·· 斑点钝腹鲱 *Amblygaster sirm*（Walbaum，1792）〈图175〉

〔同种异名：西牧小沙丁鱼 *Sardinella sirm*，见：中国鱼类系统检索〕

2（1） 体侧无圆斑。

3（4） 第一鳃弓下鳃耙26~30；上颌骨末端明显不达眼前缘。背部青绿色，腹部银白色，口缘绿色（分布：南海，东海；菲律宾、印度尼西亚、马来西亚；红海）································· 短颌钝腹鲱 *A. clupeoides*（Bleeker，1849）〈图176〉

〔同种异名：白腹小沙丁鱼 *Sardinella clupeoides*，见：南海鱼类志〕

4（3） 第一鳃弓下鳃耙31~34；上颌骨末端接近眼前缘。背部蓝绿色，腹部银白色，背鳍灰黑色（分布：南海，台湾省海域；日本；太平洋西部至印度洋东部）································ 钝腹鲱 *A. leiogaster*（Valenciennes，1847）〈图177〉

〔同种异名：*Sardinella leiogaster*〕

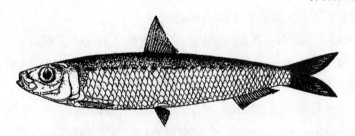

图175 斑点钝腹鲱 *Amblygaster sirm*（Walbaum）（仿 Whitehead，1985）

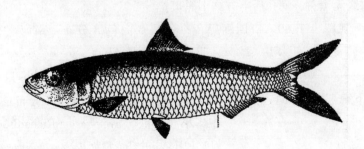

图176 短颌钝腹鲱 *A. clupeoides*（Bleeker）（依王文滨，1962，南海鱼类志）

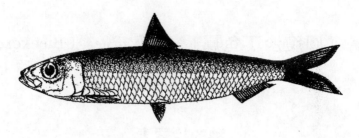

图 177　钝腹鲱 A. leiogaster（Valenciennes）（仿 Whitehead，1985）

小沙丁鱼属 Sardinella（Valenciennes，1847）

（本属约 24 种；我国有 11 种，南海有 10 种）

背部绿色或青褐色，腹侧银白色；鳃盖隅角后方上下常有 1 黑斑。

种的检索表

1（2）　腹鳍条 9。鳃盖隅角后方至尾基具 1 条金黄色纵带（液浸标本不明显）（分布：南海，东海和台湾省海域；印度尼西亚、澳大利亚、非洲西部沿海、地中海）……………………………………………… 金色小沙丁鱼 Sardinella aurita（Valenciennes，1847）〈图 178〉

2（1）　腹鳍条 8。

3（6）　尾鳍上下叶端部黑色。鳃孔后上方 1 深色斑。

4（5）　背鳍第 1~4 鳍条基部具 1 黑斑。体中侧部呈黄色（分布：广东陆丰、台湾省）……………………………………………… 花莲小沙丁鱼 S. hualiensis（Chu et Tsai，1958）〈图 179〉

5（4）　背鳍基前缘无黑斑。背鳍黄绿色，上缘黑色；尾鳍绿色；吻端深褐色（分布：南海，台湾省海域；日本、印度、巴基斯坦、亚丁湾、阿拉伯海）………………………………………………… 黑尾小沙丁鱼 S. melanura（Cuvier，1829）〈图 180〉

6（3）　尾鳍上下叶端部不呈黑色。

7（10）　背鳍基前缘无黑斑；鳃孔后上方具 1 黑斑。

8（9）　第一鳃弓下鳃耙少于 60。口周围黑色；各鳍灰白色（分布：南海〈标本获自陆丰、湛江〉，东海，黄海；日本海、越南、菲律宾、马来半岛）………………………………………………… 青鳞小沙丁鱼 S. zunasi（Bleeker，1854）〈图 181〉

9（8）　第一鳃弓下鳃耙 60~65。背鳍、尾鳍淡黄色，其他各鳍白色（分布：南海、东海；太平洋西部）…………………… 中华小沙丁鱼 S. nymphaea（Richardson，1846）〈图 182〉

〔同种异名：中华青鳞鱼 Harengula nymphaea，见：南海鱼类志〕

10（7）　背鳍基前缘具 1 黑斑。第一鳃弓下鳃耙少于 85。

11（14）　腹鳍后棱鳞 15~16。

12（13）　尾鳍长约等于头长；鳞片后部小孔多于 20。鳃盖隅角后至尾基具 1 金黄色狭窄纵带（液浸标本不明显）；吻端淡灰色；臀鳍和腹鳍白色，胸鳍和尾鳍淡黄色；背鳍后缘和尾鳍后缘灰色（分布：南海，东海和台湾省海域；太平洋西部、印度洋）……………………………………………………………… 金带小沙丁鱼 S. gibbosa（Bleeker，1849）〈图183〉

〔同种异名：裘氏小沙丁鱼 S. jussieu（非 Valenciennes），见：南海鱼类志；中国鱼类系统检索〕

13（12）尾鳍长短于头长；鳞片后部小孔少于20。背鳍上部和尾鳍上下叶端部黑色（分布：南海珠江口，台湾省海域；印度尼西亚；阿拉伯海）……………………………………………………………………… 短尾小沙丁鱼 S. sindensis（Day，1878）〈图184〉

14（11）腹鳍后棱鳞12~14。

15（18）尾鳍长约等于头长；鳞片后部小孔少于20，腹鳍基腋鳞2~3片。

16（17）鳞片沟交搭成连续；腹鳍基腋鳞2片。背缘稍圆缓，腹缘甚拱凸。口周围和瞳孔上部虹彩黑色；背鳍淡青褐色，鳍上端黑色；尾鳍浅黄绿色，末端黑色；胸鳍、腹鳍、臀鳍淡青黄色（分布：南海，东海；印度洋-西太平洋）……………………………… 短体小沙丁鱼 S. brachysoma（Bleeker，1852）〈图185〉

17（16）鳞片沟中断；腹鳍基腋鳞3片。各鳍黄绿色，鳃孔后上方无黑斑（分布：南海，东海和台湾省海域；印度洋-西太平洋）……………………………… 鳞小沙丁鱼 S. fimbriata（Valenciennes，1847）〈图186〉

18（15）尾鳍长大于头长；鳞片后部小孔多于20；腹鳍基腋鳞1片。背鳍青黄色；尾鳍绿色，后缘黑色；胸鳍、腹鳍和臀鳍淡色（分布：南海，东海和台湾省海域；印度洋-西太平洋）……………………………… 白小沙丁鱼 S. albella（Valenciennes，1847）〈图187〉

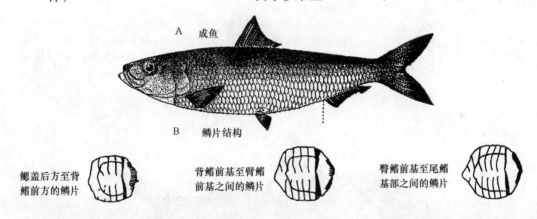

图178 金色小沙丁鱼 Sardinella aurita（Valenciennes）（A. 依王文滨，1962，南海鱼类志；B. 仿丘书院，1982）

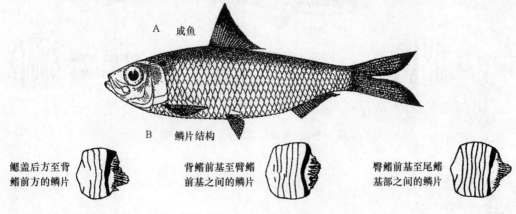

图179 花莲小沙丁鱼 S. hualiensis（Chu et Tsai）（A. 仿 Whitehead，1985；B. 仿丘书院，1982）

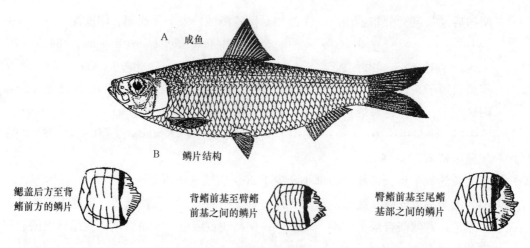

图180 黑尾小沙丁鱼 S. melanura (Cuvier) (A. 仿 Whitehead, 1985; B. 仿丘书院, 1982)

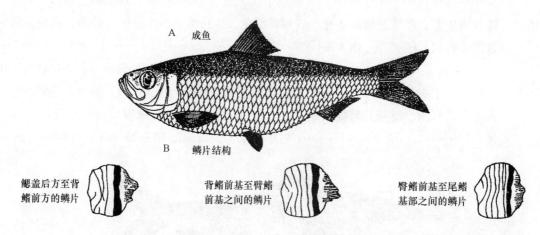

图181 青鳞小沙丁鱼 S. zunasi (Bleeker) (A. 仿张春霖, 1985; B. 仿丘书院, 1982)

图182 中华小沙丁鱼 S. nymphaea (Richardson)
(A. 依王文滨, 1962, 南海鱼类志; B. 仿丘书院, 1982)

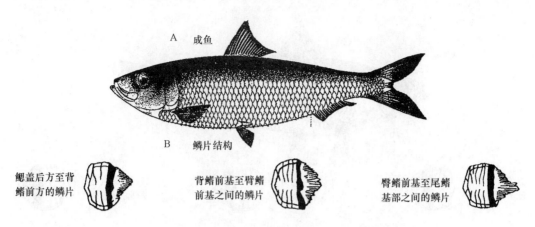

图 183　金带小沙丁鱼 S. gibbosa（Bleeker）
（A. 仿王文滨，1962，南海鱼类志；B. 仿丘书院，1982）

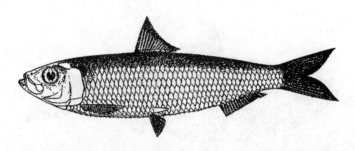

图 184　短尾小沙丁鱼 S. sindensis（Day）（仿 Whitehead，1985）

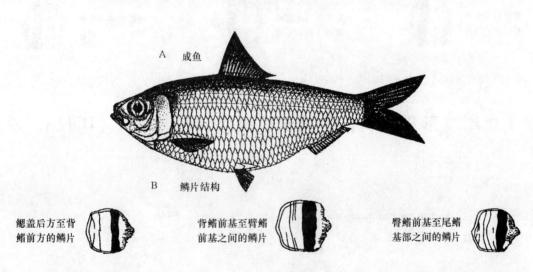

图 185　短体小沙丁鱼 S. brachysoma（Bleeker）（A. 仿 Whitehead，1985；B. 仿丘书院，1982）

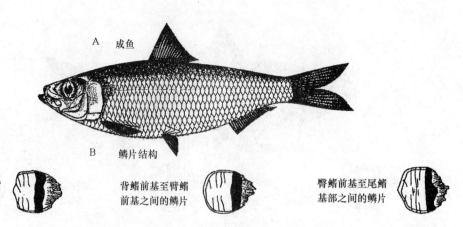

图186 鳞小沙丁鱼 S. fimbriata (Valenciennes)
(A. 仿 Whitehead, 1985; B. 仿丘书院, 1982)

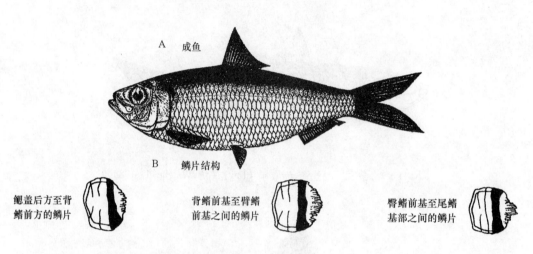

图187 白小沙丁鱼 S. albella (Valenciennes) (A. 仿 Whitehead, 1985; B. 仿丘书院, 1982)

拟沙丁鱼属（莎瑙鱼属；盖纹沙丁鱼属） Sardinops (Hubbs, 1929)

(本属有5种；我国产1种，南海同)

远东拟沙丁鱼 Sardinops melanostictus (Temminck et Schlegel, 1846) 〈图188〉
〔中文名又称为：斑点莎瑙鱼或斑点盖纹沙丁鱼〕

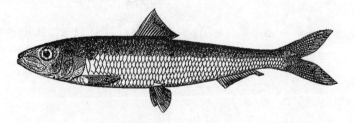

图188 远东拟沙丁鱼 Sardinops melanostictus (Temminck et Schlegel)

鳃盖骨表面有放射状隆起线（由前上方向后下方散开）。

背侧青绿色，中侧及腹侧银白色；鳃盖隅角后方至臀鳍上方具 1 列黑色圆斑（9～10 个）；背鳍、胸鳍和尾鳍浅灰色，臀鳍和腹鳍银白色。

分布：南海北部，东海及台湾省海域，黄海；日本，朝鲜半岛；鄂霍次克海，日本海。

西鲱亚科 Alosinae

（南海有 2 属）

属的检索表

1（2） 头部顶缘宽，顶缘上具 8～14 条纵细纹；内弓鳃耙显著向外弯；鳞具细孔 ·· 花点鲥属 *Hilsa*
2（1） 头部顶缘窄，顶缘上微有细纹或光滑无纹；内弓鳃耙不向外弯；鳞无孔 ·· 鲥属 *Tenualosa*

花点鲥属 *Hilsa*（Regan，1917）

（本属只 1 种）

花点鲥 *Hilsa kelee*（Cuvier，1829）〈图 189〉

〔同种异名：花点鲥 *Macrura kelee*，见：南海鱼类志；中国鱼类系统检索〕

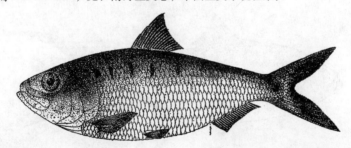

图 189　花点鲥 *Hilsa kelee*（Cuvier）（依王文滨，1962，南海鱼类志）

背部青绿色，两颌和腹部银白色；背鳍淡黄色，前后缘灰黑色；胸鳍和尾鳍淡黄色；腹鳍和臀鳍白色。体侧自鳃孔上端向后具 4～7 个绿斑。

分布：南海，东海和台湾省海域；印度-西太平洋热带、亚热带海域。

鲥属 *Tenualosa* (Fowler, 1934)

(本属有 5 种；我国有 3 种，南海同)

[陈铮、孙典荣撰写]

腹缘具强棱鳞。背侧蓝绿色，腹侧银白色；吻部除背方灰色外，其余呈白色；各鳍淡色，背鳍前缘和尾鳍边缘灰黑色。

种的检索表

1 (2) 尾鳍甚长，长度几为头长 2 倍；上颌骨末端不伸达眼中央下方。第一鳃弓下鳃耙 60～80（分布：南海南部；马来亚岛、加里曼丹、印度尼西亚）………………………………………………………………………………… 长尾鲥 *Tenualosa macrura* (Bleeker, 1852)〈图 190〉

2 (1) 尾鳍短，长度略大于或略小于头长；上颌骨末端伸达或超越眼中央下方。

3 (4) 尾鳍长略大于头长；第一鳃弓下鳃耙 70～95（分布：南海、台湾省海域；印度 - 西太平洋热带、亚热带海域） …………………… 托氏鲥 *T. toli* (Valenciennes, 1847)〈图 191〉

4 (3) 尾鳍长略小于头长；第一鳃弓下鳃耙 123～172。幼鱼期体侧有斑点 ……………………………………………………………………… 鲥 *T. reevesii* (Richardson, 1846)〈图 192〉

〔同种异名：鲥 *Macrura reevesii* 见：南海鱼类志；中国鱼类系统检索；云鲥 *Macrura ilisha*（非 Hamilton），见：南海鱼类志〕

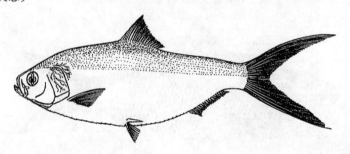

图 190　长尾鲥 *Tenualosa macrura* (Bleeker)（仿 Fisher et Whitehead，1974）

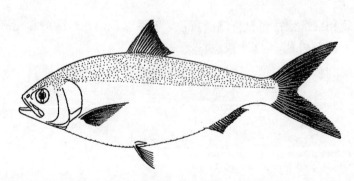

图 191　托氏鲥 *T. toli* (Valenciennes)（仿 Fisher et Whitehead，1974）

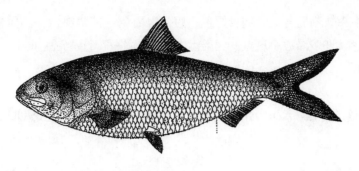

图 192　鲥 *T. reevesii* (Richardson)（依王文滨，1962，南海鱼类志）

鰶亚科 Dorosomatinae

（本亚科有6属；我国有4属）

属的检索表

1 (6)　背鳍最后鳍条延长为丝状。
2 (5)　第一鳃弓鳃耙长至少为鳃丝长的3/4；口亚前位；上颌骨下缘直；前背鳞对称排列，在中线搭交。
3 (4)　上颌中间具显著缺刻；体侧具4～7黑斑 ················· 花鰶属 *Clupanodon*
4 (3)　上颌中间无显著缺刻；体侧仅具1黑斑 ················· 斑鰶属 *Konosirus*
5 (2)　第一鳃弓鳃耙长等于或短于鳃丝长1/2；口下位；上颌骨下弯；前背鳞经中线对列。且彼此搭交 ················· 海鰶属 *Nematalosa*
6 (1)　背鳍最后鳍条不延长 ················· 无齿鰶属 *Anodontostoma*

花鰶属 *Clupanodon*（Lacépède，1803）

（本属只1种）

花鰶 *Clupanodon thrissa*（Linnaeus，1758）〈图193〉

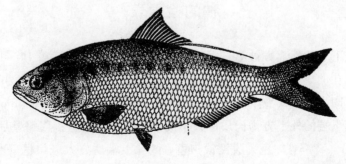

图 193　花鰶 *Clupanodon thrissa*（Linnaeus）（依王文滨，1962，南海鱼类志）

111

颌无齿。上颌中央缺刻显著。背侧青绿色，腹侧银白色；臀鳍白色，其他各鳍黄色，背鳍和尾鳍边缘黑色。吻背缘具许多黑色小斑点。鳃盖上方之后具4~7个绿色圆斑。

分布：南海北部，台湾省海域；印度-西太平洋。

斑鰶属 *Konosirus* （Jordan et Snyder, 1900）

（本属只1种）

斑鰶 *Konosirus punctatus* (Temminck et Schlegel, 1846) 〈图194〉
〔同种异名：斑鰶 *Clupanodon punctatus*，见：南海鱼类志；中国系统鱼类检索〕

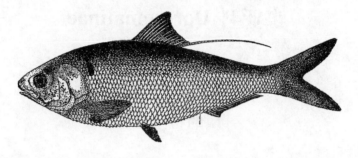

图194　斑鰶 *Konosirus punctatus* (Temminck et Schlegel) （依王文滨，1962，南海鱼类志）

颌无齿。上颌中央无缺刻。头后背和体背青绿色。体侧下方和腹部银白色。鳃盖上部后方具1绿色大斑。体侧上方有8~9纵列绿色小斑点。背鳍、臀鳍淡黄色；胸鳍、尾鳍黄色，腹鳍白色。吻部乳白色，鳃盖大部金黄色。

分布：南海，东海和台湾省海域，黄海，渤海；日本、朝鲜半岛、玻利尼西亚；印度-西太平洋。

海鰶属 *Nematalosa* （Regan, 1917）

（本属11种；我国有3种，南海有2种）

上颌骨下弯。无齿。鳃孔上端的后方具1大圆斑。

种的检索表

1 (2)　前鳃盖骨前下端的外上方被第三眶下骨遮盖；腹鳍基后方棱鳞14~15。背部绿色，腹部银白色。鳃孔上端后方大斑青绿色。体侧上方具6~7纵列青绿色小斑点（分布：南海，东海南部；印度-西太平洋）……… 圆吻海鰶 *Nematalosa nasus* (Bloch, 1795) 〈图195〉

2 (1)　前鳃盖骨前下端的外上方为肉质区，不被第三眶下骨遮盖；腹鳍基后方棱鳞13~16（常见13或14）。背部青绿色，腹侧银白色。鳃孔上端后方大斑黑色（分布：香港和台湾省海域；日本；西太平洋）………………… 日本海鰶 *N. japonica* (Regan, 1917) 〈图196〉

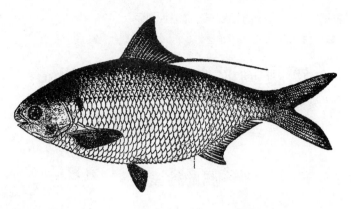

图 195　圆吻海鲦 *Nematalosa nasus*（Bloch）（依王文滨，1962，南海鱼类志）

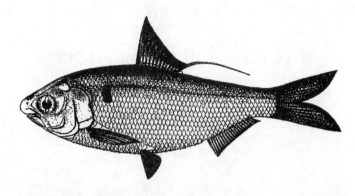

图 196　日本海鲦 *N. japonica*（Regan）（仿 Whitehead，1985）

无齿鲦属 *Anodontostoma*（Bleeker，1849）

（本属有3种；我国产1种，南海同）

无齿鲦 *Anodontostoma chacunda*（Hamilton，1822）〈图197〉

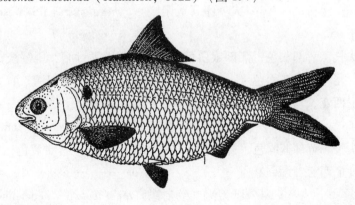

图 197　无齿鲦 *Anodontostoma chacunda*（Hamilton）（依王文滨，1962，南海鱼类志）

上颌骨直，前部宽，后端细。背鳍最后鳍条不延长。背缘绿色。体侧银白色；体侧上部具几纵行黄绿色小斑点。鳃孔上端后方具1绿色大圆斑。

113

分布：南海，台湾省海域；非洲东岸；美拉尼西亚。

锯腹鰳亚科 Pristigasteridae

(本亚科有9属；我国有3属，南海产2属)

属的检索表

1(2) 有腹鳍；背鳍起点在臀鳍起点之前；臀鳍基中等长，34～53鳍条 …………… 鰳属 Ilisha
2(1) 无腹鳍；背鳍起点在臀鳍起点后方；臀鳍基甚长，51～65鳍条 …… 后鳍鱼属 Opisthopterus

鰳属 Ilisha (Richardson, 1846)

(本属有16种；我国有4种，南海同)

种的检索表

1(4) 纵列鳞少于45。
2(3) 臀鳍始于背鳍基之后；胸鳍不超过腹鳍基。体银白色，口缘和体背略呈淡绿色；鳃盖上缘后方具1小黑斑；背鳍和尾鳍淡黄色，胸鳍、腹鳍和臀鳍白色（分布：南海，东海；新加坡，印度西南部）…………………………………………………………………………
…………………………………………… 黑口鰳 Ilisha melastoma (Schneider, 1801)〈图198〉
〔同种异名：印度鰳 I. indica，见：南海鱼类志；中国鱼类系统检索〕
3(2) 臀鳍始于背鳍基下方；胸鳍超过腹鳍基。液浸标本背部和体上部及吻端褐色，体下侧部和各鳍淡黄色；眼灰黑色（分布：南海澳门至台山广海；马来西亚沙捞越至印度孟买）……
……………………………… 大鳍鰳（大眼鰳）I. megalopterus (Swainson, 1839)〈图199〉
4(1) 纵列鳞多于45。
5(6) 胸鳍短于头长。背部灰色，侧部银白色；头背、吻端、背鳍、尾鳍淡黄绿色，其他各鳍浅色；背鳍、尾鳍边缘灰黑色（分布：我国沿海；俄罗斯大彼得湾、日本、朝鲜半岛、菲律宾、印度尼西亚、马来西亚、越南、泰国、缅甸、印度）………………………………………
………………………………………………… 鰳（长鰳）I. elongata (Bennett, 1830)〈图200〉
6(5) 胸鳍长于头长。背部蓝绿色，侧部银白色；吻端暗色；各鳍淡黄色；虹彩膜黄色（分布：南海；印度尼西亚、缅甸）………………………………………………………………………
………………………………………… 纸刀鰳（缅甸鰳）I. novacula (Valenciennes, 1847)〈图201〉

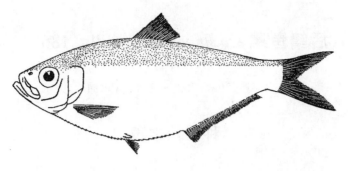

图 198　黑口鰳 *Ilisha melastoma* (Schneider)（仿 Fisher et Whitehead, 1974）

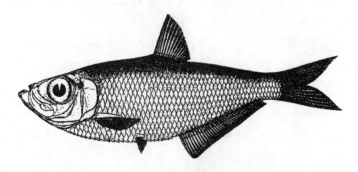

图 199　大鳍鰳 *I. megalopterus* (Swainson)（仿 Whitehead, 1985）

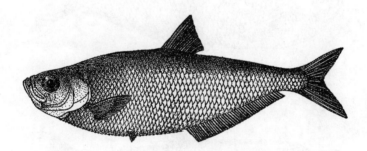

图 200　鰳 *I. elongata* (Bennett)（依王文滨, 1962, 南海鱼类志）

图 201　纸刀鰳 *I. novacula* (Valenciennes)（仿 Whitehead, 1985）

后鳍鱼属 Opisthopterus (Gill, 1861)

(本属有6种；我国有2种，南海同)

种的检索表

1（2） 胸鳍长等于或大于头长，鳍条14~17；第二辅上颌骨不达上颌骨末端。体背蓝褐色，腹侧银白色；鳃盖上角后方具1暗色圆斑；口缘黑色；尾鳍后部、背鳍及胸鳍上部具暗斑；臂鳍白色（分布：南海北部珠江口，台湾省海域；印度洋）…………………………………………………………………………………… 后鳍鱼 Opisthopterus tardoore (Cuvier, 1829)〈图202〉

2（1） 胸鳍长小于头长，鳍条15~17；第二辅上颌骨几伸达上颌骨末端。背部黄绿色，腹侧银白色；各鳍白色；鳃盖上角后方具1绿色圆斑（分布：南海、东海；西太平洋）…………………………………………………………………………………… 短鳍后鳍鱼 O. valenciennesi (Bleeker, 1872)〈图203〉

〔同种异名：后鳍鱼 O. tardoore（非Cuvier），见：南海鱼类志；中国系统鱼类检索〕

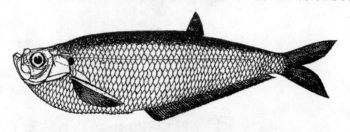

图202 后鳍鱼 Opisthopterus tardoore (Cuvier)（仿Whitehead，1985）

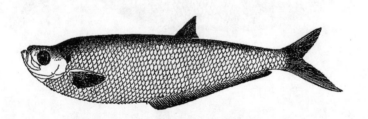

图203 短鳍后鳍鱼 O. valenciennesi (Bleeker)（依王文滨，1962，南海鱼类志）

鳀科 Engraulidae

(本科有2亚科)

亚科的检索表

1（2） 尾部中等长；尾鳍与臂鳍分离；胸鳍上部无游离鳍条 ……………… 鳀亚科 Engraulinae

2（1） 尾部很长；尾鳍与臀鳍几乎相连；胸鳍上部有游离的丝状鳍条 .... 鲚亚科 Coilinae

鳀亚科 Engraulinae

（我国有6属，南海有5属）

〔据沈世杰（1993）、Nakabo T.（1993）和张世义（2001）的资料综合〕

属的检索表

1（2） 腹部无棱鳞 .... 鳀属 *Engraulis*
2（1） 腹部具棱鳞。
3（6） 仅腹鳍与胸鳍之间具针状棱鳞；臀鳍短，鳍条少于25。
4（5） 喉区峡部尖端的肌肉向前延伸至遮盖尾舌骨；臀鳍起点一般在背鳍基底下方 ....
 .... 侧带小公鱼属 *Stolephorus*
5（4） 喉区峡部尖端的肌肉延伸未能遮盖尾舌骨而致后者裸露；臀鳍起点位于背鳍基底末端下方
 或后方 .... 半棱鳀属 *Encrasicholina*
6（3） 腹鳍前方、后方均具棱鳞，胸鳍前方腹缘也具棱鳞，臀鳍长，鳍条多于27。
7（8） 胸鳍上无延长的鳍条 .... 棱鳀属 *Thryssa*
8（7） 胸鳍第1鳍条延长为丝状 .... 黄鲫属 *Setipinna*

鳀属 *Engraulis*（Cuvier，1817）

（本属有7种；我国仅产1种，南海同）

日本鳀（鳀）*Engraulis japonicus*（Temminck et Schlegel，1846）〈图204〉

图204 日本鳀 *Engraulis japonicus*（Temminck et Schlegel）（仿张春霖，1955）

背部蓝黑色，侧上方微绿，两侧及下方银白色；体侧具1青灰色纵带。
分布：南海，东海和台湾省海域，黄海、渤海；俄罗斯东部海域、日本、朝鲜半岛、其他陆架海域、玻里尼西亚。

侧带小公鱼属（小公鱼属） *Stolephorus* (Lacépède，1803)

（本属约19种；我国有6种，南海产4种）

体侧有1条银白色宽纵带。体白色；头顶部有绿斑。

种的检索表

1（4） 上颌骨末端伸达鳃孔。
2（3） 背鳍前方无小刺；腹鳍前方腹缘骨刺6~7。头顶绿斑呈"凹"字形（分布：南海、东海和台湾省海域、黄海、渤海；印度洋至西太平洋沿岸海域）………………………
…… 康氏侧带小公鱼（江口小公鱼）*Stolephorus commersonii* (Lacépède，1803)〈图205〉
〔同种异名：康氏小公鱼 *Anchovielia commersonii*，见：南海鱼类志；中国鱼类系统检索〕
3（2） 背鳍前方具小刺；腹鳍前方腹缘骨刺4~5（分布：南海、东海南部；印度洋-西太平洋）
………………… 印度尼西亚侧带小公鱼（棘背小公鱼）*S. tri* (Bleeker，1852)〈图206〉
〔同种异名：印度尼西亚小公鱼 *Anchoviella tri*，见：南海鱼类志；中国鱼类系统检索〕
4（1） 上颌骨末端不伸达鳃孔。
5（6） 腹鳍前方腹缘棱棘6。头顶绿斑呈"凹"字形（分布：南海、东海）………………
……………………………… 中华侧带小公鱼（中华小公鱼）*S. chinensis* (Günther，1868)〈图207〉
〔同种异名：中华小公鱼 *Anchoviella chinensis*，见：南海鱼类志；中国鱼类系统检索〕
6（5） 腹鳍前方腹缘棱棘4~5。头顶及其后方有绿斑（分布：南海、东海和台湾省海域，黄海；日本；太平洋中部和西部；印度洋）…………………………………………
………………… 印度侧带小公鱼（印度小公鱼）*S. indicus* (van Hasselt，1823)〈图208〉
〔同种异名：印度小公鱼 *Anchoviella indica*，见：南海鱼类志；中国鱼类系统检索〕

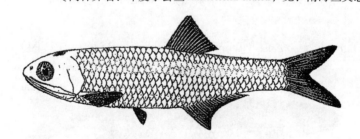

图205　康氏侧带小公鱼 *Stolephorus commersonii* (Lacépède)
（依王文滨，1962，南海鱼类志）

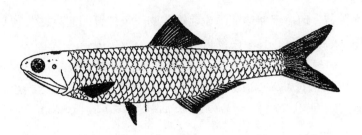

图 206 印度尼西亚侧带小公鱼（棘背小公鱼）*S. tri* (Bleeker)
（依王文滨，1962，南海鱼类志）

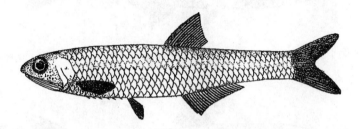

图 207 中华侧带小公鱼 *S. chinensis* (Günther)（依王文滨，1962，南海鱼类志）

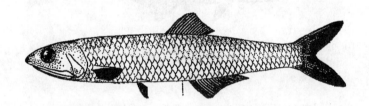

图 208 印度侧带小公鱼 *S. indicus* (van Hasselt)
（依王文滨，1962，南海鱼类志）

半棱鳀属 *Encrasicholina* (Fowler, 1938)

（本属有 5 种；我国有 2 种，南海同）

〔陈铮、孙典荣，据沈世杰（1993）和 Nakabo（1993）资料综合〕

体侧有 1 条银白色纵带。

种的检索表

1（2） 上颌骨末端尖，向后伸达前鳃盖的后下缘。吻较尖突。臂鳍起点在背鳍基底末端正下方（分布：南海、台湾省；日本、印度尼西亚） ···
·················· 尖吻半棱鳀 *Encrasicholina heteroloba* (Rüppell, 1837)〈图 209〉
〔同种异名：尖吻小公鱼 *Anchoviella heteroloba*，见：南海鱼类志；中国鱼类系统检索；尖吻小公鱼 *Stolephorus heteroloba*（张世义，2001）；短吻小公鱼 *Stolephorus pseudo heteroloba*（张世义，2001）〕

2（1） 上颌骨末端钝截，向后末伸达前鳃盖前缘。吻短钝。臀鳍起点在背鳍基底末端后下方（分布：南海南部、台湾省；日本南部；印度洋）………………………………………………
……………………………………… 短吻半棱鳀 *E. punctifer*（Fowler，1938）〈图210〉
〔同种异名：青带小公鱼 *Anchoviella zollingeri*，见：南海鱼类志；中国鱼类系统检索；青带小公鱼 *Stolephorus zollingeri*（张世义，2001）；*Stolephorus buccaneeri*（Strasburg，1960）〕

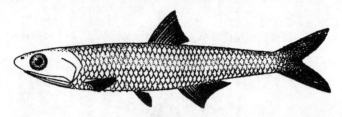

图209　尖吻半棱鳀 *Encrasicholina heteroloba*（Rüppell）（依王文滨，1962，南海鱼类志）

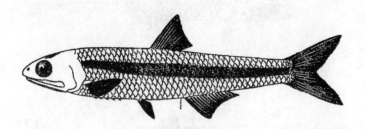

图210　短吻半棱鳀 *E. punctifer*（Fowler）（依王文滨，1962，南海鱼类志）

棱鳀属 *Thryssa*（Cuvier，1829）

（本属有24种；我国有6种，南海均产）

种的检索表

1（4）　上颌骨末端伸到鳃盖或鳃孔。
2（3）　上颌骨末端伸到鳃盖。体银白色；背部青色；吻常为赤红色；胸鳍、尾鳍和背鳍淡黄色，腹鳍、臀鳍白色（分布：南海、东海、黄海、渤海；印度洋－西太平洋）………………
………………………………… 赤鼻棱鳀 *Thryssa kammalensis*（Bleeker，1849）〈图211〉
3（2）　上颌骨末端伸到鳃孔。背部青绿色，体侧白色，鳃盖上角后方有1黄绿色大斑；背鳍淡黄色，胸鳍和尾鳍黄色，腹鳍和臀鳍白色（分布：南海，东海和台湾省海域；日本、朝鲜半岛、印度尼西亚；印度洋－西太平洋）………………………………………………………
………………………………… 汉氏棱鳀（高体棱鳀）*T. hamiltonii*（Gray，1835）〈图212〉
4（1）　上颌骨末端伸到胸鳍基部或其后方。
5（8）　上颌骨末端伸到胸鳍基部。
6（7）　下鳃耙14~17；背鳍Ⅰ，13~16；鳃耙侧齿排列平整。体色和斑与汉氏棱鳀相似（分布：南海、东海；印度洋－西太平洋）…… 中颌棱鳀 *T. mystax*（Schneider，1801）〈图213〉
7（6）　下鳃耙20~24；背鳍Ⅰ，12~13；鳃耙侧齿排列呈峰状起伏。背部淡绿色，体侧银白色；

鳃盖上角后方有1黄绿色大斑；背鳍、胸鳍和尾鳍黄绿色，腹鳍和臀鳍白色（分布：南海、东海；印度洋-西太平洋）··
····················· 黄吻棱鳀 *T. vitirostris* (Gilchrist et Thompson, 1908)〈图214〉

8（5） 上颌骨末端超过胸鳍基部。
9（10） 上颌骨末端伸到胸鳍末端。背部青绿色，体侧银白色；头顶后方有1绿色鞍状斑；背鳍和尾鳍淡黄色，其他各鳍白色（分布：南海，东海和台湾省海域；印度洋-西太平洋）
··················· 顶斑棱鳀（杜氏棱鳀）*T. dussumieri* (Valenciennes, 1848)〈图215〉
10（9） 上颌骨末端伸到肛门。体背缘绿色，体侧和腹部银白色；鳃盖上角后方有1绿色斑块；背鳍、胸鳍和尾鳍淡黄色或黄绿色；腹鳍和臀鳍白色（分布：南海，东海和台湾省海域；印度洋-西太平洋）·················· 长颌棱鳀 *T. setirostris* (Broussonet, 1782)〈图216〉

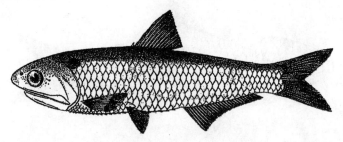

图211 赤鼻棱鳀 *Thryssa kammalensis* (Bleeker)（依王文滨，1962，南海鱼类志）

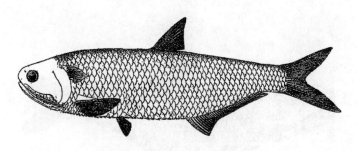

图212 汉氏棱鳀（高体棱鳀）*T. hamiltonii* (Gray)
（依王文滨，1962，南海鱼类志）

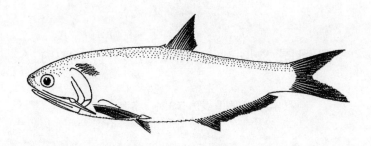

图213 中颌棱鳀 *T. mystax* (Schneider)（仿 Fisher et Whitehead, 1974）

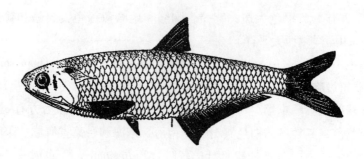

图 214 黄吻棱鳀 *T. vitirostris*（Gilchrist et Thompson）
（依王文滨，1962，南海鱼类志）

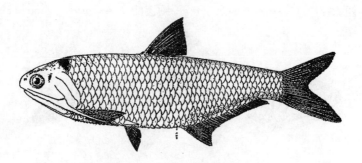

图 215 顶斑棱鳀（杜氏棱鳀）*T. dussumieri*（Valenciennes）
（依王文滨，1962，南海鱼类志）

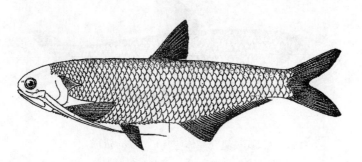

图 216 长颌棱鳀 *T. setirostris*（Broussonet）（依王文滨，1962，南海鱼类志）

黄鲫属 *Setipinna*（Swainson，1839）

（本属有8种；我国有3种，南海均产）

〔撰编：陈铮、孙典荣〕

种的检索表

1（2） 臂鳍起点稍前于背鳍起点；胸鳍上端延长鳍条伸达肛门。体侧银白色，背部蓝褐色；各鳍淡黄色，尾鳍边缘淡黑色（分布：南海，东海和台湾省海域，黄海，渤海；俄罗斯东部海域，日本；印度洋） ············ 黄鲫 Setipinna tenuifilis（Valenciennes，1848）〈图217〉
〔同种异名：黄鲫 Setipinna taty（非 Valenciennes），见：南海鱼类志；中国鱼类系统检索；（张世义，2001）〕

2（1） 臀鳍起点明显位于背鳍起点之前；或位于背鳍基底中间下方；胸鳍上端延长鳍条伸过臀鳍基底中央。

3（4） 胸鳍的延长鳍条约为体长2/3以上，呈白色；体侧银白色，背部褐色或蓝褐色；各鳍淡黄色，背鳍、尾鳍和胸鳍的后缘为黑色（分布：南海南部；东南亚沿海；印度） ············
 ···················· 长丝黄鲫（太的黄鲫）S. taty（Valenciennes，1848）〈图218〉

4（3） 胸鳍的延长鳍条约为体长1/2以上，近基部前小段为金黄色，以后为黑色；体及各鳍金黄色，背缘、吻端和胸鳍、背鳍的后部及臀鳍下部均为黑色（分布：南海南部；东南亚沿海；印度洋） ···················· 金色黄鲫 S. breviceps（Cantor，1849）〈图219〉

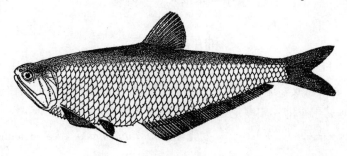

图217 黄鲫 Setipinna tenuifilis（Valenciennes）（依王文滨，1962，南海鱼类志）

图218 长丝黄鲫（太的黄鲫）S. taty（Valenciennes）
（仿 Fisher et Whitehead，1974）

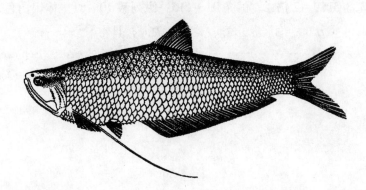

图219 金色黄鲫 S. breviceps（Cantor）（仿九新建一郎，1982）

鳀亚科 Coilinae

(仅有1属)

鲚属 *Coilia* (Gray, 1830)

(本属有13种；我国有5种，南海同)

〔增补张世义 (2001)〕

种的检索表

1 (2) 体侧下部具金黄色或珍珠色纵列发光器。背部黑色，体侧及腹部银白色；头上部具褐色斑 (分布：南海见于香港；印度尼西亚、新加坡至塞舌尔群岛) ………………………………
………………………… 发光鲚 *Coilia dussumieri* (Valenciennes, 1848)〈图220〉

2 (1) 体无发光器。

3 (4) 胸鳍上部具7条游离鳍条。体银白色，背缘绿色 (分布：南海、东海；越南、菲律宾) ……
………………………………… 七丝鲚 *C. grayii* (Richardson, 1844)〈图221〉

4 (3) 胸鳍上部具6条游离鳍条。

5 (6) 体较高短，体长为体高4~5倍；臀鳍条少于70；尾鳍对称，后部圆形。体侧银白色，背部褐色 (分布：南海南部；马来西亚，印度尼西亚) ………………………………………………
………………………………… 长颌鲚 *C. macrognathos* (Bleeker, 1852)〈图222〉

6 (5) 体较矮长，体长为体高的5倍以上；臀鳍条多于70；尾鳍不对称，上叶长于下叶。

7 (8) 体长为体高的5.4~5.9倍；臀鳍条73~86；纵列鳞53~65。体色因地方种群而异，南海所产属珠江型，体呈金黄色 (分布：南海、东海、黄海、渤海) ………………………………
………………………………………… 凤鲚 *C. mystus* (Linnaeus, 1758)〈图223〉

8 (7) 体长为体高的5.89~7倍；臀鳍条91~115；纵列鳞70~81。体银白色，背侧呈青色、金黄色或青黄色 (分布：南海、东海、黄海、渤海；日本) ………………………………………
………………………………………… 刀鲚 *C. nasus* (Schlegel, 1846)〈图224〉
〔同种异名：*C. ectenes* (Jordan et Seale, 1905)〕

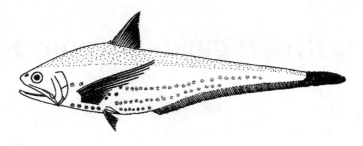

图 220　发光鲚 Coilia dussumieri (Valenciennes)（仿 Fisher et Whitehead, 1974）

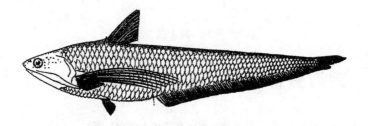

图 211　七丝鲚 C. grayii (Richardson)（依王文滨, 1962, 南海鱼类志）

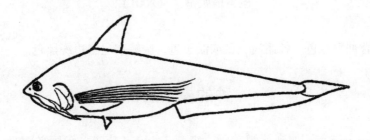

图 222　长颌鲚 C. macrognathos (Bleeker)

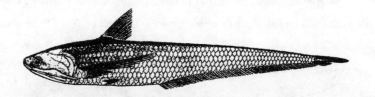

图 223　凤鲚 C. mystus (Linnaeus)（依王文滨, 1962, 南海鱼类志）

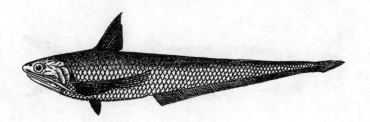

图 224　刀鲚 C. nasus (Schlegel)（依王文滨, 1962, 南海鱼类志）

宝刀鱼亚目 CHIROCENTROIDEI

(本亚目只有1科)

宝刀鱼科 Chirocentridae

(本科只1属)

宝刀鱼属 *Chirocentrus*（Cuvier，1817）

(本属有3种；我国有2种，南海均产)

〔检索依张世义（2001）〕

体侧银白色，背部青绿色；各鳍浅黄色或淡黄色，胸鳍和尾鳍边缘黑色。

种的检索表

1（2） 上颌骨稍短，末端不伸到前鳃盖骨；鳃耙 3 + 14（分布：我国各海区；印度洋 – 西太平洋） ·················· 短颌宝刀鱼 *Chirocentrus dorab*（Forskål，1775）〈图225〉
2（1） 上颌骨较长，末端伸到或越过前鳃盖骨；鳃耙 7 + 14（分布：南海；马来半岛、印度尼西亚；印度洋东部至太平洋西南部）…… 长颌宝刀鱼 *C. nudus*（Swainson，1839）〈图226〉

图225 短颌宝刀鱼 *Chirocentrus dorab*（Forskål）（依王文滨，1962，南海鱼类志）

图226 长颌宝刀鱼 *C. nudus*（Swainson）（依王文滨，1962，南海鱼类志）

鼠鱚目 GONORHYNCHIFORMES

(本目有2亚目)

〔检索依张世义（2001）〕

亚目的检索表

1（2） 体被圆鳞；吻部无须；有鳔 ··· 遮目鱼亚目 CHANOIDEI
2（1） 体被栉鳞；吻部有须；无鳔 ··· 鼠鱚亚目 GONORHYNCHOIDEI

遮目鱼亚目 CHANOIDEI

(本亚目有1科)

遮目鱼科 Chanidae

(本科有1属)

遮目鱼属 *Chanos* （Lacépèdae，1803）

(本属有1种)

遮目鱼 *Chanos chanos*（Forskål，1755）〈图227〉

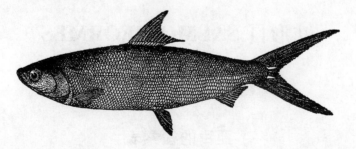

图227　遮目鱼 *Chanos chanos*（Forskål）（依王文滨，1962，南海鱼类志）

脂眼睑发达，遮盖全眼；头部无鳞，体被小圆鳞；背鳍、臂鳍基部具发达鳞鞘；胸鳍、腹鳍基部有腋鳞；体背青绿色，侧部和腹部银白色。

分布：南海，东海和台湾省海域；日本；印度洋，红海。

鼠鱚亚目 GONORHYNCHOIDEI

（本亚目只有1科）

鼠鱚科 Gonorhynchidae

（本科只有1属）

鼠鱚属 *Gonorhynchus*（Gronow，1763）

（本属有3种；我国有1种，南海同）

鼠鱚 *Gonorhychus abbreviatus*（Temminck et Schlegel，1846）〈图228〉

图228　鼠鱚 *Gonorhychus abbreviatus*（Temminck et Schlegel）

（依王文滨，1962，南海鱼类志）

吻尖突，腹面具1短须；全体被细小栉鳞；偶鳍基部具肉瓣。背部淡棕色。腹部白色；背鳍、尾鳍端部黑色；胸鳍、腹鳍灰黑色，端部色较深；臀鳍淡色。

分布：南海，东海和台湾省海域；日本南部，朝鲜半岛东部。

鲑形目 SALMONIFORMES

（依我国现行分类系统有6亚目，南海有4亚目）

亚目的检索表

1（4）　体无发光器。
2（3）　颌骨正常，前颌骨与上颌骨完整 ……………………………………… 胡瓜鱼亚目 OSMEROIDEI
3（2）　颌骨不正常，前颌骨与上颌骨不发达，或无前颌骨；无辅上颌骨 ………………………………

		……………………………………………………………… 水珍鱼亚目 ARGENTINOIDEI
4	(1)	体一般具发光器或有痕迹。
5	(6)	无侧线；一般具发光器2纵列 ……………………………… 巨口鱼亚目 STOMIATOIDEI
6	(5)	有侧线；有发光器痕迹或无 …………………………… 平头鱼亚目 ALEPOCEPHALOIDEI

胡瓜鱼亚目 OSMEROIDEI

(本亚目有3科；南海有2科)

科的检索表

1	(2)	头侧扁；体具细鳞，不透明。口底黏膜呈1对大褶膜 ……………… 香鱼科 Plecoglossidae
2	(1)	头较平扁；体裸露（雄鱼具1列臂鳞），半透明 ………………………… 银鱼科 Salangidae

香鱼科 Plecoglossidae

(本科只有1属)

香鱼属 *Plecoglossus*（Temminck et Schlegel，1846）

(本属有1种2亚种；我国有1亚种)

香鱼 *Plecoglossus altivelis*（Temminck et Schlegel，1846）〈图229〉

图229　香鱼 *Plecoglossus altivelis*（Temminck et Schlegel）（依王文滨，1962，南海鱼类志）

背部青灰色，体侧和腹部银白色。
分布：南海北部湾北伦河口，图门江、鸭绿江至福建沿海；日本、朝鲜半岛。

银鱼科 Salangidae

(本科有 3 属)

〔属的检索依张其永（1984，福建鱼类志，上卷：161）〕

属的检索表

1 (4)　背鳍完全位于臀鳍的前方。
2 (3)　吻长而尖，舌上具牙 1 行；无鳔 ·· 白肌银鱼属 *Leucosoma*
3 (2)　吻短而钝；舌上无牙；具鳔 ··· 新银鱼属 *Neosalanx*
4 (1)　背鳍的一部分或全部位于臀鳍的上方；吻端尖；舌无牙；无鳔 ············· 银鱼属 *Salanx*

白肌银鱼属 *Leucosoma* （Gray，1831）

白肌银鱼 *Leucosoma chinensis*（Osbeck，1765）〈图 230〉

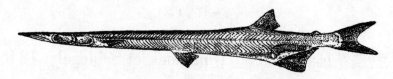

图 230　白肌银鱼 *Leucosoma chinensis*（Osbeck）（依张其永，1984，福建鱼类志）

体白色半透明。腹缘具黑色小点 2 行。胸鳍和腹鳍外缘及臀鳍基部有黑色点。背鳍浅色；尾鳍赤黄色，散有黑色点。

新银鱼属 *Neosalanx* （Wakiya et Takahasi，1937）

(本属鱼类栖息于河、湖或江口；南海产 2 种，均栖息于江口水域)

种的检索表

尾鳍中部具 2 黑点。

1 (2)　腹鳍长等于（幼鱼）或接近于（成鱼）头长（分布：珠江口珠海、汉江口汕头；天津）···
　　　··· 短吻新银鱼 *Neosalanx brevirostris*（Pellegrin，1923）〈图 231〉
2 (1)　腹鳍长比头长短。胸鳍肌肉基具内骨骼；雄鱼胸鳍第 1、2 鳍条末端延长；脂鳍基长小于游离部长。成鱼体长 62～76 mm（分布：广东沿海、福建）··
　　　··· 陈氏新银鱼 *N. tangkahkeii*（Wu，1931）〈图 232〉

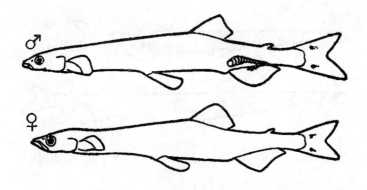

图231　短吻新银鱼 Neosalanx brevirostris（Pellegrin）
（依张玉玲，1987，中国鱼类系统检索）

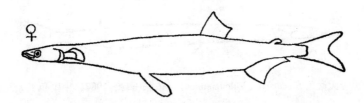

图232　陈氏新银鱼 N. tangkahkeii（Wu）（依张玉玲，1987，中国鱼类系统检索）

银鱼属 Salanx（Cuvier，1816）

（本属有3种；我国有2种，南海同）

种的检索表

1（2） 臀鳍起点在背鳍起点后下方，距离较大；雄鱼（具臀鳞）臀鳍最后鳍条几与脂鳍起点相对，雌鱼（无臀鳞）臀鳍最后鳍条不达脂鳍起点并有较大距离（分布：我国沿海；日本，朝鲜半岛）·························· 有明银鱼 Salanx ariakensis（Kishinouye，1902）〈图233〉

〔同种异名：尖头银鱼 S. acuticeps（Regan，1908）〕

2（1） 臀鳍起点在背鳍起点近后下方，雄鱼（具臀鳞）两起点贴近，雌鱼（无臀鳞）两起点有短距离；臀鳍最后鳍条不达脂鳍起点，但相近（分布：南海、东海、黄海沿岸）··········
·························· 居氏银鱼 S. cuvieri（Valenciennes，1849）〈图234〉

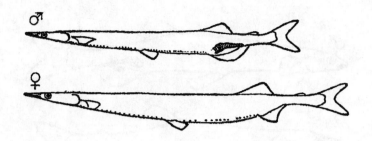

图233　有明银鱼 Salanx ariakensis（Kishinouye）（依张玉玲，1987，中国鱼类系统检索）

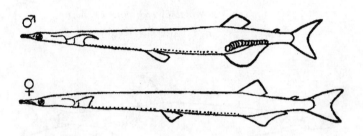

图234　居氏银鱼 S. cuvieri（Valenciennes）（依张玉玲，1987，中国鱼类系统检索）

水珍鱼亚目 ARGENTINOIDEI

（按我国现行分类系统有2科）

科的检索表

1（2）　眼正常，侧位；体窄长，腹部圆；鳞中大或小 ·························· 水珍鱼科 Argentinidae
2（1）　眼呈望远镜式，垂直位；体近似长椭圆形，腹部平；鳞大 ····· 后肛鱼科 Opisthoproctidae

水珍鱼科 Argentinidae

（本科有2亚科；南海有1亚科）

水珍鱼亚科 Argentininae

（本亚科有2属）

吻中等长，吻长为眼径90%以上；上颌骨后端不达眼前缘；臀鳍和脂鳍距尾鳍基较近；侧线向后只伸达尾鳍基。

属的检索表

1（2） 下颌突出于上颌之前，能伸缩；第一鳃弓鳃耙长而密，鳃耙多于30 ·· 舌珍鱼属 Glossanodon

2（1） 上颌突出于下颌之前，能伸缩；第一鳃弓鳃耙短而稀，鳃耙少于10 ·· 水珍鱼属 Argentina

舌珍鱼属 Glossanodon（Guichenot，1867）

（本属有6种；我国产1种，南海同）

半带舌珍鱼 Glossanodon semifasciata（Kishinouyer，1904）〈图235〉
〔同种异名：半纹水珍鱼 Argentina semifasciata〕

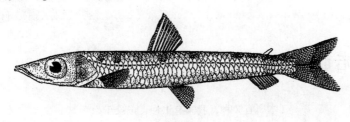

图235 半带舌珍鱼 Glossanodon semifasciata（Kishinouyer）（依 Matsubara，1955）

背部淡褐色，鳃盖部和腹部银白色。侧线上方有8个不规则暗色横斑。栖息于陆坡海域水深300～1 017 m处。

分布：南海，东海和台湾省海域；日本太平洋侧相模湾以南。

水珍鱼属 Argentina（Linnaeus，1758）

（本属有10种；我国仅产1种，南海同）

鹿儿岛水珍鱼 Argentina Kagoshimae（Jordae et Snyder，1902）〈图236〉

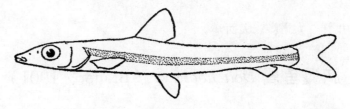

图236 鹿儿岛水珍鱼 Argentina Kagoshimae（Jordae et Snyder）
（仿张玉玲，1987，中国鱼类系统检索）

背部淡褐色，腹侧银白色。侧线上方有9~10个暗色横斑。栖息于陆架边缘至陆坡起始海域。

分布：南海，东海和台湾省海域；日本南部。

后肛鱼科 Opisthoproctidae

（南海有2属2种）

〔检索依杨家驹等（1996）〕

属的检索表

1（2） 体短高，侧扁，腹面扁平略呈长鞋底形；腹部具肌肉，不透明；体背中央无纵沟 ………………………………………………………………………………………… 后肛鱼属 Opisthoproctus
2（1） 体延长呈亚圆筒形，腹面不呈长鞋底形；腹部缺乏肌肉，皮肤和腹膜透明，可透见内脏；体背中央具1纵沟 ………………………………………… 胸翼鱼属 Dolichopteryx

后肛鱼属 Opisthoproctus（Vaillant，1888）

（本属有2种；我国有1种，记录于南海）

后肛鱼 Opisthoproctus soleatus（Vaillant，1888）〈图237〉

图237 后肛鱼 Opisthoproctus soleatus（Vaillant）（依杨家驹等，1996）

甲醛液浸标本体呈褐色，头侧显金属光泽。吻背部透明，腹部半透明；各鳍无色。栖息于深海，标本获自水深1 352 m。

分布：南海；印度洋、太平洋、大西洋。

胸翼鱼属 Dolichopteryx（Brauer，1901）

（本属有2种；我国有1种，记录于南海）

长头胸翼鱼 Dolichopteryx longipes（Vaillant，1888）〈图238〉

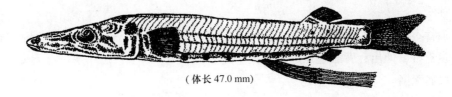

(体长 47.0 mm)

图 238　长头胸翼鱼 *Dolichopteryx longipes*（Vaillant）（依杨家驹等，1996）

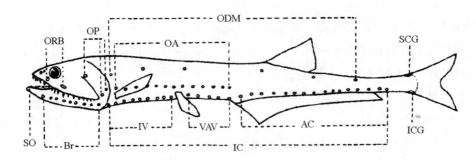

附1：巨口鱼亚目（褶胸鱼科除外）发光器示意图（依杨家驹等，1996）

AC　臀尾发光器；Rr　鳃膜条发光器；IC　腹列发光器；ICG　尾鳍下副鳍条发光体；IV　胸腹发光器；OA　侧列发光器；ODM　背列发光器；OP　鳃盖发光器；ORB　眶下发光器；SCG　尾鳍上副鳍条发光体；SO　下颌联合发光器；VAV　腹臀发光器

腹鳍距胸鳍基比距臀鳍基远，鳍条颇长，末端超过尾鳍基。皮肤透明。甲醛液浸标本体呈乳白色。吻背暗黑；眼黑色。腹膜具3个黑色横斑。体侧从头后沿侧线下方有1纵行黑点，在背鳍下方逐渐增大形成黑色斑纹。各鳍条及尾鳍基部散布有黑色点。栖息于深海，标本获自南海北部陆坡海域。

分布：南海；太平洋、大西洋。

巨口鱼亚目 STOMIATOIDEI
(STOMIATOIDEI + ASTRONESTHOIDEI)

（本亚目有8科）

〔检索依杨家驹等（1996）〕

体侧通常具发光器2行。

科的检索表

1（4）　两颌齿细小，无大犬牙；具真正鳃耙。
2（3）　体细长，正常侧扁；背鳍前无三角薄板，口裂水平或稍上斜 …… 钻光鱼科 Gonostomatidae
3（2）　体颇高，甚侧扁；背鳍前具硬三角薄板；口裂近垂直 …………… 褶胸鱼科 Sternoptychidae
4（1）　两颌齿较大，有1颗以上大犬牙；无真正鳃耙；鳃弓光滑或具齿。

5（8） 体具鳞。
6（7） 前颌骨不能伸出；背鳍起点远在腹鳍基之前 ················· 蝰鱼科 Chauliodontidae
7（6） 前颌骨可以伸出；背鳍起点远在腹鳍基之后 ················· 巨口鱼科 Stomiidae
8（5） 体裸露无鳞。
9（12） 背鳍起点显著前于臀鳍起点，位于腹鳍基上方或前上方、后上方。
10（11） 体呈长椭圆形；背鳍基短，末端明显在臀鳍基之前；背鳍、臀鳍各鳍条基部两侧前方均无小棘突 ················· 星衫鱼科 Astronesthidae
11（10） 体细长呈蛇形；背鳍基长，末端在臀鳍基末端上方；背鳍、臀鳍各鳍条基部左右两侧前方均具 1 对小棘突 ················· 奇棘鱼科 Idiacanthidae
12（9） 背鳍起点位于臀鳍起点上方或后上方，远在腹鳍基之后。
13（14） 舌骨与下颌骨联合部以皮膜相连，形成口底；额骨多少呈方形或前部略尖 ················· 黑巨口鱼科 Melanostomiidae
14（13） 舌骨与下颌骨联合部仅以一条肌索相连，无口底；额骨短宽，多少呈三角形 ················· 柔骨鱼科 Malacosteidae

钻光鱼科 Gonostomatidae

（南海有 8 属）

[检索据杨家驹等（1996）和 Aizawa in Nakabo（2000）综合]

属的检索表

1（14） 所有发光器分离，不聚集成组；鳃膜条发光器（Br）8 以上；侧列发光器（OA）6~71。
2（7） 背鳍起点在臀鳍起点上方或后上方；峡部发光器（IS）缺；侧列发光器（OA）6~21。
3（6） 臀鳍基底长，大于背鳍基底的 2 倍；下颌联合发光器（SO）存在；侧列发光器（OA）12~14；臀鳍 27~31；上颌齿排列规则，长齿之间的短齿等长。
4（5） 具尾鳍下副鳍条发光体（ICG） ················· 曲光鱼属 *Sigmops*
5（4） 无尾鳍下副鳍条发光体（ICG） ················· 钻光鱼属 *Gonostoma*
6（3） 臀鳍基底短，小于背鳍基底的 2 倍；下颌联合发光器（SO）缺；侧列发光器（OA）6~10；臀鳍 16~21；上颌齿排列不规则，长、短齿混杂 ················· 圆罩鱼属 *Cyclothone*
7（2） 背鳍起点在臀鳍起点前上方；峡部发光器（IS）存在；侧列发光器（OA）16~71。
8（9） 体侧除腹列发光器（IC）和侧列发光器（OA）外，沿侧线尚有 1 行小发光器；成鱼下颌后半部也具 1 行小发光器；无脂鳍 ················· 双光鱼属 *Diplophos*
9（8） 体侧只有腹列发光器（IC）和侧列发光器（OA），沿侧线无发光器；成鱼下颌后半部无发光器；具脂鳍。
10（11） 眶下发光器（ORB）1，紧靠眼前缘；前颌骨齿 2 行；臀尾发光器（AC）21~25 ················· 刀光鱼属 *Polymetme*

11（10）眶下发光器（ORB）2，一个在眼前缘，一个紧靠眼后缘或在眼中心下方；前颌骨齿1行；臀尾发光器（AC）12～21。

12（13）成鱼眼呈筒状凸起；口小，前颌骨不参加口缘形成；下颌前部可嵌入上颌内，齿细小；背鳍起点前于腹鳍基；臀鳍起点在背鳍远后下方 ………………… 颌光鱼属 *Ichthyococcus*

13（12）成鱼眼正常或仅微微凸起；口大，前颌骨参加口缘形成；下颌微突，不能嵌入上颌内，齿发育较好；背鳍起点后于腹鳍基；臀鳍起点在背鳍中间或末端下方 …………………………………………………………………………………………… 串光鱼属 *Vinciguerria*

14（1）臀尾发光器（AC）聚集成3～6组；鳃膜条发光器（Br）6；侧列发光器（OA）2～5 ………………………………………………………………………… 丛光鱼属 *Valenciennellus*

曲光鱼属 *Sigmops*（Gill，1883）

（本属有5种，南海产2种）

〔据 Miya, M. and M. Nishida（2000）〕

种的检索表

1（2）肛门距臀鳍起点较远，约在臀鳍起点与腹鳍基末端之间中央；体侧除腹列发光器（IC）和侧列发光器（OA）外，尚有一列背列发光器（ODM），共7个，间距颇宽；无脂鳍（分布：南海、东海和台湾省海域；日本；北太平洋亚热带至亚寒带海域）………………………………………………………… 纤曲光鱼 *Sigmops gracile*（Günther，1878）〈图239〉

〔同种异名：纤钻光鱼 *Gonostoma gracile*（Günther，1878）〕

2（1）肛门紧靠臀鳍起点，距腹鳍基颇远；体侧仅有腹列（IC）和侧列（OA）发光器，无背列发光器（ODM）。具脂鳍（分布：南海，东海和台湾省海域；日本；太平洋、印度洋、大西洋的热带至亚寒带海域）…………… 长曲光鱼 *S. elongatum*（Günther，1878）〈图240〉

〔同种异名：长钻光鱼 *Gonostoma elongatum*（Günther，1878）〕

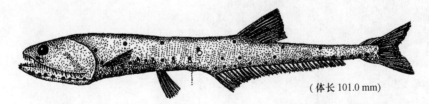

（体长101.0 mm）

图239 纤曲光鱼 *Sigmops gracile*（Günther）（依杨家驹等，1996）

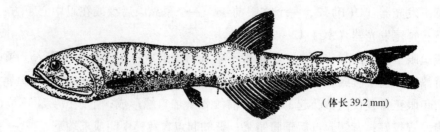

(体长 39.2 mm)

图240　长曲光鱼 *S. elongatum*（Günther）（依杨家驹等，1996）

钻光鱼属 *Gonostoma*（Rafinesque，1810）

(本属有5种；南海产2种)

西钻光鱼 *Gonostoma atlanticum*（Norman，1930）〈图241〉

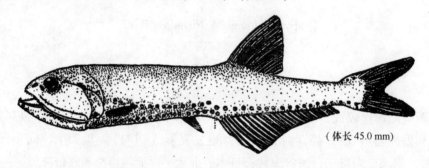

(体长 45.0 mm)

图241　西钻光鱼 *Gonostoma atlanticum*（Norman）（依杨家驹等，1996）

无脂鳍；头加躯干的长度明显大于尾长；上颌骨长齿之间的短齿很密集。

分布：南海；日本；太平洋、印度洋、大西洋的热带至亚寒带深海。

圆罩鱼属（圆帆鱼属）*Cyclothone*（Goode et Bean，1838）

(本属有12种，南海有6种)

种的检索表

1（2）头与躯干均无发光器；无尾前发光腺；体黑褐色（分布：南海；日本相模湾和四国海盆；太平洋、印度洋和大西洋热带海域）……………………………………………………………………………………………………… 暗圆罩鱼 *Cyclothone obscura*（Brauer，1902）〈图242〉

2（1）头与躯干具发光器；有或无尾前发光腺；体白色或浅褐色、暗褐色。

3（4）体白色，有暗色素丛；无鳞；发光器大；无尾前发光腺；鳃耙13～16（分布：南海；日本；太平洋、印度洋热带至亚寒带海域）…… 白圆罩鱼 *C. alba*（Brauer，1906）〈图243〉

4（3）体浅褐或暗褐色；有鳞；发光器小；具尾前发光腺；鳃耙18～25。

5（6）尾前发光腺发达，其尾上腺颇大，沿尾鳍基背部向前几达背鳍基末端；上颌骨后部齿向前倒伏于颌缘（分布：南海；日本；西太平洋和东太平洋北部热带海域） ··· 斜齿圆罩鱼 *C. acclinidens*（Garman，1899）〈图244〉

〔同种异名：拟斜齿圆罩鱼 *Cyclothone psedoacclinidens*（Quéro，1974）〕

6（5）尾前发光腺不发达，仅存在于尾鳍副鳍条基部；上颌骨后部齿向前微斜。

7（10）臀鳍前具无色透明区。

8（9）肛门位于腹鳍基与臀鳍起点中间稍前；腹鳍发光器（VAV）间隔相等；前颌骨具1强齿；第1鳃弓下枝基部不扩大（分布：南海；日本；太平洋、印度洋、大西洋热带至温带海域） ························· 苍圆罩鱼 *Cyclothone pallida*（Brauer，1902）〈图245〉

9（8）肛门明显靠近腹鳍基；前面2个腹鳍发光器（VAV）较接近；前颌骨齿约等大；第1鳃弓下枝基部扩大（分布：南海；日本；太平洋、印度洋、大西洋热带至亚寒带海域） ························· 近苍圆罩鱼 *C. pseudopallida*（Mukhacheva，1964）〈图246〉

10（7）臀鳍前无透明区（分布：南海；日本；太平洋、印度洋、大西洋热带至温带海域） ··· ························· 黑圆罩鱼 *C. atraria*（Gilbert，1905）〈图247〉

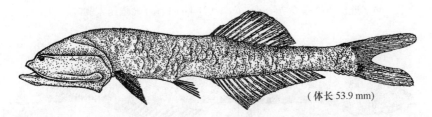

图242 暗圆罩鱼 *Cyclothone obscura*（Brauer）（依杨家驹等，1996）

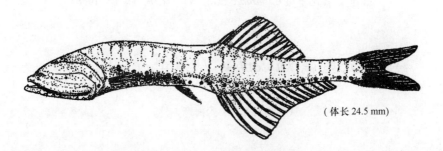

图243 白圆罩鱼 *C. alba*（Brauer）（依杨家驹等，1996）

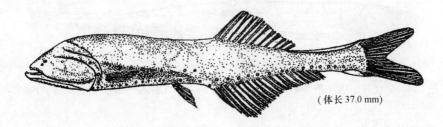

图244 斜齿圆罩鱼 *C. acclinidens*（Garman）（依杨家驹等，1996）

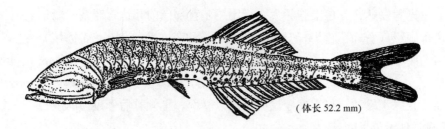

图 245　苍圆罩鱼 C. pallida（Brauer）（依杨家驹等，1996）

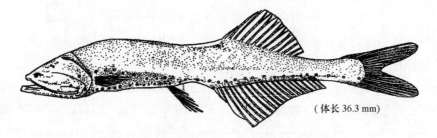

图 246　近苍圆罩鱼 C. pseudopallida（Mukhacheva）（依杨家驹等，1996）

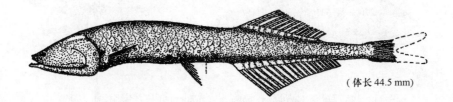

图 247　黑圆罩鱼 C. atraria（Gilbert）（依杨家驹等，1996）

双光鱼属 Diplophos（Günther，1873）

（本属有6种；南海产1种）

带纹双光鱼（条带多光鱼）Diplophos taenia（Günther，1873）〈图 248〉

图 248　带纹双光鱼（条带多光鱼）Diplophos taenia（Günther）（依杨家驹等，1996）

甲醛液浸标本体淡黑色，头前部、口、鳃盖、体背部及腹部深黑色。
分布：南海；日本；太平洋、印度洋、大西洋热带、亚热带海域。

刀光鱼属 *Polymetme*（McCulloch，1926）

（本属有5种；南海产1种）

腹灯刀光鱼 *Polymetme corythaeola*（Alcock，1899）〈图249〉
〔同种异名：刀光鱼 *P. illustris*（McCulloch，1926）〕

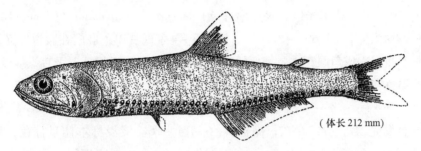

（体长212 mm）

图249 腹灯刀光鱼 *Polymetme corythaeola*（Alcock）（依杨家驹等，1996）

甲醛液浸标本呈浅棕色，具褐色细斑，体背色较深，各鳍色淡。
分布：南海；日本；西太平洋至印度洋的亚热带至温带海域。

颌光鱼属（嵌颌鱼属）*Ichthyococcus*（Bonaparte，1840）

（本属有5种；南海产1种）

颌光鱼（嵌颌鱼）*Ichthyococcus ovatus*（Cocco，1838）〈图250〉

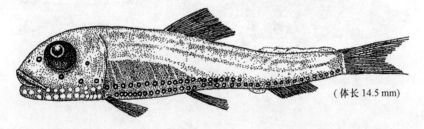

（体长14.5 mm）

图250 颌光鱼（嵌颌鱼）*Ichthyococcus ovatus*（Cocco）（依杨家驹等，1996）

甲醛液浸标本体呈淡黄色；项部、体背侧、背鳍第1~2鳍条基部及尾鳍基部具黑色素。幼鱼体较矮长，成鱼体较短高。
分布：南海；印度洋北非东岸；太平洋；大西洋、地中海。

串光鱼属（串灯鱼属）*Vinciguerria*（Jordan et Evermann，1896）

（本属有4种；南海产3种）

种的检索表

1（4） 下颌联合发光器（SO）缺；鳃耙 3–5＋11–14。
2（3） 尾较长，约为体长 35.2%～37.0%；鳃耙 5＋11–14；肛门在腹臀发光器 VAV_7 下方；幼鱼眼呈筒状凸起，成鱼眼微凸。液浸标本体呈浅棕色，腹部色较暗；各鳍无色（分布：南海；日本；太平洋、印度洋、大西洋热带海域）……………………………………………………………………………… 狭串光鱼（长尾串灯鱼）*Vinciguerria attenuata*（Cocco，1838）〈图 251〉
3（2） 尾较短，约为体长 31.6%～32.4%；鳃耙 3–4＋11–12；肛门在腹臀发光器 VAV_9 下方；幼鱼眼不凸起，成鱼眼正常。液浸标本体呈浅棕色，尾鳍基具 1 垂直黑线纹，其前方具 1 较大的黑色素斑（分布：南海；日本；太平洋、印度洋、大西洋热带海域）……………………………………………………………… 强串光鱼（短尾串灯鱼）*V. poweriae*（Cocco，1838）〈图 252〉
4（1） 下颌联合发光器（SO）存在；鳃耙 5–6＋14–16。液浸标本体呈棕色，腹部色浅；体具棕色斑点；各鳍无色（分布：南海；日本；太平洋、印度洋、大西洋热带至温带海域）……………… 串光鱼（串灯鱼）*V. nimbaria*（Jordan et Williams，1896）〈图 253〉

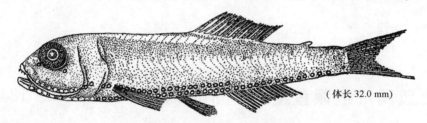

图 251　狭串光鱼（长尾串灯鱼）*Vinciguerria attenuata*（Cocco）（依杨家驹等，1996）

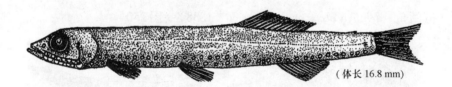

图 252　强串光鱼（短尾串灯鱼）*V. poweriae*（Cocco）（依杨家驹等，1996）

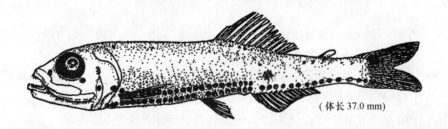

图 253　串光鱼（串灯鱼）*V. nimbaria*（Jordan et Williams）（依杨家驹等，1996）

丛光鱼属 *Valenciennellus* (Jordan et Evermann, 1896)

(本属有2种,南海均产)

种的检索表

1（2） 臀尾发光器（AC）5组；侧列发光器（OA）5个；尾柄相对较窄长,其长为高1.5～1.7倍。液浸标本体呈浅褐色；体侧上部具1列与背缘平行的斑纹；各鳍无色（分布：南海；日本；太平洋、印度洋、大西洋热带至温带海域） ··· 丛光鱼 *Valenciennellus tripunctulatus* (Esmark, 1871)〈图254〉

2（1） 臀尾发光器（AC）3组；侧列发光器（OA）2个；尾柄相对较短高,其长为高1.3倍。液浸标本体呈淡褐色；眼虹膜深黑色；背侧具13个黑色大斑,从鳃孔后上角稍后上方至尾柄排成1纵行,第1个及最后1个斑较大；发光器周沿黑色；各鳍色淡（分布：南海；印度至马来西亚热带海区）············ 少组丛光鱼 *V. carisbergi* (Bruun, 1931)〈图255〉

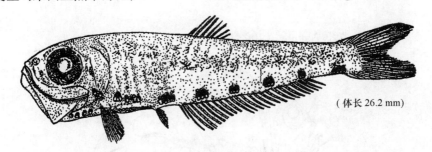

图254 丛光鱼 *Valenciennellus tripunctulatus* (Esmark)（依杨家驹等,1996）

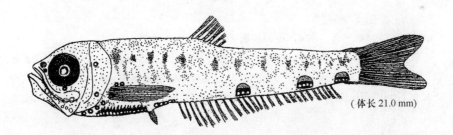

图255 少组丛光鱼 *V. carisbergi* (Bruun)（依杨家驹等,1996）

褶胸鱼科 Sternoptychidae

(本科有3属)

〔属的检索据杨家驹等（1996）补充〕

属的检索表

1（2）眼呈筒状凸起,垂直位,视向背方;腹部发光器（AB）12;背鳍前背板由数根担鳍骨形成,无臀上发光器（SAN） ·· 银斧鱼属 *Argryropelecus*
2（1）眼正常,侧视;腹部发光器（AB）10;背鳍前背板仅由1根或2根担鳍骨形成;具臀上发光器（SAN）。
3（4）躯干缢缩部下方具一三角形透明皮膜,臀鳍担鳍骨清晰可见;背鳍前背板宽大;臀基发光器（AN）3;无腹上发光器（SAB）和体侧发光器（L） ·········· 褶胸鱼属 *Sternoptyx*
4（3）躯干缢缩部下方无透明皮膜,臀鳍担鳍骨不可见;背鳍前背板退化;臀基发光器（AN）6或更多;腹上发光器（SAB）3;体侧发光器（L）1 ············ 烛光鱼属 *Polyipnus*

银斧鱼属 *Argyropelecus*（Cocco,1829）

（本属有7种;南海产4种）

〔检索据 Nakabo（1993）和杨家驹等（1996）综合〕

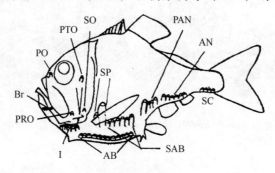

附2:银斧鱼属 *Argyropelecus* 发光器

AB 腹部发光器;AN 臀基发光器;Br 鳃膜条发光器;I 峡部发光器;PAN 臀鳍前发光器;PO 眶前发光器;PTO 眶发光器;PRO 前鳃备发光器;SAB 腹上发光器;SC 尾下发光器;SO 下鳃盖发光器;SP 胸鳍上发光器

种的检索表

1（2）臀鳍连续,不分成2部分;腹上（SAB）、臀鳍前（PAN）、臀基（AN）、尾下（SC）各发光器约位于一条水平线上,且连续排列,不聚集成组（分布:南海;日本;太平洋、印度洋、大西洋热带至亚热带海域） ··· 长银斧鱼 *Argyropelecus affinis*（Garman,1899）〈图256〉
2（1）臀鳍不连续,分成2部分;腹上（SAB）、臀鳍前（PAN）、臀基（AN）、尾下（SC）各发光器不在一条水平线上,且明显聚集成组。
3（4）腹后刺呈单一的透明薄板,指向后方,边缘具小锯齿;背鳍条8（分布:南海、日本;地中海；太平洋、印度洋、大西洋热带至温带海域）...
.... 半裸银斧鱼 A. hemigymnus（Cocco，1829）〈图257〉

4（3） 腹后刺分成2支，边缘光滑无小锯齿；背鳍条9。

5（6） 腹后刺末端钝；两部分臀鳍之间和尾下发光器（SC）下缘均无棘突（分布：南海；日本；太平洋、印度洋、大西洋热带至温带海域）..
.... 高银斧鱼 A. sladeni（Regan，1908）〈图258〉

6（5） 腹后刺末端尖锐；两部分臀鳍之间和尾下发光器（SC）下缘均具棘突（分布：南海，东海和台湾省海域；日本；太平洋、印度洋、大西洋热带至亚热带海域）..
.... 棘银斧鱼 A. aculeatus（Valenciennes，1850）〈图259〉

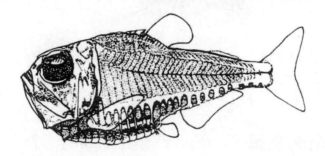

图256 长银斧鱼 Argyropelecus affinis（Garman）（仿 Borodulina，1978）

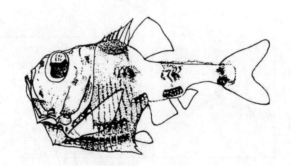

图257 半裸银斧鱼 A. hemigymnus（Cocco）（仿 Borodulina，1978）

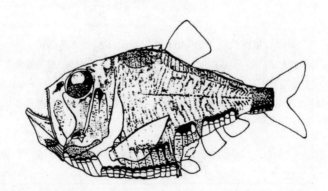

图258 高银斧鱼 A. sladeni（Regan）（仿 Borodulina，1978）

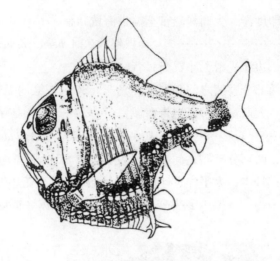

图 259　棘银斧鱼 A. aculeatus (Valenciennes)

(仿 Borodulina, 1978)

褶胸鱼属 Sternoptyx (Hermann, 1781)

(本属有 4 种, 南海产 3 种)

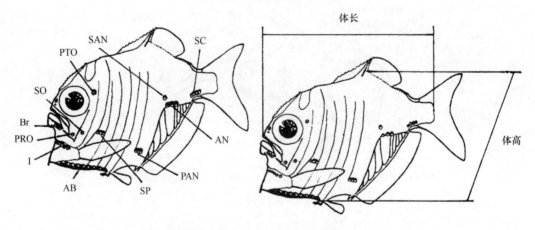

附 3: 褶胸鱼属 Sternoptyx 发光器及体长、体高测量

AB　腹部发光器; AN　臀基发光器; Br　鳃膜条发光器; I　峡部发光器; PAN　臀鳍前发光器; PO　眶前发光器; PTO　眶后发光器; PRO　前鳃盖发光器; SAN　臀上发光器; SC　尾下发光器; SO　下鳃盖发光器; SP　胞鳍上发光器; 体高　背鳍第一鳍条基部至腹后刺基部的距离; 体长　吻端至尾鳍基部中央距离

种的检索表

1 (2)　臀上发光器 (SAN) 位置高, 距体中线较距体腹缘为近; 鳃耙具较长的鳃齿 (刺) (分布: 南海, 东海; 日本; 太平洋、印度洋、大西洋热带至亚热带的深海域) ……………
……………………………… 似低褶胸鱼 Sternoptyx pseudobscura (Baird, 1971) 〈图 260〉
2 (1)　臀上发光器 (SAN) 位置低, 距腹缘较距体中线为近; 鳃耙无鳃齿 (刺)。

3(4) 体较高,体高为体长87%~93%;背鳍基末端至臀鳍发光器(AN)腹缘中点的距离为体长35%~50%(分布:南海、东海;日本;太平洋、印度洋、大西洋热带至亚热带深海域) ················· 褶胸鱼 *S. diaphana* (Hermann, 1781)〈图261〉

4(3) 体较低,体高小于体长的82%;背鳍基末端至臀鳍发光器(AN)腹缘中点的距离小于体长33%(分布:南海;日本;太平洋、印度洋、大西洋热带至亚热带深海域) ············ ················· 低褶胸鱼 *S. obscura* (Garman, 1899)〈图262〉

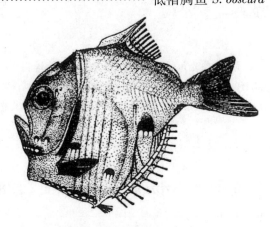

图260 似低褶胸鱼 *Sternoptyx pseudobscura* (Baird)

(依倪勇,1988,东海深海鱼类)

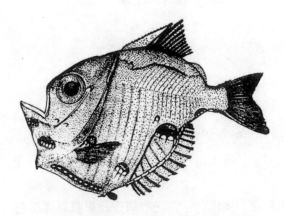

图261 褶胸鱼 *S. diaphana* (Hermann)

(依倪勇,1988,东海深海鱼类)

图262 低褶胸鱼 *S. obscura* (Garman)(仿 Borodulina, 1978)

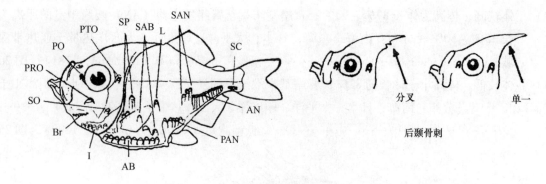

附4：烛光鱼属 *Polyipnus* 发光器及后颞骨刺

AB　腹部发光器；AB　臀基发光器；Br　鳃膜条发光器；I　峡部发光器；PAN　臀鳍前发光器；PO　眶前发光器；PTO　眶后发光器；PRO　前鳃盖发光器；SAB　腹上发光器；SC　尾下发光器；SO　下鳃盖发光器；SP　胸鳍上发光器；SAN　臀上发光器；L　体侧发光器

烛光鱼属 *Polyipnus*（Günther，1887）

（本属有30种，南海产5种）

〔检索撰写：陈铮、孙典荣〕

种的检索表

1（4）　后颞骨棘3分叉，上棘最长（等于或长于眼径），其下为2小棘；腹峰鳞下缘具小锯齿；臀上发光器（SAN）与臀基发光器（AN）紧连难分。

2（3）　SAN+AN数为12～14。体银白色，发光器周围黑褐色（分布：南海；日本；太平洋、印度洋、大西洋） ………………… 大棘烛光鱼 *Polyipnus spinosus*（Günther，1887）〈图263〉

3（2）　SAN+AN数为15～16。体褐色，发光器周围及眼虹彩深黑色（分布：南海；日本、菲律宾、澳大利亚） ………………… 三齿烛光鱼 *P. tridentifer*（McCulloch，1914）〈图264〉

4（1）　后颞骨棘单一，不分叉；腹棘鳞下缘光滑，无小锯齿；臀上发光器（SAN）与臀基发光器（AN）或紧连难分或明显分开。

5（8）　臀上发光器（SAN）与臀基发光器（AN）明显分开；前鳃盖刺短。

6（7）　臀上发光器（SAN）2，SAN_2高于SAN_1；臀基发光器（AN）9。体银白色；发光器周围黑褐色；背部黑褐色斑块伸出一锲状横带向下越过体中线（分布：南海、东海；夏威夷、冲绳海槽） ………………… 短棘烛光鱼 *P. nuttingi*（Gilbert，1905）〈图265〉

7（6）　臀上发光器（SAN）3，SAN_1明显低于SAN_2和SAN_3；臀基发光器（AN）10。体银灰色；发光器周围黑褐色；背部黑褐色斑块尖端向下接近体中线（分布：南海；西太平洋；大西洋美洲沿岸及加勒比海） ………………… 宽柄烛光鱼 *P. laternatus*（Garman，1899）〈图266〉

8（5）　臀上发光器（SAN）与臀基发光器（AN）紧连难分，SAN+AN=13；后颞骨棘很长，长度明显大于眼径。体褐色，发光器周围暗褐色；体侧前部于体中线水平上具数个黑褐色斑

(分布：南海；印度尼西亚班达海、澳大利亚、新西兰) ·····························
·································· 光滑烛光鱼 P. aquavitus (Baird, 1971) 〈图 267〉

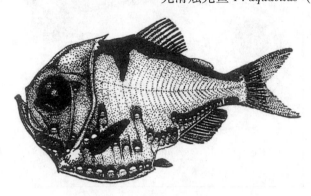

图 263　大棘烛光鱼 Polyipnus spinosus (Günther)
(据倪勇，1988，东海深海鱼类，略修正)

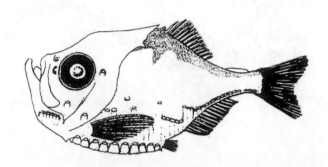

图 264　三齿烛光鱼 P. tridentifer (McCulloch) (依杨家驹等，1996)

图 265　短棘烛光鱼 P. nuttingi (Gilbert)
(据倪勇，1988，东海深海鱼类，略修正)

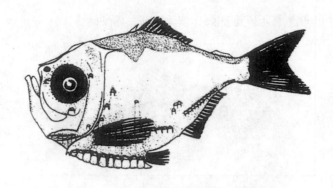

图266 宽柄烛光鱼 P. laternatus (Garman)（依杨家驹等，1996）

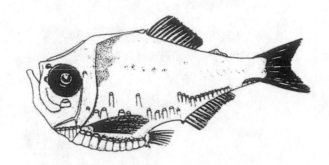

图267 光滑烛光鱼 P. aquavitus (Baird)（依杨家驹等，1996）

蝰鱼科 Chauliodontidae

（本科仅1属）

蝰鱼属 Chauliodus（Bloch et Schneider，1801）

（本属有8种；南海产1种）

蝰鱼 Chauliodus sloani（Bloch et Schneider，1801）〈图268〉
体侧和背部被5纵行六角形薄鳞，腹部裸露无鳞。前颌骨第3齿短于第4齿。体腹侧具2纵列发光器，头部在眶下、眶后和鳃盖也具发光器，其中眶后发光器（PTO）呈圆形；此外，头部、体侧鳞区和腹缘均具许多微小发光器（大部分鳞片具2个微小发光器）。体背缘和腹缘黑褐色，体侧中部浅褐色，鳞囊褐色，各鳍淡色。

分布：南海，东海和台湾省海域；各大洋热带至温带海域。有昼夜垂直移动习性。

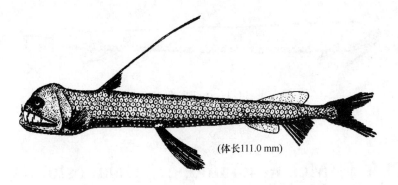

(体长111.0 mm)

图268 蝰鱼 *Chauliodus sloani* (Bloch et Schneider)

(依杨家驹等，1996)

巨口鱼科 Stomiidae (Stomiatidae)

巨口鱼属 *Stomias* (Cuvier, 1816)

(本属有9种，南海产2种)

〔检索据 Aizawa in Nakabo (2000)、杨家驹等 (1996) 和东海深海鱼类综合〕

体侧扁细长但不形成带状；颔须长度与头长相近（稍短或稍长），近末端略膨胀为长球形，后接末端3~4小分支；体鳞六角形，具荧光光泽。

种的检索表

1 (2) 前颌骨牙较多而短小；下颌骨牙较长而内弯；颔须长稍长于头长；甲醛液浸标本头、体呈褐色，腹部蓝黑色，各鳍色淡（分布：南海；日本；太平洋、印度洋、大西洋热带至亚热带海域）................................ 星云巨口鱼 *Stomias nebulosus* (Alcock, 1889) 〈图269〉
2 (1) 前颌骨牙较少，内弯，第二牙犬牙状，明显长大；下颌骨牙较多，前部2~3牙细小，第5牙稍大，但短于前颌骨第二牙；颐须长等于或短于头长；甲醛液浸标本头、体呈蓝褐色，腹部蓝黑色，各鳍浅褐色（分布：南海，东海；日本；太平洋、印度洋、大西洋热带至亚热带海域）................................ 巨口鱼 *S. affinis* (Günther, 1887) 〈图270〉

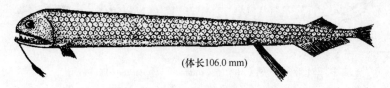

(体长106.0 mm)

图269 星云巨口鱼 *Stomias nebulosus* (Alcock)

(依杨家驹等，1996)

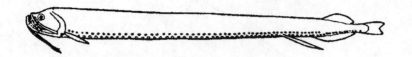

图 270 巨口鱼 S. affinis（Günther）
（依张玉玲，1987，中国鱼类系统检索）

黑巨口鱼科 Melanostomiidae（Melanostomiatidae）

（本科有 4 属）

〔检索依杨家驹等（1996）并参考 Aizawa in Nakabo（2000）〕

体裸露无鳞；无背脂鳍及腹脂鳍。

属的检索表

1（6） 背鳍起点与臀鳍起点相对。
2（3） 下颌长于上颌，且明显弯向上方；胸鳍条 0~3 ·················· 袋巨口鱼属 Photonectes
3（2） 下颌与上颌约略等长，不弯向上方；胸鳍条 5~11。
4（5） 腹鳍高位，在体侧中部，两侧鳍基相距甚远；颐须颇长，末端可伸达腹鳍基后方至尾鳍后方 ·················· 深巨口鱼属 Bathophilus
5（4） 腹鳍低位，在体腹缘，两侧鳍基相互靠近；颐须较短，末端伸达头后至腹鳍基近后方 ·················· 厚巨口鱼属 Pachystomias
6（1） 背鳍起点明显在臀鳍起点后上方 ·················· 真巨口鱼属 Eustomias

袋巨口鱼属 Photonectes（Günther，1887）

（本属有 10 种，南海产 1 种）

白鳍袋巨口鱼 Photonectes albipennis（Doderlein，1882）〈图 271〉

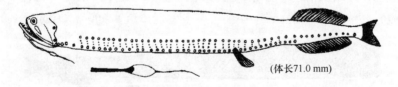

(体长71.0 mm)

图 271 白鳍袋巨口鱼 Photonectes albipennis（Doderlein）

颐须单条，后部膨大形成白色椭圆形球状大发光体，球状大发光体后端具 1 黑色细丝，细丝中部稍膨大而形成长粒状小发光体；眶下发光器（ORB）1，位于眼后下方，呈前钝后尖长三角形；

胸鳍不存在；背鳍和臀鳍无表皮覆盖；头、体黑色，各鳍灰白色，发光器乳白色，鳃丝白色。

分布：南海，东海和台湾省海域；日本；太平洋中、西部和大西洋中、西部亚热带至温热带海域。

深巨口鱼属 Bathophilus（Giglioli，1882）

(本属有14种，南海产1种)

长羽深巨口鱼 Bathophilus longipinnis（Pappenheim，1914）〈图272〉

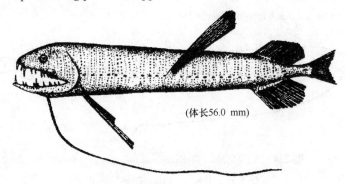

(体长56.0 mm)

图272　长羽深巨口鱼 Bathophilus longipinnis（Pappenheim）

(依杨家驹，1996)

颐须单条，细线状，稍短于体长，末端不分支；体侧发光器呈长椭圆形，具腹列发光器（IC）与侧列发光器（OA）共2纵列；头、体尚密布细小发光点，垂直排列成行；头、体黑褐色，各鳍及颐须白色。

分布：南海；西太平洋、大西洋。

厚巨口鱼属 Pachystomias（Günther，1887）

(本属只1种)

厚巨口鱼 Pachystomias microdon（Günther，1878）〈图273〉

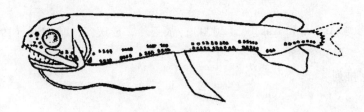

图273　厚巨口鱼 Pachystomias microdon（Günther）

(依张玉玲，1987，中国鱼类系统检索)

颐须单条，颇长，末端可伸达腹鳍基后；眶下第二发光器（ORB$_2$）大，呈长条形，位于眼的正下方；体侧的侧列发光器（OA）和腹列发光器（IC）均排列间断成组；头侧和臀鳍基部尚散布一些微小发光点；体呈黑褐色。

分布：南海；日本；太平洋、印度洋、大西洋热带至亚热带海域。

真巨口鱼属 Eustomias （Filhol，1884）

（本属有约58种，南海只产1种）

长须真巨口鱼 Eustomias longibarba （Parr，1927）〈图274〉

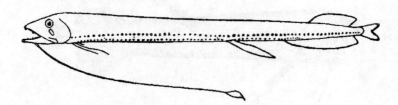

图274　长须真巨口鱼 Eustomias longibarba （Parr）
（依张玉玲，1987，中国鱼类系统检索）

胸鳍鳍条3；颐须不分支，末端膨大成橄榄状。

分布：南海、东海；太平洋热带海域。

星衫鱼科 Astronesthidae

背鳍起点明显在腹鳍之后且在臀鳍起点远前方；背脂鳍完全位于臀鳍上方；臀鳍前具1腹脂鳍；体裸露，无鳞及鳞状纹。

星衫鱼属 Astronesthes （Richardson，1845）

（本属有31种，南海产2种）

〔检索参考 Aizawa in Nakabo（2000）；张玉玲，成庆泰，郑宝珊（1987）〕

上颌骨牙栉状，紧密排列。

种的检索表

1（2）　侧列发光器（OA）11~14（常12），排列平缓，其最后一个发光器在臀鳍起点之前；背鳍大部分在臀鳍之前；体棕褐色，各鳍色淡，颐须乳白色（分布：南海；日本；太平洋、

　　　　印度洋、大西洋） ·················· 印度星衫鱼 Astronesthes indica（Brauer, 1902）〈图275〉

2（1）　侧列发光器（OA）38～39（常38），其最后2～3个发光器位置上升，位于臀鳍前端部上方；背鳍完全在臀鳍之前；体黑褐色；颐须基部色较淡，其余部分呈黑褐色（分布：南海；台湾省海域；日本；太平洋、印度洋） ··· 金星衫鱼 A. chrysophekadion（Bleeker, 1849）〈图276〉

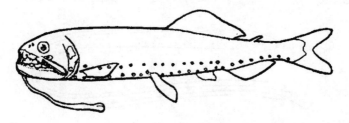

图275　印度星衫鱼 Astronesthes indica（Brauer）
（仿张玉玲，1987，中国鱼类系统检索，略修正）

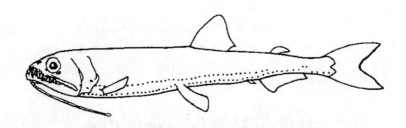

图276　金星衫鱼 A. chrysophekadion（Bleeker）
（依 Aizawa M., in Nakato, 2000）

奇棘鱼科 Idiacanthidae

（本科只有1属）

奇棘鱼属 Idiacanthus（Peters, 1877）

（本属有4种；南海产1种）

奇棘鱼 Idiacanthus fasciola（Peters, 1877）〈图277〉
皮肤裸露无鳞；尾鳍叉形；腹臀发光器（VAV）13～18。幼鱼与成鱼及成鱼雌雄体形态有异：雌性成鱼具奇鳍和腹鳍，无胸鳍；具颐须1根，细长，末端扩大并分支成大小2个叶状体；两颌具大小不等的犬牙；体黑褐色，各鳍色淡；颐须黑褐色，末端2个叶状体白色。雄性成鱼形态与雌性成鱼相似，但无偶鳍，无颐须；两颌无牙；眶后发光器发达，约与眼同大。幼鱼具背鳍褶和臀鳍褶，具胸鳍而无腹鳍；两眼具长柄，伸出头部两侧，眼球位于柄的末端；肠伸出体外，约伸至尾鳍基部；体乳白色，头部透明。
分布：南海，台湾省海域；日本；太平洋、印度洋、大西洋热带至亚热带海域。

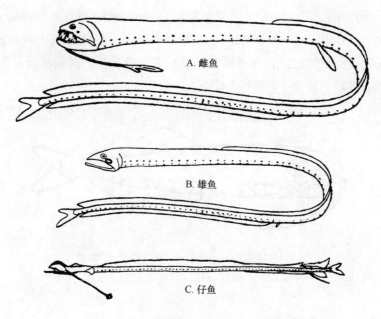

图277 奇棘鱼 *Idiacanthus fasciola*（Peters）
(A. 依张玉玲，1987，中国鱼类系统检索；C. 依杨家驹等，1996)

柔骨鱼科 Malacosteidae

(本科只1属)

柔骨鱼属 *Malacosteus*（Ayres，1848）

(本属只1种)

黑柔骨鱼 *Malacosteus niger*（Ayres，1848）〈图278〉

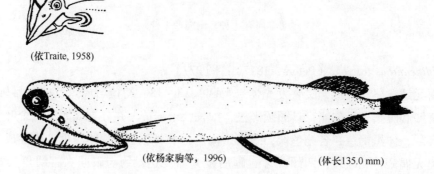

图278 黑柔骨鱼 *Malacosteus niger*（Ayres）

头可向上转折90°，体裸露无鳞；口裂大，两颌显著长于脑颅；眶下发光器（ORB）1，甚大，紧靠眶下缘；眶后发光器（PTO）较小，圆形；体侧无发光器列而散布有细小发光点；背鳍、臀鳍大部为表皮覆盖，仅后缘部分露出；体黑褐色，眼围黑色。

分布：南海、东海；日本；太平洋、印度洋、大西洋热带至亚热带海域。

平头鱼亚目（黑头鱼亚目）ALEPOCEPHALOIDEI

（本亚目仅1科）

平头鱼科（黑头鱼科）Alepocephalidae

〔检索撰写：孙典荣、陈铮〕

无发光器或仅有痕迹；躯干有鳞或无鳞，头部裸露；侧线完全；无脂鳍。

属的检索表

1 (2) 体无鳞，仅在侧线上具环状变形小圆鳞；背鳍起点稍在臀鳍之前或相对；背鳍基底与臀鳍基底约等长；下颌缝合处下端具1小尖突；两颌前端牙1行 ………… 珍鱼属 Rouleina

2 (1) 体被易脱落中大圆鳞；背鳍起点明显在臀鳍起点之前；背鳍基底长于臀鳍基底；下颌缝合处下端无尖突；两颌前端牙多行 ………………………………………… 黑口鱼属 Narcetes

珍鱼属 Rouleina（Jordan，1923）

（本属有5种；南海产2种）

种的检索表

1 (2) 吻甚钝，头背缘前部向下急剧弯陡；吻长小于眼径，头长为吻长5.1~6倍；上颌骨后端可伸达眼后缘下方；背鳍起点稍前于臀鳍起点。头、体及各鳍黑褐色；鳃盖部紫褐色（分布：南海北部及东海的陆坡海域；日本、菲律宾）…………………………………………
……………………………… 渡濑氏珍鱼 Rouleina watasei（Tanaka，1909）〈图279〉

2 (1) 吻尖，头背缘前部向下缓斜；吻长大于眼径，头长为吻长3.8~4倍；上颌骨后端不达眼后缘下方；背鳍起点与臀鳍起点相对。头、体暗黑色；鳃盖部紫褐色；各鳍暗褐色（分布：南海北部及东海的陆坡海域；日本；新西兰；太平洋、印度洋）…………………………
……………………………………… 贡氏珍鱼 R. guentheri（Alcock，1892）〈图280〉
〔同种异名：R. tanakae（Parr，1951）〕

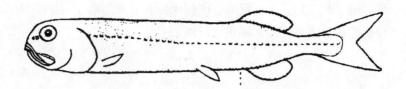

图 279　渡濑氏珍鱼 *Rouleina watasei* (Tanaka)

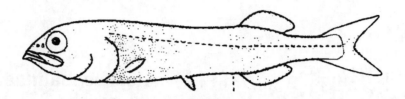

图 280　贡氏珍鱼 *R. guentheri* (Alcock)

(依 Nakabo T., 2000)

黑口鱼属 *Narcetes* (Alcock, 1890)

(本属有 5 种；南海产 1 种)

劳氏黑口鱼 *Narcetes lloydi* (Fowler, 1934) 〈图 281〉

图 281　劳氏黑口鱼 *Narcetes lloydi* (Fowler)

(依倪勇，1988，东海深海鱼类)

　　头中大，背缘斜直；头长为吻长 3.2~3.3 倍；臀鳍起点约在背鳍第 15 鳍条下方。体暗褐色，头部、鳃腔和口腔黑色，各鳍黑褐色。

　　分布：南海及东海的陆坡海域；西太平洋、印度洋。

灯笼鱼目 MYCTOPHIFORMES

〔亚目、科和属的检索主要依陈素芝（2002）〕

亚目的检索表

1（2） 两颌通常具多列齿；上颌缝合部具齿，但不弯曲；多数种类有正常鳃耙，少数种类无鳃耙，或以鳃齿代替；体全部或部分被鳞 ·············· 灯笼鱼亚目 MYCTOPHOIDEI
2（1） 两颌有齿时，为 2~3 列，外列为固定齿，内列为可倒齿；上颌缝合部一般有齿，但弯曲；无正常鳃耙，多以鳃齿代替；多数种类鳞有退化倾向，或少数种类具易脱落鳞片 ········ ·············· 帆蜥鱼亚目 ALEPISAUROIDEI

灯笼鱼亚目 MYCTOPHOIDEI

（本亚目有 8 科）

科的检索表

1（12） 体侧无发光器。
2（5） 上颌骨后方不扩大，末端超过眼后缘；辅上颌骨甚小或不存在；齿锐利；鳃耙呈齿状。
3（4） 体呈长圆筒状，不柔软；被鳞；口内具可倒齿；尾鳍后端不呈三叉状 ·············· ·············· 狗母鱼科 Synodontidae
4（3） 体细长、侧扁，柔软；体后部被鳞；口内无可倒齿；尾鳍后端呈三叉状 ·············· ·············· 龙头鱼科 Harpadontidae
5（2） 上颌骨后方明显扩大，末端不超过眼后缘；辅上颌骨明显；齿小；鳃耙细长。
6（7） 辅上颌骨 2 块；吻侧扁；背鳍基底长大于鳃盖后缘至脂鳍起点距的 1/3 ·············· ·············· 仙女鱼科 Alopodidae
7（6） 辅上颌骨通常 1 块；吻平扁；背鳍基底长小于鳃盖后缘至脂鳍起点距的 1/3。
8（9） 眼正常大 ·············· 青眼鱼科 Chlorophthalmidae
9（8） 眼微小或退化。
10（11） 胸鳍正常，不分成 2 或 3 部分，上方无延长鳍条；眼退化，感光器官为一对大而宽的发光板所覆盖 ·············· 异目鱼科 Ipnopidae
11（10） 胸鳍明显分成两部分，下部正常，上部具延长鳍条且末端超过背鳍起点；眼微小 ······ ·············· 深海狗母鱼科 Bathypteroidae
12（1） 体侧通常具发光器。
13（14） 臀鳍位于背鳍末端的远后下方；具辅上颌骨；若有发光器，则于腹部下缘和体侧下半部各出现多列，呈平行排列，其中有一列位于腹部正中线上；尾柄的背缘、腹缘及头部无明显的色素或发光器 ·············· 新灯鱼科 Neoscopelidae
14（13） 臀鳍位于背鳍末端下方；无辅上颌骨；发光器沿腹部下缘只 1 列，腹部正中线无发光器；尾柄的背缘、腹缘及头部出现明显的色素或发光器 ·············· 灯笼鱼科 Myctophidae

狗母鱼科 Synodontidae

(本科有3属)

属的检索表

1 (4) 腭骨每侧1齿带；腹鳍8，内侧鳍条明显比外侧鳍条长；两腰骨中部均具1小孔，腰骨后端细长；尾鳍主要鳍条无鳞。

2 (3) 吻尖，吻长等于或大于眼径；臀鳍条8~15，其基底长短于背鳍基底长；尾鳍基具2大长腋鳞，胸鳍、腹鳍基无腋鳞 ·· 狗母鱼属 Synodus

3 (2) 吻钝，吻长明显小于眼径；臀鳍条15~17，其基底长大于背鳍基底长；尾鳍基无腋鳞，胸鳍、腹鳍基具腋鳞 ·· 大狗母鱼属 Trachinocephalus

4 (1) 腭骨每侧2齿带；腹鳍9，内外侧鳍条约等长；两腰骨缝合处中央具1小孔，腰骨后端粗短；尾鳍主要鳍条具鳞 ·· 蛇鲻属 Saulida

狗母鱼属 *Synodus* (Gronow, 1763)

(本属有34种，南海有11种)

〔撰写：陈铮、孙典荣〕

附注：本属某些种类具跨越背部的鞍状横斑。在同种的鱼体上，各个鞍状斑均呈轴对称形式，形态相似。在南海已知的种类中，凡具有9个鞍状斑者，均在尾鳍基部另有1个横斑，而9个鞍状斑均按色泽深浅交错排成1纵列，其中顺序为单数者，即有5个鞍状斑明显呈现。本属鱼类的体斑往往因栖息地不同而在颜色上有变化。

种的检索表

1 (12) 侧线上方鳞 $3\frac{1}{2}$ ~ $4\frac{1}{2}$。

2 (5) 腹膜黑色或灰黑色；腰骨后突细长；尾柄高小于眼径。

3 (4) 侧线鳞59~63；下颌短于上颌；吻端尖突；吻长大于眼径；体侧有1纵列（8~10个）长方形大小不一的暗褐色斑，呈色深斑大和色浅斑小的交错排列。体背侧深褐色、腹侧及各鳍色淡；各鳍无斑纹（分布：南海、东海；日本；太平洋中部至西部） ·· 方斑狗母鱼 *Synodus kaianus* (Günther, 1880) 〈图282〉

4 (3) 侧线鳞49~55；上下颌约等长；吻端圆突；吻长约等于眼径；体侧有1纵列"×"形暗色斑。体背侧灰褐色、腹侧银白色；各鳍色淡，无斑纹（分布：南海、东海；日本；西太平洋、东印度洋） ·· 叉斑狗母鱼 *S. macrops* (Tanaka, 1917) 〈图283〉

5(2) 腹膜白色；腰骨后突宽短；尾柄高等于或大于眼径。

6(9) 鳃盖后上方具1~3黑斑。

7(8) 鳃盖后上方具1明显黑斑；前鼻瓣短圆；体侧具8个暗色鞍状斑，向下延伸超过侧线。体背侧橙黄色，腹部银白色；各鳍色淡，无斑纹（分布：南海、东海；日本；西太平洋、印度洋） ························· 肩斑狗母鱼 *S. hoshinonis* (Tanaka, 1917)〈图284〉

8(7) 鳃盖后上方具2~3黑斑；前鼻瓣长三角形，前端2分叉；体侧具数条杂色而断续的平行纵带纹。体上部黄褐色，腹侧灰白色（甲醛液浸后转为上部褐色，腹侧淡色）；背鳍有不明显暗色线纹；尾鳍下叶末端黑色，其他鳍色淡（分布：南海；西太平洋、印度洋） ··· 印度狗母鱼 *S. indicus* (Day, 1873)〈图285〉

9(6) 鳃盖后上方无黑斑。

10(11) 体背侧具9~10个略呈椭圆形的暗灰色鞍状斑，向下延伸不超过侧线。甲醛液浸标本体背部灰褐色，腹部及各鳍色淡；背鳍具暗色小斑纹；脂鳍无斑（分布：南海、台湾海峡；日本） ······················· 背斑狗母鱼 *S. fuscus* (Tanaka, 1917)〈图286〉

11(10) 体背侧具9个红色至灰褐色鞍状斑，向下延伸至侧线下方，其中5个鞍状斑明显；尾鳍基部具1同色横斑。体浅红色至浅褐色，腹部及各鳍色淡；各鳍鳍条均具小斑，在鳍上形成断续线纹；脂鳍基部和近末端各具1小斑（分布：南海香港水域，台湾海峡；日本、菲律宾、印度尼西亚、澳大利亚） ·· 红纹狗母鱼 *S. rubromarmoratus* (Russell et Cressey, 1979)〈图287〉

12(1) 侧线上方鳞$5\frac{1}{2}$~$6\frac{1}{2}$。

13(20) 侧线鳞59~63。

14(17) 颊后部裸露；体侧具9个鞍状斑，向下延伸超过侧线，其中顺序为单数的5个明显；尾鳍基部具1个与鞍状斑同色的较小横斑，或具1黑色大斑块。

15(16) 吻背面常具4对黑斑，其中1对位于两侧前鼻孔基部；前鼻瓣长，呈匙形；尾鳍基部横斑与体侧9个鞍状斑同色，生活时为棕红色，甲醛液浸后转为黑褐色。体背侧及各鳍黄色，腹部银白色；背鳍、胸鳍和尾鳍具多条断续线纹（分布：南海，东海和台湾省海域；日本；太平洋中部至西部，印度洋） ··· 杂斑狗母鱼 *S. variegatus* (Lacépède, 1803)〈图288〉

16(15) 吻背面无斑；前鼻瓣短，呈三角形；尾鳍基部具1明显大黑斑，体侧9个鞍状斑为红色至褐色。体背侧及各鳍黄绿色，腹部银白色；背鳍和尾鳍具多条断续线纹（分布：南海香港水域，台湾海峡；日本；太平洋中部至西部和印度洋的热带海域） ··············· 斑尾狗母鱼（裸颊狗母鱼）*S. jaculum* (Russell et Cressey, 1979)〈图289〉

17(14) 颊部完全被鳞；体侧具1纵带，并具向下延伸超过侧线的鞍状斑5个或9个；尾鳍基部具1与鞍状斑同色的明显或不明显横斑。

18(19) 体侧中间纵带蓝灰色；具9个棕褐色至黑褐色鞍状斑，其中顺序为单数的5个明显；尾鳍基部具1明显横斑；吻背面具斑点；前鼻瓣窄长，呈舌状；胸鳍后端不伸达背鳍起点与腹鳍起点连线。体背侧及各鳍淡黄褐色，腹部银白色；背鳍、胸鳍和尾鳍具数条断续线纹（分布：南海香港水域；日本；太平洋、印度洋） ·· 蓝带狗母鱼 *S. dermatogenys* (Fowler, 1912)〈图290〉

19（18）体侧中间纵带暗色；与体侧5个暗色鞍状斑垂直相接；尾鳍基部具1不明显暗色横斑；吻背面无斑；前鼻瓣短，呈三角形；胸鳍后端伸达背鳍起点与腹鳍起点连线。头背侧棕色，躯干背侧褐色，腹面色淡；背鳍、胸鳍和尾鳍具5~7行断续线纹（分布：南海，台湾省西南海域；太平洋、印度洋） ··
·· 纵带狗母鱼 S. englemani（Schultz，1953）〈图291〉

20（13）侧线鳞64~66。前鼻瓣宽长，呈匙状；颊后部裸露；体侧具9个深红色鞍状斑，向下延伸越过侧线，其中排序为单数的5个明显；尾鳍基部具1深红色横斑；吻部具深红色斑纹；头、体浅橘红色，各鳍色淡，腹部银白色；各鳍均具断续线纹，其中胸鳍、背鳍和尾鳍上、下叶各5条，腹鳍和臀鳍各3条（甲醛液浸标本体色转为茶褐色，斑块及线纹色深）（分布：南海南部诸岛，台湾省海域；日本；太平洋、印度洋） ················
·· 红斑狗母鱼 S. ulae（Schultz，1953）〈图292〉

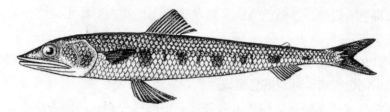

图282 方斑狗母鱼 Synodus kaianus（Günther）（全长225 mm）
（依许成玉等，1988）

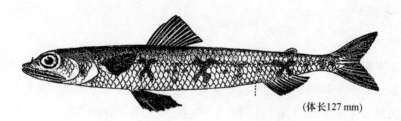

(体长127 mm)

图283 叉斑狗母鱼 S. macrops（Tanaka）

(体长210 mm)

图284 肩斑狗母鱼 S. hoshinonis（Tanaka）（依陈素芝，2002）

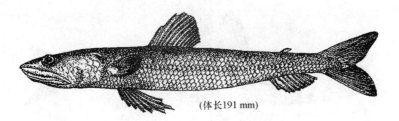

图 285　印度狗母鱼 S. *indicus*（Day）（依陈素芝，2002）

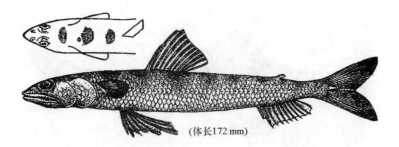

图 286　背斑狗母鱼 S. *fuscus*（Tanaka）（依陈素芝，2002）

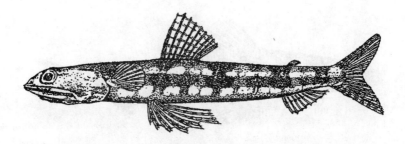

图 287　红纹狗母鱼 S. *rubromarmoratus*（Russell et Cressey）

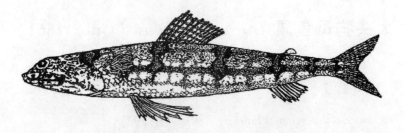

图 288　杂斑狗母鱼 S. *variegatus*（Lacépède）

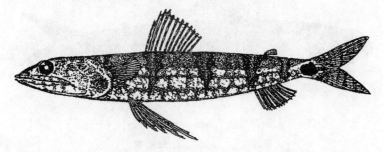

图 289　斑尾狗母鱼（裸颊狗母鱼）S. *jaculum*（Russell et Cressey）

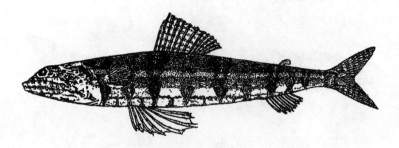

图290 蓝带狗母鱼 S. dermatogenys (Fowler)

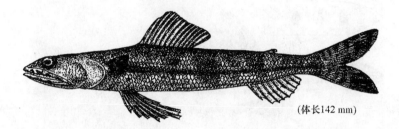

(体长142 mm)

图291 纵带狗母鱼 S. englemani (Schultz)（依陈素芝，2002）

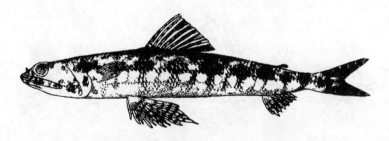

图292 红斑狗母鱼 S. ulae (Schultz)

大头狗母鱼属 Trachinocephalus (Gill, 1861)

(本属只1种)

大头狗母鱼 Trachinocephalus myops (Forster, 1801)〈图293〉

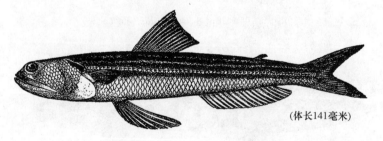

(体长141毫米)

图293 大头狗母鱼 Trachinocephalus myops (Forster)
（依王文滨，1962，南海鱼类志）

头顶部裸露无鳞,颊部和鳃盖被鳞;腹部两腹鳍之间鳞片延长;腹鳍和胸鳍基部具腋鳞。体红褐色,躯干上部具3~4条蓝色明显长纵条纹;鳃盖上端后方具1黑色斑。

分布:南海,东海和台湾省海域;日本;各大洋温带至热带海域。

蛇鲻属 *Saurida* (Valenciennes,1849)

(本属有14种,南海产6种)

〔检索据陈素芝(2002),补充略〕

种的检索表

1 (8) 胸鳍长,后端通常伸达腹鳍基底上方或后上方;侧线鳞等于或少于55;腭骨外齿带前部通常具齿2行(多齿蛇鲻 *S. tumbil* 3行)。

2 (7) 背鳍前部鳍条不延长成丝状,其长小于头长。

3 (4) 胸鳍鳍条12~13;各鳍均有暗色斑纹。体背侧浅橘黄色,腹侧色较淡;体侧具9~10个黄褐色不规则云状横带斑,向下可延伸至近腹缘,斑的两侧边缘散有若干暗色斑点;沿体背面尚有4个暗色大斑块,分别位于头后部、背鳍基后端附近、脂鳍下方和尾鳍基;各鳍淡橘黄色;脂鳍具1褐色斑(分布:南海,东海和台湾省海域;日本;太平洋、印度洋)⋯⋯⋯⋯⋯⋯⋯⋯⋯⋯⋯⋯⋯⋯⋯⋯ 细蛇鲻 *Saurida gracilis* (Quoy et Gaimard,1824)〈图294〉

4 (3) 胸鳍鳍条14~15;各鳍无暗色斑纹。

5 (6) 背鳍前缘和尾鳍上缘通常各有1行黑色小斑,呈节状排列;体侧具9~10个圆斑,列成纵行;幽门盲囊16~21。体背侧灰棕色,腹侧白色;背部从头后至尾鳍基约有5个不明显的灰色云状斑(分布:南海,东海和台湾省海域;日本、朝鲜、南海中部至南部周边海域;印度洋)⋯⋯⋯⋯⋯⋯⋯⋯⋯⋯⋯⋯ 花斑蛇鲻 *S. undosquamis* (Richardson,1848)〈图295〉

6 (5) 背鳍前缘和尾鳍上缘无节状暗色斑;体侧无斑,幽门盲囊18~23。体背部灰棕色,侧部色较淡;腹部白色;胸鳍、背鳍和尾鳍前部灰棕色,后部灰黑色;腹鳍和臀鳍白色(分布:南海、东海;太平洋、印度洋)⋯⋯⋯⋯ 多齿蛇鲻 *S. tumbil* (Bloch,1795)〈图296〉

7 (2) 背鳍第二或第三鳍条较长(♀)或延长成丝状(♂),体长20 cm以上的成鱼,其丝状鳍条长度大于头长。体背部棕色至暗褐色,侧部色较淡(成鱼有时在侧部中间出现约10个模糊的黑圆斑,呈纵行),腹部白色;背鳍和胸鳍上半部灰黑色,下半部淡棕色;尾鳍下叶后缘黑色,其余淡棕色;腹鳍和臀鳍白色(分布:南海,东海和台湾省海域;日本;印度-西太平洋)⋯⋯⋯⋯⋯⋯⋯⋯⋯⋯⋯ 长条蛇鲻 *S. filamentosa* (Ogilby,1910)〈图297〉

〔同种异名:鳄蛇鲻 *S. wanieso* (Shindo et Yamada,1972)〕

8 (1) 胸鳍短,后端不达腹鳍起点;侧线鳞多于55;腭骨外齿带前部具齿3行,或3~4行(短臂蛇鲻 *S. micropectoralis*)。

9 (10) 体侧中间具9~10个灰黑色斑,沿侧线排成纵行;侧线鳞56~58。体背侧灰青色,腹侧白色;背鳍和尾鳍下叶暗黑色,腹鳍和臀鳍无色;脂鳍具1灰色斑(分布:南海;菲律宾、马来西亚、泰国湾、印度尼西亚、泰国)⋯⋯⋯⋯⋯⋯⋯⋯⋯⋯⋯⋯⋯⋯⋯⋯⋯⋯⋯⋯⋯⋯⋯⋯⋯

………短臂蛇鲻（小胸鳍蛇鲻）*S. micropectoralis*（Shindo et Yamada, 1972）〈图298〉
10（9）背及体侧无斑，侧线鳞59～71。体背部与侧部青棕色，腹部白色；背鳍、胸鳍和尾鳍青灰色，后缘黑色；腹鳍和臀鳍无色（分布：南海；东海和台湾省海域，黄海，渤海；日本、朝鲜半岛） ………… 长蛇鲻 *S. elongata*（Temminck et Schlegel, 1846）〈图299〉

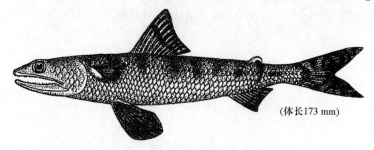

图294　细蛇鲻 *Saurida gracilis*（Quoy et Gaimard）（依陈素芝，2002）

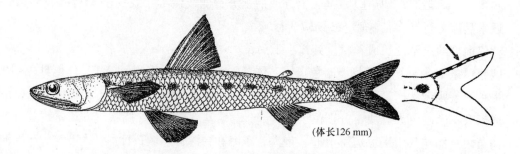

图295　花斑蛇鲻 *S. undosquamis*（Richardson）（依王文滨，1962，南海鱼类志）

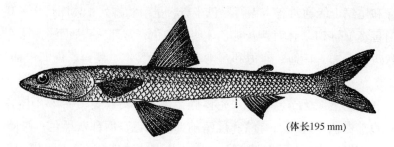

图296　多齿蛇鲻 *S. tumbil*（Bloch）
（依王文滨，1962，南海鱼类志）

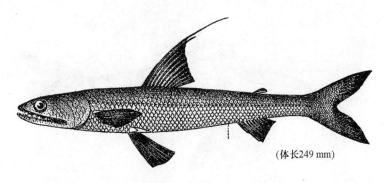

图297 长条蛇鲻 S. filamentosa (Ogilby)
(依王文滨,1962,南海鱼类志)

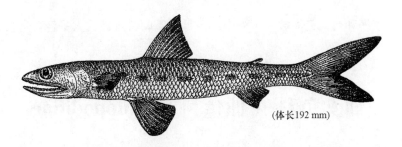

图298 短臂蛇鲻 S. micropectoralis (Shindo et Yamada) (依陈素芝,2002)

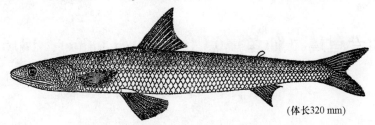

图299 长蛇鲻 S. elongata (Temminck et Schlegel)
(依王文滨,1962,南海鱼类志)

龙头鱼科 Harpadontidae

(本科只1属)

龙头鱼属 *Harpadon* (Lesueur, 1825)

(本属有4种；南海产1种)

龙头鱼 *Harpadon nehereus* (Hamilton, 1822) 〈图300〉

体柔软，延长，侧扁，前部光滑无鳞，后部被易脱落细小薄圆鳞；体色乳白；头部半透明；腹前部淡银白色；各鳍灰黑色（有时腹鳍和臀鳍白色）。

图 300　龙头鱼 *Harpadon nehereus* (Hamilton)（全长 215 mm）
（依陈素芝，2002）

分布：南海，东海和台湾省海域，黄海南部；日本、朝鲜半岛；太平洋、印度洋。栖息于河口海域。

仙女鱼科（仙鱼科）Aulopodidae

（本科只 1 属）

仙女鱼属（仙鱼属）*Aulopus*（Cloquet，1816）

（本属有 9 种，南海产 2 种。为陆架边缘深海鱼类）

〔检索主要依据 Nakabo（2000）〕

种的检索表

南海已知种的共同特征：背鳍鳍条多于 15；侧线鳞多于 37；吻长等于或短于眼径；雌鱼背鳍前端鳍条不呈丝状延长；雄鱼臀鳍具 1 纵条斑。

1（2）　雄鱼背鳍前端鳍条不呈丝状延长；鲜活时雄鱼背鳍前部具 1 淡红色大斑块，雌鱼背鳍近前缘处具约 3 个斑点；雄鱼背鳍后端无暗色圆斑，雌鱼背鳍后端不呈暗色。鳃耙总数 18～23；眼眶上缘凸出于头背缘。体背部淡褐色，中部淡紫红色，腹部银白色，腹鳍以后稍带淡红色；体侧具 3～4 个云状斑块，上部浅褐色，两侧嵌有不规则的灰黑色小斑，下部淡红色；吻背部淡红色；各鳍白色，除臀鳍外，胸鳍、背鳍和腹鳍均具若干斑点，尾鳍上下叶各具 4 条斜纹。液浸标本体背和体侧转为呈淡茶褐色，云状斑留存不规则灰黑色小斑，其他部分不明显（分布：南海，东海和台湾省海域；日本）··················
·················日本仙女鱼（日本仙鱼）*Aulopus japonicus*（Günther，1880）〈图 301〉
〔同种异名：日本姬鱼 *Hime japonicus*（Günther），见：中国鱼类系统检索〕
2（1）　雄鱼背鳍第二鳍条呈丝状延长；雄鱼背鳍前部无明显大斑块，雌鱼背鳍近前缘无显著斑点；雄鱼背鳍后端具1暗色圆斑，雌鱼背鳍后端暗色；鳃耙总数14～17；眼眶上缘不突出于头背缘。体色及身体和鳍上其他斑纹与日本仙女鱼相似（分布：南海、台湾省海域；日本） ························· 台湾仙女鱼 A. formosanus（Lee et Chao, 1994）〈图302〉

〔同种异名：姬鱼 Hime japonicus（非 Günther），成庆泰，田明诚，1981〕

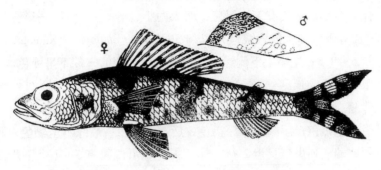

图301　日本仙女鱼 Aulopus japonicus（Günther）

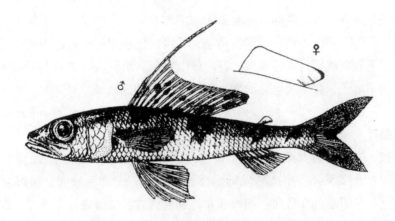

图302　台湾仙女鱼 A. formosanus（Lee et Chao）

青眼鱼科 Chlorophthalmidae

（本科只1属）

青眼鱼属 Chlorophthalmus（Bonaparte，1840）

（本属南海有5种）

〔注：佐藤和中坊，1999（见 T. Nakabo, 2000, 第359页和1486页），将 C. albimaculatus、C. filamentosus、C. japonicus（东海有产）和 C. oblongus（南海、东海有产）等，归为"长种群（Oblongus - species group）"，认为此种群的分类地位须重新确定。〕

种的检索表

1（2） 侧线上方鳞2.5；尾鳍上下侧缘均具1黑色纵带；背鳍和腹鳍末端黑色。体淡褐色；腹侧银白色；体侧后部沿侧线有4个黑斑，两大两小（分布：南海、东海；日本）……………… 长青眼鱼（大鳞青眼鱼）*Chlorophthalmus oblongus*（Kamohara，1953）〈图303〉

2（1） 侧线上方鳞5~8.5；尾鳍上下侧缘无纵带；背鳍和腹鳍末端不呈黑色。

3（6） 眼较小，眼径小于吻长。

4（5） 体背缘在背鳍起点处明显隆起，向前方和后方倾斜；背鳍深褐色，下部具1淡色纵条纹，前缘和外缘不呈黑色；尾鳍前部深褐色，后部淡褐色，后缘不呈黑色；腹鳍深褐色无黑色条纹；下颌前端横列齿带具齿2行。体浅褐色；沿侧线有5~7个不规则的深褐色斑；胸鳍深褐色，臀鳍淡色（分布：南海、东海和台湾省的深海；日本）…………………………………………………………… 隆背青眼鱼 *C. acutifrons*（Hiyama，1940）〈图304〉

5（4） 体背缘在背鳍起点处稍隆起，缓缓斜向前方和后方；背鳍淡色，下部无纵条纹，前缘和外缘黑色；尾鳍前部深褐色，后部淡褐色，后缘黑色；腹鳍淡色，中部和近基部处各具1暗色条纹；下颌前端横列齿带具齿3行。体淡褐色；沿侧线及侧线上下方具多个不规则的暗色斑；胸鳍暗色，臀鳍淡色（分布：南海和东海的深海域；日本）……………………………………………………… 黑缘青眼鱼 *C. nigromarginatus*（Kamohara，1953）〈图305〉

6（3） 眼大，眼径大于吻长。

7（8） 胸鳍甚长，末端超过背鳍，并伸达腹鳍向腹部收拢后的末端；上颌骨末端伸达眼前缘下方；侧线上方鳞5~6。甲醛液浸标本体侧暗灰色。背部色较深；腹部灰白色，散有微小黑色斑点；各鳍暗色（分布：南海、东海和台湾省的深海域；太平洋、印度洋和大西洋的温暖海域）…………………… 短吻青眼鱼 *C. agassizi*（Bonaparte，1840）〈图306〉

8（7） 胸鳍短，末端只伸达背鳍基后端与背鳍末端之间，未达腹鳍向腹部收拢后的末端；上颌骨末端超过眼前缘；侧线上方鳞7~8.5。体褐色，腹部色淡；体上有多个不规则褐色斑块，其中背部5~6个，体侧8~10个；胸鳍腋部、腹鳍外缘和内侧鳍条，以及肛门及其前方腹部，均为暗色；背鳍前部有2个暗色斑（分布：南海、东海和台湾省的深海域；日本海）…………………… 大眼青眼鱼 *C. albatrossis*（Jordan et Starks，1904）〈图307〉
〔同种异名：*C. borealis*（Kuronuma et Yamaguchi，1941）（据陈素芝，2002）〕

图303 长青眼鱼（大鳞青眼鱼）*Chlorophthalmus oblongus*（Kamohara）
（仿成庆泰，田明诚，1981）

图 304　隆背青眼鱼 C. acutifrons（Hiyama）
（仿陈素芝，2002，增补斑纹）

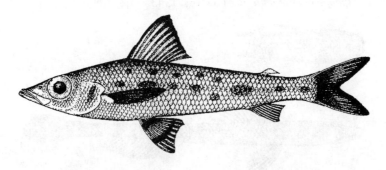

图 305　黑缘青眼鱼 C. nigromarginatus（Kamohara）
（仿许成玉等，1988，略增补）

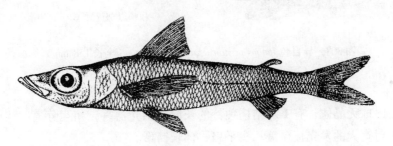

图 306　短吻青眼鱼 C. agassizi（Bonaparte）
（仿陈素芝，2002）

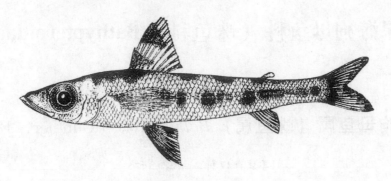

图 307　大眼青眼鱼 C. albatrossis（Jordan et Starks）

异目鱼科 Ipnopidae

(本科只1属)

异目鱼属 *Ipnops*（Günther，1878）

(本属有3种；南海产1种)

异目鱼（炉眼鱼）*Ipnops pristibrachium*（Fowler，1943）〈图308〉

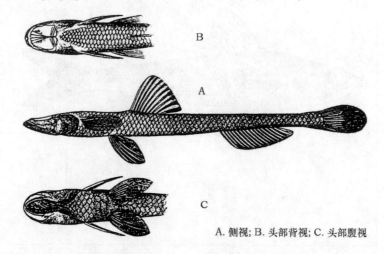

A. 侧视；B. 头部背视；C. 头部腹视

图308　异目鱼 *Ipnops pristibrachium*（Fowler）（全长158 mm）

(依 Fowler，1943)

眼小或退化，眼球无晶体，有1对结构独特的长筒形感光器官，相互分离，周围以神经管与眼眶相连，上面有1对宽大的发光板覆盖。头平扁，体长筒形。

鲜本体和各鳍黄褐色，头部深褐色，甲醛液浸后全身转为黑色或暗色。底栖性深海鱼类。

分布：南海南部诸岛；西太平洋。

深海狗母鱼科（蛛鱼科）Bathypteroidae

(本科只1属)

深海狗母鱼属（蛛鱼属）*Bathypterois*（Günther，1878）

(本属有17种，南海产3种)

〔检索撰写：陈铮，孙典荣〕

头平扁；眼细小；胸鳍上缘有 1~2 粗壮且十分延长的鳍条；口腔和鳃腔黑色。

种的检索表

1（4） 腹鳍外侧缘有 1 鳍条或 2 鳍条稍长于其余鳍条。胸鳍分隔为上、下两部分，间隙宽：上部最上方有 1 条或 2 条延长的游离粗壮鳍条（其中第一鳍条端部分叉），下方有 1~2 甚短小鳍条；下部有 10~11 游离鳍条。尾鳍下叶外侧缘无明显延长鳍条。体黑褐色，体侧无白色横斑块。

2（3） 腹鳍最外侧 2 鳍条粗而较长，末端伸达或越过臀鳍起点。胸鳍上部最上方具 2 游离的甚长鳍条，约等长，伸达尾柄。臀鳍起点位于背鳍基终端后下方。除胸鳍和腹鳍外侧鳍条颜色较淡外，各鳍暗褐色（分布：南海北部和东海的陆坡海域，水深 750~1 000 m；日本南部；印度 - 太平洋区域） ··
······················· 小眼深海狗母鱼 *Bathypterois atricolor*（Alcock，1896）〈图 309〉
（中文又称：黑深海狗母鱼或黑蓑蛛鱼）

3（2） 腹鳍最外侧 2 鳍条粗而扁平，其中第二鳍条稍长，末端伸达或超过臀鳍基终端。胸鳍上部最上方具 1 游离的甚长鳍条，从鳍条中部起向后分成上、下 2 个分支，上个分支较长且末端分叉，两分支均伸达尾鳍。臀鳍起点与背鳍基终端相对或稍靠前。除胸鳍和腹鳍外侧鳍条端部白外，各鳍颜色与体色一致，腹膜黑色（分布：南海北部陆坡海域；太平洋中部夏威夷群岛，水深 570~2 400m） ···
····························· 长胸丝深海狗母鱼 *B. antennatus*（Gilbert，1905）〈图 310〉

4（1） 腹鳍外侧缘两鳍条愈合成一粗壮且甚延长的长条，端部钝，呈匙形，末端可伸达尾鳍中部、后部，以至超过尾鳍甚多（据 Abe T.，1975）。胸鳍分隔为上、中、下三部分，上部与中部间隙狭，中部与下部间隙稍宽：上部最上方有 2 甚延长的游离粗壮鳍条，均在中间分出 2 支，末端均伸达尾鳍；中部具 6 鳍条，长度短于下部的鳍条；下部具 5 游离鳍条，长者可伸达尾柄。尾鳍下叶外侧缘 1~2 鳍条粗壮且甚延长，长度可超过尾鳍长 2 倍余，末端呈羽状分叉。体褐红色，鳃盖深色，背鳍前方体侧和尾柄各有 1 白色横斑块。胸鳍上部最上方、腹鳍外侧和尾鳍下叶外侧的甚延长鳍条以及尾鳍后部为白色（分布：南海北部和东海的陆坡海域；日本；印度 - 太平洋区域，水深 485~1 000 m 海域）···············
···················· 贡氏深海狗母鱼（贡氏蓑蛛鱼）*B. guentheri*（Alcock，1889）〈图 311〉

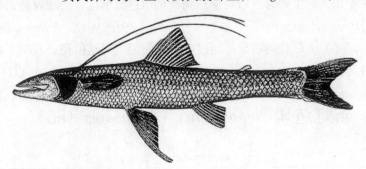

图 309　小眼深海狗母鱼 *Bathypterois atricolor*（Alcock）（全长 152 mm）

（依许成玉等，1988）

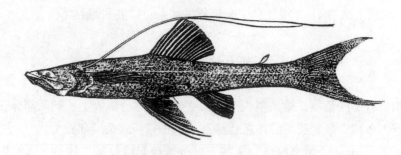

图310 长胸丝深海狗母鱼 *B. antennatus* (Gilbert)
(依 Gilbert, 1905)

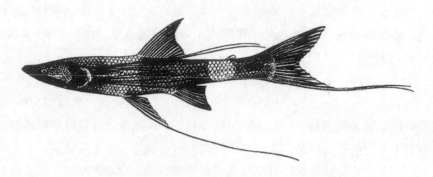

图311 贡氏深海狗母鱼 *B. guentheri* (Alcock)(全长174 mm)
(据许成玉等, 1988)

新灯鱼科 Neoscopelidae

(本科有2属)

［属的检索依陈素芝, 2002］

属的检索表

1(2) 发光器出现；眼大；上颌骨向后延伸达到或稍超过眼后缘；假鳃发达；犁骨齿1横列；中翼骨有齿 ·· 新灯鱼属 *Neoscopelus*
2(1) 无发光器；眼小；上颌骨向后延伸超过眼后缘的距离可达眼径；假鳃不发达；犁骨齿2横列；中翼骨无齿 ·· 拟灯笼鱼属 *Scopelengys*

新灯鱼属 *Neoscopelus* (Johnson, 1863)

(本属有3种；我国有产，南海皆产)

〔检索据陈素芝（2002）和 Nakabo（2000）综合〕

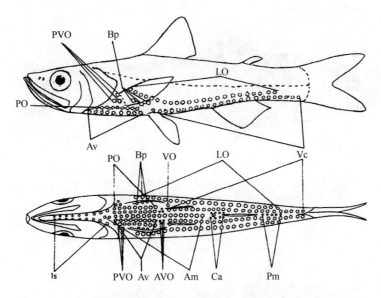

附5：新灯鱼属 *Neoscopelus* 发光器图解（下同）

Is　峡部发光器；Av　腹鳍前发光器；Bp　胸鳍基底发光器；LO　体侧发光器；Am　前部正中线发光器；VO　腹鳍发光器；PO　胸部发光器；Pm　后部正中线发光器；AVO　腹鳍前附属发光器；Vc　腹鳍至尾鳍间发光器；PVO　胸鳍下部发光器；Ca　肛门周围发光器

种的检索表

1（2）　体侧发光器（LO）36~40，分为前部1列（LO_1），中部2列，上、下各1纵列（LO_2，LO_3），后部1列（LO_4）。新鲜标本体呈黄褐色，发光器褐色，口腔黑色；甲醛液浸后，体呈灰褐色，背、腹部颜色较深，眼及鳃盖深灰色。各鳍无色（分布：南海北部陆坡边缘及东沙群岛海域；日本）……………… 多孔新灯鱼 *Neoscopelus porosus*（Arai，1969）〈图312〉

2（1）　体侧发光器（LO）不超过35，排成单一纵列。

3（4）　体侧发光器（LO）20~26，最末一个LO位于臀鳍末端上方；胸鳍短，末端不达背鳍基底终端。甲醛液浸标本体呈灰褐色，口腔和腹腔黑灰色，各鳍色淡（分布：南海北部、东海和台湾省的深海域；日本；太平洋西部，印度洋，北大西洋）……………………………………………………… 短鳍新灯鱼 *N. microchir*（Matsubara，1943）〈图313〉

4（3）　LO 12~15，最末一个LO位于臀鳍基起点近前上方；胸鳍长，末端超过肛门。甲醛液浸标本体呈淡茶色，口腔和舌黑灰色，各鳍无色（分布：南海和东海的深海；日本，太平洋西部，印度洋澳大利亚湾，大西洋马德拉群岛）………………………………………………… 大鳞新灯鱼 *N. macrolepidotus*（Johnson，1863）〈图314〉

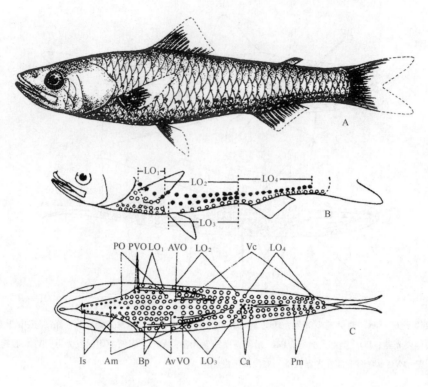

图 312　多孔新灯鱼 *Neoscopelus porosus*（Arai）（全长 176 mm）
（A，C，依陈素芝，2002）

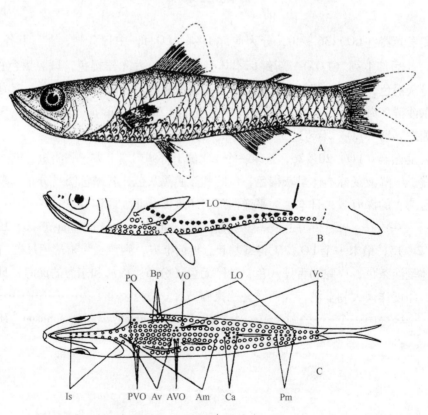

图 313　短鳍新灯鱼 *N. microchir*（Matsubara）（全长 135 mm）
（A、C，依陈素芝，2002）

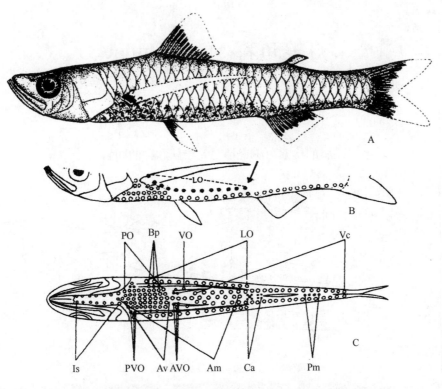

图 314 大鳞新灯鱼 *N. macrolepidotus*（Johnson）（全长 98 mm）

（A、C，依陈素芝，2002）

拟灯笼鱼属 *Scopelengys*（Alcock，1890）

（本属仅 1 种，南海有产）

体被大的圆鳞，鳞薄，极易脱落。

拟灯笼鱼 *Scopelengys tristis*（Alcock，1890）〈图 315〉

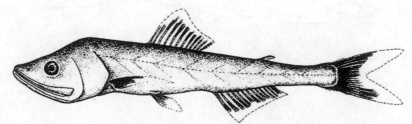

图 315 拟灯笼鱼 *Scopelengys tristis*（Alcock）（全长 40.7 mm）

（依陈素芝，2002）

头、体均无发光器。甲醛液浸标本呈深褐色，各鳍无色。

分布：南海和东海的深海；日本；太平洋、印度洋、大西洋的热带和亚热带海域。

灯笼鱼科 Myctophidae

（本科有 3 属）

〔属的检索由陈铮撰写并绘属和种的图解〕

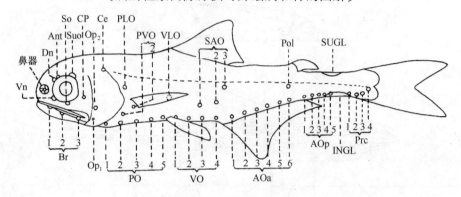

附6：灯笼鱼科鱼类发光器位置

Dn　鼻部背侧发光器；Op　鳃盖发光器；VO　腹部发光器；Vn　鼻部腹侧发光器；PVO　胸鳍下方发光器；AOa　臀前部发光器；So　眶下发光器；PLO　胸鳍上方发光器；AOp　臀后部发光器；Suo　眶上发光器；VLO　腹鳍上方发光器；Prc　尾前部发光器；Ant　眶前发光器；SAO　肛门上方发光器；SUGL　尾上发光腺；Pol　体后侧发光器；INGL　尾下发光腺；Cp　颊部发光器；Br　鳃膜条发光器；Ce　肩部发光器；PO　胸部发光器

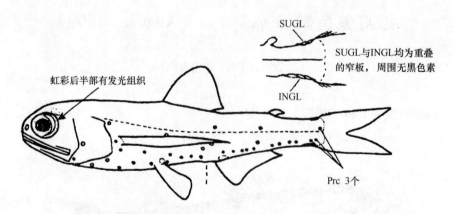

附7：虹灯鱼属 *Bolinichthys* 主要检索特征

属的检索表

〔注：胸鳍下方发光器（PVO）实际上不仅排列于胸鳍基底上端的下方，而且有些种类的 PVO 还排列到胸鳍基底上端的近上方。因此，应将 PVO 看作是"胸鳍前方发光器"〕

1（4）　虹彩后半部有白色月牙形的发光组织；尾前部发光器（Prc）3 个，前 2 个靠近，第 3 个高起（2+1 方式）。

2（3）　尾上发光腺（SUGL）与尾下发光腺（INGL）均为重叠的窄板，周缘无黑色素 …………

.... 虹灯鱼属 *Bolinichthys*

3（2） 尾上发光腺（SUGL）与尾下发光腺（INGL）均为周缘有黑色素的大腺。Prc 存在或缺（我国尚无记录的极个别种，除具尾上、尾下发光腺外，体上不存在包括 Prc 在内的各类发光器）.. 月灯鱼属 *Taaningichthys*

4（1） 虹彩后半部无发光组织；尾前部发光器（Prc）1~4 个，不在侧线上下形成对称。

5（16） 尾前部发光器（Prc）2 个；腹部发光器（VO）4 个。

6（7） 吻长，吻端突出于上颌之前；无侧线；胸鳍上方发光器（PLO）位于胸鳍基上端稍高处；鳃耙退化，仅存少数痕迹 .... 锦灯鱼属 *Centrobranchus*

7（6） 吻短，吻端与上颌前端对齐；侧线完全；胸鳍上方发光器（PLO）约位于侧线与胸鳍中间或靠近侧线；鳃耙发达。

8（11） 胸鳍下方发光器（PVO）水平位；第 2 腹部发光器（VO_2）高起。

9（10） 第 2 尾前部发光器（Prc_2）位于侧线下方，但不贴近侧线 .... 明灯鱼属 *Diogenichthys*

10（9） 第 2 尾前部发光器（Prc_2）贴近侧线下缘或位于侧线上 .... 底灯鱼属 *Benthosema*

11（8） 胸鳍下方发光器（PVO）斜行；腹部发光器（VO）平排。

12（13） 体后侧发光器（Pol）2 个，于侧线下方斜行............................ 壮灯鱼属 *Hygophum*

13（12） 体后侧发光器（Pol）1 个。

14（15） 肛门上方发光器（SAO）呈明显的钝角排列，SAO_1 位于第 3 腹部发光器（VO_3）之前... 标灯鱼属 *Symbolophorus*

15（14） 肛门上方发光器（SAO）斜行或稍转折，SAO_1 位于第 3 腹部发光器（VO_3）之后 .... 灯笼鱼属 *Myctophum*

16（5） 尾前部发光器（Prc）3~4 个；腹部发光器（VO）3~6 个。

17（26） 第 2 胸鳍下方发光器（PVO_2）位于胸鳍基底上端之下；体后侧发光器（Pol）1 个或 2 个，如 2 个，则与侧线平行。

18（19） 无尾上发光腺（SUGL）与尾下发光腺（INGL）；鼻部背侧发光器（Dn）常出现；Pol 1 个；Prc 4 个；VO 5 个 .... 眶灯鱼属 *Diaphus*

19（18） 具尾上发光腺（SUGL）与尾下发光腺（INGL）；鼻部背侧发光器（Dn）不存在；Pol 1~2 个；Prc 3~4 个。

20（21） SUGL 与 INGL 均为周缘有黑色素的大腺；Pol 1 个；Prc 3 个；VO 4~6 个 .... 炬灯鱼属 *Lampadena*

21（20） SUGL 与 INGL 同在，均为重叠的窄板，周缘黑色素无或不明显；Pol 2 个；Prc 3~4 个。

22（23） 腹面正中线上，在腹鳍基底与肛门之间具数枚发光鳞；第 4 胸部发光器（PO_4）与 PO_{1-3} 平排，不高起；3 个肛门上方发光器（SAO）彼此或至少前 2 个之间的间隔较小，略呈钝角排列；腹鳍上方发光器（VLO）约位于腹鳍与侧线中间；Prc 4 个；VO 5 个... .... 角灯鱼属 *Ceratoscopelus*

23（22） 腹面正中线上，在腹鳍基底与肛门之间无发光鳞；第 4 胸部发光器（PO_4）高起；3 个肛门上方发光器（SAO）彼此间距大，呈明显钝角排列。

24（25） 腹鳍上方发光器（VLO）紧邻侧线；Prc 3 个；VO 5 个；无颊部发光器（CP）和肩部发光器（Ce） .... 尾灯鱼属 *Triphoturus*

25（24） 腹鳍上方发光器（VLO）位于侧线下方；Prc 4 个；VO 3~6 个（常 4 个）；有的种类分

		别具 CP、Ce，或兼具之 ········· 珍灯鱼属 *Lampanyctus*
26	(17)	第2胸鳍下方发光器（PVO_2）位于胸鳍基底上端的上方；体后侧发光器（Pol）2~3个，与侧线平行；VO 5个 ········· 背灯鱼属 *Notoscopelus*

虹灯鱼属 *Bolinichthys*（Paxton，1972）

（本属有10种，南海产3种）

〔种的检索依陈素芝（2002）〕

种的检索表

1（4） 腹部发光器（VO）5个。

2（3） 腹鳍上方发光器（VLO）位于腹鳍与侧线之间；眶上、眶后及背鳍、腹鳍的基部均无发光组织斑；SAO_1 在 VO_5 的后上方；头、体无第二发光器。甲醛液浸标本呈褐色，各鳍无色（分布：南海；西太平洋、东印度洋、大西洋） ·· 眶暗虹灯鱼 *Bolinichthys pyrsobolus*（Alcock，1891）〈图316〉

3（2） 腹鳍上方发光器（VLO）紧邻侧线下缘；眶上、眶后及背鳍、腹鳍基部均有发光组织斑；SAO_1 在 VO_5 的上方；头、体有第二发光器（块状或鳞状）。甲醛液浸标本茶褐色，各鳍无色（分布：南海；日本；太平洋、印度洋、东大西洋） ·· 长鳍虹灯鱼 *B. longipes*（Brauer，1906）〈图317〉

4（1） 腹部发光器（VO）4个。甲醛液浸标本褐色，各鳍淡色，发光组织白色（分布：南海；西太平洋） ········· 南沙虹灯鱼 *B. nanshanensis*（Yang et Huang，1992）〈图318〉

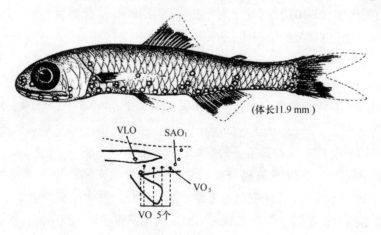

图316 眶暗虹灯鱼 *Bolinichthys pyrsobolus*（Alcock）
（依陈素芝，2002）

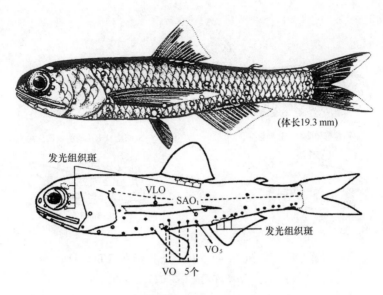

图 317　长鳍虹灯鱼 B. longipes（Brauer）
（依陈素芝，2002）

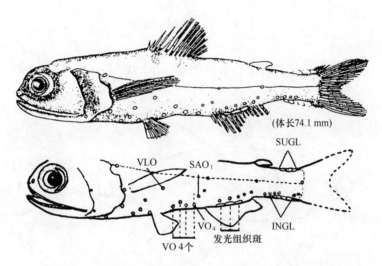

图 318　南沙虹灯鱼 B. nanshanensis（Yang et Huang）
（依杨家驹等，1996）

月灯鱼属 Taaningichthys（Bolin，1959）

（本属有 3 种，南海产 1 种）

月灯鱼（深海月灯鱼）Taaningichthys bathyphilus（Taning，1928）〈图 319〉

臀前部发光器（AOa）2～3 个，水平状，AOa_1 位于臀鳍第七根鳍条上方；臀后部发光器（AOp）1～2 个，位于尾下腺（INGL）前方。甲醛液浸标本呈棕褐色，各鳍无色。

分布：南海；日本；35°N—30°S 各大洋热带和亚热带深海。

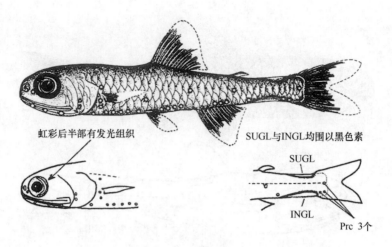

图319 月灯鱼 *Taaningichthys bathyphilus*（Taning）
（依陈素芝，2002）

锦灯鱼属 *Centrobranchus*（Fowler，1904）

（本属有4种，南海产2种）

〔种的检索依陈素芝（2002）〕

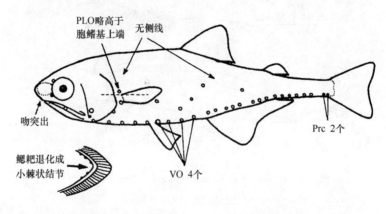

附8：锦灯鱼属 *Centrobranchus* 主要检索特征

种的检索表

1（2） 第1肛门上方发光器（SAO_1）通常在第4腹部发光器（VO_4）的后上方；鼻器圆形。甲醛液浸标本呈棕褐色，各鳍无色（分布：南海；日本；太平洋和印度洋的热带海区） ··· 牡锦灯鱼 *Centrobranchus andreae*（Lütken，1892）〈图320〉

2（1） 第1肛门上方发光器（SAO_1）通常在第3腹部发光器（VO_3）的后上方或前上方；鼻器椭圆形。甲醛液浸标本呈棕褐色（分布：南海；日本；印度洋、太平洋的热带海区） ··· 椭锦灯鱼 *C. chaerocephalus*（Fowler，1904）〈图321〉

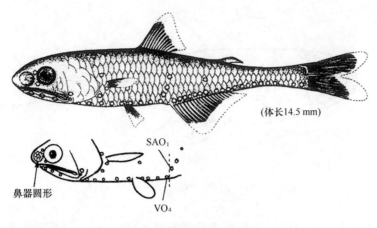

图 320　牡锦灯鱼 Centrobranchus andreae（Lütken）
（依陈素芝，2002）

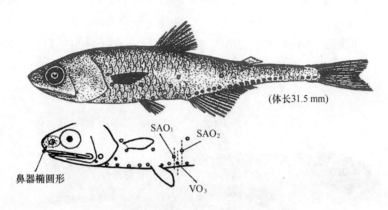

图 321　椭锦灯鱼 C. chaerocephalus（Fowler）
（依杨家驹等，1996）

明灯鱼属 Diogenichthys（Bolin，1939）

（本属有 3 种，南海皆产）

〔种的检索依陈素芝（2002）〕

种的检索表

1（2）　上颌骨末端不超过眼后缘；腹鳍上方发光器（VLO）位于侧线和腹鳍间，较接近侧线；第 1 肛门上方发光器（SAO_1）在第 4 腹部发光器（VO_4）的前上方；尾前部发光器第 1 个（Prc_1）与第 2 个（Prc_2）的间距等于或大于最后一个臀后部发光器（AOp）与 Prc_1 的间距（分布：南海；日本；太平洋、印度洋、大西洋温暖海区） ··· 西明灯鱼 Diogenichthys atlanticus（Taning，1928）〈图 322〉

2（1）　上颌骨末端超过眼后缘；腹鳍上方发光器（VLO）位于侧线和腹鳍的中间或接近腹鳍；第

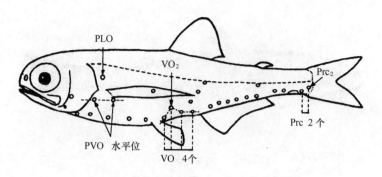

附9:明灯鱼属 Diogenichthys 主要检索特征

1 肛门上方发光器(SAO_1)在第4腹部发光器(VO_4)的上方或后上方;尾前部发光器第1个(Prc_1)与第2个(Prc_2)的间距小于最后一个臀后部发光器(AOp)与Prc_1的间距。

3(4) VLO距腹鳍较距侧线近;SAO_1在VO_4的正上方(分布:南海;太平洋温暖海区) ························· 朗明灯鱼 D. laternatus (Garman,1899)〈图323〉

4(3) VLO在侧线和腹鳍之间的中央;SAO_1在VO_4的后上方(分布:南海;印度洋和太平洋的热带海域) ························· 印明灯鱼 D. panurgus (Bolin,1946)〈图324〉

(以上3种鱼类的甲醛液浸标本均呈黑褐色)

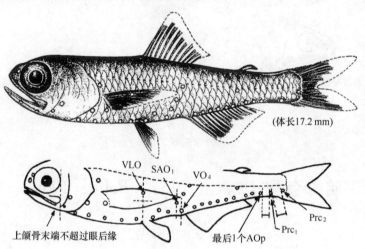

图322 西明灯鱼 Diogenichthys atlanticus (Taning)
(依陈素芝,2002)

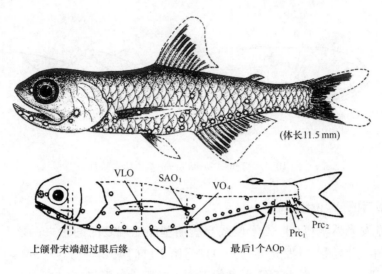

图 323　朗明灯鱼 *D. laternatus*（Garman）
（依陈素芝，2002）

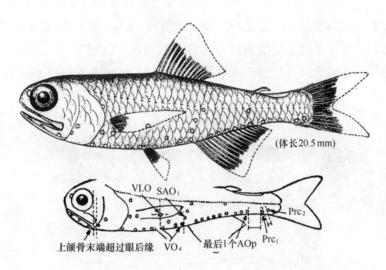

图 324　印明灯鱼 *D. panurgus*（Bolin）
（依陈素芝，2002）

底灯鱼属 *Benthosema*（Goode et Bean, 1896）

（本属有5种，南海产3种）

种的检索表

1（2）具眶下发光器（So）；胸部发光器（PO）平排。甲醛液浸标本体呈褐色，各鳍无色（分布：南海；日本；太平洋、印度洋、大西洋的热带、亚热带海区）………………………………………………………… 耀眼底灯鱼 *Benthosema suborbitale*（Gilbert, 1913）〈图 325〉

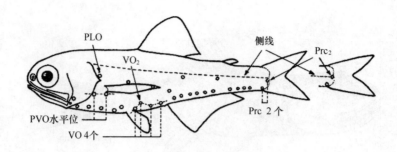

附10：底灯鱼属 *Benthosema* 主要检索特征

2（1） 无 So；最后的 PO 位置较高。

3（4） 胸鳍上方发光器（PLO）位于侧线与胸鳍基底上端之间的中央；第 1 肛门上方发光器（SAO_1）位于腹鳍上方发光器（VLO）与第 2 肛门上方发光器（SAO_2）的连线上；第 2 鳃盖发光器（Op_2）在眼下缘水平线下方，间距大。甲醛液浸标本体呈茶色，各鳍无色（分布：南海、东海；日本；太平洋，印度洋、大西洋热带、亚热带沿岸海区）………………………………………………………………………… 七星底灯鱼 *B. pterotum*（Alcock，1891）〈图 326〉

4（3） PLO 位于侧线与胸鳍基底上端之间，较接近侧线；SAO_1 在 VLO 与 SAO_2 连线下方；Op_2 在下侧紧靠眼下缘水平线。甲醛液浸标本体呈淡褐色，各鳍无色（分布：南海、东海；日本；太平洋、印度洋）……… 带底灯鱼 *B. fibulatum*（Gilbert et Cramer，1897）〈图 327〉

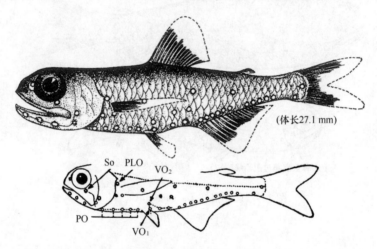

图 325　耀眼底灯鱼 *Benthosema suborbitale*（Gilbert）

（依陈素芝，2002）

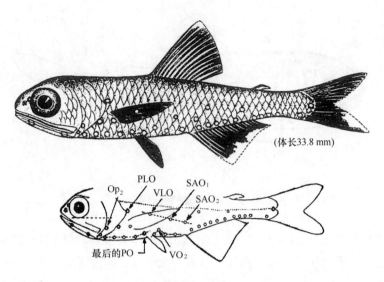

图 326 七星底灯鱼 B. pterotum（Alcock）
（仿陈素芝，2002）

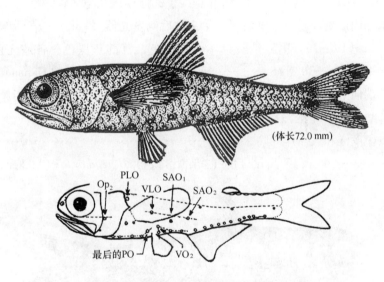

图 327 带底灯鱼 B. fibulatum（Gilbert et Cramer）
（仿许成玉等，1988）

壮灯鱼属 Hygophum（Bolin，1939）

（本属有9种，南海产3种）

〔种的检索参考陈素芝（2002）和 Nakabo（2000）〕

种的检索表

1（2） 胸鳍基底上端位于眼球中心水平线的下方；第1肛门上方发光器（SAO_1）几位于SAO_2与

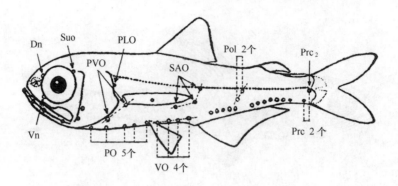

附11：壮灯鱼属 *Hygophum* 主要检索特征

第1胸鳍下方发光器（PVO$_1$）连线上，此连线与体轴线构成明显夹角。甲醛液浸标本体呈浅棕色，各鳍无色（分布：南海；日本；太平洋、印度洋）······近壮灯鱼 *Hygophum proximum*（Becker，1965）〈图328〉

2（1） 胸鳍基底上端位于眼球中心水平线的上方；第1肛门上方发光器（SAO$_1$）位于或几位于 SAO$_2$ 与第1胸鳍下方发光器（PVO$_1$）连线上，此连线几与体轴线平行。

3（4） 上颌骨末端向后延伸超过眼眶后缘；第2体后侧发光器（Pol$_2$）位于脂鳍基下方；臀鳍条 18~20；鳃耙 19~23。甲醛液浸标本体呈灰色，背部灰黑色，各鳍无色（分布：南海；东、西太平洋15°—30°N）··············黑壮灯鱼 *H. atratum*（Garman，1899）〈图329〉

4（3） 上颌骨末端向后延伸仅达眶后缘；第2体后侧发光器（Pol$_2$）位于脂鳍前下方；臀鳍条 21—23；鳃耙18。甲醛液浸标本体呈浅棕色，眼蓝黑色，各鳍无色（分布：南海；日本；太平洋、印度洋和大西洋的暖水区）··············莱氏壮灯鱼（润哈壮灯鱼）*H. reinhardtii*（Lütken，1892）〈图330〉

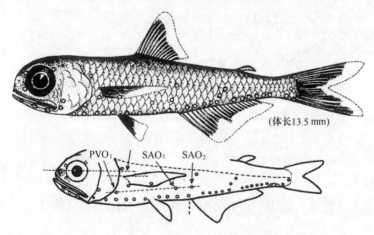

图328　近壮灯鱼 *Hygophum proximum*（Becker）
（依陈素芝，2002）

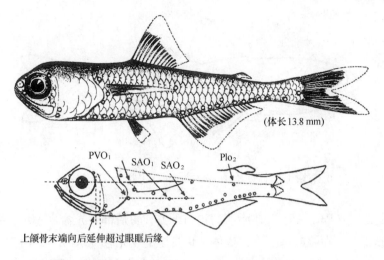

图 329 黑壮灯鱼 H. atratum (Garman)
(仿陈素芝，2002)

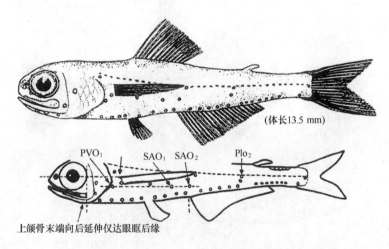

图 330 莱氏壮灯鱼（润哈壮灯鱼）H. reinhardtii (Lütken)
(仿杨家驹等，1996)

标灯鱼属 Symbolophorus (Bolin et Wisner, 1959)

(本属有7种，南海产2种)

〔种的检索依陈素芝（2002），稍补充〕

种的检索表

1（2） 体后侧发光器（Pol）1个，在脂鳍的远前下方；臀后部发光器（AOp）7~9个，其中有3~5个在臀鳍基上方；未发现尾部发光腺存在（分布：南海；太平洋和印度洋）……………………………… 大眼标灯鱼 Symbolophorus boops (Richardson, 1845)〈图331〉

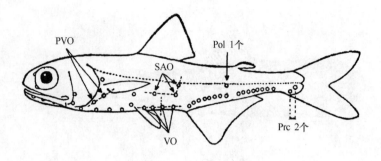

附12：标灯鱼属 *Symbolophorus* 主要检索特征

2（1） 体后侧发光器（Pol）1个，在脂鳍的稍前下方；臀后部发光器（AOp）4~5个，其中有1个（偶或2个）在臀鳍基上方；成体雄鱼具尾上发光腺（SUGL），由3~7个发光鳞构成，成体雌鱼则具尾下发光腺（INGL），由3~4个发光鳞构成。甲醛液浸标本体呈褐色，各鳍无色（分布：南海；日本；太平洋和印度洋的热带海区）……………………………………………………………………………………光彩标灯鱼 *S. evermanni*（Gilbert，1905）〈图332〉

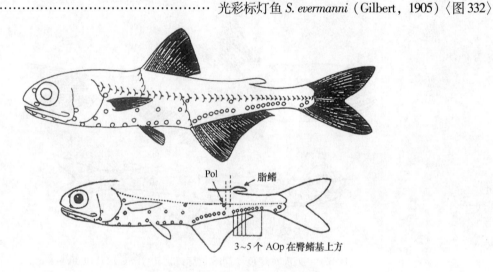

图331　大眼标灯鱼 *Symbolophorus boops*（Richardson）

（依陈素芝，2002）

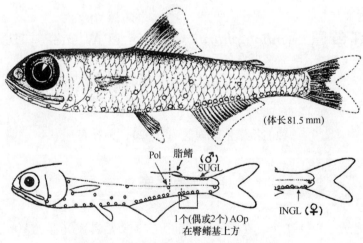

图332　光彩标灯鱼 *S. evermanni*（Gilbert）

（依陈素芝，2002）

灯笼鱼属 *Myctophum* (Rafinesque, 1810)

(本属有15种；南海产9种)

〔撰写：孙典荣、陈铮〕

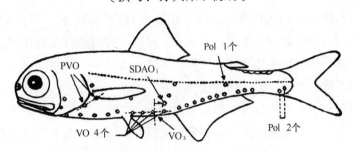

附13：灯笼鱼属 *Myctophum* 主要检索特征

种的检索表

1 (8) 鳃盖上端后缘具细锯齿。

2 (3) 第1肛门上方发光器（SAO_1）在第4腹部发光器（VO_4）正上方或稍后上方；臀鳍条22～26。甲醛液浸标本体呈银灰色，各鳍无色；生活时，体上发光器和肛膜能发出金色光泽，鳞上出现浅蓝色、银白色和橙色的"彩虹"（分布：南海；日本；太平洋、印度洋的热带海区） ············ 金焰灯笼鱼 *Myctophum aurolaternatum* (Garman, 1899)〈图333〉

3 (2) 第1肛门上方发光器（SAO_1）在腹部发光器第3个（VO_3）和第4个（VO_4）之间的上方；臀鳍条17～20。

4 (7) 侧线及体上被强栉鳞。

5 (6) 胸鳍条17～19；腹缘上的鳞片栉刺明显，臀鳍基上的鳞片边缘圆滑。甲醛液浸标本体呈灰色，各鳍无色（分布：南海；印度洋和太平洋的热带海区）············
············ 短颌灯笼鱼 *M. brachygnathum* (Bleeker, 1856)〈图334〉

6 (5) 胸鳍条14；臀鳍基上的鳞片栉刺很长。甲醛液浸标本体呈褐色，各鳍色淡（分布：南海；日本；太平洋、印度洋和大西洋的热带海区） ············
············ 栉刺灯笼鱼 *M. spinosum* (Steindachner, 1867)〈图335〉

7 (4) 侧线及其上方的鳞片为弱圆鳞，腹缘鳞片为弱栉鳞。甲醛液浸标本体呈灰棕色，各鳍无色（分布：南海，东海；日本；太平洋、印度洋和大西洋的热带海区）············
············ 钝吻灯笼鱼 *M. obtusirostre* (Taning, 1928)〈图336〉

8 (1) 鳃盖上端后缘光滑无细锯齿。

9 (10) 体高为体长的29％以上。甲醛液浸标本体呈茶褐色，各鳍无色（分布：南海；日本；太平洋、印度洋和大西洋的热带至亚热带海区）············
············ 高体灯笼鱼（粗短灯笼鱼）*M. selenops* (Taning, 1928)〈图337〉

10（9）体高为体长的 27% 以下。

11（12）鳃盖上端向后突出为大尖角；3 个肛门上方发光器（SAO）呈斜行排列；体被圆鳞。甲醛液浸标本体呈灰棕色，各鳍无色（分布：南海；日本；太平洋、印度洋和大西洋的温暖海区）……………………………… 闪光灯笼鱼 *M. nitidulum*（Garman，1899）〈图 338〉

12（11）鳃盖上端后缘圆形，无角状突出；3 个肛门上方发光器（SAO）呈钝角或斜行排列；体被栉鳞。

13（14）SAO 呈钝角排列，SAO_1 在第 4 腹部发光器（VO_4）前上方。甲醛液浸标本体呈棕褐色，各鳍无色（分布：南海、东海；日本；太平洋、印度洋和大西洋的热带海区）………………………………… 暗色灯笼鱼（粗鳞灯笼鱼）*M. asperum*（Richardson，1845）〈图 339〉

14（13）SAO 呈斜行排列，SAO_1 在 VO_4 正上方至后上方。

15（16）SAO_1 在 VO_4 正上方或稍偏后；臀后部发光器（AOp）7 个，前 2 个位于臀鳍基后端部上方。甲醛液浸标本体呈棕色，各鳍无色（分布：南海；太平洋和印度洋的热带海区）………………………………… 双灯灯笼鱼 *M. lychnobium*（Bolin，1946）〈图 340〉

16（15）SAO_1 在 VO_4 的后上方；AOp 4～5 个，前 1 个位于臀鳍基部末端上方。甲醛液浸标本体呈黑褐色，各鳍无色（分布：南海；太平洋、印度洋和大西洋的热带海域）………………………………… 芒光灯笼鱼 *M. affinis*（Lütken，1892）〈图 341〉

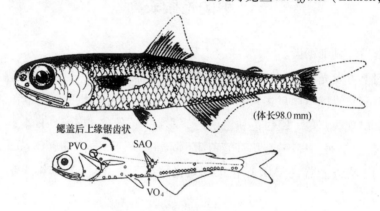

图 333　金焰灯笼鱼 *Myctophum aurolaternatum*（Garman）
（依陈素芝，2002）

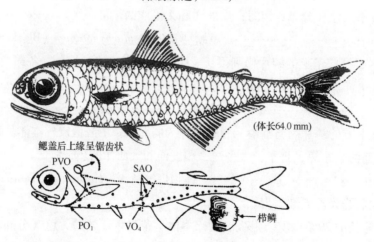

图 334　短颌灯笼鱼 *M. brachygnathum*（Bleeker）
（依陈素芝，2002）

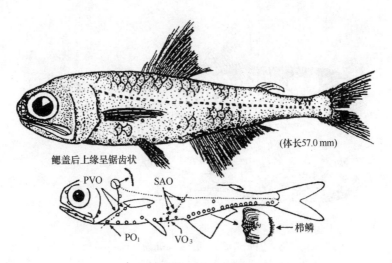

图335 栉刺灯笼鱼 *M. spinosum*（Steindachner）
（依杨家驹等，1996）

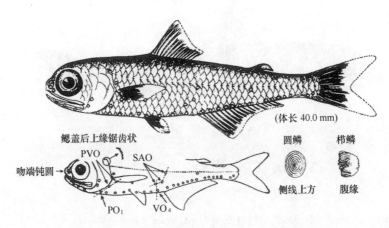

图336 钝吻灯笼鱼 *M. obtusirostre*（Taning）
（依陈素芝，2002）

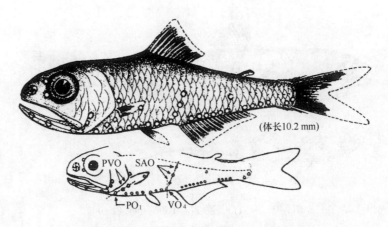

图337 高体灯笼鱼 *M. selenops*（Taning）
（依陈素芝，2002）

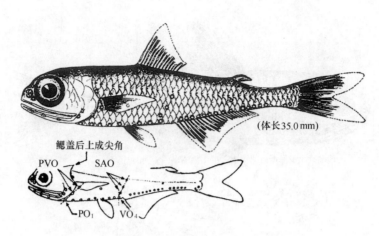

图338 闪光灯笼鱼 M. nitidulum (Garman)
（依陈素芝，2002）

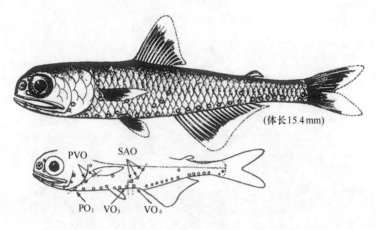

图339 暗色灯笼鱼 M. asperum (Richardson)
（依陈素芝，2002）

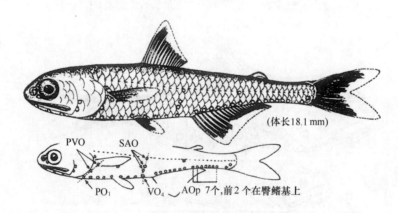

图340 双灯灯笼鱼 M. lychnobium (Bolin)
（依陈素芝，2002）

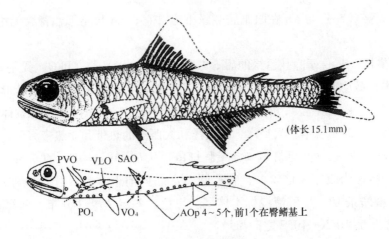

图341 芒光灯笼鱼 *M. affinis*（Lütken）
（依陈素芝，2002）

眶灯鱼属 *Diaphus*（Eigenmann et Eigenmann，1890）

（本属约74种，南海有21种）

〔撰写：陈铮、孙典荣〕

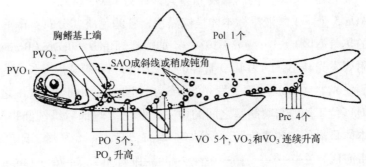

附14：眶灯鱼属 *Dtaphus* 主要检索特征

种的检索表

1（2） 具眶上发光器（Suo），位于眼眶背缘上侧，长条状，呈金黄色，周缘具黑色素。体呈暗灰色；除胸鳍外，各鳍基部黑色；背鳍和臀鳍灰黑色；颊部银白色；鳃盖、口腔、鳃腔和腹膜黑色，吻淡白色，眼间隔区大部黑色，仅中间小部分淡白色；胸鳍上方发光器（PLO）的附属发光鳞呈白色（分布：南海北部陆坡海域；日本、夏威夷；太平洋和大西洋的热带海区）·························· 腺眶灯鱼 *Diaphus adenomus*（Gilbert，1905）〈图342〉

2（1） 无眶上发光器（Suo）。

3（34） 无眶前发光器（Ant）。

4（21） 鼻部背侧发光器（Dn）与鼻部腹侧发光器（Vn）分离。

5（16） 眶下发光器（So）与 Vn 在眼眶腹侧缘下方并存；Vn 长条形，背缘无小圆突，大于 So 2 倍以上。

6（9） Vn 明显狭长；So 位于瞳孔后缘的后下方；胸鳍上方发光器（PLO）无附属发光鳞。

7（8） 眼大，体长不及眼径 8 倍；瞳孔椭圆，垂直径长；水晶体正下方具月牙形空隙；臀后部发光器（AOp）4~5（常 4，偶为 3）个；胸鳍条 11~13。甲醛液浸标本体呈灰色，各鳍无色（分布：南海；日本；太平洋、印度洋和大西洋的热带和亚热带海区）………………………………………… 短头眶灯鱼（条带眶灯鱼）*D. brachycephalus* (Taning, 1928)〈图 343〉

8（7） 眼中大，体长为眼径 8 倍以上；瞳孔圆；水晶体前下方具月牙形空隙；AOp 3~4（常 3）个；胸鳍条 10。甲醛液浸标本体呈灰黑色，各鳍色淡（分布：南海；日本；太平洋和印度洋东部 10°N—10°S 之间海域）……………………………………………………………………………… 李氏眶灯鱼 *D. richardsoni* (Taning, 1932)〈图 344〉

9（6） Vn 较短；So 位于瞳孔后缘的前下方；成鱼 PLO 具附属发光鳞 1 个。

10（11） 臀前部发光器（AOa）5 个，第 1 个不升高，最后 2 个依次递升；鳃盖上端部向后呈尖角突出。甲醛液浸标本体呈棕色，各鳍色淡（分布：南海；日本；太平洋中部至西部、印度洋东部以及大西洋的热带和亚热带海区）………………………………………………… 巴氏眶灯鱼 *D. parri* (Taning, 1932)〈图 345〉

11（10） AOa 4~6 个，第 1 个和最后 1 个均升高；鳃盖上端部后缘圆，如突出，则呈圆凸而不呈尖角。

12（13） 胸鳍上方发光器（PLO）的附属发光鳞大，约为 PLO 直径的 3~4 倍；鳃盖上端部后缘圆凸；AOa 5 个。甲醛液浸标本体呈棕黑色，各鳍色淡（分布：南海；日本；太平洋和印度洋的热带海区）……………………… 灿烂眶灯鱼 *D. fulgens* (Brauer, 1904)〈图 346〉

13（12） PLO 的附属发光鳞小，约为 PLO 直径的 1~2 倍；Vn 椭圆形，长度为 So 的 2 倍以上。

14（15） 鼻部腹侧发光器（Vn）与眶下发光器（So）间距小，小于 Vn 长度之半；腹鳍上方发光器（VLO）位于侧线与腹鳍基之间的中央；鳃盖上端部后缘圆凸；AOa 4~6 个。甲醛液浸标本体呈褐色，各鳍色淡。（分布：南海；日本；太平洋、印度洋和大西洋的热带和亚热带海区）……………………… 短距眶灯鱼 *D. mollis* (Taning, 1928)〈图 347〉

15（14） Vn 与 So 间距大，约与 Vn 长度相等；VLO 位于侧线与腹鳍基之间，较接近腹鳍基；鳃盖上端部后缘圆而不凸；AOa 6 个。甲醛液浸标本体呈茶褐色，各鳍无色（分布：南海，台湾省海域；日本；太平洋和印度洋的热带海区）………………………………………………………………… 长距眶灯鱼 *D. aliciae* (Fowler, 1934)〈图 348〉

16（5） 眼眶腹侧缘下方无 So，仅具 Vn；Vn 或大而呈长条形且背缘有小圆凸，或小而呈圆形至椭圆形。

17（18） Vn 大，呈前端为扩大的长条形，由眼眶腹缘前下侧延伸至瞳孔后缘下方，背缘上具小圆凸向虹彩凸进。甲醛液浸标本体呈淡茶褐色，各鳍色淡（分布：南海，台湾省海域；日本；太平洋、印度洋和大西洋的热带海区）……………………………………………………………………… 吕氏眶灯鱼 *D. luetkeni* (Brauer, 1904)〈图 349〉

18（17） Vn 小，不延长，背缘整齐，呈圆形至椭圆形，位于瞳孔中央后下方，大于鼻部背侧发光器（Dn）。

19（20） 除胸鳍上方发光器（PLO）具有附属发光鳞外，腹鳍上方（VLO）、肛门上方第 3 个

（SAO_3）、体后侧（Pol）和尾前部第 4 个（Prc_4）等发光器之下，也有附属发光鳞；VLO 位于腹鳍基与侧线之间，较接近侧线。甲醛液浸标本体呈暗褐色，口腔和鳃腔黑色，各鳍无色（分布：南海、东海；日本；太平洋、印度洋的热带海区）··············
················· 光腺眶灯鱼 *D. suborbitalis* (Weber, 1913)〈图 350〉

20（19）仅 PLO 具有附属发光鳞，其他发光器均无附属发光鳞；VLO 位于腹鳍基与侧线中间。甲醛液浸标本体呈褐色，头部具黑色斑点，各鳍无色（分布：南海；日本；太平洋中部至西部和印度洋的热带海区）·················
················· 冠冕眶灯鱼 *D. diademophilus* (Nafpaktitis, 1978)〈图 351〉

21（4）鼻部背侧发光器（Dn）与鼻部腹侧发光器（Vn）相接或愈合。

22（25）Dn 与 Vn 相接；Dn 圆形。

23（24）Dn 明显比鼻器大，其背缘高于眶上缘；第 3 肛门上方发光器（SAO_3）、体后侧发光器（Pol）和第 4 尾前部发光器（Prc_4）邻近侧线。甲醛液浸标本体呈红褐色（分布：南海；日本；太平洋和大西洋的热带和亚热带海区）·················
················· 耀星眶灯鱼 *D. lucidus* (Goode et Bean, 1896)〈图 352〉

24（23）Dn 比鼻器小，其背缘不高于眶上缘；SAO_3、Pol 和 Prc_4 与侧线有较大间距。甲醛液浸标本体呈淡褐色，头部和腹部灰色，各鳍浅灰色（分布：南海；太平洋、印度洋）······
················· 天蓝眶灯鱼 *D. coeruleus* (Klunzinger, 1871)〈图 353〉

25（22）Dn 与 Vn 愈合；Dn 呈椭圆形、豆形或心脏形。

26（27）最末 1~2 个臀后部发光器（AOp）位置升高；第 1 肛门上方发光器（SAO_1）位于第 5 腹部发光器（VO_5）后上方，明显高于 VO_4 和 VO_5；Prc_4 在侧线上；Dn 呈心脏形。甲醛液浸标本体呈褐色，各鳍无色（分布：南海；日本；太平洋、印度洋和大西洋的热带海区）················· 翘光眶灯鱼 *D. regani* (Taning, 1932)〈图 354〉

27（26）最末 1~2 AOp 位置不升高；SAO_1 在 VO_5 的后方或后上方。

28（29）SAO_1 在 VO_5 的后方，几与 VO_4 和 VO_5 平列；Dn 通常小于鼻器，但成熟雄鱼的 Dn 大于鼻器，呈心形。甲醛液浸标本体呈灰黑色，各鳍色淡（分布：南海；日本；太平洋和印度洋的热带海区）················· 颜氏眶灯鱼 *D. jenseni* (Taning, 1932)〈图 355〉

29（28）SAO_1 明显在 VO_5 的后上方。

30（31）背鳍始于腹鳍基前端稍后上方；腹鳍上方发光器（VLO）位于侧线与腹鳍基之间而明显较靠近侧线；第 1 臀前部发光器（AOa_1）通常位于 AOa_2 的上方；Dn 小于鼻器。甲醛液浸标本体呈褐色，各鳍无色（分布：南海，台湾省海域；日本；太平洋和印度洋 10°N—10°S 间的海区）················· 后光眶灯鱼 *D. signatus* (Gilbert, 1908)〈图 356〉

31（30）背鳍始于腹鳍基前端稍前上方；VLO 位于侧线与腹鳍基之间的中央；AOa_1 明显位于 AOa_2 的前上方；成熟雄鱼的 Dn 大于鼻器，并大于雌鱼的 Dn。

32（33）胸鳍上方发光器（PLO）的附属发光鳞小，等于或稍大于 PLO。甲醛液浸标本体呈灰黑色，各鳍无色（分布：南海；日本；太平洋和印度洋东部的热带海区）·················
················· 马来亚眶灯鱼 *D. malayanus* (Weber, 1913)〈图 357〉
〔同种异名：*D. tanakae* (Gilbert, 1913)〕

33（32）PLO 的附属发光鳞大，为 PLO 的 2 倍以上。甲醛液浸标本体呈棕色，各鳍无色（分布：南海，东海及台湾省海域；日本；太平洋、印度洋和大西洋的热带和亚热带海区）···

	……………………………………… 喀氏眶灯鱼 *D. garmani*（Gilbert，1906）〈图358〉
	〔同种异名：*D. latus*（Gilbert，1913）〕

34（3） 具眶前发光器（Ant）。

35（38） 鼻部背侧发光器（Dn）长方形，颇大，下部向前与另一侧的 Dn 在吻前端相接，而向下则与鼻部腹侧发光器（Vn）相接；Vn 长而大，围绕鼻器，并与另一侧的 Vn 相接，下部沿眶前缘向下和向后弯伸至眼眶前腹面。

36（37） 胸鳍上方发光器（PLO）位于胸鳍基与侧线之间的中央或稍高，其附属发光鳞明显大于 PLO；第3肛门上方发光器（SAO_3）和体后侧发光器（Pol）均紧贴侧线下缘；3个 SAO 几呈竖直线排列〔另据陈素芝（2002），标本体长 10.8 mm（幼鱼）时，Dn 下部尚未向前与另一侧的 Dn 相接，Vn 尚未围绕鼻器，仅位于眼的前缘与鼻器后下方之间，PLO 尚未出现附属发光鳞〕。甲醛液浸标本体呈灰棕色，各鳍无色（分布：南海；日本；太平洋、印度洋和大西洋的热带海区） ……………………………………………………………
………………………………… 华丽眶灯鱼 *D. perspicillatus*（Ogilby，1898）〈图359〉

37（36） 胸鳍上方发光器（PLO）位于胸鳍基与侧线之间而明显靠近胸鳍基，其附属发光鳞小，仅约为 PLO 之半；SAO_3 和 Pol 均位于侧线下方而有间距；3个 SAO 呈斜行排列。甲醛液浸标本体呈褐色，眼蓝黑色，各鳍色淡（分布：南海；日本；太平洋和印度洋的热带和亚热带海区） ………………………… 菲氏眶灯鱼 *D. phillipsi*（Fowler，1934）〈图360〉

38（35） 鼻部背侧发光器（Dn）或比鼻器大，或比躯干上的发光器小至等大，下部与鼻部腹侧发光器（Vn）相接，但不向前与另一侧的 Dn 连接；Vn 长三角形，大小等于或大于鼻器，存在于鼻器后下侧与眼眶前缘或前腹缘之间的范围内。

39（40） Dn 与 Vn 皆大于鼻器；第3肛门上方发光器（SAO_3）和体后侧发光器（Pol）紧贴侧线下缘；背鳍条17~19；鳃耙17~19；两颌具多行细齿，最内行的齿较粗壮。AOa 6个，AOa_1 和最后1个位置升高。甲醛液浸标本体呈褐色，虹膜蓝黑色，各鳍色淡（分布：南海；日本；太平洋、印度洋和大西洋的热带海区） ……………………………………………
………………………………………… 符氏眶灯鱼 *D. fragilis*（Taning，1928）〈图361〉

40（39） Dn 大小等于或小于躯干上的发光器；Vn 约等于或稍大于鼻器；SAO_3 和 Pol 位于侧线下方而与侧线有间距；背鳍条14~16；鳃耙20~21；两颌具带状绒毛齿丛。AOa 6~7个，AOa_1 位置升高，最后2个依次递升。甲醛液浸标本体呈褐色，各鳍浅褐色（分布：南海、东海；日本；太平洋、印度洋西部） …………………………………………………
………………………………… 瓦氏眶灯鱼 *D. watasei*（Jordan et Starks，1904）〈图362〉

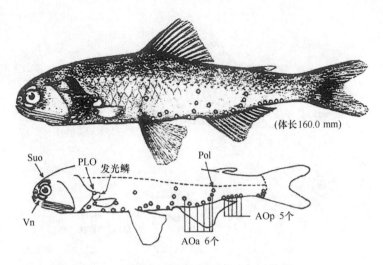

图 342　腺眶灯鱼 *Diaphus adenomus*（Gilbert）
（依 Gilbert，1905）

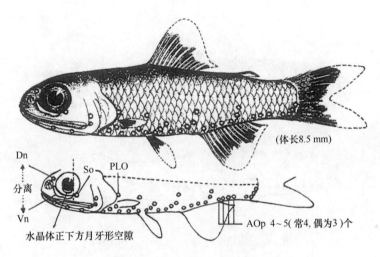

图 343　短头眶灯鱼 *D. brachycephalus*（Taning）
（依陈素芝，2002）

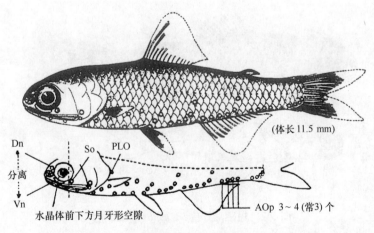

图 344　李氏眶灯鱼 *D. richardsoni*（Taning）
（依陈素芝，2002）

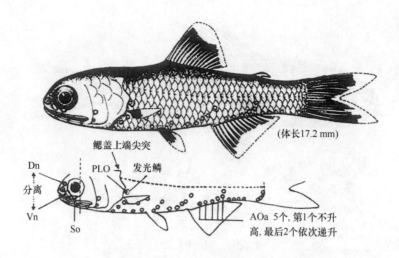

图 345　巴氏眶灯鱼 *D. parri*（Taning）

（依陈素芝，2002）

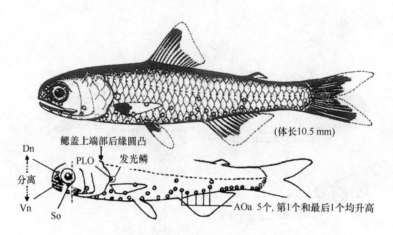

图 346　灿烂眶灯鱼 *D. fulgens*（Brauer）

（依陈素芝，2002）

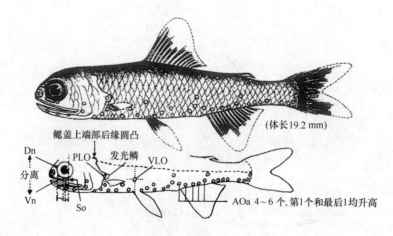

图 347　短距眶灯鱼 *D. mollis*（Taning）

（依陈素芝，2002）

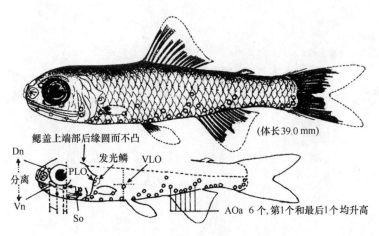

图 348 长距眶灯鱼 *D. aliciae*（Fowler）
（依陈素芝，2002）

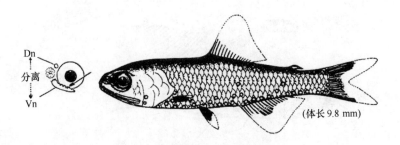

图 349 吕氏眶灯鱼 *D. luetkeni*（Brauer）
（依陈素芝，2002）

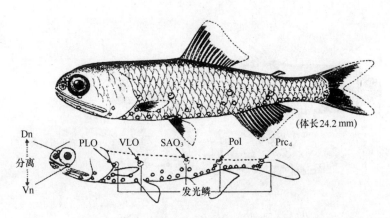

图 350 光腺眶灯鱼 *D. suborbitalis*（Weber）
（依陈素芝，2002）

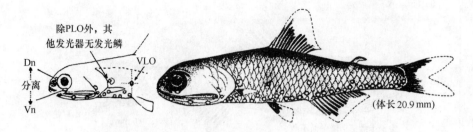

图 351　冠冕眶灯鱼 D. diademophilus（Nafpaktitis）
（依陈素芝，2002）

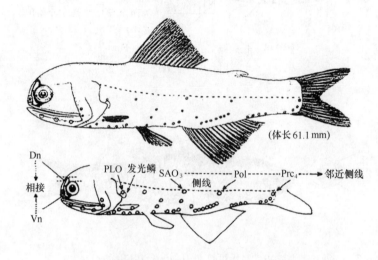

图 352　耀星眶灯鱼 D. lucidus（Goode et Bean）
（信杨家驹等，1996）

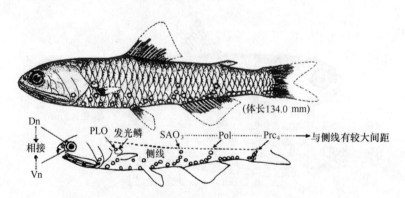

图 353　天蓝眶灯鱼 D. coeruleus（Klunzinger）
（依陈素芝，2002）

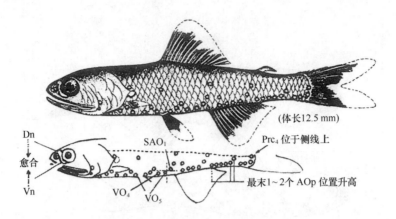

图 354　翘光眶灯鱼 *D. regani*（Taning）
（依陈素芝，2002）

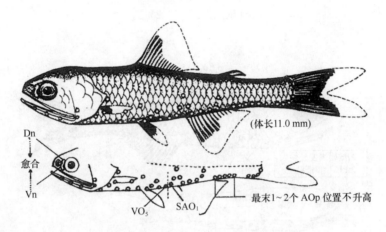

图 355　颜氏眶灯鱼 *D. jenseni*（Taning）
（依陈素芝，2002）

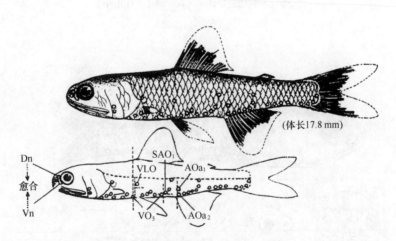

图 356　后光眶灯鱼 *D. signatus*（Gilbert）
（依陈素芝，2002）

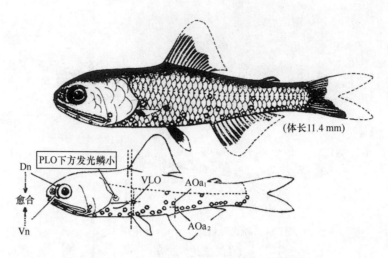

图 357　马来亚眶灯鱼 D. malayanus（Weber）
（依陈素芝，2002）

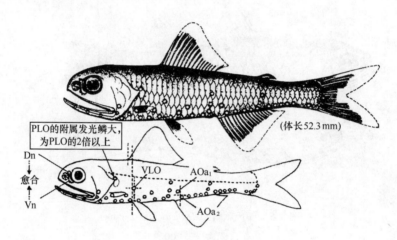

图 358　喀氏眶灯鱼 D. garmani（Gilbert）
（依陈素芝，2002）

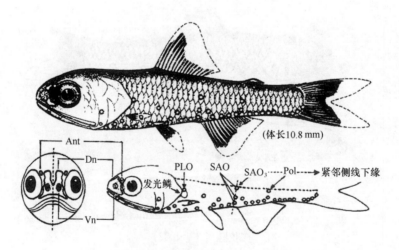

图 359　华丽眶灯鱼 D. perspicillatus（Ogilby）
（依陈素芝，2002）

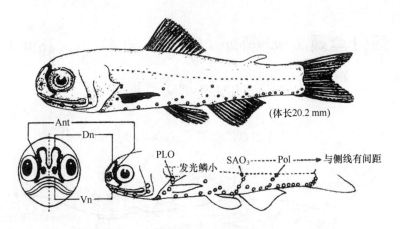

图 360　菲氏眶灯鱼 D. phillipsi (Fowler)
（依杨家驹等, 1996）

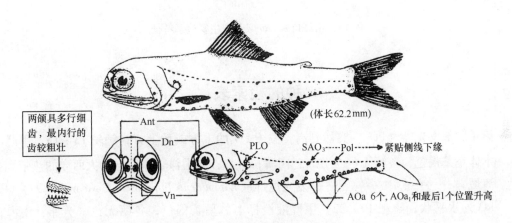

图 361　符氏眶灯鱼 D. fragilis (Taning)
（依杨家驹等, 1996）

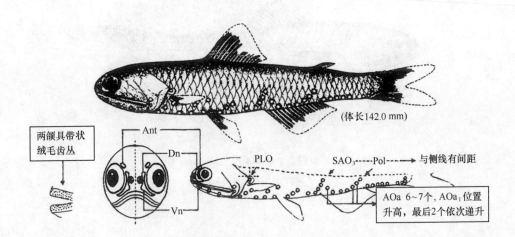

图 362　瓦氏眶灯鱼 D. watasei (Jordan et Starks)
（依陈素芝, 2002）

205

炬灯鱼属 *Lampadena*（Goode et Bean, 1896）

（本属有10种，南海产2种）

〔检索依陈素芝（2002）〕

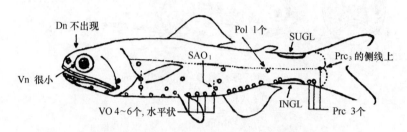

附15：炬灯鱼属 *Lampadena* 主要检索特征

种的检索表

1（2） 第4胸部发光器（PO_4）突然升高，位于 PO_3 的上方或后上方；鳃耙13～15。甲醛液浸标本体呈茶褐色，各鳍无色（分布：南海；日本；太平洋、印度洋和大西洋的热带和亚热带海域）·················· 发光炬灯鱼 *Lampadena luminosa*（Garman, 1899）〈图363〉

2（1） PO列水平状；鳃耙19～22。甲醛液浸标本体呈茶褐色，各鳍无色（分布：南海；太平洋、印度洋和大西洋的热带海域）·· 暗柄炬灯鱼 *L. speculigera*（Goode et Bean, 1896）〈图364〉

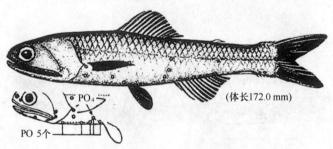

图363 发光炬灯鱼 *Lampadena luminosa*（Garman）

（依许成玉等，1988）

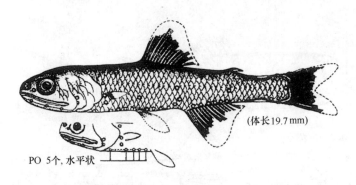

图 364　暗柄炬灯鱼 *L. speculigera*（Goode et Bean）
（依陈素芝，2002）

角灯鱼属 *Ceratoscopelus*（Günther，1864）

（本属有 3 种，南海产 2 种）

〔检索参照陈素芝（2002）〕

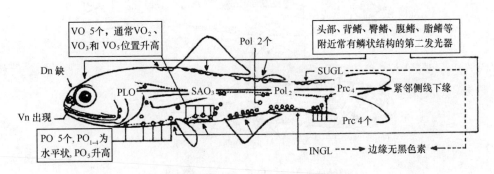

附 16：角灯鱼属 *Ceratoscopelus* 主要检索特征

头部、背鳍、脂鳍、臀鳍、腹鳍等附近常有鳞状结构的第二发光器出现。

种的检索表

1（2）　胸鳍末端很少伸达第 2 臀前部发光器（AOa_2）上方；眼眶上方出现发光斑；第 1 至第 2 胸鳍下方发光器（PVO_{1-2}）和第 2 至第 3 胸部发光器（PO_{2-3}）之间、第 4 腹部发光器（VO_4）上方或肛门上方没有发光鳞；尾柄发光鳞不伸达第 2 尾前发光器（Prc_2）后下方。甲醛液浸标本体呈黑褐色（分布：南海，东海；太平洋的热带和亚热带海区）……………………… 平头角灯鱼 *Ceratoscopelus townsendi*（Eigenmann et Eigenmann，1889）〈图 365〉

2（1）　胸鳍末端常可伸达 AOa_3 或 AOa_4 上方；眼眶上方无发光斑；PLO 下方、PVO_{1-2}、PO_1 和 PO_3 之间，以及 PVO_{2-3} 之间、VO_5 后侧或肛门上方出现发光鳞；尾柄发光鳞延伸到 Prc_2 之后至 Prc_3 下方。甲醛液浸标本体呈黑褐色，各鳍灰白色（分布：南海，台湾省海域；日本；太平洋，印度洋和大西洋的温暖海域）…………………………………… 瓦氏角灯鱼（尾明角灯鱼）*C. warmingii*（Lütken，1892）〈图 366〉

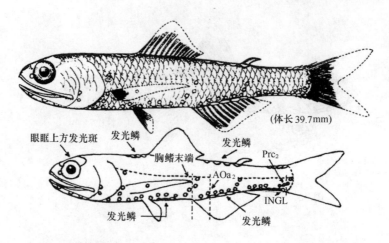

图 365　平头角灯鱼 *Ceratoscopelus townsendi* (Eigenmann et Eigenmann)
(依陈素芝, 2002)

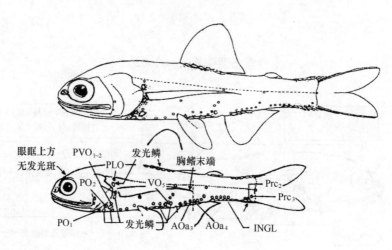

图 366　瓦氏角灯鱼 *C. warmingii* (Lütken)
(依 Natpaktitis et al., 1977)

尾灯鱼属 *Triphoturus* (Fraser-Brunner, 1949)

(本属有4种, 南海产2种)

〔检索依陈素芝 (2002)〕

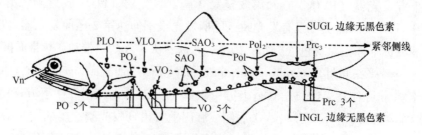

附17: 尾灯鱼属 *Triphoturus* 主要检索特征

种的检索表

1（2）第 1 肛门上方发光器（SAO_1）在第 4 和第 5 腹部发光器（$VO_{4\sim5}$）间的上方；VO_2 升高与第 1 胸鳍下方发光器（POV_1）、SAO_1 连成直线。甲醛液浸标本体呈黑褐色，各鳍无色（分布：南海；太平洋和印度洋的热带海区） ·· 小鳍尾灯鱼 Triphoturus micropterus（Brauer，1906）〈图 367〉

2（1）SAO_1 在 VO_3 和 VO_4 间的上方；VO_2 升高（位置移至 VO_1 前上方）（注：VO 的顺序由腹鳍基后端起计）与 PVO_2、PO_4 及 $SAO_{1\sim2}$ 连成直线。甲醛液浸标本体呈茶褐色，各鳍色淡（分布：南海；日本；太平洋、印度洋的热带海区）·· 浅黑尾灯鱼 T. nigrescens（Brauer，1904）〈图 368〉

〔同种异名：T. microchir（Gilbert，1913）〕

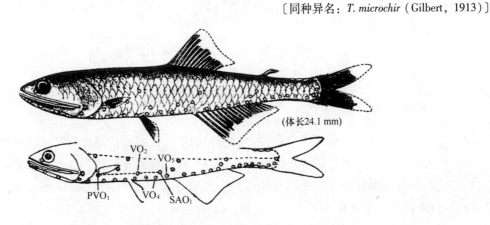

图 367　小鳍尾灯鱼 Triphoturus micropterus（Brauer）
（依陈素芝，2002）

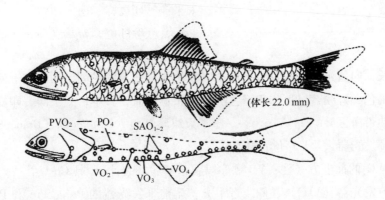

图 368　浅黑尾灯鱼 T. nigrescens（Brauer）
（依陈素芝，2002）

珍灯鱼属 *Lampanyctus*（Bonaparte，1840）

（本属有32种，南海产7种）

〔检索参考陈素芝（2002），有调整和补充〕

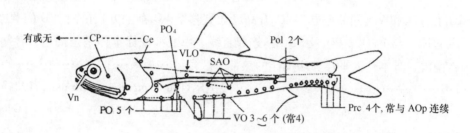

附18：珍灯鱼属 *Lampanyctus* 主要检索特征

种的检索表

1（2） 具颊部发光器（CP）1个；体上具微小的第二发光器；具肩部发光器（Ce）1个。甲醛液浸标本体呈茶褐色，各鳍无色（分布：南海，台湾省海域；日本；太平洋、印度洋和大西洋的热带海区） ……… 细斑珍灯鱼 *Lampanyctus alatus*（Goode et Bean，1896）〈图369〉

2（1） CP缺；体上无微小的第二发光器；Ce有或无。

3（6） 腹部发光器（VO）水平状排列。

4（5） 胸鳍条短，不达腹鳍基；腹鳍上方发光器（VLO）位于侧线近下方。甲醛液浸标本体呈黑褐色，各鳍无色（分布：南海；日本；太平洋、印度洋、南大西洋） ………………………
…………………………………… 黑色珍灯鱼 *L. niger*（Günther，1887）〈图370〉
〔同种异名：*Nannobrachium nigrum*（Gilbert，1887）〕

5（4） 胸鳍条长，向后延伸可达臀鳍起点；VLO位于侧线与腹鳍间，而略接近侧线。甲醛液浸标本体呈褐色，虹膜蓝黑色，各鳍色淡（分布：南海；日本；太平洋、印度洋和大西洋的热带和亚热带海区） …………………… 天纽珍灯鱼 *L. tenuiformis*（Brauer，1906）〈图371〉

6（3） 第2腹部发光器（VO_2）位置升高。

7（10） VO_2在VO_1的前上方（注：VO顺序以腹鳍基后端起计）；具Ce 1个。

8（9） 腹鳍上方发光器（VLO）在侧线近下方；尾前部发光器的Prc_2、Prc_3和Prc_4三者成一斜行直线。甲醛液浸标本体呈棕褐色，各鳍色淡（分布：南海；太平洋热带海域）…………
…………………………………… 同点珍灯鱼 *L. omostigma*（Gilbert，1908）〈图372〉

9（8） VLO位于侧线下缘；Prc_1、Prc_3和Prc_4三者成一斜行直线，Prc_2在斜线的后方。甲醛液浸标本体呈棕褐色，各鳍无色（分布：南海；太平洋热带海域） ……………………………
…………………………………… 后点珍灯鱼 *L. hubbsi*（Wisner，1963）〈图373〉

10（7） 第2胸部发光器（VO_2）在$VO_{1~3}$之间上方，或在VO_1稍后上方；Ce有或无。

11（12） VO_2在$VO_{1~3}$之间上方；AOa几成水平排列；腹鳍上方发光器（VLO）位于侧线与腹鳍

基的中间;无 Ce。甲醛液浸标本体呈淡褐色;发光器黑褐色;尾柄上、下缘发光鳞乳白色;眼蓝黑色;各鳍色淡(分布:南海,台湾省海域;日本;太平洋、印度洋和大西洋的热带海区) ………… 名珍灯鱼(诺贝珍灯鱼)L. nobilis (Tåning, 1928)〈图 374〉

12 (11) VO_2 在 VO_1 稍后上方;AOa 呈拱弧状排列;VLO 位于侧线与腹鳍基之间而接近侧线;具 Ce 1 个。甲醛液浸标本体呈褐色,各鳍无色(分布:南海;太平洋和印度洋的热带海区) ……………………………… 大鳍珍灯鱼 L. macropterus (Brauer, 1904)〈图 375〉

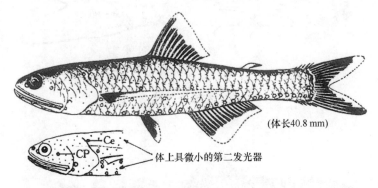

图 369 细斑珍灯鱼 Lampanyctus alatus (Goode et Bean)
(依陈素芝,2002)

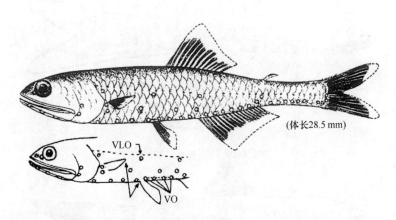

图 370 黑色珍灯鱼 L. niger (Günther)
(依陈素芝,2002)

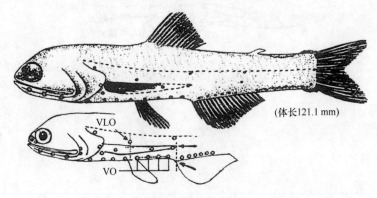

图 371 天纽珍灯鱼 L. tenuiformis (Brauer)
(依杨家驹等,1996)

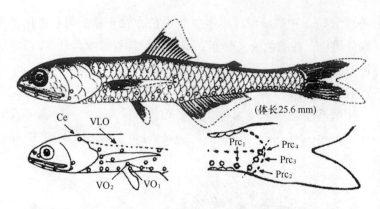

图372 同点珍灯鱼 *L. omostigma*（Gilbert）
（依陈素芝，2002）

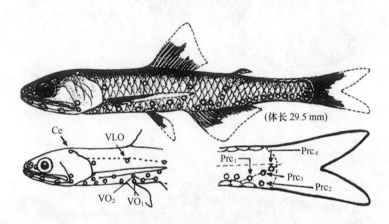

图373 后点珍灯鱼 *L. hubbsi*（Wisner）
（依陈素芝，2002）

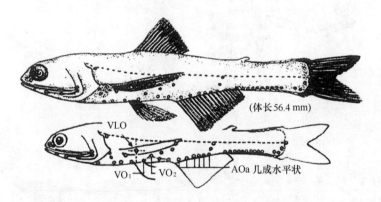

图374 名珍灯鱼 *L. nobilis*（Taning）
（依杨家驹等，1996）

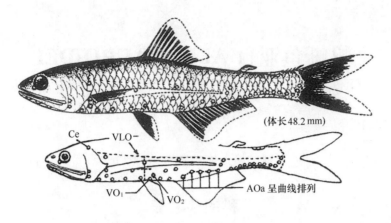

图 375　大鳍珍灯鱼 L. macropterus （Brauer）

（依陈素芝，2002）

背灯鱼属（肩灯鱼属） Notoscopelus （Günther，1864）

（本属有6种；南海产1种）

闪光背灯鱼（闪光肩灯鱼） Notoscopelus resplendens （Richardson，1845）〈图376〉

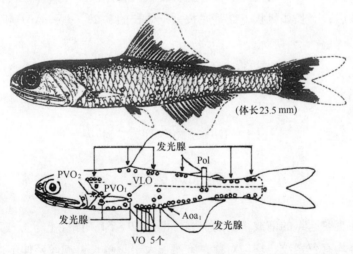

图 376　闪光背灯鱼 Notoscopelus resplendens （Richardson）

（依陈素芝，2002）

背鳍基部、肩部的侧线上方均具1列或2列平行的圆形小发光腺；第1胸鳍下方发光器（PVO_1）下面，腹鳍上方发光器（VLO）下面，第1臀前部发光器（AOa_1）的前方和尾部背、腹缘均有发光腺。成体雄鱼（体长约60 mm）的尾上腺（SUGL）具8～10个块状发光斑块，可把脂鳍后面尾鳍基之间位置排满。体被圆鳞，易脱落。鳃耙18以上。甲醛液浸标本体呈褐色，各鳍无色。

分布：南海；日本；太平洋、印度洋和大西洋的热带深海。

帆蜥鱼亚目 ALEPISAUROIDEI

(本亚目有 5 科)

〔科的检索依陈素芝（2002）〕

科的检索表

1 (8) 背鳍始于体的中、后部，鳍基底长小于体长的 1/2。
2 (5) 眼呈管状，指向背方或背前方。
3 (4) 舌上出现 1 列强硬的钩状犬齿 ………………………………………… 珠目鱼科 Scopelarchidae
4 (3) 舌上无齿 ……………………………………………… 刀齿蜥鱼科 Evermannellidae
5 (2) 眼正常，不呈管状。
6 (7) 下颌骨及口盖骨无特殊扩大的剑状齿；头和体被鳞，或裸露无鳞，沿侧线出现 1 列管状特化鳞 ……………………………………………………………… 舒蜥鱼科 Paralepididae
7 (6) 下颌骨及口盖骨出现 1 列特殊扩大的剑状齿；头和体裸露无鳞 …… 锤颌鱼科 Omosudidae
8 (1) 背鳞始于头后，高长如帆状，鳍基底长大于体长的 1/2 ………… 帆蜥鱼科 Alepisauridae

珠目鱼科 Scopelarchidae

(本科有 4 属，南海已记录 3 属)

属的检索表

1 (4) 背鳍起点在腹鳍起点的前或稍前的上方；椎骨 39~51；侧线上下方或下方通常有色素纹。
2 (3) 侧线上下方均有色素纹，均匀对称；胸鳍长大于腹鳍长；鳃丝延伸不达鳃盖边缘；尾鳍上下叶色素不明显集中 ………………………………………………… 珠目鱼属 *Scopelarchus*
3 (2) 侧线仅下方有色素纹，或不存在；胸鳍长一般短于腹鳍长（个别种例外）；鳃丝延伸可超过鳃盖边缘，或至胸鳍基；尾鳍上有不同位置的色素明显集中 …………………………
………………………………………………………………… 拟珠目鱼属 *Scopelarchoides*
4 (1) 背鳍起点在腹鳍起点的后上方；椎骨 54~65；侧线上下方均无色素纹 ………………………
……………………………………………………………………… 深海珠目鱼属 *Benthalbella*

珠目鱼属 *Scopelarchus* (Alcock, 1896)

(本属有4种,南海产2种)

〔种的检索参考陈素芝(2002)〕

种的检索表

1(2) 胸鳍及其基部不出现色素;臀鳍条通常多于25。新鲜时体呈乳白色;腹部透明区内于腹鳍至臀鳍间的上部有1褐色条斑;尾鳍基部有3个淡褐色小圆斑;各鳍无色(分布:南海;日本;太平洋、印度洋和大西洋的热带海域) ··· 珠目鱼 *Scopelarchus guentheri* (Alcock, 1896) 〈图377〉

2(1) 胸鳍及其基部出现色素;臀鳍条通常少于25。甲醛液浸标本体呈乳白色;腹部透明区内于胸鳍至臀鳍间有1褐色长条斑;胸鳍基色素斑呈褐色;尾柄上下有3条均匀纵行淡色带;眼虹彩深黑色;各鳍无色(分布:南海;日本;太平洋、印度洋和大西洋的热带和亚热带海域) ································· 柔珠目鱼 *S. analis* (Brauer, 1902) 〈图378〉

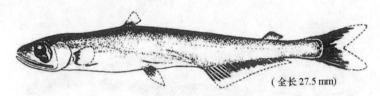

图377 珠目鱼 *Scopelarchus guentheri* (Alcock)
(依陈素芝,2002)

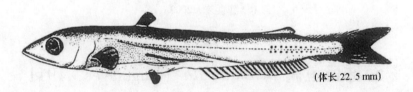

图378 柔珠目鱼 *S. analis* (Brauer)

拟珠目鱼属 *Scopelarchoides* (Parr, 1929)

(本属有5种,南海产2种)

〔种的检索参照陈素芝(2002)〕

种的检索表

1（2） 臀鳍条20~23；尾鳍上、下叶色素均发达；鳃丝长，向后延伸超过鳃盖后缘或胸鳍基部。甲醛液浸标本体呈浅红色；体侧的前上半部及体侧后部均具褐色色素点，胸腹部透明区有2个深褐色色素纵斑（分布：南海；太平洋热带海区） ·· 尼氏拟珠目鱼 Scopelarchoides nicholsi（Parr, 1929）〈图379〉

2（1） 臀鳍条24~27；尾鳍只下叶后部色素发达，上叶色素缺乏或很弱；鳃丝短，向后延伸不超过鳃盖后缘。甲醛液浸标本体呈红褐色；眼虹彩黑色，眼球浅灰色，新鲜时胸鳍至臀鳍之间为透明区，具数块不规则浅褐色云状斑；尾柄下侧具2个圆形的色素小斑（分布：南海；日本；太平洋、印度洋和大西洋的热带和亚热带海区） ··· 丹娜拟珠目鱼 S. danae（Johnson, 1974）〈图380〉

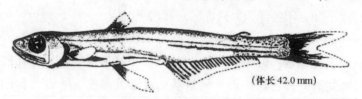

图379 尼氏拟珠目鱼 Scopelarchoides nicholsi（Parr）
（依陈素芝，2002）

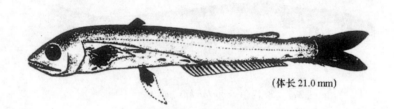

图380 丹娜拟珠目鱼 S. danae（Johnson）
（依陈素芝，2002）

深海珠目鱼属 Benthalbella（Zugmayer, 1911）

（本属有5种，南海产1种）

深海珠目鱼 Benthalbella linguidens（Mead et Bohlke, 1953）〈图381〉

臀鳍条28~30；侧线鳞62~66；背脂鳍狭长，膜状，末端在臀鳍基终端上方；肛门至臀鳍起点之间具脂状鳍膜；舌上有钩状齿。体无色透明，但经甲醛液浸后转呈不透明，色素消褪，只虹彩呈黑色或青黑色。

分布：南海；日本海。

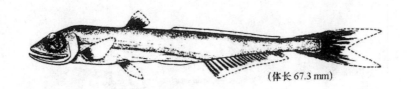

图381 深海珠目鱼 *Benthalbella linguidens* (Mead et Böhlke)
(依陈素芝, 2002)

刀齿蜥鱼科 Evermannellidae (= Odontostomidae)

(本科有3属)

〔属的检索依陈素芝 (2002), 略修改〕

体裸露无鳞；侧线不发达，呈管状。

属的检索表

1 (2) 眼正常，不呈管状，侧位；眼球晶体小于脂眼睑；侧线长，延伸到臀鳍基中部上方，侧线孔34~36 ·················· 真齿蜥鱼属 *Odontostomops*
2 (1) 眼延长，呈半管状或管状，指向背侧或背面；眼球晶体明显大于脂眼睑；侧线短，延伸到臀鳍起点的前方或稍后的上方，侧线孔4~25。
3 (4) 胸鳍末端延伸到背鳍起点之后，或延伸到腹鳍起点之后；头高大于上颌长；吻陡钝，呈截形 ·················· 谷蜥鱼属 *Coccorella*
4 (3) 胸鳍末端不延伸到背鳍起点，或不延伸到腹鳍起点；头高小于上颌长；吻尖突 ·················· 刀齿蜥鱼属 *Evermannella*

真齿蜥鱼属 *Odontostomops* (Fowler, 1934)

(本属有2种, 南海产1种)

真齿蜥鱼 *Odontostomops normalops* (Parr, 1928) 〈图382〉
上颌齿（前上颌）1行；下颌齿2行，外列齿细小，内列齿大。甲醛液浸标本体呈浅褐色；吻、颊及腹部黑褐色；鳍条有黑色斑点。
分布：南海；日本；太平洋、印度洋和大西洋的热带深海。

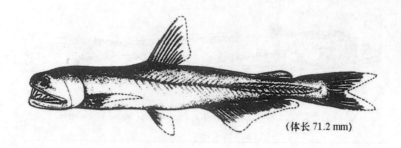

(体长 71.2 mm)

图 382　真齿蜥鱼 *Odontostomops normalops*（Parr）
（依陈素芝，2002）

谷蜥鱼属 *Coccorella*（Roule，1929）

（本属有 2 种，南海产 1 种）

谷蜥鱼 *Coccorella atrata*（Alcock，1893）〈图 383〉

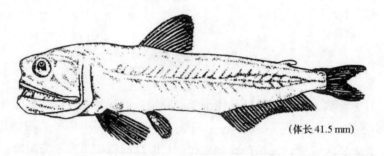

(体长 41.5 mm)

图 383　谷蜥鱼 *Coccorella atrata*（Alcock）
（依杨家驹等，1996）

眼半管状，指向背侧方；上、下颌齿均为 1 行。甲醛液浸标本体呈浅褐色，散布有许多黑褐色小斑点，在体侧大部分沿肌节分节排列；各鳍色淡，鳍条有黑色小斑点。

分布：南海；日本；太平洋、印度洋和大西洋的热带至温带深海。

刀齿蜥鱼属（齿口鱼属）*Evermannella*（Fowler，1901）

（本属有 5 种，南海产 1 种）

印度刀齿蜥鱼（齿口鱼）*Evermannella indica*（Brauer，1906）〈图 384〉
眼管状，指向背方；上颌齿（前上颌）1 行；下颌齿 2 行，外列齿小，内列齿大。甲醛液浸标本体呈淡褐色，体侧散布大小不一的黑色斑。

分布：南海；日本；太平洋、印度洋和大西洋的热带深海。

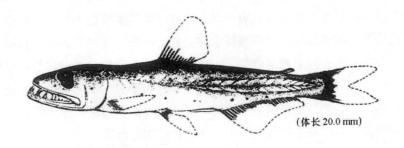

图 384　印度刀齿蜥鱼 *Evermannella indica*（Brauer）

（依陈素芝，2002）

舒蜥鱼科 Paralepididae（= Sudidae）

（本科有 12 属，南海有 2 属）

属的检索表

1（2）　眼前方无发光斑；峡部至腹鳍基之间的腹中线上有 1 条纵长的发光管（解剖可视）……………………………………………………………………………… 裸喙鱼属 *Lestidium*

2（1）　眼前方具发光斑 1 个，圆乳突状，黑色；峡部至腹鳍基之间的腹中线两侧各具 1 平行纵长的发光管，2 条发光管在前后两端相连（解剖可视）………… 裸蜥鱼属 *Lestrolepis*

裸喙鱼属 *Lestidium*（Gilbert，1905）

（本属有 4 种，南海产 1 种）

体仅具特化的管状侧线鳞，其他部位均裸露无鳞。

裸喙鱼 *Lestidium nudum*（Gilbert，1905）〈图 385〉

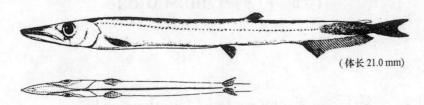

图 385　裸喙鱼 *Lestidium nudum*（Gilbert）

（依 Gilbert，1905）

　　体甚延长而侧扁。腹鳍和背鳍分别位于躯干中点的近前方和近后方。背鳍条 9；背鳍起点在腹鳍基终端的较后上方，两鳍间距稍大于眼径。臀鳍条 33。眼眶腹缘下侧具 1 细小发光器，背缘上侧具 1 低嵴。眶前骨有 1 褶，延伸至眼前缘下方。峡部至腹鳍基之间腹中线上具一条发光管，埋于皮下，在体表上呈1银白色窄带，侧方散有黑色素小斑点。侧线鳞特化为管状，两端闭合，上下侧各有3个小孔；侧线后部管状鳞渐细，至臀鳍基中部上方处消失。鳃耙尖棘状。假鳃发达。上颌前端中央凹陷，无齿，与下颌中央翘凸相契合。上、下颌和腭骨兼具钩状可倒齿及短小固定齿；舌具可倒齿；犁骨无齿。体半透明，略呈银白色光泽；后头部至项部具"Y"字形浅黑斑1个；臀鳍基部前1/4处上方至尾鳍基部有1个由黑白条纹相间构成的大斑块，前端较小而圆钝，向后渐扩大。尾鳍略呈暗色。臀鳍基前部和腹鳍基部各具1小黑斑。热带深海鱼类。

分布：南海北部陆坡海域；夏威夷。

裸蜥鱼属 *Lestrolepis*（Harry，1953）

（本属有4种；南海产1种）

体仅具特化的管状侧线鳞，其他部位均裸露无鳞。

日本裸蜥鱼 *Lestrolepis japonica*（Tanaka，1908）〈图386〉

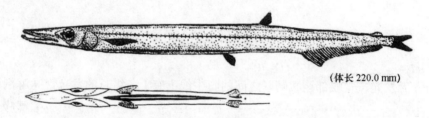

图386　日本裸蜥鱼 *Lestrolepis japonica*（Tanaka）
（依许成玉等，1988）

体甚延长，侧扁。背鳍与腹鳍的间距较大，约为眼径的2倍。臀鳍条36~40。假鳃发达。甲醛液浸标本体呈灰褐色，背部灰黑色；位于胸腹部腹中线两侧的一对皮下发光管，在体表上呈现为皮褶，两侧各有1列较大的黑色素条纹。

分布：南海北部陆坡海域，东海和台湾省海域；日本；西太平洋和印度洋的热带海域。

锤颌鱼科 Omosudidae

（本科只有1属）

锤颌鱼属 *Omosudis*（Günther，1887）

（本属只1种）

锤颌鱼 *Omosudis lowii*（Günther，1887）〈图387〉

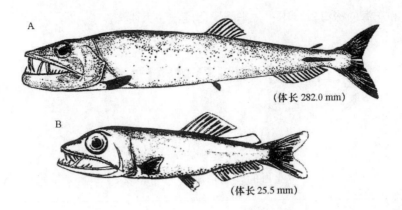

图 387　锤颌鱼 *Omosudis lowii*（Günther）
（A. 成鱼，依许成玉等，1988；B. 幼鱼，依陈素芝，2002）

体明显侧扁，裸露无鳞。侧线退化，仅在头部或体前部留存有侧线孔。成鱼尾柄两侧各有 1 纵皮褶，呈黑色，幼鱼尾柄上未出现纵皮褶。背中线上自头后至尾鳍基有 1 黑色纵带。甲醛液浸标本头和背部浅棕色；体侧散布有暗色色素点；脂鳍暗褐色。

分布：南海，东海；日本；太平洋、印度洋、大西洋的热带和亚热带深海。

帆蜥鱼科 Alepisauridae
（＝Alepidosauridae；Plagyodontidae）

（本科只1属）

帆蜥鱼属 *Alepisaurus*（Lowe，1833）

（本属有2种，南海产1种）

帆蜥鱼 *Alepisaurus ferox*（Lowe，1833）〈图 388〉

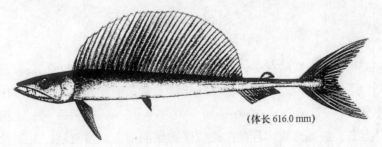

图 388　帆蜥鱼 *Alepisaurus ferox*（Lowe）
（依陈素芝，2002）

背鳍甚高，拱圆形。甲醛液浸标本头体背侧均呈蓝黑或暗青色，具珍珠光泽；体侧下部及腹部呈茶褐色或灰色；背鳍、脂鳍和尾鳍黑色，其他鳍灰色；口腔和鳃腔黑色。

分布：南海和东海的深海；日本；太平洋、印度洋、大西洋。

鲸口鱼目 CETOMIMIFORMES

(本目包括4亚目，南海有2亚目)

〔亚目的检索依陈素芝（2002）〕

亚目的检索表

1（2） 体短而侧扁；眼很小，或发育不全；口前位，口裂甚长；两颌齿呈颗粒状；背鳍和臀鳍同大，两者相对、均位于体后；臀鳍不与尾鳍相连；腹鳍常缺，偶有腹位 …… 鲸口鱼亚目 Cetomimoidei
2（1） 体前部肥大，向后逐渐侧扁而细长；眼发育正常；口下位，或亚前位，口裂短；两颌齿若存在呈绒毛状；背鳍小，位于头后上方；臀鳍基底甚长，不与背鳍相对，后部与尾鳍相连；腹鳍存在，喉位 ………………………………………………… 辫鱼亚目 Ateleopodoidei

鲸口鱼亚目 CETOMIMOIDEI

(本亚目有4科；南海有2科)

体或短粗而侧扁，或延长而呈长筒形；柔软。眼小或退化。口大，前位，口裂通常甚长；两颌具齿，颗粒状或尖锥状。背鳍后移，位于臀鳍上方，两鳍同大并相对；臀鳍不与尾鳍相连。腹鳍若存在，远位于胸鳍后方的腹部。鳍无棘。无脂鳍。体被小刺或无鳞。头部出现感觉孔。侧线通常由许多中空的管子或一系列垂直的乳突构成。为热带和亚热带深海鱼类。

科的检索表

1（2） 头大，体高而侧扁；腹鳍存在，小而发达，位于胸鳍远后方的腹部；口裂长，上颌骨后端伸达眼后缘下方；嗅觉器官不明显；体裸露无鳞；侧线孔由14～26列连续垂直小突起构成；脊椎骨24～27 …………………………………………………………… 龙氏鱼科 Rondeletiidae
2（1） 头小、体延长；腹鳍常缺，若存在时位于胸鳍的前方；口裂短，上颌骨后端不达眼后方；嗅觉器官明显发达；除奇鳍基部具镶嵌排列的鳞片外，其他体部无鳞；侧线正常；脊椎骨45～52 ………………………………………………………………… 大鼻鱼科 Megalomycteridae

龙氏鱼科 Rondeletiidae

（本科只1属）

龙氏鱼属 *Rondeletia*（Goode et Bean，1895）

（本属有2种，南海产1种）

网肩龙氏鱼 *Rondeletia loricata*（Abe et Hotta，1936）〈图389〉

(体长 88.0 mm)

图389　网肩龙氏鱼 *Rondeletia loricata*（Abe et Hotta）
（依陈素芝，2002）

两颌齿粗颗粒状，构成带状齿丛。体上侧具15列横向长短行相间乳突状感觉器（侧线）；上下颌外缘和前鳃盖骨表面有成列的大感觉孔。生活时体呈深红色，口腔、鳃腔和鳍红色；甲醛液浸泡后体转呈茶褐色，口腔浅灰色，鳃腔乳白色。

分布：南海，东海及台湾省海域；日本；西太平洋、印度洋、大西洋热带深海。

大鼻鱼科 Megalomycteridae

（本科有5属，南海有1属）

狮鼻鱼属 *Vitiaziella*（Rass，1955）

（本属只1种，南海有产）

狮鼻鱼 *Vitiaziella cubiceps*（Rass，1955）〈图390〉

(体长 47.0 mm)

图 390　狮鼻鱼 *Vitiaziella cubiceps*（Rass）

（依陈素芝，2002）

吻高，前端甚钝。鼻孔2个，甚大，约等于眼径。无腹鳍和脂鳍。背鳍、臀鳍位于体后部，相对。尾鳍圆形。甲醛液浸标本体呈黑褐色，头部色淡而透明，鳍无色。

分布：南海；日本；太平洋热带深海。

辫鱼亚目 ATELEOPODOIDEI

（本亚目只1科）

辫鱼科 Ateleopodidae

（本科有4属，南海有1属）

腹鳍喉位，具1~4不分支鳍条。侧线不明显。尾鳍与臀鳍相连。

辫鱼属 *Ateleopus*（Temminck et Schlegel，1846）

（本属有5种，南海产2种）

〔检索撰写：孙典荣〕

种的检索表

1（2）　上、下颌均有齿；胸鳍末端与臀鳍起点的间距小于胸鳍长；腹鳍3~4（分布：南海、东海；日本）……………… 紫辫鱼 *Ateleopus purpureus*（Tanaka，1915）〈图391〉

2（1）　上颌有齿而下颌无齿；胸鳍末端与臀鳍起点的间距等于或大于胸鳍长；腹鳍2~3（分布：南海、东海；日本）……………… 日本辫鱼 *A. japonicus*（Bleeker，1854）〈图392〉

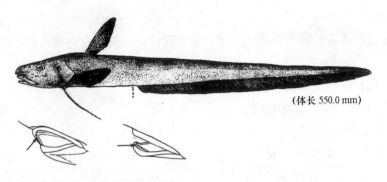

图 391　紫辫鱼 *Ateleopus purpureus*（Tanaka）
（依王文滨，1962，南海鱼类志）

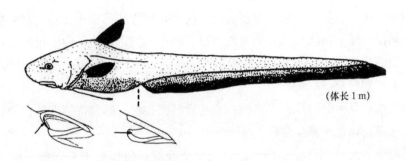

图 392　日本辫鱼 *A. japonicus*（Bleeker）
（依 Nakabo，2000）

鳗鲡目 ANGUILLIFORMES

体延长或甚延长，通常呈蛇形，有时侧扁如带，发育过程中有叶状幼体。无腹鳍；各鳍无鳍棘。眶蝶骨存在。

鳗鲡亚目 ANGUILLOIDEI

（本亚目有 10 科）

两颌短或中等长，不甚突出。具上枕骨，通常有锁骨，附着于椎骨；具上、下乌喙骨和辐状骨。

科的检索表

1（4）　体被鳞，埋于皮下。鳃孔侧位横裂或腹位纵裂。
2（3）　皮下鳞细长，排列呈席状；鳃孔侧位，横裂，左右鳃孔分离，不接近 ……………………

.... 鳗鲡科 Anguillidae

3（2） 皮下鳞短杆状或近于圆形，排列无序；鳃孔腹位，纵裂，左右鳃孔在喉部接近，或愈合成单一开口 .... 合鳃鳗科 Synaphobranchidae

4（1） 体无鳞。鳃孔或侧位横裂，或孔状。

5（18） 具尾鳍，且与背鳍、臀鳍连续。

6（17） 后鼻孔位于眼前方吻侧。

7（16） 肛门至鳃孔的距离大于头长。

8（9） 舌宽，前部和两侧游离；两颌短 .... 康吉鳗科 Congridae

9（8） 舌附于口底。

10（13） 两颌特别延长，呈喙状。

11（12） 具胸鳍，尾不呈丝状延长；上颌突出；前鼻孔短管状 .... 海鳗科 Muraenesocidae

12（11） 常无胸鳍；尾呈丝状延长；两颌均突出，形似鸭嘴；舌狭，附于口底或仅前部游离；前鼻孔裂缝状 .... 丝鳗科 Nettastomidae

13（10） 两颌不特别延长。

14（15） 体无侧线；具可倒性牙；无胸鳍；鳃孔常呈圆孔状；通常奇鳍发达，少数属奇鳍残存于尾的端部；体色和斑纹多样 .... 海鳝科 Muraenidae

15（14） 体具侧线；无可倒性牙；胸鳍退化或呈瓣膜状；尾部短于头和躯干的合长；鳃孔狭缝状；背鳍、臀鳍、尾鳍均不发达 .... 蚓鳗科 Moringuidae

16（7） 肛门与鳃孔的距离短于头长；胸鳍发达；前鼻孔近吻端，后鼻孔近眼前缘 .... 前肛鳗科 Dysommidae

17（6） 后鼻孔位于上唇边缘 .... 蠕鳗科 Echelidae

18（5） 无尾鳍，背鳍、臀鳍止于尾端前方，尾端尖秃 .... 蛇鳗科 Ophichthyidae

鳗鲡科 Anguillidae

鳗鲡属 *Anguilla*（Shaw，1803）

（本属有多种，南海产4种）

种的检索表

1（6） 背鳍起点至臀鳍起点间距小于头长，约为头长1/2～2/3；背鳍起点距肛门较距鳃孔为近。

2（5） 体无明显暗褐色花纹或斑点。

3（4） 胸鳍短，圆形，淡白色；头长为胸鳍长2.5～3.9倍。体背暗绿褐色，有时隐具暗色斑块；腹部白色。背鳍和臀鳍后部边缘黑色（分布：我国沿海河口和各大江河及其通江湖泊；朝鲜、日本） .... 日本鳗鲡 *Anguilla japonica*（Temminck et Schlegel，1846）〈图393〉

4（3） 胸鳍窄长，末端钝尖，深褐色，隐具小黑斑；头长为胸鳍长1.7～2倍；头较尖长，头长为体高2~2.1倍；下颌稍突出。体背灰褐微带绿色，腹面白色。背鳍、臀鳍后部边缘灰黑色，尾鳍后缘深黑色（分布：南海和东海的河口海域）··· 中华鳗鲡 A. sinensis（McClelland，1844）〈图394〉

5（2） 体具显著暗褐色花纹或斑点。液浸标本头和体背侧灰褐色，腹面淡棕色；体侧及鳍上具较大暗色斑块，排列稀疏，斑块之间有时尚具褐色小斑；背鳍、臀鳍后部边缘及尾鳍黑色；胸鳍灰黑色（分布：南海和东海的河口海域；太平洋西部至印度洋北部沿岸）·· 云纹鳗鲡 A. nebulosa（McClelland，1844）〈图395〉

〔同种异名：疏斑鳗鲡 A. elphinstonei（Sykes，1839）〕

6（1） 背鳍起点至臀鳍起点间距大于头长；背鳍起点距鳃孔较距肛门为近。液浸标本头和体背侧灰褐色，腹面淡棕色；体侧及鳍上散具不规则云状花纹及大小均匀的灰黑色斑点；背鳍和臀鳍后部边缘黑色（分布：南海北部和东海的河口海域；日本南部、太平洋中部诸岛、印度尼西亚、马达加斯加）········ 花鳗鲡 A. marmorata（Quoy et Gaimard，1824）〈图396〉

图393 日本鳗鲡 Anguilla japonica（Temminck et Schlegel）（全长356 mm）

（依朱元鼎，1984，福建鱼类志）

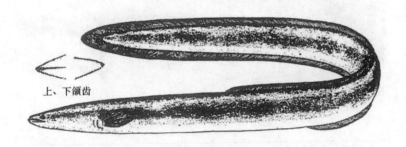

图394 中华鳗鲡 A. sinensis（McClelland）（全长750 mm）

（依朱元鼎等，1984，福建鱼类志）

图395 云纹鳗鲡 A. nebulosa（McClelland）（全长445 mm）

（依朱元鼎等，1984，福建鱼类志）

图 396 花鳗鲡 A. marmorata (Quoy et Gaimard)(全长 580 mm)

(依朱元鼎等, 1984, 福建鱼类志)

合鳃鳗科 Synaphobranchiade

合鳃鳗属 Synaphobranchus (Johnson, 1862)

(本属有 5 种, 南海产 1 种)

翼合鳃鳗 Synaphobranchus pinnatus (Gronow, 1854) 〈图 397〉

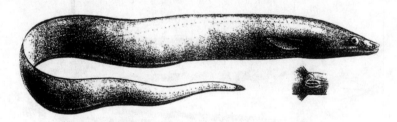

图 397 翼合鳃鳗 Synaphobranchus pinnatus (Gronow)

(依 Gunther, 1887)

胸鳍甚发达，鳍长大于吻长。无腹鳍。背鳍起点在肛门远后上方，其间距小于头长（约为头长 70%），而大于吻长（约为吻长 2.29 倍）。体暗褐色。

分布：南海北部陆坡深海；日本、菲律宾；大西洋。

康吉鳗科 Congridae

〔属的检索参考 Nakabo (2000)〕

属的检索表

1（2） 尾长短于头和躯干的合长；犁骨齿和前上颌齿不发达，亦不形成齿丛；颌齿 1 行 ………

.... 短尾康吉鳗属 *Coloconger*

2（1） 尾长等于或大于头和躯干的合长；犁骨齿和前上颌齿发达，常形成齿丛；颌齿1行或2行以上。

3（6） 后鼻孔位于眼中心水平线的下方；背鳍、臀鳍鳍条不分节；肛门前体长（头和躯干合长）较长，约为全长的41%~51%；上唇具纵沟。

4（5） 吻短；后鼻孔位于上唇缘，具瓣膜；肛门前侧线孔42以下 … 拟海蠕鳗属 *Parabathymyrus*

5（4） 吻中等长；后鼻孔位于上唇上方，无瓣膜；肛门前侧线孔51以上 …… 美体鳗属 *Ariosoma*

6（3） 后鼻孔正位于眼中心水平线上，或孔上缘紧贴此水平线；背鳍、臀鳍鳍条分节；肛前体长（头和躯干合长）较短，约为全长的30%~45%；上唇沟有或无。

7（10） 上唇沟存在；尾较宽长。

8（9） 下颌较长，吻稍凸出，口闭时前上颌齿不外露；上唇沟深；上颌齿1行 ....
.... 康吉鳗属 *Conger*

9（8） 下颌较长，吻明显凸出，口闭时前上颌齿大部外露；上唇沟浅；上颌齿多行，形成齿丛带
.... 颌吻鳗属 *Gnathophis*

10（7） 上唇沟不存在，或仅有痕迹；尾细长。

11（12） 上颌齿和犁骨齿细小，均形成齿丛带；前上颌齿带与上颌齿带及犁骨齿丛愈合 ………
.... 吻鳗属 *Rhynchoconger*

12（11） 上颌齿和犁骨齿较长尖，排列成行；犁骨齿多个，排成1行；前上颌齿和上颌齿均为2行 .... 尾鳗属 *Uroconger*

短尾康吉鳗属 *Coloconger*（Alcock，1889）

（本属约5种，南海产2种）

种的检索表

1（2） 眼较小，眼径明显短于吻长；吻较长，吻端钝尖；头长约占全长的18%~19%；喉颏部平缓，不扩张。体黑褐色，舌、胃、食道和肠暗黑色（分布：南海深海）..................
.... 南海短尾康吉鳗 *Coloconger scholesi*（Chan，1967）〈图398〉

2（1） 眼大，眼径大于吻长；吻较短，吻端陡钝；头长为体长的18%~22%；喉颏部从前端向后逐渐扩张。体淡褐色，头部色较深，各鳍及侧线深色（分布：南海北部陆坡海域；日本；印度洋）.................................. 蛙头短尾康吉鳗 *C. raniceps*（Alcock，1889）〈图399〉

图398 南海短尾康吉鳗 *Coloconger scholesi*（Chan）

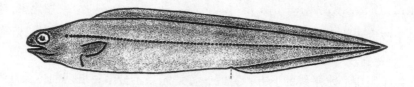

图 399　蛙头短尾康吉鳗 *C. raniceps*（Alcock）

拟海蠕鳗属 *Parabathymyrus*（Kamohara，1938）

（本属有 4 种，南海产 1 种）

大眼拟海蠕鳗 *Parabathymyrus macrophthalmus*（Kamohara，1938）〈图 400〉
别名：大眼拟海康吉鳗（中国鱼类系统检索）
〔同种异名：大眼油鳗 *Myrophis macrophthalmus*，南海鱼类志〕

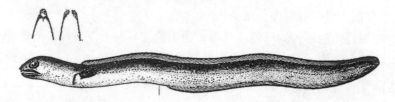

图 400　大眼拟海蠕鳗 *Parabathymyrus macrophthalmus*（Kamohara）（全长 288 mm）
（依张春霖，张有为，1962，南海鱼类志）

吻短；眼大；吻端有黑色斑点；肛门前侧线孔 37～42 个；尾鳍短小，后缘圆形；甲醛液浸标本体淡黄灰色，背方色较深，腹侧色淡；背鳍、胸鳍、尾鳍无色，臀鳍边缘灰黑色。
分布：南海，东海和台湾省海域；日本。

美体鳗属 *Ariosoma*（Swainson，1838）

（本属有 21 种，南海产 1 种）

穴美体鳗 *Ariosoma anago*（Temminck et Schlegel，1846）〈图 401〉
〔同种异名：齐头鳗（穴鳗）*Anago anago*（T. et S.）：南海鱼类志；中国鱼类系统检索；福建鱼类志〕

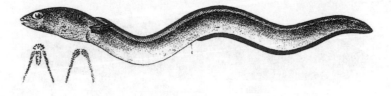

图 401　穴美体鳗 *Ariosoma anago*（Temminck et Schlegel）（全长 380 mm）
（依张春霖，张有为，1962，南海鱼类志）

后头部中央具1感觉孔。脊椎骨143。肛门前侧线孔51~54个。臀鳍黑色。液浸标本体背浅棕色，腹部淡白色；背鳍边缘稍呈淡黑色；胸鳍无色。

分布：南海、东海；日本，印度尼西亚。

康吉鳗属 Conger （Cuvier，1817）

（本属有12种，南海产1种）

灰康吉鳗 Conger cinereus（Rüppell，1830）〈图402〉

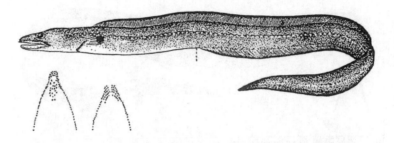

图402　灰康吉鳗 Conger cinereus（Rüppell）（全长420 mm）
（依张世义，1979，南海诸岛海域鱼类志）

背鳍始于胸鳍中部上方；胸鳍后部有显著黑斑。体背部及尾部灰褐色，腹部色浅。吻部黑色，眼下缘至口角后有一黑纹。背鳍、臀鳍、尾鳍灰黄色，具黑色缘为穴居性鱼类。

分布：南海诸岛，东海和台湾省海域；日本鹿儿岛以南、夏威夷、萨摩亚、澳大利亚、红海、东非。

颌吻鳗属 Gnathophis （Kaup，1860）

（本属有20种，南海产其中1种的1个亚种）

尼氏颌吻鳗 Gnathophis nystromi nystromi（Jordan et Snyder，1901）〈图403〉
〔同种异名：Rhynchocymba nystromi：南海鱼类志（尼氏突吻鳗）；福建鱼类志（尼氏吻鳗）；中国鱼类系统检索（银色突吻鳗）〕

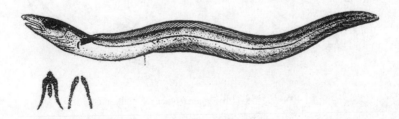

图403　尼氏颌吻鳗 Gnathophis nystromi nystromi（Jordan et Snyder）（全长280 mm）
（依张世义，1979，南海诸岛海域鱼类志）

侧线管横列。侧线孔在前方排列特殊，列于侧线管上下两侧；胸鳍上方的侧线孔位于侧线管上方。液浸标本体呈浅棕色，腹侧色淡；奇鳍边缘灰黑色。

分布：南海，台湾海峡；日本北海道以南。

吻鳗属 *Rhynchoconger*（Jordan et Hubbs，1925）

（本属有6种，南海产1种）

黑尾吻鳗 *Rhynchoconger ectenurus*（Jordan et Richardson，1909）〈图404〉

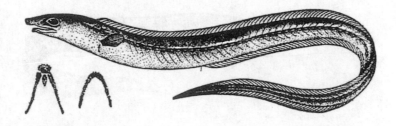

图404　黑尾吻鳗 *Rhynchoconger ectenurus*（Jordan et Richardson）（全长443 mm）

（依朱元鼎等，1984，福建鱼类志）

背鳍起点在胸鳍基部的前上方，尾鳍不发达，细尖，呈黑色；犁骨齿带短；肛门前侧线孔29~31个。液浸标本背侧浅褐色，腹部白色；背鳍、臀鳍边缘灰黑色；胸鳍色淡。

分布：南海、东海；朝鲜半岛、日本。

尾鳗属 *Uroconger*（Kaup，1856）

（本属有3种，南海产1种）

尖尾鳗 *Uroconger lepturus*（Richardson，1845）〈图405〉

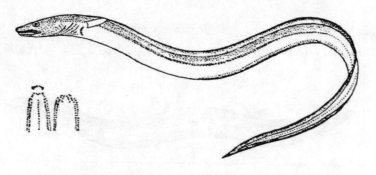

图405　尖尾鳗 *Uroconger lepturus*（Richardson）

（依张世义，1987，中国鱼类系统检索）

背鳍起点在胸鳍基部上方或稍后；胸鳍细尖；尾鳍尖长，约为头长1/4，呈黑色。犁骨齿1行，齿行长，前方1~2齿较大，犬齿状。体浅褐色，腹部淡白色；背鳍、臀鳍边缘黑色；胸鳍淡色。

分布：南海、东海；印度尼西亚、菲律宾、日本南部；印度洋-太平洋。

海鳗科 Muraenesocidae

属的检索表

1（4） 躯干部圆筒形，尾部侧扁，尾长大于头和躯干合长；犁骨中行牙特大；前鼻孔短管状；吻中长。
2（3） 下颌外行齿竖直向上，不向外侧倾斜或横卧；犁骨中行齿侧扁，为三尖形锐齿 ············
   ·· 海鳗属 *Muraenesox*
3（2） 下颌外行齿向外侧倾斜至完全横卧，不竖直向上；犁骨中行齿锥状，不为三尖形 ········
   ·· 原鹤海鳗属 *Congresox*
4（1） 躯干部和尾部均侧扁，尾长小于头和躯干合长；犁骨齿细小；前鼻孔不呈短管状；吻甚长
   ·· 细颌鳗属 *Oxyconger*

海鳗属 *Muraenesox*（McClelland，1844）

(本属有2种，南海均产)

种的检索表

1（2） 侧线孔140~153个，肛门前侧线孔39~47个；脊椎骨142~159个，肛门前脊椎骨42~47个；鳔管位于鳔左侧位，距鳔前端较近；鳔长为鳔管前鳔长4.6~9.8倍；吻长为眼径2.0~2.5倍。体灰色稍带黄褐色，大个体沿背鳍基部两侧各具一条暗黄褐色纵线（分布：南海，东海和台湾省海域，黄海，渤海；日本；印度洋至西太平洋）···················
   ·· 海鳗 *Muraenesox cinereus*（Forskål，1775）〈图406〉
2（1） 侧线孔128~134个，肛门前侧线孔35~38；脊椎骨128~141个，肛门前脊椎骨35~38个；鳔管位于鳔前上位，距鳔前端较远；鳔长为鳔管前鳔长2.98~4.27倍；吻长为眼径3倍。体褐灰色，大个体沿背鳍基部两侧具暗褐灰色纵线（分布：南海，东海和台湾省海域；日本、东南亚；印度洋至西太平洋）··· 褐海鳗 *M. bagio*（Hamilton，1822）〈图407〉
   〔同种异名：山口海鳗 *M. yamaguchiensis*（Katayama et Takai，1954）〕

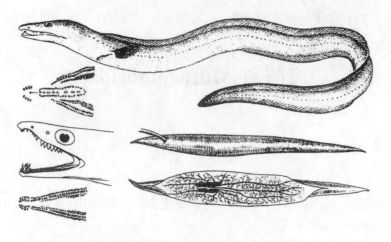

图 406　海鳗 *Muraenesox cinereus*（Forskål）
（全体及鳔，依萧真义，张有为，1981；头部，依 Nielsen，1974）

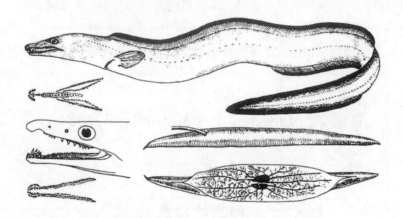

图 407　褐海鳗 *M. bagio*（Hamilton）
（全体及鳔，依萧真义，张有为，1981；头部，依 Nielsen，1974）

原鹤海鳗属 *Congresox*（Gill，1890）

（本属有 2 种，南海均产）

种的检索表

1（2）　肛门前背鳍条 57～68；头长约为胸鳍长 4 倍；肛门前侧线孔 35～40 个；脊椎骨 132～145。体呈黄色（分布：南海；南北回归线以内的西太平洋、东印度洋和红海） ……………………………… 印度原鹤海鳗 *Congresox talabonoides*（Bleeker，1853）〈图 408〉
　　　　〔同种异名：鹤海鳗 *Muraenesox talabonoides*（Bleeker），南海鱼类志；中国鱼类系统检索〕

2（1）　肛门前背鳍条 70～75；头长约为胸鳍长 3 倍；肛门前侧线孔 41～42 个；脊椎骨 143～149。体呈黄色（分布：南海，台湾省海域；南北回归线以内的西太平洋、东印度洋和红海） ……………………………… 原鹤海鳗 *C. talabon*（Cuvier，1829）〈图 409〉
　　　　〔同种异名：*M. talabon*（Cuvier），中国鱼类系统检索〕

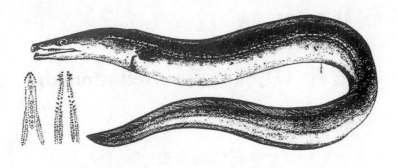

图408　印度原鹤海鳗 *Congresox talabonoides*（Bleeker）
（依张春霖，张有为，1962，南海鱼类志）

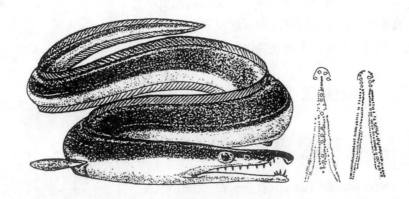

图409　原鹤海鳗 *C. talabon*（Cuvier）
（全体，依沈世杰，1984；牙，依南海鱼类志，1962）

细颌鳗属 *Oxyconger*（Bleeker，1867）

（本属仅1种，南海有产）

细颌鳗 *Oxyconger leptognathus*（Bleeker，1858）〈图410〉

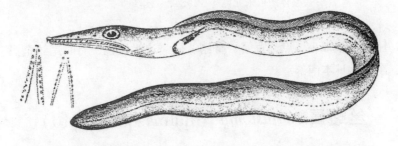

图410　细颌鳗 *Oxyconger leptognathus*（Bleeker）（全长308 mm）
（依张春霖，张有为，1962，南海鱼类志）

吻甚尖长。前鼻孔位于吻中部。液浸标本体背侧黄褐色，腹侧及腹面浅褐色；头及吻部灰褐色；背鳍、臀鳍、尾鳍色淡，边缘黑色；胸鳍浅色，上侧及鳍端灰黑色。

分布：南海，东海和台湾省海域；日本。

丝鳗科（鸭嘴鳗科）Nettastomidae

属的检索表

1（2） 前鼻孔裂缝状，无管，位于吻端两侧下方；后鼻孔亦呈裂缝状，位于眼的正前方；具翼状骨齿，形成短齿丛带（位于两侧上颌齿带后部内侧各 1 丛）············ 蜥鳗属 Saurenchelys

2（1） 前鼻孔具短管，位于头背面吻端；后鼻孔裂缝状，内外侧均具皮瓣，位于头背面；在眼中部的前上方或后上方；无翼状骨齿·· 丝鳗属 Nettastoma

蜥鳗属 Saurenchelys（Peters，1864）

（本属有 5 种，南海产 1 种）

野蜥鳗 Saurenchelys fierasfer（Jordan et Snyder，1901）〈图 411〉
〔同种异名：Chlopsis fierasfer，南海鱼类志（绿尾草鳗），1962；福建鱼类志（丝尾草鳗），1984；中国鱼类系统检索（丝尾草鳗），1987〕

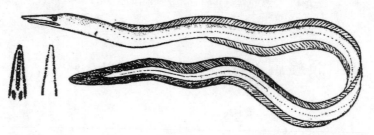

图 411　野蜥鳗 Saurenchelys fierasfer（Jordan et Snyder）（全长 359 mm）
（整体图依朱元鼎等，1984，福建鱼类志）

体浅绿褐色，体侧散布细小黑点；背鳍、臀鳍、尾鳍边缘黑色，有时尾鳍全黑。
分布：南海、东海；日本南部。

丝鳗属 Nettastoma（Rafinesque，1810）

（本属有 6 种，南海产 1 种）

小头丝鳗 Nettastoma parviceps（Günther，1877）〈图 412〉
后鼻孔位于头背面，在眼中部的后上方。头细尖，眼后头长约为头长之半；尾鳍细长，约为吻长之半；肛门位于鱼体前 2/5 处；肛门前侧线孔 49~58 个。体暗褐色，腹面淡褐稍带蓝色；背鳍、

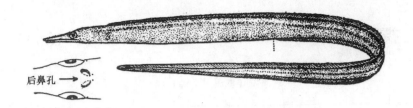

图 412　小头丝鳗 Nettastoma parviceps（Günther）（全长 672.5 mm）

（整体图仿倪勇，1988，东海深海鱼类）

臀鳍后部及尾鳍黑色。

分布：南海北部和东海的陆坡海域；日本。

海鳝科 Muraenidae

属的检索表

1（6）　奇鳍不发达，仅残存于尾端。

2（5）　肛门位于体中央远后方。

3（4）　颌齿及犁骨齿为颗粒状或臼齿状；前鼻孔具短管，后鼻孔周缘稍突出 ··· 裸海鳝属 Gymnomuraena

4（3）　颌齿及犁骨齿呈犬齿状；前、后鼻孔均呈管状 ······················· 鞭尾鳝属 Scuticaria

5（2）　肛门位于体中央附近 ··· 尾鳝属 Uropterygius

6（1）　奇鳍发达，肛门位于体中央近前方；背鳍中等高，始于鳃孔近前上方；两颌前端无突出结构。

7（14）　体中度延长，体高约为全长 4% 以上；体色或单一，或多样而具斑纹。

8（9）　两颌窄长，侧部中间弯拱，口闭时两颌侧部中间有显著空隙 ········ 弯颌鳝属 Enchelycore

9（8）　两颌中长，口闭合完全，两颌侧部无空隙。

10（11）　齿粗钝；犁骨齿大于上颌齿，呈齿丛，齿丛长于上颌齿行；上颌齿 1 行或 2 行，呈 2 行时排列不规则 ··· 蛇鳝属 Echidna

11（10）　齿长尖；犁骨齿 1 行或 2 行，齿行短于上颌齿行；上颌齿 1 行或 2 行，呈 2 行时外侧齿小于内侧齿。

12（13）　犁骨齿 2 行；前上颌中央齿为宽钝的圆锥形 ····························· 双犁海鳝属 Siderea

13（12）　犁骨齿 1 行；前上颌中央齿侧扁尖锐 ······································· 裸胸鳝属 Gymnothorax

14（7）　体甚延长，体高不足全长 4%；除背鳍、臀鳍边缘黑褐色外，体色单一；吻尖；眼后下方无头部侧线孔；齿圆锥形，向后弯斜 ····································· 弯牙海鳝属 Strophidon

裸海鳝属 *Gymmnomuraena*（Lacépède，1803）

(本属只1种)

条纹裸海鳝 *Gymnomuraena zebra*（Shaw et Nodder，1797）〈图413〉
〔同种异名：条纹海鳝 *Echidna zebra*，南海鱼类志；南海诸岛海域鱼类志〕

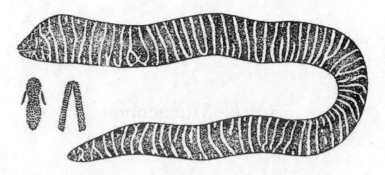

图413 条纹裸海鳝 *Gymnomuraena zebra*（Shaw et Nodder）（全长650 mm）
（依张世义，1979，南海诸岛海域鱼类志）

体暗褐色，头及体上具90余条淡白色不规则细窄环带纹。
分布：南海，台湾省海域；日本；太平洋中部至西部，印度洋。

鞭尾鳝属 *Scuticaria*（Jordan et Snyder，1901）

(已知本属有2种，南海产1种)

虎斑鞭尾鳝 *Scuticaria tigrina*（Lesson，1828）〈图414〉
〔同种异名：虎斑裸海鳝 *Gymnomuraena tigrina*，南海诸岛海域鱼类志；中国鱼类系统检索〕

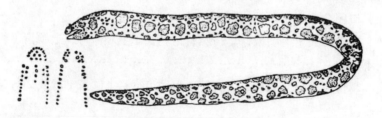

图414 虎斑鞭尾鳝 *Scuticaria tigrina*（Lesson）（全长801 mm）
（依张世义，1987，中国鱼类系统检索）

体裸露无鳞。无侧线孔。体淡红褐色，具很多黑褐色椭圆形大斑及小斑。珊瑚礁鱼类。
分布：南海诸岛海域，台湾省海域；日本；太平洋、印度洋。

尾鳝属 *Uropterygius* (Rüppell, 1838)

(本属有25种，南海产1种)

尾鳝 *Uropterygius concolor* (Rüppell, 1838) 〈图415〉
〔同种异名：单色裸海鳝 *Gymnomuraena concolor*，中国鱼类系统检索〕

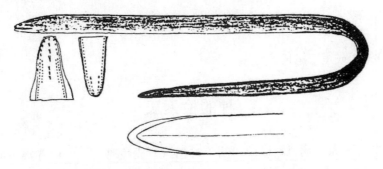

图415 尾鳝 *Uropterygius concolor* (Rüppell)
(依沈世杰, 1984)

体一致黄褐色。

分布：南海，台湾省海域；日本、印度尼西亚、菲律宾、澳大利亚；太平洋中部至西部；印度洋。

弯颌鳝属 *Enchelycore* (Kaup, 1856)

(本属已知12种，南海产1种)

裂吻弯颌鳝 *Enchelycore schismatorhynchus* (Bleeker, 1853) 〈图416〉

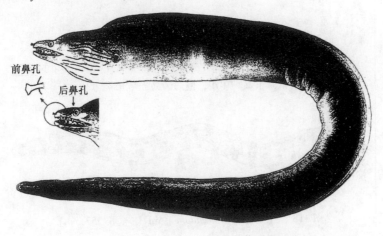

图416 裂吻弯颌鳝 *Enchelycore schismatorhynchus* (Bleeker)

全长为体高 16~22 倍。前鼻孔管状，呈漏斗形，位于吻端；后鼻孔无管。体暗褐色至棕褐色，背鳍、臀鳍边缘白色。

栖居于珊瑚礁及岩礁。

分布：南海，台湾省西南至东南海域；日本；印度-太平洋。

蛇鳝属（海鳝属）*Echidna*（Forster，1777）

（本属有 12 种，南海产 3 种）

头与躯干合长等于或短于尾长。

种的检索表

1（2） 体侧具 23~29 条暗褐色宽横带，幼鱼时色深，成鱼时色浅。成熟雄鱼前上颌齿内缘无小锯齿。体色多样，通常灰色、白色或黄色、褐色，腹部色浅；口角处常具 1 小黑斑（分布：南海，台湾省海域；日本；太平洋、印度洋） ·· 多带蛇鳝（多带海鳝）*Echidna polyzona*（Richardson，1845）〈图 417〉
2（1） 体侧无横带而有斑纹或斑点。
3（4） 体具 2 纵列星云状斑纹。犁骨齿 2 行。成熟雄鱼前上颌齿内缘具小锯齿。甲醛液浸标本体淡黄色，腹部色浅（分布：南海，台湾省海域；日本；太平洋、印度洋） ·· 云纹蛇鳝（云纹海鳝）*E. nebulosa*（Ahl，1789）〈图 418〉
4（3） 体散布众多不规则的淡褐色小斑。犁骨齿 1 行。体和鳍淡色；鳃孔黑色（分布：南海；西、南太平洋） ··············· 棕斑蛇鳝（棕斑海鳝）*E. delicatula*（Kaup，1856）〈图 419〉

图 417 多带蛇鳝 *Echidna polyzona*（Richardson）（全长 180 mm）
（依张世义，1979，南海诸岛海域鱼类志）

图 418 云纹蛇鳝 *E. nebulosa*（Ahl）（全长 357 mm）
（依张世义，1979，南海诸岛海域鱼类志）

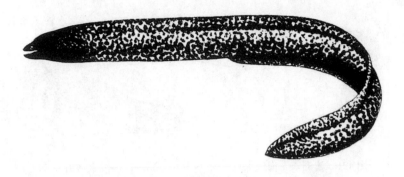

图 419　棕斑蛇鳝 E. delicatula（Kaup）（全长 390 mm）
（依张世义，1979，南海诸岛海域鱼类志）

双犁海鳝属 Siderea（Kaup，1856）

（本属有 4 种，南海产 2 种）

种的检索表

1（2）　上颌齿 1 行（幼鱼为 2 行）。体色因年龄而异：幼鱼体淡黄色，体侧及鳍上密布小于眼径的不规则黑圈，约 3 纵行；成鱼时黑圈破裂，全体密布黑点，背部颜色转呈褐色（分布：南海诸岛海域，台湾省海域；日本；太平洋和印度洋）……………………………………
………………………………………………… 细点双犁海鳝 Siderea picta（Ahl，1789）〈图 420〉

〔同种异名：花斑裸胸鳝 Gymnothorax pictus，南海鱼类志；南海诸岛海域鱼类志；中国鱼类系统检索〕

2（1）　上颌齿 2 行。体淡黄色，布满密集的紫褐色小斑；头前半部暗紫褐色（分布：南海，东海和台湾省海域；日本；太平洋和印度洋）………………………………………………
……………………………… 澳洲双犁海鳝 S. thyrsoidea（Richardson，1844）〈图 421〉

〔同种异名：密花裸胸鳝 Gymnothorax thyrsoideus，南海诸岛海域鱼类志；中国鱼类系统检索〕

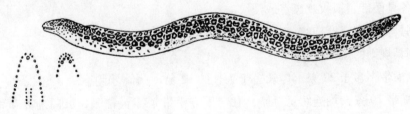

图 420　细点双犁海鳝 Siderea picta（Ahl）
（依张春霖，张有为，1962）

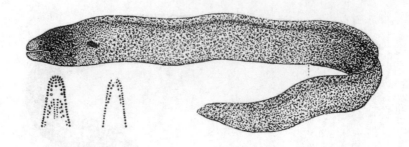

图 421　澳洲双犁海鳝 S. *thyrsoidea* (Richardson)（全长 570 mm）
（依张世义，1979，南海诸岛海域鱼类志）

裸胸鳝属 *Gymnothorax* (Bloch, 1795)

（本属有 108 种，南海产 15 种）

种的检索表

1 (2)　上颌齿 2 整行，外行齿小于内行齿，内行齿 6~8 个，为可倒性大犬齿；前上颌中间齿 3 行。体暗褐色，腹部色较淡，体侧密布 4~5 纵行黑褐色圆斑，尾部有许多淡色小斑（分布：南海诸岛海域，台湾省海域；日本；太平洋、印度洋）……………………………………………………………… 伯恩斯裸胸鳝 *Gymnothorax buroensis* (Bleeker, 1857)〈图 422〉
〔同种异名：斑点裸胸鳝 *G. meleagris*（非 Shaw），南海鱼类志；南海诸岛海域鱼类志；中国鱼类系统检索〕

2 (1)　上颌齿 1 整行，幼鱼于前方内侧或另有 2~3 个齿。前上颌中间齿 1 行。

3 (4)　体侧无横带或斑纹，体一致呈棕褐色（分布：南海；日本；印度－西太平洋）………………………………………………………… 褐色裸胸鳝 *G. monochrous* (Bleeker, 1864)〈图 423〉
〔同种异名：*G. boschi*，中国鱼类系统检索〕

4 (3)　体侧各具横带、横纹、斑点或网纹。

5 (14)　体侧具宽横带或窄横纹。

6 (11)　体侧具规则的宽横带。

7 (10)　体侧横带不多于 22 条。体长短于头长的 12 倍。两颌牙侧扁。

8 (9)　体侧横带 19 条，均连续至背鳍，肛门后方横带延伸至臀鳍，肛门前方横带均不延伸至腹缘。尾端黑色；口角具小黑斑。齿缘光滑无小锯齿。体暗褐色。横带黑色（分布：南海诸岛海域，台湾省海域；日本；太平洋中部至西部，印度洋）……………………………………………………………………… 宽带裸胸鳝 *G. rueppelliae* (McClelland, 1844)〈图 424〉
〔同种异名：鞍斑裸胸鳝 *G. petelli* (Bleeker, 1856)〕

9 (8)　体侧横带 15~22 条，横带不延伸至背鳍上部，而在腹侧肛门前后方均连续。背侧在横带之间尚具短横斑。上颌齿两侧缘具小锯齿，前方齿锯齿缘明显。体淡白色，横带和短横斑绿褐色（分布：南海，东海和台湾省海域；太平洋中部至西部，印度洋）…………………………………………………………………… 网纹裸胸鳝 *G. reticularis* (Bloch, 1795)〈图 425〉

10	(7)	体侧具不规则横带28~30条。体长为头长的12倍。两颌牙圆锥形，无小锯齿。体黄绿色，横带绿褐色（分布：南海；太平洋西部至印度洋） ··· 斑条裸胸鳝 *G. punctatofasciata* (Bleeker, 1863)〈图426〉
11	(6)	体侧具不规则窄横纹。
12	(13)	体侧横纹黑色，侧缘基本平整，约有25~35条，相邻横纹在体侧不同位置扩展相连成不规则网状；臀鳍基部具1黑色纵带，与体侧横纹连接；头部和体侧相邻横纹中间具黑色小斑点，连成脉络状。脊椎骨130~140。体黄白色；臀鳍边缘白色；眼虹彩淡黄色。成鱼全长可达1 m（分布：南海，台湾省沿岸；日本；太平洋中部至西部，印度洋西部） ··· 斑氏裸胸鳝 *G. berndti* (Snyder, 1904)〈图427〉
		〔同种异名：异纹裸胸鳝 *G. richardson*（部分），南海诸岛海域鱼类志，图版15，图58（体长589 mm）；中国鱼类系统检索，757，图407〕
13	(12)	体侧横纹黄褐色至黑褐色，细窄而多纵分支，侧缘明显凹凸。脊椎骨111~121。犁骨齿幼鱼2行，成鱼1行。体黄褐色或灰绿色。成鱼体长不超过35 cm（分布：南海，台湾省海域；日本；印度-西太平洋） ··· 异纹裸胸鳝 *G. richardsonii* (Bleeker, 1852)〈图428〉
14	(5)	体侧具斑点或网纹。
15	(24)	体侧具斑点。
16	(19)	体侧斑点小于眼径。
17	(18)	体侧斑点淡褐色；鳃孔黑褐色，体黄褐色，密布淡褐色斑点；背鳍、尾鳍、臀鳍边缘黄色（分布：南海，台湾省海域；日本；太平洋、印度洋） ··· 黄边裸胸鳝 *G. flavimarginatus* (Rüppell, 1830)〈图429〉
18	(17)	体侧斑点黑褐色，鳃孔淡色。液浸标本体淡红褐色或淡灰黄色，体侧散布排列不规则的黑褐色斑点；鳍上斑点小，常连续形成斜纹；口角具1黑斑（分布：南海，台湾省海域；日本；印度-西太平洋） ······ 细斑裸胸鳝 *G. fimbriatus* (Bennett, 1832)〈图430〉
19	(16)	体侧斑点大于眼径。
20	(23)	体侧斑点颜色深于鱼体底色。
21	(22)	体侧斑点呈黑褐色至黑色，圆形或近圆形，散布于全体，斑点大小不随成长增大，而随成长增加数量，全长1.7 m以上成年鱼全身密布黑斑；成鱼的斑点常有淡色或白色边缘；斑点常三两连成椭圆形斑块。体白色、灰白色至灰褐色（分布：南海，台湾海峡沿岸；日本、越南、菲律宾、马来西亚、印度尼西亚；印度-西太平洋） ··· 豆点裸胸鳝 *G. favagineus* (Bloch et Schneider, 1801)〈图431〉
		〔同种异名：黑点裸胸鳝 *G. melanospilus* (Bleek, 1855)；澎湖裸胸鳝 *G. pescadoris* (Jordan et Evermann, 1902)〕
22	(21)	体侧斑点暗褐色，大小不等，形状不规则，具三纵行。幼鱼体呈暗褐色略带红紫色，成鱼体呈浅灰褐色；背鳍、臀鳍边缘黑色（分布：南海、台湾海峡；日本、越南） ······ 匀斑裸胸鳝（吕氏裸胸鳝）*G. reevesii* (Richardson, 1845)〈图432〉
23	(20)	体侧斑点颜色浅于鱼体底色，呈白色，斑点成团密集，呈4~5纵行云状斑块。体赤褐色；口角黑色；口角至鳃孔之间具数条深色纵纹；眼虹彩金黄色（分布：南海诸岛海域，台湾省海域；日本） ···

............................白斑裸胸鳝 G. leucostigma（Jordan et Richardson，1909）〈图 433〉
24（15） 体侧具网状纹。
25（28） 网纹较粗，呈淡色，在体表分隔出许多深色不规则的多角形大斑块，约排成 3～4 纵行。
26（27） 鳃孔周围黑色；网状纹淡褐色，体棕褐色；体侧斑块黑色，斑块中心随成长而产生若干淡色小斑。体型大，全长可达 2.2 m（分布：南海，台湾海峡；日本、印度尼西亚、菲律宾；太平洋中部至西部） ....爪哇裸胸鳝 G. javanicus（Bleeker，1859）〈图 434〉
27（26） 鳃孔周围不呈黑色；体和网状纹淡黄褐色；体侧斑块暗褐色至黑褐色，斑块中心无淡化现象；吻与颊部浅黑褐色。体型较大，全长可达 1 m 以上（分布：南海，东海南部及台湾省海域；日本；印度-太平洋） ....
............................波纹裸胸鳝 G. undulatus（Lacépède，1803）〈图 435〉
28（25） 网纹纤细，呈浅黄色至淡褐色，在体表分隔出约 4 纵行略呈横长六角形的灰绿色至暗褐色斑块；幼鱼网纹明显，背鳍、臀鳍、尾鳍边缘白色；成鱼网纹不清晰，仅尾鳍具白色边缘。尾长小于头和躯干合长。生活时头部微带红色，前端深黄色 ....
............................淡网纹裸胸鳝 G. pseudothyrsoideus（Bleeker，1852）〈图 436〉

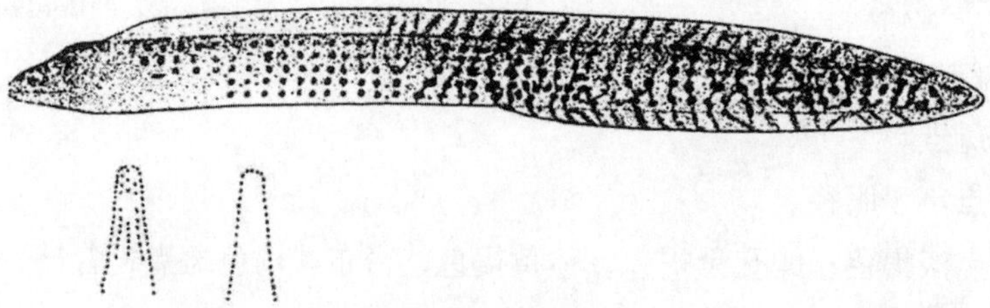

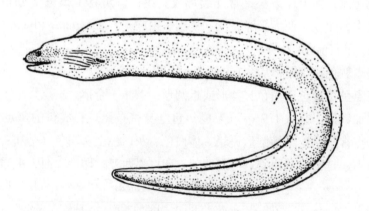

图 422　伯恩斯裸胸鳝 *Gymnothorax buroensis*（Bleeker）（全长 279 mm）

（依张世义，1979，南海诸岛海域鱼类志）

图 423　褐色裸胸鳝 *G. monochrous*（Bleeker）

图424　宽带裸胸鳝 G. rueppelliae（McClelland）（全长 340 mm）
（依张世义，1979，南海诸岛海域鱼类志）

图425　网纹裸胸鳝 G. reticularis（Bloch）（全长 560 mm）
（依朱元鼎等，1984，福建鱼类志）

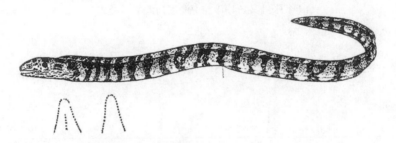

图426　斑条裸胸鳝 G. punctatofasciata（Bleeker）（全长 407 mm）
（依张春霖，张有为，1962，南海鱼类志）

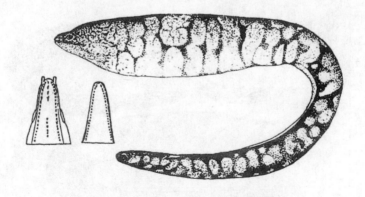

图427　斑氏裸胸鳝 G. berndti（Snyder）
（依黄登福，邵广昭，1997，转引自伍汉霖，2002）

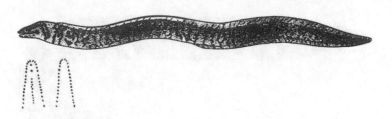

图 428　异纹裸胸鳝 G. richardsonii (Bleeker)（全长 282 mm）
（依张春霖，张有为，1962，南海鱼类志）

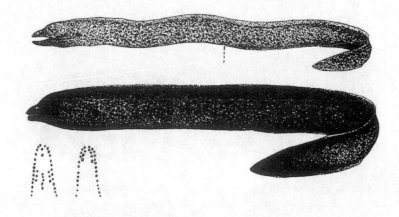

图 429　黄边裸胸鳝 G. flavimarginatus (Rüppell)（全长 224 mm、413 mm）
（依张世义，1979，南海诸岛海域鱼类志）

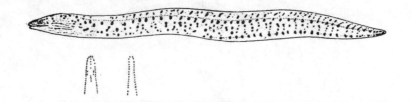

图 430　细斑裸胸鳝 G. fimbriatus (Bennett)（全长 247 mm）
（依张世义，1979，南海诸岛海域鱼类志）

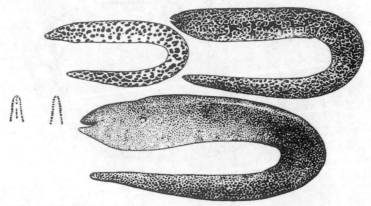

图 431　豆点裸胸鳝 G. favagineus (Bloch et Schneider)（全长 650 mm、1 m 和 1.7 m）
（依益田一等，1984，转引自伍汉霖，2002）

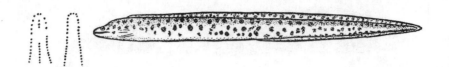

图 432 匀斑裸胸鳝 G. reevesii（Richardson）（全长 400 mm）
（依朱元鼎等，1984，福建鱼类志）

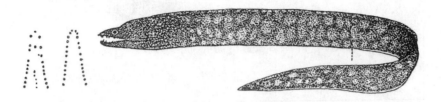

图 433 白斑裸胸鳝 G. leucostigma（Jordan et Richardson）（全长 501 mm）
（依张世义，1979，南海诸岛海域鱼类志）

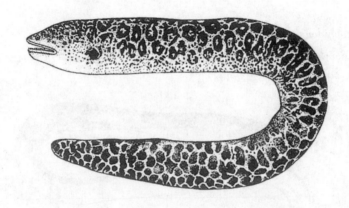

图 434 爪哇裸胸鳝 G. javanicus（Bleeker）
（依益田一等，1984，转引自伍汉霖，2002）

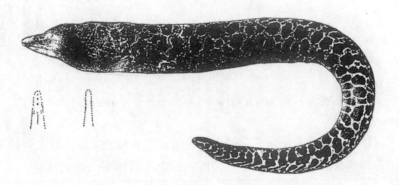

图 435 波纹裸胸鳝 G. undulatus（Lacépède）

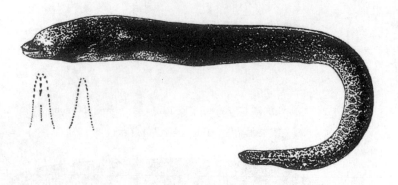

图 436　淡网纹裸胸鳝 *G. pseudothyrsoideus*（Bleeker）

弯牙海鳝属 *Strophidon*（McClelland, 1844）

（本属有 2 种，南海产 1 种）

长尾弯牙海鳝 *Strophidon sathete*（Hamilton, 1822）〈图 437〉
〔同种异名：长海鳝 *Strophidon ui tanaka*，中国鱼类系统检索，1918；长体鳝 *Thyrsoidea macrurus*，东海鱼类志，1963；福建鱼类志，1984；中国鱼类系统检索，1987〕

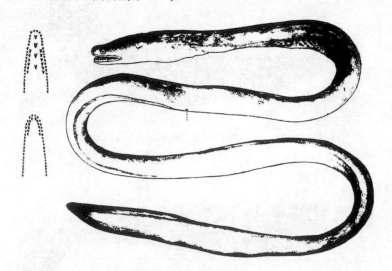

图 437　长尾弯牙海鳝 *Strophidon sathete*（Hamilton）

体棕褐色，无斑纹；尾部后方黑褐色；鳍无白色缘。全长可达 3 m，最大全长 4 m。
分布：南海，东海和台湾省海域；日本、印度尼西亚、菲律宾、澳大利亚。

蚓鳗科 Moringuidae

蚓鳗属 *Moringua* (Gray, 1831)

(本属有11种，南海产2种)

背鳍、臀鳍不发达，全为皮褶状或后部为皮褶状。背鳍位于尾部，起点在臀鳍起点后上方；臀鳍起点在肛门后方（南海的2种），或两者相对。

种的检索表

1 (2) 背鳍、臀鳍全为皮褶状，皆与尾鳍相连续；犁骨前方齿2行，排列不规则。液浸标本头和背侧黄棕色，腹部淡白色；背鳍、臀鳍、尾鳍在尾端部处均为暗褐色（分布：南海、台湾海峡；西太平洋） ············ 大头蚓鳗 *Moringua macrocephalus* (Bleeker, 1863)〈图438〉
2 (1) 背鳍、臀鳍前部具鳍条，后部皮褶状，皆不与尾鳍相连续；犁骨齿1行。液浸标本头和体黄褐色，腹部淡白色；背鳍、臀鳍、尾鳍在尾端部处均为黑色（分布：南海、台湾海峡；印度尼西亚） ······························ 大鳍蚓鳗 *M. macrochir* (Bleeker, 1855)〈图439〉

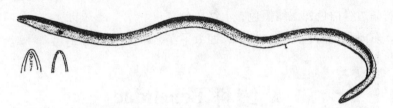

图438 大头蚓鳗 *Moringua macrocephalus* (Bleeker)（全长385 mm）
（依张春霖，张有为，1962，南海鱼类志）

图439 大鳍蚓鳗 *M. macrochir* (Bleeker)（全长305 mm）
（依张春霖，张有为，1962，南海鱼类志）

前肛鳗科 Dysommidae

前肛鳗属 *Dysomma* (Alcock, 1889)

(本属有 12 种，南海产 1 种)

前肛鳗 *Dysomma anguillaris* (Barnard, 1923) 〈图 440〉

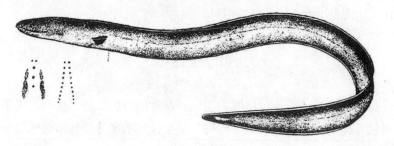

图 440　前肛鳗 *Dysomma anguillaris* (Barnard)（全长 435 mm）
(依张春霖，张有为，1962，南海鱼类志)

肛门位于躯干近前端；吻粗壮；上颌长于下颌。液浸标本头和体背侧灰褐色或淡灰黑色，腹侧灰白色。背鳍、臀鳍边缘白色；尾鳍黑色，上缘白色。

分布：南海，东海和台湾省海域；日本；西太平洋、印度洋、大西洋。

蠕鳗科 Echelidae

虫鳗属 *Muraenichthys* (Bleeker, 1853)

(本属有 24 种，南海产 3 种)

〔种的检索依张有为（1987），中国鱼类系统检索〕

种的检索表

1（2）　背鳍始于躯干部 1/2 之前；颌齿 2 行，锥状；犁骨齿前方 2 行，后方合为 1 行。液浸标本背侧浅棕色，腹部淡白色；背鳍、臀鳍后部边缘黑色；尾鳍深黑色（分布：南海，东海，台湾海峡；日本；太平洋中部和西部至印度洋）···
·························· 大鳍虫鳗 *Muraenichthys macropterus* (Bleeker, 1857) 〈图 441〉

2（1） 背鳍始于躯干部 1/2 处或之后。

3（4） 两颌齿 1 行，细而尖；犁骨齿前方 2 行，后方合为 1 行。液浸标本体淡黄色或淡紫褐色，背侧散布许多淡黑色细小斑点，各鳍淡色（分布：南海；菲律宾）···
·· 马拉邦虫鳗 *M. malabonensis*（Herre，1923）〈图 442〉
〔中文名曾被误称为"马六甲虫鳗"，见：南海鱼类志〕

4（3） 两颌齿 2~3 行，不规则；犁骨齿呈梭形齿带。液浸标本体淡黄色，腹部淡白色；背鳍、臀鳍后部边缘淡灰色；尾鳍灰黑色（分布：南海、东海台湾海峡；西太平洋至印度洋）···
······························· 裸鳍虫鳗 *M. gymnopterus*（Bleeker，1853）〈图 443〉

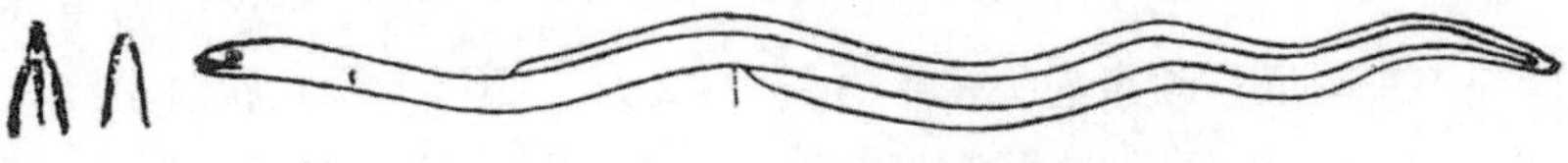

图 441　大鳍虫鳗 *Muraenichthys macropterus*（Bleeker）

（依张有为，1987，中国鱼类系统检索）

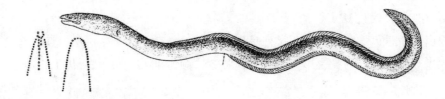

图 442　马拉邦虫鳗 *M. malabonensis*（Herre）（全长 196 mm）

（依张春霖，张有为，1962，南海鱼类志）

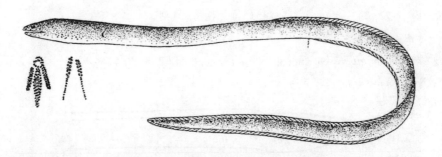

图 443　裸鳍虫鳗 *M. gymnopterus*（Bleeker）（全长 276 mm）

（依张春霖，张有为，1962，南海鱼类志）

蛇鳗科 Ophichthyidae

属的检索表

1（2） 无胸鳍；鳃孔腹位，前侧部呈囊状，左右鳃孔接近；背鳍、臀鳍不发达，常于成年时不显

		现 ··· 浪鳗属（盲蛇鳗属）Caecula
2	(1)	有胸鳍；鳃孔侧位，前侧部正常，左右鳃孔间距大；背鳍、臀鳍发达。
3	(6)	颌具须或皮质突。
4	(5)	两颌皆具短小皮质突，皮突长度远短于眼径之半；颌齿1~2行 ·································· 短体鳗属 Brachysomophis
5	(4)	上颌具须，须长大于或等于眼径之半；颌齿呈丛带状 ············ 须鳗属 Cirrhimuraena
6	(3)	两颌均无须。
7	(8)	眼位于口裂中央前方；颌齿尖锐，4~5行，密列有序，呈宽齿带 ························ 列齿鳗属（光唇鳗属）Xyrias
8	(7)	眼位于口裂中央附近；颌齿为尖锐形者具1~2行，颌齿为颗粒状时呈齿丛带。
9	(10)	胸鳍不发达，甚短，呈膜状或鳍条细弱；背鳍始于头顶中部；齿尖锐，犁骨齿2行，颌齿2行体上具规则的斑或带 ············ 花蛇鳗属 Myrichthys
10	(9)	胸鳍发达；背鳍始于鳃孔上方附近或后上方。
11	(12)	犁骨无齿或仅有3枚，颌齿1行；体上具鞍状横斑 ··· 盖蛇鳗属（平盖鳗属）Leiuranus
12	(11)	犁骨具齿，枚数多。
13	(14)	颌齿和犁骨齿均为颗粒状，排列呈齿丛带 ············ 豆齿鳗属 Pisodonophis
14	(13)	颌齿和犁骨齿均为尖锐形，一般排列整齐；颌齿1~2行，犁骨齿1行或2行 ·································· 蛇鳗属 Ophichthus

浪鳗属 Caecula (Vahl, 1794)

（本属约5种，南海产1种）

长鳍浪鳗 Caecula longipinnis（Kner et Steindachner, 1867）〈图444〉
〔同种异名：Sphagebranchus longipinnis〕

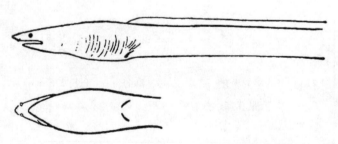

图444　长鳍浪鳗 Caecula longipinnis（Kner et Steindachner）
（依张有为，1987，中国鱼类系统检索）

背鳍始于鳃孔上方。眼甚小。
分布：南海。

短体鳗属 *Brachysomophis* (Kaup, 1856)

(本属有5种，南海产2种)

吻短，不突出。

种的检索表

1 (2) 唇须明显，呈叉状；胸鳍发达；体上具茶褐色不规则横斑。体灰褐色；背鳍、臀鳍黄色，边缘黑色（分布：南海，台湾省海域；日本；印度－西太平洋） ·················· 须唇短体鳗（裂须短体鳗）*Brachysomophis cirrhocheilos* (Bleeker, 1859)〈图445〉

2 (1) 唇须粗短，不甚明显；胸鳍小；体散布细小黑斑点。液浸标本头背部黑褐色，体背侧暗褐色，腹侧淡黄色，腹面白色；头上黏液孔及侧线孔黑色；背鳍、臀鳍边缘黑色；胸鳍淡褐色（分布：南海，东海，台湾海峡；日本；印度－太平洋） ·················· 鳄形短体鳗 *B. crocodilinus* (Bennett, 1833)〈图446〉

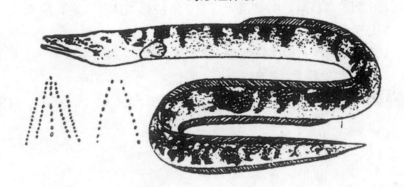

图445 须唇短体鳗 *Brachysomophis cirrhocheilos* (Bleeker)
(依沈世杰，1986，台湾鱼类检索)

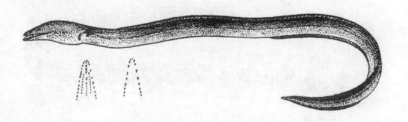

图446 鳄形短体鳗 *B. crocodilinus* (Bennett)（全长737 mm）
(依张春霖，张有为，1962，南海鱼类志)

须鳗属 *Cirrhimuraena*（Kaup，1856）

（本属有4种，南海产1种）

中华须鳗 *Cirrhimuraena chinensis*（Kaup，1856）〈图447〉

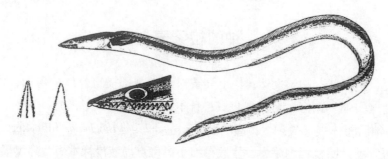

图447 中华须鳗 *Cirrhimuraena chinensis*（Kaup）（全长221 mm）

（依张春霖，张有为，1962，南海鱼类志）

上唇边缘明显具1列发达唇须。吻突出于口前。液浸标本体黄褐色，腹部淡白色；各鳍淡黄色。营穴居生活，栖息于近岸底质为砂泥、贝壳的低潮区。

分布：南海、东海台湾海峡；印度尼西亚、菲律宾；印度-西太平洋。

列齿鳗属（光唇鳗属）*Xyrias*（Jordan et Snyder，1901）

（本属仅1种）

列齿鳗（光唇鳗）*Xyrias revulsus*（Jordan et Snyder，1901）〈图448〉

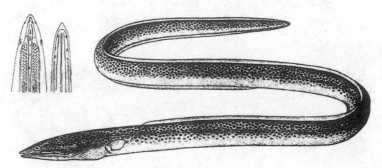

图448 列齿鳗 *Xyrias revulsus*（Jordan et Snyder）（全长538 mm）

（依成庆泰，田明诚，1981）

吻短。眼小，位于口裂中央前方。口裂甚长，达头长之半。上颌齿4～5行，有序密列。体黄褐色，头和体的背方有许多深褐色小斑，头部小斑小而密，体上的约与瞳孔等大。深海鱼类。

分布：南海；日本。

花蛇鳗属 Myrichthys (Girard, 1859)

(本属有10种,南海产2种)

〔种的检索依张有为,南海诸岛海域鱼类志,1979〕

背鳍始于头顶中部或之前。具胸鳍,不发达,甚短,呈膜状或鳍条细弱。无尾鳍。

种的检索表

1(2) 背鳍、臀鳍均止于近尾端,末端至尾端的距离,不及头长的1/5;体上具3行不规则的黑斑。液浸标本体呈暗绿色,腹部及背鳍、臀鳍淡白色;胸鳍淡绿色(分布:南海,东海和台湾省海域;日本;太平洋中部和西部,印度洋) ·· 黑斑花蛇鳗 Myrichthys maculosus (Cuvier, 1816)〈图449〉

2(1) 背鳍、臀鳍均止于尾端远前方,臀鳍末端至尾端的距离,大于头长的2倍以上;体上具26条以上深棕色环带,带间或有同色圆斑。液浸标本体背方淡棕色,腹侧和胸鳍白色(分布:南海、东海和台湾省海域;日本;太平洋中部和西部,印度洋) ··· 斑竹花蛇鳗 M. colubrinus (Boddaert, 1781)〈图450〉

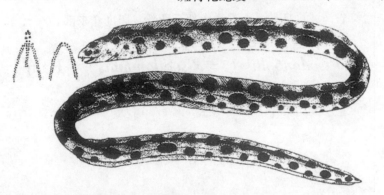

图449 黑斑花蛇鳗 Myrichthys maculosus (Cuvier)(全长680 mm)

(依张有为,1979,南海诸岛海域鱼类志)

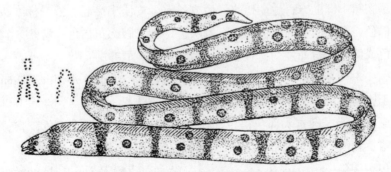

图450 斑竹花蛇鳗 M. colubrinus (Boddaert)(全长757 mm)

(依张有为,1979,南海诸岛海域鱼类志)

盖蛇鳗属（平盖鳗属）Leiuranus (Bleeker, 1853)

（本属仅1种）

半环盖蛇鳗（半环平盖鳗）Leiuranus semicinctus (Lay et Bennett, 1839)〈图451〉

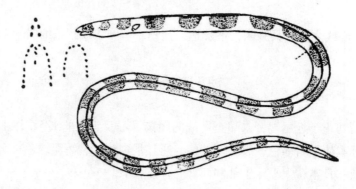

图451　半环盖蛇鳗 Leiuranus semicinctus (Lay et Bennett)
（依张有为，1987，中国鱼类系统检索）

液浸标本体呈白色，头和体共具23～28个深褐色过背的鞍状斑，其中头部具2个。吻端和尾端白色。

分布：南海，台湾省海域；日本；太平洋中部至西部，印度洋东部。

豆齿鳗属 Pisodonophis（=Pisoodonophis）(Kaup, 1856)

（本属有8种，南海产3种）

种的检索表

（南海产3种）

1(2)　背鳍始于胸鳍中部上方；后鼻孔前、后方各有1皮质小突起。液浸标本头背侧灰褐色，体背侧暗褐色，有不明显的淡色斑，腹侧灰色，胸、腹部灰白色；背鳍、臀鳍边缘黑色；胸鳍灰黑色或淡色（分布：南海，东海，台湾海峡；日本；印度－太平洋） ·················
······························ 食蟹豆齿鳗 Pisodonophis cancrivorous (Richardson, 1844)〈图452〉
2(1)　背鳍始于胸鳍末端后上方；后鼻孔前后方无皮质凸起。
3(4)　体上无斑纹。液浸标本头部灰褐色，体背侧暗棕色，腹侧淡棕色，胸、腹部浅黄色；背鳍、臀鳍、胸鳍浅色（分布：南海，东海，台湾海峡；日本；印度－西太平洋） ·········
································ 杂食豆齿鳗 P. boro (Hamilton, 1822)〈图453〉
4(3)　体上散布虚线状黑色纵纹。体背侧红褐色，腹侧色较淡（分布：南海） ·················
································ 红色豆齿鳗 P. rubicandus (Chen, 1929)〈图454〉

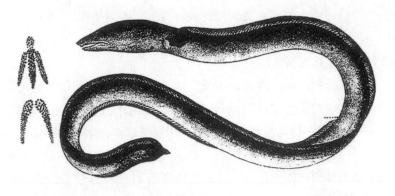

图 452　食蟹豆齿鳗 *Pisodonophis cancrivorous*（Richardson）（全长 555 mm）
（依张春霖，张有为，1962，南海鱼类志）

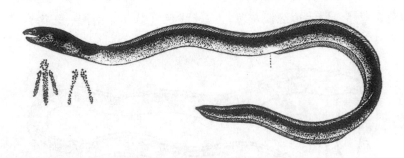

图 453　杂食豆齿鳗 *P. boro*（Hamilton）（全长 534 mm）
（依张春霖，张有为，1962，南海鱼类志）

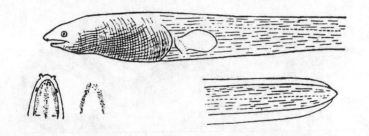

图 454　红色豆齿鳗 *P. rubicandus*（Chen）
（依张有为，1987，中国鱼类系统检索）

蛇鳗属 *Ophichthus*（= *Ophichthys*）（Ahl，1789）

（本属有 60 种，南海产 4 种）

种的检索表

1（6）　两颌齿 1 行；背鳍、臀鳍末端部在近尾端处呈峰状扩展。
2（3）　犁骨齿 1 行；头和体具不规则黄褐色横斑，约 30 余条。液浸标本体背侧浅棕色，腹侧及

　　　　　各鳍淡白色（分布：南海、东海台湾海峡；日本；西太平洋）……………………………
　　　　　………………… 艾氏蛇鳗 Ophichthus evermanni（Jordan et Richardson, 1909）〈图455〉
3（2） 犁骨齿2行；头和体无斑纹。
4（5） 犁骨齿呈长梭形排列；体较细长，体长为体高的28.8~39.5倍，为头长的9.1~11.1倍。体黄褐色，腹侧淡黄色，腹鳍淡白色；背鳍、臀鳍边缘灰黑色；胸鳍灰色，上侧色较深（分布：南海、东海，台湾海峡；菲律宾、印度尼西亚；印度-西太平洋）………………
　　　　　………………………………… 尖吻蛇鳗 O. apicalis（Anonymous, 1830）〈图456〉
5（4） 犁骨齿呈丫字形排列；体较粗壮，体长为体高的21~27.4倍，为头长的7~8.9倍。体一致呈浅棕褐色；各鳍色淡，边缘白色（分布：南海，台湾省海域；日本；印度-太平洋）
　　　　　………………………… 裾鳍蛇鳗 O. urolophus（Temminck et Schlegel, 1846）〈图457〉
6（1） 两颌齿2行；背鳍、臀鳍末端部不呈峰状扩展。犁骨齿2~3行，排列不规则。体黄褐色，腹部白色；背鳍、臀鳍边缘浅灰色；胸鳍浅色（分布：南海、东海台湾海峡；印度尼西亚）……………………………………… 西里伯蛇鳗 O. celebicus（Bleeker, 1856）〈图458〉

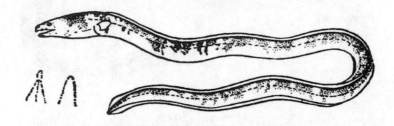

图455　艾氏蛇鳗 Ophichthus evermanni（Jordan et Richardson）
（依张有为，1987，中国鱼类系统检索）

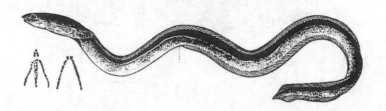

图456　尖吻蛇鳗 O. apicalis（Anonymous）（全长394 mm）
（依张春霖，张有为，1962，南海鱼类志）

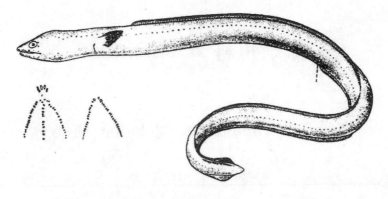

图 457　裙鳍蛇鳗 O. urolophus (Temminck et Schlegel)

(依 Maatsubara, 1955)

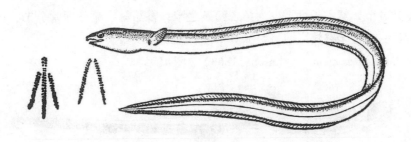

图 458　西里伯蛇鳗 O. celebicus (Bleeker)（全长 273 mm）

(依朱元鼎等, 1984, 福建鱼类志)

背棘鱼目 NOTACANTHIFORMES

体鳗形，尾部细长，尾端尖。吻显著突出于口前。上颌骨片后部背缘具 1 向背的骨棘。头、体被小圆鳞。具侧线。

海蜥鱼亚目 HALOSAUROIDEI

(本亚目仅 1 科)

背鳍和臀鳍无游离短棘，腹鳍有或无鳍棘。上颌缘由前颌骨和上颌骨组成。前鳃盖骨下位，痕迹状，不与舌颌骨相连，仅与下颌连续。椎体圆筒状，包围脊索。上下乌喙骨不愈合。有时具发光器。

海蜥鱼科 Halosauridae

海蜥鱼属 *Halosaurus* (Johnson, 1863)

(本属约8种,南海有1种)

上颌骨至上颌骨棘基部均骨化。下颌长明显小于颌关节至前鳃盖骨后缘距。侧线鳞仅由1行板状鳞组成,侧线板状鳞仅比其他体鳞稍大,不呈明显扩大。头背面有鳞区至少向前延伸至鼻孔上方。背鳍第一鳍条分节,鳍条长度至少为第二鳍条之半;臀鳍第一鳍条通常分节,鳍条长度超过第二鳍条之半。背鳍完全位于臀鳍之前。腹鳍具1硬棘和9~10鳍条。

欧氏海蜥鱼 *Halosaurus ovenii* (Johnson, 1863)〈图459〉

图459 欧氏海蜥鱼 *Halosaurus ovenii* (Johnson)
(依 McDowoll, in Cohen, 1973)

侧线近腹侧,无发光器。鳃盖与肛门之间的板状侧线鳞59~68;侧线上方横列鳞14或15。鳃盖条14~16。腹鳍完全位于背鳍前方。背鳍前部被小鳞,臀鳍无鳞。吻延长,平扁,其口前部分占吻长将近一半。体褐色稍带桃红色,躯干侧部和鳃盖及虹膜银白色,腹部灰色,背部呈不明显的格状纹。

分布:南海北部陆坡深海;大西洋。

鲇形目 SILURIFORMES

(本目有多个科,但产于海洋者仅2科)

科的检索表

1 (2) 背鳍2个,第二背鳍为鳍条组成并常与尾鳍相连 ·················· 鳗鲇科 Plotosidae
2 (1) 背鳍2个,第二背鳍为脂鳍 ·· 海鲇科 Ariidae

鳗鲇科 Plotosidae

鳗鲇属 *Plotosus* (Lacépède, 1803)

(本属有5种，南海产1种)

线纹鳗鲇 *Plotosus lineatus* (Thunberg, 1787) 〈图460〉
〔同种异名：鳗鲇 *P. anguillaris* (Bloch, 1794); 短须鳗鲇 *P. brevibarbus* (Bessednov, 1967)〕

图460 线纹鳗鲇 *Plotosus lineatus* (Thunberg)（全长241 mm）
(依张其永, 1984, 福建鱼类志)

体无鳞。第一背鳍具1硬棘。第二背鳍基和臀鳍基很长，均与尾鳍相连。胸鳍具1硬棘。体背部棕黑色，腹部白色；体侧上部有2条黄色纵线纹；第二背鳍、尾鳍和臀鳍边缘黑色。

分布：南海、东海；日本、澳大利亚、印度洋非洲东岸。

海鲇科 Ariidae

属的检索表

1 (2)　上颌须1对，下颌无须 ·· 骨舌海鲇属 *Osteogeneiosus*
2 (1)　上颌须1对，下颌须2对 ··· 海鲇属 *Arius*

骨舌海鲇属 *Osteogeneiosus* (Bleeker, 1846)

(本属仅1种)

骨舌海鲇 *Osteogeneiosus militaris* (Linnaeus, 1758) 〈图461〉
头较长尖。鲜本背侧灰蓝色，下侧银白色；背鳍和脂鳍端部灰黑色；胸鳍、腹鳍及臀鳍基稍显

图461 骨舌海鲇 *Osteogeneiosus militaris* (Linnaeus) (全长220 mm)

粉红色。液浸标本体侧上部暗褐色，下部淡褐色，腹部白色。一般体长20~25 cm，最大体长35 cm。

分布：南海南部；印度洋东部。

海鲇属 *Arius* (Valenciennes, 1840)

(本属已知有102种，南海产4种)

种的检索表

1 (4) 腭齿丛每侧1群。
2 (3) 腭齿丛邻近前上颌齿带，呈长三角形；背鳍第1鳍条延长；脂鳍无黑斑；臀鳍条16~17。背部黑褐色，体侧褐色，腹部色浅；各鳍灰黑色（分布：南海和东海；缅甸、印度）………………………………………………………… 中华海鲇 *Arius sinensis* (Lacépède, 1803) 〈图462〉
3 (2) 腭齿丛与前上颌齿带相距大，呈椭圆形；背鳍第1鳍条不延长；脂鳍上部具1黑斑，斑长占脂鳍1/2以上，臀鳍条19。背部青灰黑色，体侧上部暗色，下部白色；各鳍橙黄色（分布：南海南部，台湾省河口海域；日本；印度洋）………………………………………………………… 斑海鲇 *A. maculatus* (Thunberg, 1792) 〈图463〉
4 (1) 腭齿丛每侧2群或3群。
5 (6) 腭齿丛每侧2群，前群小，近圆形，后群大，长圆锥形；背部青黑褐色，体侧色浅，腹部浅黄灰色，各鳍灰褐色（分布：南海；印度尼西亚）………………………………………………………… 内尔海鲇 *A. nella* (Valenciennes, 1840) 〈图464〉
〔同种异名：硬头海鲇 *A. leiotetocephalus* (Bleeker, 1846)〕
6 (5) 腭齿丛每侧3群，前2群并列而较小，最后1群略呈长三角形。背部暗褐色，体侧色浅，腹部灰白色，各鳍灰褐色（分布：南海、东海；日本；太平洋中部至西部；印度洋北部、澳大利亚）………………………………… 海鲇 *A. Thalassinus* (Rüppell, 1837) 〈图465〉

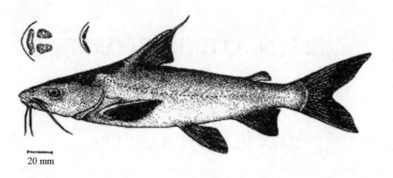

图 462　中华海鲇 Arius sinensis（Lacépède）
（依戴定远，于褚新洛等，1999）

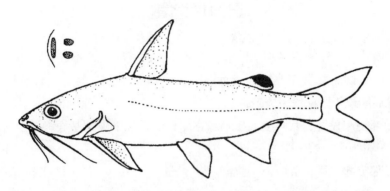

图 463　斑海鲇 A. maculatus（Thunberg）（全长 220 mm）

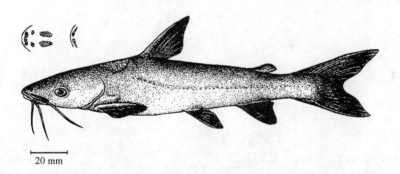

图 464　内尔海鲇 A. nella（Valenciennes）
（依戴定远，于褚新洛等，1999，图 122）

图 465　海鲇 A. Thalassinus（Rüppell）
（依戴定远，于褚新洛等，1999）

银汉鱼目 ATHERINIFORMES

银汉鱼科 Atherinidae

（南海产2属）

属的检索表

南海所产2属的共同特征：鳃盖后缘不呈截形。胸鳍高位，基底上部不在体侧银带的上方。腹面正中线有鳞而无肉质隆起棱。肛门在臀鳍起点远前方。头部无小棘。前上颌骨及口裂上方中央不凹入。口大，上颌骨后端位于眼前缘下方或眼后。

1（2）　下颌骨后部突起显著，其高度大于上缘宽度；肛门位于腹鳍基底终端至腹鳍后端之间 ………………………………………………………………………………… 银汉鱼属 *Allanetta*

2（1）　下颌骨后部突起低矮；肛门位于腹鳍后端上方 ………………… 美银汉鱼属 *Atherinomorus*

银汉鱼属 *Allanetta*（Whitley，1943）

（本属只1种）

银汉鱼 *Allanetta bleekeri*（Günther，1861）〈图466〉
〔同种异名：白氏银汉鱼 *Atherina bleekeri*，南海鱼类志〕

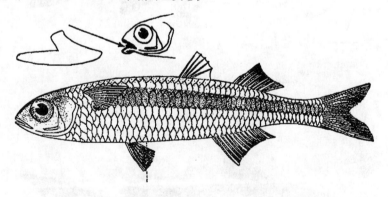

图466　银汉鱼 *Allanetta bleekeri*（Günther）
（整体图依张春霖，张有为，1962，南海鱼类志，图221）

头部无鳞。鳞片后缘呈锯齿状。体银白色，吻端黑色。头顶及体背具黑色小点；体侧具1银灰色宽纵带，带宽占鳞片1~2纵行。尾鳍灰黑色，其他各鳍浅色。

小型鱼类，最大体长约110 mm。

分布：我国沿海；朝鲜半岛，日本。

美银汉鱼属 Atherinomorus (Fowler, 1903)

〔异名：南洋银汉鱼属 Pranesus (Whitley, 1930)〕

(本属有11种，南海产1种)

蓝色美银汉鱼 Atherinomorus lacunosus (Forster, 1801) 〈图467〉
〔同种异名：Atherina forskali (Rüppell, 1838)；南海鱼类志（福氏银汉鱼）；南海诸岛海域鱼类志（大眼银汉鱼）；Allanetta forskali，中国鱼类系统检索（大眼银汉鱼）〕

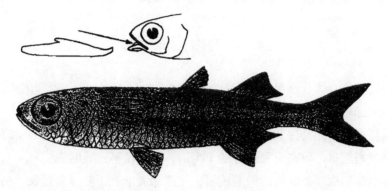

图467　蓝色美银汉鱼 Atherinomorus lacunosus (Forster)（全长88 mm）

(整体图依张春霖，张有为，1962，南海鱼类志，图222)

头部有鳞。鳞片后缘光滑。无侧线，纵列鳞43～44。体长为体高的4.5～5倍。鲜本背方青绿色，腹面银白色；体侧具1条银白色纵带。吻端及下颌前缘、背方鳞片边缘，以及背鳍、胸鳍上部和尾鳍边缘，均具黑色细点。腹鳍、臀鳍白色。

小型鱼类，最大体长约125 mm。

分布：南海南部诸岛，台湾省海域；日本南部；印度－西太平洋海域。

颌针鱼目 BELONIFORMES

(本目有2亚目)

亚目的检索表

1 (2)　口大，一般两颌呈长喙状凸出；鳞较小；额骨前方具一对显著大的鼻骨，构成额骨的一部分；第三上咽骨分离，一般具第四上咽骨 ………………………………… 颌针鱼亚目 BELONOIDEI
2 (1)　口小，有些仅下颌呈长喙状凸出；鳞中等大；额骨前方无一对大鼻骨；第三上咽骨愈合，无第四上咽骨 ……………………………………………………………… 飞鱼亚目 EXOCOETOIDEI

颌针鱼亚目 BELONOIDEI

（南海只产1科）

颌针鱼科 Belonidae

背鳍、臀鳍后方无游离小鳍；两颌延长呈喙状；牙强大，不同形。

属的检索表

1（2） 第一鳃弓具鳃耙；体截面呈五边形；尾柄平扁 ………………………… 宽尾颌针鱼属 Platybelone
2（1） 第一鳃弓无鳃耙；体侧扁或圆柱形；尾柄侧扁或稍平扁。
3（4） 体明显侧扁；体高约为体宽的1.5~2倍；尾柄侧扁 ……………… 扁颌针鱼属 Ablennes
4（3） 体圆柱形或稍侧扁，体高不及体宽的1.5倍；尾柄稍平扁或略圆。
5（6） 侧线在尾柄部形成一条纵行的隆起棱嵴；尾鳍深叉形，下叶显著延长 ……………………
……………………………………………………………………………… 圆颌针鱼属 Tylosurus
6（5） 侧线在尾柄部不形成隆起棱嵴；尾鳍截形，或呈下角稍凸出，或呈后缘稍凹入 …………
……………………………………………………………………………… 柱颌针鱼属 Strongylura

宽尾颌针鱼属 Platybelone（Fowler，1919）

（本属有1种6亚种，南海产1亚种）

宽尾颌针鱼 Platybelone argalus platyura（Bennett，1832）〈图468〉
〔同种异名：Belone platyura，南海诸岛海域鱼类志；中国鱼类系统检索〕

图468 宽尾颌针鱼 Platybelone argalus platyura（Bennett）（全长344 mm）
（依肖真义，1979，南海诸岛海域鱼类志，图23）

尾柄甚平扁，两侧呈尖锐棱嵴。液浸标本体背侧蓝黑色，腹侧色淡，头顶部及各鳍基部淡翠绿色，各鳍边缘淡黑色。

分布：南海，台湾省海域；日本；太平洋中部至西部和印度洋的热带海域。

扁颌针鱼属 *Ablennes* (Jordan et Fordice, 1886)

(本属仅1种,南海有产)

横带扁颌针鱼 *Ablennes hians* (Valenciennes, 1846) 〈图469〉

图469 横带扁颌针鱼 *Ablennes hians* (Valenciennes) (全长522 mm)
(依张春霖,张有为,1962,南海鱼类志,图165)

鼻孔呈三角形;额部前方及前上颌骨的基部具骨质呈长尖三角形的隆起嵴。体背侧翠绿色,腹侧银白色;体侧后部有4~8条暗蓝色横带。各鳍均呈淡翠绿色,边缘黑色。两颌齿绿色。最大体长可达1.2 m。

分布:南海、东海和台湾省海域;日本;太平洋、印度洋和大西洋温带至热带海域。

圆颌针鱼属 *Tylosurus* (Cocco, 1833)

(本属有6种,其中 *T. acus* 有5亚种,*T. crocodilus* 有2亚种)

种的检索表

1 (2) 上颌犬牙向前倾斜;上、下颌较粗短;背鳍条21~23,后部鳍条较长;鳃盖前部具1暗翠绿色横斑。体背侧翠绿色,腹侧银白色,头背、各鳍鳍条及颌上犬齿均为绿色;背部正中线上具较宽的灰绿色纵带,由后头部伸至背鳍前方;胸鳍末端、背鳍和臀鳍前部的突出部、腹鳍和尾鳍后缘淡黑色;尾柄隆起嵴黑色(分布:南海、东海和台湾省海域;日本;太平洋中、西部等) ························· 鳄形圆颌针鱼 *Tylosurus crocodilus* (Péron et Lesueur, 1821) 〈图470〉
〔同种异名:大圆颌(颚)针鱼 *Tylosurus giganteus* (Temminck et Schlegel),南海鱼类志;中国鱼类系统检索〕

2 (1) 上颌犬齿垂直;上、下颌较细长;背鳍条23~27,后部鳍条较短;鳃盖前部无横斑。体背侧暗绿色,腹侧银白色,头背墨绿色,各鳍淡绿色,鳍条蓝灰色;颌上犬齿蓝绿色;背部正中线上具较窄的深绿至蓝黑色纵带,由后头部伸至背鳍前方;胸鳍后半部、背鳍和臀鳍前部的突出部、尾鳍后缘及上叶均为灰黑色(分布:南海,东海和台湾省海域;日本;印度-西太平洋的温带至热带海域) ························· 黑背圆颌针鱼 *T. acus melanotus* (Bleeker, 1850) 〈图471〉

图470　鳄形圆颌针鱼 Tylosurus crocodilus（Péron et Lesueur）（全长519 mm）
（依张春霖，张有为，1962，南海鱼类志，图166）

图471　黑背圆颌针鱼 T. acus melanotus（Bleeker）（全长687 mm）
（依张春霖，张有为，1962，南海鱼类志，图167）

柱颌针鱼属 Strongylura（Van Hasselt，1824）

（本属有16种，南海产2种）

种的检索表

1（2）　背鳍12~15，臀鳍15~18；背鳍基底及臀鳍基底具鳞；尾鳍基部具1黑斑。体背方翠绿色，腹侧银白色；头背和吻部墨绿色；背部正中线上具较宽的灰绿色纵带，由后头部伸至背鳍前方；胸鳍基部上方至尾鳍基部具1蓝黑色纵带，其前方较窄，后方较宽；尾鳍基部具1约与瞳孔同大的眼状黑斑；背鳍、胸鳍、尾鳍淡绿色，臀鳍、腹鳍无色（分布：南海、台湾海峡；印度洋） ··
··························· 斑尾柱颌针鱼 Strongylura strongylura（Van Hasselt，1823）〈图472〉
〔同种异名：圆颌（颚）针鱼 Tylosurus strongylura，南海鱼类志；中国鱼类系统检索〕

2（1）　背鳍16~20，臀鳍19以上；背鳍基底及臀鳍基底无鳞；尾鳍基底无黑斑。

3（4）　体长圆柱形而略呈侧扁，体高为体宽1.4~1.7倍；头长大于鳃盖后缘至腹鳍始点距。体背侧翠绿色，腹侧银白色。头背墨绿色。背部正中线上由后头部至背鳍前方具1灰黑色纵线，线两侧又各具1较细的黑色纵纹，互相平行。胸鳍基的上部至尾鳍基具1较宽的蓝黑色纵带。胸鳍基部、鳃盖后上角、背鳍及尾鳍边缘均为黑色；腹鳍、臀鳍无色（分布：南海、台湾海峡；印度尼西亚） ············ 无斑柱颌针鱼 S. leiura（Bleeker，1850）〈图473〉
〔同种异名：无斑圆颌（颚）针鱼 Tylosurus leiurus，南海鱼类志；中国鱼类系统检索〕

4（3）　体颇侧扁，体高为体宽1.9~2.7倍；头长小于鳃盖后缘至腹鳍始点距。体背方翠绿色，体侧下方及腹部银白色。背部正中线上由后头部至尾鳍前方具1较宽的深绿色纵带，纵带两侧方又各有1深绿色细线与其平行，但后方仅达背鳍的前方。头顶部及额部翠绿色且头顶骨骼呈半透明状。腹鳍无色，其他各鳍淡绿色（分布：我国沿海；朝鲜半岛、日本）……
…………………… 尖嘴柱颌针鱼 S. anastomella（Valenciennes, 1846）〈图474〉
〔同种异名：尖嘴扁颌（颚）针鱼 Ablennes anastomella，南海鱼类志；中国鱼类系统检索〕

图472　斑尾柱颌针鱼 Strongylura strongylura（Van Hasselt）（全长 254 mm）
（依张春霖，张有为，1962，南海鱼类志，图168）

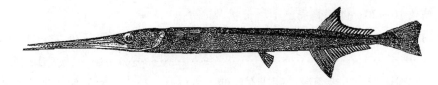

图473　无斑柱颌针鱼 S. leiura（Bleeker）（全长 406 mm）
（依张春霖，张有为，1962，南海鱼类志，图169）

图474　尖嘴柱颌针鱼 S. anastomella（Valenciennes）（全长 785 mm）
（依张春霖，张有为，1962，南海鱼类志，图164）

飞鱼亚目 EXOCOETOIDEI

（本亚目有3科）

科的检索表

1（2）左右前上颌骨于吻端形成一扩大的平三角区，下颌一般形成一突出的喙；胸鳍普通大小……
………………………………………………………………………… 鱵科 Hemiramphidae
2（1）前上颌骨不扩大形成平三角区，下颌在成鱼不突出成喙状，只有个别科于幼鱼期呈喙状突出；胸鳍显著发达而长。
3（4）胸鳍略短，不达腹鳍起点；幼鱼期下颌呈喙状 …… 飞鱵科（针飞鱼科）Oxyporhamphidae
4（3）胸鳍延长，一般超过腹鳍起点，可达背鳍（仅个别属胸鳍不达背鳍）；幼鱼期下颌不呈喙状 ……………………………………………………………………………… 飞鱼科 Exocoetidae

鱵科 Hemiramphidae

属的检索表

1（8） 背部鳞正常；尾鳍叉形，下叶长于上叶。
2（7） 胸鳍较短，短于头长（上颌前端至鳃盖后缘的长度），具 10～14 鳍条；背鳍鳍条 12～18；臀鳍鳍条 10～20；体稍侧扁，不呈带状。
3（4） 鼻孔内嗅瓣扇形，边缘穗状或多指状；侧线在胸鳍下方具 2 平行分支，向上伸达胸鳍基部 ··· 吻鱵属 *Rhynchorhamphus*
4（3） 鼻孔内嗅瓣圆形，边缘圆滑；侧线在胸鳍下方仅具 1 分支，向上伸达胸鳍基部。
5（6） 上颌三角区裸露无鳞 ··· 鱵属 *Hemiramphus*
6（5） 上颌三角区具鳞 ··· 下鱵属 *Hyporhamphus*
7（2） 胸鳍颇长，为头长（上颌前端至鳃盖后缘的长度）1.5 倍，具 8～9 鳍条；背鳍鳍条 21～25；臀鳍鳍条 21～24；体颇侧扁，呈带状 ··· 长吻鱵属 *Euleptorhamphus*
8（1） 背部鳞排列呈两个方向；尾鳍截形或圆形 ··· 异鳞鱵属 *Zenarchopterus*

吻鱵属 *Rhychorhamphus*（Fowler，1928）

（本属有 4 种，南海产 1 种）

乔氏吻鱵 *Rhynchorhamphus georgii*（Valenciennes，1847）〈图 475〉
〔同种异名：乔氏鱵 *Hemir(h)amphus georgii*，南海鱼类志；中国鱼类系统检索〕

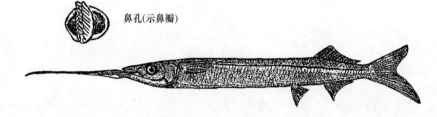

图 475 乔氏吻鱵 *Rhynchorhamphus georgii*（Valenciennes）（全长 185 mm）
（依伍汉霖，金鑫波，1984，福建鱼类志）

体背侧黄褐色，腹部淡棕色。体侧自胸鳍基上方至尾鳍基具 1 条淡褐色纵带，该带在背鳍下方最宽。下颌喙部前半部红色（液浸标本转呈黑色）。

分布：南海、台湾海峡；太平洋中部至西部；印度洋。

鱵属 Hemiramphus (Cuvier, 1817)

(本属有11种，南海产1种)

斑鱵 Hemiramphus far (Forskål, 1775) 〈图476〉

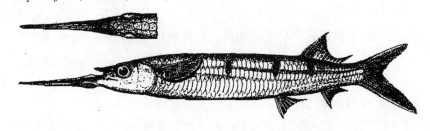

图476　斑鱵 Hemiramphus far (Forskål) (全长217 mm)
(依张春霖，张有为，1962，南海鱼类志)

体褐黄色，背部色深，体侧上部色浅，腹侧银白色。体侧具1亮白色宽纵带，始于胸鳍基上端而延伸至尾鳍基，在此带上下侧各有1条与之平行的淡黑褐色较窄纵带。沿体上侧方具5~7个黑褐色大横斑，自背部下伸。跨越体侧上部纵带。头背、吻部及喙黑褐色。胸鳍基上部具1黑褐色斑。胸鳍、背鳍、尾鳍浅灰黑色，背鳍前部及尾鳍后缘黑褐色；腹鳍、臀鳍无色。

一般体长25~30 cm，最大体长50 cm。

分布：南海、东海和台湾省海域；日本；西太平洋和印度洋温带至热带海域；地中海东部。

下鱵属 Hyporhamphus (Gill, 1859)

(本属有33种，南海产6种)

〔参照伍汉霖和金鑫波 (1984)，福建鱼类志〕

种的检索表

1 (2)　第一鳃弓鳃耙少，具19~21个。液浸标本背侧灰棕色，体侧及腹部银灰色。体侧自胸鳍基至尾鳍基具1较窄的银灰色纵带，该带在背鳍下方较宽。项部、头顶、下颌喙、吻端边缘均为黑色。背鳍和尾鳍后缘灰黑色，其余各鳍淡色。背部鳞片边缘灰黑色（分布：海南省、东海南部及台湾海峡）……………………………………………………………………………… 少耙下鱵 Hyporhamphus paucirastris (Collette et Parin, 1978) 〈图477〉

2 (1)　第一鳃弓鳃耙较多，具23~38个。

3 (4)　背鳍前方鳞50~63；上颌三角区长大于宽。体背侧灰绿色，体侧下方及腹部银白色。体侧自胸鳍基至尾鳍基具1较窄银灰色纵带，该带在背鳍下方颇宽。项部、头背、下颌喙、吻端边缘均为黑色。尾鳍边缘黑色，其余各鳍淡色。背部鳞片边缘黑色（分布：南海、东

海和台湾省海域；日本、朝鲜半岛；印度－西太平洋温带至热带海域） ························
·· 间下鱵 H. intermetius（Cantor, 1842）〈图478〉
〔同种异名：间鱵 H. intermetius, 南海鱼类志；中国鱼类系统检索〕

4（3） 背鳞前方鳞30~40；上颌三角区宽大于长。

5（10） 上下颌牙三峰状，宽扁。

6（7） 体侧扁；背鳍前鳞30~35。液浸标本背鳍浅棕色，体侧及腹部白色。体侧自胸鳍基部上方至尾鳍基部具1较窄的灰黑色纵带，该带在背鳍下方较宽。项部、下颌喙、吻端边缘和尾鳍边缘黑色。各鳍淡色（分布：南海、东海和台湾省海域；印度洋北部沿岸） ·········
·························· 缘下鱵 H. limbatus（Valenciennes, 1847）〈图479〉
〔同种异名：边鱵 H. limbatus, 中国鱼类系统检索, 中华鱵 H. sinensis（Günther）, 中国鱼类系统检索〕

7（6） 体圆柱形或方柱形；背鳍前鳞38~40。

8（9） 体圆柱形；腹鳍位于鳃孔至尾鳍基中间；下颌长度短于头长。体背侧翠绿色，体侧下方及腹面银白色。体侧自胸鳍基部的上方至尾鳍基部具1较窄的银灰色纵带。背鳍前部鳍条、胸鳍基部、腹鳍和尾鳍后缘均为暗绿色，胸鳍、臀鳍无色。下颌喙尖端鲜红色（分布：南海、台湾海峡；日本；西太平洋至印度洋东部） ···
·························· 瓜氏下鱵 H. quoyi（Valenciennes, 1847）〈图480〉
〔同种异名：瓜氏鱵 Hemir(h)amphus quoyi, 南海鱼类志；中国鱼类系统检索〕

9（8） 体方柱形；腹鳍起点距尾鳍基较距鳃孔为近；下颌长度大于头长。体背侧墨绿色，体侧下方及腹部银白色。体背中线具1较宽的暗绿色纵带，两侧各具1细线，均止于背鳍前方。体侧自胸鳍基至尾鳍基具1较窄的银灰色纵带。沿侧线具1蓝灰色纵线。吻及下颌喙淡黑色，喙的尖端橘红色。背鳍前部及边缘、胸鳍基部、腹鳍、尾鳍均为暗绿色；臀鳍浅色（分布：南海、台湾海峡；日本；印度－西太平洋热带海域） ···
·························· 杜氏下鱵 H. dussumieri（Valenciennes, 1846）〈图481〉
〔同种异名：Hemir(h)amphus dussumieri, 南海鱼类志（杜氏鱵）；南海诸岛海域鱼类志（方柱鱵）；中国鱼类系统检索（方柱鱵）〕

10（5） 上下颌齿大部单峰，细长，尖锥状，稍弯曲。液浸标本体背侧浅棕色，体侧及腹部白色。体侧自胸鳍基上方至尾鳍基具1较窄的灰黑色纵带，该带在背鳍下方最宽。项部、下颌喙、背鳍前部鳍条、尾鳍后缘均为灰黑色，其余各鳍无色（分布：西沙群岛、台湾海峡） ···················· 简牙下鱵 H. gernaerti（Valenciennes, 1847）〈图482〉

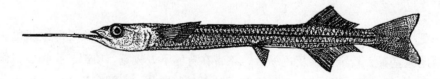

图477 少耙下鱵 Hyporhamphus paucirastris（Collette et Parin）（全长198 mm）

（依伍汉霖，金鑫波，1984，福建鱼类志）

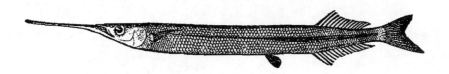

图478　间下鱵 *H. intermetius* (Cantor)
(依伍汉霖，金鑫波，1984，福建鱼类志)

图479　缘下鱵 *H. limbatus* (Valenciennes)
(依伍汉霖，金鑫波，1984，福建鱼类志)

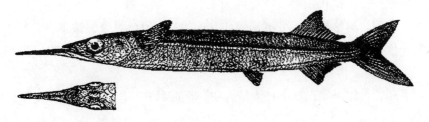

图480　瓜氏下鱵 *H. quoyi* (Valenciennes) (全长194 mm)
(依张有霖，张有为，1962，南海鱼类志，图172)

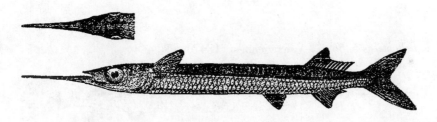

图481　杜氏下鱵 *H. dussumieri* (Valenciennes) (全长220 mm)
(依肖真义，1979，南海诸岛海域鱼类志，图26)

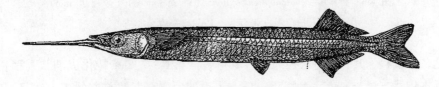

图482　简牙下鱵 *H. gernaerti* (Valenciennes) (全长179 mm)
(依伍汉霖，金鑫波，1984，福建鱼类志)

长吻鱵属 *Euleptorhamphus* (Gill, 1859)

(本属有2种，南海产1种)

长吻鱵 *Euleptorhamphus viridis* (Van Hasselt, 1823) 〈图483〉

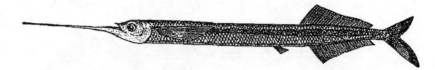

图483 长吻鱵 *Euleptorhamphus viridis* (Van Hasselt)（全长380 mm）
（依伍汉霖，金鑫波，1984，福建鱼类志，图292）

下颌很长，形成一扁平针状长喙，喙长约为头长2.5倍。颌齿三峰型。液浸标本背侧暗褐色，体侧及腹侧白色。体侧自胸鳍基部至尾鳍基部具1较宽的青黑色纵带，该带在背鳍下方最宽。下颌喙、吻端边缘灰黑色。背鳍及尾鳍边缘黑色，其余各鳍淡色。体长一般为250～300 mm，最大体长约400 mm。

分布：西沙群岛，台湾海峡；日本；太平洋中部至西部和印度洋非洲东、南沿岸的热带海域。

异鳞鱵属 *Zenarchopterus* (Gill, 1864)

(本属有18种，南海产1种)

异鳞鱵 *Zenarchopterus buffonis* (Valenciennes, 1847) 〈图484〉

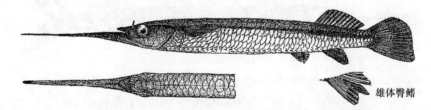

图484 异鳞鱵 *Zenarchopterus buffonis* (Valenciennes)（全长98 mm）
（依张春霖，张有为，1962，福建鱼类志）

鼻瓣发达，长条状，其长超过眼径之半。雄体臀鳍第6～7鳍条特化成羽状，稍长于其前后各鳍条。液浸标本体背方淡灰褐色，腹侧淡白色。头顶部后方至背鳍前方的正中线具1暗褐色纵线，其两侧又各具1平行的褐色细线纹。体侧从鳃孔后上角至尾鳍基部具1较窄的暗褐色纵带，该带于背鳍下方最宽；其下方并具1较宽的银灰色纵带。头部背方暗褐色；眼间隔中间至吻尖端具1较窄的黑色纵线；下颌喙前方黑色，仅基部的腹侧无色；颊部银白色；眶后上方具黑色细小斑点。背鳍、臀鳍及尾鳍边缘淡黑色，胸鳍、腹鳍无色。

分布：南海、台湾省海域；菲律宾、马来半岛、印度。

飞鱵科（针飞鱼科）Oxyporhamphidae

飞鱵属（针飞鱼属）Oxyporhamphus (Gill, 1864)

〔本属有2种，其中1种有2亚种；南海产1种（亚种）〕

白鳍飞鱵 *Oxyporhamphus micropterus* (Valenciennes, 1847)〈图485〉
（中名别称：小鳍针飞鱼，短鳍飞鱼）

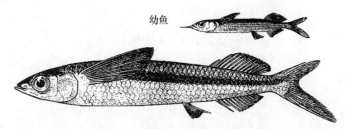

图485　白鳍飞鱵 *Oxyporhamphus micropterus* (Valenciennes)
（幼鱼依 Parin, 1960；成鱼依 Abe, 1956）

　　胸鳍较短，不延伸达腹鳍起点；胸鳍第一鳍条不分支，第三鳍条最长。幼鱼期下颌呈喙状。体背侧青黑色，腹部银白色。体侧自鳃孔上部至尾鳍基具1灰黑色宽纵带。胸鳍上方占2/3，呈灰黑色，下方占1/3，呈白色；腹鳍前方鳍条灰黑色，基部和后方鳍条白色；尾鳍灰色；其余各鳍白色。体长一般为100 mm。

　　分布：南海、东海南部和台湾省海域；日本；印度-太平洋的热带海域。

飞鱼科 Exocoetidae

属的检索表

1（4）　胸鳍短，后端达或不达背鳍起点，但决不超过背鳍基终端；背鳍黑色；鳍高起，最长鳍条在中部。侧线在胸鳍基下方不分支或具1分支。
2（3）　吻较长尖；眼小；舌上无牙；腹鳍后端不达臀鳍起点；侧线在胸鳍基下方不分支 ………………………………………………………………………………………… 尖颏飞鱼属 *Fodiator*
3（2）　吻短钝；眼大；舌上具牙；腹鳍后端达臀鳍起点；侧线在胸鳍基下方具1向上的分支 …………………………………………………………………………………… 拟飞鱼属 *Parexocoetus*
4（1）　胸鳍长，后端通常超过背鳍起点，有时在性成熟个体可伸达尾鳍起点。背鳍灰色；有时具暗斑；鳍低矮，最长鳍条通常位于前部。侧线在胸鳍基下方不分支。

5（6） 腹鳍前位，距吻端较距尾鳍起点为近；鳍短，后端不达臀鳍起点，成年个体腹鳍长仅为其基底至臀鳍起点间距的一半；第一鳍条最长。躯干横截面呈圆形。幼鱼具1颌须或无须 ··· 飞鱼属 *Exocoetus*

6（5） 腹鳍后位，距尾鳍起点较距吻端为近；鳍长，后端超过臀鳍起点；第三鳍条最长。成年鱼躯干横截面呈矩形。幼鱼具1~2颌须或无须。

7（8） 臀鳍起点在背鳍第三鳍条之前，与背鳍起点相对，或略偏前偏后，但不偏后至超过背鳍第三鳍条；背鳍鳍条9~13，臀鳍鳍条9~13，在单个标本上，背鳍鳍条少于或等于臀鳍鳍条。幼鱼无颌须 ··· 文鳐鱼属 *Hirundichthys*

8（7） 臀鳍起点通常明显位于背鳍起点后方（常在背鳍第四鳍条后下方）；背鳍条9~16，臀鳍条7~12，背鳍常较臀鳍多2~5鳍条。幼鱼具1~2颌须或无须。

9（10） 胸鳍最前2~4鳍条不分支。幼鱼无须 ··· 真燕鳐鱼属 *Prognichthys*

10（9） 胸鳍通常仅第一鳍条不分支。幼鱼具1~2颌须或无须。

11（12） 颌齿常为向上的三尖型，中间齿头大（个别种颌齿呈单尖型，如 *C. simus*）；胸鳍几超过背鳍后端，罕有伸达尾鳍起点；体长为最大体高的3.9~6.0倍，为体宽的5.1~7.4倍。幼鱼具1颌须或无须 ··· 燕鳐鱼属 *Cypselurus*

12（11） 颌齿通常呈向上的单尖型，间或两侧旁有微凸或较凸（但不形成三尖状）；胸鳍通常超过背鳍后端，往往伸达尾鳍起点；体长为最大体高5.0~7.0倍，为体宽6.5~9.3倍。幼鱼或具2颌须，或具1下部呈羽状细裂的宽片状颌须 ········ 须唇飞鱼属 *Cheilopogon*

尖颔飞鱼属 *Fodiator*（Jordan et Meek，1885）

（南海有1种）

太平洋尖颔飞鱼 *Fodiator acutus pacificus*（Brunn，1933）〈图486〉

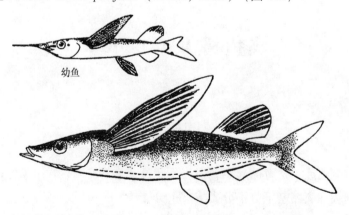

图486 太平洋尖颔飞鱼 *Fodiator acutus pacificus*（Brunn）
（依张有为，1987，中国鱼类系统检索）

头长尖。吻长。幼鱼下颌呈喙状突出，至成鱼时消失。体背侧蓝黑色，体侧色淡，腹部银白色，背鳍大部为黑色。

拟飞鱼属 Parexocoetus (Bleeker, 1866)

(南海有2种)

种的检索表

1（2） 臀鳍条10~12；背鳍前鳞18~20；背鳍后端伸达尾鳍基。体上侧蓝黑色，下侧淡黄色，背鳍大部黑色，胸鳍大部灰黑色（分布：南海、台湾省海域；日本；印度－太平洋热带海域） ················ 长颌拟飞鱼 Parexocoetus mento mento (Valenciennes, 1847)〈图487〉

2（1） 臀鳍条13~14；背鳍前鳞19~25；背鳍后端超过尾鳍基。体蓝黑色，腹部银白色；成年雄鱼腹面、腹鳍和尾鳍下叶呈淡红至淡紫红色；背鳍上部黑色，胸鳍灰色（分布：南海、台湾省海域；日本南部；印度－太平洋热带海域） ··· 短鳍拟飞鱼 P. brachypterus (Richardson, 1846)〈图488〉

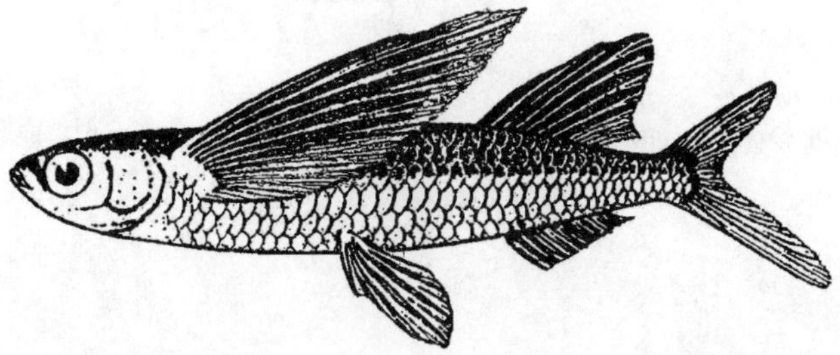

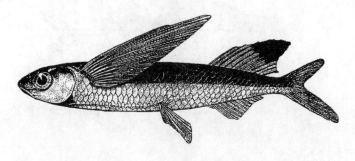

图487 长颌拟飞鱼 Parexocoetus mento (Valenciennes)

（依沈世杰，1984，台湾鱼类检索）

图488 短鳍拟飞鱼 P. brachypterus (Richardson)

（依 Abe, 1955b）

飞鱼属 Exocoetus (Linnaeus, 1758)

(本属有3种，南海产2种)

1（2） 鳃耙（4~6）+（18~22）（通常24~26）；侧线上方鳞8（7~8）；臀鳍13；胸鳍背面

277

外侧前部和鳍的后半部为透明，其余部分为蓝黑色。幼鱼下颌具1须。体背侧蓝黑色，体侧色较淡，腹部银白色（分布：南海、台湾省海域；日本南部；印度-太平洋的热带海域） ·· 单须飞鱼 *Exocoetus monocirrhus*（Richardsen, 1846）〈图489〉

2（1）鳃耙8+25（通常31～34）；侧线上方鳞6（6～7）；臀鳍14；胸鳍背面近内侧缘部分为透明，其余部分为灰黑色。幼鱼下颌无须。体背侧深蓝色，体侧色较淡，腹部银白色（分布：南海、台湾海峡；日本南部；各大洋的温暖海域） ·· 翱翔飞鱼 *E. volitans*（Linnaeus, 1758）〈图490〉

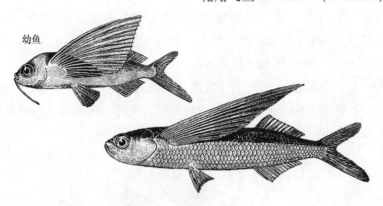

图489　单须飞鱼 *Exocoetus monocirrhus*（Richardsen）（幼鱼全长66 mm，成鱼全长165 mm）
（依 Lindberg and Legeza, 1959）

图490　翱翔飞鱼 *E. volitans*（Linnaeus）（幼鱼全长73 mm，成鱼全长204 mm）
（依 Lindbeerg and Legeza, 1959）

文鳐鱼属 *Hirundichthys*（Bleeker, 1928）

（本属有8种，南海产4种）

种的检索表

1（4）胸鳍外侧缘不分支鳍条1；腹鳍后半部呈暗色。
2（3）腭骨具齿；胸鳍中部有一透明区，后部边缘白色。体背侧蓝黑色，腹侧银白色。近胸鳍腋

　　　　部处微黄红色（分布：南海；日本；各大洋的热带海域）……………………………………
　　　　…………………… 尖鳍文鳐鱼 Hirundichthys speculiger（Valenciennes, 1847）〈图491〉
　　〔同种异名：尖鳐燕鳐（鱼）Cypselurus speculiger，南海鱼类志；南海诸岛海域鱼类志；中国鱼类系统检索〕

3（2）　腭骨无齿；胸鳍仅后缘部透明，其余均为蓝黑色。头和体背部蓝黑色，腹部银白色。背鳍
　　　　暗色（分布：南海、东海；日本南部；太平洋西部的温暖海域）…………………………
　　　　…………………………………… 尖头文鳐鱼 H. oxycephalus（Bleeker, 1852）〈图492〉
　　　　〔同种异名：尖头燕鳐（鱼）Cypselurus oxycephalus，南海诸岛海域鱼类志；中国鱼类系统检索〕

4（1）　胸鳍外侧不分支鳍条2；腹鳍无暗色部分。
5（6）　头较短，体长为头长的5倍稍多；胸鳍长为头长3倍多，鳍上除后缘部透明外，均呈黑
　　　　色；侧线上方鳞6。成年鱼头、体上部深褐色，下部银白色；背鳍、臀鳍近透明；尾鳍灰
　　　　色；腹鳍前方至第四或第五鳍条呈深黑色，其后的1~2鳍条无色。幼鱼奇鳍暗色，背鳍
　　　　上部具黑斑（分布：南海、台湾省海域；日本南部；各大洋的亚热带海域）……………
　　　　…………………………………… 黑翼文鳐鱼 H. rondeletii（Valenciennes, 1847）〈图493〉
　　　　　　　　　　　　　　〔同种异名：黑鳍真燕鳐 Prognichthys rondeletii，中国鱼类系统检索〕

6（5）　头较长，体长为头长的4倍稍多；胸鳍长为头长2倍多，鳍呈暗褐色，从里缘至第五鳍条
　　　　间具1三角形透明斑，鳍后缘部透明；侧线上方鳞5。体背部和头顶部深褐色，下部银白
　　　　色；背鳍、臀鳍透明或浅灰色，腹鳍灰色，两侧缘鳍条白色；尾鳍灰色（分布：南海；日
　　　　本；太平洋西部的热带海域）…… 白斑文鳐鱼 H. albimaculatus（Fowler, 1934）〈图494〉
　　　　　　　　　　　　　　　〔同种异名：白斑真燕鳐 Prognichthys albimaculatus，中国鱼类系统检索〕

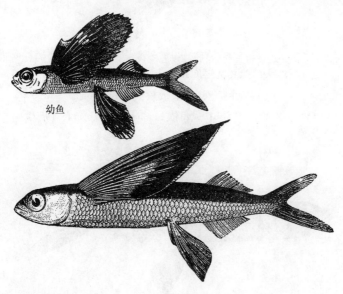

图491　尖鳍文鳐鱼 Hirundichthys speculiger（Valenciennes）
（依 Abe, 1995a）

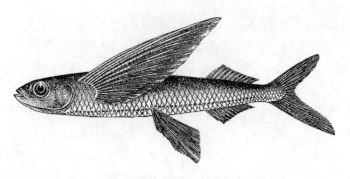

图 492　尖头文鳐鱼 H. oxycephalus (Bleeker)（全长 191 mm）
（依杨玉荣，1979，南海诸岛海域鱼类志，图 31）

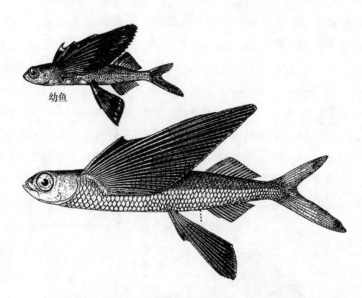

图 493　黑翼文鳐鱼 H. rondeletii (Valenciennes)
（幼鱼全长 78 mm，成鱼全长 185 mm）
（幼鱼依 Abe, 1956b；成鱼依 Lindberg and Legeza, 1959）

图 494　白斑文鳐鱼 H. albimaculatus (Fowler)（全长 280 mm）
（依 Abe，1956b）

真燕鳐鱼属 *Prognichthys* (Breder, 1928)

(本属有4种,南海产1种)

短鳍真燕鳐鱼 *Prognichthys brevipinnis* (Valenciennes, 1846) 〈图495〉
〔同种异名:塞氏真燕鳐 *P. sealei* (Abe, 1955)〕

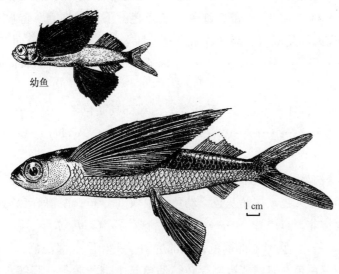

图495 短鳍真燕鳐鱼 *Prognichthys brevipinnis* (Valenciennes)
(幼鱼全长68 mm,成鱼全长238 mm)(依Abe, 1955)

胸鳍最前3~4鳍条不分支,鳍条灰色,里缘部和鳍尖灰色,其余大部分鳍膜暗色。头和体上部深褐紫色,下部白色;腹鳍第一和最末鳍条无色,余下的中间部分呈暗色;背鳍和尾鳍灰色;臀鳍透明无色。

分布:南海、台湾省海域;日本;太平洋西部热带海域。

燕鳐鱼属 *Cypselurus* (Swainson, 1838)

(本属有25种,其中2种各有2亚种;南海产6种)

臀鳍条少于背鳍条。体色通常为头、体上侧暗色,下侧银白色。

种的检索表

1(2) 腹鳍起点距鳃孔较距尾鳍基为远。胸鳍上2/3暗灰色,下1/3无色透明;腹鳍、背鳍和臀鳍浅灰色;尾鳍灰黑色。臀鳍8~9;背鳍10~11;背鳍前鳞28~33(分布:南海;印度尼西亚,菲律宾、所罗门群岛) ··
··················· 后鳍燕鳐鱼 *Cypselurus opisthopus opisthopus* (Bleeker, 1866) 〈图496〉

2（1）腹鳍起点距鳃孔较距尾鳍基为近。

3（6）胸鳍具斑。

4（5）颌齿三尖型。胸鳍上方黄绿色，下方色浅；鳍膜具较大的褐色斑，略呈带状，排成几行。背鳍前鳞25～28。头和体上部蓝黑色，下部银白色；腹鳍淡色，间或具黄褐色斑；背鳍、臀鳍无色；尾鳍暗色（分布：南海、东海南部和台湾省海域；日本；太平洋的热带海域）
.... 花鳍燕鳐鱼 C. poecilopterus（Valenciennes，1846）〈图497〉

5（4）颌齿单尖型。胸鳍上方紫褐色，下方透明；上方鳍条稍呈紫色，鳍膜上有若干黑色圆斑。背鳍前鳞32～34。头和体上部紫红色至蓝黑色，下部银白色。除胸鳍外，其他各鳍淡白色（分布：南海；夏威夷、斐济、东南亚、日本；太平洋中部至西部热带海域）..........
.... 单峰燕鳐鱼 C. simus（Valenciennes，1846）〈图498〉

6（3）胸鳍无斑。

7（8）腭骨无齿。胸鳍自外缘至里缘一致暗色，后缘部具淡色带 ....
.... 小燕鳐鱼 C. brevis（Weber et Beaufort，1922）〈图499〉

8（7）腭骨有齿。

9（10）背鳍前鳞23～28。胸鳍上部灰黑色，下部透明。头和体上部黑褐色，下部银白色。腹鳍、背鳍和臀鳍无色，尾鳍灰色。幼鱼无颌须（分布：南海、台湾海峡；太平洋中部至西部；印度洋非洲东岸）.................. 少鳞燕鳐鱼 C. oligolepis（Bleeker，1866）〈图500〉

10（9）背鳍前鳞28～32。胸鳍上部褐色，下部透明。头和体上部褐色，下部色浅。成年鱼尾鳍灰黑色，腹鳍白色，背鳍、臀鳍无色。幼鱼具1带状颌须；腹鳍灰色具黑斑；背鳍和尾鳍灰色；臀鳍无色，后缘部黑色（分布：南海、东海和台湾省海域；日本；太平洋西部热带海域）.................. 纳氏燕鳐鱼（垂须燕鳐）C. naresii（Günther，1889）〈图501〉

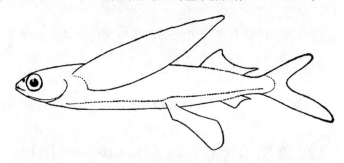

图496　后鳍燕鳐鱼 Cypselurus opisthopus opisthopus（Bleeker）

（依张有为，1987，中国鱼类系统检索，图1181）

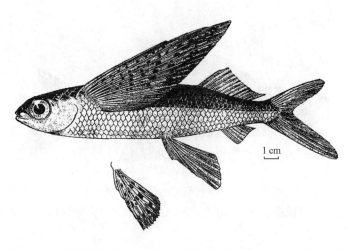

图 497　花鳍燕鳐鱼 C. poecilopterus (Valenciennes)（全长 232 mm）
（依 Abe，1954a，小图示左腹鳍内侧面）

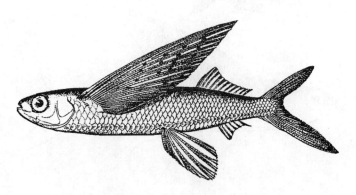

图 498　单峰燕鳐鱼 C. simus (Valenciennes)
（仿 Jordan and Evermann，1905）

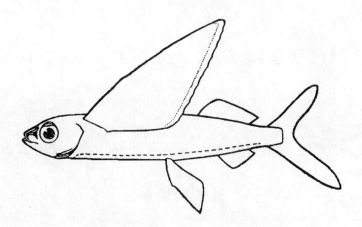

图 499　小燕鳐鱼 C. brevis (Weber et Beaufort)
（依张有为，1987，中国鱼类系统检索）

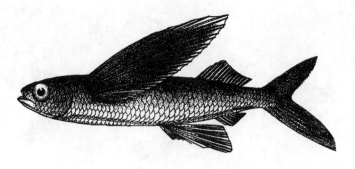

图 500　少鳞燕鳐鱼 C. oligolepis (Bleeker)
（依张春霖，张有为，1962，南海鱼类志，图 179）

图 501　纳氏燕鳐鱼 C. naresii (Günther)
（幼鱼依沈世杰，1984，台湾鱼类志）

须唇飞鱼属 Cheilopogon（Lowe，1841）

（本属有 21 种，其中 2 种各分出 3 亚种和 4 亚种；南海产 7 种）

生活时头和体上侧蓝黑色（固定标本转呈暗棕色），下侧银白色。幼鱼具 1 颌须或 2 颌须。

种的检索表

1（6）　胸鳍具明显暗色斑。
2（3）　背鳍前鳞多于 36。胸鳍褐色，鳍膜有不规则黑褐色斑和斑点。背鳍灰色，具 1 大黑斑；臀鳍淡白色；腹鳍鳍条灰色，鳍膜透明；尾鳍灰色。幼鱼具短颌须 1 对；腹部有数个横斑（分布：南海、台湾省海域；日本；太平洋西部热带海域） ·· 苏氏须唇飞鱼 Cheilopogon suttoni（Whitley et Colefax，1938）〈图 502〉
〔同种异名：斑条燕鳐 Cypselurus suttoni，中国鱼类系统检索〕

3（2） 背鳍前鳞不多于36。

4（5） 侧线鳞55以上；背鳍前鳞33～36。鲜本胸鳍红褐色，具排列不规则的黑斑；背鳍具1大黑斑。腹鳍、臀鳍透明；尾鳍灰棕色。幼鱼具1对颌须（分布：南海、台湾省海域；日本；太平洋中部至西部和印度洋的热带海域） ……………………………………………………………………………… 印度洋须唇飞鱼 *C. atrisignis* (Jenkins, 1903) 〈图503〉

〔同种异名：半斑燕鳐（鱼）*C. atrisignis*，南海诸岛海域鱼类志；中国鱼类系统检索〕

5（4） 侧线鳞55以下；背鳍前鳞28～34。鲜本胸鳍青黑色，鳍膜有许多椭圆形小黑斑，后缘带透明；背鳍通常无斑，浅灰褐色。臀鳍无色；腹鳍、背鳍有时后部有不明显黑点；尾鳍暗色。幼鱼具1对颌须（分布：南海、台湾省海域；日本；印度-西太平洋热带海域）…
…………………………………………………………… 点鳍须唇飞鱼 *C. spilopterus* (Valenciennes, 1846) 〈图504〉

〔同种异名：*C. spilopterus*，南海鱼类志；南海诸岛海域鱼类志（点鳍燕鳐鱼）；中国鱼类系统检索（斑鳍燕鳐）〕

6（1） 胸鳍无暗色斑。

7（8） 背鳍具黑斑。鲜本胸鳍蓝黑色（固定后为黑褐色），其他各鳍灰色。幼鱼具长颌须1对（分布：南海、台湾省海域；日本；各大洋的热带海域） ……………………………………………
…………………………………………… 青翼须唇飞鱼 *C. cyanopterus* (Valenciennes, 1846) 〈图505〉

〔同种异名：背斑燕鳐（鱼）*C. bahiensis* (Ranzani)，南海鱼类志；南海诸岛海域鱼类志；中国鱼类系统检索；横斑燕鳐 *C. cyanopterus*，中国鱼类系统检索〕

8（7） 背鳍无黑斑。

9（10） 腭骨具齿。鲜本胸鳍蓝褐色至蓝黑色，中部从上至下具1淡黄色（固定后为淡色）大斜斑。臀鳍透明；背鳍和尾鳍灰色；腹鳍淡色有暗斑。幼鱼具1对颌须（分布：南海、台湾省海域；日本南部、印度尼西亚、澳大利亚） …………………………………………………
……………………………………………… 黄鳍须唇飞鱼 *C. katoptron* (Bleeker, 1866) 〈图506〉

〔同种异名：黄鳍燕鳐 *C. katoptron*，中国鱼类系统检索；鉴误：高鳍燕鳐 *C. altipennis*（非 Cuv. et Val.），南海诸岛海域鱼类志〕

10（9） 腭骨无齿。

11（12） 侧线鳞61～68；背鳍前鳞40以上。胸鳍灰色半透明，后缘带透明；腹鳍灰色；尾鳍暗灰色；臀鳍透明；背鳍半透明，有时在第五鳍条后有不明显灰色斑。幼鱼具1颌须，呈宽片形，下部细裂成羽状；腹部两侧方各具1纵列斑；尾鳍下叶具2斑（分布：南海、东海；日本） ……………………………………………………………………………………
………………………………………… 羽须须唇飞鱼 *C. pinnatibarbatus japonicus* (Franz, 1910) 〈图507〉

〔同种异名：羽须燕鳐 *C. pinnatibarbatus japonicus*，中国鱼类系统检索〕

12（11） 侧线鳞47～50；背鳍前鳞26～33。鲜本胸鳍黑褐色，近下缘1/3处有1微带淡白色的透明斜带。背鳍灰色；腹鳍白色，中间鳍条灰色；尾鳍黑褐色。幼鱼具颌须1对（分布：南海、台湾海峡；日本；太平洋西部热带海域） ………………………………………………
……………………………………………… 弓头须唇飞鱼 *C. arcticeps* (Günther, 1866) 〈图508〉

〔同种异名：弓头燕鳐（鱼）*C. arcticeps*，南海鱼类志；南海诸岛海域鱼类志；中国系统鱼类检索〕

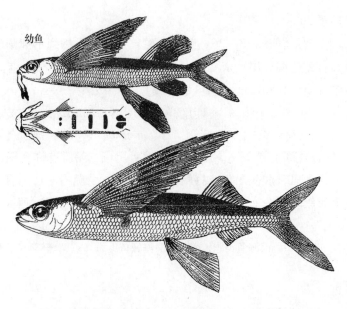

图 502　苏氏须唇飞鱼 *Cheilopogon suttoni*（Whitley et Colefax）
（幼鱼全长 196 mm，成鱼全长 348 mm）（依 Parin，1960）

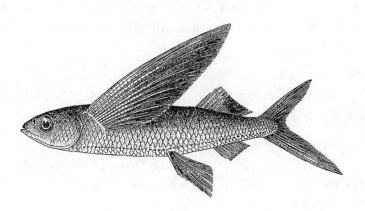

图 503　印度洋须唇飞鱼 *C. atrisignis*（Jenkins）（全长 253 mm）
（依杨玉荣，1979，南海诸岛海域鱼类志，图 37）

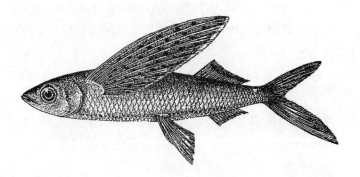

图 504　点鳍须唇飞鱼 *C. spilopterus*（Valenciennes）（全长 243 mm）
（依杨玉荣，1979，南海诸岛海域鱼类志，图 38）

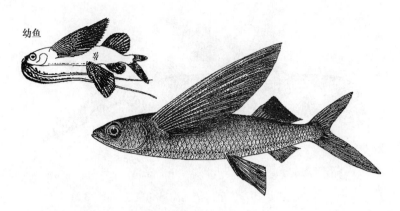

图 505　青翼须唇飞鱼 C. *cyanopterus*（Valenciennes）（成鱼体长 256 mm）
（幼鱼依沈世杰，1984，台湾鱼类检索；成鱼依杨玉荣，1979，南海诸岛海域鱼类志，图 35）

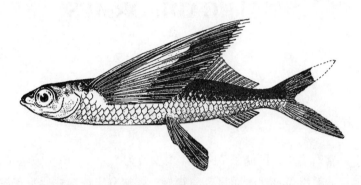

图 506　黄鳍须唇飞鱼 C. *katoptron*（Bleeker）（全长 217 mm）
（依 Abe，1956a）

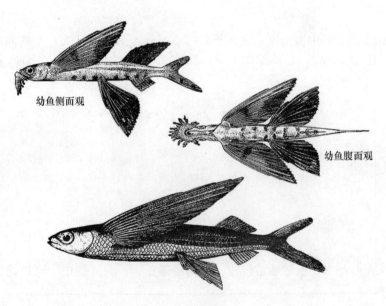

图 507　羽须须唇飞鱼 C. *pinnatibarbatus japonicus*（Franz）
（幼鱼全长 80 mm，成鱼体长 430 mm）（依 Abe，1954a）

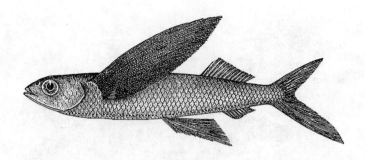

图508　弓头须唇飞鱼 *C. arcticeps* (Günther)（全长148 mm）
(依杨玉荣，1979，南海诸岛海域鱼类志，图33)

鳕形目 GADIFORMES

（本目有3亚目）

亚目的检索表

1（4）　体有鳞；下颌常有1须；腹鳍条7~17（很少数为5~6），胸位或喉位，或无腹鳍。
2（3）　背鳍无硬棘；腹鳍喉位；尾鳍明显，与背鳍、臀鳍分离或微连，真正尾鳍条较少；有或无发光器 ………………………………………………………………………………… 鳕亚目 GADOIDEI
3（2）　背鳍常有1~2硬棘；腹鳍胸位或喉位；尾鳍无或极不明显；常有发光器 …………………
………………………………………………………………………………… 长尾鳕亚目 MACROUROIDEI
4（1）　体有或无鳞；下颌中央无须；腹鳍条1~2，喉位至颏位，或无；奇鳍常互连 ……………
………………………………………………………………………………… 鼬鳚亚目 OPHIDIOIDEI

鳕亚目 GADOIDEI

（本亚目有3科，南海产2科）

科的检索表

1（2）　后头部无延长鳍条；腹鳍通常胸位，内侧鳍条正常，只外侧边缘鳍条延长，或全鳍仅具2延长鳍条 ………………………………………………………………………… 深海鳕科 Moridae
2（1）　后头部具1延长鳍条（第1背鳍）；腹鳍喉位，内侧鳍条甚短，外侧鳍条数不少于3且平扁延长 ……………………………………………………………………… 犀鳕科 Bregmacerotidae

深海鳕科 Moridae

(有多个属,南海产1属)

小褐鳕属 *Physiculus* (Kaup, 1858)

(本属有43种,南海产4种)

腹面正中线上于肛门前方具1黑色点状发光器。

种的检索表

1 (6) 颏部中央具1须。
2 (3) 腹鳍条7;鳃膜条7;眼径大于吻长的2/3。体淡褐色,头部腹面和胸腹部蓝色;胸鳍、腹鳍和臀鳍新鲜时稍呈红色;背鳍、臀鳍边缘暗色(分布:南海和东海的深水海域;日本南部太平洋侧) ………………… 日本小褐鳕 *Physiculus japonicus* (Hilgendorf, 1879) 〈图509〉
3 (2) 腹鳍条5~6;鳃膜条6~7。
4 (5) 第一背鳍9~10;鳃膜条6;尾部长为吻端至肛门距2.2~2.3倍。体深褐色,前半部腹侧蓝色;第一背鳍上部,胸鳍前大部和腹鳍,以及第二背鳍边缘,呈暗色(分布:南海、台湾省海域;日本南部) ……… 马氏小褐鳕 *P. maximowiczi* (Herzenstein, 1896) 〈图510〉
5 (4) 第一背鳍7~8;鳃膜条7;尾部长为吻端至肛门距2.5~2.8倍。头体黄褐色,前半部腹侧黑褐色;唇、鳃盖膜、胸鳍基附近黑色;奇鳍后半部灰褐色(分布:南海陆架与陆坡交接海域;菲律宾) ……………… 灰小褐鳕 *P. nigrescens* (Smith et Radcliffe, 1912) 〈图511〉
6 (1) 颏部无须。体褐色,头腹面黑色,胸腹部蓝黑色;新鲜时头、体下半部多少呈银白色(分布:南海和东海的深海域;日本) ………………………………………………………………………………
………………………… 乔氏小褐鳕 *P. jordani* (Böhlke et Mead, 1951) 〈图512〉
〔同种异名:无须小褐鳕 *P. inbarbatus* (Kamohara),东海深海鱼类〕

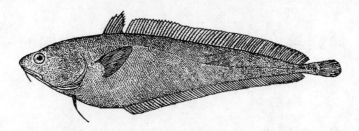

图509 日本小褐鳕 *Physiculus japonicus* (Hilgendorf) (全长293 mm)
(依熊国强,1988,东海深海鱼类)

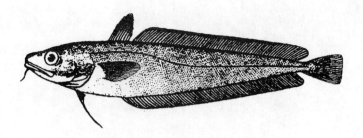

图 510　马氏小褐鳕 *P. maximowiczi*（Herzenstein）
（依沈世杰，1984，台湾鱼类志）

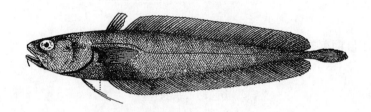

图 511　灰小褐鳕 *P. nigrescens*（Smith et Radcliffe）（全长 144.3 mm）
（依南海鱼类志）

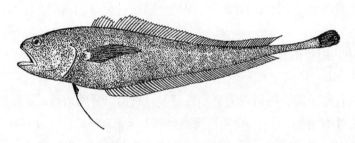

图 512　乔氏小褐鳕 *P. jordani*（Bohlke et Mead）（全长 233 mm）
（依熊国强等，1983，东海深海鱼类，图 132）

犀鳕科 Bregmacerotidae

犀鳕属 *Bregmaceros*（Thompson，1840）

（本属有 14 种，南海产 4 种）

体色基本为背侧灰色，腹侧白色；各个种的色素分布有差别。本属为小型鱼类，最大体长一般不超过 100 mm，是构成肉食性鱼类食料基础的重要成分之一，如在蛇鲻属 *Saurida* 的胃含物中，有很高的出现率。

种的检索表

1（4） 成年鱼全身黑色素细胞发达，背面较腹面浓；仔鱼黑色素分布较乱。
2（3） 背鳍57~65；臀鳍58~69；幼鱼尾鳍圆形，成鱼尾鳍内凹；脊椎骨52~58。幼鱼各鳍无色，成鱼胸鳍灰黑色，第二背鳍后部上缘黑色，第一背鳍上部暗灰色，尾鳍浅色或暗灰色（分布：南海、东海；日本；各大洋温带至热带海域）..
.... 麦氏犀鳕 Bregmaceros macclellandii（Thompson, 1840）〈图513〉
〔同种异名：黑鳍犀鳕 B. atripinnis（Tickell, 1865），南海鱼类志；东海鱼类志〕
3（2） 背鳍47~56；臀鳍49~58；尾鳍内凹；脊椎骨50~55（分布：南海；日本；西太平洋、大西洋）................ 大西洋犀鳕 B. atlanticus（Goode et Bean, 1886）〈图514〉
4（1） 背侧黑色素细胞排列成行，两侧银色，腹侧白色；仔稚鱼黑点无或很弱。
5（6） 背鳍34~39；臀鳍38~43；尾鳍内凹；纵列鳞43~50；脊椎骨43~46（分布：南海）...
.... 少鳞犀鳕 B. rarisquamosus（Munro, 1950）〈图515〉
6（5） 背鳍42~51；臀鳍43~54；尾鳍微凹至圆形；脊椎骨47~50（分布：南海；日本；太平洋、印度洋、大西洋）............ 银腰犀鳕 B. nectabanus（Whitley, 1941）〈图516〉

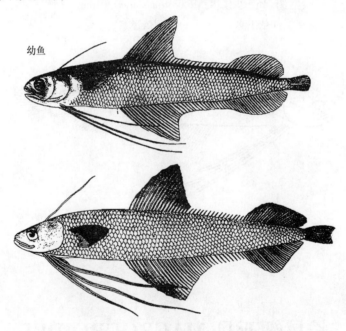

图513 麦氏犀鳕 Bregmaceros macclellandii（Thompson）
（幼鱼体长67 mm，成鱼体长93.2 mm）
（幼鱼仿朱元鼎，罗云林，1963，东海鱼类志；成鱼仿南海鱼类志）

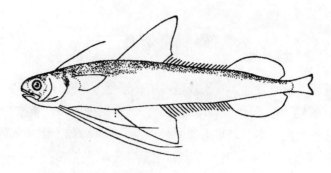

图514　大西洋犀鳕 B. *atlanticus*（Goode et Bean）
（依王惠明，1987，中国鱼类系统检索）

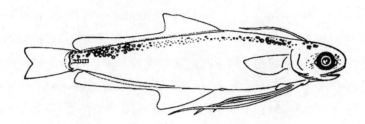

图515　少鳞犀鳕 B. *rarisquamosus*（Munro）
（依王惠明，1987，中国鱼类系统检索）

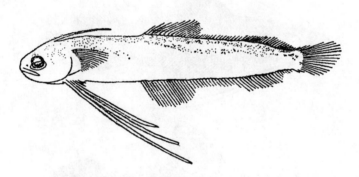

图516　银腰犀鳕 B. *nectabanus*（Whitley）
（依王惠明，1987，中国鱼类系统检索）

长尾鳕亚目 MACROUROIDEI

（本亚目有2科，南海产1科）

长尾鳕科 Macrouridae（= Coryphaenoididae）

头中大，坚实而不呈卵形膨大。背鳍2个，第一背鳍硬棘具2个。腹鳍很发达。

属的检索表

1（2） 两背鳍在基部互相连接；第二背鳍较臀鳍发达；第一背鳍第二鳍棘、胸鳍第二鳍条和腹鳍最外侧鳍条均呈丝状延长；具1颏须，甚长，明显长于眼径 ·············· 鼠鳕属 Gadomus

2（1） 两背鳍分离，有间距；第二背鳍明显低于臀鳍；背鳍、胸鳍和臀鳍不同时具延长鳍棘或鳍条，或皆缺如；通常具1颏须，仅少数缺如。

3（8） 鳃盖条7~8。

4（7） 鳞小，侧线上方鳞4以上；第一背鳍第二鳍棘前缘具锯齿；臀鳍起点与肛门保持距离；颏须较短或甚短小。

5（6） 鳞片后区露出部鳞棘细长，呈绒毛状；沿第二背鳍基底具1纵行扩大的鳞片；头背面前部宽于后部；眼间距甚大，宽约为眼径2倍余；肛门距臀鳍起点较近；颏须甚短小；颌牙绒毛状 ·· 鲸尾鳕属 Cetonurus

6（5） 鳞片后区露出部鳞棘短壮，不呈绒毛状；沿第二背鳍基底无扩大的鳞片；头背面前部窄于后部；眼间距小，稍小于眼径；肛门距臀鳍起点较远；颏须约与眼径等长或稍有长短；颌牙锥形 ··· 凹腹鳕属 Ventrifossa

7（4） 鳞大，侧线上方鳞少于3；第一背鳍第二鳍棘前缘光滑无锯齿；臀鳍起点紧邻肛门；颏须有或无，若有，则常小于眼径，仅个别种稍大于眼径·············· 膜首鳕属 Hymenocephalus

8（3） 鳃盖条6。

9（10） 吻稍突出，侧缘转折，端部钝尖，后部侧扁；第一背鳍第二鳍棘前缘具锯齿 ·· 突吻鳕属 Coryphenoides

10（9） 吻甚尖突，侧缘流畅，背视呈锐角形；第一背鳍第二鳍棘前缘光滑无锯齿 ··· 腔吻鳕属 Caelorinchus

鼠鳕属 *Gadomus* （Regan，1903）

（本属有11种，南海产2种）

1（2） 第一背鳍2~8；胸鳍15；腹鳍8；各鳍均为浅褐色。体浅褐色，头部下侧、口腔及鳃腔黑褐色（分布：南海深海；印度尼西亚，菲律宾；日本；印度洋） ··· 多丝鼠鳕 *Gadomus multifilis* （Günther，1887）〈图517〉

2（1） 第一背鳍2~9；胸鳍17~19；腹鳍9；各鳍均为蓝黑色。体浅褐色，口腔、前鳃盖骨和鳃盖骨及胸部蓝黑色（分布：南海北部陆坡海域；夏威夷；太平洋中部至西部热带、亚热带深海） ··· 黑鳍鼠鳕 *G. melanopterus* （Gilbert，1905）〈图518〉

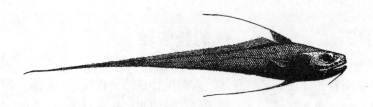

图 517　多丝鼠鳕 *Gadomus multifilis*（Günther）

（依 Günther，1887）

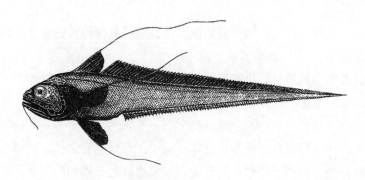

图 518　黑鳍鼠鳕 *G. melanopterus*（Gilbert）

（依陈铮，林福，曾祥琮等，1987）

鲸尾鳕属 *Cetonurus*（Günther，1887）

（本属有2种，南海产1种）

鲸尾鳕 *Cetonurus crassiceps*（Günther，1878）〈图519〉

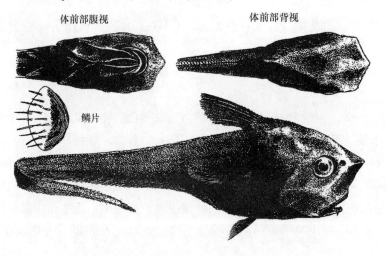

图 519　鲸尾鳕 *Cetonurus crassiceps*（Günther）

（依 Günther，1878）

头粗大，背视前宽后窄。吻短而宽高，端部钝尖，呈鼻喙状突出。沿第二背鳍基部具1纵行扩

294

大的鳞片。鳞片露出部具一些细长鳞棘，呈绒毛状，使体表具毛绒触感。体褐色，躯干下部黑色。

分布：南海北部陆坡深海；新西兰；太平洋西部及中南部。

凹腹鳕属 *Ventrifossa*（Gilbert et Hubbs，1920）

（本属有23种，南海产4种）

种的检索表

1 (6) 第二背鳍始点与侧线间有鳞7~9纵行；吻在前颌骨前方部分的长度约等于瞳孔。
2 (5) 第一背鳍中部具1黑斑；上颌后端仅达瞳孔后缘下方。
3 (4) 眶下部宽大于瞳孔；肛门位于腹鳍间；吻较长，与眼径相等，头长为吻3.9倍。头部和体背部深褐色；口缘、鳃盖膜和腹膜黑色；颏须基部黑色，其余白色；腹鳍和尾鳍黑色（分布：南海深海；太平洋西部至印度洋非洲东岸深海域）……………………………………………………………………… 彼氏凹腹鳕 *Ventrifossa petersonii*（Alcock，1891）〈图520〉
4 (3) 眶下部宽约等于瞳孔；肛门位于腹鳍基远后方；吻较短，小于眼径，头长为吻4.1~4.2倍。体暗色，除背鳍具1黑斑外，腹鳍黑色，其他各鳍无色（分布：南海、台湾省海域；菲律宾）………… 黑背鳍凹腹鳕 *V. nigrodorsalis*（Gilbert et Hubbs，1920）〈图521〉
5 (2) 第一背鳍无黑斑；上颌后端伸达眼后下方。眶下部宽小于眼径；肛门位于腹鳍基略后方（分布：南海）………………… 岐异凹腹鳕 *V. divergens*（Gilbert et Hubbs，1920）〈图522〉
6 (1) 第二背鳍始点与侧线间有鳞5~6纵行；吻在前颌骨前方部分的长度短于瞳孔。肛门位于腹、臀鳍基之间正中稍后方。体背侧暗灰色，头侧与体侧新鲜时呈银白色，胸腹部蓝褐色；第一背鳍无色斑（分布：南海、东海和台湾省太平洋侧深海；日本南部太平洋侧）………………………………………………… 加氏凹腹鳕 *V. garmani*（Jordan et Gilbert，1904）〈图523〉

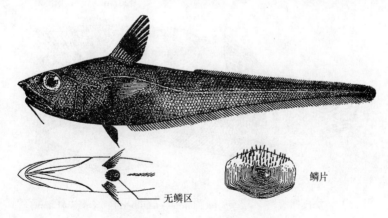

图520 彼氏凹腹鳕 *Ventrifossa petersonii*（Alcock）（全长225 mm）

（依成庆泰，田明诚，1981，图7）

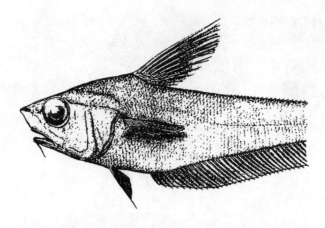

图 521　黑背鳍凹腹鳕 *V. nigrodorsalis*（Gilbert et Hubbs）
（依沈世杰，1995，仿 Okamura，1970）

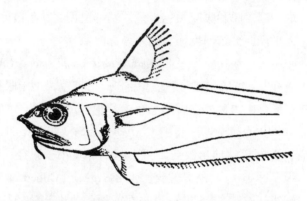

图 522　岐异凹腹鳕 *V. divergens*（Gilbert et Hubbs）
（依王惠明，1987，中国鱼类系统检索）

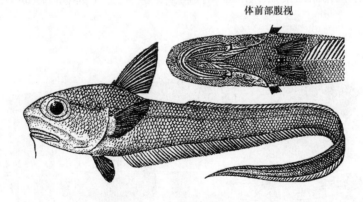

图 523　加氏凹腹鳕 *V. garmani*（Jordan et Gilbert）（全长 341 mm）
（整体图依熊国强等，1988，东海深海鱼类；体前部腹视依沈世杰，1984）

膜首鳕属（膜头鳕属）*Hymenocephalus*（Giglioli，1884）

（本属有21种，其中1种具2亚种；南海产3种）

腹面正中线具长管状发光器。

种的检索表

1（4） 具颏须；吻仅微突于口前；眼径远较眼间隔大；发光器长于头长1/2；腹鳍条8。

2（3） 颏须长于眼径；头背侧嵴低厚，不高于眼上缘；眼径小于2/3眼后头长；吻端与上颌前端间距短，眶缘不延向外侧；腹鳍外缘鳍条长度约与头长相等。体灰色，胸腹部蓝黑色（分布：南海深海，台湾省东部海域；菲律宾，日本太平洋侧海域）……………………………………………… 长头膜首鳕 *Hymenocephalus longiceps*（Smith et Radcliffe，1912）〈图524〉

3（2） 颏须至多等于眼径；头背侧嵴高于眼上缘，呈鸡冠状突起；眼径大于2/3眼后头长；吻前端与上颌前端间距大；眶缘明显向外侧延伸；腹鳍外缘鳍条短于头长。体灰色，头部腹面和胸腹部蓝黑色；头和体侧下半部显银白色泽；背鳍、臀鳍鳍条基部具小黑点（分布：南海和东海的深海，台湾省东部海域；日本太平洋侧海域）…………………………………………………………………… 纹喉膜首鳕 *H. striatissimus*（Jordan et Gilbert，1904）〈图525〉

4（1） 无颏须；吻明显突出于口前；眼径约等于眼间隔；发光器约等于头长2/3，腹鳍条11～12；头背侧嵴呈鸡冠状突起。体灰色，头部腹面黑色，胸腹部蓝黑色；头和体侧下半部稍呈银白色，体侧密布小黑点，背鳍、臀鳍鳍条基部具小黑点（分布：南海和东海的深海；日本太平洋侧海域，菲律宾）………………………………………………… 刺吻膜首鳕 *H. lethonemus*（Jordan et Gilbert，1904）〈图526〉

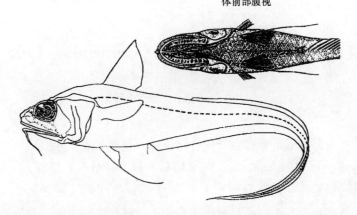

图524 长头膜首鳕 *Hymenocephalus longiceps*（Smith et Radcliffe）
（整体图依王惠明，1987，中国鱼类系统检索；体前部腹视依沈世杰，1984）

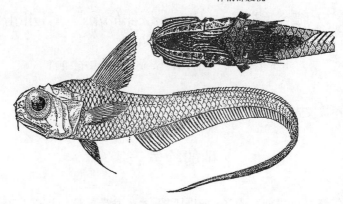

图 525　纹喉膜首鳕 H. striatissimus（Jordan et Gilbert）（全长 147 mm）
（整体图依熊国强等，1988，东海深海鱼类，图 136；体前部腹视依沈世杰，1984）

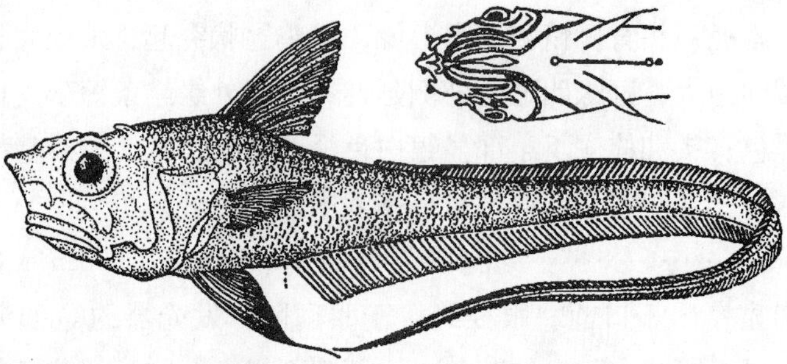

图 526　刺吻膜首鳕 H. lethonemus（Jordan et Gilbert）
（全长 181 mm）
（整体图依熊国强等，1988，东海深海鱼类，图 137；体前部腹视依王惠民，1987，中国鱼类系统检索）

突吻鳕属 Coryphaenoides（Gunnerus，1765）

（本属有 66 种，南海产 1 种）

躯干长小于头长；头部除喉下和鳃盖条膜外均被鳞；臀鳍起点紧邻肛门。

暗边突吻鳕 Coryphaenoides marginatus（Steindachner et Doderlein，1887）〈图 527〉

第一背鳍第二鳍棘很延长，长度为头长 1.5～2.4 倍；腹鳍第二鳍条延长，但长出部分稍小于眼径。体灰褐色，头下部和腹部灰白色，鳃盖黑褐色；背鳍和腹鳍中间以及胸鳍前部均有淡色区。

分布：南海和东海的陆坡深海，台湾省东部深海；日本太平洋侧。

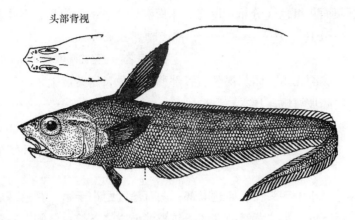

图 527　暗边突吻鳕 Coryphaenoides marginatus（Steindachner et Doderlein）
（全长 540 mm）
（整体图依熊国强等，1988，东海深海鱼类，图 144；头部背视依王惠明，1987，中国鱼类系统检索）

腔吻鳕属 Caelorinchus（旧拼写 Coelorhynchus）（Giorna，1809）

（本属有 95 种，南海有记录者 7 种）

具发光器，位腹中线上，有或无黑色次生管（副管）；鳞片露出部表面具向上鳞棘。

种的检索表

1（12）　发光器具延长的次生管（副管），呈黑色，从肛门伸达或伸过腹鳍基；吻前部背面两侧各具 1 三角形无鳞区，分隔而对称；鳞片表面鳞棘弱，大小相似；头部嵴较弱。

2（9）　发光器长于 1/2 头长，具 2 球形发光腺，分别位于肛门前和近峡部处；吻腹面端部沿侧缘有 1 具鳞区；鳞棘排列呈梅花状或辐射状。

3（6）　口前吻长不及眼径 1.5 倍；鳞棘梅花状排列；第二背鳍始于臀鳍起点前上方或后上方。

4（5）　肛门位于第二背鳍起点稍前腹面；第二背鳍始于臀鳍起点后上方；两背鳍间距大于第一背鳍基底长；头部腹面密布褐色小皮瓣。体暗灰色，尾部后半部淡褐黄色；背侧具不规则暗色斑（分布：南海、东海和台湾省的深海域；日本）………………………………………………………………………背斑腔吻鳕 Caelorinchus kamoharai（Matsubara，1943）〈图 528〉

〔别称：蒲原腔吻鳕，中国鱼类系统检索〕

5（4）　肛门位于第二背鳍起点稍后腹面；第二背鳍始于臀鳍起点前上方；两背鳍间距小于第一背鳍基底长；头部腹面无小皮瓣。体银灰色，体侧具 3 纵行不规则断续黑色斑块，沿侧线具 1 浅色纵带（分布：南海、东海和台湾省的深海域；日本）………………………………………………………………………多棘腔吻鳕 C. multispinulosus（Katayama，1942）〈图 529〉

6（3）　口前吻长为眼径 1.5 倍以上；鳞棘辐射状排列；第二背鳍起点约与臀鳍起点相对。

7（8）　下颌及眶下棱腹面有鳞。体银灰色，体侧具 3 纵行不规则断续黑色斑块，沿侧线具 1 浅色纵带；下颌腹面灰黑色（分布：南海、东海和台湾省的深海域；日本）……………………
…………………………………… 台湾腔吻鳕 C. formosanus（Okamura，1963）〈图530〉
〔同种异名：短尾腔吻鳕 C. abbreviatus（Chu et Lo，1963）〕

8 (7) 下颌及眶下棱腹面无鳞。体灰褐色，腹部稍呈蓝色，鳃盖后上角具灰黑色斑（分布：南海北部和东海的陆坡海域；日本）……………………………………………………………
…………………………………… 长管腔吻鳕 C. longissimus（Matsubara，1943）〈图531〉

9 (2) 发光器等于1/2头长或不长于眼径，具1球状发光腺；头腹面不存在具鳞区；鳞棘平行排列。

10 (11) 发光器长约等于1/2头长，伸达喉部；两背鳍间距小于第一背鳍基底长；肛门位于第二背鳍起点后下方；第二背鳍前端鳍条较臀鳍前方鳍条长；体侧在胸鳍基上方无黑色大圆斑。体淡褐色；眼后及鳃盖后各有1条暗色纵斑，上方1条纵斑与第一背鳍下方横斑相接；体侧尚有数个不规则横斑（分布：南海深海、台湾省深海域）……………………
…………………………………… 带斑腔吻鳕 C. cingulatus（Gilbert et Hubbs，1920）〈图532〉

11 (10) 发光器短于眼径或等长，略达腹鳍基前方；两背鳍间距大于第一背鳍基；肛门位于第二背鳍起点前下方；第二背鳍前端鳍条较臀鳍前方鳍条短；体侧在胸鳍基上方具1黑色大圆斑。体褐红色，胸腹部及其后方附近、第一背鳍前部、胸鳍、臀鳍前部均呈蓝黑色（分布：南海和台湾省深海；日本）……………………………………………………
…………………………………… 胸斑腔吻鳕 C. kishinouyei（Jordan et Snyder，1900）〈图533〉

12 (1) 发光器短，无次生管（副管），前端远离腹鳍；吻背面完全被鳞；鳞棘辐射状排列，中央一行棘不扩大；头部嵴较强大。腹鳍始于胸鳍基下端稍前下方，第一鳍条突出为丝状但后端不达肛门；吻较尖长，约为眼径1.5倍；眶下棱前半部具鳞1行，后半部具鳞2行。体背侧灰褐色，腹侧色较淡；体侧前部约有3~4行不规则淡紫褐色纵斑；第一背鳍前半部灰黑色，第二背鳍鳍条基部褐色；口腔白色；腹膜黑色（分布：南海；加里曼丹、菲律宾）………… 变异腔吻鳕 C. commutabilis（Smith et Radcliffe，1912）〈图534〉
〔别称：腔吻鳕（南海鱼类志）；尖吻腔吻鳕（中国鱼类系统检索）〕

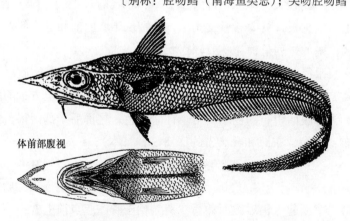

图528 背斑腔吻鳕 Caelorinchus kamoharai（Matsubara）
（整体图依深世杰，1984；体前部腹视依 Matsubara，1955）

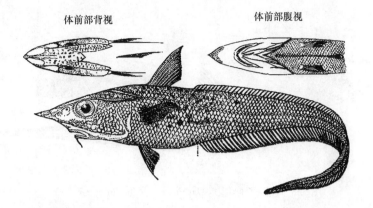

图 529　多棘腔吻鳕 C. multispinulosus（Katayama）（全长 267 mm）
（整体图依熊国强等，1988，东海深海鱼类，图 144；体前部背、腹视依 Matsubara，1955）

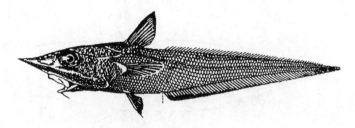

图 530　台湾腔吻鳕 C. formosanus（Okamura）
（依邵广昭，1994，台湾鱼类志，仿 Okamura，1963）

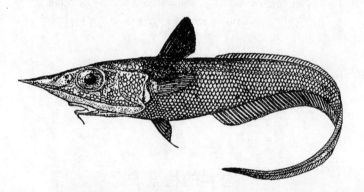

图 531　长管腔吻鳕 C. longissimus（Matsubara）（全长 288 mm）
（依熊国强等，1988，东海深海鱼类）

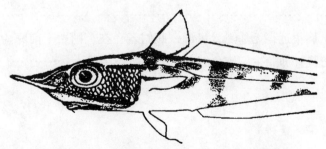

图 532　带斑腔吻鳕 C. cingulatus（Gilbert et Hubbs）
（依王惠明，1987，中国鱼类系统检索，图 1210）

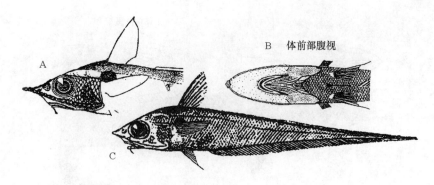

图533　胸斑腔吻鳕 C. kishinouyei（Jordan et Snyder）
（B 和 C 依沈世杰，1984；A 依王惠明，1987，中国鱼类系统检索）

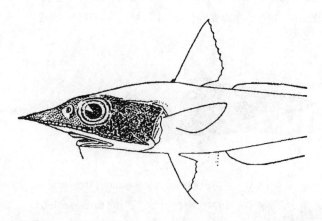

图534　变异腔吻鳕 C. commutabilis（Smith et Radcliffe）
（依王惠明，1987，中国鱼类系统检索，图1212）

鼬鳚亚目 OPHIDIOIDEI

总科的检索表

1（2）绝大部分种类前鼻孔位于上唇甚上方；基鳃骨齿群有或无；腹鳍若存在，始于前鳃盖骨下方或前方；尾鳍常存在，且连背鳍、臀鳍；卵生，雄鱼无外插入器官 ·· 鼬鳚总科 Ophidioidae
2（1）前鼻孔常距上唇很近；无基鳃骨齿群；腹鳍若存在，则始于前鳃盖骨下方；尾鳍与背鳍、臀鳍相连或分离；卵胎生，雄鱼有发达的外插入器官 ············· 胎鼬鳚总科 Bythitoidae

鼬鳚总科 Ophidioidae

(含2科)

科的检索表

1 (2) 无辅上颌骨；臀鳍较背鳍长 …………………………………………………… 潜鱼科 Carapidae
2 (1) 有辅上颌骨；背鳍常等于或较长于臀鳍 ………………………………………… 鼬鳚科 Ophidiidae

潜鱼科 Carapidae

属的检索表

1 (2) 两颌齿大小近似或仅几个较长，无犬齿，带状齿群在两颌合缝处均连续 ……………………
………………………………………………………………………………… 潜鱼属 Carapus
2 (1) 上下颌合缝处各有犬齿1对，带状齿群在两颌合缝处均中断 …… 突吻潜鱼属 Eurypleuron

潜鱼属 Carapus（Rafinesque，1810）

［参照李思忠（1987），中国鱼类系统检索］

上颌骨游离，不被皮肤覆盖。无腹鳍。寄居于海参类、海星类、瓣鳃类和海鞘类等体内或珊瑚石间。

种的检索表

1 (2) 体细长；体长为体高42.5~50.6倍，为头长31.2~31.9倍；体高为体宽2.3~2.6倍。液浸标本除眼球黑色外，全身均为肉白色（分布：西沙群岛；印度尼西亚）………………
……………………………………… 细扁潜鱼 Carapus lumbricoides (Bleeker, 1854)〈图535〉
2 (1) 体前部较粗；体长约为体高12~15倍；为头长8.7~10.3倍；体高为体宽1.4~1.9倍。
3 (6) 肛门位于胸鳍基的上侧端前下方；胸鳍长约为眼径2倍。
4 (5) 眼后颊部向两侧肥凸，较后头部宽；体中部高约等于1/2眼后头长；尾后段细尖；犁骨齿钝锥状，均不特大。头体淡黄棕色，散布许多细微棕褐色小点，尾部后端附近色较灰暗（分布：西沙群岛；社会群岛，菲律宾；印度洋）…………………………………………
…………………………………………… 细尾潜鱼 C. parvipinnis (Kaup, 1856)〈图536〉

5（4）眼后颊部不很圆凸，与后头部宽近似；体中部高大于 1/2 眼后头长；犁骨有 2~3 齿显著较粗大。头体黄棕色；有许多细微棕褐色小点分布于头体背侧，尤其密集于头背侧；尾后段近黑褐色；各鳍色较淡（分布：西沙群岛、台湾省北至东北海域；日本；太平洋和印度洋的热带海域） ························· 大牙潜鱼 *C. homei* (Richardson, 1846)〈图 537〉

6（3）肛门位于胸鳍基的下侧端或稍后下方。胸鳍长约为 1/3 头长。头体棕色，有细微棕褐色小点；胸鳍、臀鳍淡黄色；尾后端附近色较暗，或为灰黑色（分布：西沙群岛、台湾海峡澎湖；日本） ······ 鹿儿岛潜鱼 *C. kagoshimanus* (Steindachner et Döderlein, 1887)〈图 538〉

图 535　细扁潜鱼 *Carapus lumbricoides*（Bleeker）（全长 165.7 mm）
（依李思忠，1979，南海诸岛海域鱼类志）

图 536　细尾潜鱼 *C. parvipinnis*（Kaup）（全长 277 mm）
（依李思忠，1979，南海诸岛海域鱼类志）

图 537　大牙潜鱼 *C. homei*（Richardson）（全长 230 mm）
（依李思忠，1979，南海诸岛海域鱼类志）

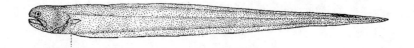

图 538　鹿儿岛潜鱼 *C. kagoshimanus*（Steindachner et Doderlein）（全长 218.5 mm）
（依李思忠，1979，南海诸岛海域鱼类志，图 304）

突吻潜鱼属 *Eurypleuron*（Markle et Olney，1990）

上颌骨游离。两颌前端各有犬齿 1 对，齿带在前端中断。无腹鳍。吻突出于上下颌之前。本属仅 1 种。

深海突吻潜鱼 *Eurypleuron owasianum*（Matsubara，1953）〈图 539〉
〔同种异名：*Carapus owasianus*，成庆泰、田明诚（深海隐鳚），1981；中国鱼类系统检索（长臂潜鱼）〕
体淡褐色。头部和体侧散布许多小黑点。
分布：海南省以东深海（水深 290 m），台湾省澎湖；日本。

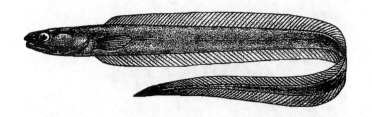

图539 深海突吻潜鱼 *Eurypleuron owasianum* (Matsubara)
(仿成庆泰，田明诚，1981，图20)

鼬鳚科 Ophidiidae

［依李思忠（1987），中国鱼类系统检索］

亚科的检索表

1（2） 吻部及下颌有须 ……………………………………………………………… 须鼬鳚亚科 Brotulinae
2（1） 吻部及下颌无须。
3（4） 匙骨前下段很细长，约在前鳃盖骨处左右互连；腹鳍始于眼下方；中鳃骨牙群有或无 …
……………………………………………………………………………………… 鼬鳚亚科 Ophidiinae
4（3） 匙骨前下段不很细长，在前鳃盖骨处或更前方左右互连；腹鳍无或始于眼到前鳃盖骨下方；中鳃骨无牙或有一至多群 ……………………………………… 新鼬鳚亚科 Neobythitinae

须鼬鳚亚科 Brotulinae

须鼬鳚属 *Brotula* (Cuvier, 1829)

(本属有6种，南海产1种)

多须须鼬鳚 *Brotula multibarbata* (Temminck et Schlegel, 1846) 〈图540〉
生活时体呈茶褐色，背鳍、臀鳍边缘白色。
分布：南海、台湾省西南海域；日本南部；印度－西太平洋。

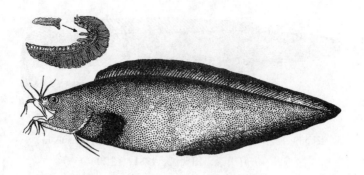

图540 多须须鼬鳚 *Brotula multibarbata* (Temminck et Schlegel)（全长 330 mm）
（依 Lindberg and Krasyukova，1975）

鼬鳚亚科 Ophidiinae

鼬鳚属 *Ophidion*（Linnaeus，1758）

（本属有24种，南海产2种）

［参照李思忠（1987），中国鱼类系统检索］

种的检索表

1（2） 体长为头长5倍；头长为吻长5倍，为眼径4倍；吻背侧有2突起。鳞片延长，各鳞排列互成直角而呈藤席纹状。体呈浅橘红色（分布：南海、台湾省西南海域；日本海）………………………………… 席鳞鼬鳚 *Ophidion asiro*（Jordan et Fowler，1902）〈图541〉

2（1） 体长为头长4.3～4.4倍；头长为吻长4.3～4.4倍；吻长等于眼径；吻背侧无突起。鳞片排列呈编席状。体紫褐色，背鳍边缘黑色（分布：南海；印度尼西亚、日本；栖息于200 m以深海域）…… 黑边鼬鳚（鳗鳞鼬鳚）*O. muraenolepis*（Günther，1880）〈图542〉

〔同种异名：孔鳔鼬鳚 *Otophidium muraenolepis*，成庆泰，田明诚（1981）〕

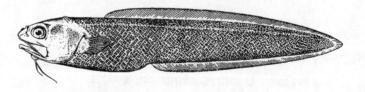

图541 席鳞鼬鳚 *Ophidion asiro*（Jordan et Fowler）
（依 Lindberg and Krasyukova，1975）

图542 黑边鼬鳚 *O. muraenolepis*（Günther）
（依成庆泰，田明诚，1981，图19）

新鼬鳚亚科 Neobythitinae

属的检索表

1	(4)	腹鳍约位于眼窝下方，如位较后，则左右鳍基间隔大（仙鼬鳚族 Siremini）
2	(3)	腹鳍仅1鳍条；前鳃盖骨无棘 ·· 仙鼬鳚属 Sirembo
3	(2)	腹鳍具2鳍条；前鳃盖骨角有3强棘 ····································· 棘鼬鳚属 Hoplobrotula
4	(1)	腹鳍位于前鳃盖骨下方，左右鳍基间隔小。
5	(8)	长鳃耙至多4个。
6	(7)	中央基鳃骨齿2群；前鳃盖骨角有2~3棘；吻不呈平扁 ········ 姬鼬鳚属 Pycnocraspedum
7	(6)	中央基鳃骨齿1群；前鳃盖骨无棘；吻平扁 ······························ 矛鼬鳚属 Luciobrotula
8	(5)	长鳃耙至少7个。
9	(16)	吻长小于或略大于眼径；前鳃盖骨棘短，不少于2枚。
10	(13)	腹鳍条1；中央基鳃骨齿1群；胸鳍无游离鳍条。
11	(12)	胸鳍条21~23；腹鳍条1，长于头长；长鳃耙27~42；两颌齿粒状；侧线鳞异形，呈大小两圆串连状 ··· 长趾鼬鳚属 Homostolus
12	(11)	胸鳍条26~33；腹鳍条1，短于头长；长鳃耙17~27；两颌齿绒毛状；侧线鳞正常 ······ ··· 单趾鼬鳚属 Monomitopus
13	(10)	腹鳍条2，分离或前段并连而后段分离呈叉状；中央基鳃骨齿1~2群；胸鳍有或无游离鳍条。
14	(15)	胸鳍22~30，下部无游离鳍条；长鳃耙7~20；中央基鳃骨齿1群 ······················ ··· 新鼬鳚属 Neobythites
15	(14)	胸鳍22~33，下部5~11鳍条游离；长鳃耙7~15；中央基鳃骨齿1~2群 ············ ··· 丝指鼬鳚属 Dicrolene
16	(9)	吻长等于或稍大于眼径2倍；前鳃盖骨具1明显长强棘 ············ 棘鳃鼬鳚属 Xyelacyba

仙鼬鳚属 *Sirembo*（Bleeker，1858）

(本属有5种，南海产2种)

种的检索表

1（2） 背鳍87～90；臀鳍67～72；鳃耙（4～5）＋（11～14）。体黄褐色，腹侧色较浅；头侧从吻端至鳃盖棘有1褐色纵带；体背侧和背鳍基各有一纵列不规则的褐斑；背鳍侧缘和臀鳍中部各有一暗褐色纵带（背鳍纵带有时断续）；臀鳍外缘白色（液浸标本的斑纹转呈灰黑色，体灰黄色）（分布：南海、东海、台湾海峡；日本、韩国）... 仙鼬鳚 *Sirembo imberbis*（Temminck et Schlegel，1846）〈图543〉

2（1） 背鳍约91；臀鳍约66；鳃耙5～8。头、体和各鳍黄褐色，体背侧色较暗；体侧有数条排列不规则的黑褐色纵带；背鳍前段有5个黑色或灰褐色长斑，后段具1黑褐色纵带并与臀鳍和尾鳍的黑褐色纵带连续（分布：南海；菲律宾）.. 带纹仙鼬鳚 *S. marmoratum*（Goode et Bean，1885）〈图544〉

图543 仙鼬鳚 *Sirembo imberbis*（Temminck et Schlegel）（全长175 mm）
（依Lindberg and Krasyukova，1975）

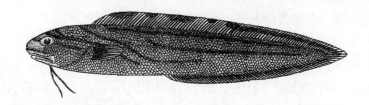

图544 带纹仙鼬鳚 *S. marmoratum*（Goode et Bean）（全长145 mm）
（依南海鱼类志，1962）

棘鼬鳚属 *Hoplobrotula*（Gill，1863）

(本属有3种，南海产1种)

棘鼬鳚 *Hoplobrotula armata*（Temminck et Schlegel，1846）〈图545〉

腹鳍始于眼下方，鳍条短，不达主鳃盖骨后缘。体浅棕色；体侧和背鳍有不明显棕褐色斑块；背鳍、臀鳍边缘灰黑色。体长可达70 cm。

分布：南海至黄海；日本、朝鲜半岛南部。

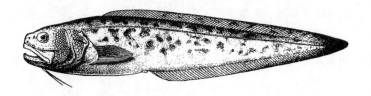

图 545　棘鼬鳚 Hoplobrotula armata（Temminck et Schlegel）（全长 307 mm）
（依 Lindberg and Krasyukova，1975）

姬鼬鳚属（厚边鼬鳚属）Pycnocraspedum（Alcock，1889）

（本属有 4 种，南海产 1 种）

细鳞姬鼬鳚 Pycnocraspedum microlepis（Matsubara，1943）〈图 546〉

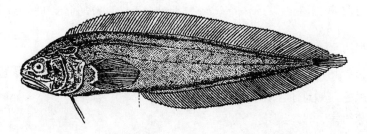

图 546　细鳞姬鼬鳚 Pycnocraspedum microlepis（Matsubara）
（依沈世杰，1984）

背鳍始于鳃孔上端上方。体淡褐色。深海鱼类。
分布：南海、台湾省西南部海域；日本。

矛鼬鳚属 Luciobrotula（Smith et Radcliffe，1913）

（本属有 3 种，南海产 1 种）

矛鼬鳚 Luciobrotula bartschi（Smith et Radcliffe，1913）〈图 547〉

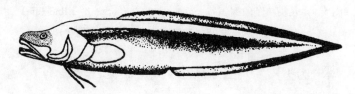

图 547　矛鼬鳚 Luciobrotula bartschi（Smith et Radcliffe）
（依王惠明，李思忠，1987，中国鱼类系统检索，图 1227）

吻平扁，吻端有一列 4 枚矛状小皮瓣。头部在上颌骨以上暗色；背鳍、臀鳍边缘黑色。栖息于水深 680～770 m 深海。

分布：南海、日本。

长趾鼬鳚属 Homostolus（Smith et Radcliffe，1913）

（本属仅1种）

长趾鼬鳚 Homostolus acer（Smith et Radcliffe，1913）〈图548〉
〔同种异名：日本长趾鼬鳚 H. japonicus（Matsubara，1943）〕

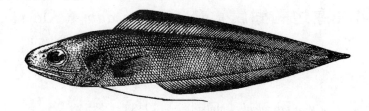

图548　长趾鼬鳚 Homostolus acer（Smith et Radcliffe）（全长108 mm）
（依成庆泰，田明诚，1981，图17）

腹鳍条长于头长。侧线鳞异形，呈大小两圆串连状。体淡褐色，背鳍、臀鳍边缘灰黑色。口腔后部、鳃腔和腹腔黑色。栖息于水深380～494 m深海。

分布：南海；菲律宾，日本。

单趾鼬鳚属 Monomitopus（Alcock，1890）

（本属有13种，南海产1种）

长头单趾鼬鳚 Monomitopus longiceps（Smith et Radcliffe，1913）〈图549〉

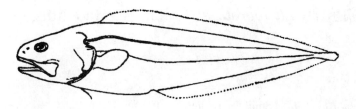

图549　长头单趾鼬鳚 Monomitopus longiceps（Smith et Radcliffe）
（依王惠明，李思忠，1987，中国鱼类系统检索）

侧线上方鳞7～8。体长为头长3.9倍。腹鳍长约等于眼径。

新鼬鳚属 Neobythites（Goode et Bean，1885）

（本属有30种，南海产2种）

种的检索表

1（2） 体侧无明显暗色横带和纵带，背鳍前半部具1椭圆形黑斑。体棕红色，腹侧色较淡；各鳍淡黄灰色；背鳍上缘、臀鳍后端和尾鳍常为棕褐色；腹鳍条黑色（分布：南海、台湾省西南部海域；日本、印度尼西亚；印度洋）·· 黑斑新鼬鳚 Neobythites nigromaculatus（Kamohara，1938）〈图550〉
2（1） 体前部有2褐色纵带，中部及后部有6条黑褐色弧状宽横带。体棕红色（分布：南海、台湾省西南部海域）············ 横带新鼬鳚 N. fasciatus（Smith et Radcliffe，1913）〈图551〉

图550 黑斑新鼬鳚 Neobythites nigromaculatus（Kamohara）（全长169 mm）
（依南海鱼类志，1962）

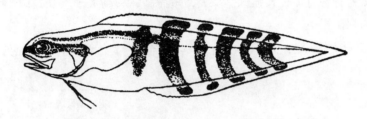

图551 横带新鼬鳚 N. fasciatus（Smith et Radcliffe）
（依李思忠、王惠明，1987，中国鱼类系统检索）

丝指鼬鳚属 Dicrolene（Goode et Bean，1883）

（本属有6种，南海产1种）

短丝指鼬鳚 Dicrolene tristis（Smith et Radcliffe，1913）〈图552〉

图552 短丝指鼬鳚 Dicrolene tristis（Smith et Radcliffe）
（依成庆泰、田明诚，1981，图16）

胸鳍下部7～11鳍条游离，呈丝状延长。体淡褐红色，口缘、口腔和鳃腔黑褐色。体长可达250 mm。水深560～1 100 m。

分布：南海、东海；日本、印度尼西亚，菲律宾。

棘鳃鼬鳚属 *Xyelacyba*（Cohen，1961）

(本属只1种)

梅氏棘鳃鼬鳚 *Xyelacyba myersi*（Cohen，1961）〈图553〉

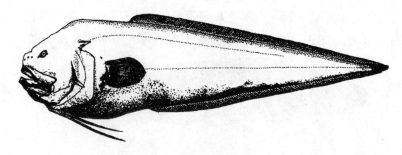

图553　梅氏棘鳃鼬鳚 *Xyelacyba myersi*（Cohen）（全长570 mm）

主鳃盖骨和前鳃盖骨各有1枚长强棘。头大，短而高，头高大于头长。眼小。体灰褐色；上下颌、鳃腔和各鳍均为深黑褐色。

分布：南海北部陆坡海域；日本；太平洋中部至西部、印度洋、大西洋；水深1 000～2 000 m处。

胎鼬鳚总科 Bythitoidae

[各阶元检索均参照李思忠（1987），中国鱼类系统检索]

科的检索表

1（2）　绝大多数种类有鳞；腹椎骨9～22个；有鳔 ………………………………………… 胎鼬鳚科 Bythitidae
2（1）　无鳞；腹椎骨26～48个；无鳔 ……………………………………………………… 胶鼬鳚科 Aphyonidae

胎鼬鳚科 Bythitidae

胎生，雄性个体具外生殖器。

亚科的检索表

1（2）　尾鳍与背鳍、臀鳍相连 …………………………………………………………………… 胎鼬鳚亚科 Bythitinae

2（1） 尾鳍不与背鳍、臀鳍相连 ·· 鳕鼬亚科 Brosmophycinae

胎鼬鳚亚科 Bythitinae

属的检索表

1（4） 头部无鳞；腭骨有齿。
2（3） 眼较大，约为上颌骨后端宽的2倍；主鳃盖骨有2棘，上棘位后上缘且上方有1舌状皮突起，下棘位前鳃盖骨后方且棘尖向下 ····························· 双棘鼬鳚属 Diplacanthopoma
3（2） 眼较小，约为上颌骨后端宽的1/2；主鳃盖骨只后上角有1小棘 ·································
·· 囊胃鼬鳚属 Saccogaster
4（1） 头体有鳞；腭骨无齿 ·· 独趾鼬鳚属 Pteraclis

双棘鼬鳚属 Diplacanthopoma（Günther，1887）

（本属有3种，南海产1种）

褐双棘鼬鳚 Diplacanthopoma brunnea（Smith et Radcliffe，1913）〈图554〉

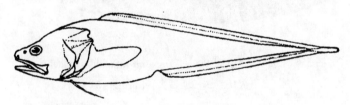

图554　褐双棘鼬鳚 Diplacanthopoma brunnea（Smith et Radcliffe）
（依李思忠，王惠明，1987，中国鱼类系统检索）

体褐色。南海有捕获。

囊胃鼬鳚属 Saccogaster（Alcock，1889）

（本属有3种，南海产1种）

毛突囊胃鼬鳚 Saccogaster tuberculata（Chan，1966）〈图555〉
〔同种异名：Barbuliceps tuberculatus（Chan）〕
分布：南海南部深海。

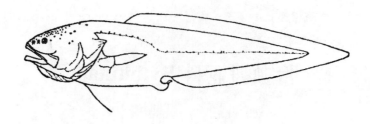

图 555　毛突囊胃鼬鳚 *Saccogaster tuberculata* (Chan)（全长 570 mm）
(依 Chan，1966)

独趾鼬鳚属 *Pteraclis*（Gronow，1772）

(南海产 1 种)

(异名：*Oligopus* Risso，1810)

短体独趾鼬鳚 *Pteraclis robustus*（Smith et Radcliffe，1913）〈图 556〉
〔同种异名：短体鼬鳚 *Grammonus robustus*（Sm. et Rad.，1913）；成庆泰、田明诚（1981）；短体独趾鼬鳚 *Oligopus robustus*，中国鱼类系统检索〕

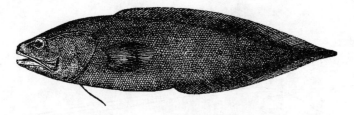

图 556　短体独趾鼬鳚 *Pteraclis robustus*（Smith et Radcliffe）
(依成庆泰，田明诚，1981，图 18)

背鳍 85~89；臀鳍 59~65；胸鳍 23~25；腹鳍 1；尾鳍 8。侧线在体中部断开成互相超越的上、下两部分。体紫褐色，头前部无鳞区、鳃盖边缘及各鳍黑褐色。

分布：南海北部陆坡海域，东海；菲律宾、日本；水深 200~350 m。

鳕鳚亚科 Brosmophycinae

双线鼬鳚属 *Dinematichthys*（Bleeker，1855）

(本属有 7 种，南海产 1 种)

前鼻孔位较高，距后鼻孔与距上唇约相等。吻长约为眼径 2 倍。腹鳍条成一丝状。
双线鼬鳚 *Dinematichthys iluocoeteoides*（Bleeker，1855）〈图 557〉

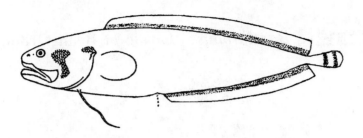

图 557　双线鼬鳚 *Dinematichthys iluocoeteoides*（Bleeker）
（依李思忠，王惠明，1987，中国鱼类系统检索，图1239）

背鳍 75~88；臀鳍 59~69；胸鳍 21~26；眼小；侧线鳞 107~109。体橙黄色至绿褐色，各鳍与体同色。一般体长 70 mm，最大体长 120 mm。

分布：南海；印度尼西亚、菲律宾、太平洋中部诸岛、澳大利亚、印度洋。

胶鼬鳚科 Aphyonidae

属的检索表

1（2）　胸鳍 13~19；长鳃耙 3~14；腭骨无齿；尾鳍 7~8 ·················· 胶鼬鳚属 *Aphyonus*
2（1）　胸鳍 21~26；长鳃耙 24~33；腭骨有齿；尾鳍 9~10 ················ 盲鼬鳚属 *Barathronus*

胶鼬鳚属 *Aphyenus*（Günther，1878）

（本属有4种，南海产1种）

眼退化，不可见。体无鳞。上颌无齿，下颌具细齿。

博林胶鼬鳚 *Aphyonus bolini*（Nielsen，1974）〈图558〉

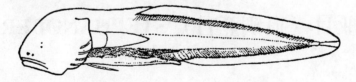

图 558　博林胶鼬鳚 *Aphyonus bolini*（Nielsen）
（依李思忠，王惠明，1987，中国鱼类系统检索，图1239）

背鳍始于胸鳍后部上方。
分布：南海。

盲鼬鳚属 Barathronus (Goode et Bean, 1886)

(本属有5种，南海产1种)

眼退化，埋于皮下。体无鳞。上下颌均有齿。

盲鼬鳚 Barathronus diaphanous (Brauer, 1906)〈图559〉

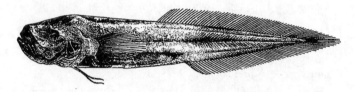

图559　盲鼬鳚 Barathronus diaphanous (Brauer)（全长103 mm）

（依成庆泰，田明诚，1981）

背鳍65；臀鳍51；胸鳍25；腹鳍1。体肉红色，腹膜棕褐色。

分布：南海；帝汶海（印度尼西亚）；印度洋非洲东岸；水深918～1 728 m处。

金眼鲷目 BERYCIFORMES

亚目的检索表

1（2）　腭骨无齿，犁骨也常无齿；无眶下骨棚；辅上颌骨缺或退化成1三角形小片；无侧线；无眶蝶骨；常被圆鳞；鳍棘均短弱 ………………… 奇金眼鲷亚目 STEPHANOBERYCOIDEI

2（1）　腭骨与犁骨均常有齿；具眶下骨棚；辅上颌骨2块；常具侧线；具眶蝶骨；被栉鳞；鳍棘发达 ………………………………………………………… 金眼鲷亚目 BERYCOIDEI

奇金眼鲷亚目（冠鲷亚目）STEPHANOBERYCOIDEI

孔头鲷科 Melamphaidae

[参照杨家驹等，1996]

体延长，侧扁。头具发达黏液腔。颌齿细小，成束。体被易脱落大圆鳞；侧线仅在后颞骨后方残留1～2有孔鳞。无鳃盖骨刺。背鳍棘Ⅱ—Ⅲ；胸鳍胸位或亚胸位，Ⅰ鳍棘6～9鳍条。

属的检索表

1（2） 鳞较大而少，从项背至尾鳍基一纵列鳞少于18；无辅上颌骨·········· 鳞孔鲷属 Scopelogadus
2（1） 鳞较小而多，从项背至尾鳍基一纵列鳞多于20；辅上颌骨1块。
3（4） 左右两侧鼻孔间具1伸向前上方的骨棘；头顶骨嵴冠状，边缘具小锯齿 ·····················
 ··· 犀孔鲷属 Poromitra
4（3） 左右两侧鼻孔间无伸向前上方的骨棘；头顶骨嵴不呈冠状，边缘光滑（无损伤时）。
5（6） 背鳍鳍棘鳍条总数少于16；成鱼眼小，通常小于头长的1/9 ········ 灯孔鲷属 Scopeloberyx
6（5） 背鳍鳍棘鳍条总数多于16；成鱼眼大小正常，通常大于头长的1/9 ·····················
 ··· 孔头鲷属 Melamphaes

鳞孔鲷属 Scopelogadus（Vaillant，1888）

（本属有2种，南海产1种）

大鳞鳞孔鲷 Scopelogadus mizolepis（Günther，1878）〈图560〉

图560 大鳞鳞孔鲷 Scopelogadus mizolepis（Günther）（全长20 mm）
（依杨家驹等，1996）

液浸标本头部黑褐色，躯干和尾柄浅褐色。除胸鳍呈黑褐色外，其他各鳍无色。
分布：南海深海；日本；太平洋西部、印度洋和大西洋的热带至温带深海。

犀孔鲷属 Poromitra（Goode et Bean，1883）

（本属有7种，南海产2种）

种的检索表

1（2） 背鳍Ⅲ12~14；眼较大，眼径大于眶下缘至上颌骨上缘距的1/2；项背至尾鳍基之间纵列
 鳞28~31。体深褐色，眼蓝黑色，各鳍色淡（分布：南海和东海的深海域；日本；太平

洋、印度洋和大西洋的热带、亚热带深海） ……………………………………………………
…………………………………… 厚头犀孔鲷 *Poromitra crassiceps*（Günther，1878）〈图561〉

2（1） 背鳍Ⅲ9～10；眼小，眼径小于眶下缘至上颌骨上缘距的1/4；项背至尾鳍基之间纵列鳞25～26。体褐色，各鳍色淡（分布：南海深海；日本；太平洋和印度洋的热带深海域）………
……………………………………… 小眼犀孔鲷 *P. oscitans*（Ebeling，1975）〈图562〉

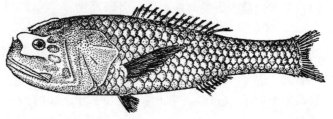

图561　厚头犀孔鲷 *Poromitra crassiceps*（Günther）
（依杨家驹等，1996，图158）

图562　小眼犀孔鲷 *P. oscitans*（Ebeling）
（依李思忠，王惠明，1987，中国鱼类系统检索，图1239）

灯孔鲷属 *Scopeloberyx*（Zugmayer，1911）

（本属有4种，南海产2种）

种的检索表

1（2） 腹鳍基前端几与胸鳍基下端相对或位于胸鳍基稍后，两者之间的水平距离为体长5%以下；第1鳃弓鳃耙总数19～25；眼较小，眼径小于眶下缘至上颌上缘距1/2。液浸标本体呈褐色，头部和腹部略带蓝黑色；各鳍无色（分布：南海深海；日本；太平洋、印度洋和大西洋的热带至亚寒带深海域）…………………………………………………………
…………………………… 高尾灯孔鲷 *Scopeloberyx robustus*（Günther，1887）〈图563〉

2（1） 腹鳍基距胸鳍基较远，两者之间的水平距离等于或大于体长10%；第1鳃弓鳃耙总数14～17；眼较大，眼径大于眶下缘至上颌上缘距1/2。液浸标本体呈浅褐色，头部色较深，其腹面及鳃盖呈黑褐色（分布：南海深海；日本；太平洋、印度洋和大西洋的热带至温带深海域） ……………………………… 后鳍灯孔鲷 *S. opisthopterus*（Parr，1933）〈图564〉

图563　高尾灯孔鲷 *Scopeloberyx robustus* (Günther)（全长85 mm）
（依 Ebeling and Weed, in Cohen and al., 1973）

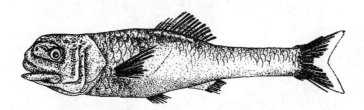

图564　后鳍灯孔鲷 *S. opisthopterus* (Parr)（全长28 mm）
（依杨家驹等，1996）

孔头鲷属 *Melamphaes*（Günther，1864）

（本属有17种，南海产2种）

[依杨家驹等，1996]

种的检索表

1（2）鳃耙总数19或更少；臀鳍Ⅰ—9；背鳍Ⅲ—16。液浸标本体呈深褐色；眼蓝黑色；各鳍色淡（分布：南海深海；太平洋、印度洋、东大西洋） ·· 洞孔头鲷 *Melamphaes simus*（Ebeling，1962）〈图565〉

2（1）鳃耙总数20或更多；臀鳍Ⅰ—8；背鳍Ⅲ—14～15。液浸标本体呈褐色，头部和腹部颜色较深（分布：南海深海；太平洋和大西洋的热带深海域） ·· 多耙孔头鲷 *M. leprus*（Ebeling，1962）〈图566〉

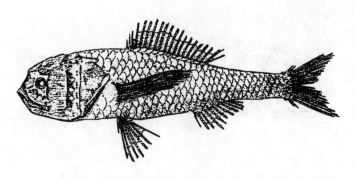

图 565　洞孔头鲷 *Melamphaes simus*（Ebeling）（全长 27.5 mm）
（依 Ebeling and Weed, in Cohen and al., 1973）

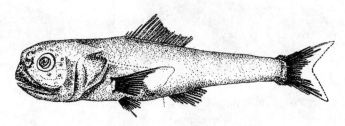

图 566　多耙孔头鲷 *M. leprus*（Ebeling）（全长 17 mm）
（依杨家驹等，1996）

金眼鲷亚目 BERYCOIDEI

［依李思忠、王惠民、伍亚明，1987，中国鱼类系统检索。中名有异］

科的检索表

1（2）　下颌有须一对；鳃膜条 4 ··· 须鳂科 Polymixiidae
2（1）　下颌无须；鳃膜条 8~9。
3（4）　无侧线；成年鱼背、臀鳍鳍条基间膜各有一洞；犁骨与腭骨无齿 ······ 洞鳍鲷科 Diretmidae
4（3）　有侧线；成年鱼背、臀鳍膜无小洞；犁骨与腭骨有齿。
5（8）　背鳍鳍棘部与鳍条部间无深凹刻。
6（7）　体腹缘无棱刺状鳞；臀鳍基较背鳍基长或略短；臀鳍棘 4 ··············· 金眼鲷科 Berycidae
7（6）　体腹缘有一行棱刺状鳞；臀鳍基较背鳍基短；臀鳍棘 1~2 ········ 燧鲷科 Trachichthyidae
8（5）　背鳍鳍棘部与鳍条部间有一深凹刻或分离。
9（10）　背鳍棘 10~13，鳍棘部与鳍条部间微连或略分离；臀鳍棘 4；腹鳍 I 7~10 ····················
··· 鳂科 Holocentridae
10（9）　背鳍棘 5~6，鳍棘部与鳍条部分离；无臀鳍棘；腹鳍 I-3 ······ 松球鱼科 Monocentridae

须鳂科 Polymixiidae

须鳂属 *Polymixia* (Lowe, 1838)

(本属有10种，南海产2种)

1 (2) 吻端突出于上颌之前；背鳍Ⅳ—Ⅵ27~32；侧线上方横列鳞9~11；背鳍第1~6鳍条之间上端与尾鳍后端淡褐色。液浸标本体呈灰褐色；鳞后缘乳白色或淡棕白色；鳍淡色，胸鳍腋部、腹鳍前缘灰黑色（分布：南海诸岛海域，台湾省东港和宜兰海域；日本；太平洋中部至西部，印度洋非洲东南沿岸） ·· 短须须鳂 *Polymixia berndti* (Gilbert, 1905) 〈图567〉

2 (1) 吻端不突出于上颌之前；背鳍Ⅳ—Ⅵ31~35；侧线上方横列鳞7~8；背鳍第1~6鳍条之间上端与尾鳍后端附近为亮黑色。液浸标本体呈褐色，背部色较暗，腹部色淡（分布：南海北部和东海的陆坡海域；日本、夏威夷、菲律宾） ·· 日本须鳂 *P. japonica* (Günther, 1877) 〈图568〉

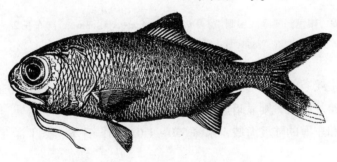

图567 短须须鳂 *Polymixia berndti* (Gilbert) （全长186 mm）
（依 Gilbert, 1905）

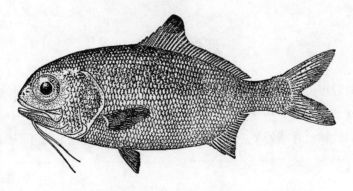

图568 日本须鳂 *P. japonica* (Günther) （全长175 mm）
（依熊国强等，1988，东海深海鱼类）

洞鳍鲷科 Diretmidae

洞鳍鲷属 *Diretmus*（Johnson，1864）

（本属只1种，南海有产）

银色洞鳍鲷（银眼鲷）*Diretmus argenteus*（Johnson，1864）〈图569〉

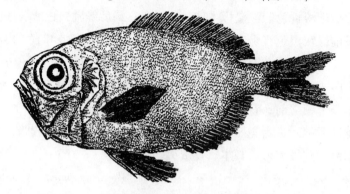

图569　银色洞鳍鲷（银眼鲷）*Diretmus argenteus*（Johnson）（全长245 mm）
（依 Woods and Sonoda，in Cohen and al.，1973）

背鳍和臀鳍全部由鳍条组成，每根鳍条两侧均具1列小刺，成年鱼在鳍条基间膜各有1孔洞。液浸标本暗褐色，如鳞片脱落，则显暗黑偏蓝。

分布：南海北部和东海的陆坡海域，水深530~1 030 m；日本；太平洋、印度洋和大西洋。

金眼鲷科 Berycidae

属的检索表

1（2）　眶前骨具向后短尖棘；背鳍棘Ⅳ；臀鳍条25以上，臀鳍基底长于背鳍基底 ·· 金眼鲷属 *Beryx*
2（1）　眶前骨无向后棘；背鳍棘Ⅴ—Ⅶ；臀鳍条20以下，臀鳍基底短于背鳍基底 ·· 拟棘鲷属 *Centroberyx*

金眼鲷属 Beryx（Cuvier，1829）

（本属有 2 种，南海产 1 种）

红金眼鲷 Beryx splendens（Lowe，1834）〈图 570〉

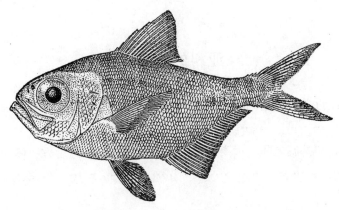

图 570　红金眼鲷 Beryx splendens（Lowe）（全长 225 mm）
（依熊国强等，1988，东海深海鱼类）

体长为体高 2.5～2.9 倍。体呈红色，液浸固定后色淡，略带橘黄色。
分布：南海、东海、台湾省西南；日本；澳大利亚、新西兰；大西洋。

拟棘鲷属 Centroberyx（Gill，1862）

（本属有 7 种，南海产 1 种）

线纹拟棘鲷 Centroberyx lineatus（Cuvier，1829）〈图 571〉
〔同种异名：棘鲷 Trachichthodes lineotus，南海鱼类志，1962〕

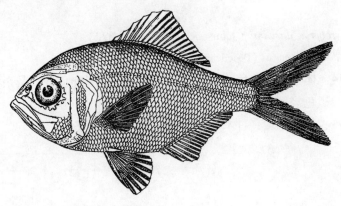

图 571　线纹拟棘鲷 Centroberyx lineatus（Cuvier）（全长 220 mm）
（依张春霖，张有为，1962，南海鱼类志，图 203）

鲜本体鲜红色带橙黄色，各鳍淡红色，鳞具闪光。

分布：南海；日本海；太平洋西部、印度洋。本种在南海南部陆架局部海域可有小批量捕获。一般体长 220～230 mm。

燧鲷科（棘鲷科）Trachichthyidae

亚科的检索表

1（2） 肛门位于臀鳍近前方，远离腹鳍；腹中线棱鳞在肛门前方；体侧腹缘部和喉胸部无发光器 ………………………………………………………………………………… 燧鲷亚科 Trachichthyinae
2（1） 肛门位于两腹鳍基底之间，远离臀鳍；腹中线棱鳞在肛门后方；体侧腹缘部和喉胸部具长形发光器 ………………………………………………………… 臀棘鲷亚科 Paratrachichthyinae

燧鲷亚科（棘鲷亚科）Trachiehthyinae

属的检索表

1（2） 背鳍中央鳍棘最长；侧线鳞与其他体鳞同大；犁骨有齿 …………… 桥棘鲷属 Gephyroberyx
2（1） 背鳍最后鳍棘最长；侧线鳞显著大于其他体鳞；犁骨无齿 ………… 胸棘鲷属 Hoplostethus

桥棘鲷属 Gephyroberyx（Boulenger，1902）

（本属有 2 种，南海产 1 种）

达氏桥棘鲷 Gephyroberyx darwinii（Johnson，1866）〈图 572〉

〔同种异名：日本桥棘鲷 G. japonicus（Doderlein，1883）〕

背鳍Ⅶ—Ⅷ13～14。体呈浅紫蓝色。头部除唇和头背部呈淡红色外，其余大部为银灰色。各鳍为淡红色。口腔和鳃腔黑色。

分布：南海和台湾省西南海域；日本太平洋侧近海。深海鱼类。

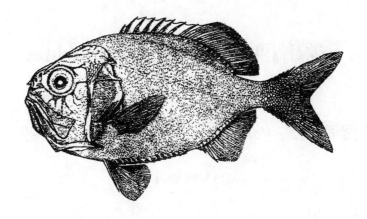

图 572　达氏桥棘鲷 *Gephyroberyx darwinii*（Johnson）（全长 173.5 mm）
（依 Woods and Sonoda, in Cohen and al., 1973）

胸棘鲷属 *Hoplostethus*（Cuvier，1829）

（本属有 27 种，南海产 1 种）

红胸棘鲷 *Hoplostethus mediterrancus*（Cuvier，1829）〈图 573〉

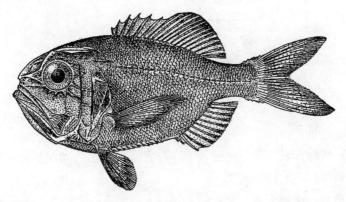

图 573　红胸棘鲷 *Hoplostethus mediterrancus*（Cuvier）（全长 153 mm）
（依熊国强等，1988，东海深海鱼类，图 164）

液浸标本体灰褐色，各鳍淡色。口腔和腹腔黑色。
分布：南海和东海的陆坡海域，台湾省西南海域；太平洋、印度洋、地中海和大西洋。

臀棘鲷亚科 Paratrachichthyinae

臀棘鲷属 *Paratrachichthys* (Waite, 1899)

(本属约3种，南海产1种)

前肛臀棘鲷 *Paratrachichthys prosthemius* (Jordan et Fowler, 1902) 〈图574〉

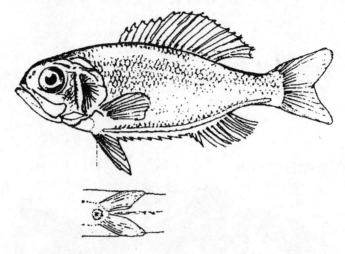

图574 前肛臀棘鲷 *Paratrachichthys prosthemius* (Jordan et Fowler)
(依沈世杰，1984)

鳃盖上部具1棘；腹缘部发光器自胸鳍基下端与腹鳍基后端之间起延伸至尾柄中间之后。体蓝紫色，各鳍、吻背及唇淡红色。深海鱼类。

分布：南海和台湾省西南部海域；日本。

鳂科 Holocentridae

体被强栉鳞或棘鳞。两颌、犁骨和腭均具齿。具假鳃及鳃耙。背鳍可收于鳞鞘形成的沟中，鳍棘数11~12。臀鳍具Ⅳ棘。腹鳍Ⅰ-7；胸位。

亚科的检索表

1（2） 臀鳍条10以上；前颌骨后突起不达眼间隔；上颌骨至少达眼后缘；前鳃盖骨角无长棘（棘盖鳂属 *Corniger* 除外） ················· 锯鳞鱼亚科 Myripristinae

2 (1) 臀鳍条 7~10；前颌骨后突起达眼间隔；上颌骨不达眼后缘；前鳃盖骨角具1长棘 …… 鳂亚科 Holocentrinae

锯鳞鱼亚科 Myripristinae

属的检索表

1 (2) 背鳍棘XII，各鳍棘间均有鳍膜连接；鳞片露出部表面具多条平行而明显凸起的鳞嵴，相邻鳞嵴间距较大且长短悬殊，以"长－短－长－短"形式排列，长嵴后端形成鳞后缘强锯齿；主鳃盖骨有1长棘；侧线鳞 28~30 ……………………………… 骨鳂属 Ostichthys
2 (1) 背鳍棘XI，最后2棘分离；鳞片露出部表面具多条平行而稍凸的鳞嵴，相邻鳞嵴距离小，不呈长短悬殊，每一鳞嵴后端均构成鳞后缘细锯齿；主鳃盖骨有或无棘；侧线鳞 27~43 … ……………………………………………………………… 锯鳞鱼属 Myripristis

骨鳂属 Ostichthys（Jordan et Evermann，1896）

(本属有10种，南海产2种)

种的检索表

1 (2) 背鳍鳍棘部中间下方与侧线之间横列鳞3.5枚；背鳍最后鳍棘显著比其前一鳍棘长；鳞片中间不呈白色。体呈淡红色，各鳞具闪光；液浸标本体呈橙黄色（分布：南海、东海和台湾省海域；日本；太平洋中部至西部）………………………………………………………
…………………………………… 日本骨鳂 Ostichthys japonicus (Cuvier, 1829)〈图 575〉
2 (1) 背鳍鳍棘部中间下方与侧线之间横列鳞2.5枚；背鳍最后鳍棘比其前一鳍棘稍短或等长；鳞片中间呈白色，使鱼体侧形成多条白色纵带。体呈红色（分布：南海南部陆坡海域，台湾省海域；日本等）………………………… 深海骨鳂 O. kaianus (Günther, 1880)〈图 576〉

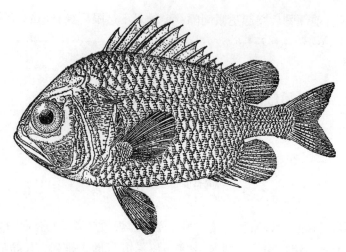

图 575　日本骨鳂 *Ostichthys japonicus* (Cuvier)（全长 410 mm）
（依熊国强等，1988，东海深海鱼类，图 161）

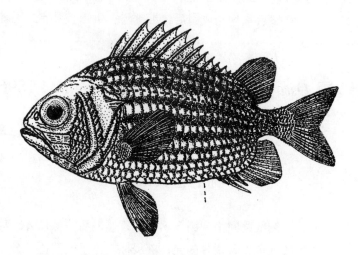

图 576　深海骨鳂 *O. kaianus* (Günther)（全长 228 mm）

锯鳞鱼属 *Myripristis*（Cuvier，1829）

（本属有 26 种，南海产 7 种）

种的检索表

1（4）　侧线鳞 33 以上。
2（3）　侧线鳞 33~37；臀鳍第三鳍棘长于第四鳍棘；眼间隔较窄。体及胸鳍、腹鳍红色，体下侧和鳃盖色较淡；主鳃盖骨后缘皮膜暗褐色斑较长。成鱼的背鳍、臀鳍、尾鳍一致呈金黄色，幼鱼仅在背鳍、臀鳍、尾鳍末端呈金黄色（分布：南海南沙群岛水域，台湾省东部海域；日本；太平洋中部至西部） ························ 黄鳍锯鳞鱼 *Myripristis chryserex* (Jordan et Evermann，1903)〈图 577〉

3（2） 侧线鳞37~39；臀鳍第三鳍棘短于第四鳍棘；眼间隔较宽。体及各鳍鲜红色，背侧色深，下侧色浅；主鳃盖骨后缘皮膜暗褐色斑较短（分布：南海诸岛海域、台湾省海域；日本；太平洋、印度洋） ·················· 红锯鳞鱼 M. pralinia（Cuvier，1829）〈图578〉

4（1） 侧线鳞28~30。

5（6） 背鳍鳍棘部除中央及下缘外均为黑色；奇鳍鳍条部后缘一带呈宽黑边；主鳃盖骨棘后方有一圆黑斑；胸鳍腋部有黑斑。体淡红色；头部在颊部前方呈灰黑色；鳞缘灰色（分布：南海诸岛海域，台湾省海域；日本；太平洋、印度洋） ··················
······························ 焦黑锯鳞鱼 M. adusta（Bleeker，1853）〈图579〉

6（5） 背鳍鳍棘无任何黑色斑纹；成鱼奇鳍鳍条部后缘一带也不呈黑色，但幼鱼在奇鳍鳍条部顶角处或有黑斑。

7（10） 下颌每侧有前后两群锥状牙；胸鳍基内侧有或无小鳞。

8（9） 胸鳍基内侧无小鳞。体及各鳍橙黄色，腹鳍色淡。成鱼主鳃盖骨后缘皮膜暗褐色（液浸固定后消失）；幼鱼（体长200 mm以下）主鳃盖骨后缘皮膜黑色，奇鳍鳍条部顶角有黑斑；腹鳍、臀鳍前缘和尾鳍的外缘及背鳍鳍条部前缘白色（分布：南沙群岛海域、台湾省海域；日本；西太平洋） ·············· 博氏锯鳞鱼 M. botche（Cuvier，1829）〈图580〉
〔同种异名：M. melanosticta，台湾鱼类志（黑框松毬）（非南海诸岛海域鱼类志所载）〕

9（8） 胸鳍基内侧有黑色小鳞。体及各鳍红色，腹鳍色淡；主鳃盖骨中间及后缘皮膜有暗褐色斑（分布：南海诸岛海域；日本琉球列岛以南；印度-西太平洋） ······························
······························ 齿颊锯鳞鱼 M. hexagona（Lacépède，1802）〈图581〉

10（7） 幼鱼下颌每侧有一群锥状牙，但成鱼时不明显；胸鳍基内侧有小鳞。

11（12） 奇鳍鳍条部与腹鳍前缘乳白色；瞳孔上方不呈黑色。体紫褐色，各鳍红色；主鳃盖骨后缘皮膜至胸鳍基有1深紫褐色带状斑（分布：南海诸岛海域，台湾省海域；日本琉球列岛以南；印度-西太平洋） ·········· 白边锯鳞鱼 M. murdjan（Forskål，1775）〈图582〉

12（11） 奇鳍鳍条部与腹鳍前缘不呈乳白色；瞳孔上方虹彩肌黑色。体紫红色；主鳃盖骨后缘皮膜至胸鳍基有1黑褐色带状斑（分布：南海诸岛海域，台湾省东部海域；日本琉球列岛以南；印度-西太平洋） ············ 紫红锯鳞鱼 M. violacea（Bleeker，1851）〈图583〉
〔同种异名：短吻锯鳞鱼 M. schultzei Seale，南海诸岛海域鱼类志〕

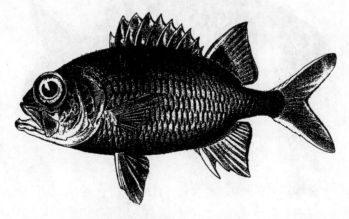

图577 黄鳍锯鳞鱼 Myripristis chryserex（Jordan et Evermann）
（依 Jordan et Evermann，1905）

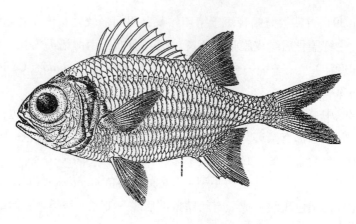

图 578 红锯鳞鱼 M. pralinia（Cuvier）（全长 228 mm）
（依李思忠，1979，南海诸岛海域鱼类志）

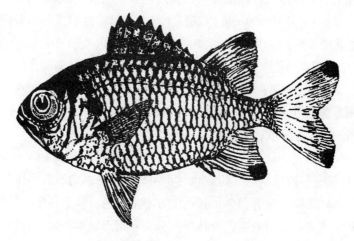

图 579 焦黑锯鳞鱼 M. adusta（Bleeker）
（仿沈世杰，1984）

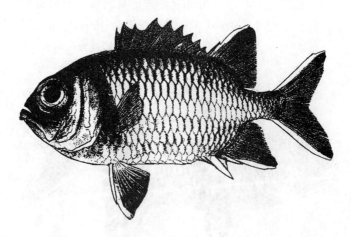

图 580 博氏锯鳞鱼 M. botche（Cuvier）（体长 160 mm）

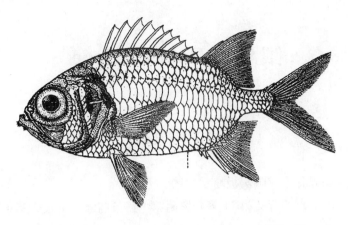

图 581　齿颊锯鳞鱼 M. hexagona（Lacépède）（体长 160 mm）

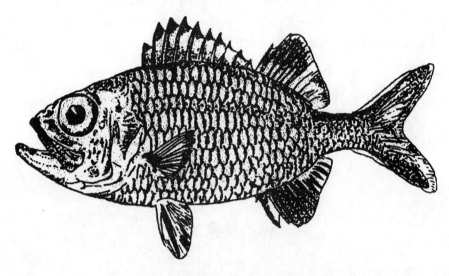

图 582　白边锯鳞鱼 M. murdjan（Forskål）
（依沈世杰，1984）

图 583　紫红锯鳞鱼 M. violacea（Bleeker）（体长 157 mm）
（依李思忠，1979，南海诸岛海域鱼类志）

鳂牙科 Holocentrinae

属的检索表

1（4） 前耳骨侧突与副蝶骨形成眼窝板嵴状后缘。
2（3） 基蝶骨后上端不突出；背鳍第 11 鳍棘紧附第 1 鳍条前缘，常长于第 10 鳍棘；下颌较上颌长 ·· 新东洋鳂属 *Neoniphon*
3（2） 基蝶骨后上端有一长凸起；背鳍第 11 鳍棘与第 1 鳍条有间距，且短于第 10 鳍棘；下颌不较上颌长 ·· 真鳂属 *Holocentrus*
4（1） 前耳骨侧突不与副蝶骨形成眼窝板嵴状后缘 ·························· 棘鳞鱼属 *Sargocentron*

新东洋鳂属 *Neoniphon*（Castelnau，1875）

〔异名：长颊鳂属 *Flammeo*（Jordan et Evermann，1898）〕

（本属有 7 种，南海产 5 种）

种的检索表

1（4） 背鳍鳍棘部有明显的红黑色大斑。
2（3） 背鳍鳍棘部鳍膜大部红黑色，仅上下缘乳白色；臀鳍Ⅳ9~10。头体背侧淡红色，腹侧白色；体鳞前后缘色较暗；背鳍鳍条部与尾鳍外缘部及臀鳍第 3 棘后附近深红色，其余为橘黄色；胸鳍淡红色，腹鳍白色。大鱼体长可达 280 mm（分布：南海诸岛海域、台湾省海域；日本；太平洋，印度洋） ···
····················· 黑鳍新东洋鳂 *Neoniphon opercularis*（Valenciennes，1831）〈图 584〉
〔同种异名：白边鳂 *Holocentrus*（*Flammeo*）*opercularis*，南海诸岛海域鱼类志；白边长颊鳂 *Flammeo opercularis*，中国鱼类系统检索〕
3（2） 背鳍第 1~4 鳍棘间有一红黑色大斑，余下各鳍棘间膜上缘紫红色，下方色淡；臀鳍Ⅳ-8。头体背侧紫红色，腹侧色淡；颊部及体侧鳞中央呈紫红色小斑状，致体侧常现 11 条窄纵带纹；偶鳍淡紫红色，其他鳍黄色而前缘呈紫红色条带状。大鱼体长可达 304.8 mm（分布：南海诸岛海域、台湾省海域；日本；红海） ···
······························· 条新东洋鳂 *N. sammara*（Forskål，1775）〈图 585〉
〔同种异名：条鳂 *H.*（*F.*）*sammara*，南海诸岛海域鱼类志；条长颊鳂 *Flammeo sammara*，中国鱼类系统检索〕
4（1） 背鳍鳍棘部无红黑色斑。
5（6） 侧线上方横列鳞 2.5；胸鳍 12~13（13）。头体背侧红色，腹侧银白色稍显红色；背鳍鳍棘部鳍膜全为红色，上缘深红；体侧沿侧线有一暗红色纵带；后背鳍及其余各鳍淡红色，尾鳍外缘色较深（分布：南海诸岛海域；日本；太平洋、印度洋）……………………………………………………… 银新东洋鳂 *N. argenteus*（Valenciennes，1831）〈图586〉

〔同种异名：光长颏鳂 *Flammeo argenteus*，中国鱼类系统检索〕

6（5）侧线上方横列鳞3.5；胸鳍14以上。

7（8）胸鳍14；前鳃盖骨棘短于瞳孔。头体背侧红色，腹侧近乎乳白色；鳞后缘色较淡有金属光泽，鳞中央有褐色斑纹；奇鳍淡红色，背鳍鳍棘部色较深，其上半部尤明显；背鳍鳍条部与尾鳍前缘及第一臀鳍条深红色（液浸后常呈黑褐色）；偶鳍色甚淡（分布：南海诸岛海域；太平洋、印度洋）……………… 光滑新东洋鳂 *N. laevis*（Günther，1859）〈图587〉

〔同种异名：光鳂 *H.*（*F.*）*laevis*，南海诸岛海域鱼类志〕

8（7）胸鳍18；前鳃盖骨棘长而粗壮，明显长于瞳孔。头体背侧褐红色，腹侧淡黄色；背鳍第1~3鳍棘之间鳍膜褐红色，自第3鳍棘之后起，鳍棘间膜褐红色逐渐向上缘减缩，呈三角形，鳍棘间膜其余部分呈淡黄色；尾鳍褐红色，后缘色淡；胸鳍、腹鳍以及臀鳍第四鳍棘及其后和背鳍鳍条部淡褐红色；体侧鳞片中央具褐红色斑，致体侧显现10余条纵带纹（分布：南海诸岛海域；夏威夷群岛海域）……………………………………………………… 怒容新东洋鳂 *N. scythrops*（Jordan et Evermann，1903）〈图588〉

〔同种异名：*Flammeo scythrops*〕

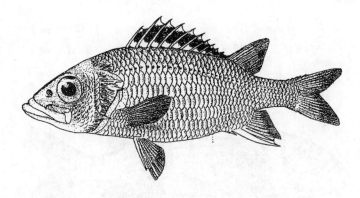

图584 黑鳍新东洋鳂 *Neoniphon opercularis*（Valenciennes）（体长223 mm）
（依李思忠，1979，南海诸岛海域鱼类志，图49）

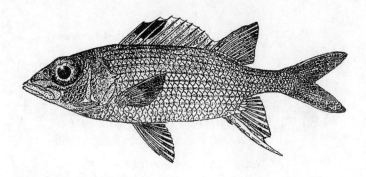

图585 条新东洋鳂 *N. sammara*（Forskål）（体长172 mm）
（依李思忠，1979，南海诸岛海域鱼类志，图50）

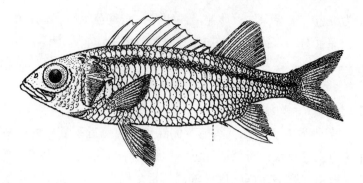

图 586　银新东洋鳂 N. *argenteus*（Valenciennes）（体长 178 mm）

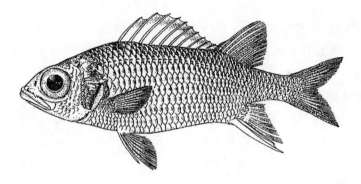

图 587　光滑新东洋鳂 N. *laevis*（Günther）（体长 127.5 mm）
（依李思忠，1979，南海诸岛海域鱼类志，图 51）

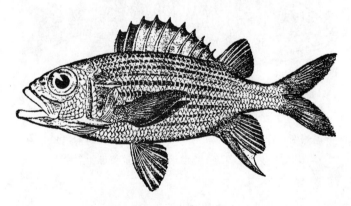

图 588　怒容新东洋鳂 N. *scythrops*（Jordan et Evermann）
（依 Jordan et Evermann，1905）

真鳂属 Holocentrus（Scopoli，1777）

（本属有 5 种，南海产 1 种）

细鳞真鳂 *Holocentrus bleekeri*（Weber，1913）〈图 589〉

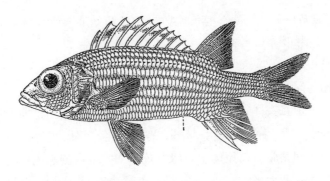

图589 细鳞真鳂 *Holocentrus bleekeri* (Weber)（体长149 mm）
（依他思忠，1979，南海诸岛海域鱼类志，图59）

头体鲜红色，腹侧乳白色；体侧约有11条深红色纵纹，其中最上3条近黑红色；红色纵纹间为浅色纵纹，具金属光泽，两种纵纹宽度相似，位于侧线上方一条和下方2~3条浅色纵纹近银白色；各鳍红色；背鳍鳍棘部上缘深红色，液浸固定后常呈黑褐色。大鱼体长约达166 mm。

分布：西沙群岛海域；新几内亚、菲律宾、印度尼西亚。

棘鳞鱼属 *Sargocentron* (Fowler，1904)

〔异名：鳂属 *Adioryx* (Starks，1908)〕

（本属有29种，南海产10种）

种的检索表

1（2） 前背鳍（背鳍鳍棘部）中间与侧线之间横列鳞3.5。前鳃盖骨棘长于眼径；侧线鳞44。头体玫瑰红色，鳞后缘及体腹侧色较淡；前鳃盖骨后上缘、眶下骨及鳃盖骨后缘附近呈乳白色纹状；眼后附近有1深红色斑；颊部上方数鳞深红色，后缘黄色；背鳍、臀鳍鳍棘深红色，前背鳍鳍膜有数个深红色条斑，其他鳍黄色（分布：南海诸岛海域、台湾省海域；日本；太平洋、印度洋）…… 尖吻棘鳞鱼 *Sargocentron spiniferum* (Forskål，1775)〈图590〉
〔同种异名：棘鳂 *Holocentrus* (*Holocentrus*) *spinifer*，南海诸岛海域鱼类志；棘鳂 *Adioryx spinifer*，中国鱼类系统检索〕

2（1） 前背鳍中间与侧线之间横列鳞2.5。

3（8） 侧线鳞33~37；鳃盖骨后上角有2扁棘。

4（5） 后鼻孔周缘无小棘。眶前骨向外侧有一横棘突；侧线鳞33~37（35）；背鳍Ⅺ12~14（13）；前鳃盖骨棘长约为眼径3/4。头体鲜红至褐红色，体侧有8~9条具白色金属光泽的纵条，淡色条纹间为褐红色纵条；背侧第二条褐红色纵条在后背鳍（背鳍鳍条部）下方处常呈黑褐色；前鳃盖骨后缘乳白色横纹状；各鳍与体色同色，较淡；后背鳍与尾鳍外侧缘及第一臀鳍条前后呈深色；腹鳍前缘和臀鳍鳍棘乳白色。体长可达265 mm（分布：南海诸岛和南海北部沿海，台湾省海域；日本；印度-西太平洋；地中海东部）………… 点带棘鳞鱼 *S. rubrum* (Forskål，1775)〈图591〉

335

〔同种异名：红鳂 *Holocentrus rubber*，南海鱼类志；红鳂 *H.*（*H.*）*ruber*，南海诸岛海域鱼类志；红双棘鳂 *Dispinus ruber*，中国鱼类系统检索〕

5（4） 后鼻孔周缘具小棘。

6（7） 后背鳍、臀鳍与尾鳍三者的鳍基附近各有一个大黑斑；后鼻孔后缘有2~3小棘；上颌前端突出于下颌之前。头体背侧红色；纵行鳞之间银白至黄色；前背鳍膜中间白色，上下各有不规则纵条纹；后背鳍、胸鳍、腹鳍、臀鳍和尾鳍鳍条黄色；腹鳍膜、臀鳍第三棘基部和第四棘及两者间鳍膜以及尾鳍上下缘红色，胸鳍基内侧黑色（分布：南海诸岛海域；台湾省海域；日本；西太平洋）……………… 角棘鳞鱼 *S. cornutum* (Bleeker, 1853)〈图592〉

〔同种异名：*S. melanospilos* (Bleeker, 1858)〕

7（6） 奇鳍基附近无大黑斑；后鼻孔前后缘各有1~3小棘；上颌不突出于下颌之前。头体紫红色；鳞后缘红色；鳃盖骨后缘在上棘上方有1黑斑；前背鳍鳍膜大部紫色，上缘黄色，黄纹下白色云状；其他鳍与口周红色（分布：南海诸岛海域；日本；印度洋、太平洋）……………………………………………… 白边棘鳞鱼 *S. violaceum* (Bleeker, 1853)〈图593〉

〔同种异名：紫鳂 *H.*（*H.*）*violaceus*，南海诸岛海域鱼类志；紫鳂 *Adioryx violaceus*，中国鱼类系统检索〕

8（3） 侧线鳞38~56。

9（10） 鳃盖骨后上角仅1棘。侧线鳞46；头体背侧艳红色，腹侧色渐浅。体侧上部有4条黄色纵纹，其下方有5条银白色纵纹。胸鳍基内侧与腋部深红色，中间有1乳白色长斑。各鳍淡红色；前背鳍上缘深红色，鳍膜微黄；后背鳍及臀鳍前缘深红色，其余部分呈白色；腹鳍前缘近白色；尾鳍前部及上下侧缘深红色，在上下叶形成两个顶角相接而成轴对称的长三角形斑。大鱼体长可达227.2 mm（分布：南海诸岛海域，台湾省南部海域；太平洋中部至西部、印度洋）…………… 黄纹棘鳞鱼 *S. furcatum* (Günther, 1859)〈图594〉

〔同种异名：黄纹鳂 *H.*（*H.*）*furcatus*，南海诸岛海域鱼类志；黄纹鳂 *Adioryx furcatus*，中国鱼类系统检索〕

10（9） 鳃盖骨后上角有2~3棘。

11（14） 侧线鳞38~46。

12（13） 鼻骨前端叉状；后鼻孔有小刺；侧线鳞38~43。头体红色，腹侧色较淡；鳞后缘白色；胸鳍基附近有1深红色斑，鳍基内侧白色；小鱼尾柄背侧前端有1银白色大斑，体长约200 mm以上的大鱼尾部和腹侧完全呈白色；前背鳍上缘、后背鳍前缘、尾鳍上下缘以及臀鳍第三至第四鳍棘间鳍膜深红色。体长可达210 mm（分布：南海诸岛海域；台湾省南部海域；日本；印度-太平洋）………………………………………………………………………… 斑尾棘鳞鱼 *S. caudimaculatum* (Rüppell, 1838)〈图595〉

13（12） 鼻骨前端圆形；后鼻孔无小刺；侧线鳞42~46。头体背侧淡褐红色，腹侧色较淡；鳞片中央淡色有蓝色光泽，常构成体侧横纹状；胸鳍基附近及内侧与体色一致；鳃盖膜乳白色；前背鳍鳍间膜上部深红色，中部乳白色，其下透明无色，至基部则为淡红色；后背鳍及其余各鳍红色。体长约可达170 mm（分布：南海诸岛海域；台湾省海域；印度-太平洋）……………… 乳斑棘鳞鱼 *S. lacteoguttatum* (Cuvier, 1829)〈图596〉

〔同种异名：乳斑鳂 *H.*（*H.*）*lacteoguttatus*，南海诸岛海域鱼类志；乳斑鳂 *Adioryx lacteoguttatus*，中国鱼类系统检索〕

14（11） 侧线鳞46~56。

15（16）鼻骨前端叉状，后段无小刺；前鳃盖骨棘长约等同眼径；侧线鳞49~52。50 mm 以下标本下颌较上颌短，体长较大的标本上下颌等长。头体浅红色至深红色；鳞片中间部分呈深红色至褐红色，在体侧构成约 10 条并排纵条纹；前背鳍鳍间膜深红色，上缘白色，向下为红色，但中间呈白色而在各鳍棘间断续连接呈一白色纵纹；后背鳍及其他各鳍红色。体长可达 283 mm（分布：南海诸岛海域；台湾省南部海域；日本；印度－太平洋）……………………………………………… 赤鳍棘鳞鱼 S. tiere（Cuvier, 1829）〈图 597〉

〔同种异名：赤鳂 H.（H.）erythraeus（非 Günther），南海诸岛海域鱼类志；赤鳂 Adioryx tiere，中国鱼类系统检索〕

16（15）鼻骨前端非叉状。

17（18）鼻骨后段有小棘；前背鳍鳍膜浅红色，上下缘白色，近上缘处有一褐红色宽斑，断续形成前背鳍上部宽纵带纹；侧线鳞49~56。头体红色，体侧具 9~10 条白色纵带纹；胸鳍腋部褐红色；后背鳍及其他各鳍淡色或白色；臀鳍第三鳍棘与第一鳍条间鳍膜和尾鳍外缘红色（分布：南海诸岛海域；夏威夷群岛；日本；印度－太平洋）……………………
……………………………………………… 长棘鳞鱼 S. microstoma（Günther, 1859）〈图 598〉

〔同种异名：小口鳂 Adioryx microstomus，中国鱼类系统检索〕

18（17）鼻骨后段无小棘；前背鳍上缘白色，其下大部为黑红色区，其中在前部下侧和后部上侧各有一条白色纵纹；侧线鳞46~50。头体呈红色，体侧约有 10 条白色纵带纹；胸鳍腋部深红色；前鳃盖骨后缘有一白色横纹；胸鳍淡红色；后背鳍及其余各鳍红色；腹鳍、臀鳍前缘白色（分布：南海诸岛海域；台湾省南部海域；日本；印度－太平洋）……
……………………………………………… 黑鳍棘鳞鱼 S. diadema（Lacépède, 1802）〈图 599〉

〔同种异名：白纹鳂 H.（H.）diadema，南海诸岛海域鱼类志；白纹鳂 Adioryx diadema，中国鱼类系统检索〕

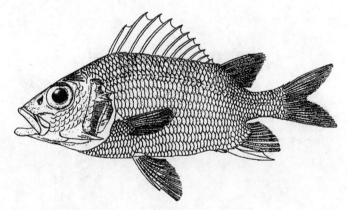

图 590　尖吻棘鳞鱼 Sargocentron spiniferum（Forskål）（体长 126.3 mm）

（依李思忠，1979，南海诸岛海域鱼类志，图 52）

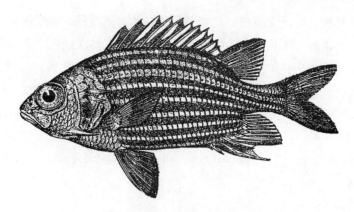

图 591 点带棘鳞鱼 S. rubrum (Forskål)（体长 164 mm）
（依李思忠，1979，南海诸岛海域鱼类志，图 53）

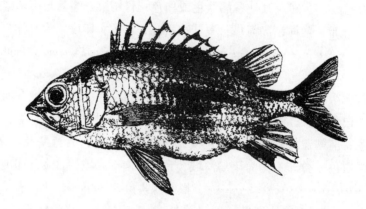

图 592 角棘鳞鱼 S. cor nutum (Bleeker)（体长 76 mm）

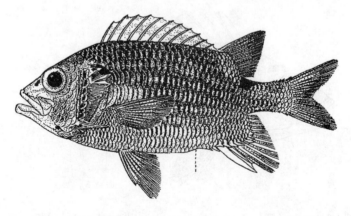

图 593 白边棘鳞鱼 S. violaceum (Bleeker)（全长 150 mm）
（依李思忠，1979，南海诸岛海域鱼类志，图 54）

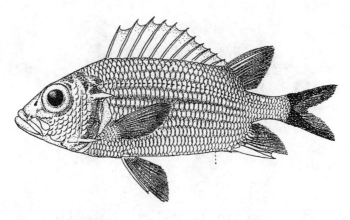

图 594　黄纹棘鳞鱼 S. *furcatum* (Günther)（全长 180.3 mm）
（依李思忠，1979，南海诸岛海域鱼类志，图 55）

图 595　斑尾棘鳞鱼 S. *caudimaculatum* (Rüppell)（体长 167.5 mm）
（依李思忠，1979，南海诸岛海域鱼类志，图版 II 图 7）

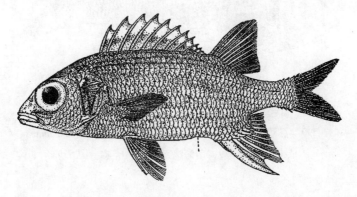

图 596　乳斑棘鳞鱼 S. *lacteoguttatum* (Cuvier)（体长 82.1 mm）
（依李思忠，1979，南海诸岛海域鱼类志，图 56）

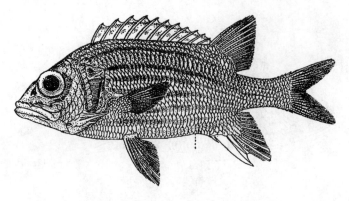

图 597　赤鳍棘鳞鱼 S. tiere（Cuvier）（体长 191 mm）
（依李思忠，1979，南海诸岛海域鱼类志，图 58）

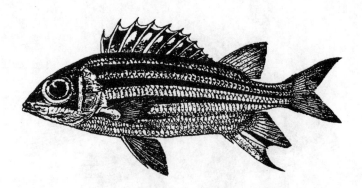

图 598　长棘鳞鱼 S. microstoma（Günther）（体长 170 mm）

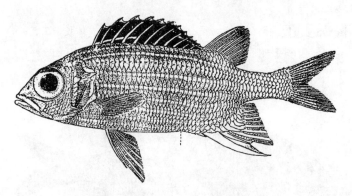

图 599　黑鳍棘鳞鱼 S. diadema（Lacépède）（体长 122 mm）
（依李思忠，1979，南海诸岛海域鱼类志，图 57）

松球鱼科 Monocentridae

松球鱼属 *Monocentris* (Bloch et Schneider, 1801)

(本属有 2 种，南海产 1 种)

日本松球鱼 *Monocentris japonica* (Houttuyn, 1782) 〈图 600〉

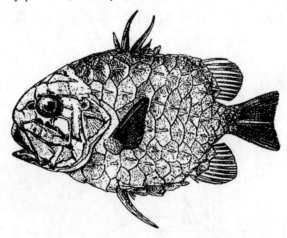

图 600　日本松球鱼 *Monocentris japonica* (Houttuyn) (体长 85 mm)
(依张春霖，1963，东海鱼类志)

鳞为骨片状，有棱突，背鳍棘和腹鳍棘均强壮；臀鳍无棘，仅有鳍条；下颌前端左右两侧缘各有一圆形发光器。头体浅褐黄色；鳞片周缘黑色。渔业底拖网常捕获，但数量少。

分布：南海至黄海；日本；印度洋-太平洋。

海鲂目 ZEIFORMES

科的检索表

1 (2)　鳞高而窄，细小，呈垂直排列，相互密接 ·············· 线菱鲷科 Grammicolepidae
2 (1)　无鳞，或具小圆鳞或栉鳞，如具鳞则绝不呈垂直排列。
3 (4)　腭骨有牙；脊椎骨 31~40；背鳍棘 Ⅶ—Ⅷ；腹鳍 Ⅰ 6~9；口大，斜位；体无鳞或具小鳞 ··· 海鲂科 Zeidae
4 (3)　腭骨无牙；脊椎骨 21~23；背鳍棘 Ⅶ—Ⅸ；腹鳍 Ⅰ 5；口小，近垂直；体密被栉鳞 ·· 菱鲷科 Antigonidae

线菱鲷科（的鲷科）Grammicolepidae

（本科有3属，南海产2属）

属的检索表

1（2） 头背缘在眼上方处向下弯凹；口几垂直向上；幼鱼和成鱼在体侧不具棘状小骨板；背鳍 Ⅳ~Ⅵ28~31 ··· 菱的鲷属 *Xenolepidichthys*
2（1） 头背缘在眼上方处向上弯凸；口斜向，朝前；体长190 mm 以下幼体体侧有棘状小骨板；背鳍Ⅵ33~34 ··· 线菱鲷属 *Grammicolepis*

菱的鲷属 *Xenolepidichthys*（Gilchrist，1922）

（本属仅1种，南海有产）

菱的鲷 *Xenolepidichthys dalgleishi*（Gilchrist，1922）〈图601〉

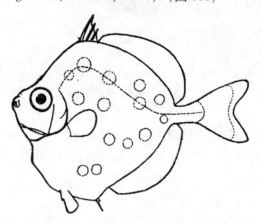

图601 菱的鲷 *Xenolepidichthys dalgleishi*（Gilchrist）
（仿张有为，1987，中国鱼类系统检索，图1276）

鳞片长方形；背鳍和臀鳍基底两侧各有1列小棘。背侧有十余个圆斑。深海小型鱼类。
分布：南海北部陆坡海域；台湾省海域；日本；太平洋、大西洋。

线菱鲷属 *Grammicolepis*（Poey，1873）

（本属仅1种，南海有产）

斑纹线菱鲷 *Grammicolepis brachiuscula*（Poey，1873〈图602〉）

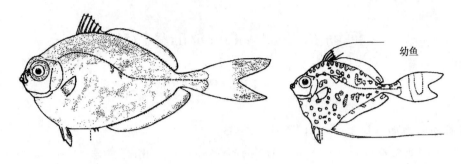

图 602　斑纹线菱鲷 *Grammicolepis brachiuscula*（Poey）
（体长：成鱼 315 mm，幼鱼 172 mm）

臀鳍鳍棘部与鳍条部分隔，相距大。成鱼背鳍棘和臀鳍棘不延长呈丝状；体侧和各鳍具大小不等的云状斑块。幼鱼背鳍第 1 棘和第 6 棘延长，其中第 1 棘呈长丝状；臀鳍第 1 棘呈丝状延长，末端可达尾鳍后端；体侧和背鳍、腹鳍、臀鳍散布有不规则小斑块，尾鳍具大斑块；体背侧和腹侧具单尖至三尖形棘状小骨板约 12 个。深海小型鱼类。

分布：南海；日本。

海鲂科 Zeidae

[参考张有为（1987），中国鱼类系统检索]

属的检索表

1（10）　背鳍和臀鳍基底两侧具棘状骨板。
2（7）　腹鳍至臀鳍间的腹缘具棘状骨板。
3（6）　背鳍棘间膜沿前棘向外呈丝状延长；背鳍、臀鳍基底两侧棘状骨板较强大；腹鳍Ⅰ6~7。
4（5）　臀鳍棘Ⅳ；体被细鳞 ··· 海鲂属 *Zeus*
5（4）　臀鳍棘Ⅲ；体裸露 ··· 亚海鲂属 *Zenopsis*
6（3）　背鳍棘间膜无丝状延长；背鳍、臀鳍基底两侧骨板较小；腹鳍具Ⅰ棘，腹鳍条 8~9 ······
··· 拟海鲂属 *Zen*
7（2）　腹鳍至臀鳍间的腹缘无棘状骨板。
8（9）　体被大栉鳞，易脱落；口斜位；腭骨有齿；背鳍Ⅷ20~21；臀鳍Ⅱ21~22；体菱形或卵圆形 ··· 菱海鲂属 *Cyttomimus*
9（8）　鳞细小；口近垂直；腭骨无齿；背鳍具Ⅰ棘或无；体呈长椭圆形 ········ 小海鲂属 *Zenion*
10（1）　背鳍和臀鳍基底两侧无棘状骨板；腹缘也无棘状骨板；背鳍棘间膜无丝状延长；臀鳍、腹鳍无棘；腹鳍仅具 7 鳍条；体呈长椭圆形；被甚细小栉鳞，易脱落 ····························
··· 副海鲂属 *Parazen*

海鲂属 Zeus (Linnaeus, 1758)

(本属共2种，南海产1种)

远东海鲂 Zeus faber (Linnaeus, 1758) 〈图603〉
〔同种异名：日本海鲂 Zeus japonicus (Cuvier et Valenciennes, 1835)，南海鱼类志；东海鱼类志；中国鱼类系统检索〕

图603 远东海鲂 Zeus faber (Linnaeus) (体长 90mm)
(依张春霖，1963，东海鱼类志)

体暗灰色，体侧中部侧线下方有1大于眼径的椭圆形黑斑，外绕一白环。背鳍、臀鳍鳍棘部与尾鳍鳍膜淡黑色；腹鳍鳍条部黑色。

分布：中国沿海；日本、朝鲜半岛；印度-太平洋。

亚海鲂属 Zenopsis (Gill, 1862)

(本属有3种，南海产1种)

雨印亚海鲂 Zenopisis nebulosa (Temminck et Schlegel, 1847) 〈图604〉
(别名：褐海鲂)

腹鳍条长，鳍膜深陷。体银灰色，体侧中央有1约与眼径等大的暗褐色圆斑，成鱼较不明显。100 mm 以下的幼鱼体侧较均匀地散布有暗褐色圆斑。背鳍鳍棘部、腹鳍及尾鳍后半部黑色。

分布：南海和东海的陆坡海域，台湾省东北和西南海域，水深 200~800 m；日本；太平洋、大西洋中部至西部。

图 604　雨印亚海鲂 *Zenopisis nebulosa* (Temminck et Schlegel)（体长 240 mm）
（依王幼槐，许成玉，1988，东海深海鱼类）

拟海鲂属 *Zen*（Jordan，1903）

（本属只 1 种，南海有产）

隆背拟海鲂 *Zen cypho*（Fowler，1934）〈图 605〉

图 605　隆背拟海鲂 *Zen cypho*（Fowler）（体长 108.7 mm）
（依张春霖，张有为，1962，南海鱼类志）

腹鳍棘和臀鳍棘均为Ⅰ。液浸标本淡褐色，头部色淡；体侧臀鳍中部上方侧线处具 1 小于眼径的褐色圆斑。沿体背侧具 1 不规则纵带。背鳍鳍棘部鳍膜与腹鳍鳍膜黑色；背鳍鳍条部和臀鳍、胸鳍及尾鳍色淡。

分布：南海；菲律宾。

菱海鲂属 *Cyttomimus*（Gilbert，1905）

（本属有2种，南海产1种）

青菱海鲂 *Cyttomimus affinis*（Weber，1913）〈图606〉

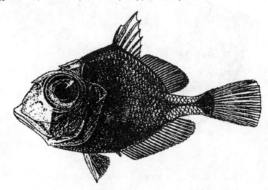

图606　青菱海鲂 *Cyttomimus affinis*（Weber）（体长34 mm）
（依成庆泰，田明诚，1981）

体菱形，侧扁。背鳍始于体中部。臀鳍前方具2分离小棘。腹鳍胸位，鳍棘强大，其长约与眼径相等。体褐色。吻部、鳃盖缘及各鳍色淡。尾柄上沿侧线两近侧及尾鳍基为深褐色。深海鱼类。

分布：南海、台湾省西南海域；日本，印度尼西亚。

小海鲂属 *Zenion*（Jordan et Evermann，1896）

（本属共4种，南海产2种）

种的检索表

1（2）　眼很大，头长不超过眼径2倍；腹鳍棘不特别强大，仅略长于背鳍第二鳍棘；背鳍2～5鳍棘间膜上部黑色。体灰褐至青褐色，头部及各鳍色淡。深海鱼类（分布：南海、东海；日本；水深200～620 m）…… 日本小海鲂 *Zenion japonicum*（Kamohara，1934）〈图607〉

2（1）　眼较大，头长为眼径2倍多；腹鳍棘特别强大，长于背鳍第二鳍棘的2倍；背鳍棘间膜不呈黑色。液浸标本体呈褐色，头部色较淡，各鳍无色。深海鱼类（分布：南海；太平洋、印度洋、大西洋；水深180～650 m）………………………………………………………………………… 小海鲂 *Z. hololepis*（Goode et Bean，1896）〈图608〉

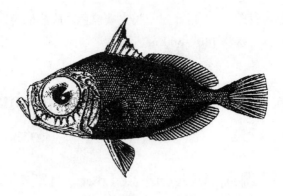

图607 日本小海鲂 *Zenion japonicum*（Kamohara）（体长36 mm）
（依成庆泰，田明诚，1981）

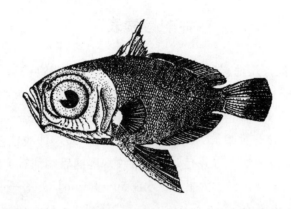

图608 小海鲂 *Z. hololepis*（Goode et Bean）（体长120 mm）
（依杨家驹等，1996）

副海鲂属 *Parazen*（Kamohara，1935）

（本属只1种，南海有产）

副海鲂 *Parazen pacificus*（Kamohara，1935）〈图609〉

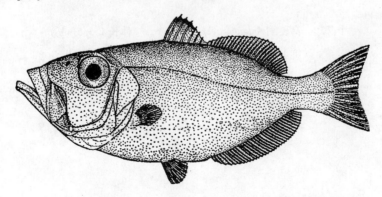

图609 副海鲂 *Parazen pacificus*（Kamohara）（体长138 mm）
（依王幼槐，许成玉，1988，东海深海鱼类）

体淡红色，腹侧银白色。背鳍1~4鳍棘间鳍膜尖端黑色。腹膜黑色。深海鱼类。
分布：南海、东海；日本。水深140~360 m。

菱鲷科 Antigonidae（= Caproidae）

菱鲷属 *Antigonia*（Lowe，1834）

（本属共7种，南海产2种）

种的检索表

1（2） 吻较短钝；口斜位，几垂直；背鳍条34~37，臀鳍条32~35。体淡红色，腹侧色较淡（分布：南海，东海和台湾省海域；日本；太平洋、印度洋、大西洋；水深50~750 m）……………………………………………………… 高菱鲷 *Antigonia capros*（Lowe，1843）〈图610〉

2（1） 吻较长尖；口水平位；背鳍条27~29；臀鳍条25~27。体淡红色，腹侧色较淡；体侧沿背鳍基底下方和臀鳍基底上方各有1红色带纹，尾柄后端部有1红色横带（分布：南海、台湾省海域；日本；印度洋、太平洋；水深50~750 m）………………………………………………………………………………………… 红菱鲷 *A. rubescens*（Günther，1860）〈图611〉

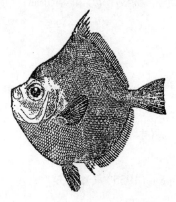

图610 高菱鲷 *Antigonia capros*（Lowe）（体长133.5 mm）
（依王幼槐，许成玉，1988，东海深海鱼类）

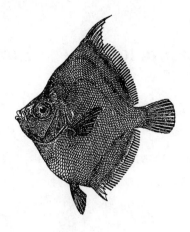

图611　红菱鲷 A. rubescens（Günther）

（体长68.5 mm）

（依郑葆珊，1962，南海鱼类志）

月鱼目 LAMPRIDIFORMES（=LAMPRIFORMES）

亚目的检索表

1（2）体宽高，侧扁，呈椭圆形或长椭圆形；具臀鳍，基底长；背鳍基底甚长，鳍颇高，或至少前方鳍条高起而不呈丝状延长；腹鳍长而强壮，不呈丝状游离；脊椎骨50个以内……………………………………………………………………………………… 旗月鱼亚目 VELIFEROIDEI

2（1）体延长，侧扁，多呈带状；无臀鳍或幼鱼期有臀鳍痕迹；背鳍基底很长，多在幼鱼期其前方鳍条高起而呈丝状延长，少数在成鱼时亦然；腹鳍退化，仅存一鳍条，或成鱼无腹鳍而仅在幼鱼期具若干游离鳍条；脊椎骨90个以上………… 粗鳍鱼亚目 TRACHIPTEROIDEI

旗月鱼亚目 VELIFEROIDEI

科的检索表

1（2）背鳍起点在胸鳍起点之后；背鳍前端镰刀状，臀鳍前后方鳍条长短无明显差别；胸鳍呈镰刀状 ……………………………………………………………………………… 月鱼科 Lampridae

2（1）背鳍起点在胸鳍起点之前；背鳍、臀鳍呈峰形；胸鳍短尖…………… 旗月鱼科 Veliferidae

月鱼科 Lamprididae（= Lampridae）

（本科仅1属）

月鱼属 *Lampris*（Ratzius，1799）

（本属有2种，南海产1种）

斑点月鱼 *Lampris guttatus*（Brünnich，1788）〈图612〉
〔同种异名：*Lampris regius*（Bonnaterre，1788）〕

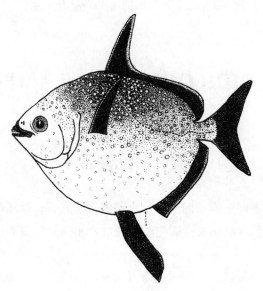

图612 斑点月鱼 *Lampris guttatus*（Brünnich）（体长1 825 mm）

各鳍均具鳍条而无鳍棘。胸鳍镰状，鳍基水平位。头、体背侧紫蓝色，腹侧色较浅，体后部略带红色；头、体散布许多白色小圆斑；唇、彩虹肌及各鳍鲜红色，各鳍边缘略呈白色。最大体长可达2 m，体重约100 kg。

分布：南海南部、台湾省海域；朝鲜半岛、日本、马来西亚、新西兰等；外洋性表层鱼类，广布于世界各温暖海域。延绳钓作业，捕获水深100～300 m。

旗月鱼科 Veliferidae

旗月鱼属 *Velifer*（Temminck et Schlegel，1850）

(本属只1种，南海有产)

旗月鱼 *Velifer hypselopterus*（Bleeker，1879）〈图613〉

图613　旗月鱼 *Velifer hypselopterus*（Bleeker）（体长127 mm）
(依李婉端，1984，福建鱼类志)

背鳍、臀鳍均甚发达，皆呈峰形，前方鳍条长，向后渐短。腹鳍发达，胸位。头、体背侧黄绿色，腹侧浅绿色。从头部至尾柄有8条深绿色横带。背鳍、臀鳍和腹鳍鳍膜青色，并具深绿色纵条纹。胸鳍和尾鳍黄色，尾鳍具斜走条纹。

分布：南海、东海，台湾海峡；朝鲜半岛、日本；印度洋、太平洋；陆架海域底层鱼类。

粗鳍鱼亚目 TRACHIPTEROIDEI

成鱼与幼鱼多为异形。幼鱼前背鳍鳍条多甚为延长且具皮膜刺，与后背鳍分离或有鳍膜相连；腹鳍鳍条多，均为甚为延长游离鳍条；个别种有臀鳍痕迹。成鱼前背鳍鳍条略延长于鳍膜外端，或前背鳍消失；腹鳍多退缩成一短弱鳍条（皇带鱼科 Regalecidae 除外，为1甚长鳍条），或腹鳍完全消失；无臀鳍。

科的检索表

1（2）　幼鱼腹鳍为多条游离的延长鳍条构成，成鱼腹鳍或退化成一短弱鳍条，或全无；幼鱼前背鳍鳍条甚延长，成鳙仍具前背鳍则其鳍条略延长于鳍膜外端，或前背鳍消失；少数种类幼鱼有臀鳍痕迹，成鱼均无臀鳍；无肋骨 ·················· 粗鳍鱼科 Trachipteridae

2（1）　腹鳍为单一长丝；背鳍单一，前方鳍条甚延长；无臀鳍；具弱肋骨 ·················· 皇带鱼科 Regalecidae

粗鳍鱼科 Trachipteridae

丝鳍鱼属（横带粗鳍鱼属）*Zu*（Walters et Fitch, 1960）

（本属有2种，南海产1种）

冠丝鳍鱼（横带粗鳍鱼）*Zu cristatus*（Bonelli, 1819）〈图614〉

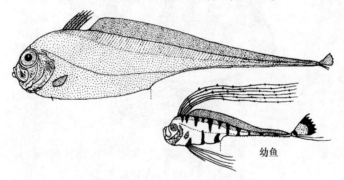

图614　冠丝鳍鱼（横带粗鳍鱼）*Zu cristatus*（Bonelli）
（体长：成鱼1 050 mm，幼鱼280 mm）

　　成鱼前背鳍与后背鳍分离，前背鳍鳍条略延长；幼鱼前、后背鳍之间有鳍膜浅连，前背鳍鳍条甚延长，鳍条具皮膜刺。成鱼腹鳍仅具1弱短鳍条；幼鱼具6游离长鳍条。尾鳍斜翘，下方尚有2~3游离鳍条。成鱼无臀鳍，幼鱼有臀鳍痕迹。成鱼体侧及尾鳍无斑纹；幼鱼体侧具多个横斑，尾鳍也具斑。体长可达1 m以上。

　　分布：南海；日本；太平洋和大西洋的温暖海域。

皇带鱼科 Regalecidae

皇带鱼属 *Regalecus* (Brünnich, 1771)

(本属有3种，南海产1种)

勒氏皇带鱼 *Regalecus russellii* (Shaw, 1803) 〈图615〉

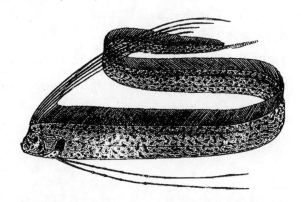

图615　勒氏皇带鱼 *Regalecus russellii* (Shaw)（体长 1 315 mm）

（依成庆泰，王存信，1963，东海鱼类志）

体裸露无鳞，体侧有许多不规则颗粒状小突起。各鳍均无鳍棘。生活时体及各鳍浅红色，鳍色较深；体侧散布许多不规则浅褐色小斑；液浸标本体及各鳍灰白色，体侧小斑不褪。

分布：南海；日本；太平洋东北部和西北部，印度洋。

刺鱼目 GASTEROSTEIFORMES

吻通常呈管状。口小，前位。有些种类体被骨板或甲片。背鳍、臀鳍、胸鳍鳍条常不分支。体或裸露无鳞或被栉鳞。

亚目的检索表

1 (2)　具腹鳍；鳃孔宽大；具后匙骨及后翼耳骨；有感觉管 …… 管口鱼亚目 AULOSTOMOIDEI
2 (1)　无腹鳍；鳃孔小；无后匙骨及后翼耳骨；无感觉管 …………… 海龙亚目 SYNGNATOIDEI

管口鱼亚目 AULOSTOMOIDEI

科的检索表

1（4） 口有齿；体裸露，或被鳞或有小棘；具侧线。
2（3） 体前部稍平扁，裸露，或有微小而带钩之刺；无须；前颌骨有齿；尾鳍叉形，中间鳍条延长呈丝状 ·· 烟管鱼科 Fistulariidae
3（2） 体侧扁，被小栉鳞；有须；前颌骨无齿；尾鳍钝圆 ·················· 管口鱼科 Aulostomidae
4（1） 口无齿；体不被鳞；无侧线。
5（6） 体及腹面具多块分离的不活动骨板；尾部不向下弯 ············ 长吻鱼科 Macroramphosidae
6（5） 体被透明骨甲；第2背鳍、尾鳍及臀鳍均向下弯曲 ······················ 玻甲鱼科 Centriscidae

烟管鱼科 Fistulariidae

烟管鱼属 Fistularia（Linnaeus，1758）

（本属有5种，南海产2种）

1（2） 体常被绒毛状小棘；眼间隔凹；尾柄部侧线骨质鳞后端呈向后棘状；尾鳍中间丝状鳍条短。生活时体上侧呈浅红褐色，下侧白色。最大体长可达2 m（分布：中国各海域沿岸；日本；全世界除太平洋东部外的温暖海域）···
················· 鳞烟管鱼 Fistularia petimba（Lacépède，1803）〈图616〉
〔同种异名：毛烟管鱼 F. villosa（Klunzinger，1871）〕
2（1） 体光滑，无小棘；眼间隔平坦；尾柄部侧线骨质鳞后端平截；尾鳍中间丝状鳍条长。生活时体上侧呈淡绿褐色至淡褐色，下侧白色。最大体长可达1.6 m（分布：南海、台湾省海域；日本、东南亚；印度－太平洋）···
················· 无鳞烟管鱼 F. commersonii（Rüppell，1838）〈图617〉

图616 鳞烟管鱼 Fistularia petimba（Lacépède）（体长406 mm）
（依张春霖，张有为，1962，南海鱼类志）

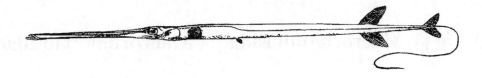

图 617 无鳞烟管鱼 F. commersonii（Rüppell）（体长 960 mm）

管口鱼科 Aulostomidae

管口鱼属 Aulostomus（Lacépède，1803）

（本属有 3 种，南海产 1 种）

中华管口鱼 Aulostomus chinensis（Linnaeus，1766）〈图 618〉

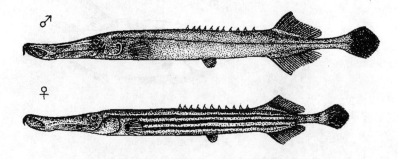

图 618 中华管口鱼 Aulostomus chinensis（Linnaeus）
（体长：雄体 435 mm，雌体 380 mm）
（依张世义，1979，南海诸岛海域鱼类志）

颏部有一短须。第一背鳍有 11～12 分离弱棘，第二背鳍与臀鳍相对。尾鳍菱形。体色因性别和年龄而异。雄鱼背侧黄色，腹部灰白色，尾鳍上叶有黑点。雌鱼背侧浅棕色，腹部微显白色；体侧有 6 条浅色纵条纹，上颌有 1 棒状黑斑；背鳍、臀鳍基部有黑色带，尾鳍上下叶均有圆形黑点，腹鳍基部有 1 黑斑；有时在第二背鳍下方的侧线上下有 10～14 个白色长斑。

分布：南海、东海和台湾省南部岩礁水域；日本；印度－西太平洋。

长吻鱼科 Macroramphosidae (Macrorhamphosidae)

长吻鱼属 *Macroramphosus* (= *Macrorhamphosus*) (Lacépède, 1803)

(南海产1种)

长吻鱼 *Macroramphosus scolopax* (Linnaeus, 1758) 〈图619〉
〔同种异名：细棘长吻鱼 *M. gracilis* (Lowe, 1839); 日本长吻鱼 *M. japonicus* (Günther, 1861)〕

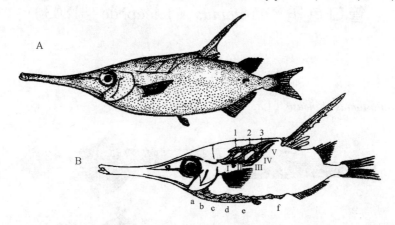

图619 长吻鱼 *Macroramphosus scolopax* (Linnaeus)

(A 图体长150 mm)

(A. 依王幼槐，许成玉，1988，东海深海鱼类; B. 皮下骨质棱板分布，依 Weber and Beaufort, 1922 (图翻转); 1~3背侧上纵行，Ⅰ~Ⅴ背侧下纵行 (1和Ⅰ, 2和Ⅱ, 3和Ⅲ对偶); a~f腹侧非对偶纵行)

头体密被小鳞，鳞面具多条纵棱，后缘锯齿状。眼球表面上下及后缘具多行小鳞。尾鳍被鳞。头、体有皮下骨质棱板多行：前鳃盖骨边缘1行；眼上方和前方各1行，均向前延伸；背侧在胸鳍上方有上下共2行，上行前三块棱板与下行前三块棱板依次对偶，各自的中间横棱嵴两两相接，形成3条斜行横棱。腹面自峡部至肛门也有1行棱板。生活时体红色，腹侧银白色。本种由于地域或食物差异而形成背鳍第二鳍棘有长短，及其后缘是否呈锯齿状，以及鱼体各部比例等的地方性差异而被误订为几个种。

分布：南海、东海和台湾省海域；日本；印度－西太平洋、大西洋。

玻甲鱼科 Centriscidae

玻甲鱼属 *Centriscus*（Linnaeus，1758）

（本属有2种，南海产1种）

体极侧扁；无鳞，完全包在透明的骨甲中。体躯最后骨板止于一棘状突起，与背鳍第一硬棘之间不形成关节；眼间隔凹入，或有一纵沟。

玻甲鱼 *Centriscus scutatus*（Linnaeus，1758）〈图620〉

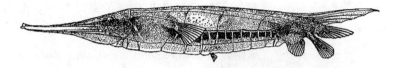

图620 玻甲鱼 *Centriscus scutatus*（Linnaeus）（体长118 mm）

（依张世义，1979，南海诸岛海域鱼类志）

体透明，吻部和尾部略显浅褐红色，液浸标本体淡黄色。

分布：南海、东海和台湾省海域；日本；印度-西太平洋。

海龙亚目 SYNGNATHOIDEI

科的检索表

1（2） 每侧1鼻孔；具2背鳍；腹鳍和尾鳍均甚发达；体被星状管鳞；具短颏须 ·················· ·· 剃刀鱼科 Solenostomidae

2（1） 每侧2鼻孔；通常具1背鳍；无腹鳍，尾鳍通常甚小，或无尾鳍；体被环状骨片；通常无颏须（须海龙属 *Urocampus* 除外）··· 海龙科 Syngnathidae

剃刀鱼科 Solenostomidae

剃刀鱼属 *Solenostomus*（Lacépède，1803）

（本属有4种，南海产2种）

种的检索表

1（2）吻背面无锯齿；尾柄高大于尾柄长；尾鳍膜始于第二背鳍及臀鳍的近处；体粉红色至茶褐色，散布有褐色小斑，第一背鳍前部鳍膜具2黑色横条斑（分布：南海、台湾省南部海域；日本；印度-太平洋）……………………………………………………………………………
……………………………蓝鳍剃刀鱼 *Solenostomus cyanopterus*（Bleeker,1854）〈图621〉
2（1）吻背面具锯齿；尾柄高约为尾柄长1/3；尾鳍膜始于第二背鳍及臀鳍远后方；体淡黄色，腹、尾两鳍末端黑色（分布：南海；印度-西太平洋）………………………………………
……………………………………………锯齿剃刀鱼 *S. armatus*（Weber,1913）〈图622〉

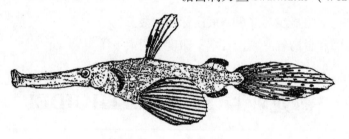

图621　蓝鳍剃刀鱼 *Solenostomus cyanopterus*（Bleeker）
（依 Jordan and Ever mann，1905）

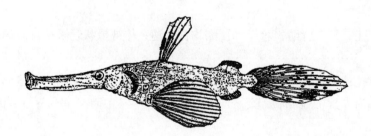

图622　锯齿剃刀鱼 *S. armatus*（Weber）（体长75 mm）
（依张春霖，张有为，1962，南海鱼类志）

海龙科 Syngnathidae

体全部包于环状骨甲中，具棱嵴。无腹鳍，臀鳍不发达。

属的检索表

1（18） 具尾鳍，或有尾鳍痕迹。
2（5） 躯干部上侧棱与尾部上侧棱相连续。
3（4） 尾侧棱锯齿状；躯干中侧棱后部直行不弯曲；背鳍起点位于躯干部 ··· 锥海龙属 Phoxocampus
4（3） 尾侧棱平滑；躯干中侧棱后部弯向腹侧；背鳍起点位于尾部 ······ 鱼海龙属 Ichthyocampus
5（2） 躯干部上侧棱与尾部上侧棱不相连续。
6（13） 躯干部下侧棱与尾部下侧棱相连续。
7（8） 主鳃盖骨线状嵴短小。躯干中侧棱与尾部上侧棱相近 ················ 海龙属 Syngnathus
8（7） 主鳃盖骨线状嵴发达。
9（12） 腹中棱发达；后头部及顶骨部中央平缓。
10（11） 躯干中侧棱后部较平直，不与其他侧棱连续 ···················· 副海龙属 Parasyngnathus
11（10） 躯干中侧棱后部明显弯向腹侧，几与躯干—尾部下侧连续棱连接 ··· 多环海龙属 Hippichthys
12（9） 腹中棱不存在或仅有痕迹；后头部及顶骨部中央形成锐薄而凹凸的隆嵴；躯干中侧棱与尾部上、下侧棱明显分隔，或几与尾部上侧棱连接 ················ 冠海龙属 Corythoichthys
13（6） 躯干部下侧棱与尾部下侧棱不相连续。
14（17） 尾鳍条10。
15（16） 尾部（不包括尾鳍）短于躯干部；躯干第一骨环明显长于第二骨环；胸鳍后缘凹入；尾鳍大；全体均无皮瓣；雄性育儿囊位于躯干部腹面 ········· 矛吻海龙属 Doryrhamphus
16（15） 尾部（不包括尾鳍）长于躯干部；躯干第一骨环稍长于第二骨环；胸鳍后缘圆凸；尾鳍小；头部背侧、腹侧以及躯干和尾部有时具成列皮瓣，其中眼正上方常有一皮瓣；雄性育儿囊位于尾部 ··· 海蠋鱼属 Halicampus
17（14） 尾鳍条9，短，或痕迹状。雄性育儿囊位于尾部前方腹面 ·· 粗吻海龙属 Trachyrhamphus
18（1） 无尾鳍。
19（22） 体轴与头侧中线相交呈大钝角；躯干骨环15～26。
20（21） 尾部上侧棱与躯干部上侧棱相连续，与躯干中侧棱不相连续；雄性育儿囊位于腹部 ·· 拟海龙属 Syngnathoides
21（20） 尾部上侧棱与躯干中侧棱相连续，与躯干部上侧棱不相连续；雄性育儿囊位于尾部前方腹面 ·· 刀海龙属 Solengnathus
22（19） 体轴与头侧中线相交成直角；躯干骨环通常不多于11 ··············· 海马属 Hippocampus

锥海龙属 *Phoxocampus* (Dawson, 1977)

(本属有3种,南海产1种)

黑纹锥海龙 *Phoxocampus belcheri* (Kaup, 1856) 〈图623〉

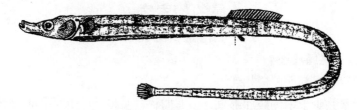

图623 黑纹锥海龙 *Phoxocampus belcheri* (Kaup)(体长78 mm)

躯干中侧棱止于第3尾骨环后缘。骨环(16～17)+(29～32)。体褐红色,躯干和尾部约有十余条黑色横带纹。

分布:南海、台湾省沿岸海域;日本;印度-西太平洋。

鱼海龙属 *Ichthyocampus* (Kaup, 1853)

(本属仅1种,南海有产)

恒河鱼海龙 *Ichthyocampus carce* (Hamilton, 1822) 〈图624〉

图624 恒河鱼海龙 *Ichthyocampus carce* (Hamilton)
(依梁森汉,1991,广东淡水鱼类志)

吻背有3条纵棱,中间一条最锐利。躯干部与尾部上、下侧棱均分别对应相连。具腹中棱,自头后伸达肛门前方。骨环15+(38～39)。液浸标本体棕褐色,躯干部腹面黑褐色。各体环之间均有1个白色横斑相间。雄性育儿囊位于第一至第18尾骨环腹面。吻端腹面有2列黑色小斑点。生活于浅海及河口水域。

分布:南海海南省海域;印度。

海龙属 Syngnathus (Linnaeus, 1758)

(本属有34种，南海产2种)

雄性育儿囊位于尾部腹面，由二皮褶构成。

种的检索表

1（2） 体长为头长7.4~8.3倍。体黄绿色，腹侧淡黄色，体上具许多暗色不规则横带；尾鳍黑褐色，其他各鳍淡色（分布：我国沿海；印度尼西亚；太平洋西部、印度洋、地中海和大西洋）·················· 尖海龙 Syngnathus acus (Linnaeus, 1758)〈图625〉
2（1） 体长为头长4.8~7.2倍。体灰褐色（分布：南海、东海和台湾省海域；日本、朝鲜半岛、印度尼西亚；非洲东部）·················· 舒氏海龙 S. schligeli (Kaup, 1856)〈图626〉

图625 尖海龙 Syngnathus acus (Linnaeus)（体长192 mm）
（依张春霖，1955，黄渤海鱼类调查报告）

图626 舒氏海龙 S. schligeli (Kaup)（体长138 mm）
（依张春霖，1963，东海鱼类志）

副海龙属 Parasyngnathus (Duncker, 1915)

(本属有2种，南海产1种)

副海龙 Parasyngnathus argyrostictus (Kaup, 1856)〈图627〉
〔同种异名：珠海龙 Syngnathus angyrostictus，中国鱼类系统检索〕

图627 副海龙 Parasyngnathus argyrostictus (Kaup)

背鳍完全位于尾部。背鳍25~29；臀鳍3~4；尾鳍10；骨环（14~17）+（37~41）。体侧有7纵行真珠状小斑。雄性育儿囊由尾部腹面左、右侧皮褶构成。

分布：南海、台湾省南部珊瑚礁水域。

多环海龙属 Hippichthys（Bleeker，1849）

（本属有 4 种，南海产 3 种）

尾长为躯干长 2 倍余。雄性育儿囊位于尾部腹面，由左、右侧皮褶构成。

种的检索表

1（2） 背鳍起点位于躯干最末两个骨环中间；骨环总数少于 50，为（12~14）+（32~35）。体褐色，散布有白色横纹（分布：南海、东海台湾海峡；日本；印度-太平洋）……………………………………………… 蓝点多环海龙 Hippichthys cyanospilus（Bleeker，1854）〈图 628〉
〔同种异名：蓝海龙 Syngnathus cyanospilus，南海鱼类志；中国鱼类系统检索〕

2（1） 背鳍完全位于尾部；骨环总数多于 50。

3（4） 背鳍起点位于尾部第一骨环上；吻长约等于眼后头长；吻侧棱显著；骨环（14~15）+（36~42）。体褐色；眼后具 3 条放射状排列的条纹，吻部侧面眼前和腹面中央又各具 1 条纵条纹，均为黑褐色（分布：南海，台湾海峡；日本；印度-西太平洋）……………………………………………… 前鳍多环海龙 H. heptagonus（Bleeker，1849）〈图 629〉
〔同种异名：低海龙 Syngnathus djarong（Bleeker，1853），南海鱼类志：中国鱼类系统检索〕

4（3） 背鳍起点位于尾部第二骨环；吻长长于眼后头长；无吻侧棱；骨环（14~16）+（36~41）。体褐色，躯干部腹侧至腹面具 13~15 条白色横带纹（分布：南海，台湾海峡；日本；印度-太平洋）…………………… 带纹多环海龙 H. spicifer（Rüppell，1838）〈图 630〉
〔同种异名：穗海龙 Syngnathus spicifer，中国鱼类系统检索〕

图 628　蓝点多环海龙 Hippichthys cyanospilus（Bleeker）（体长 105 mm）
（依张春霖，张有为，1962，南海鱼类志）

图 629　前鳍多环海龙 H. heptagonus（Bleeker）（体长 136 mm）
（依张春霖，张有为，1962，南海鱼类志）

图 630　带纹多环海龙 H. spicifer（Rüppell）
（依 Day，1878）

冠海龙属 Corythoichthys（Kaup，1856）

（本属有 13 种，南海产 1 种）

带纹冠海龙 Corythoichthys fasciatus（Gray，1830）〈图 631〉

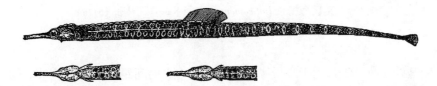

图 631　带纹冠海龙 Corythoichthys fasciatus（Gray）（体长 139 mm）
（依张春霖，张有为，1962，南海鱼类志）

背鳍完全位于尾部。躯干部中侧棱几与尾部上侧棱连续。骨环 17 +（36～37）。液浸标本体淡黄色；头上有淡褐色细网纹；鳃盖上有几条较粗淡褐色纵线，其中一条沿眼下缘向前伸达吻侧下方；头腹面正中线有一淡褐色纵线；体上有网纹形成的淡褐色横带 20 余条，排列不规则；躯干前三节骨环腹面有 2～3 对黑褐色横斑。雄性育儿囊位于尾部前方腹面。

分布：南海，东海；印度-西太平洋。

矛吻海龙属 Doryrhamphus（Kaup，1856）

（本属有 11 种，其中 1 种具 2 个亚种；南海产其 1 亚种）

蓝带矛吻海龙 Doryrhamphus excisus（Kaup，1856）〈图 632〉
〔同种异名：矛吻海龙 D. melanopleura（Bleeker，1858），南海诸岛海域鱼类志；中国鱼类系统检索〕

图 632　蓝带矛吻海龙 Doryrhamphus excisus（Kaup）（体长 45 mm）
（依张世义，1979，南海诸岛海域鱼类志）

背鳍前每个骨环的棱边末端均形成一向后的棘状突。骨环 18 + 14。尾鳍大，其长约为头长 2/3。体橘黄色，体侧上方自吻端至尾鳍基有 1 蓝色宽纵带，且腹面自峡部向后有 1 同色窄纵带延伸至尾部与体侧纵带汇合；尾鳍具1个五角星状蓝色大斑纹。雄鱼躯干腹面具卵囊褶，但无保护板。

分布：南海诸岛海域，台湾省南部海域；日本、澳大利亚、中美洲西岸；印度-太平洋。

海蠋鱼属 *Halicampus* （Kaup，1856）

（本属有12种，南海产1种）

葛氏海蠋鱼 *Halicampus grayi* （Kaup，1856）〈图633〉

〔同种异名：海蠋鱼 *H. koilomatodon* （Bleeker，1858），南海鱼类志；中国鱼类系统检索〕

图633　葛氏海蠋鱼 *Halicampus grayi* （Kaup）（体长151 mm）

（依张春霖，张有为，1962，南海鱼类志）

骨环在背鳍基处隆凸。吻长短于眼后缘至胸鳍基底中央的间距。躯干上侧棱嵴间和棱嵴上，以及头部背面、腹面均有皮瓣。体淡黑褐色，腹面淡黄褐色；头侧黑色，鳃盖后下缘有放射状白色线纹；尾鳍黑色，其他鳍淡色。雄性育儿囊位于尾部前方腹面。

分布：南海、台湾海峡；日本、东南亚；印度-西太平洋。

粗吻海龙属 *Trachyrhamphus* （Kaup，1853）

（本属有3种，南海产2种）

背鳍基底处体环隆凸。

种的检索表

1 （2）　吻长短于眼后缘至胸鳍基底中央的间距；吻背中线上具一行细锯齿；骨环（21～24）+（41～50）。体黑褐色，腹侧淡灰色，体上具9～14条深黑灰色横带（分布：南海、东海；日本；印度-太平洋） ··· 锯棘粗吻海龙 *Trachyrhamphus serratus*(Temminck et Schlegel, 1850)〈图634〉

2 （1）　吻长长于眼后缘至胸鳍基底中央的间距；吻背光滑无细锯齿；骨环（21～24）+（55～63）。体淡灰褐色，头部和体上具许多褐色斑（分布：南海；日本；印度-太平洋） ··· 短尾粗吻海龙 *T. bicoarctatus* （Bleeker，1857）〈图635〉

〔同种异名：吻海龙 *Yozia bicoarctata*，中国鱼类系统检索〕

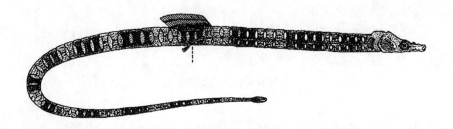

图 634　锯棘粗吻海龙 *Trachyrhamphus serratus* (Temminck et Schlegel)（体长 230 mm）
（依 Weber and Beaufort，1922）

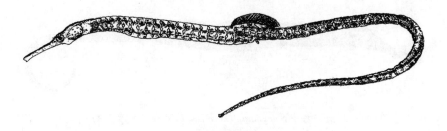

图 635　短尾粗吻海龙 *T. bicoarctatus* (Bleeker)（体长 305 mm）
（依 Smith，1953）

拟海龙属 *Syngnathoides*（Bleeker，1851）

（本属仅 1 种，南海有产）

拟海龙 *Syngnathoides biaculeatus* (Bloch，1785)〈图 636〉

图 636　拟海龙 *Syngnathoides biaculeatus* (Bloch)（体长 260 mm）
（依 Weber and Beaufort，1922。上图，雌体；下图，雄体腹面育儿囊）

　　眼眶上缘有 1 向后小棘；顶骨部尖突；头背面和吻腹面有皮瓣；无尾鳍，尾后端向腹面卷曲。体绿黄色，腹侧鲜黄色，体侧及腹面均有大小不等鲜黄斑点；由吻端约沿体轴向后有 1 条深绿色纵条纹；吻部有深绿色网纹；各鳍绿黄色。
　　分布：南海、东海；日本；印度-太平洋。

刀海龙属 *Solegnatus* (Swainson, 1839)

(本属有4种，南海产1种)

腹部中央棱突出，体上棱嵴均较突出粗糙，每个骨环面中央及每两个骨环相接之处，均形成一个颗粒状凸起棘。雄性育儿囊位于尾部前方腹面。

哈氏刀海龙 *Solegnathus hardwickii* (Gray, 1830) 〈图637〉

〔同种异名：刀海龙 *Solenognathus hardwickii*，南海鱼类志〕

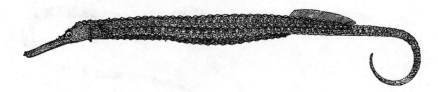

图637 哈氏刀海龙 *Solegnathus hardwickii* (Gray) (体长379 mm)
(依张春霖，张有为，1962，南海鱼类志)

颈部背方呈棱嵴状，具颈棘2个和前颈棘1个。眼眶周围、吻管背、腹面、颈部腹面前方及胸鳍基部前方均有大小不等的颗粒状棘突。鳃盖无棱嵴而有放射状线纹。体淡黄色；躯干上侧棱骨环相接处有1列黑褐色斑；体上颗粒状突起棘略显白色，周圈淡桃红色。

分布：南海、东海和台湾海峡；日本；印度－太平洋热带及亚热带海域。

海马属 *Hippocampus* (Rafinesque, 1810)

(本属有32种，南海产5种)

鳃孔小，位于头侧背方，在鳃盖后上方，颈部第一结节基部。尾后部明显向腹面卷曲。

种的检索表

1 (2) 头、体骨环结节呈尖锐的刺状；吻长比眼后缘与鳃孔间距大。骨环11 + (34~37)。体褐色，有不规则斑块，结节刺端部黑色；幼鱼头部有不规则横条斑（分布：南海、台湾海峡；日本；印度－太平洋） ………… 刺海马 *Hippocampus histris* (Kaup, 1853) 〈图638〉

2 (1) 头、体骨环结节钝，不延长为刺状；吻长比眼后缘与鳃孔间距小。

3 (4) 胸鳍12~13；体型小。骨环11 + (37~38)。体暗褐色（分布：中国沿海；朝鲜半岛、日本） ……………………………………… 日本海马 *H. japonicus* (Kaup, 1853) 〈图639〉

4 (3) 胸鳍15~20；体型大。

5 (6) 头冠低；背鳍20~21。躯干背方第1、4、7节各具一黑色圆斑；骨环11 + (40~41)。体灰棕色或深褐色，眼上具放射状褐色斑纹（分布：南海、台湾海峡；日本；太平洋西部至印度洋东部的热带海域） ……………… 三斑海马 *H. trimaculatus* (Leach, 1814) 〈图640〉

6（5）头冠高；背鳍16～19。

7（8）尾部骨环39～41。体淡黄色至淡黄褐色，头部和体侧有白色的细小斑点或线状纹（分布：南海至黄海和渤海；日本；印度-西太平洋）·· 克氏海马 *H. kelloggi* Jordan et （Snyder, 1901）〈图641〉

8（7）尾部骨环34～38。雄体黑褐色，头后至尾部前端有多条白色线状纵纹，头部由眼眶向外周扩展，有放射状白色点线纹；雌体黄色，躯干、尾前部、吻管、眼眶周缘和眼后头部散有黑褐色斑点；雌、雄性背鳍均有1黑色纵纹（分布：南海；台湾海峡；日本；印度-太平洋）·· 管海马 *H. kuda* （Bleeker, 1852）〈图642〉

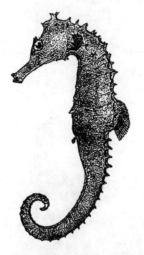

图638　刺海马 *Hippocampus histris* （Kaup）

（体长198 mm）

（依张春霖，张有为，1962，南海鱼类志）

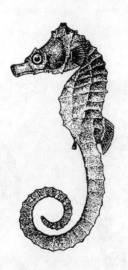

图639　日本海马 *H. japonicus* （Kaup）

（体长48 mm）

（依张春霖，1963，东海鱼类志）

图 640　三斑海马 H. trimaculatus (Leach)（体长 172.6 mm）
（依张春霖，张有为，1962，南海鱼类志）

图 641　克氏海马 H. kelloggi (Jordan et Snyder)（体长 200 mm）
（依 Jordan et Snyder）

图 642　管海马 H. kuda (Bleeker)
（全长：雌性 200 mm；雄性 175 mm）
（依 Sadovy and Cornish，2000）

鲻形目 MUGILIFORMES

亚目的检索表

1 (4) 胸鳍无游离鳍条。
2 (3) 齿强大，犬齿状；鳃耙少或退化；侧线明显 ·················· 魣亚目 SPHYRAENOIDEI
3 (2) 齿细小，绒毛状；鳃耙多且细长；侧线无或不显著 ·················· 鲻亚目 MUGILOIDEI
4 (1) 胸鳍下部鳍条游离呈丝状 ·················· 马鲅亚目 POLINEMOIDEI

魣亚目 SPHYRAENOIDEI

魣科 Sphyraenidae

魣属 *Sphyraena*（Rose，1793）

（本属有28种，南海产8种）

种的检索表

1 (4) 第一背鳍起点约与腹鳍起点相对或紧邻其前后；胸鳍不达腹鳍起点；鳃耙仅1根，细长，存在于第一鳃弓下支。
2 (3) 第一背鳍起点在腹鳍起点稍后；侧线鳞多于130；上颌骨后端不达两鼻孔中间下方；体侧有2条金黄色至黄褐色纵带（液浸标本纵带褪色，仅稍见斑痕）。体背部铅黑色，头顶与下颌前端深黑色；侧线下方银白色；各鳍灰色，腹鳍、臀鳍色浅，尾鳍色深（分布：南海；日本；印度-太平洋）············ 黄带魣 *Sphyraena helleri*（Jenkins，1901）〈图643〉
3 (2) 第一背鳍起点在腹鳍起点稍前；侧线鳞少于130；上颌骨后端在两鼻孔中间下方；体侧沿侧线有时或有纵列暗色长斑。体背侧及尾鳍暗褐色，腹侧银白色；背鳍、胸鳍淡灰色，腹鳍、臀鳍白色（分布：南海、东海和台湾省海域；日本、印度尼西亚；印度-太平洋）··················· 日本魣 *S. japonica*（Cuvier，1829）〈图644〉
4 (1) 第一背鳍起点明显在腹鳍起点之后；胸鳍伸过腹鳍基底。
5 (12) 前鳃盖骨后缘钝圆。
6 (9) 鳃耙呈绒毛状。

7(8) 侧线鳞少于90；在侧线上方体侧有18~22个暗色横斑块，有时在侧线下方自体中部向后有3~5个不规则的黑色斑块，幼鱼体侧沿侧线有一纵列不规则暗色斑块；成鱼尾鳍后缘呈凹凸曲线形。体背部灰褐色至铅黑色，腹侧银白色（分布：南海、台湾省海域；日本；太平洋中部至西部，印度洋和大西洋的热带海域） ·· 大魣 *S. barracuda*（Walbaum，1792）〈图645〉

8(7) 侧线鳞多于120个；体侧横跨侧线两侧有一纵列20余个尖端向前的角形黑褐色斑；尾鳍深叉，上、下叶后缘平整。体背部黑褐色，腹部银白色（分布：南海、台湾省海域；日本、菲律宾、印度尼西亚、泰国；印度-西太平洋） ·· 倒牙魣 *S. putnamiae*（Jordan et Seale，1905）〈图646〉

9(6) 鳃耙呈具刺的扁平疣突状；或无鳃耙。

10(11) 鳃耙呈具刺的疣突；体侧无暗色横带；眼大，头长为眼径5.18~6.63倍。体背侧黑褐色，腹侧近白色；第一背鳍与尾鳍褐色，第二背鳍与臀鳍外侧褐色，内侧白色；胸鳍、腹鳍浅色（分布：南海、台湾省海域、日本南部；印度-西太平洋） ·· 大眼魣 *S. forsteri*（Cuvier，1829）〈图647〉

11(10) 无鳃耙；体侧具约20条暗色不规则横带；眼不显著大，头长为眼径7.38~8.81倍。体背侧黑褐色，腹侧灰白色；额部及吻端黑色；腹鳍无色，其他各鳍黑色。（分布：南海、东海南部及台湾省海域；印度-西太平洋） ·· 斑条魣 *S. jello*（Cuvier，1829）〈图648〉

12(5) 前鳃盖骨后缘略直，或后下角向后延伸出一长圆形薄片；侧线鳞少于100。

13(14) 前鳃盖骨后下角伸出一片状突；侧线下方有1浅棕褐色细纵带。体背侧灰褐色，侧线下方为银白色；下颌前端黑褐色；腹鳍、臀鳍黄色，其余各鳍浅灰略带黄色；胸鳍基内侧有1棕褐色斑（分布：南海、东海；印度-太平洋、地中海） ·· 钝魣 *S. obtusata*（Cuvier，1829）〈图649〉

14(13) 前鳃盖骨后下角略呈直角形，无片状突；鲜本体侧具1不明显暗色纵带纹，液浸后消失。体上部暗褐色，腹部银白色；背鳍、胸鳍及尾鳍淡灰黄色，尾鳍后缘黑色；腹鳍无色（分布：我国各海域；日本；印度-西太平洋） ·· 油魣 *S. pinguis*（Günther，1874）〈图650〉

图643 黄带魣 *Sphyraena helleri*（Jenkins）（体长421 mm）
（依宗佳坤，1979，南海诸岛海域鱼类志）

图 644　日本魣 S. japonica（Cuvier）（体长 320 mm）
（依朱元鼎，罗云林，1963，东海鱼类志）

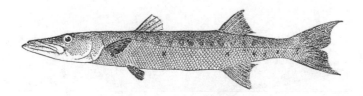

图 645　大魣 S. barracuda（Walbaum）（体长 647 mm）
（依宋佳坤，1979，南海诸岛海域鱼类志）

图 646　倒牙魣 S. putnamiae（Jordan et Seale）（体长 594 mm）

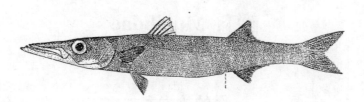

图 647　大眼魣 S. forsteri（Cuvier）
（依宋佳坤，1979，南海诸岛海域鱼类志）

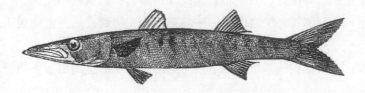

图 648　斑条魣 S. jello（Cuvier）（体长 228 mm）
（依张春霖，张有为，1962，南海鱼类志）

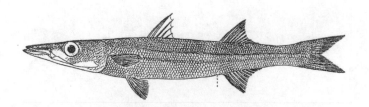

图 649　钝䱵 *S. obtusata*（Cuvier）（体长 253 mm）
（依宋佳坤，1979，南海诸岛海域鱼类志）

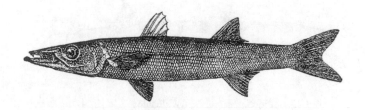

图 650　油䱵 *S. pinguis*（Günther）（体长 263 mm）
（依伍汉霖，沈根缓，1984，福建鱼类志）

鲻亚目 MUGILOIDEI

鲻科 Mugilidae

属的检索表

1（8）上唇不厚，唇缘较光滑，无乳突。
2（5）上颌骨完全被眶前骨掩盖，后端不外露或仅稍露出；胸鳍腋鳞发达。
3（4）脂眼睑发达；头部侧线系统之眶下第一与第二分支达到或超过前鳃盖下颌管；上颌骨后端不下弯 ··· 鲻属 *Mugil*
4（3）脂眼睑不发达；头部侧线系统之眶下第一与第二分支不达前鳃盖下颌管；上颌骨后端下弯 ··· 莫鲻属 *Moolgarda*
5（2）上颌骨后端下弯，且明显露出于眶前骨之外；胸鳍腋鳞不发达或不存在。
6（7）纵列鳞不少于27；尾鳍叉形或后缘明显凹入，不呈黄色；胸鳍淡色至暗灰色 ··· 鮻属 *Liza*
7（6）纵列鳞通常不多于27；尾鳍截形或后缘微凹，呈黄色至褐黄色；胸鳍黑色 ··· 黄鲻属 *Ellochelon*
8（1）上唇厚，具乳突。
9（10）上唇缘裂为数对褶叶；乳突细长划一，密列成穗饰状；上颌骨后端外露；眶前骨下缘明显后陷，呈V字形缺刻；下颌正中凹下，其两侧稍凸 ··············· 瘤唇鲻属 *Oedalechilus*

10(9) 上唇无裂褶；乳突长短不一，排列不规则；上颌骨后端不外露；眶前骨下缘仅向后略凹；下颌中间具丘状突或平整 ································ 粒唇鲻属 *Crenimugil*

鲻属 *Mugil*（Linnaeus，1758）

（本属有 19 种，其中 1 种含 2 亚种；南海产 1 亚种）

鲻 *Mugil cephalus*（Linnaeus，1758）〈图 651〉

图 651　鲻 *Mugil cephalus cephalus*（Linnaeus）（体长 360 mm）
（依张春霖，张有为，1962，南海鱼类志）

臀鳍Ⅲ8。胸鳍基部上端有 1 小黑斑。体青灰色，腹部白色，体侧上部有几条暗色纵带；各鳍浅灰色。

分布：我国各海域；全世界的温带至热带海域。

莫鲻属 *Moolgarda*（Whitley，1945）

（本属约 7 种，南海产 5 种）

〔异名：凡鲻属 *Valamugil*（Smith，1948）〕

种的检索表

1(6) 脂眼睑发达。
2(5) 胸鳍后端超越第一背鳍起点，伸达第三至第四鳍棘下方。
3(4) 胸鳍长略短于头长；纵列鳞 37~40；第一背鳍后缘黑色。体背部绿色，体侧面和腹部银白色；各鳍暗色；胸鳍基底上端具 1 小黑斑（分布：南海；东南亚各国，印度等）··· 斯氏莫鲻 *Moolgarda speigleri*（Bleeker，1858—1859）〈图 652〉
4(3) 胸鳍长等于或长于头长；纵列鳞 30~35；第一背鳍后缘不为黑色。体背部蓝灰色，体侧面和腹部银白色；胸鳍淡黄色，基底上端具 1 小黑斑；其他各鳍暗色（分布：南海、台湾省海域；东南亚各国、印度、澳大利亚北部等）································· 长鳍莫鲻 *M. cunnesius*（Valenciennes，1836）〈图 653〉
5(2) 胸鳍后端不达第一背鳍起点。头部背面背鳍前鳞片始于两侧后鼻孔之间；胸鳍基底上端具 1 小黑斑。纵列鳞 31~34。体背侧青灰色，腹面银白色；背鳍、尾鳍浅灰色，边缘浅灰黑色，其余各鳍淡黄色〔注：本种与英氏莫鲻 M. engeli（Bleeker）相似，区别之处在于后者背鳍前鳞片始于两侧前鼻孔之间，以及胸鳍基底上端无小黑斑〕（分布：南海、东海南部；日本；印度-太平洋） ………… 腋斑莫鲻 M. perusii（Valenciennes，1836）〈图654〉

〔同种异名：英氏鲻 Mugil engeli（非 Bleeker），南海鱼类志；硬头骨鲻 Osteomugil strongylocephalus（非 Richardson），中国鱼类系统检索；硬头鲻 Mugil strongylocephalus（非 Richardson），福建鱼类志〕

6（1） 脂眼睑不发达，仅存在于眼的前后缘。

7（8） 纵列鳞37～42；眼径小于吻长；吻圆突；胸鳍稍短于头长；幽门垂呈简单的条状，7～9个。头、体背部灰青色，鳃盖部银白色，体下部及眼下头部乳白色；体侧具多条暗色纵带；背鳍灰青色；胸鳍色较浅，基底上端具1小黑斑，腹鳍、臀鳍白色；尾鳍灰黑色（分布：南海，东海南部；日本；太平洋中部至西部，印度洋） ……………………………………………………………… 多鳞莫鲻 M. seheri（Forskål，1775）〈图655〉

〔同种异名：圆吻鲻 Mugil seheri，南海诸岛海域鱼类志；圆吻凡鲻 Valamugil seheri，中国鱼类系统检索〕

8（7） 纵列鳞35～38；眼径大于吻长；吻宽短，端平钝；胸鳍长于头长；幽门垂向分支复杂，难以计数。头、体背部灰褐色，下部银白色；体侧具多条暗色纵带；背鳍、胸鳍、臀鳍暗灰色，臀鳍前缘白色；腹鳍白色；尾鳍蓝灰色（分布：南海；日本；太平洋西部至印度洋东部） …………………………… 少鳞莫鲻 M. pedaraki（Valenciennes，1836）〈图656〉

〔同种异名：平吻凡鲻 Valamugil buchanani（Bleeker，1853），中国鱼类系统检索〕

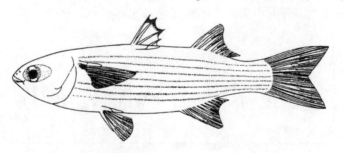

图652　斯氏莫鲻 Moolgarda speigleri（Bleeker，1858—1859）
（依 Bathia and Wongratana, in Fischer and Whitehead, 1974）

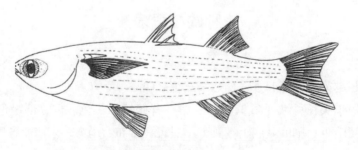

图653　长鳍莫鲻 M. cunnesius（Val.，1836）
（依 Bathia and Wongratana, in Fischer and Whitehead, 1974）

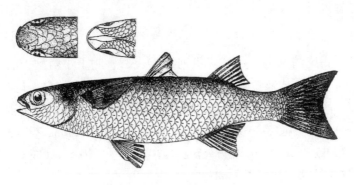

图 654　腋斑莫鲻 M. perusii (Valenciennes)（体长 155 mm）
（依张春霖，张有为，1962，南海鱼类志）

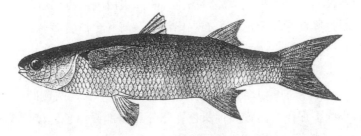

图 655　多鳞莫鲻 M. seheri (Forskål)（体长 278 mm）
（依宋佳坤，1979，南海诸岛海域鱼类志）

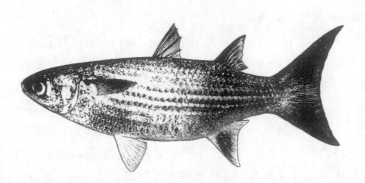

图 656　少鳞莫鲻 M. pedaraki (Valenciennes)（体长 213 mm）

鲛属 Liza (Jordan et Swain, 1884)

(本属约 26 种，南海产 6 种)

种的检索表

1 (2)　背部在第一背鳍之前有 1 正中纵走棱嵴；脂眼睑不发达；胸鳍腋鳞小。体背侧青灰色，下侧银白色，体侧有多条暗色纵带；背鳍、尾鳍灰色，腹鳍、臀鳍稍呈淡黄色（分布：南海、东海；朝鲜半岛、日本；印度-西太平洋） ··· 棱鲛 Liza carinata (Valenciennes, 1836)〈图 657〉
〔同种异名：棱鲻 Mugil carinatus，南海鱼类志〕

2（1）背部无正中棱嵴。

3（8）脂眼睑发达。

4（5）胸鳍腋鳞长，占胸鳍长 1/3～1/2。纵列鳞 34～38；吻上小鳞始于前鼻孔上前方，其后鳞片大。体背部灰青色或灰黄色，侧部银白色，腹部白色；背鳍、尾鳍灰色，边缘灰黑色；胸鳍、腹鳍、臀鳍淡黄色（分布：南海、台湾海峡；日本、印度尼西亚）……………………………………………………………………………………前鳞鲛 *L. affinis* (Günther, 1861)〈图 658〉

〔同种异名：前鳞鲻 *Plugil affinis*，南海鱼类志；前鳞鲻 *Mugil ophuyseni* (Bleeker)，福建鱼类志；前鳞骨鲻 *Osteomugil ophuyseni*，中国鱼类系统检索〕

5（4）胸鳍腋鳞短小，小于胸鳍长 1/3，或不存在。

6（7）纵列鳞 27～32，背鳍前鳞 16～18；吻略宽圆；头部稍侧扁；胸鳍长等于吻后头长，腋鳞短小。大鱼背部暗绿色，小鱼背部暗褐色；侧部银白色，腹部白色；各鳍浅灰色，尾鳍后缘灰黑色；眼虹膜周缘金黄色（分布：南海、东海和台湾省海域；日本；印度洋东部至太平洋西部）……………… 绿背鲛 *L. subviridis* (Valenciennes, 1836)〈图 659〉

〔同种异名：粗鳞鲛 *L. dussumieri* (Val., 1836)，福建鱼类志；中国鱼类系统检索〕

7（6）纵列鳞 32～35，背鳍前鳞 18～20；吻较尖；头部略平扁，两侧圆凸；胸鳍长小于吻后头长，腋鳞很小或不存在。体背部青灰色，侧部和腹部银白色，体侧上部常有 5～9 条暗色纵带（分布：南海南部；东南亚各国，印度等）………………………………………………………………………………………… 尖头鲛 *L. tade* (Forskål, 1775)〈图 660〉

〔同种异名：*Mugil planiceps* (Valenciennes, 1836)〕

8（3）脂眼睑不发达；胸鳍无腋鳞。

9（10）纵列鳞 36～44，横列鳞 12～14；幽门垂 6；头部稍平扁。体背青灰色，侧部和腹部银白色；体侧上部具数条黑色纵带；腹鳍、臀鳍无色，其余各鳍浅灰色（分布：我国各海域；朝鲜半岛、日本）………… 鲛 *L. haematocheila* (Temminck et Schlegel, 1845)〈图 661〉

〔同种异名：梭鲻 *Mugil so-iuy* (Basilewsky, 1855)，南海鱼类志〕

10（9）纵列鳞 30～34，横列鳞 10～11；幽门垂大多 5；头部侧扁。体背暗青灰色，头背及吻端近淡黑色，体侧部及腹部银白色；体侧有多条暗色纵带；胸鳍黄色，基部金黄色；其余各鳍暗蓝灰色，尾鳍后缘黑色；眼虹膜周缘金黄色（分布：南海、东海和台湾省海域；日本、菲律宾、印度尼西亚；印度-西太平洋）………………………………………………………………………………… 大鳞鲛 *L. macrolepis* (Smith, 1846)〈图 662〉

〔同种异名：大鳞鲻 *Mugil macrolepis*，南海鱼类志〕

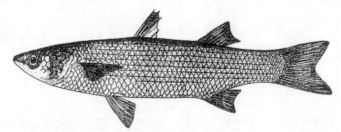

图 657　棱鲛 *Liza carinata* (Valenciennes, 1836)（体长 193 mm）

（依伍汉霖，沈根缓，1984，福建鱼类志）

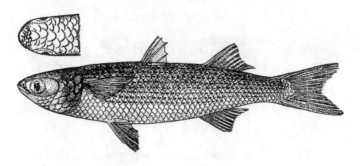

图 658　前鳞鲛 *L. affinis*（Günther）（体长 159 mm）
（依伍汉霖，沈根缓，1984，福建鱼类志）

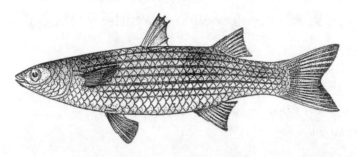

图 659　绿背鲛 *L. subviridis*（Val.，1836）（体长 155 mm）
（依伍汉霖，沈根缓，1984，福建鱼类志）

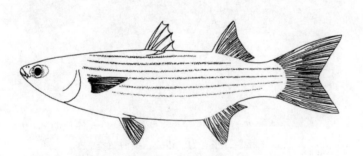

图 660　尖头鲛 *L. tade*（Forskål，1775）
（依 Bathia and Wongratana, in Fischer and Whitehead, 1974）

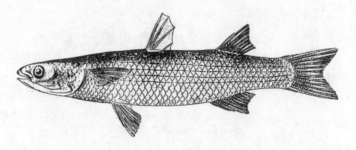

图 661　鲛 *L. haematocheila*（Temminck et Schlegel）（体长 253 mm）
（依伍汉霖，沈根缓，1984，福建鱼类志）

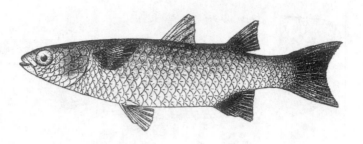

图662　大鳞鲛 L. macrolepis（Smith）（体长206 mm）
（依张春霖，张有为，1962，南海鱼类志）

黄鲻属 Ellochelon（Whitley，1930）

（本属仅1种，南海有产）

黄鲻 Ellochelon vaigiensis（Quoy et Gaimard，1825）〈图663〉
〔同种异名：截尾鲛 Liza vaigiensis〕

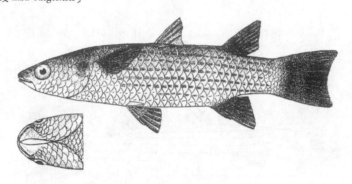

图663　黄鲻 Ellochelon vaigiensis（Quoy et Gaimard）（体长119.7 mm）
（依张春霖，张有为，1962，南海鱼类志）

体背部青黑至黑褐色，头背色较深，体侧部渐呈浅青灰色，腹部银白色；体侧具数条细纵带。胸鳍黑色；尾鳍黄色至黑褐略带黄色；腹鳍前部灰黑色，后部浅灰至白色；前背鳍灰黑色，后背鳍和臀鳍深灰黑色。

分布：南海；东南亚各国、印度、澳大利亚北部等；印度-西太平洋。

瘤唇鲻属 Oedalechilus（Fowler，1904）

（本属有2种，南海产1种）

角瘤唇鲻 Oedalechilus labiosus（Valenciennes，1836）〈图664〉
〔同种异名：褶唇鲻 Plicomugil labiosus，南海诸岛海域鱼类志；中国鱼类系统检索〕

体背部深青褐色，体侧中部色浅，下部和腹部乳白色。除腹鳍与胸鳍最后4鳍条为乳白色略带零星黑色素外，其余各鳍呈不同程度的灰色。胸鳍基部上端有1小黑斑。

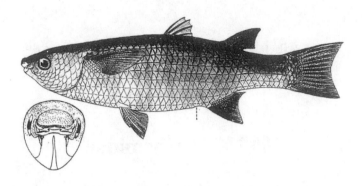

图 664　角瘤唇鲻 *Oedalechilus labiosus*（Valenciennes）（体长 213 mm）
（依宋佳坤，1979，南海诸岛海域鱼类志）

分布：南海诸岛海域、台湾省海域；日本；印度-太平洋。

粒唇鲻属 *Crenimugil*（Schultz，1946）

（本属有 2 种，南海产 1 种）

粒唇鲻 *Crenimugil crenilabis*（Forskål，1775）〈图 665〉

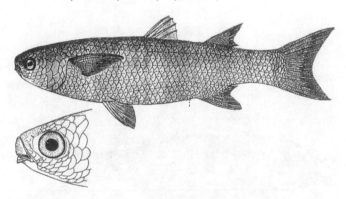

图 665　粒唇鲻 *Crenimugil crenilabis*（Forskål）（体长 308 mm）
（头：Matsubara，1955）（整体：依宋佳坤，1979，南海诸岛海域鱼类志）

体背部橄榄绿色（液浸固定后转为浅黄色），侧部银白色，腹部乳白色。胸鳍黄色，基部上端具 1 蓝黑色小斑；其余各鳍灰黄色（液浸固定后各鳍色淡）。

分布：南海、台湾省海域；日本；印度-太平洋。

马鲅亚目 POLYNEMOIDEI

马鲅科 Polynemidae

属的检索表

1 (2) 下唇不发达，限于口角附近；齿布于颌外缘；胸鳍游离鳍条 3 或 4 ………………………
   ……………………………………………………………………………… 四指马鲅属 *Eleutheronema*
2 (1) 下唇较发达，但不达下颌前端；齿不布于颌外；胸鳍游离鳍条不少于 5 ……………………
   …………………………………………………………………………………… 多指马鲅属 *Polydactylus*

四指马鲅属 *Eleutheronema*（Bleeker，1862）

（本属有 2 种，南海产 1 种）

四指马鲅 *Eleutheronema tetradactylum*（Shaw，1804）〈图 666〉

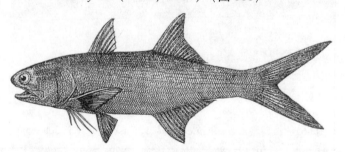

图 666　四指马鲅 *Eleutheronema tetradactylum*（Shaw）（体长 287 mm）

（仿李婉端，1984，福建鱼类志）

胸鳍下部具 4 根游离鳍条，体背面和侧面灰青带黄色，腹部银白色；背鳍、胸鳍、臀鳍、尾鳍灰色；尾鳍后缘黑色；腹鳍白色。幼鱼胸鳍、臀鳍和尾鳍下叶黄色。

分布：我国各海域；日本、菲律宾；印度；大西洋西部和北部。

多指马鲅属 *Polydactylus*（Lacépède，1803）

（本属有15种，南海产4种）

种的检索表

1（4） 胸鳍下部游离鳍条5。
2（3） 胸鳍上部鳍条分支；尾鳍上、下叶边缘鳍条呈丝状延长；体侧纵带纹不明显。体浅灰褐色，背部紫色至黑色；腹鳍近白色，其余各鳍灰褐色略带黄色（分布：南海南部、台湾省海域；印度等）·················· 印度多指马鲅 *Polydactylus indicus*（Shaw，1804）〈图667〉
3（2） 胸鳍上部鳍条不分支；尾鳍上、下叶边缘鳍条不延长；体侧上部具8~9条明显暗色纵带。体背侧青灰褐色，腹侧白色；各鳍青灰色，边缘灰黑色；吻部稍呈褐黄色（分布：南海、东海和台湾省海域；日本南部、东南亚各国、澳大利亚北部；印度；印度-西太平洋）···
·················· 五指多指马鲅 *P. plebeius*（Broussonet，1782）〈图668〉
〔同种异名：五指马鲅 *Polynemus plebejus*，南海鱼类志；中国鱼类系统检索〕
4（1） 胸鳍下部游离鳍条6。
5（6） 胸鳍上部鳍条分支；体侧在侧线始部具1大于眼径的黑斑；侧线鳞44~50。体背侧和各鳍淡青黄色，腹部白色；各鳍边缘灰黑色（分布：南海、东海和台湾省海域；日本、印度尼西亚；印度-西太平洋）··················
·················· 黑斑多指马鲅 *P. sextarius*（Bloch et Schneider，1801）〈图669〉
〔同种异名：六指马鲅 *Polynemus sextarius*，南海鱼类志；中国鱼类系统检索〕
6（5） 胸鳍上部鳍条不分支；体侧侧线始部无黑斑；侧线鳞61~67。体背侧及胸鳍除外的各鳍棕黄色，腹部白色；胸鳍黑色（分布：南海南部；日本；印度；印度-太平洋）·········
·················· 六丝多指马鲅 *P. sexfilis*（Cuvier，1831）〈图670〉

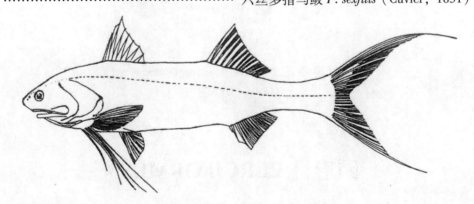

图667 印度多指马鲅 *Polydactylus indicus*（Shaw，1804）

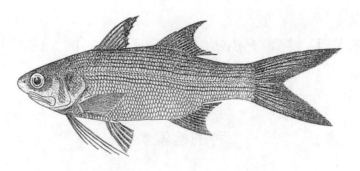

图 668 五指多指马鲅 P. plebeius (Broussonet)（体长 181 mm）
（依张春霖，张有为，1962，南海鱼类志）

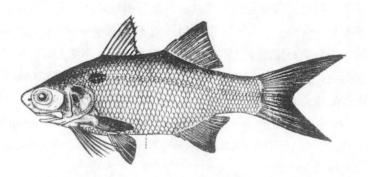

图 669 黑斑多指马鲅 P. sextarius (Bloch et Schneider)（体长 106 mm）
（依罗云林，陈保芳，1963，东海鱼类志）

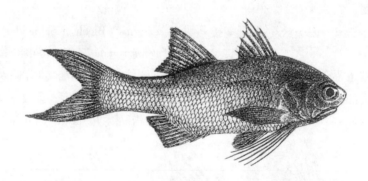

图 670 六丝多指马鲅 P. sexfilis (Cuvier)
（依 Day，1876）

鲈形目 PERCIFORMES

亚目的检索表

1（24） 第一背鳍存在时不呈吸盘状。
2（23） 左右腹鳍不显著接近，亦不愈合为吸盘。

3	(21)	食道无侧囊。	
4	(16)	上颌骨不固着于前颌骨。	
5	(15)	尾柄不具棘或骨板。	
6	(14)	腹鳍具1鳍棘，臀鳍一般具2或3鳍棘。	
7	(8)	腹鳍一般胸位，具1鳍棘5鳍条	鲈亚目 PERCOIDEI
8	(7)	腹鳍喉位或不存在。	
9	(22)	上枕骨和肋骨正常，后头部上方无钩状突出结构。	
10	(13)	腹鳍有1鳍棘1~4鳍条，或不存在；头多侧扁。	
11	(12)	背鳍及臀鳍通常有鳍棘；背鳍始于胸鳍起点上方或前方	鳚亚目 BLENNIOIDEI
12	(11)	背鳍及臀鳍无鳍棘；背鳍始于胸鳍起点之后	玉筋鱼亚目 AMMODYTOIDEI
13	(10)	腹鳍有1鳍棘5鳍条；头部平扁	䲗亚目 CALLIONYMOIDEI
14	(6)	腹鳍内外各具1鳍棘，臀鳍通常具7鳍棘	篮子鱼亚目 SIGANOIDEI
15	(5)	尾柄具棘或骨板	刺尾鱼亚目 ACANTHUROIDEI
16	(4)	上颌骨固着于前颌骨。	
17	(18)	体明显侧扁。体甚延长呈带状或中度延长：体呈带状时，背鳍和臀鳍后方无游离小鳍，尾鳍常缺如，若具尾鳍则细小，呈叉形或凹入形；体中度延长时，背鳍和臀鳍后方通常具游离小鳍，尾柄和尾鳍发达，尾鳍叉形	带鱼亚目 TRICHIUROIDEI
18	(17)	体稍侧扁，呈纺锤形；尾柄和尾鳍发达，尾柄通常具隆起脊；背鳍和臀鳍后方具游离小鳍5-10	鲭亚目 SCOMBROIDEI
19	(3)	食道有侧囊，囊内具齿	鲳亚目 STROMATEOIDEI
20	(9)	上枕骨具桨叶形弯钩状突出的附属结构；第5至第10肋骨扩大愈合成一围鳔骨质管	钩鱼亚目 KURTOIDEI
21	(2)	左右腹鳍极接近，大多愈合成吸盘，或腹鳍消失则背鳍距胸鳍甚远	鰕虎鱼亚目 GOBIOIDEI
22	(1)	第一背鳍特化为吸盘	䲟亚目 ECHENEOIDEI

鲈亚目 PERCOIDEI

总科的检索表

1	(14)	体每侧各有侧线一条且有时中断。	
2	(13)	腹鳍胸位；头部不被硬骨板。	
3	(12)	口中等大，齿一般不强大。	
4	(11)	胸鳍鳍条不扩大。	
5	(8)	左右下咽骨不愈合。	
6	(7)	体不延长，背鳍与臀鳍均不与尾鳍相连	鲈总科 Percoidae
7	(6)	体延长呈带状，背鳍与臀鳍均与尾鳍相连	赤刀鱼总科 Cepoloidae

8（5） 左右下咽骨愈合。
9（10） 头部每侧有鼻孔2个；臀鳍鳍条15以下 ················· 隆头鱼总科 Labroidae
10（12） 头部每侧有鼻孔1个 ···································· 雀鲷总科 Pomacentroidae
11（4） 胸鳍下部鳍条扩大且不分支 ···································· 䲢总科 Cirrhitoidae
12（3） 口大，齿一般强大 ···································· 龙䲢总科 Trachinoidae
13（2） 腹鳍喉位；头部宽大，部分被硬骨板 ···································· 䲢总科 Uranoscopoidae
14（1） 体每侧有侧线2条 ···································· 鳄齿鱼总科 Champsodontoidae

鲈总科 Percoidae

科的检索表

1（92） 两颌齿不愈合，不形成骨喙。
2（91） 头部不被骨质板；鳍棘不强大或鳍棘和鳍条难以区分，或无鳍棘。
3（80） 后颞骨不与颅骨相接。
4（77） 臀鳍基底短于背鳍基底，鳍条不多于30。
5（76） 颏部无须。
6（45） 上颌骨一般不为眶前骨所遮盖。
7（41） 背鳍、臀鳍和腹鳍通常具鳍棘；鳞面光滑无棱嵴或棘。
8（27） 臀鳍鳍棘3。
9（26） 腹部无发光腺体。
10（25） 鳞不坚厚粗糙。
11（12） 眶前骨上下缘均具锯齿 ···································· 双边鱼科 Ambassidac
12（11） 眶前骨上下缘不具锯齿。
13（22） 臀鳍鳍条少于背鳍鳍条。
14（19） 侧线完全，不中断。
15（18） 颊部、鳃盖与后头部被鳞。
16（17） 背鳍鳍棘7或8 ···································· 尖吻鲈科 Latidae
17（16） 背鳍鳍棘一般9或更多，如为7或8，则尾鳍不圆或前鳃盖骨隅角处无大棘 ··················
   ···································· 鮨科 Serranidae
18（15） 除吻部外，头全部被鳞 ···································· 叶鲷科 Glaucosomidae
19（14） 侧线中断为二；背鳍鳍棘2~3或6~7。
20（21） 背鳍鳍棘2或3 ···································· 拟雀鲷科 Pseudochromidae
21（20） 背鳍鳍棘6~7 ···································· 拟线鲈科 Pseudogrammidae
22（13） 臀鳍鳍条多于或等于背鳍鳍条。
23（24） 侧线中断；腹鳍延长，1鳍棘4鳍条 ···································· 鮗科 Plesiopidae
24（23） 侧线不中断；腹鳍不延长，1鳍棘5鳍条 ···································· 汤鲤科 Kuhliidae

25	(10)	鳞坚厚粗糙	大眼鲷科 Priacanthidae
26	(9)	腹部具发光腺体	发光鲷科 Acropomidae
27	(8)	臀鳍鳍棘1或2。	
28	(35)	尾柄通常较宽；体一般被栉鳞。	
29	(34)	二背鳍分离或有深凹刻；头不钝圆。	
30	(33)	体长椭圆形。	
31	(32)	第二背鳍鳍条7~10	天竺鲷科 Apogonidae
32	(31)	第二背鳍鳍条20~22	乳香鱼科 Lactariidae
33	(30)	体细长梭形	鱚科 Sillaginidae
34	(29)	二背鳍相连且无缺刻；头钝圆	方头鱼科 Branchiostegidae
35	(28)	尾柄细狭；体一般被圆鳞。	
36	(42)	前颌骨能向前伸出。	
37	(40)	有腹鳍。	
38	(39)	臀鳍前方有2游离鳍棘	鲹科 Carangidae
39	(38)	臀鳍前方无游离鳍棘	眼镜鱼科 Menidae
40	(37)	无腹鳍（小鱼有）	乌鲳科 Formionidae
41	(7)	背鳍、臀鳍和腹鳍无鳍棘；鳞面具中间棱嵴或具棘	乌鲂科 Bramidae
42	(36)	前颌骨不能向前伸出。	
43	(44)	背鳍有分离的鳍棘，始于头后上方	军曹鱼科 Rachycentridae
44	(43)	背鳍无鳍棘，始于眼上方	鲯鳅科 Coryphaenidae
45	(6)	上颌骨一般为眶前骨所遮盖。	
46	(47)	臀鳍鳍棘2；头骨具黏液腔	石首鱼科 Sciaenidae
47	(46)	臀鳍鳍棘3（个别5）。	
48	(51)	口能向上、向下或向前伸出。	
49	(50)	体被细小圆鳞；背鳍有7或8鳍棘，16或17鳍条	鲾科 Leiognathidae
50	(49)	体被较大圆鳞；背鳍有9或10鳍棘，9~15鳍条	银鲈科 Gerridae
51	(48)	口几乎不能伸出。	
52	(53)	侧线上方鳞片一般斜行；犁骨与腭骨通常有齿	笛鲷科 Lutjanidae
53	(52)	侧线上方鳞片不斜行；犁骨与腭骨一般无齿。	
54	(73)	两颌齿不呈切齿状。	
55	(56)	牙不发达或不存在；前鳃盖骨后缘光滑	谐鱼科 Emmelichthyidae
56	(55)	牙通常发达；前鳃盖骨后缘一般有锯齿。	
57	(60)	两颌侧方一般具臼齿。	
58	(59)	颊部与头顶无鳞；吻部长	裸颊鲷科 Lethrinidae
59	(58)	颊部与头顶具鳞；吻部钝	鲷科 Sparidae
60	(57)	两颌侧方不具臼齿。	
61	(64)	体一般较高。	
62	(63)	背鳍鳍棘部与鳍条部间缺刻浅；尾鳍圆形；臀鳍第三棘粗大	松鲷科 Lobotidae
63	(62)	背鳍鳍棘部与鳍条部间缺刻深；尾鳍浅叉；臀鳍第二棘粗大	寿鱼科 Banjosidae

64	(61)	体通常不高。	
65	(66)	两颌前方具圆锥形犬齿 ···	金线鱼科 Nemipteridae
66	(65)	两颌前方无圆锥形犬齿。	
67	(68)	前鳃盖无鳞；眶下骨棚狭 ···	锥齿鲷科 Pentapodidae
68	(67)	前鳃盖被鳞；眶下骨棚宽。	
69	(72)	后颞骨及匙骨后上角不裸露。	
70	(71)	眶下骨下缘游离，第二眶下骨有 1 明显的向后棘 ·············	眶棘鲈科 Scolopsidae
71	(70)	眶下骨下缘不游离，第二眶下骨无棘 ·····························	仿石鲈科 Haemulidae
72	(69)	后颞骨及匙骨后上角裸露，边缘具锯齿 ··························	鯻科 Theraponidae
73	(54)	两颌牙呈切齿状。	
74	(75)	两颌牙均不分叉 ··	鲀科 Kyphosidae
75	(74)	两颌前端的牙各分 3 叉 ··	舵科 Girellidae
76	(5)	颏部有 2 长须 ··	羊鱼科 Mullidae
77	(4)	臀鳍基底长于背鳍基底。	
78	(79)	背鳍位于鱼体前半部；臀鳍基底远远长于背鳍基底，鳍条 40 以上；上颚中央无纵沟；口不能伸出 ·························	单鳍鱼科 Pempheridae
79	(78)	背鳍位于鱼体后半部；臀鳍基底略长于或约等于背鳍基底，鳍条不足 20；上颚中央具 1 纵沟；口可伸出 ···············	射水鱼科 Toxotidae
80	(3)	后颞骨与颅骨相接。	
81	(86)	后颞骨不固着于颅骨。	
82	(85)	腭骨无牙；鳃盖膜与峡部相连。	
83	(84)	胸鳍短，不延长呈镰状 ··	白鲳科 Ephippidae
84	(83)	胸鳍延长呈镰状 ··	鸡笼鲳科 Drepanidae
85	(82)	腭骨有牙；鳃盖膜不连于峡部 ·······································	鸢鱼科 Psettidae
86	(81)	后颞骨固着于颅骨。	
87	(88)	背鳍有 1 向前棘 ···	金线鱼科 Scatophagidae
88	(87)	背鳍无向前棘。	
89	(90)	腭骨一般有牙；鳃盖膜不与峡部相连 ·····························	蝎鱼科 Scorpidae
90	(89)	腭骨无牙；鳃盖膜多少与峡部相连 ·································	蝴蝶鱼科 Chaetodontidae
91	(2)	头部被骨质板；鳍棘强大 ···	帆鳍鱼科 Histiopteridae
92	(1)	两颌齿分别愈合，形成骨喙 ··	石鲷科 Oplegnathidae

双边鱼科 Ambassidae

双边鱼属 Ambassis （Cuvier et Valenciennes，1828）

(本属有 24 种，南海产 4 种)

[参考成庆泰，王玉珍，1987，中国鱼类系统检索]

种的检索表

1（4） 侧线连续。
2（3） 背鳍前鳞 10~11；舌上无齿；第一背鳍 2~5 鳍棘鳍膜上端黑色；体较短，体长为体高的 2.3~2.5 倍；间鳃盖骨后下角有数锯齿；尾鳍后缘不呈黑色。体银白色（分布：南海；印度尼西亚、菲律宾，新加坡） …… 古氏双边鱼 *Ambassis kopsii*（Bleeker, 1858）〈图 671〉
3（2） 背鳍前鳞 13~15；舌上有齿；第一背鳍 2~3 鳍棘鳍膜上端黑色；体较长，体长约为体高的 3 倍；间鳃盖骨后下角平滑；尾鳍后缘黑色。体银白色（分布：南海；日本；印度-西太平洋） ……………………………… 少棘双边鱼 *A. miops*（Günther, 1872）〈图 672〉
4（1） 侧线中断。
5（6） 背鳍前鳞 8~9；颊鳞 1 列；无眶上棘；尾鳍上下边缘及后端黑色。体银白色；背部及头背散有小黑点；背鳍 2、3 鳍棘间鳍膜上部黑色（分布：南海、台湾省南部海域；日本；印度-西太平洋） …………………… 尾纹双边鱼 *A. urotaenia*（Bleeker, 1852）〈图 673〉
6（5） 背鳍前鳞 14~17，常为 16；颊鳞 2 列；有眶上棘；尾鳍完全无色。体银白色；第二背鳍后上方的鳍膜浅灰色（分布：南海、东海及台湾省北部海域；印度-西太平洋） ……… ……………………………………… 眶棘双边鱼 *A. gymnocephalus*（Lacépède, 1802）〈图 674〉

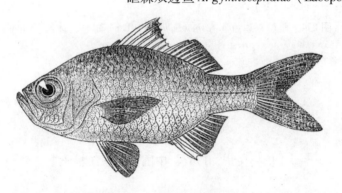

图 671　古氏双边鱼 *Ambassis kopsii*（Bleeker）（体长 53 mm）
（依成庆泰等，1962，南海鱼类志）

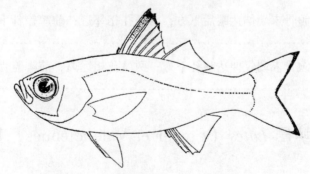

图 672　少棘双边鱼 *A. miops*（Günther）
（仿成庆泰，王玉珍，1987，中国鱼类系统检索）

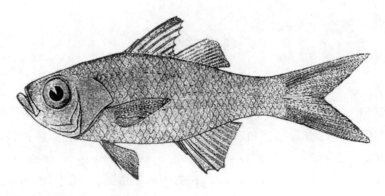

图673　尾纹双边鱼 A. urotaenia（Bleeker）（体长 46 mm）
（仿成庆泰等，1962，南海鱼类志）

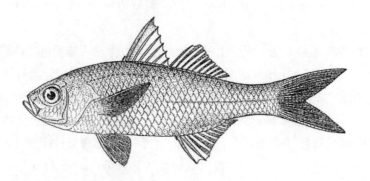

图674　眶棘双边鱼 A. gymnocephalus（Lacépède）（体长 58 mm）
（依成庆泰等，1962，南海鱼类志）

尖吻鲈科 Latidae

［依杨文华，1987，中国鱼类系统检索］

属的检索表

1（2）　舌面无齿；上颌骨末端伸达眼后下方；两鼻孔相邻近；前鳃盖骨下缘具棘 ················
·· 尖吻鲈属 Lates
2（1）　舌面具齿；上颌骨末端仅伸达瞳孔下方；两鼻孔相远离；前鳃盖骨下缘无棘 ················
·· 沙鲈属 Psammoperca

尖吻鲈属 Lates（Cuvier et Valenciennes，1828）

（本属仅1种，南海有产）

尖吻鲈 Lates calcarifer（Bloch，1790）〈图675〉
〔同种异名：L. japonicus（Katayama et Taki，1984）〕

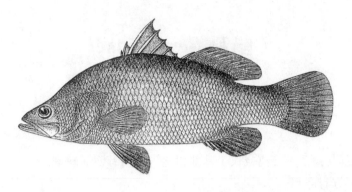

图 675　尖吻鲈 *Lates calcarifer*（Bloch）（体长 140 mm）
（依成庆泰等，1962，南海鱼类志）

吻尖。体背缘弧状弯曲大。成鱼体青灰色，吻背面及眼间隔棕褐色；胸鳍无色，其他各鳍灰褐色；头、体上无暗色斑。幼鱼头背面有一纵走暗色斑，体侧亦有大致呈横走的数个暗色斑块。

分布：南海、台湾省南部及台湾海峡；日本；印度－西太平洋。

沙鲈属 *Psammoperca*（Richardson，1848）

（本属仅 1 种，南海有产）

沙鲈 *Psammoperca waigiensis*（Cuvier，1828）〈图 676〉

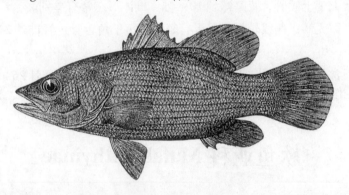

图 676　沙鲈 *Psammoperca waigiensis*（Cuvier）（体长 262 mm）
（依成庆泰等，1962，南海鱼类志）

侧线上方鳞列与侧线平行，侧线下方鳞列平直纵走。体银灰色，第二背鳍及尾鳍边缘灰褐色。

分布：南海、台湾海峡；日本；印度－西太平洋。

鮨科 Serranidae

亚科的检索表

1（10） 背鳍鳍棘部与鳍条部分离或仅于基部相连，中间有明显缺刻。
2（5） 下颌前端下方有凸起。
3（4） 颏部有 1 对尖牙状骨质突起；鳞片大而薄，极易脱落 ············ 软鱼亚科 Malakichthyinae
4（3） 颏部具一皮质突起；鳞片颇小，多埋于皮下 ················· 线纹鱼亚科 Grammistinae
5（2） 下颌前端下方无凸起。
6（7） 体呈长纺锤形而略钝圆；背鳍鳍棘 11～13；上颌具辅上颌骨 ············ 常鲈亚科 Oligorinae
7（6） 体呈长椭圆形而侧扁；背鳍鳍棘 8～10；上颌无辅上颌骨。
8（9） 鳃盖骨具 3～4 强大棘；鳞片小不易脱落 ······················ 黄鲈亚科 Diploprioninae
9（8） 鳃盖骨具 2 个较弱棘；鳞片较大，极易脱落 ··················· 赤鮨亚科 Doederleininae
10（1） 背鳍鳍棘部与鳍条部相连，一般无缺刻。
11（14） 上颌具明显的的辅上颌骨；背鳍鳍棘 8～11。雌、雄体通常同形。
12（13） 两鼻孔相接近；胸鳍一般圆形，上部鳍条不长 ················ 石斑鱼亚科 Epinephelinae
13（12） 两鼻孔远离；胸鳍一般尖形，上部鳍条最长 ··················· 长鲈亚科 Liopropominae
14（11） 上颌通常无辅上颌骨；背鳍鳍棘 10；雌、雄体形态常有差别。
15（16） 上颌骨裸露无鳞；侧线较低；尾舌骨颇小，短于角舌骨；脊椎骨 24 ·······················
   ·· 鮨亚科 Serraninae
16（15） 上颌骨通常具鳞；侧线位高；尾舌骨大，长于角舌骨；脊椎骨 26 ·······················
   ·· 花鮨亚科 Anthiinae

软鱼亚科 Malakichthyinae

软鱼属 *Malakichthys*（Döderlein，1883）

(本属有 3 种，南海均产)

种的检索表

1（2） 肛门距臀鳍起点较远，约位于腹鳍起点与臀鳍起点中央稍前；臀鳍基底长，长于其最长鳍条。体棕灰色，腹部色较淡（分布：南海和东海的深海；日本）····························
   ············· 软鱼 *Malakichthys wakiyai*（Jordan et Hubbs，1925）〈图 677〉
   （别称：瓦氏软鱼或胁谷软鱼）

2（1） 肛门距臀鳍起点近；臀鳍基底较短，等于或短于其最长鳍条。
3（4） 体高小于体长的1/3；侧线有孔鳞48～51。体淡黄褐色，腹部银白色；背鳍鳍棘部鳍膜边缘黑色（分布：南海和东海的深海；日本） ··· 美软鱼 M. elegans（Matsubara et Yamaguti，1943）〈图678〉
4（3） 体高大于体长的1/3；侧线有孔鳞41～47。生活时背部稍呈黄棕色，侧部和腹部呈亮银白色；背鳍鳍棘部鳍膜端部黑色（分布：南海深海；日本） ··· 灰软鱼 M. griseus（Döderlein，1883）〈图679〉

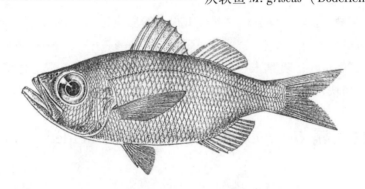

图677 软鱼 *Malakichthys wakiyai*（Jordan et Hubbs）（体长135 mm）

（依成庆泰等，1962，东海鱼类志）

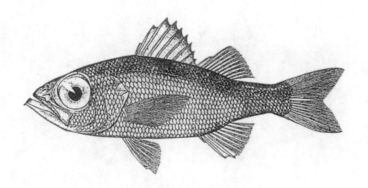

图678 美软鱼 *M. elegans*（Matsubara et Yamaguti）（体长78 mm）

（依成庆泰，田明诚，1981）

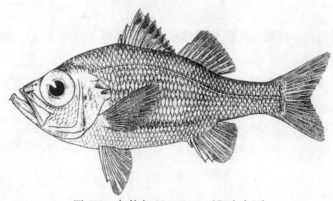

图679 灰软鱼 *M. griseus*（Döderlein）

（依 Katayama，1960）

线纹鱼亚科 Grammistinae

属的检索表

1（2） 臀鳍Ⅱ9，鳍棘小，埋于皮下；颏部具1很小的皮质突起；眼间隔裸露；体侧有若干白色纵条纹 ·· 线纹鱼属 *Grammistes*
2（1） 臀鳍Ⅲ8，鳍棘粗壮；颏部具1大的皮质突起；眼间隔具鳞；成鱼体背侧和头部及背鳍鳍棘部具黑色斑块，幼鱼体侧和头部具白色大圆斑 ···························· 须鲇属 *Pogonoperca*

线纹鱼属 *Grammistes*（Bloch et Schneider，1801）

（本属仅1种，南海有产）

六带线纹鱼 *Grammistes sexlineatus*（Thunberg，1792）〈图680〉

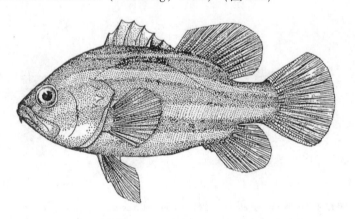

图680　六带线纹鱼 *Grammistes sexlineatus*（Thunberg）（体长62 mm）
（依胡蔼荪，1979，南海诸岛海域鱼类志）

与属同特征。体黑褐色，体侧自头部至尾鳍基具若干条纵走白色条纹，条纹数目随体长增长而增加。生活于岩礁和珊瑚礁。

分布：南海和台湾省海域；日本；印度-太平洋。

须鲇属 *Pogonoperca*（Günther，1859）

（本属仅1种，南海有产）

斑须鲇 *Pogonoperca punctata*（Valenciennes，1830）〈图681〉
　〔同种异名：*P. ocellatus* Günther，南海诸岛海域鱼类志（眼点须鲇）；中国鱼类系统检索（眼斑须鲇）〕

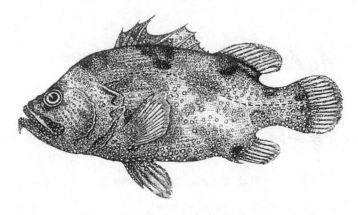

图 681　斑须鲙 *Pogonoperca punctata*（Valenciennes）（体长 184 mm）
（仿胡蔼荪，1979，南海诸岛海域鱼类志）

与属同特征。成鱼体茶褐色，头及体背部共有 5 个黑色不规则斑块，并另密布有白色小斑；幼鱼体色深，头、体上下具十余个白色大圆斑。生活于岩礁和珊瑚礁。

分布：南海、台湾海峡；日本；印度 - 太平洋。

常鲈亚科 Oligorinae

花鲈属 *Lateolabrax*（Bleeker，1857）

（本属约 2 种，南海产 1 种）

花鲈 *Lateolabrax japonicus*（Cuvier，1828）〈图 682〉

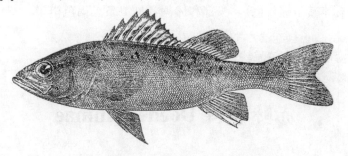

图 682　花鲈 *Lateolabrax japonicus*（Cuvier）（体长 152 mm）
（依成庆泰，1963，东海鱼类志）

背鳍Ⅻ—Ⅰ12～14；臀鳍Ⅲ7～9。尾鳍叉形，深凹。下颌下侧无鳞。体银白色，背部青灰色；背侧与背鳍鳍膜具多个黑色小斑，黑斑常随年龄增加而减少；各鳍灰色，背鳍鳍条部和尾鳍均在边缘呈黑色。生活于河口海域及江河。

分布：我国沿海；日本。

黄鲈亚科 Diploprioninae

黄鲈属 *Diploprion* （Cuvier，1828）

（本属有2种，南海产1种）

体短而高；背鳍鳍棘8；臀鳍鳍棘2；胸鳍通常小于腹鳍。

双带黄鲈 *Diploprion bifasciatum* （Cuvier，1828）〈图683〉

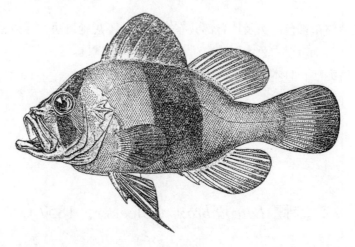

图683　双带黄鲈 *Diploprion bifasciatum* （Cuvier）（体长114 mm）
（依成庆泰，1963，东海鱼类志）

全体黄色（液浸标本转呈棕灰色）。头部和体侧各具1条黑褐色横带。背鳍鳍棘部和腹鳍灰黑色，腹鳍前缘色深。

分布：南海、东海南部和台湾海峡；日本；印度-西太平洋。

赤鲑亚科 Doederleininae

［依杨文华，1987，中国鱼类系统检索］

属的检索表

1（2）　背鳍鳍棘部与鳍条部相连；臀鳍棘3；体被弱栉鳞 ……………………… 赤鲑属 *Doederleinia*
2（1）　背鳍鳍棘部与鳍条部分离；臀鳍棘2；体被圆鳞 ……………………… 尖牙鲈属 *Synagrops*

赤鲏属 *Doederleinia* (Steindachner, 1883)

(本属仅1种，南海有产)

赤鲏 *Doederleinia berycoides* (Hilgendorf, 1879) 〈图684〉

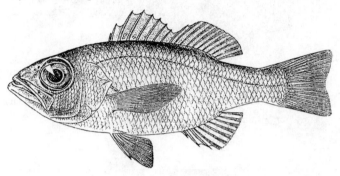

图684　赤鲏 *Doederleinia berycoides* (Hilgendorf)（体长145 mm）
（依成庆泰，1963，东海鱼类志）

背鳍Ⅸ10；臀鳍Ⅲ6~8（常7）；胸鳍15~18；腹鳍Ⅰ5。生活时体赤红色（液浸标本转呈深褐色），腹部色较淡。背鳍鳍棘部和尾鳍边缘黑色。

分布：我国各海域；朝鲜半岛、日本；太平洋西部至印度洋东部。

尖牙鲈属 *Synagrops* (Günther, 1887)

(本属有12种，南海产3种)

[参照杨文华，1987，中国鱼类系统检索]

注：本属曾被归于天竺鲷科 Apogoniolae，故其别称为"尖牙鲷"。

种的检索表

1 (2)　背鳍、臀鳍、腹鳍第1、2鳍棘前缘均不呈锯齿状。体淡褐色，散布许多小黑点；第一背鳍前部尖端的鳍膜黑色（分布：南海、东海；日本；印度-西太平洋，水深100~800 m）
　　………………日本尖牙鲈 *Synagrops japonicus* (Steindachner et Döderlein, 1883) 〈图685〉
2 (1)　背鳍、臀鳍、腹鳍第1、2鳍棘前缘均呈锯齿状，或仅腹鳍棘前缘呈锯齿状。
3 (4)　仅腹鳍棘前缘呈锯齿状。体浅灰色，头、体背缘色较浓；第一背鳍外缘部灰褐色；口腔灰褐色（分布：南海、东海；日本；太平洋中部以南至太平洋西部；水深30~200 m）…
　　……………………………………腹棘尖牙鲈 *S. philippinensis* (Günther, 1880) 〈图686〉
〔同种异名：尖牙鲷 *S. argyrea*，东海鱼类志〕

4（3） 第一背鳍第 2 鳍棘、第二背鳍第 1 鳍棘、臀鳍第 2 鳍棘及腹鳍棘前缘均呈锯齿状。奇鳍上散布许多细小黑点（分布：南海；日本、菲律宾；水深 176～510 m）·· 锯棘尖牙鲈 S. serratospinosus（Smith et Radcliffe, 1912）〈图 687〉

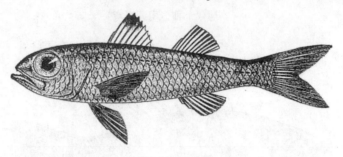

图 685　日本尖牙鲈 Synagrops japonicus（Steindachner et Döderlein）
（体长 46 mm）（依成庆泰，田明诚，1981）

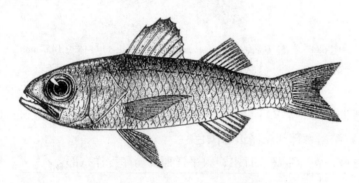

图 686　腹棘尖牙鲈 S. philippinensis（Günther）（体长 60 mm）
（成庆泰，1963，东海鱼类志）

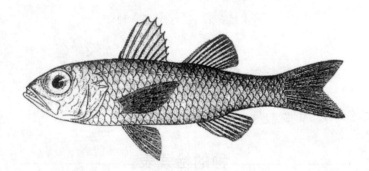

图 687　锯棘尖牙鲈 S. serratospinosus（Smith et Radcliffe）（体长 90 mm）
（依成庆泰，1981）

石斑鱼亚科 Epinephelinae

属的检索表

1 (18) 两颌具犬齿；后鼻孔不呈裂缝状。
2 (5) 背鳍棘 6~8；前鳃盖骨下缘有几枚向前棘。
3 (4) 臀鳍棘强壮，不能活动，第一棘明显露出；下颌两侧无膨大的犬齿；背鳍棘 8 ··· 泽鮨属 *Saloptia*
4 (3) 臀鳍棘弱，可轻微活动，第一棘埋于皮下不显露；下颌两侧至少有 1~2 枚膨大的犬齿；背鳍棘多为 8，少数为 6~8 ················ 鳃棘鲈属 *Plectropomus*
5 (2) 背鳍棘 9 或 11；前鳃盖骨下缘无向前棘。
6 (13) 背鳍棘 9。
7 (10) 下颌两侧具犬齿。
8 (9) 尾鳍新月状，上下叶外侧鳍条呈丝状延长；背鳍、臀鳍鳍条部后缘呈尖角形；下颌两侧犬齿强大 ·· 侧牙鲈属 *Variola*
9 (8) 尾鳍截形或微内凹，上下叶无丝状延长鳍条；背鳍、臀鳍鳍条部后缘呈圆形；下颌两侧犬齿纤细 ·· 纤齿鲈属 *Gracila*
10 (7) 下颌两侧无犬齿。
11 (12) 体颇高，最大体高通常大于头长；尾鳍截形 ················ 烟鲈属 *Aethaloperca*
12 (11) 体中等高，最大体高小于或等于头长；尾鳍圆形 ········ 九棘鲈属 *Cephalopholis*
13 (6) 背鳍棘 11。
14 (15) 腭骨无齿 ·· 光腭鲈属 *Anyperodon*
15 (14) 腭骨具齿。
16 (17) 臀鳍条 10~12；前鳃盖骨后缘与其下缘近垂直相交，几成直角；鳞细小；体近菱形 ··· 鸢鮨属 *Triso*
17 (16) 臀鳍条 8~9；前鳃盖骨后缘呈圆形；鳞中等大；体近长筒形或长椭圆形 ··· 石斑鱼属 *Epinephelus*
18 (1) 两颌无犬齿；后鼻孔呈裂缝状；头小，后头部急剧隆起形成驼背状 ··· 驼背鲈属 *Cromileptes*

泽鮨属 *Saloptia*（Smith，1964）

(本属仅 1 种，南海有产)

鲍氏泽鮨 *Saloptia powelli*（Smith，1964）〈图 688〉

特征与属同。前鳃盖骨下缘具 3 向前棘。体上红黄两色混杂，头部以红色为主，体侧多显黄

图 688　鲍氏泽鮨 *Saloptia powelli*（Smith）（体长 319 mm）
（依邵广昭等，1992）

色，各鳍或黄色，或红色，或两色混杂。生活于岩礁或珊瑚礁。

分布：南海诸岛海域，台湾省南部海域；日本；印度－太平洋。

鳃棘鲈属 *Plectropomus*（Oken，1817）

(本属有 8 种；南海产 5 种)

种的检索表

1（4）　尾鳍近新月形，后缘中间平直，上下叶后端呈角状；背鳍棘 6～8。

2（3）　背鳍、臀鳍鳍条部前 2 鳍条延长呈角状，使整个鳍缘成凹入形；全体满布浅蓝色线条斑和小圆斑。体红色；头部和胸部线条斑纵走和斜行，躯干线条斑横列；小圆斑分布于腹侧和体后部及尾鳍。背鳍棘 6～8。成鱼全长约 420 mm，最大全长 750 mm（分布：南海诸岛海域；菲律宾；印度－太平洋的热带海域）……………………………………………………………………………………… 线点鳃棘鲈 *Plectropomus oligacanthus*（Bleeker，1854）〈图 689〉

3（2）　背鳍、臀鳍鳍条部外缘弧形，无延长突出鳍条；全体布满约与瞳孔等大的蓝色圆斑，头部圆斑有部分串连合并呈杆状。体红色至棕褐色，尾鳍后缘有白边。背鳍棘 7～8。一般体长 350 mm，最大体长 1 000 mm（分布：南海；日本；菲律宾、马来西亚；印度－西太平洋）……………………………………… 斑鳃棘鲈 *P. maculatus*（Bloch，1790）〈图 690〉

4（1）　尾鳍截形或凹形；背鳍棘 8。

5（6）　尾鳍截形；背鳍鳍条部边缘和尾鳍后缘具白边。体色多样，头、躯干和奇鳍为红色、褐红色、褐色和浅灰绿色中之一种；全体满布略小于瞳孔的褐边淡蓝色圆斑；腹鳍深褐色至黑色。成鱼全长约 410 mm，最大全长 730 mm（分布：南海、台湾海峡；日本南部、菲律宾、马来西亚、印度尼西亚；印度－太平洋）………………………………………………………………………………… 蓝点鳃棘鲈 *P. areolatus*（Rüppell，1830）〈图 691〉
〔同种异名：截尾鳃棘鲈 *P. truncatus*（Fowler et Bean，1930），南海诸岛海域鱼类志；中国鱼类系统检索〕

6（5）　尾鳍凹形；背鳍鳍条部边缘和尾鳍后缘均无白边。

7（8）　头和体共具 5 条深色的鞍状横斑并散布许多淡蓝色斑点。体色多样，有黄色、褐色、蓝绿色或红色等几种体色。其中：体色为淡黄色时，头、背、尾部呈黄色，体下侧几为白色，鞍状斑呈黑色，各鳍为深黄色；体呈其他颜色时，鞍状斑及各鳍与体同色，但颜色加深而胸鳍后端为黑色并具白边。成鱼全长约 600 mm，最大全长 1 150 mm（分布：南海诸岛海域、台湾省海域；日本、菲律宾、马亚西亚；印度 - 太平洋）... 黑鞍鳃棘鲈 P. laevis（Lacépède，1801）〈图 692〉

〔同种异名：P. melanoleucus（Lacépède，1802）〕

8（7）头、体和各鳍满布蓝色小斑点，无鞍状横斑。有两种体色，呈黑褐色或红色，腹侧均色浅。成熟体长 500 mm，最大体长 1 100 mm（分布：南海诸岛海域、台湾省海域；日本、菲律宾；印度 - 西太平洋）......... 豹纹鳃棘鲈 P. leopardus（Lacépède，1802）〈图 693〉

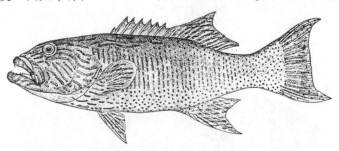

图 689　线点鳃棘鲈 Plectropomus oligacanthus（Bleeker）
（依伍汉霖，2002，转引 T. Kumada）

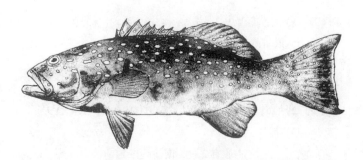

图 690　斑鳃棘鲈 P. maculatus（Bloch）（体长 212 mm）

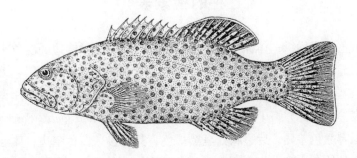

图 691　蓝点鳃棘鲈 P. areolatus（Rüppell）（体长 262 mm）
（仿胡薴荪，1979，南海诸岛海域鱼类志）

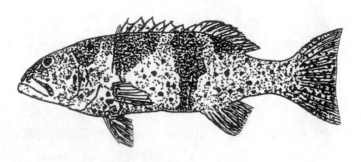

图692　黑鞍鳃棘鲈 P. laevis（Lacépède）
（依沈世杰，1984）

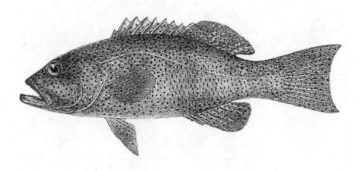

图693　豹纹鳃棘鲈 P. leopardus（Lacépède）（体长 327 mm）
（依胡蔼荪，1979，南海诸岛海域鱼类志）

侧牙鲈属 Variola（Swainson，1839）

（本属有2种，南海均产）

种的检索表

1（2）　各鳍均具黄色的宽后缘；体棕褐色至橙红色，全体满布具镶边的淡色小斑点；幼鱼各鳍后缘颜色不明显，在体上半部自眼后至背鳍基终端具数个黑褐色至黑色大斑或各斑连接成一纵带，尾鳍基上端具1黑斑（分布：南海诸岛海域、台湾省南部沿岸海域；日本南部、菲律宾；印度-太平洋） ……………………… 侧牙鲈 Variola louti（Forskål，1775）〈图694〉
2（1）　仅尾鳍后缘有颜色差异，后边缘处呈黑褐色，其后接一白色窄边；体红色至紫红色，全体满布具镶边的淡色小斑点（头部斑点颜色较深）；幼鱼全体满布较大的红色小斑，斑的周沿浅色，尾鳍后缘具白色窄边（分布：南海诸岛海域、台湾省南部沿岸海域；日本南部、菲律宾；印度-西太平洋） …… 白边侧牙鲈 V. albimarginata（Baissac，1953）〈图695〉

图694　侧牙鲈 *Variola louti* (Forskål)（体长224 mm）
（依胡蔼荪，1979，南海诸岛海域鱼类志）

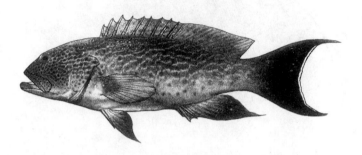

图695　白边侧牙鲈 *V. albimarginata* (Baissac)（体长200 mm）
（依刘柏辉，李慧红，2000）

纤齿鲈属 *Gracila* (Randall, 1964)

（本属有2种，南海产1种）

白边纤齿鲈 *Gracila albomarginata* (Fowler et Bean, 1930)〈图696〉
〔同种异名：白边九棘鲈 *Cephalopholis albomarginatus*，南海诸岛海域鱼类志〕

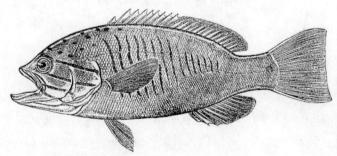

图696　白边纤齿鲈 *Gracila albomarginata* (Fowler et Bean)（体长315 mm）
（依胡蔼荪，1979，南海诸岛海域鱼类志）

两颌具犬齿；下颌两侧齿纤弱。成鱼尾鳍截形，后缘中间稍凹，体深褐色，头部有4条深蓝色斜走纵条纹，体侧约有15条不明显的暗色横条纹。幼鱼尾鳍凹形，后缘中间较平直，上下端稍突出；头、体无条纹，背鳍后部和臀鳍的外缘部及尾柄和尾鳍的外侧部呈暗色。珊瑚礁鱼类。

分布：南海诸岛海域、台湾省南部沿岸海域；日本；印度-太平洋。

烟鲈属 Aethaloperca (Fowler, 1904)

(本属只1种,南海有产)

烟鲈 Aethaloperca rogaa (Forskål, 1775) 〈图697〉
〔同种异名:褐九棘鲈 Cephalopholis rogaa,南海诸岛海域鱼类志〕

图697 烟鲈 Aethaloperca rogaa (Forskål)
(依胡蔼苏,1979,南海诸岛海域鱼类志)

胸鳍上方鳍条最长,向下鳍条渐短。体深灰褐色,口腔橙黄色。幼鱼尾鳍后缘白色。珊瑚礁鱼类。

分布:南海诸岛海域、台湾南部沿岸海域;日本;印度-太平洋。

九棘鲈属 Cephalopholis (Bloch et Schneider, 1801)

(本属有24种,南海产13种)

种的检索表

1(2) 尾鳍截形。体黄色,具多条大致平行的深褐色纵带,向后延伸至尾鳍近后缘处止,且于该处呈分支状(分布:南海诸岛海域;日本南部、菲律宾;印度-太平洋)……………
………………………………… 卜氏九棘鲈 Cephalopholis polleni (Bleeker, 1868) 〈图698〉
〔同种异名:Gracila polleni (Bleeker)〕

2(1) 尾鳍圆形或近圆形。
3(10) 胸鳍深黑褐色。
4(7) 体具圆形斑点。
5(6) 体上斑点密,尤其颊部斑点间隙很小而形成网状纹。幼鱼体呈蓝褐至黑褐色,随体长增长而渐转为棕褐色,进而红褐色,最后至全长320 mm以上时转呈为红色;体上斑点棕褐色至红色;尾鳍后缘蓝白色。一般全长300~500 mm,最大全长600 mm(分布:南海、台

		湾省太平洋侧至西南部海域；日本南部、东南亚、澳大利亚、印度等；印度-太平洋）··· 红九棘鲈 *C. sonnerati* (Valenciennes, 1828) 〈图699〉
6	(5)	体上斑点较疏，斑间隙不形成网状纹。体暗褐色；头体和各鳍散布小于瞳孔且有黑色边缘的淡蓝色小圆斑；背鳍、臀两鳍鳍条部及胸鳍、腹鳍、尾鳍等边缘均为黄白色（分布：南海、台湾省南部海域；菲律宾、印度尼西亚、日本南部；印度-太平洋）················· 斑点九棘鲈 *C. argus* (Bloch et Schneider, 1801) 〈图700〉
7	(4)	体具横斑或纵纹。
8	(9)	体侧具6~7个横斑。体暗褐色，横斑深色；背鳍、臀鳍鳍条部边缘和尾鳍后缘白色（分布：南海、东海和台湾省北部海域；日本南部、菲律宾、印度尼西亚；印度-西太平洋） ································ 横纹九棘鲈 *C. boenak* [= *boenack*] (Bloch, 1790) 〈图701〉 [同种异名：*C. pachycentron* (Valenciennes, 1828)，南海鱼类志；中国鱼类系统检索；福建鱼类志]
9	(8)	体具多条大致呈纵行的淡蓝色条纹，头部约位于眼水平线下方的条纹斜行。体棕褐色，吻部和上下颌尚有一些淡蓝色小圆斑（分布：南海、台湾省南部海域；日本南部；印度-西太平洋）······················· 台湾九棘鲈 *C. formosa* (Shaw et Nodder, 1812) 〈图702〉 [同种异名：*C. boenack* (非 Bloch)，南海鱼类志；中国鱼类系统检索]
10	(3)	胸鳍淡色。
11	(12)	腹鳍部分或全部呈黑色。成鱼体高起，背缘自后头部开始隆起；体和各鳍红色；头、体共有7条不规则黄色宽横条斑，其中头部2条，第3~6条位于背鳍下方且延伸至背鳍，第7条位于尾柄；腹鳍前缘和后缘黑色。幼鱼横斑数有变动，从体前部黄色而后部红色，具3条黄色横斑，到体红色并形成7条黄色横斑；腹鳍全部黑色；背鳍鳍条部具1黑色大圆斑（分布：南海南部诸岛海域，台湾省东部和南部海域；日本南部；太平洋中部至西部）··········· 七带九棘鲈 *C. igarashiensis* (Katayama, 1957) 〈图703〉
12	(11)	腹鳍淡色。
13	(16)	尾柄背面具明显成形的黑斑。
14	(15)	尾柄背面具2黑斑，背鳍基底具4黑斑；尾鳍无斜带纹。体及各鳍红色（分布：南海南部诸岛，台湾省南部海域；日本南部；印度-太平洋）······················· 六斑九棘鲈 *C. sexmaculata* (Rüppell, 1830) 〈图704〉
15	(14)	尾柄背面具1黑斑，背鳍基底无黑斑；尾鳍上下叶在近侧缘处各具1深红色斜带纹（尾鳍上叶斜带纹或有呈黑色者）。体棕褐色，头部背侧色较深；腹侧和背鳍、臀鳍、尾鳍散布有略小于瞳孔的红色圆斑；背鳍、臀鳍外缘红色；鳃盖隅角有1暗色斑（分布：南海；日本南部、菲律宾；印度-太平洋）·· 豹纹九棘鲈 *C. leopardus* (Lacépède, 1801) 〈图705〉
16	(13)	尾柄背面无成形黑斑。
17	(18)	尾柄背侧至尾鳍通常呈灰黑色；尾鳍上下侧边各具1白色斜带纹。体及各鳍红色（分布：南海、台湾省东北部至北部海域；日本南部、菲律宾；印度-太平洋）············ 尾纹九棘鲈 *C. urodeta* (Forster, 1801) 〈图706〉
18	(17)	尾柄和尾鳍均不呈灰黑色；尾鳍无斜带纹。
19	(24)	颊部具小圆斑。
20	(23)	体上斑点与体色不同。

21（22） 体上斑点约与瞳孔等大或稍小。体橙红色，头部、体侧和奇鳍均散布许多具黑边的蓝色或浅蓝色小圆斑；背鳍、臀鳍的鳍条部和尾鳍均具黑边。一般全长 300~400 mm，最大全长 500 mm（分布：南海诸岛海域，台湾省北部和南部海域；日本南部、东南亚、澳大利亚、印度等） ················· 青星九棘鲈 *C. miniata* (Forskål, 1775)〈图707〉

22（21） 体上斑点明显小于瞳孔。体橙红色至棕褐色，头部、体侧和各鳍均散布许多具深色边的蓝色斑点（分布：南海诸岛海域；印度－太平洋） ················· 青点九棘鲈 *C. yanostigma* (Valenciennes, 1828)〈图708〉

23（20） 体上斑点与体色相同而深于体色。体橘红色，全体密布深红色小斑点（分布：南海南部诸岛海域，台湾省西南部海域；日本南部；印度－太平洋） ················· 橙点九棘鲈 *C. aurantia* (Valenciennes, 1828)〈图709〉
〔同种异名：*C. analis* (Valenciennes, 1828)；*C. obtusaurus* (Evermann et Seale, 1907)〕

24（19） 颊部无斑点。体红色；臀鳍外缘黑色；胸鳍基底有约11个暗色斑；眼周围有数条呈放射状分布的线纹（分布：南海南部诸岛海域，台湾省南部海域；日本南部；印度－太平洋） ················· 黑缘九棘鲈 *C. spiloparaea* (Valenciennes, 1828)〈图710〉

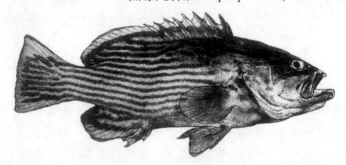

图698 卜氏九棘鲈 *Cephalopholis polleni* (Bleeker)（体长 220 mm）
（依 Schroeder, 1980）

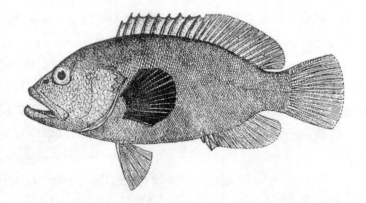

图699 红九棘鲈 *C. sonnerati* (Valenciennes)（体长 166 mm）
（依胡蔼荪, 1979, 南海诸岛海域鱼类志）

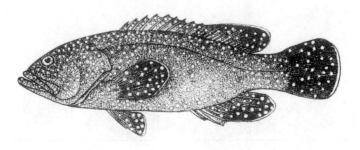

图 700　斑点九棘鲈 C. argus（Bloch et Schneider）（体长 140 mm）
（依成庆泰等，1962，南海鱼类志）

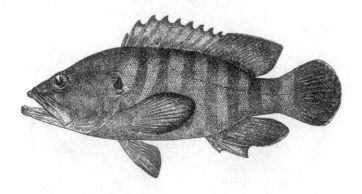

图 701　横纹九棘鲈 C. boenak（Bloch）（体长 148 mm）
（依成庆泰等，1962，南海鱼类志）

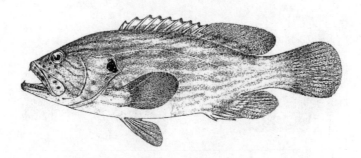

图 702　台湾九棘鲈 C. formosa（Shaw et Nodder）（体长 200 mm）
（仿成庆泰等，1962，南海鱼类志）

图 703　七带九棘鲈 C. igarashiensis（Katayama）（体长 255 mm）
（依 Schroeder，1980）

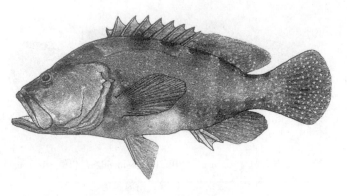

图 704　六斑九棘鲈 C. sexmaculata (Rüppell)（体长 385 mm）

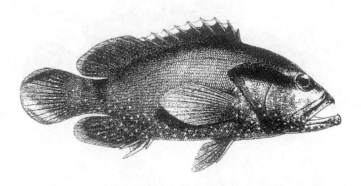

图 705　豹纹九棘鲈 C. leopardus (Lacépède)
（依 Day，1875）

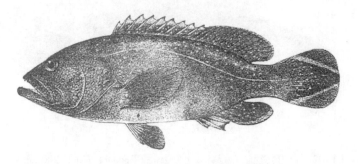

图 706　尾纹九棘鲈 C. urodeta (Forster)（体长 185 mm）
（依胡蔼荪，1979，南海诸岛海域鱼类志）

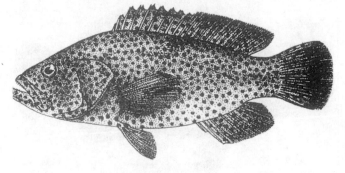

图 707　青星九棘鲈 C. miniata (Forskål)（体长 290 mm）
（依伍汉霖，2002）

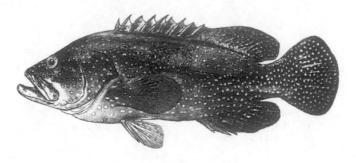

图 708　青点九棘鲈 C. yanostigma（Valenciennes）（体长 175 mm）

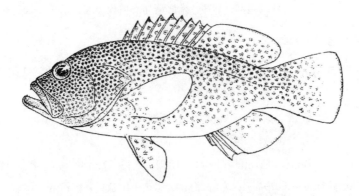

图 709　橙点九棘鲈 C. aurantia（Valenciennes）
（依杨文华，1987，中国鱼类系统检索）

图 710　黑缘九棘鲈 C. spiloparaea（Valenciennes）（体长 168 mm）

光腭鲈属 Anyperodon（Günther，1859）

（本属仅 1 种，南海有产）

白线光腭鲈 Anyperodon leucogrammicus（Valenciennes，1828）〈图 711〉
体灰褐色，体侧具 3～5 条白色纵带；头、体侧、背鳍及尾鳍均散布有棕褐色小斑。
分布：南海诸岛海域，台湾省南部海域；日本南部；印度-太平洋。

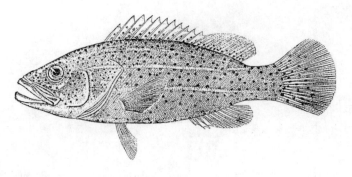

图 711　白线光腭鲈 Anyperodon leucogrammicus（Valenciennes）（体长 328 mm）

（依胡蔼荪，1979，南海诸岛海域鱼类志）

鸢鲐属 Triso（Randall, Johnson et Lown, 1989）

（本属仅 1 种，南海有产）

鸢鲐 Triso dermopterus（Temminck et Schlegel, 1842）〈图 712〉
〔同种异名：细鳞三棱鲈 Trisotropis dermopterus，南海鱼类志；中国鱼类系统检索〕

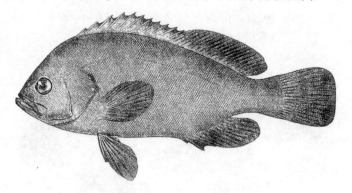

图 712　鸢鲐 Triso dermopterus（Temminck et Schlegel）（体长 167 mm）

（依成庆泰等，1962，南海鱼类志）

头、体被细小栉鳞。体较高，体长为体高 2.4 倍。眼间隔凸起。体棕灰色，各鳍棕黑色。
分布：南海、东海南部和台湾省海域；日本；印度尼西亚；印度 - 西太平洋。

石斑鱼属 Epinephelus（Bloch, 1793）

（本属约有 102 种，南海产 41 种）

种的检索表

1（2）　侧线鳞管呈 4~6 分支；背鳍鳍棘短于最长鳍条，第 3~11 鳍棘几等长。体长 145 mm 以下的幼鱼体呈黄色（液浸标本黄色消褪，下同），具深黑褐色（液浸后转呈灰色，下同）大斑块，体前部斑块叉状，体后部于背鳍鳍条部与臀鳍间以及在尾柄上各有 1 大横斑，各斑块中间有空洞，体上和各鳍尚散布有深黑褐色不规则条纹和斑点。成鱼斑纹甚不规则，呈杂乱交错，体上黄色底色被斑纹蚕食而减缩，各鳍具斑点。成熟个体全长约 1.3 m，最大全长可达 2.7 m。大个体内脏有毒，食之引起发热、发痒、头晕等症状（分布：南海；日本南部；印度 - 太平洋） ⋯⋯ 鞍带石斑鱼 *Epinephelus lanceolatus* (Bloch, 1790)〈图 713〉

〔同种异名：宽额鲈 *Promicrops lanceolatus*，南海鱼类志；南海诸岛海域鱼类志；中国鱼类系统检索〕

2（1） 侧线鳞管单一不分支；背鳍最长鳍棘等于或长于最长鳍条，鳍棘长度通常自第 3 鳍棘起向后渐短。

3（14） 尾鳍凹形或截形。

4（9） 尾鳍凹形。

5（6） 体长为体高 2.4～2.6 倍；体为黄褐色且尾鳍蓝色时，密布大小不等的深黑褐色斑点，体为灰蓝色时，密布大小约相等的蓝黑色细小斑点。成鱼一般全长 640 mm，最大全长 1.2 m（分布：南海诸岛海域，台湾省北部海域；日本南部；太平洋中部至西部，印度洋） ⋯⋯ 细点石斑鱼 *E. cyanopodus* (Richadson, 1846)〈图 714〉

〔同种异名：高体石斑鱼 *E. hoedtii* (Bleeker, 1865)，南海诸岛海域鱼类志；*E. kohleri* (Schultz, 1958)，中国鱼类系统检索〕

6（5） 体长为体高 2.9～3.3 倍。

7（8） 背鳍鳍条 18～19；体侧具十几条略呈波纹状蓝色或褐色纵纹，侧线上方纵纹略斜，下方纵纹平行。体棕褐色。成鱼一般全长 410 mm，最大全长 730 mm（分布：南海诸岛海域，台湾省南部海域；菲律宾、印度） ⋯⋯ 波纹石斑鱼 *E. undulosus* (Quoy et Gaimard, 1824)〈图 715〉

8（7） 背鳍鳍条 15～17；体侧具许多大于瞳孔的黄棕色不规则多角形斑点。体褐色；胸鳍斑点红色，串连成横带状；背鳍鳍棘部边缘和尾鳍后缘白色。渔业底拖网常捕获。成鱼一般全长 230 mm，最大全长 470 mm（分布：南海、东海台湾海峡；日本南部；印度 - 西太平洋） ⋯⋯ 宝石石斑鱼 *E. areolatus* (Forskål, 1775)〈图 716〉

9（4） 尾鳍截形。

10（13） 体具斑点。

11（12） 头部、体侧和奇鳍具斑点，偶鳍无斑点；幼鱼斑点近圆形，数量较少，排列稀疏，成鱼斑点近六角形，数量多，排列较密；尾鳍上方约占全鳍 1/3 淡色且具斑点，下方大部暗色无斑点；体侧具 5 条暗色双分支宽横带，死后或固定液浸后消褪。体淡褐色，斑点橙红色。成鱼一般全长 420 mm，最大全长 760 mm（分布：南海、东海台湾海峡和台湾省太平洋侧；印度 - 太平洋） ⋯⋯ 橙点石斑鱼 *E. bleekeri* (Vaillant, 1878)〈图 717〉

12（11） 头部、体侧和各鳍均具斑点，斑点近六角形，约与瞳孔等大，排列紧密，间隙构成网状纹；尾鳍全部密排斑点；体侧无横带。体褐色，斑点深褐色；尾鳍后缘白色。成鱼一般全长 350 mm，最大全长 750 mm（分布：南海、东海台湾海峡；日本南部、印度尼西亚；印度 - 太平洋） ⋯⋯ 网纹石斑鱼 *E. chlorostigma* (Valenciennes, 1828)〈图 718〉

13（10） 全体无斑点；背鳍鳍棘部边缘深红色，鳍条部后缘和尾鳍背缘墨绿色。体灰红色（分布：南海诸岛海域，台湾省南部海域；日本南部；印度 - 太平洋） ⋯⋯ 红梢石斑鱼 *E. retouti* (Bleeker, 1868)〈图 719〉

〔同种异名：截尾石斑鱼 E. truncatus（Katayama，1957），南海诸岛海域鱼类志；中国鱼类系统检索〕

14（3） 尾鳍圆形。
15（54） 躯干具纵带或横带。
16（21） 体侧具纵带。
17（18） 体侧纵带水平状。幼鱼具2条有上下黑边的灰白色宽纵带，下方宽纵带随成长而颜色渐深，两条黑边随之渐变为点线纹，至成鱼时期最下方黑边消失，两宽纵带与鱼体底色几相同难辨，仅剩3条黑色点线纹。体黑褐色，背鳍和尾鳍具深色斑点。体长可达1.4 m（分布：南海、东海；日本南部、印度；印度-西太平洋）……………………………………………………………… 宽条石斑鱼 E. latifasciatus（Temminck et Schlegel，1842）〈图720〉
18（17） 体侧纵带弧状。
19（20） 纵带较宽，上方纵带斜列。体褐色，自吻端至尾柄具8条黑褐色弧带（分布：南海诸岛海域，台湾省南部海域；日本南部；印度-太平洋）…………………………………………………………… 弓斑石斑鱼 E. morrhua（Valenciennes，1833）〈图721〉
〔同种异名：弧纹石斑鱼 E. cometae（Tanaka，1927），南海诸岛海域鱼类志；中国鱼类系统检索〕
20（19） 成鱼纵带窄，呈点线状；幼鱼上方纵带宽，下方纵带较窄，均不呈点线状。体灰褐色，具约5~6条纵走弧纹；体上侧和背鳍鳍条部散布小斑点；鳃盖部具较宽纵条纹（分布：南海诸岛海域，台湾省西南海域；日本南部；印度-太平洋）……………………………………………………… 琉璃石斑鱼 E. poecilonotus（Temminck et Schlegel，1842）〈图722〉
21（26） 体侧具横带。
22（27） 背鳍鳍条11~14。
23（26） 体侧具7条横带。
24（25） 背鳍、臀鳍鳍条部边缘和尾鳍后缘白色；横条多呈双分支并联状；尾柄部横带不特别宽。体褐色。幼鱼横带明显，深色；成鱼横带不清晰。全长可达1 m（分布：南海南部、东海、黄海；日本、澳大利亚）………………………………………………………… 七带石斑鱼 E. septemfasciatus（Thunberg，1793）〈图723〉
25（24） 背鳍、臀鳍鳍条部和尾鳍均无白边；横带完整不分支；尾柄部横带特别宽。体褐色，横带色深（分布：南海诸岛海域、台湾省海域；日本南部；太平洋、印度洋、大西洋）……………………………………………………………………… 厚唇石斑鱼 E. mystacinus（Poey，1851）〈图724〉
〔同种异名：E. octofasciatus（Griffin，1926）〕
26（23） 体侧具6条横带，前2条明显斜向前下方。体褐色至灰褐色，横带深色。成鱼一般全长400~900 mm，最大全长1.5 m（分布：南海、东海和台湾省北部海域；日本南部）…………………………………………………………………… 褐石斑鱼 E. bruneus（Bloch，1793）〈图725〉
〔同种异名：云纹石斑鱼 E. moara（Temminck et Schlegel，1842），南海鱼类志；中国鱼类系统检索〕
27（22） 背鳍鳍条15~18。
28（29） 背鳍鳍棘部具黑边。头、体淡红色，体侧具5条鲜红色宽横带。一般全长200 mm，最大全长300 mm（分布：南海、台湾省南部海域；日本南部；印度-太平洋）…………………………………………………………………… 黑边石斑鱼 E. fusciatus（Forskål，1775）〈图726〉
29（28） 背鳍鳍棘部无黑边。
30（39） 体侧横带清晰。

31	(34)	体侧具6条横带。
32	(33)	横带间隔近相等，背鳍鳍条部、臀鳍和尾鳍均有黑色斑点；以上各鳍边缘均不呈黄色；体侧无淡色斑点。体棕黄色，横带褐色。一般全长150 mm，最大全长300 mm（分布：南海诸岛海域；菲律宾）…… 六带石斑鱼 *E. sexfasciatus* (Valenciennes, 1828)〈图727〉
32	(33)	横带间隔不等，第3与第4带的间隔最宽；仅尾鳍有黑色斑点，背鳍鳍条部、臀鳍边缘和尾鳍后缘黄色；体侧散布黄色斑点。体棕黄色，头部和胸鳍色较深；横带褐色。一般全长300 mm，最大全长500 mm（分布：南海、东海台湾海峡）………………………………………………………… 青石斑鱼 *E. awoara* (Temminck et Schlegel, 1842)〈图728〉
34	(31)	体侧具5条横带。
35	(36)	全体具密集的褐色小斑点，斑点间隙构成网状纹。体浅褐色。一般全长160 mm，最大全长220 mm（分布：南海、台湾省海域；日本南部、越南、菲律宾；太平洋西部）…………………………………………… 拟青石斑鱼 *E. fasciatomaculosus* (Peters, 1865)〈图729〉
		（注：中国鱼类系统检索将之称为"斑带石斑鱼"，种名误书为 *fasciatomaculatus*）
36	(35)	体上斑点分散，不存在斑间隙网状纹。
37	(38)	斑点整齐镶嵌于横带边缘；前鳃盖骨隅角无2粗壮大棘。体浅棕褐色，横带黑褐色，带缘斑点黑色；除体侧5横带外，头部尚有2条鞍状横带（分布：南海、东海台湾海峡；日本南部；太平洋西部）……… 镶点石斑鱼 *E. amblycephalus* (Bleeker, 1857)〈图730〉
38	(37)	斑点散布于横带内外；前鳃盖骨隅角具2粗壮大棘。体棕色，横带黑褐色；头部尚有1不明显横带。体长可达250 mm。渔业底拖网常捕获（分布：南海陆架海域、东海南部；印度－太平洋）………… 双棘石斑鱼 *E. diacanthus* (Valenciennes, 1828)〈图731〉
39	(30)	体侧横斑不清晰。
40	(41)	体侧每个鳞片中央均具1白色斑点；除峡部有1黑斑和胸鳍基底部具1红色大斑外，体侧无其他斑点。体棕红色，头部和背侧深色；胸鳍深褐色，其余各鳍淡色。全长可达400 mm（分布：南海、台湾海峡；日本南部；印度－太平洋）………………………………………………………… 霜点石斑鱼 *E. rivulatus* (Valenciennes, 1830)〈图732〉
		〔同种异名：*E. rhyncholpis* (Bleeker, 1852)，中国鱼类系统检索〕
41	(40)	体侧所有鳞片均无白色斑点；头部和体侧具非白色的斑点，峡部无黑斑，胸鳍基底与体侧斑点一致。
42	(45)	各鳍和头部、体侧斑点均呈多角形，或仅各鳍斑点呈多角形。
43	(44)	各鳍和头部、体侧均具六角形斑点，排列紧密而不相连愈合，间隙构成网状纹并夹杂有微小白点。体浅灰褐色，斑点红棕色至暗褐色；背鳍基底至尾柄一带和体侧中间一带各有5个黑色斑点群各自上下相互对应；臀鳍边缘灰黑色（分布：南海、台湾省东南部海域；日本南部；印度－太平洋）…………………………………………………… 六角石斑鱼 *E. hexangonatus* (Forster, 1801)〈图733〉
44	(43)	仅各鳍斑点呈多角形且排列紧密而间隙构成网状纹，头部和体侧具形状不规则的小斑点。体棕褐色，各鳍多角形斑点黑褐色，头、体小斑点棕褐色（分布：南海诸岛海域；日本南部；印度－太平洋）…… 网鳍石斑鱼 *E. miliaris* (Valenciennes, 1830)〈图734〉
		〔同种异名：*E. fuscus* (Fourmanoir, 1961)〕
45	(42)	头部和体侧斑点圆形或近圆形，斑点小于眼径。

46（51） 各鳍均具斑点。

47（48） 背鳍基底部具 1 大黑斑，位于第 8～11 鳍棘下方。体淡棕褐色；斑点深色，约与瞳孔等大。成鱼一般全长 610 mm，最大全长 2 m（分布：南海、东海台湾海峡；日本南部；印度－太平洋） ………………………… 巨石斑鱼 *E. tauvina*（Forskål, 1775）〈图 735〉

48（47） 背鳍基底部无黑斑。

49（50） 体上斑点黑褐色，明显小于瞳孔；体呈灰褐色。成鱼一般全长 1.41 m，最大全长 2.34 m（分布：南海、东海台湾海峡；日本南部；印度－太平洋） ……………………………………………… 马拉巴石斑鱼 *E. malabaricus*（Bloch et Schneider, 1801）〈图 736〉

〔同种异名：*E. salmoides*（Lacépède, 1802）〕

50（49） 体上斑点红褐色或橙红色，约与瞳孔同大；体呈浅棕褐色。成鱼一般全长 550～750 mm，最大全长 1.2 m（分布：南海、东海台湾海峡；日本南部、越南、菲律宾、印度尼西亚；印度－西太平洋） …… 点带石斑鱼 *E. coioides*（Hamilton, 1822）〈图 737〉

〔同种异名：点带石斑鱼 *E. malabaricus*（非 Bloch et Schneider），中国鱼类系统检索，图 1408〕

51（46） 偶鳍无斑点或胸鳍外侧面无斑点。

52（53） 偶鳍无斑点；背鳍基底部具 1 大黑斑，位于第 8～11 鳍棘下方；尾柄背面无黑斑；头部和体侧斑点近圆形而不规则，等于或略小于瞳孔，排列紧密；背鳍边缘黄色至橙色。体淡褐或淡灰褐色，斑点红色至橙红色（固定后均褪为淡色或白色）。头、体隐约具 6 条横带。成鱼一般全长 300 mm，最大全长 510 mm。香港市场称为"红斑"（分布：南海、东海台湾海峡；日本南部、朝鲜半岛南部、越南） ……………………………………………… 赤点石斑鱼 *E. akaara*（Temminck et Schlegel, 1842）〈图 738〉

53（52） 胸鳍外侧面无斑点，内侧面近基部处至基底部一些斑点；背鳍基底部具 2 大黑斑，分别位于第 8～11 鳍棘和第 5～8 鳍条下方；尾柄背面也具 1 大黑斑；头部如体侧，斑点圆形，明显小于瞳孔，排列稀疏；各鳍均具白色边缘。体淡棕色，斑点红褐色至褐黄色（固定后均为灰黑色）。体侧隐约具 5 条横带。成鱼一般体长 270～280 mm，最大全长 490 mm（分布：南海、台湾省北部海域；日本南部、朝鲜半岛、越南、菲律宾、印度尼西亚；太平洋西北部） …… 三斑石斑鱼 *E. trimaculatus*（Valenciennes, 1828）〈图 739〉

〔同种异名：鲑点石斑鱼 *E. fario*（Thunberg, 1793），南海鱼类志；南海诸岛海域鱼类志；中国鱼类系统检索〕

54（15） 躯干无纵带及横带。

55（58） 躯干无大斑或斑点。

56（57） 尾鳍截形；头部无纵纹；背鳍鳍条 16～17；体长为体高 2.46～2.47 倍；头部和躯干深蓝色至紫蓝色，各鳍黄色。幼鱼（体长约 260 mm）吻部、两颌、胸部和鳃盖棘黄色，背鳍鳍棘部至鳍条部前 1/3 的基部具暗色纵条纹；腹鳍边缘黑色；尾鳍上、下角黑色。成鱼一般全长 490 mm，最大全长 900 mm。珊瑚礁鱼类（分布：南海南部诸岛海域；印度、斯里兰卡至非洲西岸） ………………………………………… 黄鳍石斑鱼 *E. flavocaeruleus*（Lacépède, 1802）〈图 740〉

57（56） 尾鳍圆形；头部具 3 条暗色纵纹；背鳍鳍条 14～15；体长为体高 2.72～2.83 倍；头部、躯干和各鳍均呈灰褐色。成鱼体长 300～520 mm。渔业底拖网在陆架海域常获（分布：南海南部陆架及珊瑚礁海域；日本南部；西太平洋） ………………………………………

.... 灰石斑鱼（三线石斑鱼）E. heniochus（Fowler，1904）〈图741〉

〔同种异名：E. hata（Katayama，1953）〕

58（55） 躯干具大斑或斑点。

59（70） 背鳍基底部具黑色大斑。

60（61） 尾柄背方无黑斑；背鳍基底部具2黑色大斑，分别位于第3～8鳍棘和第11鳍棘至第7鳍条下方。头部、体侧和各鳍密布近六角形与瞳孔等大呈棕褐色至黑褐色的斑点；背鳍鳍条部和尾鳍边缘黄色（固定液浸后呈白色）。成鱼一般全长350 mm，最大全长610 mm（分布：南海；日本南部；太平洋中部至西部；印度洋东部）..................
.... 花点石斑鱼 E. maculatus（Bloch，1790）〈图742〉

61（60） 尾柄背方具1黑斑。

62（65） 背鳍基底部具2个或3个黑斑。

63（64） 背鳍基底部具2大黑斑，分别位于鳍棘部后部和鳍条部中间靠前的下方；眼间隔圆凸。体淡灰紫至淡灰褐色，头部、体侧和各鳍稀疏散布黑色圆形斑点；奇鳍和胸鳍边缘常为白色。成鱼一般全长290 mm，最大全长490 mm（分布：南海南部诸岛海域，台湾省东北部海域；日本南部；西太平洋） ....
.... 珊瑚石斑鱼 E. corallicola（Valenciennes，1828）〈图743〉

〔别称：棕斑石斑鱼（中国鱼类系统检索）〕

64（63） 背鳍基底部具3大黑斑，分别位于鳍棘部后部、鳍条部中部和后部下方；眼间隔平坦或略凹。体淡棕色；除吻部外，头部、体侧和各鳍密布近六角形的褐色斑点；吻部具一些圆形小黑斑。体侧和奇鳍的斑点约与瞳孔等大，偶鳍和头部斑点小于瞳孔。成鱼一般全长190 mm，最大全长310 mm（分布：南海诸岛海域；菲律宾；太平洋中部至西部） ...
.... 吻斑石斑鱼 E. spilotoceps（Schultz，1953）〈图744〉

65（62） 背鳍基底部具4大黑斑或5大黑色（间或为深褐色）斑。

66（69） 背鳍基底部具4大黑斑，鳍棘部和鳍条部下方各2个。

67（68） 头背缘于眼间隔稍后方开始隆起；生活时胸鳍颜色与体色不一致，呈红褐色（固定液浸后深于体色），具18～19鳍条；侧线有孔鳞53～60。体灰棕色，头部、体侧和各鳍密布黑褐色至黑色小斑点；体沿侧线具4个黑褐至黑色的不规则大斑，连同尾柄背方黑斑一起，均在下方隐具横带状的断续斑块，叠套于体上黑色小斑点之上。成鱼一般体长600～700 mm，最大体长1.2 m（分布：南海诸岛海域；日本南部、菲律宾、印度尼西亚；印度-太平洋） .... 褐点石斑鱼 E. fuscoguttatus（Forskål，1775）〈图745〉

68（67） 头背缘圆弧整齐；生活时胸鳍颜色与体色一致，具鳍条16～17；侧线有孔鳞47～52。体浅棕色，头部、体侧和各鳞密布深棕色小斑点；头部和体侧上方具5～6个深棕色斑块，连同尾柄背方黑斑一起，均在下方隐具一些较浅色斑块，叠套于深棕色小斑点之上。成鱼一般全长500 mm，最大全长1.09 m（分布：南海诸岛海域；日本南部、菲律宾；太平洋中部至印度洋非洲东岸） ....
.... 清水石斑鱼 E. polyphekadion（Bleeker，1849）〈图746〉

〔同种异名：小牙石斑鱼 E. microdon（Bleeker，1856），中国鱼类系统检索〕

69（66） 背鳍基底部具5大黑斑，其中鳍棘部下方2个，鳍条部下方3个。躯干部和各鳍基部散布许多大小不等的斑块，上方斑块近卵形，相当于眼径2倍或以上，下方斑块形状不规则，约与眼径等大；奇鳍外侧部和偶鳍全部及头部前方均密布小斑点；头部眼后尚具数个条形斑。体淡灰褐色，斑块、斑点和条纹均呈深褐至黑色。成鱼一般全长近 1 m，最大全长 2 m（分布：南海诸岛海域，台湾海峡澎湖；日本南部、菲律宾、泰国；印度－西太平洋）.. 黑斑石斑鱼 *E. tukula*（Morgans, 1959）〈图747〉

70 (59) 背鳍基底部无黑斑。

71 (74) 体具白色至淡蓝色萤光斑点，或体具白色至淡黄色小斑点连缀而成的虫状纹。

72 (73) 体深紫褐色，散布白色至淡蓝色大小不等的萤光斑点，大斑点等于或大于瞳孔，圆形或椭圆形；背鳍鳍条部、臀鳍和尾鳍外缘白色。幼鱼体呈紫蓝色，斑点稀疏。成鱼一般全长 420 mm，最大全长 760 mm（分布：南海诸岛海域，台湾省南部海域；日本南部；印度－太平洋）.................. 萤点石斑鱼 *E. caeruleopunctatus*（Bloch, 1790）〈图748〉

73 (72) 体深褐至黑褐色，体侧密列白色至淡黄色小斑点连缀而成的虫状纵纹和斜纹，尾鳍虫状纹横列；背鳍鳍条部、臀鳍和尾鳍边缘内侧深色，外侧白色。成鱼一般体长 300 mm，最大体长 500 mm（分布：南海、台湾省海域；日本南部；印度－太平洋）..................
.... 白纹石斑鱼 *E. ongus*（Bloch, 1790）〈图749〉

〔同种异名：白星石斑鱼 *E. summana*（Forskål, 1775），南海诸岛海域鱼类志；中国鱼类系统检索〕

74 (71) 体具多角形或圆形斑点。

75 (78) 体具褐色多角形斑点；臀鳍边缘内侧呈褐色纵带纹状，外侧白色。

76 (77) 胸鳍长于眼后头长；体侧斑点呈指印状，多大于瞳孔；胸部无多角形斑点而具 2 褐色斜带纹。体淡黄色，腹部近白色。成鱼一般全长 240 mm，最大全长 400 mm（分布：南海、东海台湾海峡；日本南部、菲律宾、印度尼西亚；太平洋西部至印度洋东部）..........
.... 玳瑁石斑鱼 *E. quoyanus*（Valenciennes, 1830）〈图750〉

〔同种异名：指印石斑鱼 *E. megachir*（Richardson, 1846），南海鱼类志；中国鱼类系统检索〕

77 (76) 胸鳍短于眼后头长；头部、体侧和各鳍斑点呈蜂巢状排列，侧线附近斑点常两三个或多个连串愈合构成不规则条状斑；头部和体侧最大的非愈合斑点小于眼径而大于瞳孔，吻部、偶鳍全鳍及奇鳍边缘部斑点小；胸部有斑点而无带纹。体淡黄色至淡褐色，腹部近白色。成鱼一般全长 190 mm，最大全长 310 mm（分布：南海、东海台湾海峡；日本南部；太平洋中部至印度洋非洲东岸）... 蜂巢石斑鱼 *E. merra*（Bloch, 1793）〈图751〉

78 (75) 体具圆形斑点；臀鳍无纵带纹。

79 (80) 斑点暗褐色，等于或略小于瞳孔，密布于头部、体侧及背鳍、腹鳍、臀鳍、尾鳍，胸鳍间或有少量斑点；前鳃盖骨无强棘；侧线有孔鳞 48～52；背鳍、臀鳍鳍条部和胸鳍及尾鳍均有白边。体浅褐色（分布：南海诸岛海域；日本南部；印度－太平洋）..........
.... 粗斑石斑鱼 *E. macrospilos*（Bleeker, 1855）〈图752〉

〔别称：大斑石斑鱼（中国鱼类系统检索）〕

80 (79) 斑点黑色，明显小于瞳孔，稀疏散布于成鱼头部和躯干上侧部及背鳍和尾鳍，幼鱼则于头部和体侧上方具 3 纵列斑点，鳃盖下侧和奇鳍亦散布有斑点；前鳃盖骨隅角具 2～3 强棘；侧线有孔鳞 55～74；各鳍均无白边。体灰棕色。体长可达 670 mm（分布：南海、东海南部；日本、朝鲜半岛；印度－西太平洋）..
.... 小点石斑鱼 *E. spistictus*（Temminck et Schlegel, 1842）〈图753〉

图 713 鞍带石斑鱼 *Epinephelus lanceolatus* (Bloch)
(上，较大个体，体长 277 mm；下，幼鱼，体长 145 mm)（上图依成庆泰等，1962，南海鱼类志；下图依胡蔼荪，1979，南海诸岛海域鱼类志）

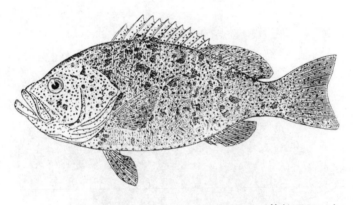

图 714 细点石斑鱼 *E. cyanopodus* (Richadson)（体长 580 mm）
（依胡蔼荪，1979，南海诸岛海域鱼类志）

图 715 波纹石斑鱼 *E. undulosus* (Quoy et Gaimard)
（依 Day，1875）

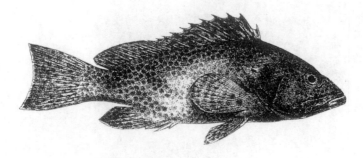

图 716　宝石石斑鱼 E. areolatus (Forskål)
(依 Day, 1875)

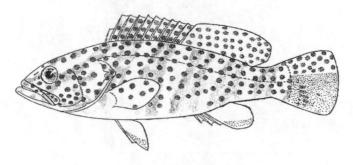

图 717　橙点石斑鱼 E. bleekeri (Vaillant)
(依杨文华, 1987, 中国鱼类系统检索, 图 1424 修正)

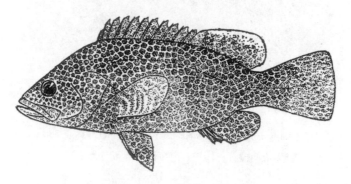

图 718　网纹石斑鱼 E. chlorostigma (Valenciennes)
(依杨文华, 1987, 中国鱼类系统检索)

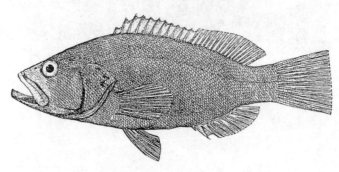

图 719　红梢石斑鱼 E. retouti (Bleeker) (体长 262 mm)
(依胡蔼荪, 1979, 南海诸岛海域鱼类志)

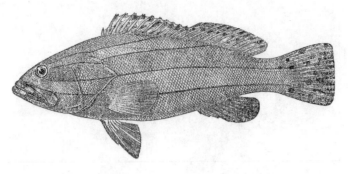

图720　宽条石斑鱼 E. *latifasciatus*（Temminck et Schlegel）（体长 306 mm）
（依成庆泰等，1962，南海鱼类志）

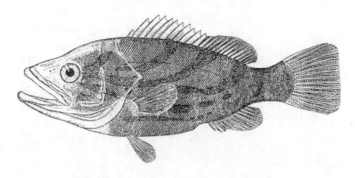

图721　弓斑石斑鱼 E. *morrhua*（Valenciennes）（体长 430 mm）
（依胡蔼荪，1979，南海诸岛海域鱼类志）

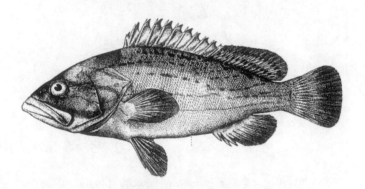

图722　琉璃石斑鱼 E. *poecilonotus*（Temminck et Schlegel）
（依 Katayama，1960）

图723　七带石斑鱼 E. *septemfasciatus*（Thunberg）（体长 460 mm）

图 724　厚唇石斑鱼 E. *mystacinus*（Poey）（体长 220 mm）

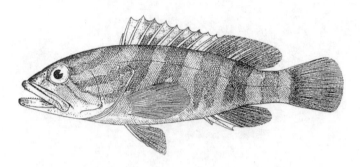

图 725　褐石斑鱼 E. *bruneus*（Bloch）（体长 180 mm）
（依成庆泰，1963，东海鱼类志）

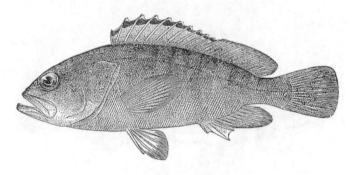

图 726　黑边石斑鱼 E. *fusciatus*（Forskål）（体长 150 mm）
（依胡蔼荪，1979，南海诸岛海域鱼类志）

图 727　六带石斑鱼 E. *sexfasciatus*（Valenciennes）（体长 160 mm）

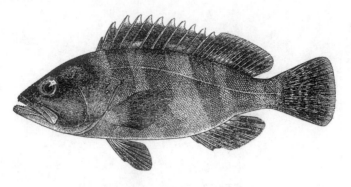

图 728　青石斑鱼 E. awoara（Temminck et Schlegel）（体长 200 mm）
（依成庆泰，1963，东海鱼类志）

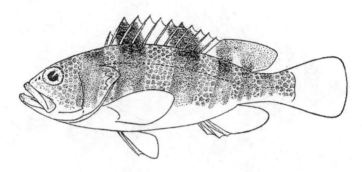

图 729　拟青石斑鱼 E. fasciatomaculosus（Peters）
（仿杨文华，1987，中国鱼类系统检索）

图 730　镶点石斑鱼 E. amblycephalus（Bleeker）（体长 235 mm）
（依成庆泰，1963，东海鱼类志）

图 731 双棘石斑鱼 E. diacanthus (Valenciennes)
(依 Day, 1875)

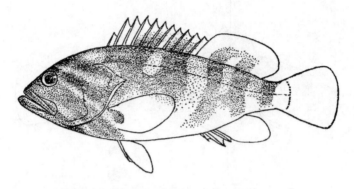

图 732 霜点石斑鱼 E. rivulatus (Valenciennes)
(依杨文华, 1987, 中国鱼类系统检索)

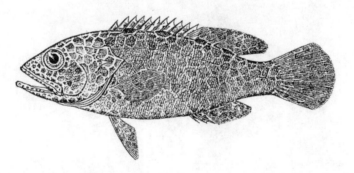

图 733 六角石斑鱼 E. hexangonatus (Forster) (体长 122 mm)
(依胡蔼荪, 1979, 南海诸岛海域鱼类志)

图 734　网鳍石斑鱼 E. *miliaris* (Valenciennes)（体长 356 mm）

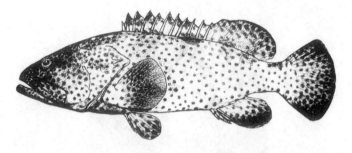

图 735　巨石斑鱼 E. *tauvina* (Forskål)

（仿刘柏辉，李慧红，2000）

图 736　马拉巴石斑鱼 E. *malabaricus* (Bloch et Schneider)（体长 250 mm）

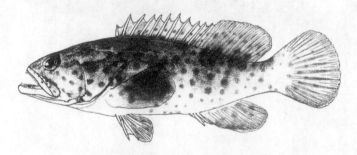

图 737　点带石斑鱼 E. *coioides* (Hamilton)（体长 121 mm）

（依 Sadovy and Cornish，2000）

图 738 赤点石斑鱼 E. *akaara*（Temminck et Schlegel）（体长 285 mm）
（仿刘柏辉，李慧红，2000）

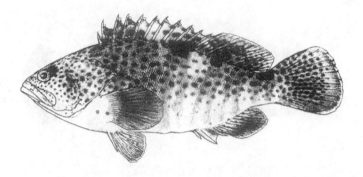

图 739 三斑石斑鱼 E. *trimaculatus*（Valenciennes）（体长 182 mm）
（依 Sadoy and Cornish, 2000）

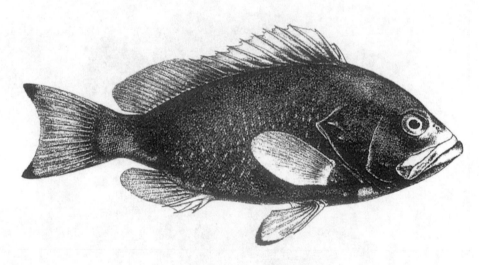

图 740 黄鳍石斑鱼 E. *flavocaeruleus*（Lacépède）（体长 267 mm，幼鱼）
（依 Day, 1875）

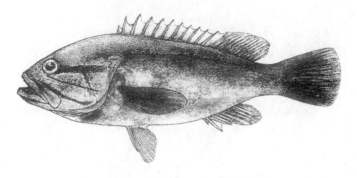

图 741 灰石斑鱼 E. heniochus (Fowler)(体长 367 mm)

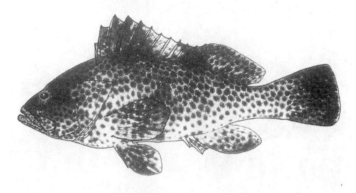

图 742 花点石斑鱼 E. maculatus (Bloch)(体长 370 mm)
(依刘柏辉,李慧红,2000)

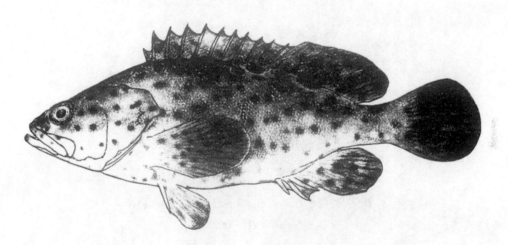

图 743 珊瑚石斑鱼 E. corallicola (Valenciennes)
(依刘柏辉,李慧红,2000)

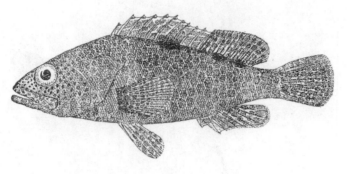

图 744　吻斑石斑鱼 E. spilotoceps (Schultz)（体长 160 mm）
（依胡蔼荪，1979，南海诸岛海域鱼类志）

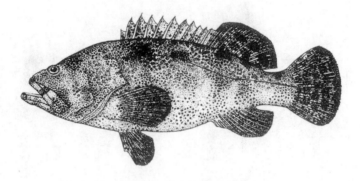

图 745　褐点石斑鱼 E. fuscoguttatus (Forskål)
（依伍汉霖，2002）

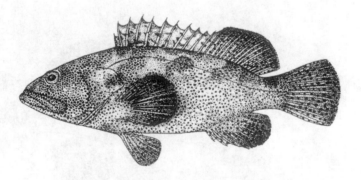

图 746　清水石斑鱼 E. polyphekadion (Bleeler)
（依伍汉霖，2002）

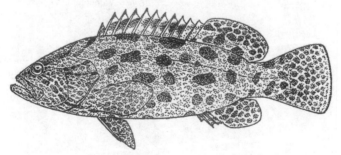

图 747　黑斑石斑鱼 E. tukula (Morgans)
（依杨文华，1987，中国鱼类系统检索）

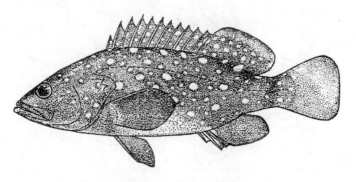

图 748 萤点石斑鱼 E. caeruleopunctatus (Bloch)

(依杨文华, 1987, 中国鱼类系统检索)

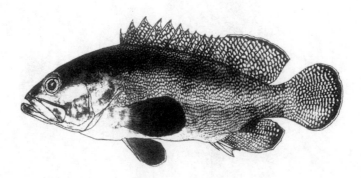

图 749 白纹石斑鱼 E. ongus (Bloch) (体长 285 mm)

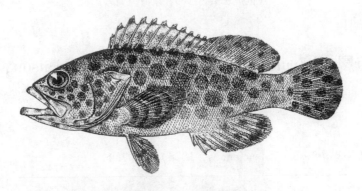

图 750 玳瑁石斑鱼 E. quoyanus (Valenciennes)

(依 Katayama, 1960)

图 751 蜂巢石斑鱼 E. merra (Bloch) (体长 140 mm)

(依成天泰等, 1962, 南海鱼类志)

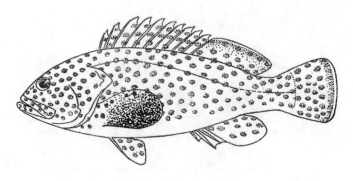

图 752 粗斑石斑鱼 E. macrospilos (Bleeker)
(仿杨文华, 1987, 中国鱼类系统检索)

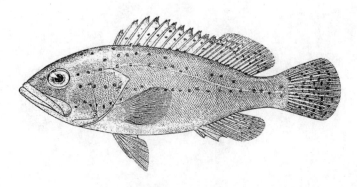

图 753 小点石斑鱼 E. spistictus (Temminck et Schlegel) (体长 151 mm, 幼鱼)
(依成庆泰, 1963, 东海鱼类志)

驼背鲈属 Chromileptes (= Cromileptes) (Swaison, 1839)

(本属仅1种, 南海有产)

驼背鲈 Chromileptes altiveris (Valenciennes, 1828) 〈图 754〉

图 754 驼背鲈 Chromileptes altiveris (Valenciennes)
(依 Day, 1875)

体侧扁而高,前头部尖凸,从后头部起背缘急起拱升。背鳍Ⅹ17~19;尾鳍圆形。体灰白色,头、体、鳍均散布等于或小于瞳孔的黑色圆斑,各鳍灰色。幼鱼体侧圆斑较大而较少,圆斑随成长而增多。俗称"老鼠斑",为名贵鱼类。成鱼一般全长390~450 mm,最大全长700 mm。

分布:南海、东海台湾海峡;日本南部、东南亚各国;太平洋中部至西部,印度洋东部。

长鲈亚科 Liopropominae

长鲈属 *Liopropoma* (Gill, 1861)

〔异名:粗尾鲈属 *Chorististium* (Gill, 1862)〕

(本属有26种,南海产2种)

种的检索表

1(2) 臀鳍Ⅲ9;体侧自吻端至侧线后段上方尾鳍基底处有1褐色至黑色水平纵带,其上下侧缘均平滑;尾鳍上下侧缘无异色,基部无斑。体浅棕色,各鳍黄色(分布:南海、台湾省南部和东北部海域;日本南部、朝鲜半岛南部) ··· 宽带长鲈 *Liopropoma latifasciatum* (Tanaka, 1922)〈图755〉

〔同种异名:宽带粗尾鲈 *Chorististium latifasciata* (Tanaka),中国鱼类系统检索〕

2(1) 臀鳍Ⅲ10~11;成鱼体侧自吻端至侧线后段上方尾鳍基底处有1鲜红色纵带,其上侧缘凹凸不齐,下侧缘平滑;尾鳍上下侧缘鲜红色,基部具1鲜红色斑。幼鱼仅自鳃盖上部至臀鳍中间上方具1纵列鲜红色圆斑。体和各鳍浅桃红色(分布:南海、台湾省南部和北部海域;日本南部,朝鲜半岛南部) ··· 日本长鲈 *L. japonicum* (Döderlein, 1883)〈图756〉

〔同种异名:日本粗尾鲈 *Chorististium japonicum* (Döderlein),中国鱼类系统检索〕

图755 宽带长鲈 *Liopropoma latifasciatum* (Tanaka)
(依 Katayama, 1960)

图 756　日本长鲈 L. japonicum（Döderlein）（幼鱼）
（Katayama，1960）

鮨亚科 Serraninae

赤鮨属 Chelidoperca（Boulenger，1895）

（本属有 3 种，南海产 2 种）

种的检索表

1（2）头背部鳞列伸达眼间隔前端；眼间隔区具感觉管孔 2 列；侧线上方鳞 4~5 行；尾鳍新月形，上叶侧边鳍条延长。鲜活时体呈赤红色，体侧中央有黄色纵带并于背鳍后部鳍棘下方侧线段之下有 1 不明显赤红色斑；尾鳍和胸鳍淡黄色；其他各鳍淡红色。液浸标本体呈棕黄色，各鳍浅黄色（分布：南海、东海和台湾省西南部海域；日本南部、印度尼西亚；太平洋西部） ………… 燕赤鮨 Chelidoperca hirundinacea（Valenciennes，1831）〈图 757〉
2（1）头背鳞列只伸达眼间隔中央；眼间隔区具感觉管孔 4 列；侧线上方鳞 2~3 行；尾鳍截形而微凹，上叶无延长鳍条。生活时体呈赤红色，体侧散布有珠形斑点。液浸标本体呈棕灰色，尾鳍和腹鳍褐色，斑点灰色（分布：南海；日本南部、巴布亚新几内亚）…………
……………………………………… 珠赤鮨 C. margaritifera（Weber，1913）〈图 758〉

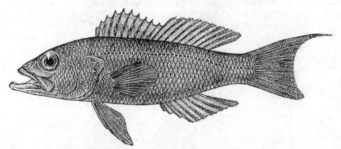

图 757　燕赤鮨 Chelidoperca hirundinacea（Valenciennes）（体长 146 mm）
（依成庆泰等，1962，南海鱼类志）

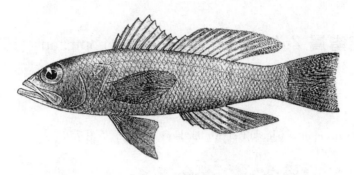

图 758　珠赤鲄 *C. margaritifera*（Weber）（体长 72 mm）

（仿成庆泰等，1962，南海鱼类志）

花鮨亚科 Anthiinae

背鳍鳍棘 10。

属的检索表

1（6）　上颌骨具退化的辅上颌骨。
2（5）　犁骨齿丛排列成倒 V 字形；鳃耙少于 20，短，排列稀疏；喉部裸露无鳞。
3（4）　下颌前端具犬齿 ·· 浪花鮨属 *Zalanthias*
4（3）　下颌前端无犬齿 ·· 棘花鮨属 *Plectranthias*
5（2）　犁骨齿丛排列成三角形；鳃耙 26~33，长，排列紧密；喉部被鳞 ························
　　　　·· 月花鮨属 *Selenanthias*
6（1）　上颌无辅上颌骨。
7（10）　犁骨齿丛成菱形。
8（9）　背鳍鳍条 16~18；胸鳍短于头长；尾鳍深分叉；背鳍、臀鳍和腹鳍具丝状延长鳍条；间鳃盖骨和下鳃盖骨下缘具小锯齿 ································ 金花鮨属 *Holanthias*
9（8）　背鳍鳍条 19~21；胸鳍长于头长；尾鳍浅凹；各鳍均无丝状延长鳍条；间鳃盖骨和下鳃盖骨下缘均平滑 ·· 菱牙鮨属 *Caprodon*
10（7）　犁骨齿丛成小三角形。
11（12）　胸鳍鳍条多不分支 ·· 姬鮨属 *Tosana*
12（11）　胸鳍鳍条有分支。
13（14）　体卵圆形；侧线于背鳍基末端下方呈角状曲折；前鳃盖骨隅角具 1 强棘；眼间隔宽度小于眼径 ·· 樱鮨属 *Sacura*
14（13）　体长椭圆形；侧线于背鳍基末端下方不呈角状曲折；前鳃盖骨隅角无强棘；眼间隔宽度大于或等于眼径 ·· 拟花鮨属 *Pseudanthias*

浪花鮨属 Zalanthias (Jordan et Thompson, 1914)

(本属仅1种，南海有产)

浪花鮨 Zalanthias azumanus (Jordan et Richardson, 1910) 〈图759〉

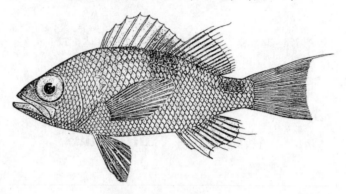

图759　浪花鮨 Zalanthias azumanus (Jordan et Richardson) (体长68 mm)
(仿成庆泰，田明诚，1981)

尾鳍截形，稍凹。尾鳍上边缘鳍条和背鳍第2鳍条丝状延长。胸鳍鳍条均分支。背鳍鳍条部和臀鳍鳍条部均被鳞。体淡红色，各鳍淡黄色，背鳍鳍棘部稍带红色。体侧在背鳍第7~10鳍棘基底下方和尾柄上各有1深红色横带；尾鳍基部上侧具1深红色小圆斑。液浸标本淡褐色，横带和圆斑深色。深海鱼类。

分布：南海、东海；日本南部。

棘花鮨属 Plectranthias (Bleeker, 1873)

(本属有40余种，南海产1种)

日本棘花鮨 Plectranthias japonicus (Steindachner, 1883) 〈图760〉
〔同种异名：橙鮨 Sayonara satsumae (Jordan et Seale, 1906)，中国鱼类系统检索〕

图760　日本棘花鮨 Plectranthias japonicus (Steindachner) (体长270 mm)
(依 Abe，1958)

尾鳍圆形。背鳍鳍棘部与鳍条部之间有深缺刻。生活时体背侧鲜红色，腹侧白色。自眼后至尾柄沿背缘均匀排列有6~7个橙黄色大斑。眼前方和下方黄色。背鳍鳍棘部鲜红色，边缘黄绿色，鳍条部淡橙黄色。尾鳍上部黄色，下部浅红色，其余各鳍浅红色。液浸标本体淡黄色，各鳍淡色，大斑暗色。

分布：南海、东海台湾海峡；日本南部、朝鲜半岛南部；西太平洋。

月花鮨属 Selenanthias（Tanaka，1918）

（本属有2种，南海产1种）

臀斑月花鮨 Selenanthias analis（Tanaka，1918）〈图761〉

图761　臀斑月花鮨 Selenanthias analis（Tanaka）
（依杨文华，1987，中国鱼类系统检索）

体长为体高2.4~2.7倍。腹鳍第2鳍条略呈丝状延长。尾鳍截形略凹，最上方数鳍条延长。体粉红色，散布有白色斑点；头部在眼后方和下方各有1条淡黄色纵带；各鳍淡黄色至粉白色。雄体在臀鳍后端具1黑斑。

分布：南海、东海台湾海峡东侧；日本南部。

金花鮨属 Holanthias（Günther，1868）

（本属有7种，南海产1种）

金带金花鮨 Holanthias chrysostictus（Günther，1872）〈图762〉

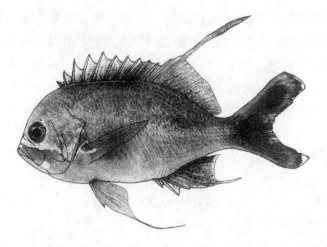

图762 金带金花鮨 Holanthias chrysostictus (Günther)（体长160 mm）

体卵圆形。体较高，体长为体高2.3倍。背鳍第3鳍条、臀鳍第2鳍条和腹鳍第2鳍条均呈丝状延长。吻端起，沿眼下缘至胸鳍基部有1不规则的黄色纵条纹。头部、体侧及背鳍、胸鳍、臀鳍、尾鳍呈粉红色，腹鳍白色。尾鳍深叉形，上下侧缘黄色，两叶末端深红色。体侧每个鳞片各有1淡黄色斑点。

分布：南海诸岛海域，台湾省东北部海域；日本南部。

菱牙鮨属 *Caprodon* （Temminck et Schlegel，1843）

（本属有3种，南海产1种）

许氏菱牙鮨 *Caprodon schlegeli*（Günther，1859）〈图763〉

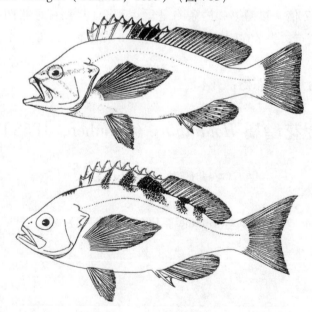

图763 许氏菱牙鮨 *Caprodon schlegeli*（Günther）
（上，雄性；下，雌性）（依 Katayama，1960）

犁骨齿丛呈菱形。下颌骨被细鳞。雄体尾鳍截形，雌体尾鳍浅叉形。雌体头、体及各鳍体呈深红色，体腹侧色甚淡；沿背缘有5~7个暗褐色斑，其中位于背鳍基底的几个斑延伸至背鳍；尾鳍后缘白色。雄体头背和体背侧呈橙红色，腹侧色甚淡；体侧中部侧线下方与腹侧上方自鳃盖后缘至尾鳍基之间各鳞中央均有1金黄色斑点，缀连成线状纹；胸鳍橙红色，背鳍、腹鳍、臀鳍、尾鳍金黄色；背鳍鳍棘部后部有1暗褐色斑；头部自吻端经瞳孔上下方并向后至鳃盖边缘各有1条金黄色纵带纹，另自眼下缘起至腹鳍基底后方尚有1条金黄色斜纹。

分布：南海、台湾省南部海域；日本南部。

姬鮨属 *Tosana*（Smith et Pope，1906）

（本属仅1种，南海有产）

姬鮨 *Tosana niwae*（Smith et Pope，1906）〈图764〉

图764　姬鮨 *Tosana niwae*（Smith et Pope）（体长81 mm）
（依成庆泰等，1962，南海鱼类志）

体呈长椭圆形，侧扁。尾鳍深凹形，上下叶侧边鳍条呈丝状延长。臀鳍第3~5鳍条和腹鳍第1~2鳍条皆呈丝状延长，但此丝状延长在小鱼时不明显，随鱼体增长而加长。体呈粉红色，体侧由吻端至尾鳍基以及由眼后部下缘至鳃盖后缘各有一条不明显的黄色纵带。

分布：南海、东海；日本南部。

樱鮨属 *Sacura*（Jordan et Richardson，1910）

（本属有4种，南海产1种）

珠樱鮨（珠斑鮨）*Sacura margaritacea*（Hilgendorf，1879）〈图765〉

图765 珠樱鲐 *Sacura margaritacea*（Hilgendorf）
（上，雄性；下，雌性）（依 Katayama，1960）

体长为体高2.5倍；头长短于体高；背缘甚隆拱。前鳃盖骨隅角具1强棘。背鳍第3鳍棘和第3鳍条呈丝状延长，但雌性第3背鳍棘延长度小于雄性。尾鳍深叉形，上下外侧鳍条亦呈丝状延长。体呈瑰红色。雄性体侧散布有白斑，雌性体侧无白斑而在第7~10背鳍棘之间具1黑斑。

分布：南海、台湾海峡东侧；日本南部。

拟花鲐属 *Pseudanthias*（Bleeker，1871）

（本属有31种，南海产6种）

种的检索表

1（6） 尾鳍深叉形或月牙形，上下侧缘鳍条丝状延长。
2（5） 间鳃盖骨和下鳃盖骨边缘具小锯齿；眼窝后缘无疣突；雄性上唇前端不增厚。
3（4） 第3、5、7、9背鳍棘后侧鳍膜上部被小鳞；偶鳍具腋鳞；体侧各鳞中央具1黄色斑点；尾鳍月牙形，上下侧缘鳍条丝状延长。雄性第3背鳍棘呈高度丝状延长，雌性明显延长，但长度远不及雄性。头、体呈橙红色；眼后部下方至胸鳍基有1条纹。雄体胸鳍有1紫红色斑，背鳍后端部暗褐色。液浸标本全体呈棕色（分布：南海、台湾海峡东侧；日本南部、印度尼西亚；印度-太平洋） ·· 丝鳍拟花鲐 *Pseudanthias squamipinnis*（Peters，1855）〈图766〉
〔同种异名：长棘花鲐 *Anthias squamipinnis*，南海鱼类志；中国鱼类系统检索〕

4 (3) 背鳍棘间膜小鳞仅存在于基部，不达鳍膜上部；偶鳍无腋鳞；体侧鳞片中央无斑点；尾鳍深叉形，上下侧缘鳍条丝状延长。雄性第 3 背鳍棘明显延长，雌性略有延长。体呈紫红色，体侧具多条淡色波状纹；鳃盖后缘至胸鳍基上端和眼下缘至胸鳍基下端各有 1 条紫红色纵条纹。雄性头部由眼下缘至胸鳍基纵条纹上方，包括鳃盖大部、前头部和吻部呈橙红色；躯干部由眼下缘至胸鳍基纵条纹水平以上至背缘，以及腹鳍和臀鳍中间至背缘一线向前至鳃盖后缘并延伸至后头部这个范围内，全部呈深红色；尾鳍红色，上下侧缘淡紫红色。雌性头、体一致呈紫红色，具淡色波状纹（分布：南海、台湾省南部海域；日本南部）……………………………………………… 长拟花鮨 *P. elongatus* (Franz, 1910)〈图 767〉

5 (2) 间鳃盖骨和下鳃盖骨边缘平滑无小锯齿；眼窝后缘具肉质疣突；雄性上唇前端增厚呈乳突状。雌性、雄性均无延长的背鳍棘。

6 (7) 背鳍鳍条部基部具小鳞；体长为体高 3.0～3.8 倍。体呈紫红色，背部色深，腹部色浅。雌鱼背部自背鳍基底前端至尾鳍有 1 黄色带状斑，尾鳍上下侧边亦呈黄色。雄鱼背鳍鳍条部成三角形，上部橘红色，鳍后部有 1 紫色斑（分布：南海诸岛海域；印度尼西亚、菲律宾；太平洋西部）……………… 静拟花鮨 *P. tuka* (Herre et Montalban, 1927)〈图 768〉

〔同种异名：*Myrolabrichthys tuka*，南海诸岛海域鱼类志（异唇笛鲷）；中国鱼类系统检索（异唇鮨）〕

7 (6) 背鳍鳍条部基部无小鳞；体长为体高 4.15 倍。体呈紫红色，腹侧略带黄色。雄性背鳍鳍棘部后部上方鲜红色，鳍条部全部几为鲜红色（分布：南海、台湾省南部海域；日本南部；太平洋中部至西部）…… 紫红拟花鮨 *P. pascalus* (Jordan et Tanaka, 1927)〈图 769〉

8 (1) 尾鳍截形，后缘直，上下侧边缘鳍条丝状延长或稍延长；背鳍无延长鳍棘。

9 (10) 侧线上方横列鳞 5～6；胸鳍长于吻后头长，基底部有 1 红色斑。体呈橙红色，眼下方至胸鳍基下端具 1 淡紫色至黄色纵条纹。在雄性腹鳍和臀鳍之间上方体侧具 1 深红色大横斑，上达背鳍基底，下方止于体下侧但不达腹缘；臀鳍鳍条部有 1 深红色条纹。雄性尾鳍上下侧边缘鳍条呈丝状延长；雌性略有延长；尾鳍上下后端深红色（分布：南海；日本南部；太平洋中部至西部）…… 红带拟花鮨 *P. rubrizonatus* (Randall, 1983)〈图 770〉

10 (9) 侧线上方横列鳞 4，胸鳍短于吻后头长，基底部无斑。生活时体呈鲜红色；自吻端沿眼下缘至胸鳍基具 1 白色微带黄色的纵条纹；各鳍棕黄色（分布：南海、东海台湾海峡；印度尼西亚）……………………………… 丽拟花鮨 *P. cichlops* (Bleeker, 1853)〈图 771〉

〔同种异名：丽花鮨 *Anthias cichiops*，南海鱼类志；福建鱼类志〕

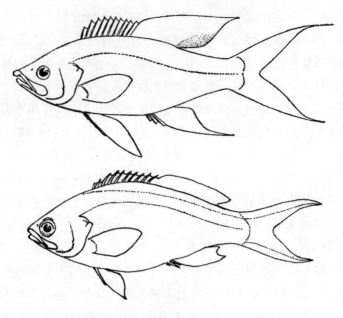

图 766　丝鳍拟花鮨 Pseudanthias squamipinnis（Peters）
（上，雌性；下，雄性）（仿 Katayama，1960）

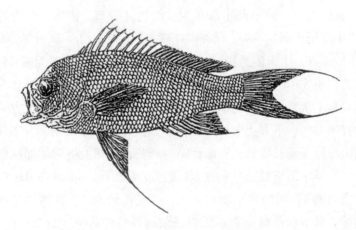

图 767　长拟花鮨 P. elongatus（Franz）
（雄性）（依 Katayama，1960）

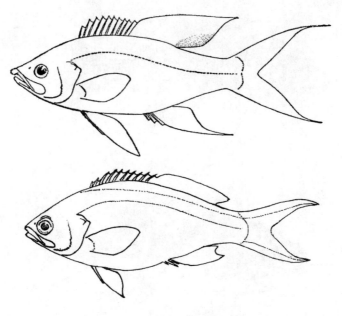

图 768 静拟花鮨 P. tuka (Herre et Montalban)(上,雄性;下,雌性)
(雄性图仿李文华,1987,中国鱼类系统检索)

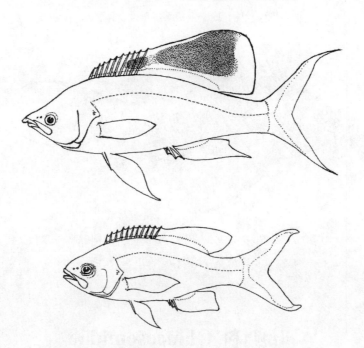

图 769 紫红拟花鮨 P. Pascalus (Jordan et Tanaka)
(体长:上,雄性 120 mm;下,雌性 65 mm)

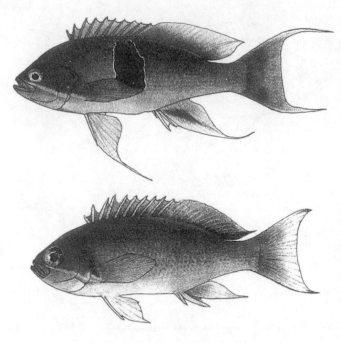

图770 红带拟花鮨 P. rubrizonatus（Randall）
（上：雄性，体长65 mm；下，雌性，体长62 mm）

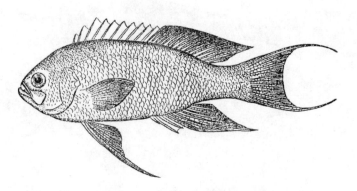

图771 丽拟花鮨 P. cichlops（Bleeker）（体长80 mm）
（依成庆泰等，1962，南海鱼类志）

叶鲷科 Glaucosomidae

叶鲷属 Glaucosoma（Temminck et Schlegel，1843）

（本属有3种，南海产1种）

青叶鲷 Glaucosoma hebraicum（Richardson，1845）〈图772〉
〔同种异名：叶鲷 G. fauvelii（Sauvage，1881），南海鱼类志〕

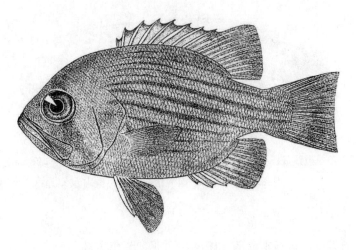

图 722　青叶鲷 *Glaucosoma hebraicum* (Richardson)（体长 118 mm）

（依成庆泰等，1962，南海鱼类志）

体青褐色略带黄色，体侧具 7~10 条褐色纵带，小个体纵带明显，老龄鱼纵带模糊至消失，而在背鳍基底后端附近有 1 黑斑。一般体长 20~35 cm，最大体长 45 cm。

分布：南海、东海台湾海峡；日本南部、越南、菲律宾、马来西亚。

拟雀鲷科 Pseudochromidae

［依郑文莲，1987，中国鱼类系统检索］

属的检索表

1（2）　腭骨无牙；鳞较小，一纵列鳞 56~61 ······························ 戴氏鱼属 *Labracinus*
2（1）　腭骨有牙；鳞较大，一纵列鳞 39~40 ···························· 拟雀鲷属 *Pseudochromis*

戴氏鱼属 *Labracinus*（Schlegel，1858）

（本属有 3 种，南海产 1 种）

〔异名：丹波鱼属 *Dampieria*（Castelnau，1875）〕

黑线戴氏鱼 *Labracinus melanotaenia*（Bleeker，1852）〈图 773〉
〔同种异名：黑线丹波鱼 *Dampieria melanotaenia*，南海鱼类志；南海诸岛海域鱼类志；中国鱼类系统检索〕

生活时背部红褐色，腹部红色，眼前缘与颊部有 8~9 条蓝色斜纹。雄鱼体侧有 9~10 条明显的深蓝色等距离纵带，雌鱼纵带则不明显。雄鱼背鳍基有 1 深蓝色细带，奇鳍边缘蓝黑色，背鳍与臀鳍有不明显灰黑色小点及细纵纹；雌鱼背鳍基无暗色带，奇鳍边缘亦不呈暗色，但背鳍上有许多

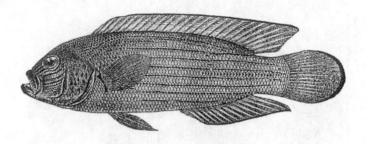

图 773　黑线戴氏鱼 *Labracinus melanotaenia*（Bleeker）（体长 130 mm）
（依郑文莲，1979，南海诸岛海域鱼类志）

明显的暗色斑和纵纹。为珊瑚礁小型鱼类。

分布：南海、台湾省南部；日本南部、印度尼西亚、菲律宾。

拟雀鲷属 *Pseudochromis*（Rüppell，1835）

（本属有 55 种，南海产 1 种）

棕拟雀鲷 *Pseudochromis fuscus*（Müller et Troschel，1849）〈图 774〉

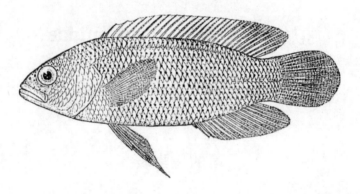

图 774　棕拟雀鲷 *Pseudochromis fuscus*（Müller et Troschel）（体长 65 mm）
（依郑文莲，1979，南海诸岛海域鱼类志）

上、下颌具 3 对显著长出的犬牙。背鳍棘强壮。尾柄短。生活时个体颜色有 2 型，有的呈黄色，有的呈暗褐色。体侧每一鳞片基部有一暗褐色小圆斑，各圆斑连接成纵纹。背鳍、臀鳍与尾鳍亦具斑点连成的纵纹。有的鱼体胸鳍基有暗色斑。为珊瑚礁小型鱼类。

分布：南海、台湾省海域；日本；太平洋中部至印度洋中部。

拟线鲈科 Pseudogrammitidae

拟线鲈属 *Pseudogramma* (Bleeker, 1875)

(本属有11种, 南海产1种)

多棘拟线鲈 *Pseudogramma polyacanthum* (Bleeker, 1856) 〈图775〉

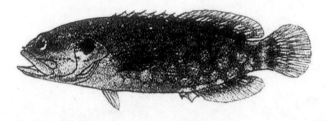

图775　多棘拟线鲈 *Pseudogramma polyacanthum* (Bleeker) (体长58 mm)

背鳍Ⅶ—Ⅷ19~22; 臀鳍Ⅲ16~18。侧线1条, 不完全。体暗褐色; 体侧具3~4纵列浅色不规则大圆斑; 背鳍和臀鳍鳍条部基底亦各具1列 (3个) 浅色大斑; 鳃盖有1黑斑, 尾鳍基部有3个黑斑。为小型珊瑚礁鱼类。

分布: 南海、台湾省南部海域; 日本南部; 印度-太平洋。

鮗科 Plesiopidae

鮗属 *Plesiops* (Oken, 1817)

(本属有17种, 南海产1种)

蓝线鮗 *Plesiops coeruleolineotus* (Rüppell, 1835) 〈图776〉
〔同种异名: 黑鮗 *P. melas* (Bleeker, 1849), 南海鱼类志; 南海诸岛海域鱼类志; 中国鱼类系统检索〕

背鳍Ⅺ7~8。腹鳍前方鳍条延长, 末端达臀鳍鳍条部。头及体背侧黑褐色, 眼后有2~3条深棕褐色条纹。背鳍具橘红色边, 沿背鳍基底有1条蓝色线纹。

分布: 南海、台湾省南部海域; 日本南部; 印度-西太平洋。

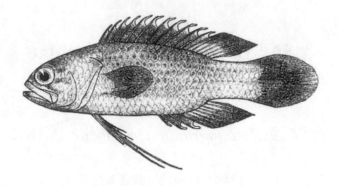

图776 蓝线䱵 *Plesiops coeruleolineotus*（Rüppell）（体长48 mm）

（依成庆泰等，1962，南海鱼类志）

汤鲤科 Kuhliidae

汤鲤属 *Kuhlia*（Gill，1861P）

（本属有7种，南海产3种）

体被大型或中型栉鳞。侧线完全。背鳍基与臀鳍基均有发达鳞鞘。具假鳃。无鳔。有些种类可溯河进入淡水水域。

种的检索表

1（2）尾鳍具5条黑色斑条；侧线鳞48～56；下鳃耙21～26。头及体背侧蓝灰色，腹部银白色；背鳍与臀鳍鳍膜散布有细小黑点（分布：南海、台湾省海域；日本南部、菲律宾、印度尼西亚；印度－太平洋）……………… 鲻形汤鲤 *Kuhlia mugil*（Forster，1801）〈图777〉
〔同种异名：花尾汤鲤 *K. taeniura*（Cuvier，1829），南海鱼类志；南海诸岛海域鱼类志；中国鱼类系统检索〕

2（1）尾鳍无斑条；侧线鳞40～45；下鳃耙16～20。

3（4）臀鳍Ⅲ11～12，鳍条部基底明显长于背鳍鳍条部基底；口较小，上颌骨末端不达眼中央下方；尾鳍灰黄色，后缘黑色。头及体背侧呈银褐色，腹部银白色；体上侧散布有暗褐色不规则小斑；背鳍与臀鳍鳍条部近外缘处各有1条灰黑色纵条纹；背鳍鳍棘部边缘暗灰色。本种可溯河进入淡水水域。一般体长100 mm，最大体长250 mm（分布：南海、台湾省沿岸海域；日本南部）……………… 黑边汤鲤 *K. marginata*（Cuvier，1829）〈图778〉

4（3）臀鳍Ⅲ9～10，鳍条部基底与背鳍鳍条部基底约相等或稍长；口较大，上颌骨末端伸达眼中央下方；成年鱼尾鳍黑色，上下叶末端橙黄色，幼鱼尾鳍灰黄色，中部灰黑色，上下叶各有1个大黑斑；体侧每个鳞片的后缘均为黑色。本种可溯河进入淡水水域。一般体长

100～150 mm，最大体长 400 mm（分布：南海、台湾省沿岸海域；日本南部；印度－西太平洋） ……………………………………… 大口汤鲤 K. rupestris（Lacépède，1802）〈图779〉

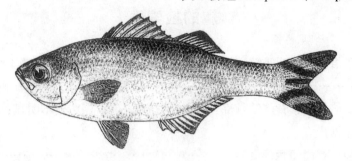

图777　鲻形汤鲤 Kuhlia mugil（Forster）（体长160 mm）
（依成庆泰等，1962，南海鱼类志）

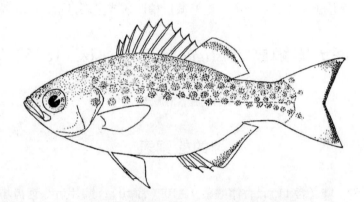

图778　黑边汤鲤 K. marginata（Cuvier）
（仿孙宝玲，1987，中国鱼类系统检索）

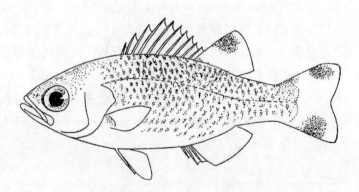

图779　大口汤鲤 K. rupestris（Lacépède）
（依孙宝玲，1987，中国鱼类系统检索）

大眼鲷科 Priacanthidae

体被栉鳞，鳞小而坚厚粗糙，紧贴鱼体，不易剥离。眼大，约达头长之半。胸鳍小。腹鳍大，为Ⅰ5，以膜与腹部浅沟相连。

属的检索表

1（2） 体长小于2倍体高；背鳍鳍棘部与鳍条部之间有明显缺刻；侧线有孔鳞少于40；鳞片具锯齿状后缘 ·· 锯大眼鲷属 *Pristigenys*

2（1） 体长大于2倍体高；背鳍鳍棘部与鳍条部之间缺刻不存在或不明显；侧线有孔鳞多于55；鳞片后缘无锯齿。

3（4） 腹鳍后端伸达臀鳍鳍棘部之后 ·· 牛目鲷属 *Cookeolus*

4（3） 腹鳍后端仅伸达臀鳍鳍棘部。

5（6） 腹鳍起点与胸鳍起点相对；尾鳍截形稍凸出 ··· 异大眼鲷属 *Heteropriacanthus*

6（5） 腹鳍起点明显位于胸鳍起点前方；尾鳍截形稍凹入或呈新月形 ······ 大眼鲷属 *Priacanthus*

锯大眼鲷属 *Pristigenys*（Agassiz，1835）

（本属有4种，南海产2种）

种的检索表

1（2） 背鳍鳍条10~11（常11）；臀鳍鳍条9~10（常10）；鳞片后缘锯齿小，密列；小鱼体侧有5条白色窄横带，长大后即消失。头、体和各鳍红色（分布：南海、东海；日本南部；印度-西太平洋） ············ 日本锯大眼鲷 *Pristigenys niphonia*（Cuvier，1829）〈图780〉
〔同种异名：拟大眼鲷 *Pseudopriacanthus niphonius*，南海鱼类志；东海鱼类志；中国鱼类系统检索〕

2（1） 背鳍鳍条11~12（常12）；臀鳍鳍条11~12（常11）；鳞片后缘锯齿大，疏列；体侧有11~12条暗红色窄横带。头、体和各鳍桃红色；背鳍、臀鳍鳍条部和腹鳍与尾鳍边缘黑色（分布：南海、台湾省南部海域；日本南部） ···
·· 红线锯大眼鲷 *P. meyeri*（Günther，1872）〈图781〉
〔同种异名：多带拟大眼鲷 *Pseudopriacanthus multifasciatus*（Yoshino et Iwai，1973），中国鱼类系统检索〕

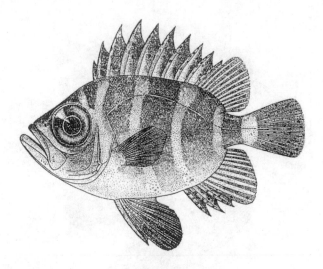

图780　日本锯大眼鲷 *Pristigenys niphonia*（Cuvier）（体长72 mm）

（依成庆泰，1963，东海鱼类志）

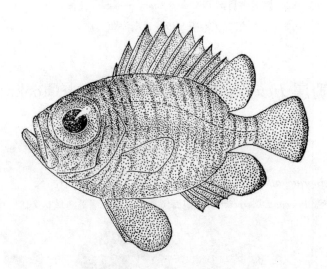

图781　红线锯大眼鲷 *P. meyeri*（Günther）

（依孙宝玲，1987，中国鱼类系统检索）

牛目鲷属 *Cookeolus*（Fowler，1928）

（本属有3种，南海产1种）

黑鳍牛目鲷 *Cookeolus boops*（Forster，1801）〈图782〉

〔同种异名：黑鳍大眼鲷 *Priacanthus boops*，南海鱼类志；福建鱼类志；东海深海鱼类；中国鱼类系统检索〕

背鳍第10鳍棘长度大于第2鳍棘2倍。鲜活时体赤色，体侧具6~7个暗色短横斑。背鳍鳍棘间膜灰色；腹鳍无斑点，鳍膜黑色。体长可达230 mm。

分布：南海、东海；日本、菲律宾；斯里兰卡；印度-西太平洋。

图782 黑鳍牛目鲷 *Cookeolus boops* (Forster)（体长90 mm）
（依成庆泰等，1962，南海鱼类志）

异大眼鲷属 *Heteropriacanthus*（Fitch et Crooke，1984）

（本属只1种，南海有产）

灰鳍异大眼鲷 *Heteropriacanthus cruentatus*（Lacépède，1801）〈图783〉
〔同种异名：斑鳍大眼鲷 *Priacanthus cruentatus*，南海鱼类志；南海诸岛海域鱼类志；中国鱼类系统检索〕

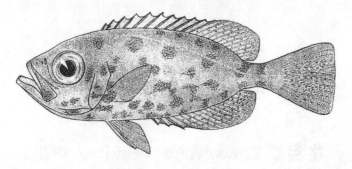

图783 灰鳍异大眼鲷 *Heteropriacanthus cruentatus*（Lacépède）（体长157 mm）
（仿成庆泰等，1962，南海鱼类志）

腹鳍起点与胸鳍起点相对。侧线有孔鳞58~62。鲜活时头、体背侧青灰色，腹侧色浅。各鳍红色，背鳍与臀鳍鳍条部各有数纵行红色斑点，尾鳍约有5横列褐红色斑点（背鳍、臀鳍和尾鳍斑点固定液浸后呈灰黑色）。头和体侧散布有许多红色斑块。通常体长约150 mm。

分布：南海、台湾省南部海域；日本南部；各大洋热带、亚热带海域。

大眼鲷属 *Priacanthus*（Oken，1817）

（本属有 12 种，南海产 4 种）

种的检索表

1（6） 背鳍和臀鳍后缘圆形。

2（3） 前鳃盖骨隅角棘短；腹鳍黑色，奇鳍边缘黑色；大鱼尾鳍新月形，小鱼尾鳍截形随成长而渐变为新月形。全体呈均匀红色；腹鳍内侧基部具 1 黑斑。成鱼一般体长 230 ~ 250 mm（分布：南海、台湾省南部海域；日本南部；印度 - 西太平洋）... 金目大眼鲷 *Priacanthus hamrur* (Forskål, 1775)〈图 784〉

3（2） 前鳃盖骨隅角棘长；各鳍色浅。

4（5） 体高较小，体长为体高 3 ~ 3.6 倍；尾鳍浅凹形；背鳍、臀鳍和腹鳍鳍膜间有数列黄色圆斑（液浸标本黄斑消失）。头、体背部浅红色，向下色渐淡，腹部银白色；各鳍浅红色。一般全长 150 ~ 250 mm，最大全长 300 mm（分布：南海、东海、黄海；日本南部、朝鲜半岛、东南亚、澳大利亚；印度 - 太平洋）.. 短尾大眼鲷 *P. macracanthus* (Cuvier, 1829)〈图 785〉

5（4） 体高较大，体长为其 2.7 倍；背鳍和臀鳍鳍膜间有数行红色小斑，腹鳍基部有 1 较大黑斑。头、体红色，背侧色深，腹侧色浅有银色光泽；各鳍红色；背鳍前方鳍棘间鳍膜和背鳍、臀鳍鳍条部边缘以及尾鳍后缘和腹鳍末端均呈灰黑色（液浸标本体棕黄色，保留鳍上黑色部分）。一般全长 260 ~ 300 mm（分布：南海、台湾省南部海域；日本；太平洋和印度洋的热带海域）..................................... 布氏大眼鲷 *P. blochii* (Bleeker, 1853)〈图 786〉

6（1） 背鳍和臀鳍后缘尖凸。尾鳍新月形，上下叶边缘部鳍条呈丝状延长；前鳃盖骨隅角棘长；腹鳍鳍膜间有黑褐色斑点，与腹部连接的鳍膜上具 1 较大黑圆斑。头、体背部浅红色，向下色渐淡，腹部银白色；各鳍浅红色。一般全长 150 ~ 250 mm，最大全长 300 mm（分布：南海、东海南部；印度尼西亚、马来西亚、菲律宾；印度洋北部沿岸）... 长尾大眼鲷 *P. tayenus* (Richardson, 1846)〈图 787〉

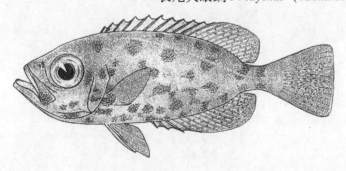

图 784　金目大眼鲷 *Priacanthus hamrur* (Forskål)（体长 253 mm）

（依孙宝玲，1979，南海诸岛海域鱼类志）

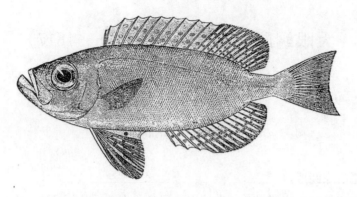

图 785 短尾大眼鲷 P. *macracanthus* (Cuvier)（体长 245 mm）

（依成庆泰，1963，东海鱼类志）

图 786 布氏大眼鲷 P. *blochii* (Bleeker)

（依 Day，1875）

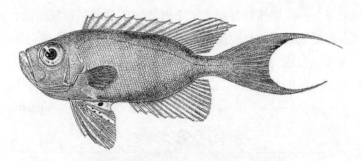

图 787 长尾大眼鲷 P. *tayenus* (Richardson)（体长 253 mm）

（依成庆泰等，1962，南海鱼类志）

发光鲷科 Acropomidae

发光鲷属 *Acropoma*（Temminck et Schlegel，1842）

（本属有 2 种，南海均产）

在腹部中央有 1 黄色 U 字形发光体，埋于皮下。为小型鱼类。

种的检索表

1（2） 肛门距腹鳍起点较距臀鳍起点为近；发光器短，自腹鳍稍前方起至肛门止；体被弱栉鳞，不易脱落；肛门淡色，周围有黑边。体赤色，腹部色较淡。液浸标本呈棕灰色（分布：南海、东海；日本南部；印度－西太平洋）··日本发光鲷 *Acropoma japonicum*（Günther，1859）〈图788〉
2（1） 肛门距臀鳍起点较距腹鳍起点为近；发光器甚长，自喉部伸至臀鳍起点稍后方；体被圆鳞，易脱落；肛门深黑色。体褐色（分布：南海、台湾省南部海域；日本南部）··圆鳞发光鲷 *A. hanedai*（Matsubara，1953）〈图789〉

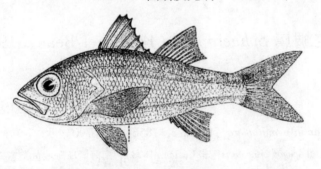

图788　日本发光鲷 *Acropoma japonicum*（Günther）（体长 63 mm）

（依成庆泰等，1963，东海鱼类志）

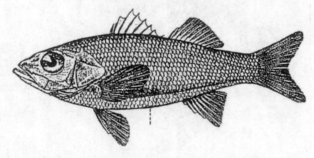

图789　圆鳞发光鲷 *A. hanedai*（Matsubara）

（依沈世杰，1984）

天竺鲷科 Apogonidae

本科有 3 亚科,但南海有记录者仅涉及天竺鲷亚科 Apogeninae。

属的检索表

1（2）	尾鳍叉形,最长鳍条（位于近侧缘）不分支;体高大于体长之半	⋯ 圆竺鲷属 Sphaeremia
2（1）	尾鳍最长鳍条分支;体高小于体长之半。	
3（4）	两颌齿为犬齿	⋯⋯ 巨牙天竺鲷属 Cheilodipterus
4（3）	两颌齿非犬齿。	
5（8）	侧线不完全,止于第 2 背鳍前端或中间下方。	
6（7）	腭骨具牙;鳃盖无黑斑;第一前鳍具Ⅷ鳍棘	⋯⋯ 腭竺鱼属 Foa
7（6）	腭骨无牙;鳃盖具 1 黑斑;第一背鳍具Ⅶ鳍棘	⋯⋯ 乳突天竺鲷属 Fowleria
8（5）	侧线完全,伸达尾鳍基底。	
9（12）	前鳃盖骨边缘有锯齿,锯齿强或弱。	
10（11）	臀鳍鳍条 12 以上	⋯⋯ 长鳍天竺鲷属 Archamia
11（10）	臀鳍鳍条少于 10	⋯⋯ 天竺鲷属 Apogon
12（9）	前鳃盖骨边缘平滑。第一背鳍具Ⅶ鳍棘;臀鳍鳍条 8	⋯⋯ 天竺鱼属 Apogonichthys

圆竺鲷属 Sphaeramia （Fowler et Bean,1930）

（本属有 2 种,南海产 1 种）

丝鳍圆竺鲷 Sphaeramia nematoptera（Bleeker,1856）〈图 790〉
〔同种异名:斑带天竺鲷 Apogon orbicularis（非 Cuvier,1828）,南海诸岛海域鱼类志;中国鱼类系统检索〕

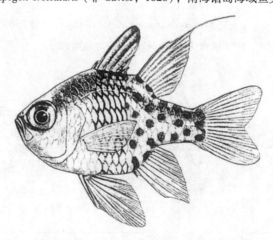

图 790 丝鳍圆竺鲷 Sphaeramia nematoptera（Bleeker）（体长 64 mm）
（依成庆泰,1979,南海诸岛海域鱼类志）

体短而高,尾柄前方鱼体近圆形。第二背鳍第一鳍条常呈丝状延长。在第一背鳍与腹鳍间体侧有1深紫褐色宽横带,带宽约占4个鳞片,此横带后方至尾柄散布有较大的红棕色圆斑。头部有数条分布不规则的橙黄色线纹。体蓝灰色,头背部略呈紫褐色;第二背鳍、臀鳍和尾鳍浅紫褐色;胸鳍淡黄色;第一背鳍和腹鳍黄褐色。

分布:南海诸岛海域,台湾省南部海域;日本;印度-太平洋。

巨牙天竺鲷属 *Cheilodipterus*(Lacépède,1801)

(本属有17种,南海产3种)

南海所记录3种的前鳃盖骨后缘均有小锯齿。尾柄后端具1黑色圆斑。

种的检索表

1(2) 体侧具5条黑色纵带。体棕褐色;各鳍色浅,第一背前部暗色;尾柄后端黑色圆斑明显,周围呈黄色(分布:南海诸岛海域,台湾省海域;日本;印度-西太平洋) ·· 五带巨牙天竺鲷 *Cheilodipterus quinquelineatus*(Cuvier,1828)〈图791〉
〔同种异名:五带副天竺鲷 *Paraima quinquelineatus*,南海诸岛海域鱼类志;中国鱼类系统检索〕

2(1) 体侧具8~10条暗褐色纵带。

3(4) 体侧暗褐色纵带8条,纵带宽度一致。体浅棕色微带紫色;第一背鳍紫色,其他各鳍棕黄色;尾鳍基部和上下缘褐色。幼鱼尾柄后端黑色圆斑明显,成鱼不明显(分布:南海诸岛海域,台湾省海域;日本;红海;印度-西太平洋) ·· 巨牙天竺鲷 *C. macrodon*(Lacépède,1802)〈图792〉

4(3) 体侧暗褐色纵带8~10条,纵带宽度不一致,颜色也有深浅,以每两条深色纵带间隔1条浅色纵带的形式排列。体淡紫褐色;第一背鳍紫褐色,其他各鳍浅色;尾鳍上下缘暗色;幼鱼尾柄后端黑色圆斑明显且周围呈黄色,成鱼圆斑不明显(分布:南海、记录于香港;日本;印度-西太平洋) ············ 纵带巨牙天竺鲷 *C. artus*(Smith,1961)〈图793〉

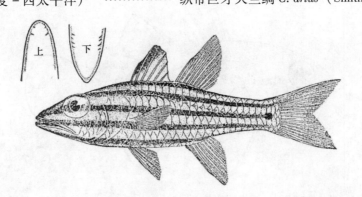

图791 五带巨牙天竺鲷 *Cheilodipterus quinquelineatus*(Cuvier)(体长68 mm)
(依成庆泰,1979,南海诸岛海域鱼类志)

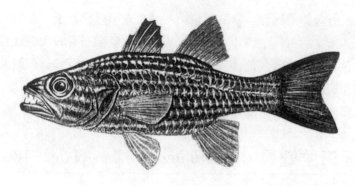

图 792　巨牙天竺鲷 C. macrodon（Lacépède）（体长 140 mm）
（依成庆泰，1979，南海诸岛海域鱼类志）

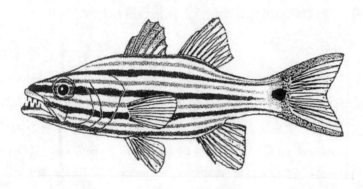

图 793　纵带巨牙天竺鲷 C. artus（Smith）（体长 146 mm）

腭竺鱼属 Foa（Jordan et Evermann，1905）

（本属有 3 种，南海产 1 种）

短线腭竺鱼 Foa brachygramma（Jenkins，1903）〈图 794〉

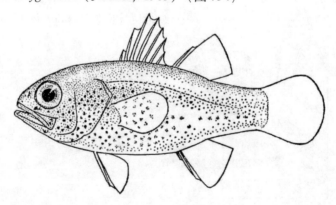

图 794　短线腭竺鱼 Foa brachygramma（Jenkins）
（依成庆泰，王玉珍，1987，中国鱼类系统检索）

侧线短，仅伸达第二背鳍前部下方。腭骨具绒毛状牙。体和胸鳍淡玫瑰红色，背鳍、尾鳍和臀鳍黄色，腹鳍灰色；成鱼鳃盖和体侧散布有褐色微小斑点；幼鱼体侧约有3个横斑，在头部眼后上下方各有1条带纹。酒精液浸标本呈锈黄色；第一背鳍和腹鳍暗灰色，其他各鳍灰白色。

分布：南海；日本；太平洋中部至印度洋。

乳突天竺鲷属 Fowleria（Jordan et Evermann，1930）

〔异名：Papillapogon（Smith，1947）〕

（本属有7种，南海产1种）

金色乳突天竺鲷 Fowleria aurita（Valenciennes，1831）〈图795〉
〔同种异名：乳突天竺鲷 Papillapogon auritus，南海鱼类志；南海诸岛海域鱼类志；中国鱼类系统检索〕

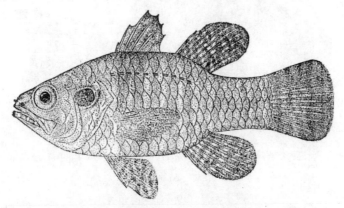

图795　金色乳突天竺鲷 Fowleria aurita（Valenciennes）（体长41 mm）
（依成庆泰等，1962，南海鱼类志）

侧线不完全。吻前端近上颌边缘处有1对乳头状突起。体棕黄色，鳃盖上部有1周圈白色的黑色圆斑；各鳍淡色。体侧具多条暗色不明显横条纹，各鳍亦有不明显斑纹。栖息于岩礁洞穴中。

分布：南海；印度尼西亚、菲律宾、澳大利亚；印度。

长鳍天竺鲷属 Archamia（Gill，1863）

（本属有14种，南海产4种）

侧线完全。臀鳍条12以上。前鳃盖骨后缘有锯齿。尾鳍后部具1圆斑，呈黑色或暗色。

种的检索表

1（4）　体侧无任何条纹。
2（3）　全体灰乳白色（液浸标本浅灰色，微黄），散布许多黑色细微斑点；尾柄黑色圆斑略大于瞳孔（分布：南海；印度尼西亚、菲律宾；印度、斯里兰卡、红海、非洲东岸）………
　　　　……真长鳍天竺鲷 Archamia macropterus Cuvier（ex Kuhl et van Hasselt），1828〈图796〉

3（2） 头、体上侧浅褐色，下侧银白色；尾柄黑色圆斑小于瞳孔（分布：南海，记录于香港；台湾省西至西南部海域） ………… 龚氏长鳍天竺鲷 A. goni（Chen et Shao，1993）〈图797〉
4（1） 体侧具褐红色窄横条纹20余条。
5（6） 鳃孔后方无暗色斑；臀鳍鳍条13～15。体银白色，头部及各鳍浅红色（分布：南海、台湾省海域；日本；印度-西太平洋） ………………………………………………………
………………………………… 原长鳍天竺鲷 A. lineolata（Cuvier，1828）〈图798〉
6（5） 鳃孔后方侧线下方具1褐红色斑；臀鳍鳍条16～18。体浅棕褐色，有银色光泽（分布：南海，记录于香港，台湾省海域；日本、印度尼西亚；西太平洋） ……………………
………………………………… 横纹长鳍天竺鲷 A. dispilus（Lachner，1951）〈图799〉

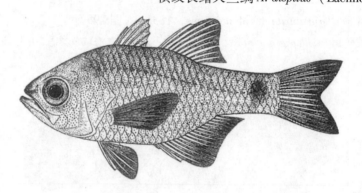

图796 真长鳍天竺鲷 Archamia macropterus（Cuvier, ex Kuhl et van Hasselt）
（体长61 mm）
（依成庆泰等，1962，南海鱼类志）

图797 龚氏长鳍天竺鲷 A. goni（Chen et Shao）（体长50 mm）
（依邵广昭，陈正平，1993，于沈世杰，台湾鱼类志）

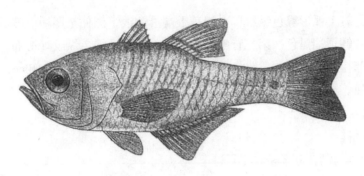

图798 原长鳍天竺鲷 A. lineolata (Cuvier)（体长 60 mm）
（依成庆泰等，1962，南海鱼类志）

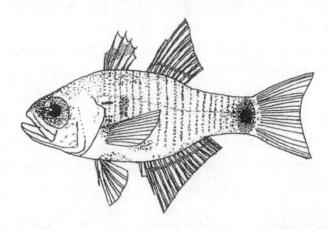

图799 横纹长鳍天竺鲷 A. dispilus (Lachner)（仿沈世杰，1984）

天竺鲷属 Apogon（Lacépède，1802）

（本属有148种，南海产26种）

种的检索表

1（44） 前鳃盖骨后缘锯齿弱，或仅现于下角。
2（43） 胸鳍后端只伸达臀鳍前方；上颌后端不达眼后缘；第一背鳍Ⅵ—Ⅶ，若为Ⅵ，则第一鳍棘长约为第二鳍棘1/2，若为Ⅶ，则第一、二鳍棘均短于第三鳍棘，以第一鳍棘最短；体侧具中央纵带，自吻端伸至鳃盖、尾柄，或伸达尾鳍后缘，连贯或间断。
3（6） 第一背鳍Ⅵ。
4（5） 尾柄无圆斑；体侧中央纵带连贯，呈黑色，自吻端起贯通眼径直至尾鳍后缘；中央纵带上方另有1平行的黑色纵纹，自眶上缘伸至第二背鳍基底后端。体棕黄色，各鳍色浅；第二背鳍和臀鳍基部各有1褐色纵纹（分布：南海、东海；日本、菲律宾）………………………………………… 中线天竺鲷 Apogon kiensis（Jordan et Snyder，1901）〈图800〉
5（4） 尾柄后部具1黑色圆斑；体侧中央纵带断段，呈黑色，吻端至眶前缘和眶后缘至鳃盖各为一段，幅宽，鳃盖隅角后至尾柄为一段，幅窄，后端止于尾柄圆斑之前，不达尾鳍；中央纵带上方另有 1 弧形黑色纵纹, 自鳃盖上端沿侧线下侧伸至尾柄前部。体棕黄色, 各鳍色浅; 第一背鳍顶端黑色, 第二背鳍和臀鳍基部各有 1 褐色纵纹 (分布: 南海; 日本、印度尼西亚、菲律宾) ………………… 弓线天竺鲷 *A. amboinensis* (Bleeker, 1853) 〈图 801〉

6 (3) 第一背鳍Ⅶ。

7 (42) 体侧具斑纹。

8 (21) 体侧具纵带。

9 (12) 纵带位于体上侧, 共 2 条, 平行。

10 (11) 第一纵带窄而短, 自吻端经眼上缘向后伸至第二背鳍基底中央下方, 纵带前部尚具 1 横跨该带的椭圆形黑斑; 中央纵带宽而短, 自吻端起, 经眼径伸至鳃盖后缘; 尾柄后部具 1 黑圆斑; 腹侧无横带。体桃红色, 各鳍无色; 第一背鳍尖端黑色; 纵带黑色 (分布: 南海、东海; 日本) ……………………………………………………………………
………………… 半线天竺鲷 *A. semilineatus* (Temminck et Schlegel, 1842) 〈图 802〉

11 (10) 第一纵带窄而长, 自眶上方起至尾柄后部上方; 中央纵带宽而长, 自吻端起, 经眼径伸至尾鳍后缘; 尾柄后部无圆斑; 腹侧于中央纵带下侧具 13~15 条短横带。体银白色, 背侧略带褐色; 各鳍色浅; 纵带和横带黑褐色 (分布: 南海、东海台湾海峡两侧; 日本、印度尼西亚、菲律宾; 印度; 印度-太平洋) ……………………………
…………………………………… 宽带天竺鲷 *A. fasciatus* (White, 1790) 〈图 803〉
〔同种异名: 四线天竺鲷 *A. quadrifasciatus* (Cuvier, 1828), 南海鱼类志; 东海鱼类志; 中国鱼类系统检索〕

12 (9) 体上、下侧均具纵带, 不计背中线, 共 4~7 条。

13 (16) 体侧具 4 条纵带。

14 (15) 吻端尖, 吻背缘平; 尾柄无圆斑; 中央 (第二) 纵带伸达尾鳍后缘, 带幅不均匀, 上、下缘呈起伏; 第一、三纵带伸达尾鳍前部; 第四纵带止于臀鳍始部上方。体浅灰褐色; 各鳍浅棕色; 背中线具 1 窄纵带; 体侧纵带黑褐色; 第二背鳍和臀鳍基部各有 1 褐色纵带 (分布: 南海、台湾省海域; 日本; 太平洋中部至印度洋非洲东岸) …………
…………………………………… 九线天竺鲷 *A. novemfasciatus* (Cuvier, 1828) 〈图 804〉

15 (14) 吻端圆, 吻背缘略弧凸; 尾柄后部具 1 黑色圆斑; 中央 (第二) 纵带伸至尾柄圆斑近前; 第一、三纵带伸至尾柄后部, 约在圆斑前缘上下方; 第四纵带伸至臀鳍基底后端。体和各鳍浅棕色; 背中线具 1 窄纵带; 体侧纵带红褐色 (液浸标本纵带暗褐色) (分布: 南海、台湾省海域; 日本、菲律宾; 西太平洋) …………………………………
…………………………………… 斗氏天竺鲷 *A. doederleini* (Jordan et Snyder, 1901) 〈图 805〉

16 (13) 体侧具 5 条以上纵带。

17 (20) 体侧 (不含背中线) 具 5 条纵带; 尾柄有或无圆斑。

18 (19) 尾柄后端具 1 黑色圆斑, 与瞳孔同大; 中央 (第三) 纵带与尾柄圆斑相连; 第二纵带短, 仅伸至第二背鳍前部下方; 第一、四纵带伸达尾鳍基底; 第五纵带伸至臀鳍基底后端上方。体灰褐色, 背鳍和尾鳍浅灰褐色, 胸鳍、腹鳍和臀鳍棕红色; 背中线具 1 窄纵带; 体侧纵带黑褐色; 第一背鳍上部深色, 第二背鳍下部前方具 1 黑斑, 后连 1 深褐色纵带; 臀鳍基部有 1 深棕红色纵带 (分布: 南海、台湾省海域; 日本南部、菲律宾、印度尼西亚、澳大利亚东部) ………… 库氏天竺鲷 *A. cookii* (Macleay, 1881) 〈图 806〉

〔同种异名：粗体天竺鲷 A. robustus（Smith et Radcliffe, 1911），南海鱼类志；中国鱼类系统检索〕

19（18） 尾柄无圆斑。中央（第三）纵带伸达尾鳍后缘；第二纵带短，伸至第二背鳍基底中央下方；第一、四纵带伸至尾柄后部，不达尾鳍基底；第五纵带伸至臀鳍基底后端上方。体和各鳍浅棕黄色，纵带褐黄色，中央纵带后段渐转呈黑褐色；背中线具1窄纵带；第二背鳍具2纵带，臀鳍具1纵带（分布：南海、台湾省海域；马来西亚；莫桑比克）………………………………………………… 全带天竺鲷 A. holotaenia（Regan, 1905）〈图807〉

〔同种异名：A. nitidus（Smith, 1961）〕

20（17） 体侧（不含背中线）具7条褐色至橘红色纵带，尾柄与尾鳍交接部具1黑褐色圆斑，与眼径同大。体及各鳍浅褐黄色；第一背鳍上部色深；第二背鳍和臀鳍外侧方色深，基部各具1纵带（分布：南海、台湾省海域；日本；西太平洋）…………………………………………………… 小条天竺鲷 A. endekataenia（Bleeker, 1852）〈图808〉

21（8） 体侧斑纹不呈深色或暗色连贯纵带。
22（35） 尾鳍圆形。
23（26） 体高起，体长为体高2.1~2.4倍；腹鳍后缘伸越臀鳍始部。
24（25） 体侧具2条黑色横带，尾柄具1黑色圆斑，均隐约可见。体棕褐色；背鳍、臀鳍和腹鳍黑色，胸鳍和尾鳍淡褐色，第二背鳍与臀鳍边缘和基部淡褐色，近基底处各具1黑色纵带（分布：南海、东海台湾海峡两侧；日本）……………………………………………………………………………………………… 黑天竺鲷 A. niger（Döderlein, 1883）〈图809〉

〔同种异名：黑天竺鱼 Apogonichthys niger，南海鱼类志；福建鱼类志；中国鱼类系统检索〕

25（24） 鳃盖后部在胸鳍水平之上具1明显淡色大斑；第一、二背鳍后部下方各有1不明显的浅色区。体黑褐色至黑色，背鳍、腹鳍和臀鳍黑色，胸鳍和尾鳍透明无色（分布：南海南部、台湾省海域；印度，非洲东部沿海；印度-西太平洋）…………………………………………………… 黑鳍天竺鲷 A. nigripinnis（Cuvier, 1828）〈图810〉

〔同种异名：Apogonichthys nigripinnis〕

26（23） 体较低矮，体长为体高2.8倍以上；腹鳍后缘仅伸至臀鳍前方。
27（28） 鳃腔及鳃耙黑色。第一背鳍上半部黑色；鳃盖具1黑斑。体侧鳞片后缘黑色。体棕褐色；第二背鳍及尾鳍黑褐色，其他各鳍浅色；第二背鳍和臀鳍各具1暗色纵纹（分布：南海；澳大利亚）………………… 黑鳃天竺鲷 A. arafurae（Günther, 1880）〈图811〉

〔同种异名：黑鳃天竺鱼 Apogonichthys arafurae，南海鱼类志；中国鱼类系统检索〕

28（27） 鳃腔及鳃盖淡色。
29（30） 第二背鳍具1黑色大斑；臀鳍边缘黑色。体棕黄色；第二背鳍黑斑外圈白色；体侧鳞片上下缘棕色（液浸标本转为灰黑色），在体侧连成不明显的多条纵纹；尾鳍后部略呈浅灰色（分布：南海、东海；日本、朝鲜半岛、菲律宾）……………………………………………………………………………………………… 斑鳍天竺鲷 A. carinatus（Cuvier, 1828）〈图812〉

〔同种异名：斑鳍天竺鲷 Apogonichthys carinatus，南海鱼类志；东海鱼类志；福建鱼类志；中国鱼类系统检索〕

30（29） 第二背鳍无黑斑；臀鳍无黑缘。
31（34） 体侧具横带8条以上。
32（33） 体则具8~10条较宽的黑褐色横带，中间带幅等于或略大于带间隙。体灰褐色；第一背鳍尖端灰褐色，第二背鳍基部有 1 灰褐色纵纹；第二背鳍和尾鳍灰色，其他各鳍无色（分布：南海、台湾省海域；菲律宾）……………………………………………………
…………………………… 横带天竺鲷 *A. striatus*（Smith et Radcliffe，1912）〈图 813〉
〔同种异名：宽条天竺鱼 *Apogonichthys striatus*，南海鱼类志；中国鱼类系统检索〕

33（32）体侧具 8~11 条褐色窄横带，横带中部幅度明显小于带间隙。体浅棕黄色，各鳍无色；第一背鳍尖端灰褐色；第二背鳍和臀鳍基部各有 1 褐色纵纹；头顶部和尾鳍后缘散布有暗色小点。液浸标本体呈浅灰色，横带灰褐色（分布：我国沿海；日本、朝鲜半岛）…
………………………… 细条天竺鲷 *A. lineatus*（Temminck et Schlegel，1842）〈图 814〉
〔同种异名：细条天竺鱼 *Apogonichthys lineatus*，南海鱼类志、东海鱼类志、福建鱼类志；中国鱼类系统检索〕

34（31）体具 6~7 个略呈圆形的斑块，排成一列；颊部具 1 明显的暗色短斜带。头和体的背部灰褐色，中部和腹部银白色；第一背鳍尖端部黑色；第二背鳍和尾鳍边缘黑色；第二背鳍和臀鳍中部各有 1 黑色纵带；腹鳍和胸鳍无色（分布：南海、台湾省海域；日本；印度、斯里兰卡、非洲东岸）……………… 黑边天竺鲷 *A. ellioti*（Day，1875）〈图 815〉
〔同种异名：黑边天竺鱼 *Apogonichthys ellioti*，南海鱼类志；中国鱼类系统检索〕

35（22）尾鳍叉形或凹形。

36（41）颊部无暗色斜带。

37（40）尾柄后部具黑褐色宽横带；两背鳍下方无横带；吻端起经眼径至鳃盖具 1 黑褐色纵带；沿侧线常具 1 列黑色小斑。

38（39）幼鱼至成鱼尾柄后部均具围绕整个尾柄的环状横带，从尾柄一个侧面观察，带幅上、下端部较宽而中间较窄，尾柄两侧横带在背面和腹面均愈合，形成绕尾环斑；尾柄横带中部尚具 1 不明显的黑色圆斑。体金黄色；各鳍橙黄色；第一背鳍尖端黑色（分布：南海，记录于香港，台湾省海域；日本、越南、菲律宾、马来西亚、印度尼西亚；印度 - 太平洋）…………………………… 环尾天竺鲷 *A. aureus*（Lacépède，1802）〈图 816〉

39（38）成鱼尾柄后部具 1 黑色鞍状宽横带，近圆形，下端止于尾柄腹缘附近，上端在背面与另一侧横带愈合，形成横跨尾柄背部的鞍状大斑，幼鱼尾柄后部仅具 1 圆斑。头部、体上侧和各鳍橘红色，体下侧金黄色；臀鳍基底具 1 列黑色小斑点（分布：南海、台湾省海域；马来西亚、印度尼西亚、菲律宾；印度、斯里兰卡、红海；印度 - 西太平洋）…
…………………………… 斑柄天竺鲷 *A. fleurieu*（Lacépède，1802）〈图 817〉
〔同种异名：*Amia fleurieu*〕

40（37）尾柄后部具 1 小于瞳孔的黑色圆斑；两背鳍前部基底下方各具 1 黑褐色横带；吻端至鳃盖无纵带。体浅褐红色；各鳍灰黑色；第一背鳍前部黑褐色（分布：南海，记录于香港，东海台湾海峡两侧；日本、菲律宾、马来西亚；印度洋，红海以东至西太平洋）
〔注：此种常被误鉴为与之相似的 *A. taeniatus* Cuvier，但后者只分布于非洲沿岸至红海〕
…………………………… 拟双带天竺鲷 *A. pseudotaeniatus*（Gon，1986）〈图 818〉
〔同种异名：双带天竺鱼 *A. taeniatus*（非 Cuvier），南海鱼类志；中国鱼类系统检索〕

41（36）颊部具褐色斜带。腹鳍后端不达臀鳍；眼大，眼径约等于眼后头长；体侧具 3 条暗色宽横带，两背鳍下方和尾柄各具 1 条。体棕褐色，腹部色浅；第一背鳍前部深褐色（分布：南海诸岛海域；日本；印度 - 太平洋）………………………………………………………

.... 颊纹天竺鲷 A. bandanensis（Bleeker, 1854）〈图819〉

42（7）体侧无斑纹。体浅棕色；尾鳍下缘白色（分布：南海；菲律宾）.........................
.... 白边天竺鲷 A. albomarginatus（Smith et Radcliffe, 1912）〈图820〉
〔同种异名：白边天竺鱼 Apogonichthys albomarginatus，南海鱼类志；中国鱼类系统检索〕

43（2）胸鳍后端伸达臀鳍前1/3部位；上颌骨后端伸越眼后缘；第一背鳍Ⅵ，第二棘最长，第一棘长度远不及第二棘之半，第二棘倒伏后的末端不达第二背鳍基底中央。体高起，体高为头长1.5～1.7倍；吻短钝。体和各鳍一致呈桃红色，体侧鳞片后缘褐红色。液浸标本体色逐渐由黄棕色转为暗红色最终转呈乳白色（分布：南海、台湾省海域；日本南部；南非；印度–西太平洋）............ 粉红天竺鲷 A. erythrinus（Snyder, 1904）〈图821〉

44（1）前鳃盖骨整个后缘均具强锯齿。

45（50）第一背鳍Ⅶ。

46（47）体侧无纵带；尾柄无圆斑；上颌后端伸达眼后缘下方。体和各鳍一致呈红色；鳞片后缘色淡（分布：南海，记录于香港，台湾省海域；日本；西太平洋）.............................
.... 单色天竺鲷 A. unicolor（Döderlein, 1883）〈图822〉

47（46）体侧中央具1暗色纵带；尾柄后部具1黑色圆斑；上颌后端不达眼后缘下方。

48（49）体较高，体长为体高2.6～2.9倍；第二背鳍基底下方具1黑褐色鞍状斑；尾柄后部黑色圆斑小于瞳孔，位于侧线上方。体棕黄色；胸鳍色深，其他各鳍色淡；第一背鳍前部鳍膜间黑色；第二背鳍和臀鳍基部各有1列棕褐色斑点，与基底平行（分布：南海、台湾省海域；日本；印度–太平洋）..
.... 丽鳍天竺鲷 A. kallopterus（Bleeker, 1856）〈图823〉

49（48）体较矮，体长为体高3.1～3.3倍；第二背鳍基底下方无斑；尾柄后部黑色圆斑直径为瞳孔3/4，横跨侧线。体和各鳍棕褐色；第一背鳍前部鳍膜间黑色；第二背鳍和臀鳍基部各有1纵纹（分布：南海、台湾省海域；日本；菲律宾、印度尼西亚；印度–太平洋）................................. 套缰天竺鲷 A. fraenatus（Valenciennes, 1832）〈图824〉

50（45）第一背鳍Ⅵ。鳃盖隅角具1黑斑；体侧具3个鞍状黑斑，第一个在第一背鳍基底前部下方，第二个（有时不明显）和第三个分别在第二背鳍基底前部和后部下方；尾柄后部具1黑色圆斑，小于瞳孔；颊部有1不明显斜条纹。体棕褐色，第一背鳍前部具暗色斑；第二背鳍和臀鳍基部各有1纵纹（分布：南海西沙群岛海域，台湾省海域；日本；太平洋西部）.................. 三斑天竺鲷 A. trimaculatus（Cuvier, 1828）〈图825〉

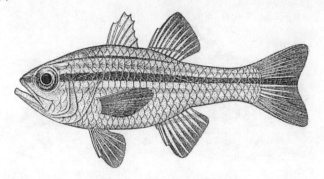

图800 中线天竺鲷 Apogon kiensis（Jordan et Snyder）（体长40 mm）
（依成庆泰等，1962，南海鱼类志）

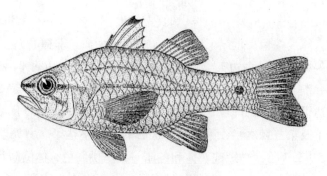

图 801　弓线天竺鲷 A. amboinensis（Bleeker）（体长 51 mm）
（依成庆泰等，1962，南海鱼类志）

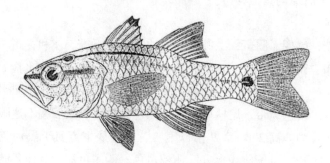

图 802　半线天竺鲷 A. semilineatus（Temminck et Schlegel）（体长 63 mm）
（依成庆泰，1963，东海鱼类志）

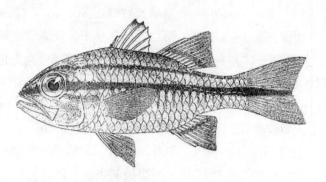

图 803　宽带天竺鲷 A. fasciatus（White）（体长 80 mm）
（仿成庆泰，1963，东海鱼类志）

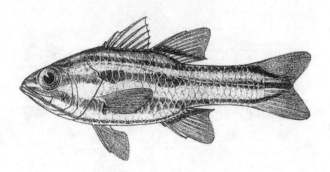

图 804　九线天竺鲷 A. novemfasciatus（Cuvier）（体长 62 mm）
（仿成庆泰，1962，南海鱼类志）

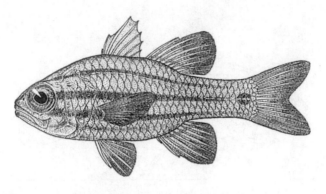

图 805　斗氏天竺鲷 A. *doederleini*（Jordan et Snyder）（体长 95 mm）
（依成庆泰，1962，南海鱼类志）

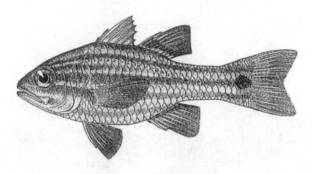

图 806　库氏天竺鲷 A. *cookii*（Macleay）（体长 65 mm）
（依成庆泰，1962，南海鱼类志）

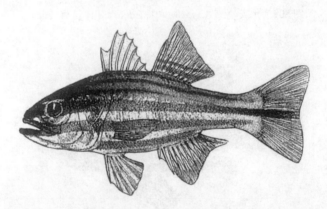

图 807　全带天竺鲷 A. *holotaenia*（Regan）（体长 32 mm）

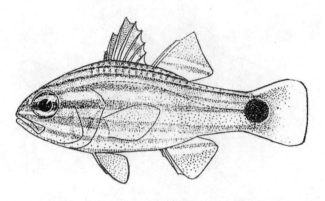

图 808　小条天竺鲷 A. *endekataenia*（Bleeker）
（依成庆泰，王玉珍，1987，中国鱼类系统检索）

图 809　黑天竺鲷 A. *niger*（Döderlein）（体长 90 mm）

图 810　黑鳍天竺鲷 A. *nigripinnis*（Cuvier）
（依 Day，1875）

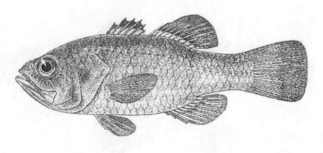

图 811　黑鳃天竺鲷 A. *arafurae* (Günther)（体长 101 mm）
（依成庆泰，1962，南海鱼类志）

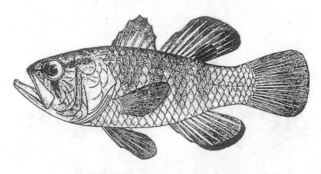

图 812　斑鳍天竺鲷 A. *carinatus* (Cuvier)（体长 104 mm）
（依成庆泰，1963，东海鱼类志）

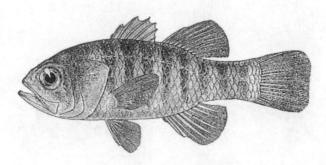

图 813　横带天竺鲷 A. *striatus* (Smith et Radcliffe)（体长 51 mm）
（依成庆泰，1962，南海鱼类志）

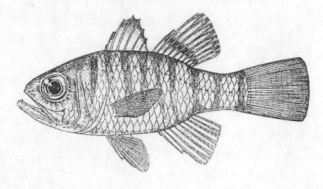

图 814　细条天竺鲷 A. *lineatus* (Temminck et Schlegel)（体长 50 mm）
（依成庆泰，1963，东海鱼类志）

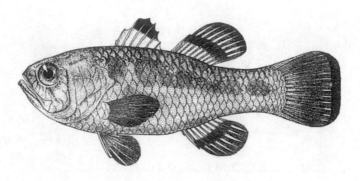

图 815　黑边天竺鲷 A. ellioti (Day)（体长 77 mm）
（依成庆泰等，1962，南海鱼类志）

图 816　环尾天竺鲷 A. aureus (Lacépède)（体长 42.8 mm）
（依邵广昭，陈正平，1993，于沈世杰，台湾鱼类志）

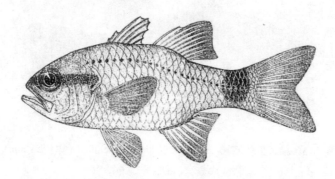

图 817　斑柄天竺鲷 A. fleurieu (Lacépède)（体长 105 mm）
（依成庆泰等，1962，南海鱼类志）

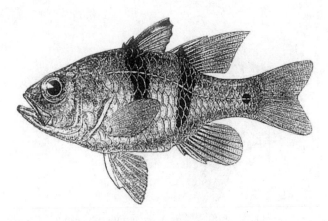

图 818　拟双带天竺鲷 A. *pseudotaeniatus*（Gon）（体长 105 mm）
（仿成庆泰等，1962，南海鱼类志，图 284）

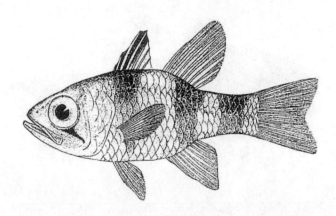

图 819　颊纹天竺鲷 A. *bandanensis*（Bleeker）（体长 72 mm）
（仿成庆泰，1979，南海诸岛海域鱼类志）

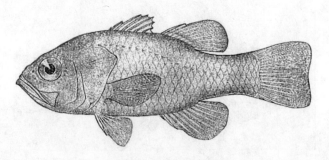

图 820　白边天竺鲷 A. *albomarginatus*（Smith et Radcliffe）（体长 81 mm）
（依成庆泰等，1962，南海鱼类志）

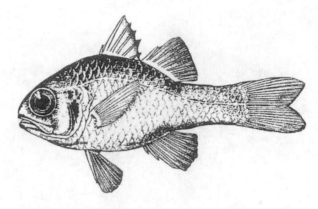

图 821　粉红天竺鲷 A. erythrinus（Snyder）
（依 Jordan et Evermann，1905）

图 822　单色天竺鲷 A. unicolor（Döderlein）（体长 122 mm）
（依 Sadovy and Cornish，2000）

图 823　丽鳍天竺鲷 A. kallopterus（Bleeker）（体长 97.1 mm）
（依邵广昭，陈正平，1993，于沈世杰，台湾鱼类志）

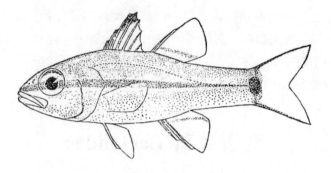

图 824　套缰天竺鲷 A. fraenatus（Valenciennes）
（仿成庆泰，王玉珍，1987，中国鱼类系统检索）

图 825　三斑天竺鲷 A. trimaculatus（Cuvier）（体长 86 mm）
（仿成庆泰，1979，南海诸岛海域鱼类志）

天竺鱼属 Apogonichthys（Bleeker，1854）

（本属有 2 种，南海产 1 种）

鸠斑天竺鱼 Apogonichthys perdix（Bleeker，1854）〈图 826〉
〔同种异名：A. waikiki（Jordan et Evermann，1903）〕

图 826　鸠斑天竺鱼 Apogonichthys perdix（Bleeker）
（依 Jordan and Evermann，1905）

眼周圈有淡色和暗色相间的节状环斑；第一背鳍无斑。体棕红色；第一背鳍和胸鳍略呈橙红色；腹鳍鳍棘橙红色，鳍条部黑褐色，其他各鳍棕红色。除第一背鳍外，各鳍均有数列平行斑点。为小型鱼类，最大体长不超过 40 mm。

分布：南海、台湾省海域；日本南部；太平洋中部至西部。

乳香鱼科 Lactaiidae

乳香鱼属 *Lactarius*（Valenciennes，1833）

（本属仅1种，南海有产）

乳香鱼 *Lactarius lactarius*（Bloch et Schneider，1801）〈图827〉

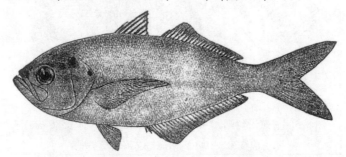

图 827　乳香鱼 *Lactarius lactarius*（Bloch et Schneider）（体长 142 mm）

（依成庆泰等，1962，南海鱼类志）

体被薄圆鳞，极易脱落。头部及鳃盖骨裸露无鳞。体背部浅灰色，腹部乳白色，鳃盖后上角及鳃盖骨上边缘各有1黑斑。最大体长可达 350 mm。

分布：南海、东海南部；菲律宾、澳大利亚、印度洋北部沿岸。

鳢科 Sillaginidae

鳢属 *Sillago*（Cuvier，1817）

（本属有28种，南海产4种）

亚属和种的检索表

1（4）　鳔的末端分叉 ………………………………………………… 鳢亚属 *Sillago*（Cuvier，1816）

2（3）体侧具2～3列不规则灰褐色条斑，多呈斜列状；第一背鳍上部具1灰黑色大斑；第二背鳍边缘浅灰色，下部鳍膜间具灰色斑点，排成2纵列；臀鳍鳍条不多于20；侧线上方横列鳞6～8。体背部浅灰色，腹部银白色；胸鳍基底具黑斑；尾鳍灰色，其他各鳍无色。一般体长120 mm，最大体长200 mm（分布：南海、东海台湾海峡；日本、菲律宾、印度尼西亚；印度－太平洋）
.... 杂色鱚 *Sillago*（*Sillago*）*aeolus*（Jordan et Evermann, 1902）〈图828〉

〔同种异名：斑鱚 *Sillago maculata*（Quoy et Gaimard），南海鱼类志；福建鱼类志；中国鱼类系统检索〕

3（2）体侧无斑纹；第一背鳍无斑；第二背鳍边缘无异色，下部鳍膜间无斑点；臀鳍鳍条21以上；侧线上方横列鳞5～6。体背部浅灰色；腹部乳白色，尾鳍灰色，其他各鳍浅灰色。生活时腹鳍和臀鳍起始部黄色。一般体长150 mm，最大体长250 mm（分布：南海、东海南部和台湾省海域，黄渤海、日本、印度尼西亚、菲律宾；红海、非洲东岸）
.... 多鳞鱚 *S.*（*S.*）*sihama*（Forskål, 1775）〈图829〉

4（1）鳔的末端不分叉 .... 副鱚亚属 *Parasillago*（Mckay, 1985）

5（6）体中线具1列浅褐色斜纹；臀鳍鳍条17～19；侧线鳞66～70，侧线上方横列鳞5；脊椎骨33。体背部灰白色略带棕色，腹部乳白色；各鳍浅灰色；胸鳍基底具1棕褐色斑；吻部棕色（分布：南海南部、台湾省海域）
.... 海湾鱚 *Sillago*（*Parasillago*）*ingenuua*（Mckay, 1985）〈图830〉

6（5）体中线无斑纹；臀鳍鳍条21～24；侧线鳞70～73，侧线上方横列鳞3～4；脊椎骨35。体背部浅黄色，腹部色浅；尾鳍略呈灰色，其他各鳍无色。一般体长170～180 mm，最大体长300 mm（分布：南海、东海南部和台湾省海域；日本、印度尼西亚、菲律宾）
.... 少鳞鱚 *S.*（*P.*）*japonica*（Temminck et Schlegel, 1843）〈图831〉

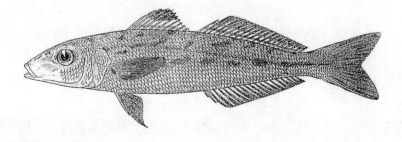

图828 杂色鱚 *Sillago*（*Sillago*）*aeolus*（Jordan et Evermann）（体长143 mm）
（依成庆泰等，1962，南海鱼类志）

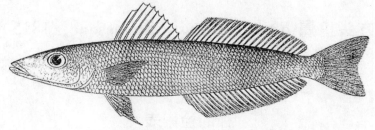

图829 多鳞鱚 *S.*（*S.*）*sihama*（Forskål）
（依成庆泰等，1963，东海鱼类志）

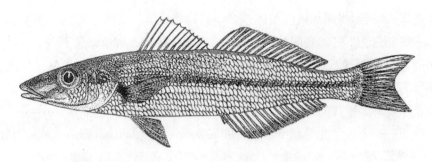

图 830　海湾鳚 S.（P.）*ingenuua*（Mckay）（体长 132 mm）

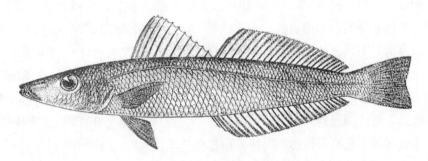

图 831　少鳞鳚 S.（P.）*japonica*（Temmincd et Schlegel）（体长 175 mm）

（依成庆泰等，1963，东海鱼类志）

方头鱼科 Branchiostegidae

［参照孙宝玲，1987，中国鱼类系统检索］

属的检索表

1（2）　体长方形，侧扁；头近方形；口下位，鳃盖骨无棘；背鳍鳍棘Ⅶ；臀鳍鳍棘Ⅱ ············
　　·· 方头鱼属 Branchiostegus
2（1）　体长形，呈圆柱状；头锥形；口前位；鳃盖骨具 1 强棘；背鳍鳍棘Ⅲ—Ⅴ；臀鳍鳍棘Ⅰ ···
　　··· 弱棘鱼属 Malacanthus

方头鱼属 Branchiostegus（Rafinesque，1815）

（本属有 15 种，南海产 6 种）

种的检索表

1（2）　背鳍前方背中线不呈黑色；尾鳍浅蓝色，后侧具 4~5 条黄色横条纹。体黄灰色，下侧略显蓝色；臀鳍外侧部和腹鳍蓝灰色，臀鳍内侧部及其他各鳍黄灰色。除尾鳍外，头、体和

其他各鳍均无斑纹（分布：南海、东海和台湾省海域；日本、朝鲜半岛）······················
··· 白方头鱼 *Branchiostegus albus*（Dooley，1978）〈图 832〉

2（1） 背鳍前方背中线黑色；尾鳍无横条纹。

3（8） 头前部约在眼纵径水平以下具白色三角形斑或窄横纹。

4（5） 眼后缘下方具 1 锐角向下的白色三角形斑。体橙红色，上侧色深，下侧色较浅；尾鳍中部和上部共具 6 条黄色纵带，下部灰黑色；臀鳍内侧部浅橙红色，外侧部蓝灰色；其他各鳍浅橙红色（分布：南海、东海和台湾省海域；日本、韩国南部）·······························
······································ 日本方头鱼 *B. japonicus*（Houttuyn，1782）〈图 833〉

5（4） 眼前部下方具白色横纹。

6（7） 眼前缘下方具 1 条白色横纹；尾鳍下部灰色，杂有几个黄色小斑，中部和上部共具 5～6 条黄色纵带；背鳍鳍膜间无斑。体橙红色，腹部银白色；胸鳍橙红色；背鳍浅橙红色，前方外侧灰色；臀鳍内侧部浅橙红色，外侧部灰色；腹鳍灰白色（分布：南海、东海和台湾省海域；日本）············· 斑鳍方头鱼 *B. auratus*（Kishinouye，1907）〈图 834〉

7（6） 眼前缘和眼下缘下方各具 1 条白色横纹；尾鳍下部灰色无斑，中部和上部共具约 4 条纵带；背鳍鳍膜中央具黑色圆斑，排成 1 纵列。体橙红色，腹侧色较浅，具银色光泽；体侧有 2 条不明显的褐色纵带；各鳍浅色；臀鳍外侧部灰色，胸鳍和尾鳍上侧边缘黑色（分布：南海、东海；日本）·················· 银方头鱼 *B. argentatus*（Cuvier，1830）〈图 835〉
〔同种异名：斑鳍方头鱼 *B. auratus*（非 Kishinouye），南海鱼类志；中国鱼类系统检索〕

8（3） 头部无斑纹。

9（10） 背鳍鳍膜基底具明显黑斑，排成 1 纵列；尾鳍上半部黄色，下半部灰黑色，中间无黄色纵带；体上侧鳞片后部具 1 暗色斑点，排成多条平行纵列，在胸鳍基上端至侧线之间有 7 纵列。体背侧橙红色，腹侧色较浅；胸鳍橙红色，背鳍和臀鳍灰黄色，腹鳍灰白色（分布：南海南部；南非、红海；印度－西太平洋）···
··················· 红背方头鱼 *B. sawakinensis*（Amirthalingan，1969）〈图 836〉

10（9） 背鳍无斑；尾鳍上部黄色，中部具 2 条黄色纵带，下部灰黑色；体侧鳞片均无斑点。体背侧橙红色，腹侧色淡；胸鳍橙红色，背鳍、腹鳍和臀鳍淡橙红色；背鳍和胸鳍上缘暗色（分布：南海南部；澳大利亚东部沿岸和新喀里多尼亚）·······························
································· 沃氏方头鱼 *B. wardi*（Whitley，1932）〈图 837〉

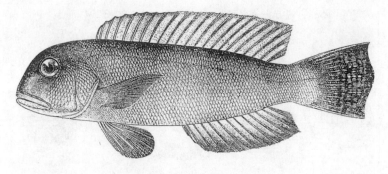

图 832　白方头鱼 *Branchiostegus albus*（Dooley）（体长 245 mm）
（依成庆泰等，1963，东海鱼类志）

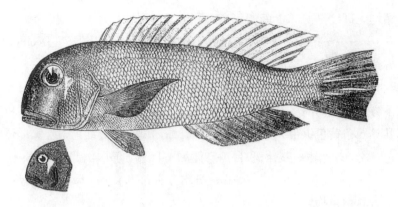

图 833　日本方头鱼 B. japonicus（Houttuyn）（体长 260 mm）

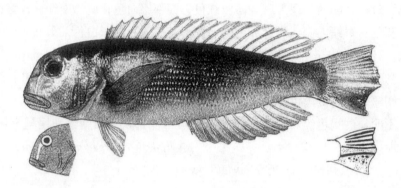

图 834　斑鳍方头鱼 B. auratus（Kishinouye）（体长 350 mm）

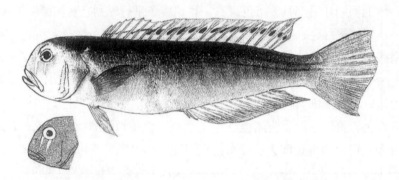

图 835　银方头鱼 B. argentatus（Cuvier）（体长 294 mm）

图 836　红背方头鱼 B. sawakinensis（Amirthalingan）（体长 325 mm）
（仿 Kyushin and al.，1982）

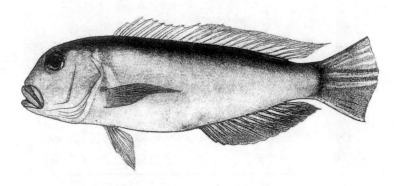

图 837　沃氏方头鱼 B. wardi（Whitley）（体长 325 mm）

弱棘鱼属 Malacanthus（Cuvier，1829）

（本属有 3 种，南海产 2 种）

种的检索表

1（2）吻短，头长为吻长 3.1～3.5 倍；上颌末端伸达眼前缘后下方；体侧有多条横带，尾鳍上下叶各有 1 显著黑色窄纵带，上纵带向前伸至背鳍基底后部下方（色渐淡）；背鳍Ⅳ—Ⅴ 50～60；臀鳍Ⅰ 46～53。体背侧和横带棕褐色，体腹侧乳白色，各鳍浅黄色；尾鳍两纵带间隙白色。液浸标本体上部浅灰色，腹部白色；横带暗灰色而不明显，尾鳍纵带黑色（分布：南海诸岛海域，台湾省海域；日本；印度 - 太平洋）……………………………………………………………短吻弱棘鱼 Malacanthus brevirostris（Guichenot，1848）〈图 838〉

〔同种异名：尾带弱棘鱼 M. hoedtii（Bleeker，1859），南海诸岛海域鱼类志；中国鱼类系统检索〕

2（1）吻长，头长为吻长 2 倍；上颌末端在眼前缘前方，间距大；体侧中央有 1 宽幅黑色纵带延长到尾鳍末端，幼鱼纵带始于吻端，成鱼始于鳃盖后缘，尾鳍下侧缘尚有 1 黑色短纵带；背鳍Ⅲ—Ⅳ 43～47；臀鳍Ⅰ 37～40。体背侧蓝灰色，腹侧淡蓝色，各鳍灰色。液浸标本体上部褐色，腹部灰色（分布：南海诸岛海域，台湾省海域；日本、菲律宾、印度尼西亚；太平洋西部至印度洋，非洲东岸）…………………………………………………………………………………………………侧条弱棘鱼 M. latovittatus（Lacépède，1801）〈图 839〉

图 838　短吻弱棘鱼 Malacanthus brevirostris（Guichenot）（体长 203 mm）

（依孙宝玲，1979，南海诸岛海域鱼类志）

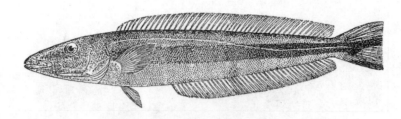

图 839　侧条弱棘鱼 *M. latovittatus*（Lacépède）（体长 300 mm）

（依孙宝玲，1979，南海诸岛海域鱼类志）

鲹科 Carangidae

属的检索表

1（3）　侧线全部或部分被棱鳞；第二背鳍基底与臀鳍基底约等长；胸鳍延长，呈镰状。

2（5）　侧线棱鳞横幅明显大，始于第二背鳍起点前方，向后延伸至尾鳍基底。

3（4）　棱鳞横幅大，侧线全部被棱鳞；第二背鳍和臀鳍后方无游离小鳍 ………… 竹筴鱼属 *Trachurus*

4（3）　棱鳞横幅很大，侧线大部被棱鳞；第二背鳍和臀鳍后方具几个游离小鳍 ………………………
　　　　………………………………………………………………………… 大甲鲹属 *Megalaspis*

5（2）　侧线棱鳞始于第二背鳍起点下方或后下方，明显存在于侧线直线部。

6（21）　脂眼睑不发达。

7（8）　第一背鳍鳍棘很短小，埋于皮下而稍有显露；鳞小而不明显，埋于皮下或退化；幼鱼第二背鳍和臀鳍均有数条鳍条呈丝状延长（成鱼时消失）……………………… 丝鲹属 *Alectis*

8（7）　第一背鳍鳍棘正常，明显露出，鳍棘间有鳍膜连接；鳞小但明显。

9（10）　腹鳍长，长于或等于头长，呈黑色；腹面有一深沟，腹鳍可收藏其内 …… 沟鲹属 *Atropus*

10（9）　腹鳍短，短于头长，呈淡色；腹面无沟。

11（20）　鳃耙中等长，形状正常，不露出于口腔。

12（13）　舌和口腔前部乳白色，口腔后方黑色 ………………………………… 尾甲鲹属 *Uraspis*

13（12）　舌和口腔呈淡色。

14（15）　两颌无齿；体侧具明显狭横带 …………………………………… 无齿鲹属 *Gnathanodon*

15（14）　两颌具齿；体侧无横带或有不明显宽横带。

16（17）　颌齿 1 行；吻显著长，约为眼径 2 倍；背鳍和臀鳍最后鳍条与前方鳍条间距较大 ……
　　　　………………………………………………………………………… 拟鲹属 *Pseudocaranx*

17（16）　颌齿多行，形成齿带；吻或长或短，最长不大于眼径 2 倍，最短稍小于眼径；背鳍和臀鳍最后鳍条与前方鳍条间距正常。

18（19）　第一背鳍稍高于第二背鳍；第二背鳍前部和臀鳍前部均不呈镰状，亦无丝状延长鳍条；棱鳞占侧线直线部全部 …………………………………………………… 水若鲹属 *Kaiwarinus*

19（18）　第一背鳍低于第二背鳍；第二背鳍前部和臀鳍前部同形，均在不同程度上呈镰状，有或

	无丝状延长鳍条；棱鳞占侧线直线部的一部或全部 ················	若鲹属 *Carangoides*
20（11）	鳃耙十分细长，羽状，露出于口腔 ····································	羽鳃鲹属 *Ulua*
21（6）	脂眼睑发达。	
22（23）	尾柄背、腹面各具1游离小鳍；侧线直线部一部或全部被棱鳞 ········	圆鲹属 *Decapterus*
23（22）	尾柄背、腹面无游离小鳍；侧线直线部全部被棱鳞。	
24（25）	肩带下角（见于鳃孔边缘下角）有1明显凸起，且其下方又有1深凹 ············	
	···	凹肩鲹属 *Selar*
25（24）	肩带下角无凹凸。	
26（27）	上颌、犁骨和腭骨均无齿，仅下颌具齿；体上侧具1金黄色纵带 ······	细鲹属 *Selaroides*
27（26）	两颌、犁骨和腭骨均具齿；体侧无黄色纵带。	
28（29）	脂眼睑开口窄，呈狭缝状；第二背鳍和臀鳍最后1鳍条强长，与前一鳍条间距较大于前方各鳍条间距 ··································	叶鲹属 *Atule*
29（28）	脂眼睑开口宽，呈半圆形；第二背鳍和臀鳍最后1鳍条正常。	
30（31）	第一背鳍高与第二背鳍前部相同，第二背鳍和臀鳍不呈镰状；眼中位，中心约与吻端同水平 ··································	副叶鲹属 *Alepes*
31（30）	第一背鳍低于第二背鳍前部；第二背鳍前部和臀鳍呈镰状；眼高位，位于吻端水平之上 ·································	鲹属 *Caranx*
32（1）	侧线无棱鳞；第二背鳍基底长于或约等于臀鳍基底。	
33（40）	第二背鳍基底明显长于臀鳍基底，起点位于臀鳍小棘后起点的远前方。	
34（35）	第一背鳍鳍棘很短，游离状，鳍棘间鳍膜不连续；体侧具明显暗色横带 ············	舟鰤属 *Naucrates*
35（34）	第一背鳍鳍棘正常，较低，鳍棘间鳍膜连续；体侧无横带。	
36（39）	尾柄背、腹面无游离小鳍。	
37（38）	吻圆钝；第一背鳍和腹鳍黑色；躯体上侧具蓝黑色斜带 ··········	小条鰤属 *Seliolina*
38（37）	吻尖凸；第一背鳍和腹鳍淡色；体侧中间具黄色纵带，或幼鱼时由吻端经眼睛至第一背鳍起点前方有1暗色斜带，但成鱼时此斜带消失，转而在体侧中间具1明显或不明显的黄色纵带 ···	鰤属 *Seriola*
39（36）	尾柄背、腹面各具1游离小鳍 ··	纺锤鰤属 *Elagatis*
40（33）	第二背鳍基底与臀鳍基底约等长，前者起点与后者小棘后起点约相对。	
41（42）	上唇前端皮肤与吻端皮肤明显分隔，中间具凹隙；口裂等于或稍大于眼径 ············	鲳鲹属 *Trachinotus*
42（41）	上唇前端皮肤与吻端皮肤连续，中间无凹隙；口裂明显大于眼径 ············	似鲹属 *Scomberoides*

竹筴鱼属 Trachurus (Rafinesque, 1810)

(本属有14种，南海产1种)

日本竹筴鱼 Trachurus japonicus (Temminck et Schlegel, 1844)〈图840〉

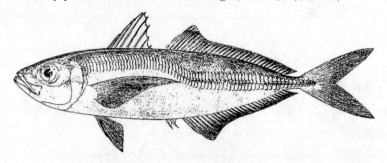

图840　日本竹筴鱼 Trachurus japonicus (Temminck et Schlgel)（体长276 mm）
(依郑文莲，1963，东海鱼类志)

体背侧青绿色至蓝黑色，腹侧银白色；各鳍浅黄色。鳃盖上缘有1黑斑。
分布：我国沿海；朝鲜半岛、日本。

大甲鲹属 Megalaspis (Bleeker, 1851)

(本属仅1种，南海有产)

大甲鲹 Megalaspis cordyla (Linnaeus, 1758)〈图841〉

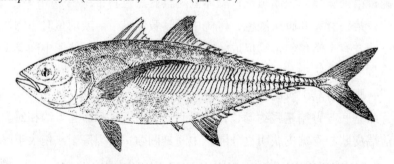

图841　大甲鲹 Megalaspis cordyla (Linnaeus)（体长295 mm）
(依郑文莲，1963，东海鱼类志)

体背侧蓝黑色，腹侧银白色稍带淡黄色；背鳍、尾鳍灰棕色，臀鳍淡棕色，胸鳍上部蓝灰色，下部淡黄色。鳃盖上缘有1黑色圆斑。一般全长300 mm，最大全长400 mm。
分布：南海、东海及台湾省海域；日本南部、印度尼西亚、菲律宾、越南、柬埔寨；印度－西太平洋。

丝鲹属 *Alectis*（Rafinesque，1815）

（本属有5种，南海产2种）

种的检索表

1（2） 头背缘在眼前方处凸拱。体背侧蓝黑色，腹侧银灰色略带黄色；奇鳍蓝灰色，胸鳍、腹鳍浅灰色；幼鱼体侧具弧状深色宽横带4~5条。体长可达1 m以上（分布：南海、东海及台湾省海域，黄海；日本南部；全世界的热带海域） ·· 短吻丝鲹 *Alectis ciliaris*（Bloch，1787）〈图842〉

2（1） 头背缘在眼前方处凹入。体蓝灰色，尾鳍色深，其他各鳍色浅；幼鱼体侧具弧状深色横带4~5条。体长可达1.5 m（分布：南海、东海及台湾省海域，黄海；日本南部；印度-西太平洋） ·· 长吻丝鲹 *A. indicus*（Rüppell，1830）〈图843〉

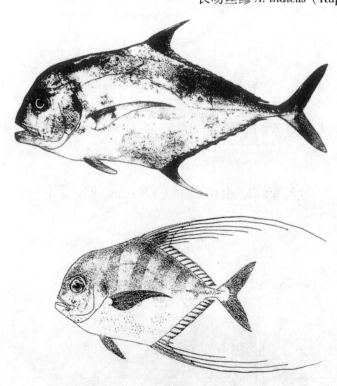

图842　短吻丝鲹 *Alectis ciliaris*（Bloch）
（体长：上，成鱼，648 mm；下，幼鱼，190 mm）
（幼鱼依朱元鼎，郑文莲，1962，南海鱼类志；成鱼依Mansor and al.，1998）

图 843 长吻丝鲹 A. indicus（Rüppell）
（体长：上，成鱼，757 mm；下，幼鱼，169 mm）
（幼鱼依朱元鼎，郑文莲，1962，南海鱼类志；成鱼依 Mansor and al.，1998）

沟鲹属 Atropus（Oken，1817）

（本属仅1种，南海有产）

沟鲹 Atropus atropos（Bloch et Schneider，1810）〈图 844〉

图 844 沟鲹 Atropus atropos（Forster）（体长 179 mm）
（依朱元鼎，郑文莲，1962，南海鱼类志）

体淡黄绿色,有银色光泽。腹鳍黑色,外侧缘白色;其他各鳍色淡。成年鱼第二背鳍和臀鳍的中部鳍条呈丝状延长。一般全长 200 mm,最大全长 300 mm。

分布:我国沿海;日本、东南亚;印度-西太平洋。

尾甲鲹属 *Uraspis*(Bleeker,1855)

(本属有 3 种,南海产 2 种)

两颌具齿,犁骨、腭骨和舌无齿。臀鳍游离小棘埋于皮下。棱鳞占侧线直线部全部。幼鱼体侧具数条黑色横带。

种的检索表

1(2) 胸鳍腹侧无鳞区与胸鳍基底无鳞区分离;侧线棱鳞起点在臀鳍起点的近后上方;腹鳍白色。体黑褐色,口腔和舌白色(分布:南海、东海及台湾省海域;日本南部;印度-西太平洋,太平洋东部;大西洋南部) ························ 白舌尾甲鲹 *Uraspis helvola*(Forster,1801)〈图 845〉

2(1) 胸鳍腹侧无鳞区与胸鳍基底无鳞区连成一片;侧线棱鳞起点在臀鳍起点的远后上方;腹鳍上侧部白色,下侧部黑色。体黑褐色,口腔和舌白色(分布:南海;日本琉球群岛;印度-西太平洋) ························ 白口尾甲鲹 *U. uraspis*(Günther,1860)〈图 846〉

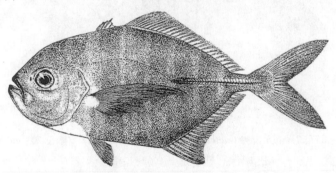

图 845 白舌尾甲鲹 *Uraspis helvola*(Forster)(体长 250 mm)
(仿朱元鼎,郑文莲,1962,南海鱼类志)

图 846　白口尾甲鲹 *U. uraspis*（Günther）（体长 98 mm）

（仿 Mansor and al.，1998，图 149）

无齿鲹属 *Gnathanodon*（Bleeker，1851）

（本属仅 1 种，南海有产）

黄鹂无齿鲹 *Gnathanodon speciasus*（Forskål，1775）〈图 847〉

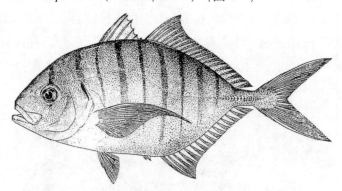

图 847　黄鹂无齿鲹 *Gnathanodon speciasus*（Forskål）（体长 203 mm）

（依朱元鼎，郑文莲，1962，南海鱼类志）

体和鳍黄色。体侧具 9～12 条黑色窄横带。鳃盖后侧的上方具 1 黑色条形斑。体长可达 1 m。
分布：南海，台湾省海域；日本南部；印度－太平洋。

拟鲹属 *Pseudocaranx*（Bleeker，1863）

（本属有 3 种，南海产 1 种）

黄带拟鲹 *Pseudocaranx dentex*（Bloch et Schneider，1801）〈图 848〉

〔同种异名：扁长吻鲹 *Caranx*（*Longirostrum*）*platessa*（Cuvier et Valenciennes），中国鱼类系统检索；美长吻鲹 *Caranx*（*Longirostrum*）*delicatissimus*（Döderlein），中国鱼类系统检索〕

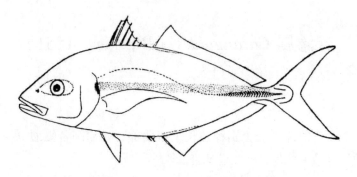

图 848　黄带拟鲹 *Pseudocaranx dentex*（Bloch et Schneider）
（仿郑文莲，1987，中国鱼类系统检索，图 1530）

棱鳞 25~31。背鳍Ⅷ，Ⅰ 23~27；臀鳍Ⅱ，Ⅰ 21~23。臀鳍小棘露出，不埋于皮下。吻明显长于眼径。鳃盖上角具 1 黑斑。口腔黑色。鲜活时，体侧中央自鳃孔至尾鳍基底具 1 黄色纵带。

分布：南海；日本；全世界除太平洋东部以外的温暖海域。

水若鲹属 *Kaiwarinus*（Suzuki，1962）

（本属仅 1 种，南海有产）

高体水若鲹 *Kaiwarinus equula*（Temminck et Schlegel，1844）〈图 849〉
〔同种异名：高体若鲹 *Caranx*（*Carangoides*）*equula*，南海鱼类志；东海鱼类志；中国鱼类系统检索〕

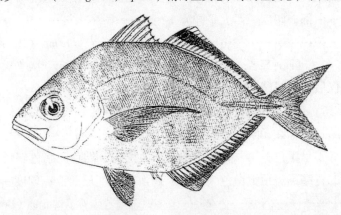

图 849　高体水若鲹 *Kaiwarinus equula*（Temminck et Schlegel）（体长 127 mm）
（依郑文莲，1963，东海鱼类志）

第一背鳍稍高于第二背鳍。体长约为体高 2 倍。体背侧淡青色，中部淡黄色，腹侧银白色。第二背鳍和臀鳍均有一外边缘乳白色，中部为灰黑色纵带，基部黄色；胸鳍和尾鳍淡黄色；第一背鳍和腹鳍灰白色。体长可达 250 mm。

分布：南海、东海及台湾省海域，黄海；日本南部、越南；印度 - 太平洋。

若鲹属 *Carangoides*（Bleeker，1851）

（本属有 21 种，南海产 16 种）

侧线直线部通常短于弯曲部（仅个别种稍长于弯曲部，如卵圆若鲹 *C. oblongus*）；脂眼睑不覆盖眼穴；棱鳞弱；两颌具绒毛状齿，列成齿丛带。

种的检索表

1（4） 侧线直线部全部被棱鳞；第二背鳍和臀鳍的前部具丝状延长鳍条；无鳞区存在于胸部腹侧，胸鳍基底有鳞。

2（3） 侧线直线部略长于弯曲部；第二背鳍鳍条 20～22；沿第二背鳍基底无黑斑；鳃盖后上角无小黑斑。体淡蓝褐色（分布：南海、台湾省海域；日本南部；印度－西太平洋）…………………………………………………… 卵圆若鲹 *Carangoides oblongus*（Cuvier，1833）〈图 850〉

〔同种异名：椭圆裸胸鲹 *Caranx*（*Citula*）*oblongus*，中国鱼类系统检索〕

3（2） 侧线直线部短于弯曲部；第二背鳍鳍条 17～19；沿第二背鳍基底具 1 列约 10 余个黑斑；鳃盖后角具 1 小黑斑。幼鱼体背侧蓝褐色，腹侧银白色，各鳍浅褐色；成鱼体背侧蓝绿色，腹侧银白色，各鳍色淡。第二背鳍、臀鳍和尾鳍边缘灰黑色；幼鱼腹鳍尖端部灰黑色，成鱼不明显；体侧具约 6 条暗色横带，幼鱼较明显，成鱼不明显（分布：南海、台湾省海域；日本南部；印度－西太平洋）……………………………………………………………………………… 背点若鲹 *C. dinema*（Bleeker，1851）〈图 851〉

〔同种异名：双线裸胸鲹 *Caranx*（*Citula*）*dinema*，南海鱼类志；中国鱼类系统检索〕

4（1） 侧线直线部仅后部被棱鳞。

5（10） 胸部全部被鳞；或胸部仅在腹中线存在狭窄的无鳞区，其余绝大部分均被鳞。

6（9） 胸部全部被鳞，不存在无鳞区；臀鳍鳍条 18～20。

7（8） 前鳃盖骨后缘不呈黑色；第二背鳍前部具 1 大黑斑；幼鱼无暗色斜带。体背侧灰色，腹侧银白色；第二背鳍黑斑顶端白色（分布：南海；印度尼西亚；印度－太平洋）………… …………………………………………… 斑鳍若鲹 *C. praeustus*（Bennett，1830）〈图 852〉

〔同种异名：*Caranx*（*Carangoides*）*praeustus*，南海鱼类志；中国鱼类系统检索〕

8（7） 前鳃盖骨后缘黑色；第二背鳍无黑斑；幼鱼体侧具约 6 条暗色斜带，成鱼斜带不明显或消失。体灰青色，略显黄色；各鳍浅色（分布：南海、台湾省海域；日本琉球群岛；印度－太平洋）………………………………… 斜带若鲹 *C. plagiotaenia*（Bleeker，1857）〈图 853〉

〔同种异名：斜条若鲹 *Caranx*（*Carangoides*）*plagiotaenia*，中国鱼类系统检索〕

9（6） 胸部绝大部分被鳞，仅腹中线存在狭窄的无鳞区；臀鳍鳍条 21～24。体和各鳍浅褐黄色，整个躯体散布许多橙黄色斑点（分布：南海；日本南部；印度－太平洋）………… …………………………………………………… 橙点若鲹 *C. bajad*（Forskål，1775）〈图 854〉

10（5） 胸鳍基底和胸部腹侧均存在无鳞区，两者分离或连贯为一。

11（24） 第二背鳍鳍条 19～23；臀鳍鳍条 14～20；胸鳍基底无鳞区与胸部腹侧无鳞区连贯成

一片。

12（15） 胸部无鳞区上部延伸至胸鳍基底上端的上方。

13（14） 臀鳍基部无白色斑点；腹缘圆凸，腹部呈银白色；下鳃耙 22～27；胸部无鳞区下部向后延伸至臀鳍小棘前；上颌前端凸起较狭窄，呈柱状。体银白色，背侧略呈青蓝色；腹鳍白色，其他各鳍淡黄色；鳃盖后上角具 1 黑斑（分布：我国沿海；日本；印度－太平洋） ·················· 马拉巴若鲹 *C. malabaricus* (Bloch et Schneider, 1801)〈图 855〉

〔同种异名：马拉巴裸胸鲹 *Caranx* (*Citula*) *malabaricus*，南海鱼类志；东海鱼类志；福建鱼类志；中国鱼类系统检索〕

14（13） 臀鳍基部鳍膜间具 1 纵行白色斑点；腹缘几平直，腹部略显蓝色；下鳃耙 19～21；胸部无鳞区下部向后延伸至肛前；上颌前端凸起宽圆，呈丘状。体背侧蓝灰色；各鳍淡黄褐色；鳃盖后上角具 1 黑斑；体侧具几条不明显暗色横带（分布：南海；印度洋、红海）
·················· 白舌若鲹 *C. talamporoides* (Bleeker, 1852)〈图 856〉

〔同种异名：镰鳍裸胸鲹 *Caranx* (*Citula*) *talamparoides*，中国鱼类系统检索〕

15（12） 胸部无鳞区上部止于胸鳍基底上端。

16（19） 吻长约略等于眼径；雄鱼第二背鳍和臀鳍的最前与中部鳍条呈丝状延长，雌鱼仅第二背鳍和臀鳍的最前鳍条呈丝状延长。

17（18） 头背缘于眼间隔处斜直，于项部呈折角形；下鳃耙 20～24。体背侧青灰色或蓝绿色，腹侧银白色；鳃盖后上角具 1 黑斑；幼鱼体侧有 5 条不明显暗色横带（分布：南海、东海和台湾省海域；日本南部；印度－西太平洋） ··················
·················· 甲若鲹 *C. armatus* (Rüppell, 1830)〈图 857〉

〔同种异名：甲裸胸鲹 *Caranx* (*Citula*) *armatus*，南海鱼类志；中国鱼类系统检索〕

18（17） 头背缘于眼间隔处凸出，于项部圆滑；下鳃耙 14～17。体背侧青蓝色，腹侧银白色；鳃盖后上角具 1 小黑斑；幼鱼体侧有 4～5 条暗色横带（分布：南海，东海台湾海峡；日本南部；印度－西太平洋） ······ 少耙若鲹 *C. hedlandensis* (Whitley, 1934)〈图 858〉

〔同种异名：铅灰裸胸鲹 *Caranx* (*Citula*) *Plumbeus*，南海鱼类志；中国鱼类系统检索〕

19（16） 吻长明显大于眼径；幼鱼第二背鳍和臀鳍的前部鳍条呈不同程度丝状延长，成鱼同部位鳍条伸长，呈镰形而无丝状延长鳍条；成鱼、幼鱼该两鳍中部均无丝状延长鳍条。

20（21） 吻长几达眼径 2 倍，吻端钝；第二背鳍鳍条 18～20。体背侧青灰色至浅蓝黑色，腹侧银白色；鳃盖后上角具 1 明显黑斑；幼鱼体侧有数条不明显暗色横带，眼后上方另有 1 横带（分布：南海、东海台湾海峡；日本；印度－西太平洋） ··················
·················· 长吻若鲹 *C. chrysophrys* (Cuvier, 1833)〈图 859〉

〔同种异名：长吻裸胸鲹 *Caranx* (*Citula*) *chrysophrys*，南海鱼类志；福建鱼类志；中国鱼类系统检索〕

21（20） 吻长小于眼径 2 倍，吻端尖；第二背鳍鳍条 21～23（罕 20）。

22（23） 胸部无鳞区上部前方凹陷不伸达胸鳍基底下端；上颌骨后端伸达眼中央下方。体和各鳍浅褐黄色，体侧隐约有数条暗色横带（分布：南海；日本南部；印度－西太平洋）···
·················· 广裸若鲹 *C. uii* (Wakiya, 1924)〈图 860〉

23（22） 胸部无鳞区上部前方凹陷伸达胸鳍基底下端的下方；上颌骨后端伸达眼前缘。体背侧青蓝色，腹侧银白色；幼鱼体侧具 3～4 条暗色横带，有一斜带穿过眼睛（分布：南海、东海台湾海峡；日本南部；印度－西太平洋）

.... 青羽若鲹 C. caeruleopinnatus（Rüppell，1830）〈图861〉
〔同种异名：Caranx (Citula) caeruleopinnatus，福建鱼类志（青鳍裸胸鲹）；中国鱼类系统检索（青羽裸胸鲹）〕

24（11） 第二背鳍鳍条25～34；臀鳍鳍条21～27；胸鳍基底无鳞区与胸部腹侧无鳞区分离或连贯合一。

25（28） 胸鳞基底无鳞区与胸部腹侧无鳞区分离，后者下部向后只伸至腹鳍基底前端；第二背鳍前端鳍条短于或长于头长。

26（27） 吻较短钝；吻长约等于眼径；第二背鳍前端鳍条短于头长；体侧无斑点，幼鱼具7～8条不明显暗色横带。幼鱼体背侧青灰色，腹侧银白色稍带褐色；成鱼黑褐色，除第一背鳍淡色外，其他各鳍灰黑色（分布：南海、台湾省海域；日本南部；印度洋非洲东岸至太平洋中部）..................................... 平线若鲹 C. ferdau（Forskål，1775）〈图862〉
〔同种异名：Caranx (Carangoides) ferdau，南海鱼类志；南海诸岛海域鱼类志；中国鱼类系统检索〕

27（26） 吻较长尖，吻长明显大于眼径；第二背鳍前端鳍条等于或长于头长；体侧中部散布一些橙黄色斑点。体和鳍蓝灰色略带褐色（分布：南海、台湾省海域；日本南部；印度-太平洋）..................................... 直线若鲹 C. orthogrammus（Jordan et Gilbert，1882）〈图863〉

28（25） 胸鳍基底无鳞区与胸部腹侧无鳞区连贯合一，其下部向后伸达腹鳍基底后方；第二背鳍前端鳍条明显短于头长。

29（30） 眼较高位，位于体轴线上方；头背缘在眼前方稍凹入；躯体上部散布许多黄色小斑点。体青灰色略呈褐色，下侧部色较浅；各鳍色较深（分布：南海；日本南部；印度-西太平洋）..................................... 黄点若鲹 C. fulvoguttatus（Forskål，1775）〈图864〉

30（29） 眼中位，眼中心约位于体轴线；头背缘在眼前方稍凸出；躯体中部稀疏散布若干橙黄色斑点。体蓝灰色；腹鳍白色，其他各鳍蓝灰色（分布：南海；日本琉球群岛；印度-太平洋）..................................... 裸胸若鲹 C. gymnostethus（Cuvier，1833）〈图865〉

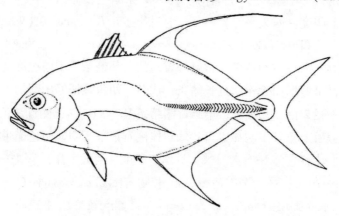

图850 卵圆若鲹 Carangoides oblongus (Cuvier)
（依郑文莲，1987，中国鱼类系统检索）

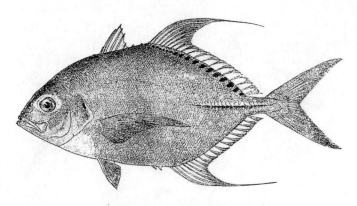

图 851　背点若鲹 C. dinema (Bleeker) (体长 208 mm)
(依朱元鼎, 郑文莲, 1962, 南海鱼类志)

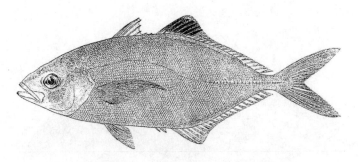

图 852　斑鳍若鲹 C. praeustus (Bennett) (体长 140 mm)
(依朱元鼎, 郑文莲, 1962, 南海鱼类志)

图 853　斜带若鲹 C. plagiotaenia (Bleeker)
(下, 成鱼, 体长: 244 mm, 上, 幼鱼)
(幼鱼仿郑文莲, 1987, 中国鱼类系统检索; 成鱼依 Mansor and al., 1998)

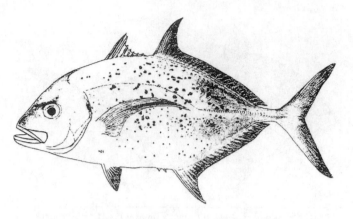

图 854 橙点若鲹 C. bajad (Forskål)（体长 285 mm）
(仿 Mansor and al., 1998)

图 855 马拉巴若鲹 C. malabaricus (Bloch et Schneider)（体长 107 mm）
(上，依朱元鼎，孟订闻，1985，福建鱼类志；下，无鳞区标示，依 Fischer and Whitehead (Eds.), 1974)

图 856 白舌若鲹 C. talamporoides (Bleeker)（体长 180 mm）
(整体图依 Mansor and al., 1998)

图857　甲若鲹 C. armatus（Rüppell）

（上左，雌性幼鱼，体长：195 mm；下，成年雄鱼，体长：430 mm）

（幼鱼依 Mansor and al.，1998；成鱼依朱元鼎，郑文莲，1962，南海鱼类志）

图858　少耙若鲹 C. hedlandensis（Whitley）

（体长：221 mm，雄鱼）

（仿 Mansor and al.，1998）

图 859　长吻若鲹 C. chrysophrys (Cuvier)
(上右，幼鱼，体长：150 mm；下，体长：190 mm)
(下，仿朱元鼎，孟庆闻，1984，福建鱼类志；上左，无鳞区标示，依 Fischer and Whitehead (Eda.), 1974)

图 860　广裸若鲹 C. uii (Wakiya)
(幼鱼体长 163 mm)
(上，仿 Mansor and al., 1998)

图 861　青羽若鲹 C. *caeruleopinnatus*（Rüppell）（幼鱼体长 98 mm）
（上，仿朱元鼎，孟庆闻，1985，福建鱼类志；下，依 Fischer and Whitehead（Eds.），1974）

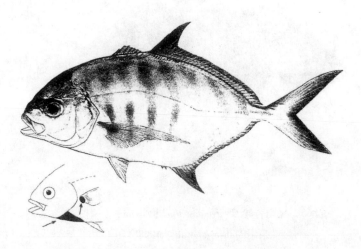

图 862　平线若鲹 C. *ferdau*（Forskål）（体长 251 mm）
（上，依 Mansor and al.，1998；下，示无鳞区，依 Fischer and Whitehead（Eds.），1974）

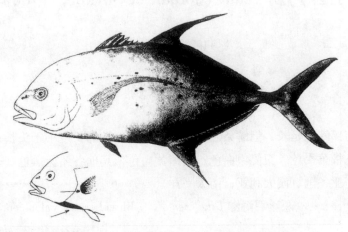

图 863　直线若鲹 C. *orthogrammus*（Jordan et Gilbert）（体长 494 mm）
（左下局部图示无鳞区，以黑色标示）

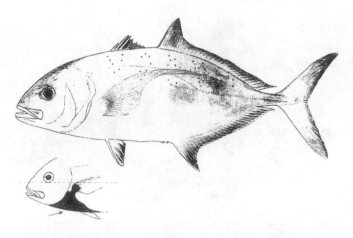

图 864　黄点若鲹 C. fulvoguttatus（Forskål）（体长 351 mm）

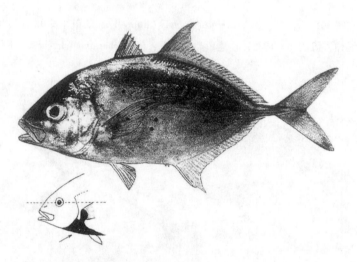

图 865　裸胸若鲹 C. gymnostethus（Cuvier）（体长 351 mm）
（采用 Mansor and al.，1998，图 112）

羽鳃鲹属 *Ulua*（Jordan et Snyder，1908）

（本属有 2 种，南海皆产）

种的检索表

1（2）第二背鳍前部鳍条延长，但鳍条后部不呈丝状，延长部长度小于头长；奇鳍不呈黑色。体背侧蓝黑色带黄褐色，腹侧银白色；胸鳍黄褐色，其他各鳍蓝黑色（分布：南海、台湾省海域；东南亚各国、澳大利亚；南太平洋）……………………………………………………………
…………………… 短丝羽鳃鲹 *Ulua mentalis*（Ehrenberg et Valenciennes，1833）〈图 866〉
〔同种异名：*U. mandibularis*（Macleay，1883）〕

2（1）第二背鳍前部鳍条很延长，鳍条后部呈丝状，延长部长度可达头长 2 倍；奇鳍呈黑色。体背侧蓝黑色，腹侧银白色；鳃盖黑色；胸鳍和腹鳍淡色（分布：南海；太平洋西部至南部) ·· 丝背羽鳃鲹 U. aurochs（Ogilby，1915）〈图867〉

〔同种异名：羽鳃鲹 U. mandibularis（非 Macleay，1883），南海鱼类志；图321；中国鱼类系统检索，图1534〕

图866 短丝羽鳃鲹 Ulua mentalis（Ehrenberg et Valenciennes）（体长468 mm）
（依 Fischer and Whitehead（Eds.），1974）

图867 丝背羽鳃鲹 U. aurochs（Ogilby）
（依郑文莲，1987，中国鱼类系统检索，图1534）

圆鲹属 Decapterus（Bleeker，1851）

（本属共12种，南海产8种）

尾柄背、腹面各具1游离小鳍。尾鳍叉形。棱鳞存在于侧线直线部。

种的检索表

1（2） 体背缘至体中线有10~13条暗色横带，前方横带向腹侧延伸窄横纹。棱鳞占侧线直线部全部；胸鳍后端伸至第二背鳍起点前下方。体背侧蓝灰色，腹侧银白色，各鳍灰色（分布：我国分布于南海和东海）……………………………………………………………………
……………………………………… 条纹圆鲹 Decapterus fasciatus（Bleeker，1873）〈图868〉

2（1） 体侧无暗色横带。

3（6） 头顶鳞被区呈双凸形，前端只伸达眼后缘连线。

4（5） 棱鳞占侧线直线部全部；上颌骨后端平截；胸鳍末端伸至第二背鳍起点附近下方。体背侧蓝灰色，腹侧银白色；背鳍、臀鳍橙黄色，尾鳍绯红色。外海性种类，栖息于水深约100 m海域的中层和底层（分布：南海、东海和台湾省海域；日本南部；印度-西太平洋）…………………………………… 红鳍圆鲹 D. russelli（Rüppell，1830）〈图869〉
〔同种异名：无斑圆鲹 D. kurroides（Bleeker．1855）〕

5（4） 棱鳞占侧线直线部后端起3/4部分；上颌骨后端上部曲折，下部圆凸；胸鳍末端伸至第一背鳍第6~7鳍棘间下方。体背侧蓝黑色，腹侧银白色；背鳍、臀鳍、尾鳍浅灰色（分布：南海、东海和台湾省海域；日本南部；印度-太平洋的热带和亚热带海域）…………
…………………………………… 长体圆鲹 D. macrosoma（Bleeker，1851）〈图870〉
〔同种异名：颌圆鲹 D. lajang（Bleeker，1855），南海鱼类志；东海鱼类志；中国鱼类系统检索〕

6（3） 头顶鳞被区呈单凸形，前端伸达或越过眼中心连线。

7（12） 棱鳞占侧线直线部全部。

8（9） 胸鳍后端只伸至第二背鳍起点前下方；头顶鳞被区前端伸达眼中心连线与眼前缘线连线之间；体高小于体长的22.2%；鳃盖膜后缘呈锯齿状。体背侧蓝黑色，腹侧银白色，尾部略带红色；尾鳍红色，其他各鳍浅灰色略带红色。栖息于陆架区边缘水深200~360 m海域（分布：南海、东海和台湾省海域；日本南部；印度-太平洋和大西洋的热带海域）…………
……………………………………… 锯缘圆鲹 D. tabl（Berry，1968）〈图871〉

9（8） 胸鳍后端伸达第二背鳍起点下方或后下方；头顶鳞被区前端伸达或越过眼前缘连线；体高占体长的23.5%以上，鳃盖膜后缘平滑。

10（11） 胸鳍后端伸达第二背鳍起点下方；头顶鳞被区前端圆凸，伸达眼前缘连线；臀鳍鳍条（25~30）+1。体背侧蓝黑色，腹侧银白色；尾鳍灰黄色，其他各鳍灰色；第二背鳍前部顶端白色（分布：我国各海区；日本南部、东南亚）……………………………………
…………………………… 蓝圆鲹 D. maruadsi（Temminck et Schlegel，1844）〈图872〉

11（10） 胸鳍后端伸达第二背鳍起点近后下方；头顶鳞被区前端平截，伸达眼前缘连线稍前方；臀鳍鳍条（20~24）+1。体蓝灰色，腹侧银白色，尾部略带红色；背和胸鳍浅红色，尾鳍玫瑰红色。栖息于陆架区边缘海域（分布：南海、东海和台湾省海域；日本南部）…………
………………………………………… 红尾圆鲹 D. akaadsi（Abe，1958）〈图873〉

12（7） 棱鳞占侧线直线部后端起的3/4或后半部。

13（14） 棱鳞占侧线直线部后端起的3/4；体长为体高4.7~5.0倍；口底一致灰黑色；生活时尾鳍上叶淡黄色，下叶淡灰色，体侧有1黄色纵带（固定液浸后黄色消褪）。体背侧蓝灰

带褐红色，腹侧银白色（分布：南海、台湾省海域；日本南部） ·············
·················· 赭背圆鲹 *D. muroadsi* (Temminck et Schlegel, 1844)〈图874〉

14（13）棱鳞占侧线直线部的后半部；体长为体高6.3倍；口底前部灰黑色，后部淡色；生活时尾鳍全部呈浅黄色，体侧中间有1淡蓝色纵带。体背侧蓝绿色，腹侧银白色，各鳍浅黄色（分布：南海、台湾省海域；日本南部、菲律宾、印度尼西亚、马来西亚；全世界的温暖海域） ····················· 细鳞圆鲹 *D. macarellus* (Cuvier, 1833)〈图875〉
〔同种异名：*D. macrosoma*（非 Bleeker），南海鱼类志；南海诸岛鱼类志；中国鱼类系统检索〕

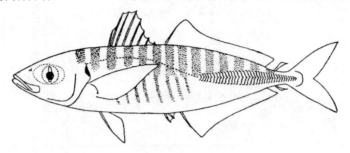

图868　条纹圆鲹 *Decapterus fasciatus* (Bleeker)

（依郑文莲，1987，中国鱼类系统检索）

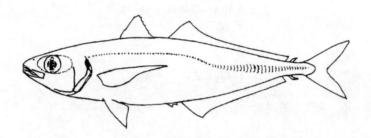

图869　红鳍圆鲹 *D. russelli* (Rüppell)（体长300 mm）

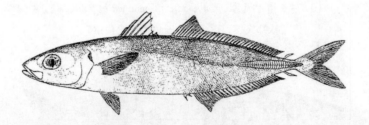

图870　长体圆鲹 *D. macrosoma* (Bleeker)（体长203 mm）

（依郑文莲，1963，东海鱼类志，图198）

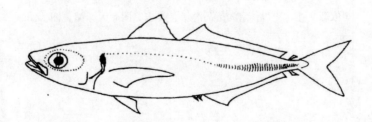

图871　锯缘圆鲹 *D. tabl* (Berry)（体长348 mm）

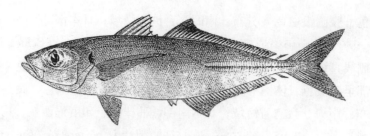

图 872　蓝圆鲹 D. maruadsi（Temminck et Schlegel）（体长 212 mm）
（依朱元鼎，郑文莲，1962，南海鱼类志）

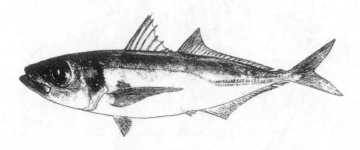

图 873　红尾圆鲹 D. akaadsi（Abe）（体长 244 mm）
（仿 Mansor and al.，1998）

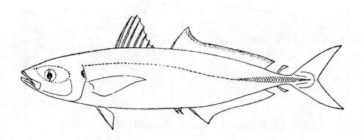

图 874　赭背圆鲹 D. muroadsi（Temminck et Schlegel）
（依郑文莲，1987，中国鱼类系统检索）

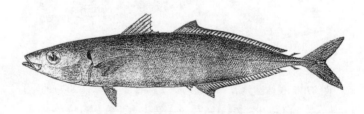

图 875　细鳞圆鲹 D. macarellus（Cuvier）（体长 302 mm）
（依郑文莲，1979，南海诸岛海域鱼类志，图版 X，XI，图 77）

凹肩鲹属 *Selar*（Bleeker，1851）

（本属有 3 种，南海产 2 种）

种的检索表

1（2） 侧线弯曲部约等于或稍大于直线部；棱鳞占侧线直线部全部；棱鳞横幅较小，最大横幅约为体高的 1/10～1/7。体背侧蓝绿色略带黄色，腹侧银白色；鲜活时体侧中间从鳃盖后缘至尾鳍基底有 1 黄色纵带（分布：南海、东海和台湾省海域，黄海；日本南部；全世界的热带和亚热带海域） ········ 脂眼凹肩鲹 *Selar crumenophthalmus*（Bloch，1793）〈图 876〉

2（1） 侧线弯曲部明显短于直线部；棱鳞除占侧线部全部外，尚有约 4 枚覆盖于弯曲部后端；棱鳞横幅大，最大横幅几等于体高的 1/4。体背侧深蓝色，腹侧银白色；鳃盖后上角有 1 黑斑；胸鳍腋部黑色（分布：南海；菲律宾、印度尼西亚、马来西亚、澳大利亚）··········
·· 牛眼凹肩鲹 *S. boops*（Cuvier，1833）〈图 877〉

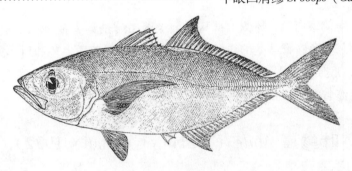

图 876　脂眼凹肩鲹 *Selar crumenophthalmus*（Bloch）（体长 302 mm）
（依郑文莲，1979，南海诸岛海域鱼类志）

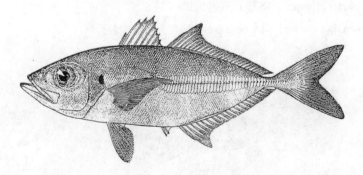

图 877　牛眼凹肩鲹 *S. boops*（Cuvier）（体长 302 mm）
（依朱元鼎，郑文莲，1962，南海鱼类志）

细鲮属 *Selaroides*（Bleeker，1851）

（本属仅1种，南海有产）

金带细鲮 *Selaroides leptolepis*（Cuvier，1833）〈图878〉

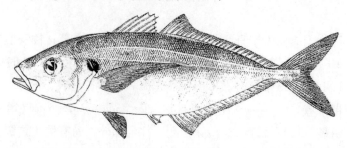

图878　金带细鲮 *Selaroides leptolepis*（Cuvier）（体长127 mm）
（依朱元鼎，郑文莲，1962，南海鱼类志）

体背侧蓝绿色，腹侧银白色；体侧上部从眼上缘至尾鳍基具1金黄色纵带。背鳍基部浅黄色，第二背鳍前方顶端部灰黑色；臀鳍基部浅黄色，边缘白色；鳃盖后上角和肩部共有1黑斑。栖息于水深50 m以浅底层，底质为沙泥。

分布：南海、台湾省海域；日本南部；印度-西太平洋。

叶鲮属 *Atule*（Jordan et Jordan，1922）

（本属只1种，南海有产）

游鳍叶鲮 *Atule mate*（Cuvier，1833）〈图879〉
〔同种异名：*Caramx*（*Atule*）*mate*，南海鱼类志；中国鱼类系统检索〕

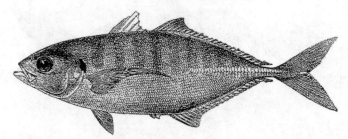

图879　游鳍叶鲮 *Atale mate*（Cuvier）（体长189 mm）
（依朱元鼎，郑文莲，1962，南海鱼类志）

侧线直线部始于第二背鳍前约1/4处的下方；棱鳞36~52；体椭圆形，体长为体高2.94~3.40倍；第二背鳍和臀鳍的最后1鳍条较其前方鳍条粗长，与前一鳍条的间距大于前方各鳍条间距；吻长于眼径；尾鳍上、下叶约等长；体背侧青绿带棕黄色，腹侧银白色，体侧约有10条暗色横带；

鳃盖后上缘与肩部共有1横斑；胸鳍、背鳍和尾鳍棕黄色，腹鳍和臀鳍白色。

分布：南海、台湾省海域；日本、菲律宾、马来西亚、印度尼西亚、澳大利亚；印度-太平洋。

副叶鲹属 *Alepes*（Swaison，1839）

(本属约7种，南海产5种)

种的检索表

1 (2) 侧线直线部始于第二背鳍前约1/4下方；体卵圆形；吻短于眼径；上颌齿1列，下颌骨前端1列而侧方2列；尾鳍上叶明显长于下叶。体背侧深蓝带黄色，腹侧银白色，体侧上部有7~8条不明显暗色横带；鳃盖后上角与肩部共有1黑色的较大圆斑；各鳍淡棕黄色（分布：南海、东海；印度尼西亚、马亚西亚；印度-西太平洋） ·· 丽副叶鲹 *Alepes kalla*（Cuvier，1833）〈图880〉

〔同种异名：*Caranx (Atule) kalla*，南海鱼类志；东海鱼类志；中国鱼类系统检索〕

2 (1) 侧线直线部始于第二背鳍起点下方或近后下方；体椭圆形；吻等于或稍长于眼径；上、下颌齿均为1列；尾鳍上、下叶约等长。

3 (6) 第一背鳍深黑色。

4 (5) 胸鳍短，后端圆；尾鳍短，上、下叶末端圆。体背侧灰蓝色，腹侧银白色；体侧上部具6~7条明显暗色横带；鳃盖后上角有1明显黑斑；尾鳍后缘及第二背鳍边缘浅黑色（分布：南海） ····················· 钝鳍副叶鲹 *A. pectoralis*（Chu et Cheng，1958）〈图881〉

〔同种异名：*C. (A.) pectoralis*，南海鱼类志；中国鱼类系统检索〕

5 (4) 胸鳍长，呈镰形；尾鳍中长，上、下叶末端尖。体背侧浅蓝褐色，腹侧银白色；体侧常有6~7条暗色横带；鳃盖后上角具1黑斑；第二背鳍前部中间具1灰黑色纵条，向后延伸至后部边缘；胸鳍棕色，尾鳍浅棕色（液浸后棕色转为暗灰色），腹鳍和臀鳍白色（分布：南海；菲律宾、马来西亚、印度尼西亚；印度-太平洋） ·· 黑鳍副叶鲹 *A. melanopterus*（Swainsion，1839）〈图882〉

〔同种异名：黑鳍叶鲹 *C. (A.) malam*（Bleeker，1951），南海鱼类志；中国鱼类系统检索〕

6 (3) 第一背鳍淡色。

7 (8) 鳃盖后上角和肩部共具1黑斑；棱鳞39~51；尾鳍中等长。体背侧青蓝色，腹侧银白色；尾鳍棕色，上叶后缘灰黑色；胸鳍淡棕色；其他各鳍灰色，第二背鳍前部顶端白色（分布：南海、东海和台湾省海域，黄海；日本；印度-西太平洋和地中海东部） ············· ·· 及达副叶鲹 *A. djedaba*（Forskål，1775）〈图883〉

〔同种异名：及达叶鲹 *C. (A.) djedaba*，南海鱼类志；中国鱼类系统检索〕

8 (7) 鳃盖后上角和肩部无共有的黑斑，有时鳃盖后上角或有1不明显棕黄色斑；横鳞48~69；尾鳍明显延长。体青蓝色；胸鳍、背鳍、尾鳍浅灰棕色，腹鳍、臀鳍白色；第二背鳍近基部有1白色纵纹，鳍前部顶端白色；臀鳍中间有1黑色纵纹（分布：南海、台湾省海域；日本，东南亚；印度-西太平洋） ············ 瓦氏副叶鲹 *A. vari*（Cuvier，1833）〈图884〉

〔同种异名：大尾叶鲹 *C. (A.) macrurus*（Bleeker，1851），南海鱼类志；中国鱼类系统检索〕

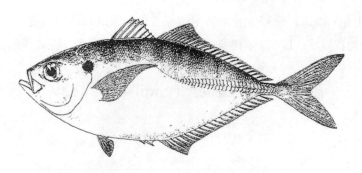

图 880　丽副叶鲹 Alepes kalla（Cuvier）（体长 120 mm）
（依朱元鼎，郑文莲，1962，南海鱼类志）

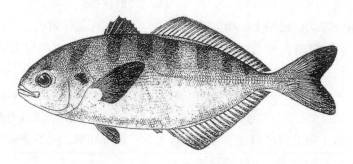

图 881　钝鳍副叶鲹 A. pectoralis（Chu et Cheng）（体长 113 mm）
（依朱元鼎，郑文莲，1962，南海鱼类志）

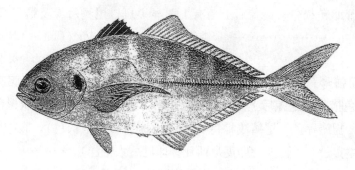

图 882　黑鳍副叶鲹 A. melanopterus（Swainsion）（体长 170 mm）
（依朱元鼎，郑文莲，1962，南海鱼类志）

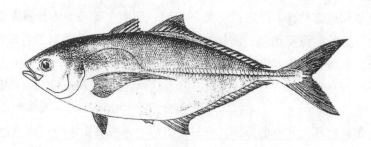

图 883　及达副叶鲹 A. djedaba（Forskål）（体长 266 mm）
（依朱元鼎，郑文莲，1962，南海鱼类志）

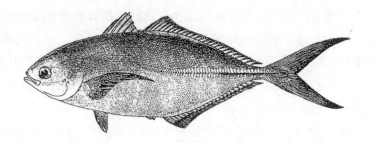

图884　瓦氏副叶鲹 A. vari (Cuvier)（体长273 mm）

（依朱元鼎，郑文莲，1962，南海鱼类志，图317）

鲹属 Caranx（Lacépède，1801）

（本属约36种，南海产10种）

棱鳞强，占侧线直线部全部，在尾柄形成1明显棱嵴。本属鱼类在体长是体高的倍数上，随鱼体的成长而增大，即大鱼的鱼体比幼鱼延长许多。

种的检索表

1（16）　胸部有鳞。

2（11）　胸部完全被鳞。

3（4）　棱鳞整片呈深黑色；头背缘从眼上方起剧陡，且在眼前方略凹入；第二背鳍和臀鳍前部鳍条甚延长，长度等于或明显大于头长。体和各鳍均为黑色；第二背鳍鳍条20～22；臀鳍鳍条16～19。栖息于水深为25～65 m的岩礁水域（分布：南海、台湾省海域；日本；全世界的热带海域） ·················· 黑鲹 Caranx lugubris (Poey, 1860)〈图885〉

〔同种异名：黑体鲹 Caranx (Caranx) ishikawai (Wakiya, 1924)，中国鱼类系统检索〕

4（3）　棱鳞淡色或中间呈蓝黑色；头背缘缓曲，在眼前方不凹入；第二背鳍和臀鳍前部鳍条均延长呈镰形，但长度明显小于头长。

5（8）　鳃盖上部无黑斑；上颌骨后端不达眼后缘下方。

6（7）　胸鳍等于头长；上颌骨后端伸达瞳孔后缘下方；体侧无斑点。体蓝绿色，第一、二背鳍边缘黑色（分布：我国分布于南海）·········· 黑边鲹 C. oshimai (Wakiya, 1924)〈图886〉

7（6）　胸鳍长于头长；上颌骨后端伸达眼前缘至瞳孔前缘之间的下方；或鱼体侧具蓝色萤光小斑点（液浸固定后呈黑色），幼鱼斑点不明显。体背侧蓝绿至蓝黑色兼呈棕黄色，腹侧浅蓝色；眼橙黄色；胸鳍淡黄色，腹鳍淡蓝色，其余各鳍蓝黑色。一般体长600 mm，最大体长1 m（分布：南海、台湾省海域；日本南部；印度-太平洋）··· 黑尻鲹 C. melampygus (Cuvier, 1833)〈图887〉

〔同种异名：星点鲹 C. stellatus (Eydoux et Souleyet, 1841)，南海诸岛海域鱼类志；中国鱼类系统检索〕

8（5）　鳃盖上部具黑圆斑；上颌骨后端伸达眼后缘下方。

9（10）　头背缘在眼前方至吻端斜直，吻背缘线与体轴线（注："体轴线"指吻端与尾鳍基中点的连线）夹角约 45°；鳃盖上部黑圆斑小于瞳孔。体背侧和中部蓝黑色，腹侧银白色；腹鳍白色。幼鱼背鳍、胸鳍、尾鳍蓝黑色，尾鳍上、下叶后缘均为黑色，臀鳍灰黄色，体侧具 6 条暗色横带；成鱼背鳍、胸鳍、尾鳍及臀鳍均为蓝黑色，体侧无暗色横带。体长可达 1 m（分布：南海、东海和台湾省海域，黄海；日本南部、东南亚；印度－太平洋和大西洋西部的热带至温带海域）··
·· 六带鲹 *C. sexfasciatus*（Quoy et Gaimard, 1825）〈图 888〉

10（9）头背缘在眼前方至吻端呈弱弧形，吻背线与体轴线夹角约为 60°；鳃盖上部黑斑等于或略大于瞳孔。体背侧蓝黑色，腹侧白银色，整个鱼体兼带有棕黄色；腹鳍白色，尾鳍蓝黑色，其余各鳍色浅。幼鱼尾鳍上叶后缘黑色。一般体长 500 mm，最大体长 700 mm（分布：南海、台湾省海域；日本、东南亚；印度－西太平洋）·······································
·· 泰勒鲹 *C. tille*（Cuvier, 1833）〈图 889〉

11（2）胸部腹面从峡部至腹鳍基底存在一处无鳞区，但无鳞区后部于近腹鳍处尚保留 1 小丛小鳞。

12（15）上颌骨后端伸达眼后缘下方或后下方；眼下缘在体轴线上方。

13（14）棱鳞 28～33；上颌骨后端在眼后缘下方；幼鱼眼睛距体轴线较距头背缘为近，成鱼眼睛与体轴间距明显大于与头背缘间距。成鱼吻背缘线与体轴线夹角约 60°～70°。体和鳍均呈蓝绿色，幼鱼鳃盖后上方具黑斑。一般体长 500 mm，最大体长 800 mm（分布：南海、东海和台湾海峡，黄海；日本南部、东南亚；印度－太平洋）·······································
··· 珍鲹 *C. ignobilis*（Forskål, 1775）〈图 890〉

14（13）棱鳞 33～45；上颌骨后端伸至眼后缘后下方；幼鱼眼睛距体轴线较距头背缘为近，成鱼眼睛与体轴线和头背缘的间距约相等。体背侧灰蓝兼浅黄色，腹侧银白色；胸鳍、臀鳍黄色，其余各鳍青绿色；胸鳍下部具 1 黑斑；鳃盖后上角常有 1 黑斑。一般体长 400～500 mm，最大体长 1 m（分布：南海；东南亚；太平洋、印度洋、大西洋东部）···············
··· 马鲹 *C. hippos*（Linnaeus, 1766）〈图 891〉

15（12）上颌骨后端至少伸至瞳孔中央下方；眼下缘紧贴体轴线。吻长等于或稍大于眼径；背鳍鳍条 18～23；臀鳍鳍条 15～18；棱鳞 30～39。体上侧青铜色兼显暗黄色，下侧绿色；两背鳍均为灰黑色，其他各鳍黄色。幼鱼体侧具数条暗色横带（分布：南海南部；巴布亚新几内亚、澳大利亚昆士兰；印度）······ 散鲹 *C. sansun*（Forskål, 1775）〈图 892〉

16（1）胸部包括胸鳍基底完全裸露无鳞。上颌骨后端伸至邻近眼后缘的下方；眼下缘贴近体轴线；侧线弯曲部强曲拱，长度约为直线部 1/4；侧线直线部始于第一背鳍第六鳍棘下方；棱鳞 35～38。体上侧草绿色，下侧银白色；胸鳍基上端具 1 明显小黑斑；鳃盖后上角具 1 暗色大斑。成鱼体侧上半部散布许多蓝色斑点（分布：南海南部；巴布亚新几内亚、澳大利亚）·················· 大口鲹 *C. bucculentus*（Alleyne et Macleay, 1877）〈图 893〉

图 885 黑鲹 *Caranx lugubris*（Poey）（体长 510 mm）
（依 Kyushin and al.，1982）

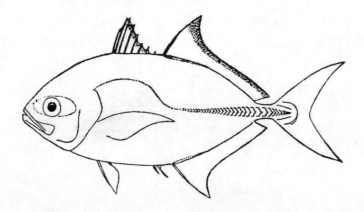

图 886 黑边鲹 *C. oshimai*（Wakiya）
（依郑文莲，1987，中国鱼类系统检索）

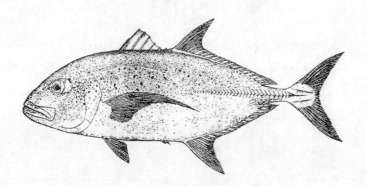

图 887 黑尻鲹 *C. melampygus*（Cuvier）（体长 465 mm）
（依郑文莲，1979，南海诸岛海域鱼类志，图 96）

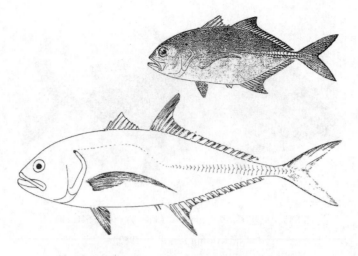

图 888　六带鲹 C. sexfasciatus（Quoy et Gaimard）

(体长：上，150 mm；下，408 mm)

(依郑文莲，1979，南海诸岛海域鱼类志；下，仿 Fischer and Whitehead（Eds.），1974)

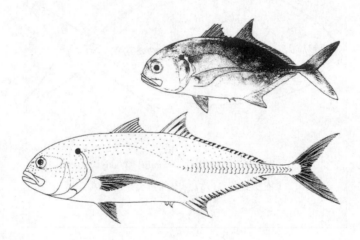

图 889　泰勒鲹 C. tille（Cuvier）（体长：上，220 mm；下，502 mm)

(上，依 Mansor and al.，1998；下，仿 Fischer and Whitehead（Eds.），1974)

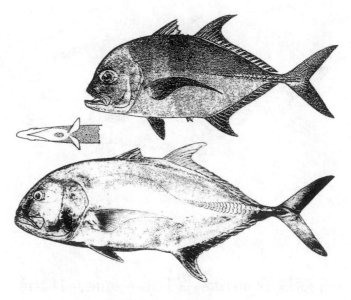

图 890　珍鲹 C. ignobilis（Forskål）（体长：上，463 mm；下，704 mm）
（上，依朱元鼎，郑文莲，1962，南海鱼类志；下，依 Mansor and al.，1998）

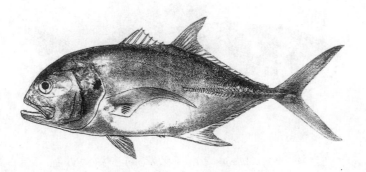

图 891　马鲹 C. hippos（Linnaeus）（体长 485 mm）

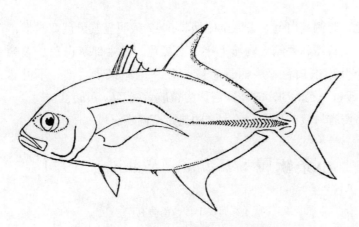

图 892　散鲹 C. sansun（Forskål）
（依郑文莲，1987，中国鱼类系统检索）

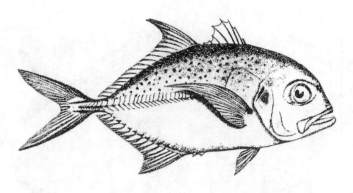

图 893　大口鲹 *C. bucculentus*（Alleyne et Macleay）

（依 Ogilby。转引自 Grant，1978）

舟鰤属 *Naucrates*（Rafinesque，1810）

舟鰤 *Naucrates ductor*（Linnaeus，1758）〈图 894〉

图 894　舟鰤 *Naucrates ductor*（Linnaeus）（体长 200 mm）

（依郑文莲，1979，南海诸岛海域鱼类志）

　　体背侧浅蓝灰色，腹侧灰白色。头部至尾柄具 6～7 条明显蓝黑色宽横带，其中头部和尾柄各 1 条，体后部横带延伸至背鳍和臀鳍。胸鳍上半部蓝黑色，下半部灰白色。腹鳍蓝黑色，边缘白色。尾鳍蓝黑色，上、下叶末端白色。尾柄具 1 隆起嵴。尾鳍叉形，上、下叶末端圆钝。体长可达 500 mm。本种常与鲨鱼一起活动，故外国俗称为领航鱼（*Pilot fish*）。

　　分布：南海、台湾省海域；日本；各大洋的热带至温带海域。

小条鰤属 *Seriolina*（Wakiya，1924）

（本属仅 1 种，南海有产）

黑纹小条鰤 *Seriolina nigrofasciata*（Rüppell，1829）〈图 895〉

〔同种异名：黑纹条鰤 *Zonichthys nigrofasciata*，南海鱼类志；东海鱼类志；中国鱼类系统检索〕

图 895　黑纹小条鲕 *Seriolina nigrofasciata*（Rüppell）（体长 251 mm）
（依郑文莲，1963，东海鱼类志）

体蓝黑色兼有淡棕色。幼鱼背侧色较深，体侧具 4 条深蓝黑色圆弧形宽横带，头部另有深蓝黑色斜带，分别位于眼上方和头后部。成鱼体色较淡，头、体带斑消褪，仅保留眼上方斜带；第一背鳍和腹鳍黑色，第二背鳍前部顶端白色，臀鳍几呈白色。一般体长 400 mm，最大体长 600 mm。底拖网作业常有少量捕获。

分布：南海、东海及台湾省海域；日本南部、东南亚；印度 – 西太平洋。

鲕属 *Seriola*（Cuvier，1817）

（本属有 9 种，南海产 4 种）

本属鱼类体长是体高的倍数随生长而增大，即大鱼比小鱼的鱼体相对延长。

种的检索表

1（4）　瞳孔中点位于体轴线（吻端与尾鳍基中点连线）上方；幼鱼吻端至背鳍前具一条穿越眼径的暗色斜带，随成长而渐隐，至成鱼时消失。

2（3）　第二背鳍和臀鳍前部明显高起呈镰状；上颌骨后端伸达眼前缘下方；下鳃耙 17～20。体紫红色，背侧色深，腹侧色浅；胸鳍前半部紫红色，后半部黄色；其他各鳍紫红色，腹鳍前缘白色。体长可达 1 m（分布：南海；日本南部、新西兰；各大洋的热带至温带海域）
　　……………………………………… 长鳍鲕 *Seriola rivoliana*（Valenciennes，1833）〈图 896〉
　　〔同种异名：*S. songoro*（Smith，1959）（新西兰鲕）〕

3（2）　第二背鳍和臀鳍前部略高但不呈镰形；上颌骨后端伸达眼中部下方；下鳃耙 12～16。幼鱼体蓝绿色，各鳍黄色，头部具 1 越眼斜带，体侧具 5 条暗色横带。体长 120 mm 以上的个体，背侧蓝紫褐色，腹侧浅蓝色；各鳍蓝紫褐色，胸鳍后缘黄色；除仍有头部越眼斜带外，横带消失，转为体侧具 1 金黄色纵带，自吻端经眼径伸至尾鳍基底。更大型的个体，则头、体背侧紫褐色，腹侧色较淡，头部暗色斜带消失，体上黄色纵带皆不明显。体长可达 1.5 m（分布：南海、东海和台湾省海域，黄海；日本南部；太平洋中部至西部；印度洋、红海）·················· 杜氏鰤（高体鰤）*S. dumerili*（Risso，1801）〈图897〉

〔同种异名：*S. purpurascens*（Temminck et Schlegel，1845）（紫鰤）〕

4（1） 瞳孔中点位于体轴线；幼鱼和成鱼头部均无过眼斜带。

5（6） 上颌骨后上角圆，胸鳍短于腹鳍；第一背鳍鳍棘Ⅵ（幼鱼Ⅶ）。头、体背侧绿褐色，腹侧蓝色；胸鳍上半部蓝色，下半部黄色，其他各鳍黄色；体侧自吻端经眼径并向后至尾鳍基底具1条金黄色纵带（分布：南海、东海，黄渤海；日本；各大洋的热带至温带海域）··· 黄尾鰤 *S. lalandi*（Valenciennes，1833）〈图898〉

〔同种异名：黄条鰤 *S. aureovittata*（Temminck et Schlegel，1844），中国鱼类系统检索〕

6（5） 上颌骨后上角直角形；胸鳍与腹鳍等长；第一背鳍鳍棘Ⅴ（幼鱼Ⅵ）。头、体背侧蓝绿带紫褐色，腹侧蓝绿色；胸鳍上半部蓝紫褐色，下半部黄色；其他各鳍棕黄色；体侧自吻端经眼径并向后至尾鳍基底具1棕黄色纵带（分布：南海、东海、黄渤海；日本、朝鲜半岛）·················· 五条鰤 *S. quinqueradiata*（Temminck et Schlegel，1845）〈图899〉

图896 长鳍鰤 *Seriola rivoliana*（Valenciennes）

（体长：上，幼鱼，248 mm；下，成鱼，706 mm）

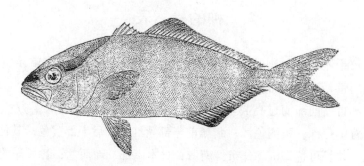

图897 杜氏鰤 *S. dumerili*（Risso）（幼鱼，体长144 mm）

（依郑文莲，1979，南海诸岛海域鱼类志）

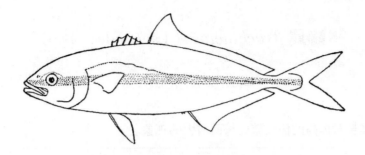

图 898　黄尾鰤 S. lalandi（Valenciennes）
（依郑文莲，1987，中国鱼类系统检索）

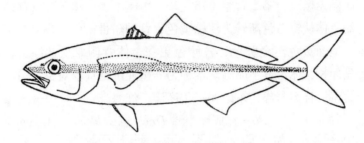

图 899　五条鰤 S. quinqueradiata（Temminck et Schlegel）
（依郑文莲，1987，中国鱼类系统检索）

纺锤鰤属 Elagatis（Bennet，1840）

（本属仅1种，南海有产）

纺锤鰤 Elagatis bipinnulatus（Quoy et Gaimard，1825）〈图 900〉

图 900　纺锤鰤 Elagatis bipinnulata（Quoy et Gaimard）（体长 235 mm）
（依朱元鼎，郑文莲，1962，南海鱼类志）

体呈纺锤形，尾柄背、腹面各具1游离小鳍。背部蓝绿色至蓝褐色，腹部银白色。体侧有2条平行的淡黄色纵带，上面的一条自眼后方至尾鳍基底，下面的一条自吻端经眼下缘至尾鳍基底。尾鳍蓝绿色至蓝褐色，其他各鳍黄色带灰蓝色，第二背鳍前部顶端和尾鳍上下缘深黄绿色。

分布：南海、东海台湾海峡；日本南部；各大洋的热带至温带海域。

鲳鲹属 *Trachinotus*（Lacépède, 1801）

（本属有 21 种，南海产 3 种）

本属鱼类也有体长对体高的倍数随成长而增大的现象。

种的检索表

1（2） 吻甚圆钝；体侧无黑斑；第二背鳍 I 18～20；臀鳍 I 16～18；第二背鳍前部鳍条长于臀鳍前部鳍条。幼鱼体从银白色渐转为浅棕黄色，背侧略带褐色，各鳍棕黄色。成鱼，尤其是体长的个体，呈深黄色至金黄色，各鳍色更深，体背侧兼呈蓝绿色；体长 800 mm 以上时，鱼体明显伸长，体形近乎卵圆。本种为养殖业广泛饲养对象（分布：南海、东海和台湾省海域，黄海；日本南部、东南亚；印度洋、红海） ··· 狮鼻鲳鲹 *Trachinotus blochii*（Lacépède, 1801）〈图 901〉

〔同种异名：卵形鲳鲹 *T. ovatus*（非 Linnaeus），南海鱼类志；东海鱼类志；福建鱼类志；中国鱼类系统检索〕

〔注：*T. ovatus*（Linnaeus, 1758）区别于 *T. blochii*（Lacépède, 1801）的要点是，吻甚尖，体侧具 3～5 个椭圆形黑斑，分布于大西洋〕

2（1） 吻尖钝；体侧具 3～5 个黑斑；第二背鳍 I 21～25；臀鳍 I 20～24；第二背鳍和臀鳍的前部鳍条约等长。

3（4） 体侧黑斑小于眼径。体背侧蓝黑色，腹侧银白色；胸鳍淡黄色，其他各鳍浅灰色，背鳍和臀鳍前缘及尾鳍上、下侧缘黑色（分布：南海、台湾省海域；日本南部、东南亚；印度-太平洋） ··· 小斑鲳鲹 *T. baillonii*（Lacépède, 1801）〈图 902〉

4（3） 体侧黑斑等于或大于眼径。体黄色至金黄色，背侧兼呈蓝绿色；奇鳍橙黄色，尖端略呈黑色；鳃盖上缘至侧线始部常呈暗色（分布：南海；东南亚；印度等） ··· 勒氏鲳鲹（大斑鲳鲹）*T. russelli*（Cuvier, 1832）〈图 903〉

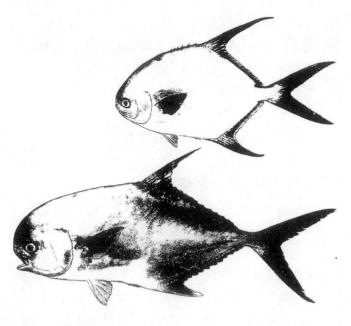

图 901　狮鼻鲳鲹 Trachinotus blochii（Lacépède）（体长：上，232 mm；下，820 mm）
（上，依 Mansor and al.，1998）

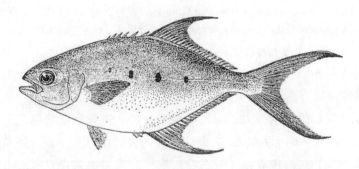

图 902　小斑鲳鲹 T. baillonii（Lacépède）（体长 241 mm）
（依郑文莲，1979，南海诸岛海域鱼类志，图 98，并据鲜本修正）

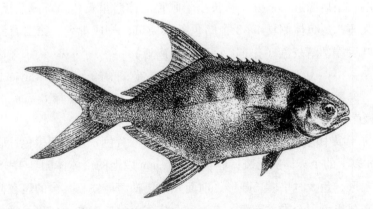

图 903　勒氏鲳鲹（大斑鲳鲹）T. russelli（Cuvier）（全长 330 mm）
（依 Day，1876）

似鲹属 *Scomberoides*（Lacépède，1801）

〔异名：鳍鲹属 *Chorinemus*（Cuvier，1832）〕

（本属有 4 种，南海均产）

眼上方从吻上侧至侧线始部常具 1 长条形纵斑，呈指状。

种的检索表

1(6) 上颌骨后端位于或超过眼后缘下方。

2(3) 上颌骨后端位于眼后缘下方；吻长稍大于或等于眼径；成鱼体侧具 2 列小黑斑，幼鱼无斑或具 1 列小黑斑；第二背鳍前部鳍条上部黑色。体背侧蓝黑色，腹侧银白色，有时腹侧后部呈橙黄色（分布：南海；东海；日本南部、东南亚；印度－太平洋）………………………………………………………… 长颌似鲹 *Scomberoides lysan*（Forskål，1775）〈图 904〉

〔同种异名：红海鳍鲹 *Chorinemus tolooparah*（Rüppell，1829），南海鱼类志；南海诸岛海域鱼类志；福建鱼类志；中国鱼类系统检索；东方鳍鲹 *C. orientalis*（Temminck et Schlegel，1844），南海诸岛海域鱼类志；福建鱼类志；中国鱼类系统检索；细长鳍鲹 *C. sanctipetri*（Cuvier，1832），中国鱼类系统检索，图 1558 上颌骨后端位置有误〕

3(2) 上颌骨后端伸至眼后缘后下方。

4(5) 上颌骨后端在眼后缘远后下方；吻长约等于眼径。体背侧浅蓝黑色，腹侧银白色稍带黄色。幼鱼和低龄鱼体侧上方具 6~7 个约与眼同大的暗色大圆斑，随鱼体成长而至高龄鱼（全长约 800 mm）时圆斑消失（分布：南海、台湾省海域；日本、东南亚；印度－太平洋）………………………………………………………… 康氏似鲹 *S. commersonianus*（Lacépède，1802）〈图 905〉

〔同种异名：长颌鳍鲹 *Chorinemus lysan*（非 Forskål），南海鱼类志，图 334；中国鱼类系统检索，图 1555〕

5(4) 上颌骨后端在眼后缘近后下方；吻长小于眼径。体略呈黄色，背侧蓝黑色，腹侧银白色。幼鱼体侧无斑，成鱼体侧具 4~8 个暗色条状横斑，排成 1 列。第二背鳍前部上半部和尾鳍上、下叶后端部暗灰色（分布：南海；东南亚）…… 横斑似鲹 *S. tala*（Cuvier，1832）〈图 906〉

〔同种异名：泰拉鳍鲹 *Chorinemus tala*，中国鱼类系统检索；海南鳍鲹 *C. hainanensis*（Chu et Cheng，1958），南海鱼类志；中国鱼类系统检索〕

6(1) 上颌后端位于眼中间下方；吻长大于眼径。体略带黄色，背侧蓝黑色，腹侧银白色。体长约 120 mm 以下的个体体侧无斑；体长约 126 mm 以上的个体体侧具 4~8 个暗色斑，鱼小时斑呈小圆形，鱼大时呈横长圆形，前面几个斑横跨侧线，其余的斑在侧线上方；第二背鳍前部上半部黑色（分布：南海、东海和台湾省海域；日本；印度－西太平洋）………………………………………………………………… 革似鲹 *S. tol*（Cuvier，1832）〈图 907〉

〔同种异名：台湾鳍鲹 *Chorinemus formosanus*（Wakiya，1924），南海鱼类志；福建鱼类志；中国鱼类系统检索。针鳞鳍鲹 *C. moadetta*（Cuvier，1832），南海鱼类志；福建鱼类志；中国鱼类系统检索〕

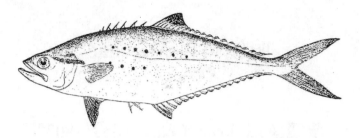

图 904　长颌似鲹 Scomberoides lysan (Forskål)（体长 195 mm）
（仿郑文莲，1979，南海诸岛海域鱼类志，图 101）

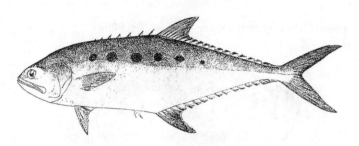

图 905　康氏似鲹 S. commersonianus (Lacépède)（体长 640 mm）
（依郑文莲，1962，南海鱼类志，图 334）

图 906　横斑似鲹 S. tala (Cuvier)（体长 195 mm）

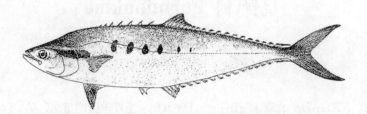

图 907　革似鲹 S. tol (Cuvier)（体长 404 mm）
（依朱元鼎，郑文莲，1962，南海鱼类志，图 338）

眼镜鱼科 Menidae

眼镜鱼属 *Mene* (Lacépède, 1803)

(本属仅1种，南海有产)

眼镜鱼 *Mene maculata* (Bloch et Schneider, 1801) 〈图908〉

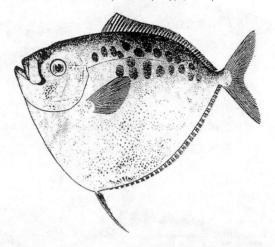

图908　眼镜鱼 *Mene maculata* (Bloch et Schneider) (体长65 mm)
(依郑文莲，1963，东海鱼类志)

体形酷似眼镜片，甚侧扁。体背侧蓝黑色，散布不规则的蓝黑色小斑，体中部至腹侧银白色。
分布：南海、东海和台湾省海域；日本南部、东南亚；印度-太平洋。

乌鲳科 Formionidae

[J. S. Nelson, 1994 (系统不设此科)]

乌鲳属 *Formio* (Whitley, 1929) (我国现行分类系统)

(本属只1种，南海有产)
〔= 乌鲹属 *Parastromates* (Bleeker, 1865)，
J. S. Nelson, 1994 系统，隶于鲹科 Carangidae〕

乌鲳 *Formio niger* (Bloch, 1795) 〈图909〉
〔= 乌鲹 *Parastromates niger* (Bloch, 1795)：J. S. Nelson, 1994 系统〕

图 909　乌鲳 *Formio niger*（Bloch）（体长 205 mm）
（依郑文莲，1963，东海鱼类志）

体卵圆形。成鱼无腹鳍。背鳍和臀鳍前部高而宽。胸鳍镰形。体暗草绿色。

分布：南海、东海和台湾省海域，黄海；日本南部、东南亚；印度－西太平洋。

乌鲂科 Bramidae

口裂斜，腹鳍小或很小，通常胸位。上颌骨和奇鳍通常被小鳞，但多不在背鳍和臀鳍形成鳞鞘。各鳍具鳍条而无鳍棘。背鳍和臀鳍前方数鳍条不分支。鳞片通常具棱嵴。

属的检索表

1（4）腹鳍起点通常位于胸鳍基中央下方。

2（3）眼上缘与头背缘间距较眼前缘与吻前缘间距大许多；体较延长，体长为体高 1.9 倍以上；腭骨有齿；纵列鳞 52 以上；有侧线，明显或不明显 ································· 乌鲂属 *Brama*

3（2）眼上缘与头背缘间距稍大于眼前缘与吻前缘间距；体较高，体长约为体高 1.58 倍；腭骨无齿；纵列鳞 51；无侧线 ································· 圆币乌鲂属 *Collybus*

4（1）腹鳍起点位于胸鳍基中央的前下方。

5（6）体中等高，体长为最大体高 2.2 倍以上；吻背缘不隆拱，呈凹下或平直；背鳍和臀鳍前部鳍条中度延长呈三角形，末端不超过鳍基中点；鳞片中央棱嵴弱；椎骨 38~42；头部中度侧扁 ································· 棱鲂属 *Taractes*

6（5）体甚高，体长为最大体高 2.2 倍以下；吻背缘隆拱，前缘甚陡；背鳍和臀鳍前部鳍条高度延长，呈明显镰形，末端超越鳍基中点，最远可伸达尾鳍；鳞片中央棱嵴甚发达，在体表连接成一条条长纵嵴；椎骨 44~46；头部明显侧扁 ································· 长鳍乌鲂属 *Taractichthys*

乌鲂属 *Brama*（Bloch et Schneider，1801）

(本属有9种，南海产1种)

日本乌鲂 *Brama japonica*（Hilgendorf，1878）〈图910〉

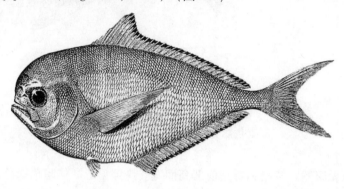

图910　日本乌鲂 *Brama japonica*（Hilgendorf）（体长450 mm）
(依 Steindachner and Döderlein，1884)

头明显侧扁。头部、背鳍、臀鳍、尾鳍及体侧线以上、胸部和肩部均被小鳞，体其余部分鳞片大。体浅紫褐色带有银色光泽，死亡后迅速变为灰黑色。

分布：南海北部陆坡海域，台湾省海域；日本；太平洋北部亚热带至亚寒带海域。

圆币乌鲂属 *Collybus*（Snyder，1904）

(本属仅1种，南海有产)

圆币乌鲂 *Collybus drachme*（Snyder，1904）〈图911〉

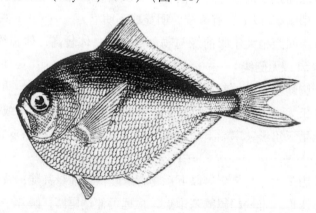

图911　圆币乌鲂 *Collybus drachme*（Snyder，1904）（体长152.4 mm）
(依 Jordan and Evermann，1905)

背鳍34，臀鳍30，纵列鳞51，幽门盲囊4，鳃耙4+10。鳞片为强栉鳞，具一有小管的中央棱嵴。吻和眼间隔区裸露，上颌和头部其他部分以及背部和鳍被小鳞，体侧其余大部被较大鳞片。背鳍基部具1纵列鳞片。鳃盖骨、间鳃盖骨、下鳃盖骨和前鳃盖骨均边缘光滑。犁骨和腭骨无齿。颌齿细弱尖锐，2~3列形成窄带状，下颌前端两侧各具2较大犬齿。体银白色，头、体背侧暗色。背侧在背鳍始点前具1与瞳孔同大的银白色圆斑。尾鳍上下缘暗色，中部白色稍带黄色。背鳍前部暗色。

分布：南海北部陆坡海域；太平洋中部。

棱鲂属 *Taractes*（Lowe，1843）

（本属有2种，南海产1种）

红棱鲂 *Taractes rubescens*（Jordan et Evermann，1887）〈图912〉
〔同种异名：*Steingeria rubescens*〕

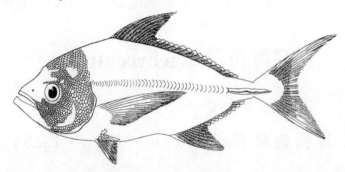

图912 红棱鲂 *Taractes rubescens*（Jordan et Evermann）（体长635 mm）
（依 Mead and Maul，1958 体侧具鳞，图未示）

尾柄中线有3~5个扩大的特化鳞，成鱼特化鳞具1明显隆起纵嵴。前鳃盖骨具锯齿缘。吻部和口裂下方裸露。后头部在鳃盖上端水平以上具一斑块状无鳞区。成鱼背鳍和臀鳍前部呈三角形突出，突出部后方低平，幼鱼背鳍和臀鳍由前部至后部一致高起。成鱼尾鳍叉形，幼鱼尾鳍近截形。幼鱼腹鳍与胸鳍约同大，成鱼腹鳍明显小于胸鳍。体紫红褐色。幼鱼背鳍和臀鳍中间各具1淡色纵带，尾鳍前半部淡色，后半部深色。

分布：南海南部深海、台湾省海域；日本；太平洋和大西洋的热带海域。

长鳍乌鲂属 *Taractichthys*（Mead et Maul，1958）

（本属有2种，南海产1种）

叉尾长鳍乌鲂 *Taractichthys steindachneri*（Döderlein，1884）〈图913〉
头部明显侧扁。尾鳍叉形。体侧鳞片具高棱嵴并在鳞后缘形成小刺。两侧腹鳍鳍基紧靠，体黑色，头部略带黄色。眼虹膜棕黄色。腹鳍白色，尾鳍后缘中部白色〔注：台湾鱼类志，1993，所记"*Taractichthys steindachneri*"，据该书图版95—8所载鱼图，尾鳍明显为凹形，应为 *Taractichthys lon-*

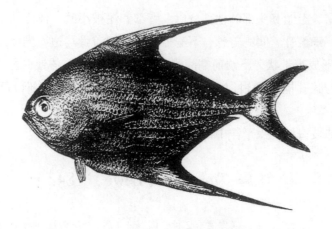

图 913　叉尾长鳍乌鲂 *Taractichthys steindachneri* (Döderlein)（体长 600 mm）

gipinnis（Lowe，1883）（凹尾长鳍乌鲂）]。

分布：南海；日本；印度洋和太平洋（太平洋东南部除外）的热带至温带海域。

军曹鱼科 Rachycentridae

军曹鱼属 *Rachycentron*（Kaup，1826）

（本属仅 1 种，南海有产）

军曹鱼 *Rachycentron canadum*（Linnaeus，1766）〈图 914〉

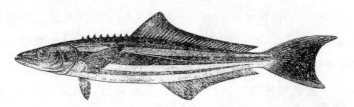

图 914　军曹鱼 *Rachycentron canadum*（Linnaeus）（体长 600 mm）
（依郑文莲，1963，东海鱼类志）

第一背鳍由短鳍棘构成，鳍棘间鳍膜不连续。头平扁，躯干略侧扁。幼鱼尾鳍圆形，成鱼尾鳍弯凹形。体背部为 1 黑褐色宽纵带，由前头经背鳍基底延伸至尾鳍始端；体中部也有 1 黑褐色宽纵带，由吻端向后一直伸至尾鳍基底；体下侧又有 1 褐色窄纵带，由胸鳍基延伸至臀鳍后端上方；各纵带间隙和腹部呈灰白色。胸鳍黑褐色，其他各鳍灰黑色。幼鱼纵带、背鳍、腹鳍、臀鳍和尾鳍棕色，胸鳍棕黑色。最大体长 2 m。

分布：南海、东海、黄渤海；日本南部、东南亚；太平洋西部、印度洋和大西洋的热带至温带海域。

鲯鳅科 Coryphaenidae

鲯鳅属 *Coryphaena*（Linnaeus，1758）

（本属有 2 种，南海皆产）

仅腹鳍有鳍棘，其他各鳍无鳍棘而全为鳍条；背鳍和臀鳍前部有数枚鳍条不分节分支。体延长而侧扁，背鳍甚发达。成鱼头甚高，前缘陡峭。头背缘随鱼体成长而由浅弧形（幼鱼）逐渐变为圆弧形且吻前缘呈陡峭状（参见图 916）。

种的检索表

1（2） 体背缘和腹缘平直；最大体高稍小于体长的 1/4，位于腹鳍附近；背鳍具 55～67 鳍条。生活时体背部蓝绿色具金属光泽，死亡后迅速褪色而呈灰绿色；体中部和腹部银白色带金黄色光泽；体侧散布许多暗色小斑。幼鱼体呈黄褐绿色，背部具 1 纵列 10 余个深色小圆斑，背鳍和体侧具多条横带；尾鳍上下叶末端圆钝，呈白色；胸鳍无色透明（分布：南海、东海和台湾省太平洋侧海域，黄渤海；日本南部；各大洋的温暖海域）……………………………………………………… 鲯鳅 *Coryphaena hippurus*（Linnaeus，1758）〈图 915〉

2（1） 体背缘和腹缘弧拱；最大体高大于体长的 1/4，位于肛门附近；背鳍具 48～59 鳍条。成鱼体色与 *C. hippurus* 近似，幼鱼情况未详（分布：南海；日本；各大洋的温暖海域）……………………………………………………… 棘鲯鳅 *C. equiselis*（= *C. equisetis*）（Linnaeus，1758）〈图 916〉

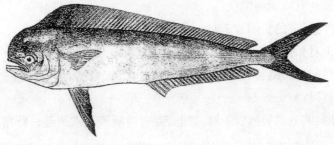

图 915 鲯鳅 *Coryphaena hippurus*（Linnaeus）（体长 655 mm）

（依杨文华，1979，南海诸岛海域鱼类志）

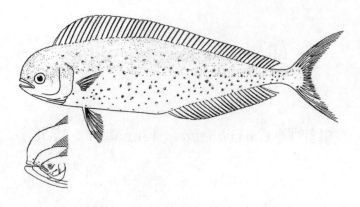

图 916　棘鲯鳅 *C. equiselis*（Linnaeus）
（附小图：头部轮廓随生长而变化的状况）
（依 Langham, in Fischer and Whitehead, 1974）

石首鱼科 Sciaenidae

属的检索表

1（12）　鳔具侧囊或侧管。
2（11）　鳔前端具侧囊或侧管。
3（6）　鳔前端具侧囊1对。
4（5）　尾鳍楔形、尖形或圆形；眼中大，头长为眼径3～6倍 ·················· 叫姑鱼属 Johnius
5（4）　尾鳍双凹形；眼小，头长为眼径9～10倍 ····················· 毛鲿属 Megalonibea
6（3）　鳔前端具侧管，有或无前侧肢。
7（10）　鳔前端具伸向后方的长侧管1对。
8（9）　鳔前端仅具1对长侧管，末端进入腹壁；背鳍Ⅶ，Ⅰ22～25 ·············· 黄唇鱼属 Bahaba
9（8）　鳔前端具1对向后长侧管并具1对向前的鹿角状前侧肢，前侧肢穿过横隔膜进入头部；背鳍Ⅹ，Ⅰ27～28 ··································· 潘纳石首鱼属 Panna
10（7）　鳔前端具伸向前方的短侧管1对，侧管穿过横隔膜进入头部；背鳍Ⅸ—Ⅹ，Ⅰ31～36 ··· 大棘鱼属 Macrospinosa
11（2）　鳔后端具侧管1对，向前延伸超过鳔的前端，末端部呈树枝状，穿过横隔膜进入头部 ·· 拟牙䱛属 Otolithoides
12（1）　鳔无侧囊或侧管。
13（36）　臀鳍具7～11鳍条；枕骨棘棱不显著。
14（31）　鳔的侧肢具腹分支，无背分支；背鳍鳍条部和臀鳍鳍条部均无鳞。
15（16）　鳔具侧肢50对或更多；臀鳍具10～11鳍条 ··············· 翼牙䱛属 Pterotolithus
16（15）　鳔具10余对至30余对侧肢；臀鳍具7～9鳍条。
17（18）　具颏须；颏孔为"五孔"型：中央颏孔1对隐埋于颏须基底而联合开口于颏须基部形成

		总中央颏孔，另有内侧和外侧颏孔各1对；口小，下位；下颌内行牙绒毛状，不扩大；鳔前端侧肢扩大，后端侧肢略扩大，中部侧肢较短小 ……… 枝鳔石首鱼属 *Dendrophysa*
18	(17)	无颏须；颏孔均单独开口，2~6个；口中大或大，前位或亚前位；下颌内行牙扩大；鳔前后部侧肢大小一致或前部侧肢较长。
19	(22)	上下颌前端均具犬牙或仅上颌具犬牙；颏孔2个或6个。
20	(21)	上下颌均具犬牙；颏孔2个；下颌长于上颌 ………………………… 牙䱛属 *Otolithes*
20	(21)	仅上颌具犬牙；颏孔6个；上颌稍长于下颌 ……………………… 黄鳍牙䱛属 *Chrysochir*
22	(19)	上下颌均无犬牙；颏孔5~6个。
23	(28)	外观颏孔5个。
24	(25)	颏孔正常；背鳍鳍棘部和鳍条部之间稍凹入；下颌齿大小几一致，仅前方数牙稍大 ………………………………………………………………………………… 副黄姑鱼属 *Paranibea*
25	(24)	颏孔通常为"似五孔"型：中央颏孔1对相互靠近，中间具下陷肉垫，外观只见1浅孔，另有内侧及外侧颏孔各1对；背鳍鳍棘部和鳍条部之间具深缺刻；下颌内行齿扩大，外行齿细小。
26	(27)	鳔前端截平或稍凸，无侧肢；侧肢只存在于鳔的两侧，较粗 ………… 黄姑鱼属 *Nibea*
27	(26)	鳔前端圆形，具侧肢；鳔的两侧亦存在侧肢，侧肢较小 ………… 原黄姑鱼属 *Protonibea*
28	(23)	颏孔6个：中央颏孔1对，位于颏端，另有内侧和外侧颏孔各1对并列于中央颏孔后方，其中中央颏孔与内侧颏孔略成方阵排列。
29	(30)	尾鳍截形；幽门盲囊11；鳔的侧肢细小 ………………………… 彭纳石首鱼属 *Pennahia*
30	(29)	尾鳍不呈截形；幽门盲囊8~10；鳔的侧肢较粗 ……………… 白姑鱼属 *Argyrosomus*
31	(14)	鳔的侧肢具背分支和腹分支；背鳍鳍条部和臀鳍鳍条部具鳞。
32	(33)	口腔和鳃腔黑色 ………………………………………………………… 黑姑鱼属 *Atrobucca*
33	(32)	口腔和鳃腔浅色或浅灰色。
34	(35)	体灰褐带紫色，腹部无金黄色皮腺体；上下颌具犬齿状牙 …………… 鮸属 *Miichthys*
35	(34)	体金黄色，腹部具金黄色皮腺体；上下颌无犬齿状牙 …………… 黄鱼属 *Larimichthys*
36	(13)	臀鳍具11~13鳍条；枕骨棘棱显著 ……………………………… 梅童鱼属 *Collichthys*

叫姑鱼属 *Johnius* (Bloch, 1793)

(本属有35种，南海产9种)

种的检索表

1	(2)	口具颏须；颏孔为"五孔"型〔参见属的检索表17（18）〕。体黑褐色；背鳍鳍棘部上半部黑色，下半部紫褐色带银色光泽；其余各鳍深褐色（分布：南海、东海、台湾海峡；日本、东南亚；印度－西太平洋）………………………………………………………………………………… 团头叫姑鱼 *Johnius amblycephalus* (Bleeker, 1855)〈图917〉
		〔同种异名：杜氏须䱛 *Sciaena dussumieri*，南海鱼类志〕
2	(1)	无颏须；颏孔5个，或为"似五孔"型〔参见属的检索表25（24）〕。

3 (6) 体侧沿侧线有 1 白色纵带。

4 (5) 体侧仅沿侧线有 1 白色纵带；背鳍具 25~28 鳍条；侧线上方鳞片 5~6；背鳍鳍条部及臀鳍有 1/2 以上被小鳞。体紫褐色，腹部金黄色；背鳍鳍棘部黑色，其余各鳍边缘灰色（分布：南海；东南亚；印度、斯里兰卡） ……………………………………………………………………………
……………………………………… 白条叫姑鱼 *J. carutta* (Bloch, 1793)〈图 918〉

5 (4) 体侧除沿线有 1 白色纵带外，背鳍基部下方亦有 1 白色纵带；背鳍具 29~31 鳍条；侧线上方鳞片 6~7；背鳍鳍条部及臀鳍被小鳞几达鳍条部边缘。体背侧紫褐色，腹侧银白色；背鳍中间白色，鳍棘部顶端黑褐色，鳍条部边缘褐色；尾鳍黄褐色，臀鳍和腹鳍黄色，胸鳍浅褐色（分布：南海、东海南部和台湾省海域；日本） ………………………………
……………………………………… 鳞鳍叫姑鱼 *J. distincta* (Tanaka, 1916)〈图 919〉
〔同种异名：丁氏鰔 *Wak tingi* (Tang, 1937)，南海鱼类志；东海鱼类志；中国鱼类系统检索〕

6 (3) 体侧沿侧线无白色纵带。

7 (8) 体上侧具 6~8 条黑色宽横带；各鳍黑色。液浸标本体棕褐色，背部色深，腹部色浅；腹鳍和臀鳍灰黑色，其余各鳍边缘黑色（分布：南海、台湾海峡） ………………………
……………………………………… 条纹叫姑鱼 *J. fasciatus* (Chu, Lo et Wu, 1963)〈图 920〉

8 (7) 体侧无条纹；各鳍一般浅色。

9 (12) 吻明显突出，上颌长于下颌。

10 (11) 背鳍鳍棘部高于鳍条部；眼较小，头长约为眼径 5 倍；臀鳍第二鳍棘明显强壮，长度为眼径 2 倍；侧线鳞 50~55；背鳍鳍棘部尖端黑色。体金黄色略带紫色（分布：南海；印度） ……………………………………… 突吻叫姑鱼 *J. coitor* (Hamilton, 1822)〈图 921〉
〔同种异名：突吻鰔 *Wak coitor*（朱元鼎，罗云林，伍汉霖，1963），中国鱼类系统检索〕

11 (10) 背鳍鳍棘部与鳍条部约等高；眼大，头长不达眼径的 4 倍；臀鳍第二鳍棘长度约等于眼径；侧线鳞 45~47；背鳍鳍棘部尖端褐色。体上侧紫褐色，下侧白色至浅黄色；各鳍黄褐色；鳃盖上方具 1 暗色斑（分布：南海、台湾省海域；印度） ………………………
……………………………………… 大吻叫姑鱼 *J. macrorhynus* (Mohan, 1976)〈图 922〉

12 (9) 吻稍突出或不突出。

13 (14) 吻稍突出；臀鳍第二鳍棘粗壮，长度约为眼径 1.5~1.7 倍；鳔具 14 侧肢。体背侧灰褐色，腹侧色浅而带银色光泽；背鳍褐色，边缘部黑色；鳃盖、鳃腔黑褐色，口腔白色（分布：中国沿海；东南亚；印度-太平洋） ………………………………………
……………………………………… 皮氏叫姑鱼 *J. belengerii* (Cuvier, 1830)〈图 923〉

14 (13) 吻不突出；臀鳍第二鳍棘短弱，长度等于或小于眼径；鳔具 14~18 侧肢。

15 (16) 吻缘缓圆；胸鳍起点位于背鳍和腹鳍起点连线稍前方；腹鳍无明显延长鳍条；尾鳍楔形；鳔具 16~18 侧肢。体背侧紫褐色，腹侧银白色；背鳍鳍棘部灰褐色，鳍条部浅褐色；尾鳍褐色；臀鳍和腹鳍浅黄色；胸鳍浅褐色，鳍基上缘内侧具 1 暗色腋斑；鳃盖上方具 1 暗色斑（分布：南海、东海台湾海峡；东南亚；印度-西太平洋） ……………
……………………………………… 杜氏叫姑鱼 *J. dussumieri* (Cuvier, 1830)〈图 924〉
〔同种异名：*Wak sina* (Cuvier, 1830)，南海鱼类志（白鰔）；朱元鼎，罗云林，伍汉霖，1963（湾鰔）；中国鱼类系统检索（湾鰔）〕

16 (15) 吻缘截钝，头背缘略呈折线状；胸鳍起点明显位于背鳍和腹鳍起点连线后方；腹鳍第一鳍条明显延长,突出于其他鳍条之前;尾鳍圆形;鳔具14~16侧肢(分布:南海南部;东南亚、澳大利亚北部) ············ 婆罗叫姑鱼 *J. borneensis* (Bleeker, 1851)〈图925〉

〔同种异名:*Johnieops vogleri* (Bleeker, 1853)〕

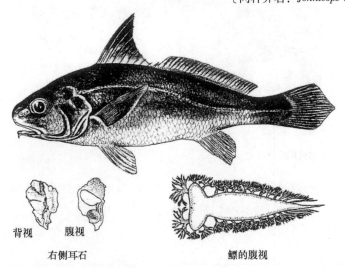

图917 团头叫姑鱼 *Johnius amblycephalus* (Bleeker)(体长至属基123 mm)
(依朱元鼎,罗云林,伍汉霖,1963)

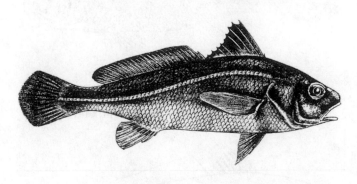

图918 白条叫姑鱼 *J. carutta* (Bloch)
(依 Day,1976。转引自朱元鼎,罗云林,伍汉霖,1963)

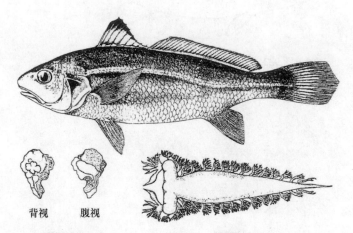

图919 鳞鳍叫姑鱼 *J. distincta* (Tanaka, 1916)(体长至属基221 mm)
(依朱元鼎,罗云林,伍汉霖,1963)

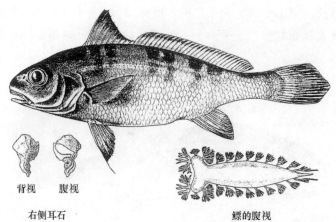

图 920　条纹叫姑鱼 J. fasciatus（Chu, Lo et Wu）（体长至属基 117 mm）
（依朱元鼎，罗云林，伍汉霖，1963）

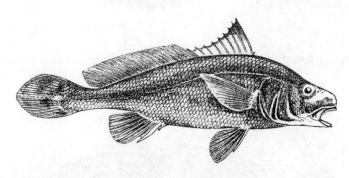

图 921　突吻叫姑鱼 J. coitor（Hamilton）
（依 Day，1976。转引自朱元鼎，罗云林，伍汉霖，1963）

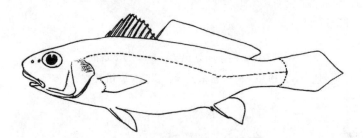

图 922　大吻叫姑鱼 J. macrorhynus（Mohan）

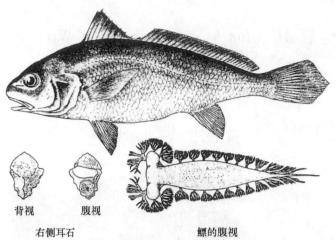

背视　腹视

右侧耳石　　　　　　　鳔的腹视

图923　皮氏叫姑鱼 J. *belengerii*（Cuvier）（体长至属基145 mm）
（依朱元鼎，罗云林，伍汉霖，1963）

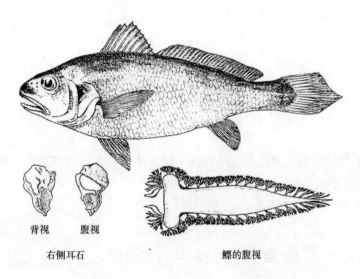

背视　腹视

右侧耳石　　　　　　　鳔的腹视

图924　杜氏叫姑鱼 J. *dussumieri*（Cuvier）（体长至尾基171 mm）
（依朱元鼎，罗云林，伍汉霖，1963）

图925　婆罗叫姑鱼 J. *borneensis*（Bleeker）
（依 Chan and al., in Fischer and Whitehead (Eds.), 1974）

毛鲿属 *Megalonibea*（Chu，Lo et Wu，1963）

（本属仅1种，南海有产）

褐毛鲿 *Megalonibea fusca*（Chu，Lo et Wu，1963）〈图926〉

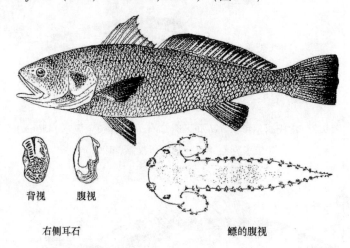

图926　褐毛鲿 *Megalonibea fusca*（Chu，Lo et Wu）（体长1 258 mm）
（依伍汉霖，1985，福建鱼类志）

液浸标本体银灰带橙黄色。鳔锚状，具侧囊1对，伸向后方，后部游离。尾鳍双凹形。颏孔为"似五孔"型。鳔为名贵滋补品。本种是养殖的名贵种类。

分布：南海、东海、黄海南部；日本。

黄唇鱼属 *Bahaba*（Herre，1935）

（本属有3种，南海产1种）

黄唇鱼 *Bahaba taipingensis*（Herre，1932）〈图927〉
〔同种异名：*B. flavolabiata*（Lin，1937）〕

吻缘孔5个，颏孔2个，均不显著。鳔圆筒形，前端具侧管1对，伸向后方进入体壁肌层；鳔侧无侧肢。液浸标本体背侧灰棕带橙黄色，腹侧灰白色。胸鳍腋下有1黑斑；背鳍边缘黑色；尾鳍灰黑色。鳔为名贵滋补品，并有药用价值，可治妇女血崩。俗名：金钱鮸。

分布：南海、东海南部及台湾海峡；越南。

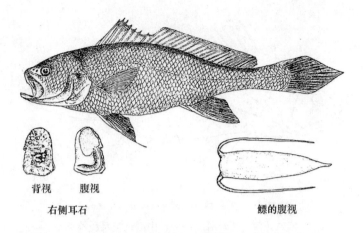

图 927　黄唇鱼 Bahaba taipingensis（Herre）（体长 174 mm）
（整体图，依朱元鼎，伍汉霖，1985，福建鱼类志；耳石、鳔，依朱元鼎，罗云林，伍汉霖，1963）

潘纳石首鱼属 Panna（Mohan，1969）

（本属有 3 种，南海产 1 种）

小牙潘纳石首鱼 Panna microdon（Bleeker，1849）〈图 928〉

〔同种异名：小齿拟牙䱛 Otolithoides microdon〕

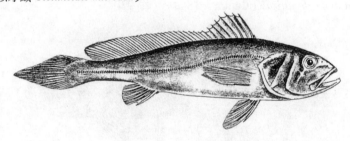

图 928　小牙潘纳石首鱼 Panna microdon（Bleeker）
（依 Day，1876。转引自朱元鼎，罗云林，伍汉霖，1963）

体较延长。背鳍Ⅸ—Ⅹ 31～36；臀鳍Ⅱ 6～8。侧线鳞延伸至尾鳍末端。尾鳍尖形。体背部褐色，中部和腹部色较淡；鳃盖上方中间具 1 暗蓝色斑。各鳍黄色，背鳍和臀鳍边缘暗色。

分布：南海；东南亚、印度。

大棘鱼属 Macrospinosa（Mohan，1969）

（本属只 1 种，南海有产）

斜纹大棘鱼 Macrospinosa cuja（Hamilton，1822）〈图 929〉

〔同种异名：Wak cuja：南海鱼类志（花䱛）；朱元鼎，罗云林，伍汉霖，1963（斜纹䱛）〕

背鳍Ⅺ 27～29；臀鳍Ⅱ 7。背鳍第三、四鳍棘甚长，约为体高之半。臀鳍第二棘甚强壮，等于

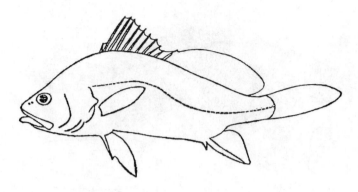

图929 斜纹大棘鱼 *Macrospinosa cuja* (Hamilton)
(依朱元鼎,伍汉霖,1987,中国鱼类系统检索)

头长1/2。体背缘甚隆拱。侧线上方有许多黑色波状斜条,侧线下方具波状纵条纹。腹部浅色。背鳍鳍棘部边缘黑色,鳍条部有2~3行黑色斑点。

分布：南海；越南；印度。

拟牙䱛属 *Otolithoides* (Fowler,1933)

(本属有3种,南海产1种)

长吻拟牙䱛 *Otolithoides biauritus* (Cantor,1849)〈图930〉

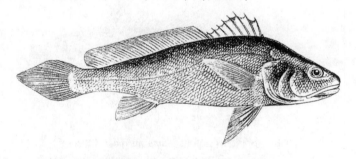

图930 长吻拟牙䱛 *Otolithoides biauritus* (Cantor)
(依Day,1876。转引自朱元鼎,罗云林,伍汉霖,1963)

头部和背部灰绿色,体侧中部金黄色,腹部色浅并具褐色细斑点。侧线金黄色。背鳍、臀鳍和尾鳍褐黄色至浅橙黄色；腹鳍浅橙黄色；胸鳍褐色,鳍基具黑色腋斑。

分布：南海、东海；越南、泰国湾、马来西亚、菲律宾、印度尼西亚；印度。

翼牙䱛属 *Pterotolithus* (Fowler,1933)

(本属有2种,南海产1种)

斑点翼牙䱛 *Pterotolithus maculatus* (Cuvier,1830)〈图931〉
体延长。头尖。口大,下颌突出于上颌之前。上颌齿2行,前端具1对强犬齿,内侧齿细小；

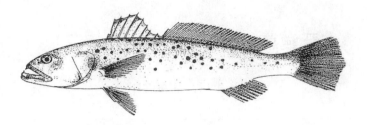

图 931　斑点翼牙鰔 *Pterotolithus maculatus* (Cuvier)
(依 Chan and al., in Fischer and Whitehead (Eds.), 1974)

下颌前端亦有 1 对强犬齿。下鳃耙 8~9。头部棕褐色，体背侧黑褐色，腹侧银白色。体侧上部约具 4 纵列不规则黑斑，大小约等于眼径之半或稍大。各鳍淡色，尾鳍后部黑色。

分布：南海；越南、泰国湾、马来西亚、印度尼西亚；泰国印度洋侧、缅甸、印度。

枝鳔石首鱼属 *Dendrophysa*（Trewavas，1964）

（本属有 2 种，南海产 1 种）

勒氏枝鳔石首鱼 *Dendrophysa russelli*（Cuvier，1829）〈图 932〉

〔同种异名：*Sciaena russelli*，南海鱼类志（勒氏须鰔）；朱元鼎，罗云林，伍汉霖，1963（勒氏石首鱼）；勒氏短须石首鱼 *Umbrina russelli*，福建鱼类志；中国鱼类系统检索〕

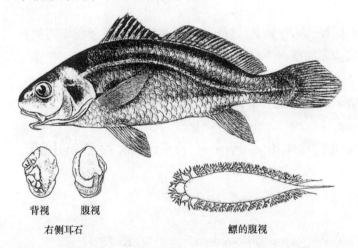

图 932　勒氏枝鳔石首鱼 *Dendrophysa russelli*（Cuvier）（体长至尾基 133 mm）
(依朱元鼎，罗云林，伍汉霖，1963)

颏前端具 1 短须。体背侧灰色，至腹部渐转为白色。各鳍浅色，背鳍鳍棘部边缘灰黑色。背侧前方具 1 菱形黑斑。

分布：南海、东海台湾海峡；东南亚；印度洋北部。

牙䱛属 *Otolithes* (Oken, 1782)

(本属有3种，南海产1种)

红牙䱛 *Otolithes rubber* (Bloch et Schneider, 1801) 〈图933〉

〔同种异名：银牙䱛 *O. argenteus* (Cuvier, 1830)，南海鱼类志；朱元鼎，罗云林，伍汉霖，1963；中国鱼类系统检索〕

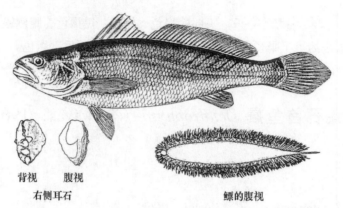

图933 红牙䱛 *Otolithes rubber* (Bloch et Schneider) (体长至尾基230 mm)
(依朱元鼎，罗云林，伍汉霖，1963)

鳔侧具35～37对侧肢，无背分支。颏孔2个，细小。上颌骨前端两侧有1～2对犬牙，下颌中央有1～2枚犬牙，其余牙细小，单行。头部、体背侧浅红褐色，腹侧色渐浅至银白色。背鳍、胸鳍、腹鳍淡红褐色，尾鳍黄色。背鳍边缘及尾鳍上半部后侧灰黑色。

分布：南海、东海和台湾省海域；东南亚；澳大利亚北部；印度。

黄鳍牙䱛属 *Chrysochir* (Trewavas et Yazdani, 1966)

(本属仅1种，南海有产)

尖头黄鳍牙䱛 *Chrysochir aureus* (Richardson, 1846) 〈图934〉

〔同种异名：*Nibea acuta* (Tang, 1937)，南海鱼类志(尖尾黄姑鱼)；朱元鼎，罗云林，伍汉霖，1963(尖头黄姑鱼)〕

头尖。上颌外行牙较大，锥形，前方数牙最大，犬齿状，口闭时外露。体棕褐色。各鳍与体同色。胸鳍色较深；背鳍鳍棘部边缘黑色，鳍条部基部有1纵列黑色斑点；尾鳍有较大的黑色斑点。背部于背鳍前方有1黑色鞍状斑。体侧上2/3的鳞片中央具1黑色斑点，构成许多斜行的点线纹。

分布：南海、东海南部和台湾省海域；越南、泰国湾、马来西亚；缅甸、印度。

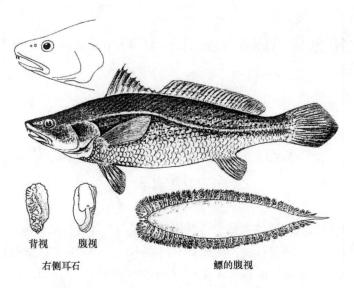

图934 尖头黄鳍牙䱛 *Chrysochir aureus* (Richardson)（体长至尾基 312 mm）
（依朱元鼎，罗云林，伍汉霖，1963）

副黄姑鱼属 *Paranibea* (Trewavas，1977)

（本属仅1种，南海有产）

黑鳍副黄姑鱼 *Paranibea semiluctuosa* (Cuvier，1830)〈图935〉
〔同种异名：黑鳍叫姑鱼 *Johnius semiluctuosus*，朱元鼎，罗云林，伍汉霖，1963〕

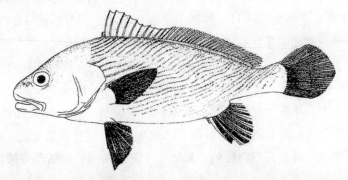

图935 黑鳍副黄姑鱼 *Paranibea semiluctuosa* (Cuvier)
（依 Chan and al., in Fischer and Whitehead (Eds.), 1974）

胸鳍、腹鳍和臀鳍黑色。体侧具许多黑色斜纹。
分布：南海；印度尼西亚、菲律宾；缅甸、泰国、印度。

黄姑鱼属 *Nibea* (Jordan et Thompson, 1911)

(本属有11种, 南海产4种)

臀鳍第二鳍棘甚强壮。

种的检索表

1 (2) 颏孔5个; 下鳃耙8~9。体黄褐色; 背鳍边缘黑色, 其余各鳍黄色, 尾鳍上半部有时呈灰黑色。体侧有许多不明显斜纹, 侧线上下斜纹不连接。(分布: 南海; 越南、柬埔寨、马来西亚、菲律宾、泰国、缅甸、印度) ·· 黑缘黄姑鱼 *Nibea soldado* (Lacépède, 1802)〈图936〉

〔同种异名: 黑缘鯎 *Wak soldado*, 朱元鼎, 罗云林, 伍汉霖, 1962, 中国鱼类系统检索〕

2 (1) 颏孔为"似五孔"型〔参见属的检索表24 (23)〕; 下鳃耙9~11。
3 (4) 体侧无黑色波状斜纹; 臀鳍起点在背鳍第十一鳍条下方。下鳃耙9~10; 鳃的侧肢17~22对。体黄褐色, 背侧色较深, 腹侧色较浅; 背鳍鳍棘部上方灰褐色, 中部具1浅色纵带。胸鳍、腹鳍、臀鳍和尾鳍浅褐色。鳞片上具许多黑点 (分布: 南海, 台湾海峡; 日本) ··· 元鼎黄姑鱼 (浅色黄姑鱼) *N. chui* (Trewavas, 1971)〈图937〉

〔同种异名: 浅色黄姑鱼 *N. coibor* (非 Hamilton), 朱元鼎, 罗云林, 伍汉霖, 1963; 东海鱼类志〕

4 (3) 体侧有明显黑色波状斜纹; 臀鳍起点在背鳍第13~15鳍条下方。
5 (6) 体侧上大半部自项背至尾柄有约略平行的许多黑色波状斜纹; 体长为体高的3.5~3.8倍; 鳔的侧肢22对; 下鳃耙10~11。体侧上半部紫褐色, 下半部银白带橙黄色; 背鳍灰褐色, 鳍条部每一鳍条基部前缘各有1深褐色斑点; 尾鳍浅黄褐色; 臀鳍和腹鳍黄色有细小褐斑; 胸鳍褐色, 鳍基上端内侧具1黑色腋斑。口腔白色, 鳃腔黑色 (分布: 我国沿海; 日本) ·· 黄姑鱼 *N. albiflora* (Richardson, 1846)〈图938〉
6 (5) 体前部侧线上方自项背至背鳍鳍棘部下方具暗色波状斜纹, 体后部斜纹不明显或不存在; 体长为体高的3倍; 鳔的侧肢19对; 下鳃耙9~10。体背侧紫褐色, 腹侧银白色; 背鳍鳍棘部边缘灰褐色, 鳍条部鳍膜褐色, 基底有1灰色条纹; 腹鳍和臀鳍浅黄色, 散布有零星小黑点; 胸鳍和尾鳍淡色 (分布: 南海、台湾省海域; 日本、泰国湾) ··· 半花黄姑鱼 *N. semifasciata* (Chu, Lo et Wu, 1963)〈图939〉

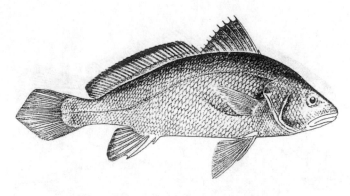

图 936　黑缘黄姑鱼 *Nibea soldado*（Lacépède）
（依 Day，1876：Sciaena miles。转引自朱元鼎，罗云林，伍汉霖，1963）

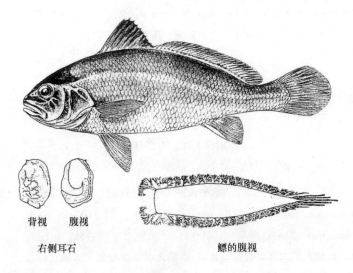

背视　腹视

右侧耳石　　　　　　　鳔的腹视

图 937　元鼎黄姑鱼 *N. chui*（Trewavas）（体长至尾基 243 mm）
（依朱元鼎，罗云林，伍汉霖，1963）

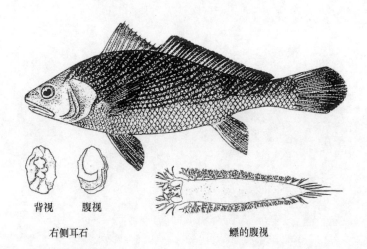

背视　腹视

右侧耳石　　　　　　　鳔的腹视

图 938　黄姑鱼 *N. albiflora*（Richardson）（体长 260 mm）
（整体图依伍汉霖，2002；耳石、鳔，依朱元鼎，罗云林，伍汉霖，1963）

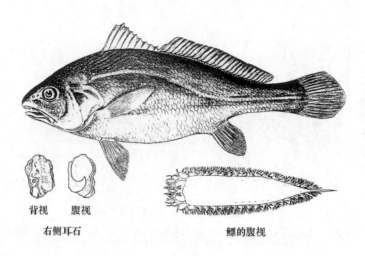

图939 半花黄姑鱼 N. semifasciata（Chu，Lo et Wu）（体长至尾基241 mm）
（依朱元鼎，罗云林，伍汉霖，1963）

原黄姑鱼属 Protonibea（Trewavas，1971）

（本属仅1种，南海有产）

颏孔为"似五孔"型。鳔胡萝卜形，前端和两侧边均有侧肢；侧肢无背分支。

双棘原黄姑鱼 Protonibea diacanthus（Lacépède，1802）〈图940〉

〔同种异名：Nibea diacanthus，南海鱼类志（棘黄姑鱼），朱元鼎，罗云林，伍汉霖，1963（双棘黄姑鱼）；东海鱼类志（双棘黄姑鱼）；福建鱼类志（双棘黄姑鱼）；中国鱼类系统检索（双棘黄姑鱼）〕

体褐黄色。胸鳍、腹鳍和臀鳍黑色。体侧具斑，其斑纹随鱼体增长而有变化（参见图940）。

分布：我国沿海；朝鲜半岛、日本、其他陆架海域。栖息于水深100 m以浅泥或沙泥底质水域。

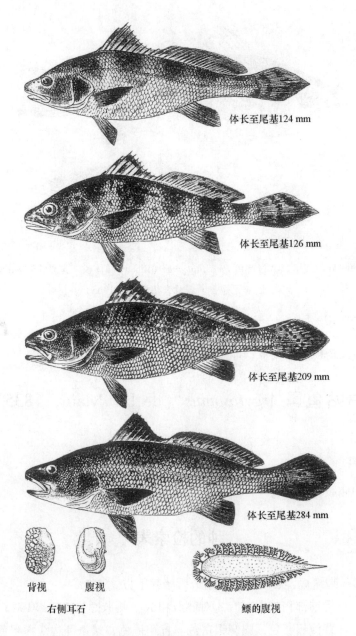

图 940 双棘原黄姑鱼 *Protonibea diacanthus*（Lacépède）
（依朱元鼎，罗云林，伍汉霖，1963。示体斑随生长而变化）

彭纳石首鱼属 *Pennahia*（Fowler，1926）

（本属有 2 种，南海产 1 种）

灰鳍彭纳石首鱼 *Pennahia anea*（Bloch，1793）〈图 941〉
〔同种异名：截尾白姑鱼 *Argyrosomus aneus*，南海鱼类志；朱元鼎，罗云林，伍汉霖，1963；福建鱼类志；中国鱼类系统检索。*P. mcrophthalmus*（Bleeker，1850）〕

颏孔 6 个。幽门盲囊 11。鳔的侧肢细小密致。尾鳍截形。体灰褐色，背侧色深，腹侧色浅带银

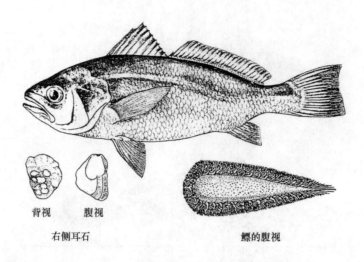

图 941　灰鳍彭纳石首鱼 Pennahia anea（Bloch）（体长至尾基 174 mm）
（依朱元鼎，罗云林，伍汉霖，1963）

白色，各鳍灰黑色。

分布：南海、台湾海峡；东南亚；印度。

白姑鱼属 Argyrosomus（de La Pylaie，1835）

（本属有 14 种，南海产 5 种）

颏孔 6 个。鳔的侧肢较粗。

种的检索表

1（4）　幽门盲囊 8；胸鳍短，后端不达背鳍最后鳍棘下方。

2（3）　尾鳍双凹型；鳔前部稍扩大，有 3 对侧肢粗大，侧肢总数 24～30 对；体侧无明显的波状暗色斜纹。体背侧银灰色，腹侧银白色；背鳍褐色，鳍条部边缘深褐色；臀鳍和腹鳍灰褐色；胸鳍褐色；尾鳍黑褐色（分布：南海、东海和台湾省海域，黄海；日本南部）…………………… 日本白姑鱼 Argyrosomus japonicus（Temminck et Schlegel，1843）〈图 942〉
〔同种异名：日本黄姑鱼 Nibea japonia，朱元鼎，罗云林，伍汉霖，1963；中国鱼类系统检索〕

3（2）　尾鳍楔形；鳔前端不扩大，鳔具侧肢 22 对；体侧大部具许多明显的波状暗色斜纹。体背侧灰橙色，腹侧银白色；胸鳍、腹鳍及臀鳍橙黄色（分布：我国沿海；朝鲜半岛、日本南部）………………… 鮸状白姑鱼 A. miichthioides（Chu，Lo et Wu，1963）〈图 943〉
〔同种异名：鮸状黄姑鱼 Nibea miichthioides，朱元鼎，罗云林，伍汉霖，1963；福建鱼类志；中国鱼类系统检索〕

4（1）　幽门盲囊 9～10；胸鳍长，后端伸达或超过背鳍最后鳍棘下方。

5（6）　下颌前端中间有 1 暗色斑，由一群黑色小点组成；臀鳍第二鳍棘较强，长度为眼径的 1.3～1.4 倍；鳔具侧肢 18～20 对；下鳃耙 12 以上。体背侧浅紫褐色，腹侧银白色；背鳍浅褐色，边缘深褐色；尾鳍浅褐色；其余各鳍淡色；鳃盖青紫色；幽门盲囊 9（分布：南海、台湾海峡；日本）..
.... 大头白姑鱼 A. macrocephalus（Tang，1937）〈图 944〉

6(5) 下颌前端无暗色斑；臀鳍第二鳍棘较短，长度等于或稍大于眼径；鳔具侧肢 24 对以上；下鳃耙 8~10。

7(8) 背鳍第 6~7 鳍棘间有 1 黑斑；下鳃耙 8~9；幽门盲囊 9~10。体背侧紫褐色，腹侧银白色；背鳍褐色，鳍条部中间有 1 白色纵带；尾鳍和胸鳍浅褐色；腹鳍橘黄色有细褐斑；臀鳍无色；鳃盖青紫色。幼鱼体侧上部有 2 行黑斑，随年龄增大而消失（分布：南海、台湾海峡）... 斑鳍白姑鱼 A. pawak（Lin，1940）〈图 945〉

8(7) 背鳍鳍棘部无黑斑；下鳃耙 9~10；幽门盲囊 11~12。体背侧紫褐色，腹侧银白色；背鳍浅褐色，边缘灰褐色；鳍条部中间有 1 银白色纵带；尾鳍黑色，胸鳍、腹鳍和臀鳍无色；鳃盖青紫色（分布：我国沿海；日本、其他陆架海域）..
.... 白姑鱼 A. argentatus（Houttuyn，1782）〈图 946〉

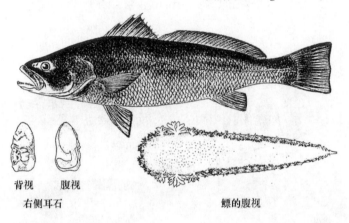

图 942　日本白姑鱼 Argyrosomus japonicus（Temminck et Schlegel）
（体长至尾基 875 mm）
（依朱元鼎，罗云林，伍汉霖，1963）

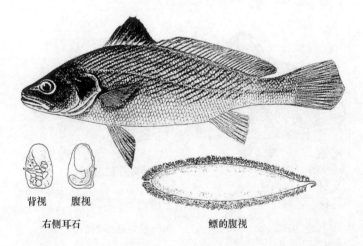

图 943　鮸状白姑鱼 A. miichthioides（Chu，Lo et Wu）（体长至尾基 279 mm）
（依朱元鼎，罗云林，伍汉霖，1963）

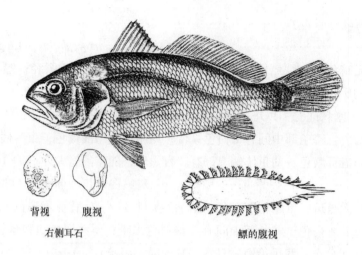

图 944 大头白姑鱼 A. *macrocephalus*（Tang）（体长至尾基 203 mm）
（依朱元鼎，罗云林，伍汉霖，1963）

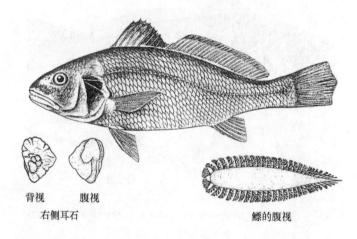

图 945 斑鳍白姑鱼 A. *pawak*（Lin）（体长至尾基 192 mm）
（依朱元鼎，罗云林，伍汉霖，1963）

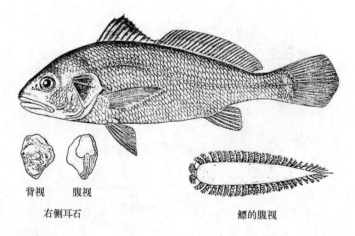

图 946 白姑鱼 A. *argentatus*（Houttuyn）（体长至尾基 245 mm）
（依朱元鼎，罗云林，伍汉霖，1963）

黑姑鱼属 Atrobucca (Chu, Lo et Wu, 1963)

(本属有10种，南海产1种)

黑姑鱼 Atrobucca nibe (Jordan et Thompson, 1911) 〈图947〉
〔同种异名：黑口白姑鱼 Argyrosomus nibe，南海鱼类志〕

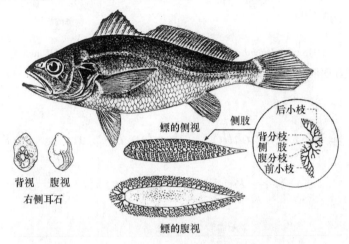

图947　黑姑鱼 Atrobucca nibe (Jordan et Thompson) (体长至尾基188 mm)
(依朱元鼎，罗云林，伍汉霖，1963)

口腔和鳃腔黑色。体侧面灰紫色，腹部银白色；背鳍褐色，鳍条部色较深；尾鳍黑褐色；胸鳍浅褐色；臀鳍和腹鳍无色，臀鳍有细黑斑；鳃盖青紫色。

分布：南海、东海和台湾省海域，黄海；韩国、日本南部；印度。

鮸属 Miichthys (Lin, 1938)

(本属仅1种，南海有产)

鮸 Miichthys miiuy (Basilewsky, 1855) 〈图948〉
体灰褐带紫绿色，腹部灰白色。背鳍鳍棘上缘黑色，鳍条部中央有1纵行黑色条纹。胸鳍有1暗色腋斑。各鳍灰黑色，胸鳍后半部黑色。腹部无金黄色皮腺体。口腔淡灰色。一般体长450～550 mm，最大体长750 mm。

分布：我国沿海；日本。

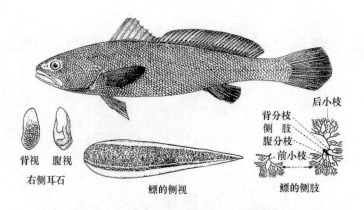

图 948 鮸 Miichthys miiuy（Basilewsky）（体长至尾基 245 mm）

（整体图依伍汉霖，2002；耳石、鳔，依朱元鼎，罗云林，伍汉霖，1963）

黄鱼属 Larimichthys（Jordan et Starks，1905）

〔异名：Pseudosciaena（Bleeker，1863）〕

（本属有 3 种，南海产 1 种）

大黄鱼 Larimichthys crocea（Richardson，1846）〈图 949〉

〔同种异名：Pseudosciaena crocea，南海鱼类志；东海鱼类志；福建鱼类志；中国鱼类系统检索〕

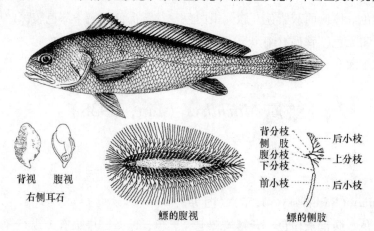

图 949 大黄鱼 Larimichthys crocea（Richardson）（体长 364 mm）

（整体图依伍汉霖，朱元鼎，1985，福建鱼类志；耳石、鳔，依朱元鼎，罗云林，伍汉霖，1963）

尾柄长为尾柄高的 3 倍余。臀鳍Ⅱ7~9（常8），第 2 鳍棘长度等于或稍长于眼径。鳔侧肢腹分支的下小枝之前、后小枝等长。体背面和上侧面黄褐色，腹面金黄色，腹部具金黄色皮腺体。各鳍黄色或灰黄色。唇橘红色。尾鳍尖长，呈楔形。

分布：南海、东海、黄海；日本。

梅童鱼属 Collichthys（Günther，1860）

（本属有2种，南海产1种）

棘头梅童鱼 Collichthys lucidus（Richardson，1844）〈图950〉

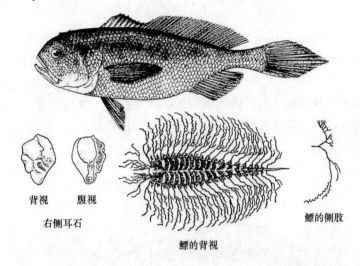

图950　棘头梅童鱼 Collichthys lucidus（Richardson）（体长150 mm）
（整体图依伍汉霖，朱元鼎，1985，福建鱼类志；耳石、鳔，依朱元鼎，
罗云林，伍汉霖，1963）

头部枕骨棘棱显著，具4~5小棘。体背侧灰黄色，腹侧金黄色。鳃腔白色或灰白色。各鳍淡黄色，背鳍鳍棘部边缘和尾鳍后端部黑色。小型鱼类，一般体长80~160 mm。

分布：南海、东海和台湾省海域，黄海；日本。

鲾科 Leiognathidae

属的检索表

1（4）　两颌齿细毛状，无犬齿。
2（3）　口上位，下颌近垂直，口管伸出时朝向上前方 ……………………………… 仰口鲾属 Secutor
3（2）　口上位或前位，口管伸出时朝水平方向或下斜 ……………………………… 鲾属 Leiognathus
4（1）　两颌具小尖牙，上下颌合缝附近有1~2对犬齿 ……………………………… 牙鲾属 Gazza

仰口鲾属 *Secutor* (Gistel, 1848)

(本属有5种，南海产2种)

种的检索表

1（2） 体较长，体长为体高2.12~2.36倍；体背侧具约20条断续黑色细横纹（分布：南海、东海台湾海峡；印度） ·················· 静仰口鲾 *Secutor insidiator* (Bloch, 1787)〈图951〉

〔同种异名：静鲾 *Leiognathus iosidiator*〕

2（1） 体较短，体长不及体高2倍；体背侧有9~11条较粗的黑色横条及若干个小黑斑（分布：南海、东海南部和台湾省海域，黄海；印度） ··················
·················· 鹿斑仰口鲾 *S. ruconius* (Hamilton, 1822)〈图952〉

〔同种异名：鹿斑鲾 *Leiognathus ruconius*〕

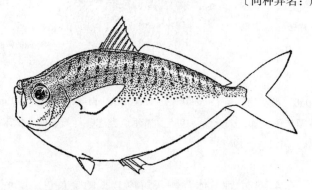

图951 静仰口鲾 *Secutor insidiator* (Bloch)
(依田明诚，1987，中国鱼类系统检索，图1601)

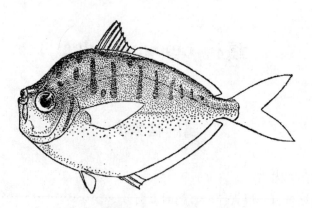

图952 鹿斑仰口鲾 *S. ruconius* (Hamilton)
(依田明诚，1987，中国鱼类系统检索，图1600)

鲾属 Leiognathus (Lacépède, 1803)

(本属约 24 种, 南海产 14 种)

种的检索表

1 (2) 颊部被鳞, 口闭合时下颌成 30°角（分布: 南海, 东海台湾海峡; 日本; 印度 - 西太平洋) ………………………… 长鲾 Leiognathus elongatus (Günther, 1874)〈图 953〉

2 (1) 头部无鳞, 口闭合时下颌成 35°~45°角。

3 (6) 背鳍第二棘延长呈丝状, 长于体高。

4 (5) 臀鳍第二棘略有延长, 明显短于体高; 体较低矮, 体长为体高的 3 倍; 体上半部具暗色虫状细斑; 侧线下方具 3 个黄色斑, 第一斑位于胸鳍基部上方, 其余 2 斑位于背鳍下方（分布: 南海、台湾省海域; 日本; 印度 - 西太平洋) …………………………………………………………………… 曳丝鲾 L. leuciscus (Günther, 1860)〈图 954〉

5 (4) 臀鳍第二棘延长呈丝状, 与背鳍第二棘一样长于体高; 体较高, 体长约为体高 1.8 倍; 体上部无明显斑纹; 侧线下方具 3 个黄色斑, 均位于背鳍下方（分布: 南海南部; 西太平洋) ………………… 斯氏鲾 L. smithursti (Ramsay et Ogilby, 1886)〈图 955〉

6 (3) 背鳍第二棘短于体高。

7 (14) 胸部被鳞。

8 (9) 吻钝, 前端近截形; 口裂位于眼下缘水平; 背鳍第 2~8 棘上缘黑色。侧线褐黄色（分布: 南海、台湾省海域; 日本; 印度 - 西太平洋) …………………………………………………………… 黑边鲾 L. splendens (Cuvier, 1829)〈图 956〉

9 (8) 吻较尖, 前端不呈截形; 口裂位于瞳孔下缘水平; 背鳍鳍棘部无黑边。

10 (11) 体较短高, 腹缘隆起度大于背缘; 背鳍鳍棘部有 1 黄斑（分布: 南海、东海和台湾省海域; 日本; 印度 - 西太平洋) ……… 黄斑鲾 L. bindus (Valenciennes, 1835)〈图 957〉

11 (10) 体较低长, 背缘、腹缘隆起度约相似; 背鳍鳍棘部无斑。

12 (13) 体背侧有蠕虫状暗色粗纹; 两颌齿 1~2 列（分布: 南海、东海台湾海峡; 印度尼西亚、菲律宾、印度 - 西太平洋) ……… 粗纹鲾 L. lineolatus (Valenciennes, 1835)〈图 958〉

13 (12) 体背侧有蠕虫状暗色细纹; 两颌齿 3~4 列（分布: 南海、东海台湾海峡; 印度尼西亚; 印度 - 西太平洋) ………………… 椭圆鲾 L. oblongus (Valenciennes, 1835)〈图 959〉

〔同种异名: L. berbis (Valenciennes, 1835), 南海鱼类志; 福建鱼类志; 中国鱼类系统检索〕

14 (7) 胸部无鳞。

15 (20) 项背部具 1 鞍状斑。

16 (17) 项背部鞍状斑蓝色（鲜）或暗灰色（固定后）; 体侧具横纹, 呈波纹状（分布: 南海、东海台湾海峡; 日本) ……… 条鲾 L. rivulatus (Temminck et Schlegel, 1845)〈图 960〉

17 (16) 项背部鞍状斑黑色。

18 (19) 背鳍鳍棘部上部具 1 黄色大斑; 侧线不呈褐黄色; 鳃盖上角后方至尾柄无黄色纵线; 体背侧在背鳍下方具一些不规则横纹; 鳃耙（5~6）+17（分布: 南海、东海台湾海峡;

		越南、菲律宾、马来西亚；印度-西太平洋) ·· ·· 短吻鲾 L. brevirostris (Valenciennes, 1835)〈图961〉
19	(18)	背鳍鳍棘部上部具1黑色大斑；侧线褐黄色；鳃盖上角后方至尾柄具1条黄色纵纹；体背侧有不明显暗色云状斑；鳃耙4+15（分布：南海，记录于香港，台湾省海域；日本；太平洋西北部） ········ 颈斑鲾 L. nuchalis (Temminck et Schlegel, 1845)〈图962〉
20	(15)	项背部无鞍状斑。
21	(22)	背鳍第2棘长于体高的1/2。体背侧具10~15条暗色横纹，间距大；体中部于侧线上下方有许多椭圆形或圆形小斑（分布：南海；日本南部；印度-西太平洋） ·· ·· 长棘鲾 L. fasciatus (Lacépède, 1803)〈图963〉
22	(21)	背鳍第2棘等于或短于体高的1/2。
23	(24)	下鳃耙19或20；体背侧具10余条暗色横纹，间距大（分布：南海；菲律宾、马来西亚、印度尼西亚；印度-西太平洋） ·· ·· 杜氏鲾 L. dussumieri (Valenciennes, 1835)〈图964〉
24	(23)	下鳃耙14~18；体背侧有或无横纹。
25	(26)	下鳃耙16~18；腹鳍起点约与胸鳍起点相对；体背侧具许多黑色细横纹，排列紧密；背鳍鳍棘部无黑斑（分布：南海、台湾省海域；日本；菲律宾、马来西亚、印度尼西亚；印度-西太平洋） ·························· 短棘鲾 L. equulus (Forskål, 1775)〈图965〉
26	(25)	下鳃耙14~16；腹鳍起点在胸鳍基后下方；体背侧无横纹，背鳍鳍棘部上部具1黑斑（分布：南海；菲律宾、马来西亚、印度尼西亚） ·· ·· 黑斑鲾 L. daura (Cuvier, 1829)〈图966〉

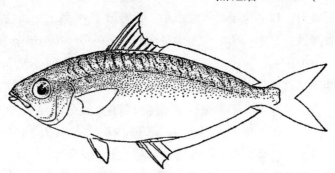

图953　长鲾 Leiognathus elongatus (Günther)
(依田明诚, 1987, 中国鱼类系统检索, 图1603)

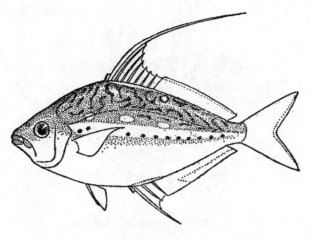

图 954 曳丝鲾 L. leuciscus (Günther)
(依田明诚, 1987, 中国鱼类系统检索, 图 1604)

图 955 斯氏鲾 L. smithursti (Ramsay et Ogilby)
(仿 Mansor and al., 1998)

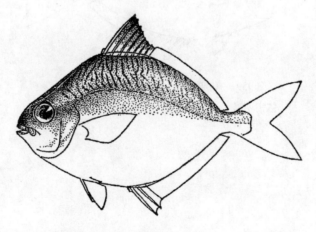

图 956 黑边鲾 L. splendens (Cuvier)
(依田明诚, 1987, 中国鱼类系统检索, 图 1605)

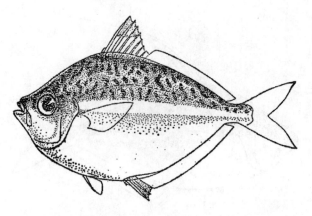

图957　黄斑鲾 L. bindus (Valenciennes)
（依田明诚，1987，中国鱼类系统检索，图1606）

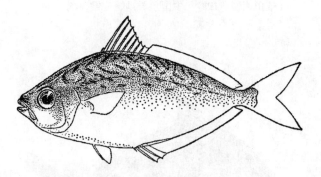

图958　粗纹鲾 L. lineolatus (Valenciennes)
（依田明诚，1987，中国鱼类系统检索，图1607）

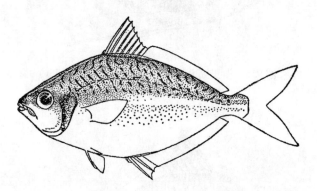

图959　椭圆鲾 L. oblongus (Valenciennes)
（依田明诚，1987，中国鱼类系统检索，图1608）

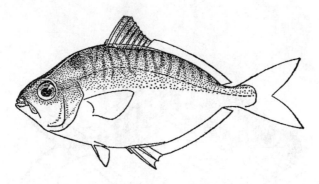

图 960　条鲾 L. rivulatus (Temminck et Schlegel)
（依田明诚，1987，中国鱼类系统检索，图 1612）

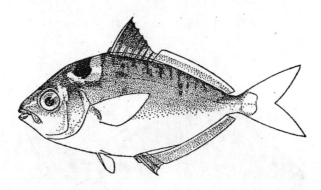

图 961　短吻鲾 L. brevirostris (Valenciennes)

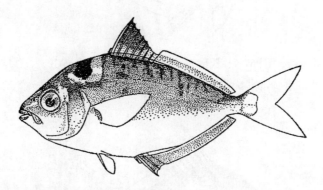

图 962　颈斑鲾 L. nuchalis (Temminck et Schlegel)（体长 116 mm）
（仿 Sadovy and Cornish，2000）

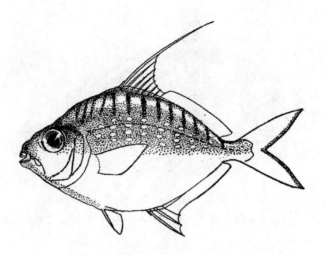

图 963　长棘鲾 L. fasciatus（Lacépède）

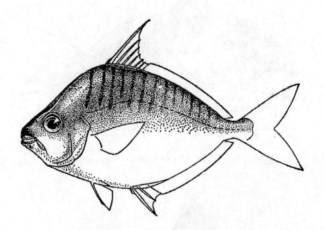

图 964　杜氏鲾 L. dussumieri（Valenciennes）

（依田明诚，1987，中国鱼类系统检索，图 1610）

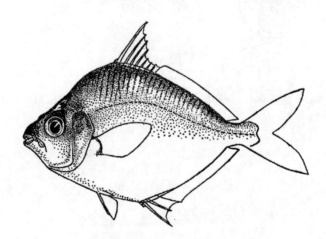

图 965　短棘鲾 L. equulus（Forskål）

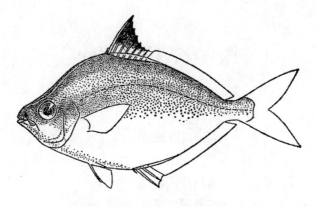

图 966 黑斑鲾 *L. daura* (Cuvier)
(依田明诚, 1987, 中国鱼类系统检索, 图 1614)

牙鲾属 *Gazza* (Rüppell, 1835)

(本属有 4 种, 南海产 1 种)

小牙鲾 *Gazza minuta* (Bloch, 1795) 〈图 967〉

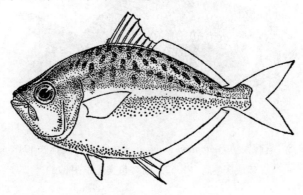

图 967 小牙鲾 *Gazza minuta* (Bloch)
(依田明诚, 1987, 中国鱼类系统检索, 图 1615)

体背侧青灰色, 具暗色不规则斑纹, 腹侧银白色。背鳍鳍棘部边缘浅黑色。臀鳍前端和胸鳍黄色, 腹鳍白色。胸鳍基底深青灰色。

分布: 南海、东海和台湾省海域; 日本; 东南亚; 印度-西太平洋。

银鲈科 Gerridae

属的检索表

1（2） 臀鳍 V—Ⅵ 12~15，基底长，超过背鳍基底之半 ⋯⋯⋯⋯⋯⋯⋯⋯⋯⋯ 五棘银鲈属 Pentaprion
2（1） 臀鳍 Ⅲ 7~8，基底短，短于背鳍基底之半 ⋯⋯⋯⋯⋯⋯⋯⋯⋯⋯⋯⋯⋯ 银鲈属 Gerres

五棘银鲈属 Pentaprion（Bleeker，1850）

（本属仅1种，南海有产）

五棘银鲈 Pentaprion longimanus（Cantor，1849）〈图 968〉

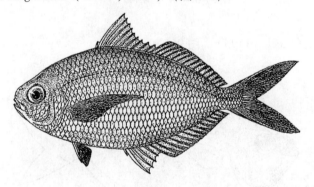

图 968　五棘银鲈 Pentaprion longimanus（Cantor）（体长 121 mm）
（依成庆泰等，1962，南海鱼类志，图 376）

肛门位于腹鳍、臀鳍起点中央的前方。体被薄圆鳞，极易脱落。体银白色（捕获时往往因体鳞脱落只显出肌肉白里带黄的颜色）。俗名"银米"。

分布：南海、台湾省海域；日本；印度-西太平洋。

银鲈属 Gerres（Quoy et Gaimard，1824）

（本属有 23 种，南海产 8 种）

种的检索表

1（2） 背鳍具 10 鳍棘。体背侧褐黄色，有不明显横条纹，腹侧银白色；各鳍浅褐黄色（分布：南海、东海台湾海峡；日本）⋯⋯⋯⋯ 日本银鲈 Gerres japonicus（Bleeker，1854）〈图 969〉
〔同种异名：日本十棘银鲈 Gerreomorpha japonica，南海鱼类志；东海鱼类志；福建鱼类志；中国鱼类系

统检索〕

2（1） 背鳍具9鳍棘。

3（4） 背鳍第2鳍棘延长呈丝状；体上半大部具椭圆形暗色小斑排列组成的点线状横纹；侧线鳞43~46（常44以上）（分布：南海、东海台湾海峡；日本、印度尼西亚；印度-西太平洋） ………………………………………… 长棘银鲈 G. filamentosus (Cuvier, 1829)〈图970〉

4（3） 背鳍第2鳍棘不延长。

5（6） 体高占体长的44%以上；鲜本体侧有约10条黑褐色横条纹和7~8条由黑褐色斑点连成的纵线纹。背鳍棕褐色，中间有1条白色纵纹，其下方又有1纵列黑褐色斑点；尾鳍红棕色，后缘黑褐色；胸鳍近于白色，腹鳍和臀鳍橙黄色（分布：南海、台湾省海域；日本；印度洋东部至太平洋西部） …………… 红尾银鲈 G. erythrourus (Bloch, 1791)〈图971〉

〔同种异名：短体银鲈 G. abbreviatus (Bleeker, 1850)，南海鱼类志；中国鱼类系统检索〕

6（5） 体高占体长40%以下。

7（10） 侧线鳞43~49，侧线上方鳞5~7。

8（9） 体高占体长31%~33%；侧线鳞47~49，侧线上方鳞5~6；体侧具小斑；背鳍第2鳍棘明显长于第3鳍棘（分布：南海、台湾省海域；日本；斯里兰卡；印度-西太平洋）………………………………………………………… 长圆银鲈 G. oblongus (Cuvier, 1830)〈图972〉

9（8） 体高占体长36%~40%；侧线鳞43~47，侧线上方鳞7；体侧无斑纹；背鳍第2鳍棘略长于第3鳍棘（分布：南海；日本；印度-西太平洋）………………………………………………………………… 长吻银鲈 G. longirostris (Lacépède, 1801)〈图973〉

〔同种异名：长鳍银鲈 G. acinaces (Bleeker, 1854)，中国鱼类系统检索；强棘银鲈 G. poeti (Cuvier, 1829)，中国鱼类系统检索〕

10（7） 侧线鳞35~42，侧线上方鳞4~4.5。

11（14） 背鳍第2鳍棘长于或等于体高之半；上颌骨后端在眼前缘后下方；胸鳍短，后端不达臀鳍起点上方。

12（13） 体长为体高2.6~3.1倍；下咽骨愈合，被以分散的圆锥牙；侧线鳞35~40。体侧具7~8条不明显的灰色细纵纹（分布：南海、台湾省海域；日本；印度-西太平洋） ……………………………………………………… 奥奈银鲈 G. oyena (Forskål, 1775)〈图974〉

〔同种异名：素银鲈 G. argyreus (Bloch et Schneider, 1801)，中国鱼类系统检索〕

13（12） 体长为体高2.5~2.6倍；下咽骨愈合，中部的牙显著大，白齿状，排列呈梅花形；侧线鳞43。背鳍鳍棘部前部顶端黑色（分布：南海、台湾省海域；印度-太平洋）……………………………………………………… 长体银鲈 G. macrosoma (Bleeler, 1854)〈图975〉

14（11） 背鳍第2鳍棘短于体高之半；上颌骨后端在眼前缘下方，胸鳍长，后端伸达臀鳍起点上方。体长为体高2.1~2.3倍（分布：南海、东海台湾海峡；印度-西太平洋）……………………………………………………… 短棘银鲈 G. lucidus (Cuvier, 1830)〈图976〉

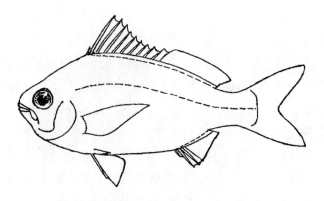

图 969　日本银鲈 *Gerres japonicus* (Bleeker)

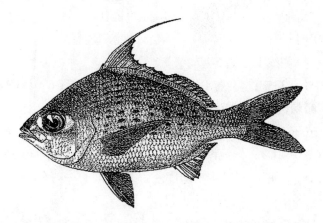

图 970　长棘银鲈 *G. filamentosus* (Cuvier)（体长 121 mm）
（依成庆泰等，1963，南海鱼类志，图 377）

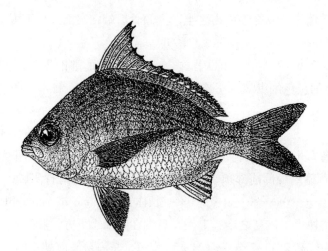

图 971　红尾银鲈 *G. erythrourus* (Bloch)（体长 120 mm）
（依成庆泰等，1962，南海鱼类志，图 380）

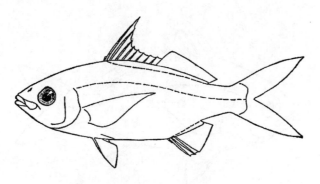

图 972　长圆银鲈 G. *oblongus*（Cuvier）
（依田明诚，1987，中国鱼类系统检索，图 1618）

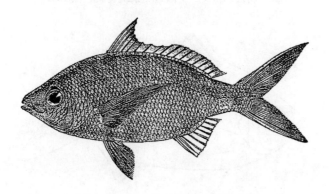

图 973　长吻银鲈 G. *longirostris*（Lacépède）（体长 163 mm）
（依田明诚，1979，南海诸岛海域鱼类志，图 106）

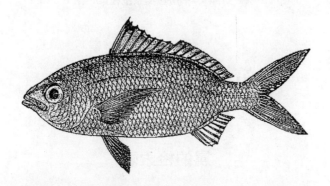

图 974　奥奈银鲈 G. *oyena*（Forskål）（体长 147 mm）
（依田明诚，1979，南海诸岛海域鱼类志，图 104）

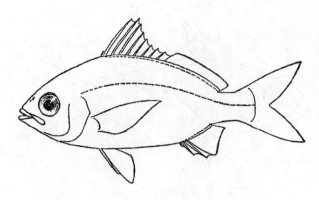

图975　长体银鲈 *G. macrosoma*（Bleeler）
（依田明诚，1987，中国鱼类系统检索，图1621）

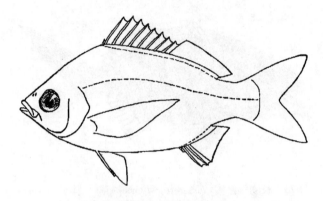

图976　短棘银鲈 *G. lucidus*（Cuvier）
（仿田明诚，1987，中国鱼类系统检索，图1623）

笛鲷科 Lutjanidae

属的检索表

1（12）　背鳍及臀鳍基部均不被鳞。
2（3）　背鳍最后鳍棘明显短于第一鳍棘，背鳍边缘形成深缺刻 ………………………… 红钻鱼属 *Etelis*
3（2）　背鳍最后鳍棘明显长于第一鳍棘，背鳍边缘不形成缺刻。
4（9）　背鳍及臀鳍最后鳍条延长。
5（8）　犁骨及腭骨具绒毛齿带，上下颌具犬齿。
6（7）　胸鳍长于头长 ……………………………………………………………… 紫鱼属 *Pristipomoides*
7（6）　胸鳍短于头长 ……………………………………………………………… 短鳍笛鲷属 *Aprion*
8（5）　犁骨及腭骨无齿，上下颌无犬齿 …………………………………………… 叉尾鲷属 *Aphareus*
9（4）　背鳍及臀鳍最后鳍条不延长。
10（11）　体椭圆形；唇厚；上颌突出于下颌之前，上颌骨后端伸达瞳孔后缘下方 …………………

		································· 叶唇笛鲷属 *Lipocheilus*
11	(10)	体长椭圆形；唇薄；下颌突出于上颌之前，上颌骨后端伸至眼中央下方之前 ············
		································· 若梅鲷属 *Paracaesio*
12	(1)	背鳍及臀鳍基部通常被鳞。
13	(22)	背鳍及臀鳍仅鳍条部被鳞；背鳍鳍棘粗硬；胸鳍鳍条 15~17。
14	(19)	背鳍鳍条与鳍棘同长，鳍条不延长呈丝状。
15	(16)	鳃丝长，几等于吻长，下鳃耙 50 以上 ·············· 羽鳃笛鲷属 *Macolor*
16	(15)	鳃丝短，几等于眼径，下鳃耙远不达 50。
17	(18)	前鳃盖骨后缘具凹刻，凹刻与间鳃盖骨凸起多少相嵌合 ············ 笛鲷属 *Lutjanus*
18	(17)	前鳃盖骨后缘无凹刻 ·· 斜鳞笛鲷属 *Pinjalo*
19	(14)	背鳍鳍条显著长于鳍棘，鳍条延长呈丝状。
20	(21)	吻较尖，头背缘隆起平缓；幼鱼背鳍鳍条延长呈丝状，随生长而消失，鳍条部后缘变短而圆 ·· 长鳍笛鲷属 *Symphorus*
21	(20)	吻钝，头背缘隆起明显；幼鱼背鳍及臀鳍鳍条均延长呈丝状，随生长而消失，但鳍条部后缘仍长而尖 ···································· 帆鳍笛鲷属 *Symphorichthys*
22	(13)	背鳍及臀鳍鳍棘部及鳍条部均被鳞，若无鳞，则前上颌骨后侧具 2 指状突起；背鳍鳍棘细软；胸鳍鳍条 20~24。
23	(24)	前上颌骨后侧具 1 指状突起（须将口向前拉出检视）············ 梅鲷属 *Caesio*
24	(23)	前上颌骨后侧具 2 指状突起（须将口向前拉出检视）。
25	(26)	背鳍基部被小鳞，鳍棘部与鳍条部鳍膜连续，中间无缺刻；背鳍鳍棘Ⅹ—Ⅺ ············
		································· 鳞鳍梅鲷属 *Pterocaesio*
26	(25)	背鳍基部无鳞，鳍棘部与鳍条部中间具深缺刻；背鳍鳍棘ⅩⅣ—ⅩⅤ；两鼻孔以真皮性的嵴突分离 ·· 双鳍梅鲷属 *Dipterygonotus*

红钻鱼属 *Etelis* (Cuvier, 1828)

(本属有 5 种，南海产 2 种)

种的检索表

1 (2) 鳃耙 4+9 (=13)；叉形尾分叉较浅，上叶长度约为体长 25%，上、下叶约等长。体背侧玫瑰红色，腹侧粉红至银白色；背鳍、胸鳍和尾鳍玫瑰红色，腹鳍粉红色，臀鳍近白色，尾鳍下叶末端白色（分布：南海、台湾省海域；日本南部、菲律宾；印度洋至太平洋中部）·· 红钻鱼 *Etelis carbunculus* (Cuvier, 1828)〈图 977〉

2 (1) 鳃耙 7+15 (=22)；叉形尾分叉深，上叶长度约为体长的 33%，上叶明显长于下叶。体背侧和背鳍、胸鳍及尾鳍鲜红色，腹侧色较浅；腹鳍浅红色，臀鳍近白色（分布：南海南部、台湾省海域；日本南部；印度洋至太平洋中部）··

················· 丝尾红钻鱼 *E. coruscans* (Valenciennes, 1862)〈图 978〉

〔异名：*E. carbunculus*（非 Cuvier），Kyushin and al., 1982〕

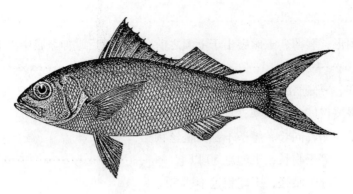

图977 红钻鱼 Etelis carbunculus（Cuvier）（体长400 mm）
（依曾炳光，1979，南海诸岛海域鱼类志，图123）

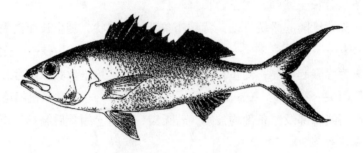

图978 丝尾红钻鱼 E. coruscans（Valenciennes）
（仿 Randall，Allen and Steene，1997）

紫鱼属 Pristipomoides（Bleeker，1852）

（本属有12种，南海产7种）

种的检索表

〔提示：P. multidens 与 P. typus 外部可数特征一致，鲜本颜色、斑纹有别，但液浸后消褪，故最好据鲜本（速冻品也可）鉴定，若据固定标本，请注意眶下骨宽度和第11椎骨脉孔形状〕

1 (10) 侧线鳞48~66。
2 (3) 躯干部具明显的蓝色斑块、斑点和不规则纵走线纹及3个黄色大斑块；侧线鳞58~66；鳃耙17~22；体长为体高的2.6~3.0倍。体桃红色，腹侧色较淡；尾鳍后部略显黄色（分布：南海南部、台湾省南部海域；日本南部；印度洋东部至太平洋西部）……………
…………………… 蓝纹紫鱼 Pristipomoides argyrogrammicus（Valenciennes，1832）〈图979〉
〔同种异名：Tropidinius amoenus（Snyder，1911），台湾鱼类志（花笛鲷）〕
3 (2) 躯干部无明显斑纹。
4 (7) 侧线鳞48~52，头背具不规则蠕虫状斑。
5 (6) 头部自吻端至眼下方具2黄色纵条（液浸标本消褪）；头背黄色蠕虫状斑呈左右横跨头背走向（液浸标本消褪）；眶下骨宽度较大，头长为眶下骨宽度的倍数为：体长15 cm时约

7倍，体长25 cm时约5.5倍，体长40 cm时约4倍；第11椎骨上的脉孔呈椭圆形（引自Senta and Tan，1975）。鲜本体橙黄色（分布：南海、台湾省南部；日本南部；印度-西太平洋）·················· 黄线紫鱼（多牙紫鱼）*P. multidens* (Day, 1871) 〈图980〉

6 (5) 头部自吻端至眼下方无纵条纹；头背黄色蠕虫状斑呈纵列走向（吻端至背鳍方向）（液浸标本消褪）；眶下骨宽度较小，头长为眶下骨宽度倍数为：体长15 cm时约8.4倍，体长25 cm时约7.3倍，体长40 cm时约5.8倍；第11椎骨上的脉孔呈三角形（引自Senta and Tan，1975）。体紫褐色，胸鳍、背鳍和尾鳍红色（液浸标本体、鳍颜色褪为浅灰色）（分布；南海；日本；印度洋东部至太平洋西部）·······················
··· 紫鱼 *P. typus* (Bleeker, 1852) 〈图981〉

7 (4) 侧线鳞58~65；头背具黄色蠕虫状斑或兼具蓝色小斑点。

8 (9) 两颌前端犬齿特大；头背具黄色纵走或斜列的蠕虫状纹或斑点；眼虹彩金黄色；尾鳍后缘黄色；头长为眼间隔宽（两眼上缘间距）的4.5~4.7倍，为眶下骨宽度（眼下缘至眶下骨下缘）的6.2~6.8倍；后鼻孔与眼前缘间距小于瞳孔；侧线鳞58~62。体紫红棕色（分布：南海南部、台湾省南部；日本；印度洋东部至太平洋西部）·····················
·································· 金眼紫鱼 *P. flavipinis* (Shinohara, 1963) 〈图982〉

9 (8) 上颌前端犬齿仅稍大于邻近各齿，下颌无犬齿；头背散布一些蓝色至暗蓝色小斑；眼虹彩淡黄或暗黄色；尾鳍后缘红色；头长为眼间隔宽（两眼上缘间距）的3.7~4.2倍，为眶下骨宽度（眼下缘至眶下骨下缘）的7.6~9.0倍；后鼻孔与眼前缘间距等于瞳孔；侧线鳞60~65。体紫红色（分布：南海南部、台湾海峡南部；日本南部；印度洋至太平洋中部）·························· 丝鳍紫鱼 *P. filamentosus* (Valenciennes, 1830) 〈图983〉
〔同种异名：细鳞紫鱼 *P. microlepis* (Bleeker, 1868)，南海鱼类志；南海诸岛海域鱼类志；中国鱼类系统检索〕

10 (1) 侧线鳞70~75。

11 (12) 犁骨齿丛呈菱形且后部形成尖突；舌上具齿；生活时尾鳍上下叶均为紫褐色。体紫红褐色（分布：南海南部；台湾省南部；日本南部；印度洋至太平洋中部）······················
··· 舌齿紫鱼 *P. sieboldii* (Bleeker, 1854—1857) 〈图984〉

12 (11) 犁骨齿丛呈尖角朝前的等边三角形；舌上无齿；生活时尾鳍上叶为黄色，下叶紫褐色。体紫褐色，中部略带蓝色（分布：南海南部；台湾省南部；日本南部；印度洋东部至太平洋西部）········ 黄尾紫鱼 *P. auricilla* (Jordan, Evermann et Tanaka, 1927) 〈图985〉

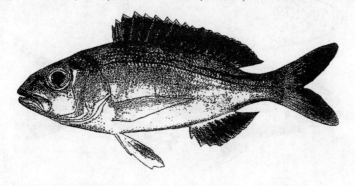

图979 蓝纹紫鱼 *Pristipomoides argyrogrammicus* (Valenciennes)
(仿 Randall, Allen and Steene, 1997)

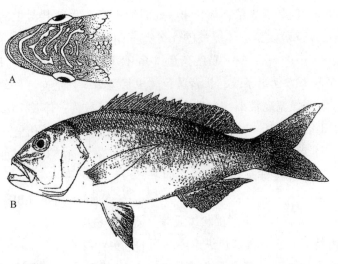

图 980　黄线紫鱼 P. multidens (Day)（体长 410 mm）
(A. 依 Senta and Tan, 1974; B. 仿 Mansor and al., 1998)

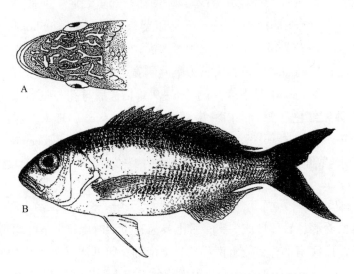

图 981　紫鱼 P. typus (Bleeker)（体长 236 mm）
(A. 依 Senta and Tan, 1974; B. 仿 Mansor and al., 1998)

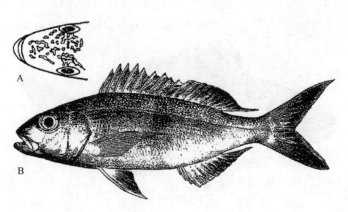

图 982　金眼紫鱼 P. flavipinis (Shinohara)
(A. 依 Shimada, in Nakabo, 2000; B. 仿 Randall, Allen and Steene, 1997)

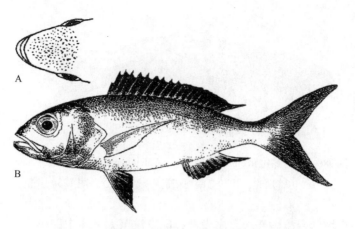

图 983　丝鳍紫鱼 P. *filamentosus* (Valenciennes)
(A. 依 Shimada, in Nakabo, 2000; B. 仿 Randall, Allen and Steene, 1997)

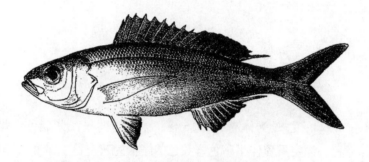

图 984　舌齿紫鱼 P. *sieboldii* (Bleeker)
(仿 Randall, Allen and Steene, 1997)

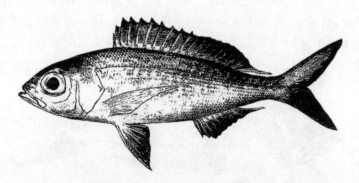

图 985　黄尾紫鱼 P. *auricilla* (Jordan, Evermann et Tanaka)
(仿 Randall, Allen and Steene, 1997)

短鳍笛鲷属 *Aprion* (Valenciennes, 1830)

(本属仅1种，南海有产)

绿短鳍笛鲷（绿短臂鱼）*Aprion virescens* (Valenciennes, 1830)〈图986〉
胸鳍短于头长，约与吻长相同。眼前方于鼻孔下方具1深沟。鲜本体蓝绿色，背鳍第6~10鳍棘鳍膜在基部处各有1黑斑。

557

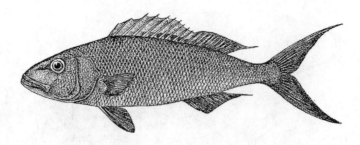

图986 绿短鳍笛鲷 *Aprion virescens*（Valenciennes）（体长 330 mm）
（仿曾炳光，1979，南海诸岛海域鱼类志，图 125）

分布：南海诸岛海域、台湾海峡；日本南部；印度洋至太平洋中部。

叉尾鲷尾属 *Aphareus*（Cuvier，1830）

（本属有 2 种，南海皆产）

种的检索表

1（2） 鳃耙 6 + 16（= 22）；体长为体高的 3.16 倍；生活时体呈浅紫蓝色，背鳍和胸鳍红褐色，腹鳍和臀鳍黄色，固定后鱼体呈暗色，黄色的鳍褪为灰白色（分布：南海诸岛海域；台湾省南部；日本南部；印度洋至太平洋中部）·· 叉尾鲷 *Aphareus furca*（Lacépède，1801）〈图 987〉

2（1） 鳃耙 17 + 35（= 52）；体长为体高的 3.57 倍；生活时体呈褐红色，背鳍和腹鳍橙黄色，胸鳍和尾鳍红色，固定后鱼体呈浅灰色（分布：南海诸岛海域；台湾省南部；日本南部；印度洋至太平洋中部）·························· 红叉尾鲷 *A. rutilans*（Cuvier，1830）〈图 988〉

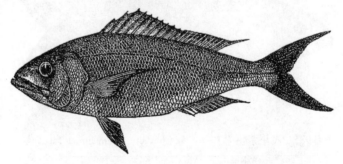

图987 叉尾鲷 *Aphareus furca*（Lacépède）（体长 250 mm）

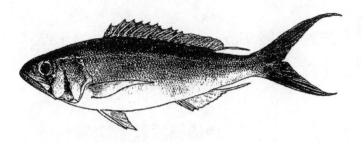

图 988　红叉尾鲷 A. rutilans（Cuvier）（体长 440 mm）
（仿 Mansor and al.，1998）

叶唇笛鲷属 Lipocheilus（Anderson，Talwar et Johnson，1977）

〔异名：唇笛鲷属 Tangia（Chan，1970）〕

（本属仅 1 种，南海有产）

叶唇笛鲷 Lipocheilus carnolabrum（Chan，1970）〈图 989〉
〔同种异名：黄唇笛鲷 Tangia carnolabrum，中国鱼类系统检索〕

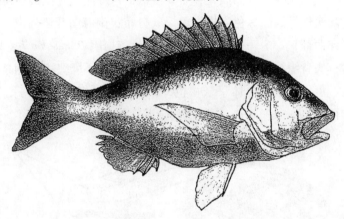

图 989　叶唇笛鲷 Lipocheilus carnolabrum（Chan）
（仿 Masuda and Allen，1987）

体较短高，体长为体高的 2.6~2.9 倍；唇厚；上颌突出于下颌之前；两颌前部具犬齿状短圆锥齿；上颌骨后端伸达眼中央下方稍前；尾鳍浅叉形。体浅黄褐色。

分布：南海南部；日本琉球群岛；印度－西太平洋。

若梅鲷属 *Paracaesio* (Bleeker, 1875)

(本属有9种,南海产4种)

种的检索表

1(4) 体侧无横带;尾鳍叉形,深分叉,后缘中央凹入;侧线鳞68~73。

2(3) 头和体上侧约在背鳍起点稍前处之前为紫褐色,其后直至尾鳍基底为一宽幅的橙黄色区域,头、体下侧呈暗蓝色;尾鳍橙黄色;体长为尾鳍上叶长的2.6~2.8倍(分布:南海南部诸岛海域,台湾省南部;日本南部;印度-西太平洋) ·· 黄背若梅鲷 *Paracaesio xanthurus* (Bleeker, 1869) 〈图990〉

3(2) 头、体一致呈紫褐色;尾鳍紫褐色,后缘红褐色,其余各鳍红褐色;体长为尾鳍上叶长的2.3~2.5倍(分布:南海南部诸岛海域;日本琉球群岛;印度-西太平洋) ··· 冲绳若梅鲷 *P. sordida* (Abe et Shinohara, 1962) 〈图991〉

4(1) 体侧具横带;尾鳍低龄鱼为浅凹形,高龄鱼为双凹形;侧线鳞47~50。

5(6) 上颌骨被小鳞;低龄鱼后头部稍隆拱,高龄鱼后头部明显隆突;体背侧具4条宽幅横带,前方2横带稍伸至侧线下方而淡化,后2横带不越过侧线。低龄鱼体呈浅紫褐色,横带深棕褐色,高龄鱼体呈浅红棕色,横带色深(分布:南海南部诸岛海域;台湾省南部;日本南部;太平洋西部) ·························· 条纹若梅鲷 *P. kusakarii* (Abe, 1960) 〈图992〉

6(5) 上颌骨无鳞;头背缘缓斜,低龄鱼和高龄鱼后头部均不隆突;体侧具4条宽幅横带,自背部伸至腹侧,但不达腹面。体呈灰褐色,横带褐色(分布:南海南部诸岛海域;日本南部;太平洋西部) ······················ 横带若梅鲷 *P. stonei* (Raj et Seeto, 1983) 〈图993〉

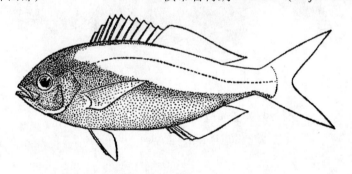

图990 黄背若梅鲷 *Paracaesio xanthurus* (Bleeker)
(仿李春生,1987,中国鱼类系统检索,图1633)

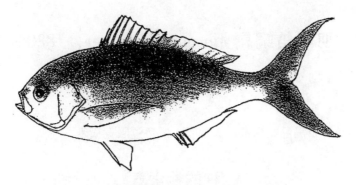

图 991 冲绳若梅鲷 P. sordida (Abe et Shinohara)
(仿 Masuda and Allen, 1987)

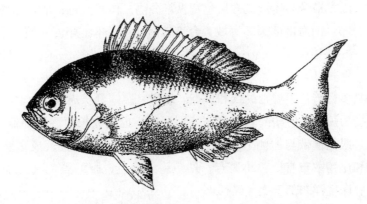

图 992 条纹若梅鲷 P. kusakarii (Abe)
(仿 Randall, Allen and Steene, 1997)

图 993 横带若梅鲷 P. stonei (Raj et Seeto)
(仿 Masuda and Allen, 1987)

羽鳃笛鲷属 *Macolor*（Bleeker，1880）

(本属有2种，南海皆产)

幼鱼体侧至尾鳍具2条黑色宽纵带；头部有1黑色过眼宽横带。

种的检索表

1（2） 成鱼头部无暗色纵线纹和斑点。幼鱼：腹鳍不延长成镰状；背鳍鳍棘部前部不特别高起；头部黑色过眼宽横带与体侧上方黑色宽纵带分隔。体暗灰色；成鱼与幼鱼的胸鳍和腹鳍均为黑色（分布：南海南部诸岛海域，台湾省南部；日本；印度-西太平洋） ·· 黑羽鳃笛鲷 *Macolor niger*（Forskål，1775）〈图994〉

〔同种异名：黑笛鲷 *Lutjanus niger*，南海诸岛海域鱼类志〕

2（1） 成鱼头部具多行暗色不规则纵纹和斑点。幼鱼：腹鳍延长成镰状（体长100 mm），腹鳍随成长而渐变为短钝；背鳍鳍棘部前部特别高起，也随成长而逐渐降低至与后部鳍棘相同；头部黑色过眼宽横带与体侧上方黑色宽纵带相连。体暗灰色；成鱼胸鳍和腹鳍黑色；背鳍、臀鳍和尾鳍散布有淡色小斑点；幼鱼胸鳍白色，腹鳍黑色（分布：南海南部诸岛海域；日本；印度洋东部至太平洋西部） ·· 斑点羽鳃笛鲷 *M. macularis*（Fowler，1931）〈图995〉

图994 黑羽鳃笛鲷 *Macolor niger*（Forskål）(体长：幼鱼183 mm，成鱼390 mm)
(仿曾炳光，1979，南海诸岛海域鱼类志，图1115)

图995 斑点羽鳃笛鲷 *M. macularis*（Fowler）

笛鲷属 *Lutjanus*（Bloch，1790）

（本属约有 76 种，南海产 23 种）

种的检索表

1（4） 侧线上方鳞列全部或大部分与侧线平行。

2（3） 侧线上方鳞列全部与侧线平行；幼鱼背鳍鳍条部下方具 1 跨侧线的黑色圆斑，该斑大部分位于侧线上方，斑随生长而逐渐模糊；体银灰色略带黄褐色，各鳍淡黄色（分布：南海、东海台湾海峡南部；日本、越南、菲律宾、马来西亚、印度尼西亚、新加坡、泰国；印度-太平洋）………………………………… 约氏笛鲷 *Lutjanus johnii*（Bloch，1792）〈图 996〉

3（2） 侧线上方鳞列仅背鳍鳍条部下方部分斜行；其余大部分与侧线平行；幼鱼颊部具 2 蓝色纵带，体侧具 6~7 条淡色横带，两者均随生长而消失；体紫红色，胸鳍黄色，其他各鳍紫红色（分布：南海、东海台湾海峡南部；日本南部、东南亚；印度-西太平洋）…………
……………………………………… 紫红笛鲷 *L. argentimaculatus*（Forskål，1775）〈图 997〉

4（1） 侧线上方鳞列全部斜行。

5（38） 侧线下方鳞列全部与体轴平行，不与侧线上方鳞列相连。

6（35） 背部鳞片始于眼间隔，或始于眼后缘连线。

8（17） 前鳃盖骨后缘凹刻浅，与其相嵌的间鳃骨凸起弱小。

9（14） 体侧具黑褐色纵带。

7（20） 背部鳞片始于眼间隔。

10（11） 体近梭形，低矮，体高小于头长，体长约为体高的 4 倍；背鳍鳍棘 XI。体灰褐色；体侧中部由吻端至尾鳍基底具 1 黑褐色纵带；背鳍基下方具 2 白色不规则小斑，1 个位于第 8 背鳍棘下方，另 1 个位于鳍条部中间下方；各鳍黄色（分布：南海南部；菲律宾）…
……………………………………… 双斑笛鲷 *L. biguttatus*（Valenciennes，1830）〈图 998〉

11（10） 体长椭圆形，较高，体高大于或等于头长，体长不足体高的 3 倍；背鳍鳍棘 X。

12（13） 体侧纵带上叠盖有 1 暗色椭圆大斑；侧线鳞通常 46~48；前鳃盖骨下缘附近裸露。体褐红色带黄色；眼后至尾柄具 1 黑褐色纵带，各鳍暗黄色（分布：南海、台湾海峡；日本南部、韩国南部）………………………… 奥氏笛鲷 *L. ophuysenii*（Bleeker，1860）〈图 999〉
〔同种异名：画眉笛鲷 *L. vitta*（非 Quoy et Gaimard），南海鱼类志；东海鱼类志；福建鱼类志（图 461）〕

13（12） 体侧纵带上无叠盖的大斑；侧线鳞通常 49~51；前鳃盖骨下缘附近有小鳞丛。体玫瑰红色，眼后至尾柄具 1 黑褐色纵带；腹鳍白色，其余各鳍橙黄色（分布：南海、东海台湾海峡；日本；印度-西太平洋）……………………………………………………………
……………………………………… 画眉笛鲷 *L. vitta*（Quoy et Gaimard，1824）〈图 1000〉

14（9） 体侧具黄色纵带。

15（16） 体椭圆形，较高；体长为体高 2.5~2.7 倍；体侧具 7~8 条黄色纵带，各纵带带幅一致，较宽；胸鳍基部上端具 1 黑色小斑。体浅褐色，各鳍黄色，背鳍鳍棘部具较宽的黄色边缘（分布：南海、台湾省南部；菲律宾、印度尼西亚；印度-西太平洋）………
……………………………… 纵带笛鲷 L. carponotatus (Richardson, 1842)〈图1001〉

〔同种异名：菊条笛鲷 L. chrysotaenia (Bleeker, 1851)，南海鱼类志（体色、纵带颜色有误）；中国鱼类系统检索（体色有误）〕

16（15） 体长椭圆形，较矮，体长为体高的 3~3.5 倍；体侧具 1 条较宽的黄色纵带及其下方的多条黄色细纵纹，大体长的鱼体（体长约 210 mm）最上面的较宽纵带呈深褐色；胸鳍基部无小黑斑。体浅黄色略带红色，大体长的鱼体呈浅红褐色，各鳍浅黄色（分布：南海、东海台湾海峡；日本；东南亚、澳大利亚；印度-西太平洋）………………
……………………………………… 黄笛鲷 L. lutjanus (Bloch, 1790)〈图1002〉

〔同种异名：线纹笛鲷 L. lineolatus (Rüppell, 1829)，南海鱼类志；福建鱼类志；中国鱼类系统检索〕

17（8） 前鳃盖骨后缘凹刻深，与其相嵌的间鳃盖骨凸起强大。

18（19） 体上侧具 4 条蓝色纵带，腹侧尚有数条蓝色点线细纵纹；背鳍鳍条部下方于第 2 和第 3 条蓝色纵带之间具 1 不明显的灰黑色圆斑，随生长变模糊至消失。体和各鳍柠檬黄色（分布：南海、台湾海峡南部；日本南部、越南、泰国、新加坡、菲律宾、马来西亚、印度尼西亚；印度-西太平洋）……… 四带笛鲷 L. kasmira (Forskål, 1775)〈图1003〉

19（18） 体侧具 5 条蓝色纵带；背鳍鳍条部下方于第 2 和第 3 条蓝色纵带之间具 1 不明显的灰黑色圆斑，随生长变模糊。体和各鳍柠檬黄色（分布：南海、台湾海峡南部；日本南部；印度-西太平洋）…………………… 五线笛鲷 L. quinquelineatus (Bloch, 1790)〈图1004〉

〔同种异名：五带笛鲷 L. spilurus (Bennett, 1832)，南海鱼类志；福建鱼类志；中国鱼类系统检索〕

20（7） 背部鳞片始于眼后缘连线。

21（22） 前鳃盖骨后缘凹刻很浅；吻端尖。幼鱼体侧从眼后至尾鳍基底具 1 黑色宽纵带，此纵带上方具 1 橘黄色纵纹，下方具 2 橘黄色纵纹，纵带与纵纹均随生长逐渐模糊至消失。成鱼体呈红褐色，背部色深；尾鳍深褐色，其余各鳍红色（幼鱼黄色）（分布：南海；越南、菲律宾、马来西亚、印度尼西亚、泰国；印度-西太平洋）……………………
……………………………… 褶尾笛鲷 L. lemniscatus (Valenciennes, 1828)〈图1005〉

22（21） 前鳃盖骨后缘凹刻很深；吻端钝。

23（24） 体侧背鳍鳍条部下方无黑色或白色圆斑；尾鳍暗褐红色，后缘白色；幼鱼体侧下部具多条黄色纵线，成鱼无纵线。体背侧褐色，腹侧银白略带黄色；背鳍褐红色；其他各鳍淡黄色（分布：南海；台湾省南部；日本南部；太平洋中部至印度洋）……………………
……………………………………… 焦黄笛鲷 L. fulvus (Forster, 1801)〈图1006〉

〔同种异名：金带笛鲷 L. vaigiensis (Quoy et Gaimard, 1824)，南海鱼类志；南海诸岛海域鱼类志；中国鱼类系统检索〕

24（23） 体侧背鳍鳍条部下方具黑色或具淡蓝色或白色圆斑；成鱼背鳍及尾鳍无白色边缘。

25（30） 背鳍鳍条部下方在侧线上具 1 黑色圆斑。

26（27） 侧线穿过黑色圆斑中间，该斑在幼鱼约与眼径同大，在成鱼则小于眼径；体红色，背部略呈褐色，各鳍黄色，尾鳍前部带有红色（分布：南海、台湾省南部；日本、越南、马来西亚、菲律宾；太平洋中部至印度洋）……………………………………
……………………………………… 单斑笛鲷 L. monostigma (Cuvier, 1828)〈图1007〉

27（26） 侧线穿过黑色圆斑上部或下部，圆斑大于眼径。

28（29） 体棕红色，背部带有褐色；侧线穿过黑色圆斑上部；体侧具约6条橘黄色窄纵带，各鳍黄色（分布：南海、台湾省南部；日本、越南、菲律宾；印度-西太平洋）………………
………………………………………………… 金焰笛鲷 *L. fulviflamma* (Forskål, 1775) 〈图1008〉

29（28） 体红褐色，背部色深，幼鱼和准成鱼体侧具4条褐色纵带，成鱼时体侧纵带消失；侧线穿过黑色圆斑下部；尾鳍红褐色，背鳍、尾鳍与体同色，其他鳍黄色（分布：南海、台湾海峡；日本南部、菲律宾；印度-西太平洋）………………………………………………
………………………………………………… 勒氏笛鲷 *L. russellii* (Bleeker, 1849) 〈图1009〉

30（25） 体侧在背鳍下方具淡蓝色或白色圆斑。

31（32） 背鳍鳍条部下方具1淡蓝色圆斑，幼鱼明显，随生长渐变模糊至消失；成鱼头部具许多蓝色波状短纵纹；体侧每一鳞片中间具1淡蓝色斑点。体背侧紫褐色，尾鳍紫褐色具黄色宽后缘，其余各鳍黄色（分布：南海、台湾省南部；日本、印度尼西亚、印度；太平洋中部至印度洋）………………………………… 蓝点笛鲷 *L. rivulatus* (Cuvier, 1828) 〈图1010〉

32（31） 背鳍下方具白色圆斑。

33（34） 背鳍鳍条部下方和侧线近上方之间具1约为眼径1/2的白色圆斑；头部无深蓝色纵线，仅眼下方具1浅蓝色长条纹，鳞片无白色斑点；体呈紫褐色，腹部色淡，幼鱼体侧具许多深色云状斑块；背鳍淡黄色，鳍棘部具深黄色边缘；其余各鳍黄色（分布：南海，2000年记录于香港海域，台湾省海域；日本南部；太平洋西北部）………………………
………………………………………………… 星点笛鲷 *L. stellatus* (Akazaki, 1983) 〈图1011〉

34（33） 背鳍第8~9鳍棘和鳍条部基底后端部下方各具1略小于眼径的白色圆斑，随生长变模糊以至消失；头部无任何线纹；体侧鳞排列在侧线上方，有许多深色斜条纹，在侧线下方有许多平行纵条纹。体紫红褐色，各鳍色深，均具白色边缘（分布：南海、台湾；日本南部、菲律宾、印度尼西亚；太平洋中部至印度洋）（据报道，大型个体含珊瑚礁鱼毒素，应慎食）………………………… 白斑笛鲷 *L. bohar* (Forskål, 1775) 〈图1012〉

35（36） 背部鳞片始于后头部。

36（37） 体侧具5条深棕红色纵带，背侧具约6条同色横带，纵、横带在体背侧构成井字形条纹；尾柄与尾鳍交界处具1黑褐色大圆斑；尾鳍浅凹形；背鳍鳍棘X。体棕红色，各鳍色深（分布：南海、台湾省南部；日本、菲律宾、马来西亚；太平洋西部至印度洋东部）………………………………………… 格绞笛鲷 *L. decussatus* (Cuvier, 1828) 〈图1013〉

37（36） 体侧无纵带和横带；尾柄背方具1黑色鞍状斑，幼鱼明显，成鱼模糊至消失；尾鳍截形；背鳍鳍棘XI。头长大于体长的1/3；口裂大，约为头长1/3；眼间隔平坦，吻背缘稍凹；眼位置较高，下缘与上颌骨的间距约等于眼径。体及各鳍玫瑰红色（分布：南海、台湾省南部；日本南部，越南、菲律宾、马来西亚；印度尼西亚、泰国；印度-西太平洋）…………… 马拉巴笛鲷 *L. malabaricus* (Bloch et Schneider, 1801) 〈图1014〉

38（5） 侧线下方鳞列部分或全部斜行，与侧线上方斜行鳞列相连。

39（40） 侧线下方鳞列仅在前方邻近侧线处的小部分斜行，其余大部分与体轴平行；幼鱼头背部具1暗色斜带，尾柄背方具1暗色鞍状斑，两者均随生长变模糊而至消失；尾鳍浅凹形。头长小于体长的1/3；口裂大，小于头长的1/3；眼间隔隆拱，吻背缘弧拱；眼位置较低，下缘与上颌骨的间距小于眼径。体及鳍呈玫瑰红色（分布：南海、东海台湾海峡；东南亚、澳大利亚；印度-西太平洋）………………………………………………

.... 红鳍笛鲷 *L. erythropterus* (Bloch, 1790) 〈图 1015〉

〔同种异名：红笛鲷 *L. sanguineus* (非 Cuvier)，中国鱼类系统检索〕

40 (39) 侧线下方鳞列全部斜行。

41 (44) 尾鳍叉形或浅凹形；背鳍和臀鳍鳍条部后端尖。

42 (43) 背鳍通常为 Ⅹ 13~14，鳍条部基底长大于鳍高；臀鳍鳍条常为 8；吻背缘明显凹下；前鳃盖骨后缘凹刻宽而深；尾鳍叉形；体侧无带斑。体和各鳍呈鲜红色，尾鳍带有黑褐色（分布：南海、台湾省南部；日本、东南亚、澳大利亚北部；太平洋中部至印度洋）... 驼背笛鲷 *L. gibbus* (Forskål, 1775) 〈图 1016〉

43 (42) 背鳍通常为 Ⅺ 16，鳍条部基底长小于鳍高；臀鳍鳍条常为 10；吻背缘平直；前鳃盖骨后缘凹刻窄而浅；尾鳍浅凹形；幼鱼体侧具 3 条黑色宽条斑，第 1 条从背鳍起点前斜向头前端，第 2 条自背鳍前部直下连贯整个腹鳍和臀鳍前部，第 3 条沿背鳍鳍条部前部下伸至背缘再后弯至尾鳍下叶末端，该 3 条斑随生长渐变为深红色进而渐变模糊，尾鳍上叶尚有 1 黑色短带（成鱼时模糊至消失）。体和各鳍浅红色（分布：南海、台湾海峡南部；日本南部；东南亚、澳大利亚北部；印度－西太平洋）... 千年笛鲷 *L. sebae* (Cuvier, 1816) 〈图 1017〉

44 (41) 尾鳍截形；背鳍和臀鳍鳍条部后端圆。吻和眼间隔凸；前鳃盖骨后缘凹刻宽而浅，眼下缘紧贴体轴线（吻端—尾鳍基中点）；吻端与背鳍起点的直线距离小于体高。体呈红色略带绿色，至腹侧渐变为银白色。幼鱼眼后方至后头部具 1 暗色斜带，尾柄背方具 1 黑色鞍状斑（分布：南海南部；印度－西太平洋）... 高额笛鲷 *L. altifrontalis* (Chan, 1970) 〈图 1018〉

〔同种异名：*L. malabaricus* (非 Bloch et Schneider)，Fischer and whitehead (Eds.)，1974〕

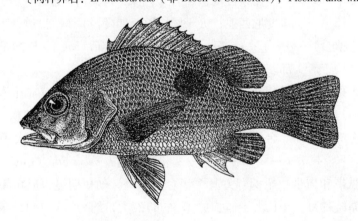

图 996　约氏笛鲷 *Lutjanus johnii* (Bloch)（体长 103 mm）

(仿成庆泰, 1962, 南海鱼类志, 图 387)

图 997　紫红笛鲷 L. *argentimaculatus*（Forskål）
（仿 Mansor and al.，1998）

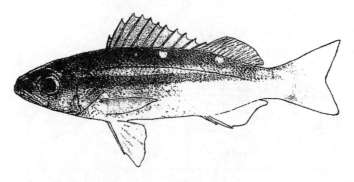

图 998　双斑笛鲷 L. *biguttatus*（Valenciennes）（体长 146 mm）
（仿 Mansor and al.，1998）

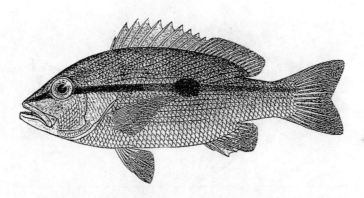

图 999　奥氏笛鲷 L. *ophuysenii*（Bleeker）（体长 93 mm）
（依成庆泰，1963，东海鱼类志，图 232）

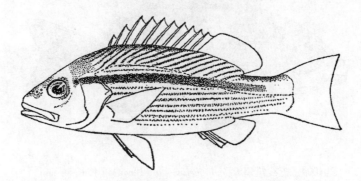

图 1000　画眉笛鲷 L. *vitta*（Quoy et Gaimard）

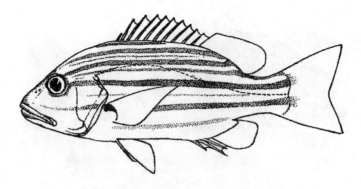

图 1001　纵带笛鲷 L. *carponotatus*（Richardson）

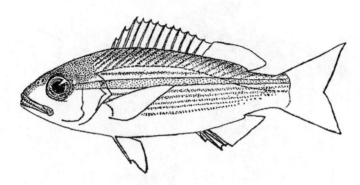

图 1002　黄笛鲷 L. *lutjanus*（Bloch）

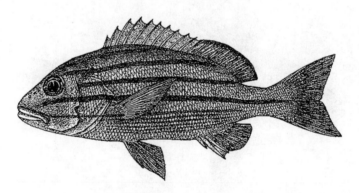

图 1003　四带笛鲷 L. *kasmira*（Forskål）（体长 155 mm）

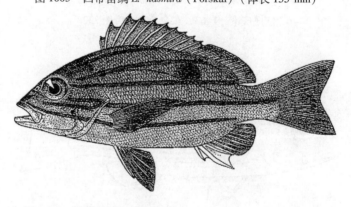

图 1004　五线笛鲷 L. *quinquelineatus*（Bloch）（体长 86 mm）
（仿成庆泰等，1962，南海鱼类志，图 398）

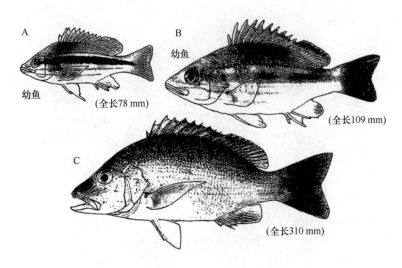

图 1005　褶尾笛鲷 L. lemniscatus（Valenciennes）
（A、B 仿 Sadovy and Cornish，2000；C 仿 Mansor and al.，1998）

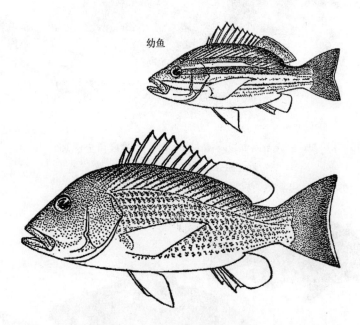

图 1006　焦黄笛鲷 L. fulvus（Forster）
（依李春生，1987，中国鱼类系统检索，图 1643 和图 1644）

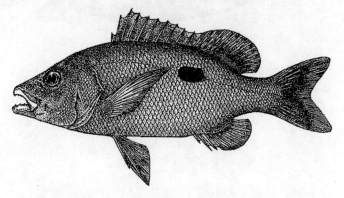

图 1007　单斑笛鲷 L. monostigma（Cuvier）（体长 155 m）

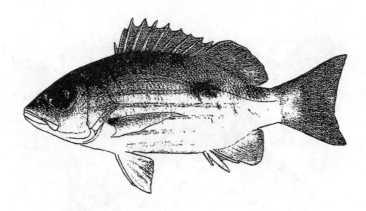

图 1008　金焰笛鲷 L. *fulviflamma* (Forskål)（体长 218 mm）
(仿 Sadovy and Cornish, 2000)

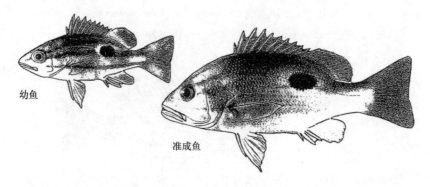

幼鱼　　　　　　　　　　　　准成鱼

图 1009　勒氏笛鲷 L. *russellii* (Bleeker)（准成鱼全长 156 mm）
(仿 Sadovy and Cornish, 2000)

幼鱼

图 1010　蓝点笛鲷 L. *rivulatus* (Cuvier)
(仿刘柏辉，李慧红，2000)

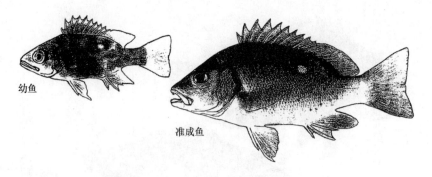

图 1011　星点笛鲷 L. stellatus（Akazaki）
（幼鱼全长 47 mm，准成鱼全长 141 mm）
（仿 Sadovy and Cornish, 2000）

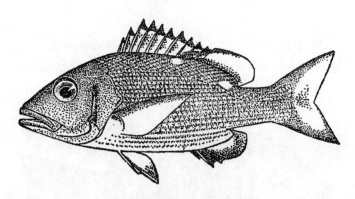

图 1012　白斑笛鲷 L. bohar（Forskål）
（仿李春生，1987，中国鱼类系统检索，图 1649）

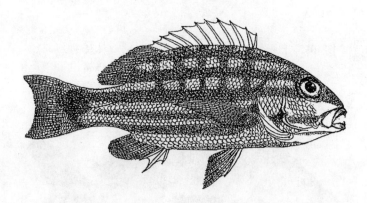

图 1013　格绦笛鲷 L. decussatus（Cuvier）（体长 135 mm）
（仿 Weber and Beaufort, 1936）

图 1014 马拉巴笛鲷 L. malabalicus (Bloch et Schneider)
(幼鱼仿 Sadovy and Cornish, 2000; 成鱼仿刘柏辉, 李慧红, 2000)

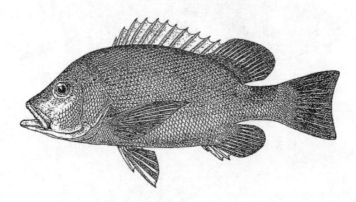

图 1015 红鳍笛鲷 L. erythropterus (Bloch) (体长 346 mm)
(依成庆泰等, 1962, 南海鱼类志, 图 399)

图 1016 驼背笛鲷 L. gibbus (Forskål) (体长 300 mm)

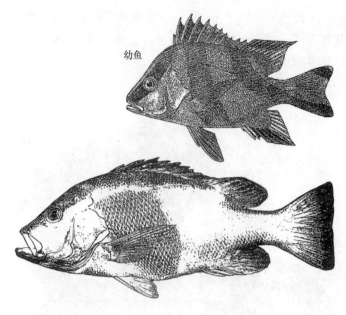

图1017　千年笛鲷 L. sebae（Cuvier）
(幼鱼全长197 mm，成鱼全长737 mm)
(幼鱼依成庆泰等，1962，南海鱼类志；成鱼仿 Mansor and al.，1998)

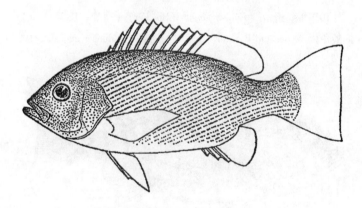

图1018　高额笛鲷 L. altifrontalis（Chan）
(依李春生，1987，中国鱼类系统检索，图1653)

斜鳞笛鲷属 Pinjalo（Bleeker，1873）

(本属有2种，南海皆产)

尾鳍凹形；体高大于体长的1/3。体椭圆形，背缘和腹缘弯曲度相同。

种的检索表

1（2）　背鳍XI 14～15；尾鳍深凹；体轴线穿过眼中心。体背侧及胸鳍、腹鳍和臀鳍橙红色，腹侧色淡（分布：南海、台湾省南部；东南亚；印度-西太平洋）··················

.... 斜鳞笛鲷 *Pinjalo pinjalo*（Bleeker，1850）〈图 1019〉

2（1） 背鳍Ⅻ13；尾鳍浅凹；眼中心位于体轴线上方。体和鳍一致红色（分布：南海、台湾省海域；日本；印度-西太平洋） ....
.... 李氏斜鳞笛鲷 *P. lewisi*（Randall，Allen et Anderson，1987）〈图 1020〉

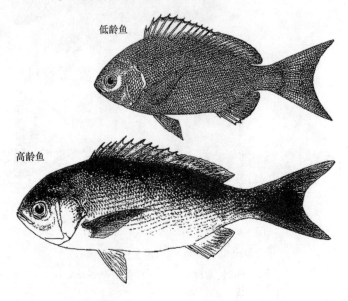

图 1019　斜鳞笛鲷 *Pinjalo pinjalo*（Bleeker）（高龄鱼长 345 mm）
（低龄鱼依 Weber and Beaufort，1936；高龄鱼仿 Mansor and al.，1998）

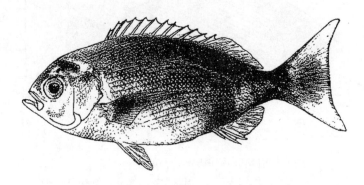

图 1020　李氏斜鳞笛鲷 *P. lewisi*（Randall，Allen et Anderson）（全长 320 mm）
（仿 Mansor and al.，1998）

长鳍笛鲷属 *Symphorus*（Günther，1872）

（本属仅 1 种，南海有产）

丝条长鳍笛鲷 *Symphorus nemathophorus*（Bleeker，1860）〈图 1021〉
〔同种异名；丝鳍笛鲷 *Glabrilutjanus nemathophorus*（Ble.，1860），中国鱼类系统检索〕

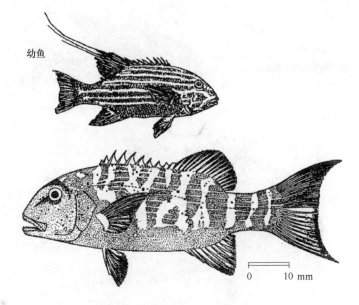

图 1021　丝条长鳍笛鲷 *Symphorus nemathophorus*（Bleeker）
（幼鱼依沈世杰，1984；成鱼依 Fischer and Whitehead（Eds.），1974）

吻背缘圆。腭骨具齿。鳃耙短，呈瘤状凸起，数量少，为 5 + 13。鼻孔下方至眼前缘具一狭沟。背鳍 X15，幼鱼第 4~8 鳍条呈丝状延长，尾鳍凹形。体侧有约 7 条蓝色纵条纹（体长约 290 mm 以下），成鱼背鳍无丝状延长鳍条，体侧无蓝色纵条纹。体及各鳍桃红色，体侧有一些淡色不规则横带纹。

分布：南海、台湾省海域；日本、东南亚、澳大利亚北部；太平洋西部。

帆鳍笛鲷属 *Symphorichthys*（Munro，1967）

（本属仅 1 种，南海有产）

帆鳍笛鲷 *Symphorichthys spilurus*（Günther，1874）〈图 1022〉
〔同种异名：长鳍笛鲷 *Symphorus spilurus*（Günther，1874），南海鱼类志；南海诸岛海域鱼类志；中国鱼类系统检索〕

体长约 116 mm 以上的个体，头背缘呈折角状，转折处在眼前方，吻缘十分陡斜。鳃耙长，侧扁，内缘有细锯齿，鳃耙数 6 + 10。腭骨无齿。体长约 100 mm 以下的幼鱼，头背缘弧形，吻尖，吻缘缓斜不陡，背鳍和臀鳍鳍条部端部甚尖突，体长约 116 mm 以上个体背鳍和臀鳍鳍条部前缘鳍条出现丝状延长。体长约 340 mm 以上的标本背鳍、臀鳍端部尖锐而无丝状延长鳍条。体上侧褐黄色，下侧橙黄色，各鳍橙黄色；头和体侧具十余条不规则蓝色纵条纹，尾柄背方具 1 黑色鞍状大斑。体长约 100 mm 以下幼鱼体侧无蓝色条纹而仅具 1 暗色宽幅纵带。

分布：南海；日本、印度尼西亚、菲律宾；西太平洋。

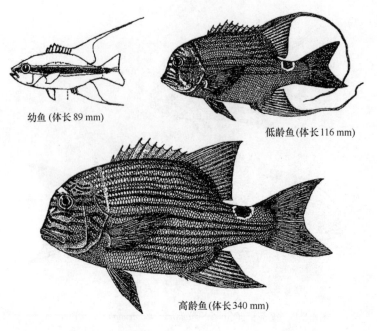

图1022　帆鳍笛鲷 *Symphorichthys spilurus*（Günther）
（低龄鱼和高龄鱼仿曾炳光，1979，南海诸岛海域鱼类志，图121）

梅鲷属 *Caesio*（Lacépède，1801）

（本属有10种，南海产4种）

种的检索表

1（6）　左右上颚骨部的鳞片带在头背部分离。
2（5）　尾鳍上下叶具黑色斜带或末端为黑色，体较延长，体长为体高2.7～3.2倍。
3（4）　尾鳍上下叶各具1黑色斜带；上颌齿1行；体长为体高2.9～3.2倍；侧线鳞58～63。体天蓝色，背部略带褐色，腹部近银白色；体侧沿侧线上缘有1金黄色较宽纵带（出水后很快变为褐色）（分布：南海、台湾省南部；日本；越南、印度尼西亚；印度－西太平洋）……………………… 褐梅鲷 *Caesio caerulaurea*（Lacépède，1801）〈图1023〉
4（3）　尾鳍上下叶末端黑色；上颌齿多行；体长为体高2.7～2.8倍；侧线鳞48～53。体背侧天蓝色，腹侧银白色；腹鳍白色，其余各鳍黄色（分布：南海、台湾省南部；日本；印度－西太平洋）…………………………… 新月梅鲷 *C. lunaris*（Cuvier，1830）〈图1024〉
5（2）　尾鳍无黑色斜带，末端不为黑色；体高起，体长为体高2.2～2.3倍。体背侧浅蓝褐色，腹侧浅黄色；体背自后半部直至整个尾鳍均呈金黄色，各鳍金黄色（分布：南海、台湾省南部；日本南部、印度尼西亚；印度－西太平洋）……………………………………
　……………………………………… 蓝黄梅鲷 *C. teres*（Seale，1906）〈图1025〉
　　　　　［同种异名：黄背梅鲷 *C. xanthonotus*（非Bleeker），中国鱼类系统检索，图1662］
6（1）　左右上颚骨部的鳞片带在头背部相连；尾鳍金黄色，无黑色斜带，末端无黑斑；体较延长，体长为体高2.4~3.1倍。体背侧天蓝色，腹侧桃红色；背鳍、胸鳍、腹鳍和臀鳍桃红色（分布：南海、台湾省南部；日本、越南、马来西亚、菲律宾、印度尼西亚；印度-西太平洋）... 黄尾梅鲷 C. cuning（Bloch，1791）〈图1026〉

〔同种异名：黄梅鲷 C. erythrogaster（Cuvier，1830）〕

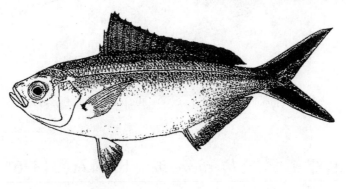

图1023 褐梅鲷 Caesio caerulaurea（Lacépède）（全长213 mm）
（仿 Mansor and al.，1998）

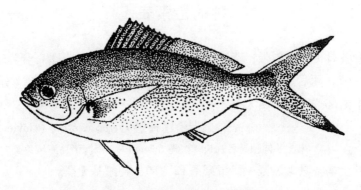

图1024 新月梅鲷 C. lunaris（Cuvier）
（仿李春生，1987，中国鱼类系统检索，图1661）

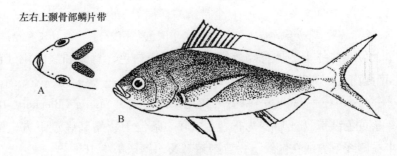

图1025 蓝黄梅鲷 C. teres（seale）
（A. 依 Shimada，in Nakabo，2000；B. 仿李春生，1987，中国鱼类系统检索，图1662）

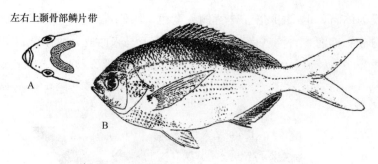

图 1026　黄尾梅鲷 C. cuning（Bloch）

（A. 依 Shimada, in Nakabo, 2000; B. Mansor and al., 1998）

鳞鳍梅鲷属 Pterocaesio（Bleeker, 1876）

（本属约 10 种，南海产 5 种）

种的检索表

1(2)　尾鳍上下叶各具 1 黑色斜带；背鳍鳍条 18~22；胸鳍基上端具 1 小黑斑。体侧侧线上具 1 条褐黄色纵带（死后迅速变黑褐色）；体背侧蓝灰色，腹侧银灰色（分布：南海、台湾省南部；日本南部；印度－西太平洋）………………………………………………………………………
……………………………………黑带鳞鳍梅鲷 Pterocaesio tile（Cuvier, 1830）〈图 1027〉
〔同种异名：长背梅鲷 Caesio tile，南海诸岛海域鱼类志；中国鱼类系统检索〕

2(1)　尾鳍上下叶末端各具 1 黑斑；背鳍鳍条 12~16；胸鳍基无黑斑。

3(6)　体侧具 1 条黄色纵带（死后很快转为褐色）。

4(5)　纵带幅宽，占 3~4 行鳞片宽度，在体侧前大部纵带上缘紧贴侧线，在尾柄则下缘靠近侧线；背鳍XI12~13。体背侧呈桃红色或蓝绿色，腹侧银白色；各鳍淡桃红色（分布：南海；红海；印度－西太平洋）……金带鳞鳍梅鲷 P. chrysozona（Cuvier, 1830）〈图 1028〉
〔同种异名：金带梅鲷 C. chrysozona（文字记述），中国鱼类系统检索，图 1658 所绘体侧双纵带有误。〕

5(4)　纵带幅窄，位于侧线上。体背侧蓝绿色，腹侧银白色；背鳍和尾鳍桃红色，其他鳍白色（分布：南海南部、菲律宾；印度洋－西太平洋）…………………………………………
…………………………………………斑尾鳞鳍梅鲷 P. pisang（Bleeker, 1853）〈图 1029〉

6(3)　体侧具 2 条黄色纵带（死后变为褐色），第一条位于背鳍基底近下方，第二条位于体侧前，大半在侧线下方或在侧线上；背鳍鳍棘 X，鳍条 14~16。

7(8)　体侧纵带较宽，第二条纵带在体侧前，大半部位于侧线下方，与侧线有间隙。体背侧蓝绿色，腹侧和各鳍桃红色（分布：南海、台湾省南部；日本南部、越南、菲律宾、印度尼西亚、泰国；印度－西太平洋）……双带鳞鳍梅鲷 P. digramma（Bleeker, 1865）〈图 1030〉
〔同种异名：二带梅鲷 C. digramma，南海诸岛海域鱼类志；中国鱼类系统检索〕

8(7)　体侧纵带窄，第二条纵带在侧线上。体背侧蓝色，腹侧银白色；腹鳍白色，其他各鳍桃红色（分布：南海南部诸岛；日本、马来西亚；印度－西太平洋）…………………………
…………………………………………马氏鳞鳍梅鲷 P. marri（Schultz, 1953）〈图 1031〉

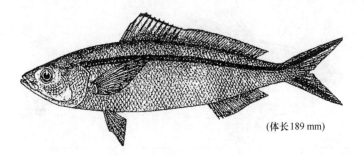

(体长189 mm)

图 1027　黑带鳞鳍梅鲷 *Pterocaesio tile* (Cuvier)
(仿曾炳光, 1979, 南海诸岛海域鱼类志, 图 116)

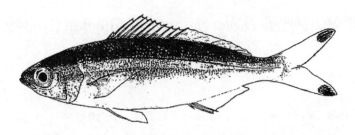

图 1028　金带鳞鳍梅鲷 *P. chrysozona* (Cuvier) (全长 146 mm)
(仿 Mansor and al., 1998)

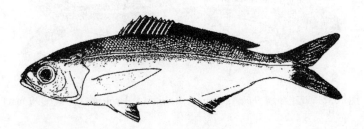

图 1029　斑尾鳞鳍梅鲷 *P. pisang* (Bleeker) (全长 109 mm)
(仿 Schroeder, 1980, 图 225B)

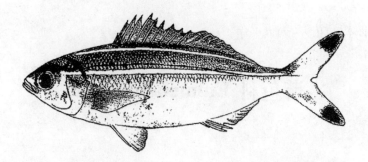

图 1030　双带鳞鳍梅鲷 *P. digramma* (Bleeker) (全长 236 mm)
(仿 Sadovy and Cornish, 2000)

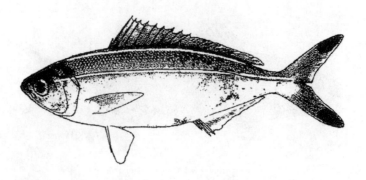

图 1031　马氏鳞鳍梅鲷 *P. marri*（Schultz）（全长 220 mm）

双鳍梅鲷属 *Dipterygonotus*（Bleeker，1849）

（本属有 3 种，南海产 1 种）

双鳍梅鲷 *Dipterygonotus balteatus*（Valencienes，1830）〈图 1032〉

[同种异名：细谐鱼 *Dipterygonotus leucogrammicus*，台湾鱼类检索；中国鱼类系统检索]

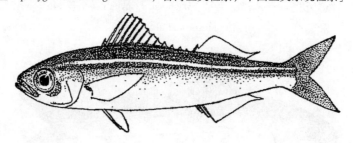

图 1032　双鳍梅鲷 *Dipterygonotus balteatus*（Valencienes）（全长 90 mm）

背鳍ⅩⅤ-8；臀鳍Ⅲ10，胸鳍 18；侧线鳞 79；鳃耙 7＋24。背鳍后部鳍棘很短且鳍膜分离，鳍棘部与鳍条部之间具深而长的缺刻。体延长，体高约为体长的 1/5。两颌无齿。体背侧桃红色，腹侧白色；在侧线上方体侧具 1 浅黄色纵带；背鳍和臀鳍桃红色。为体长在 100 mm 以下的小型鱼类。

分布：南海；日本；印度-西太平洋。

谐鱼科 Emmelichthyidae

红谐鱼属 *Erythrocles*（Jordan，1919）

（本属有 6 种，南海产 1 种）

许氏红谐鱼 *Erythrocles schlegelii*（Richardson，1846）〈图 1033〉

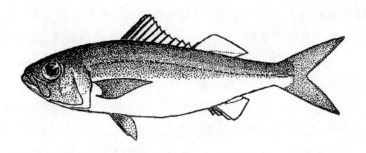

图 1033　许氏红谐鱼 *Erythrocles schlegelii* (Richardson)（体长 365 mm）

体呈纺锤形。上下颌前端各有牙 1 行。侧线在尾柄中央处形成一隆起线。鳃腔后缘具肉质凸起。背鳍鳍棘部和鳍条部之间具深缺刻。鲜活时体背侧深红色，腹面银白色稍带淡红色；胸鳍和尾鳍鲜红色，其他各鳍淡红色。液浸标本背侧深褐色，腹侧灰白色。栖息海域水深 100～350 m。体长可达 570 mm。食用鱼类。

分布：南海、东海和台湾省海域；日本和韩国南部；南非。

裸颊鲷科 Lethrinidae

裸颊鲷属 *Lethrinus*（Cuvier，1829）

（本属有 30 种，南海产 17 种）

种的检索表

1（18）　胸鳍基部内侧被细鳞。
2（5）　体侧紧靠侧线下缘具 1 黑色圆斑。
3（4）　背鳍第 2 鳍棘不伸长；体侧黑斑位于体中央，横幅很大约占 4 行鳞。体和各鳍浅褐黄色，尾鳍前部色深（分布：南海、台湾省南部；日本；印度 - 西太平洋）…………
　………………………………… 黑斑裸颊鲷 *Lethrinus harak*（Forskål，1775）〈图 1034〉
　　　　　　　　　　　　　　　　　　〔同种异名：*L. rhodopterus*（Bleeker，1852）〕
4（3）　背鳍第 2 鳍棘明显伸长；体侧黑斑位于体前部胸鳍上方，横幅较小，约占 2 行鳞。体和各鳍浅黄褐色，鲜活时体侧具不规则暗色网状斑，各鳍有暗色斑点，尾鳍斑点呈横列点线纹状；头下侧有淡白色细线纹（分布：南海、台湾省南部；日本、马来西亚、菲律宾；太平洋西部至印度洋东部）……… 长棘裸颊鲷 *L. genivittatus*（Valenciennes，1830）〈图 1035〉
　　　　　　〔同种异名：丝棘裸颊鲷 *L. nematacanthus*（Bleeker，1854），南海鱼类志；中国鱼类系统检索〕
5（2）　体侧无黑色圆斑。
6（17）　尾鳍叉形，上下叶末端尖。
7（10）　吻部具斜条纹。
8（9）　吻端至眼前缘具 1 红色斜带；吻上缘、鳃盖骨后缘皮膜红色，各鳍红色，体侧鳞片中间无小斑；侧线上方鳞行5。低龄鱼个体呈棕褐色，大型个体呈蓝灰色；体侧具多条暗色宽横带；尾鳍中部具1黑色宽横带（分布：南海南部诸岛；马来西亚、菲律宾；西太平洋）⋯
⋯⋯⋯⋯⋯⋯⋯⋯⋯⋯⋯⋯⋯ 长鳍裸颊鲷 *L. erythropterus*（Valenciennes，1830）〈图1036〉

9（8） 吻端至颊部具2～3条淡蓝色斜带；吻上缘、鳃盖骨后缘皮膜不为红色；各鳍黄棕色，奇鳍边缘略呈浅红色；体侧鳞片中间具淡蓝色小斑；侧线上方鳞行6。体背侧黄棕色，腹侧色淡，腹部白色；体侧无横带（分布：南海；日本、越南、菲律宾、马来西亚、印度尼西亚；印度－西太平洋）⋯⋯⋯⋯⋯⋯⋯⋯ 星斑裸颊鲷 *L. nebulosus*（Forskål，1775）〈图1037〉

10（7） 吻部无明显条纹。

11（12） 体侧前部鳞片的前半部具暗色斑；侧线上方鳞行5～6（常5）。体棕褐色稍带蓝色，背侧色深；尾柄黄色；头部褐色；眼周沿黄色；腹鳍淡色，其余各鳍橙黄色至桃红色；胸鳍基底橙黄色至红色；上唇和口角红色。有时体侧中间具1宽幅淡黄色纵带。幼鱼体侧具暗色横带或斜带（分布：南海、台湾省海域；日本、菲律宾、马来西亚、印度尼西亚、泰国；太平洋西部至印度洋东部）⋯⋯⋯⋯⋯⋯⋯⋯⋯⋯⋯⋯⋯⋯⋯⋯⋯⋯⋯⋯⋯⋯ 太平洋裸颊鲷 *L. atkinsoni*（Seale，1910）〈图1038〉

12（11） 体侧鳞片无暗色斑；侧线上方鳞行6；体侧具黄色至橙黄色纵带。

13（14） 吻短，吻端至眼前缘的直线距离约为眼径的1.25倍。体棕褐色，背侧色深，腹侧色浅；体侧具4～6条橙黄色宽纵带；前鳃盖骨和鳃盖骨后缘皮膜红色（分布：南海、台湾省南部；日本、泰国、马来西亚、印度尼西亚；印度－西太平洋）⋯⋯⋯⋯⋯⋯⋯⋯⋯⋯⋯⋯⋯⋯⋯⋯ 短吻裸颊鲷 *L. ornatus*（Valenciennes，1830）〈图1039〉

14（13） 吻较长，吻端至眼前缘的直线距离为眼径的2.0～2.4倍。

15（16） 吻端至眼前缘的直线距离约为眼径2.4倍；体侧具4条橙黄色宽纵带，侧线上方1条，下方3条；前鳃盖骨和鳃盖骨后缘皮膜均为深红色。生活时全体黄绿色（分布：南海；马来西亚、菲律宾、印度尼西亚、澳大利亚；印度－西太平洋）⋯⋯⋯⋯⋯⋯⋯⋯⋯⋯⋯⋯⋯⋯⋯⋯ 四带裸颊鲷 *L. leutjanus*（Lacépède，1830）〈图1040〉

16（15） 吻端至眼前缘的直线距离稍大于眼径2倍；体侧具1条橙黄色宽纵带，位于胸鳍基部内侧至尾柄；前鳃盖骨后缘皮膜无色，鳃盖骨后缘皮膜红色。体灰褐色，头部色较深；胸鳍橙黄色，其余各鳍淡灰褐色（分布：南海；日本南部、越南、泰国、菲律宾、马来西亚、印度尼西亚；印度－西太平洋）⋯⋯⋯⋯⋯⋯⋯⋯⋯⋯⋯⋯⋯⋯⋯⋯⋯⋯⋯⋯⋯⋯⋯⋯⋯⋯⋯⋯⋯⋯⋯⋯⋯⋯⋯ 橘带裸颊鲷 *L. obsoletus*（Forskål，1775）〈图1041〉

17（6） 尾鳍浅叉至浅凹形，上下叶末端圆；侧线上方鳞行5。体褐色，各鳍和唇红色；鳞片中间淡黄色。幼鱼头部红褐色至褐色，躯干色较浅，略带黄色，常有不规则褐色斑（分布：南海、南部诸岛海域；日本；印度－西太平洋）⋯⋯⋯⋯⋯⋯⋯⋯⋯⋯⋯⋯⋯⋯⋯⋯⋯⋯⋯⋯⋯ 黄点裸颊鲷 *L. erythracanthus*（Valenciennes，1830）〈图1042〉

〔同种异名：丽鳍裸颊鲷 *L. kallopterus*（Bleeker，1856），中国鱼类系统检索〕

18（1） 胸鳍基部内侧裸露无鳞。

19（22） 侧线上方鳞列6。

20（21） 吻甚长，上唇前顶端与前鼻孔的间距大于眼下缘与前鳃盖骨后角的间距（颊幅）；头长大于体高；体延长，体长为体高的3.0～3.3倍，鳃盖骨后缘皮膜不呈红色。体蓝绿色略带黄褐色；体侧具暗色不规则网状斑（分布：南海、台湾省南部；日本、马来西亚、菲律宾；印度－西太平洋）............ 长吻裸颊鲷 *L. miniatus*（Forster, 1801）〈图1043〉

〔同种异名：*L. olivaceus*（Valenciennes, 1830）〕

21（20） 吻中等长，上唇前顶端与前鼻孔的间距小于眼下缘与前鳃盖骨后角的间距（颊幅）；头长短于体高；体不显著延长，体长为体高的 2.56~2.57 倍；鳃盖骨后缘皮膜深红色。体褐黄色带蓝绿色；体侧具暗色不明显横条纹；胸鳍基底红色（分布：南海、台湾省西南部；日本、越南、菲律宾、马来西亚、印度尼西亚；印度－西太平洋）............
.... 扁裸颊鲷 *L. lentjan*（Lacépède, 1802）〈图1044〉

22（19） 侧线上方鳞列 5。

23（24） 体高明显大于头长，体背缘显著隆拱。体褐黄色带蓝绿色，体侧上部具不明显暗色横斑；各鳍褐黄色，背鳍和臀鳍边缘红色；鳃盖骨后缘皮膜深红色（分布：南海、台湾海峡；日本南部；西太平洋）............
.... 红鳍裸颊鲷 *L. haematopterus*（Temminck et Schlegel, 1844）〈图1045〉

24（23） 体高等于或小于头长。

25（26） 头长约为体高的 1.2~1.4 倍；前、后鼻孔间距明显小于后鼻孔与眼前缘间距。生活时体绿褐色，腹部灰白色；头部褐色；腹鳍近白色，其他各鳍浅红色，尾鳍具几条暗色横纹（分布：南海南部诸岛海域；日本；印度－西太平洋）............
.... 杂色裸颊鲷 *L. variegatus*（Valenciennes, 1830）〈图1046〉

26（25） 头长约为体高的 0.9~1.2 倍；前后鼻孔间距约等于或大于后鼻孔与眼前缘间距。

27（28） 吻部在眼前方有数条放射状暗色细纹；头背缘较平缓。体褐黄色略带蓝绿色，头部色较深（分布：南海南部；日本南部；印度－西太平洋）............
.... 小齿裸颊鲷 *L. microdon*（Valenciennes, 1830）〈图1047〉

28（27） 吻部无暗色放射状细纹；头背缘在眼上方处形成折角。

29（30） 颊部散布一些小黑点；生活时上下唇呈黄色；眼间隔稍凹入；胸鳍基底上侧有 1 红色小斑。体黄绿色，头部色深，各鳍与体同色（分布：南海南部；台湾省南部；日本南部；印度－西太平洋）............ 黄唇裸颊鲷 *L. xanthochilus*（Klunzinger, 1870）〈图1048〉

30（29） 颊部无小黑点；鳃盖骨隅角无鳞。

31（32） 鳃盖骨隅角皮膜具 1 深红色斑；上颌骨缘鲜红色。体黄褐色带有蓝绿色，生活时体侧具暗色宽网眼网状纹；胸鳍淡黄色，其他各鳍蓝绿色，背鳍边缘和尾鳍后缘浅红色（分布：南海南部诸岛海域，台湾省南部；日本南部；印度－西太平洋）............
.... 红鳃裸颊鲷 *L. rubrioperculatus*（Sato, 1978）〈图1049〉

32（31） 鳃盖骨隅角无红斑；上颌骨缘不呈红色。体棕褐色，生活时眼后下缘至尾柄前具 1 暗色宽纵带，带中段较模糊；各鳍与体同色；头部色深（分布：南海南部，台湾省南部；日本南部；印度－西太平洋）............
.... 半带裸颊鲷 *L. semicinctus*（Valenciennes, 1830）〈图1050〉

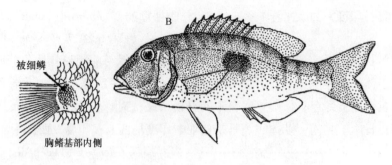

图 1034　黑斑裸颊鲷 Lethrinus harak (Forskål)

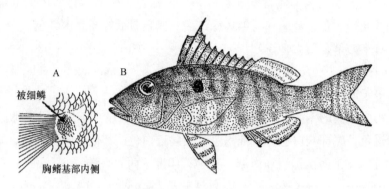

图 1035　长棘裸颊鲷 L. genivittatus (Valenciennes)
(A. 依 Fischer and Whitehead (Eds.), 1974; B. 仿王存信, 1987, 中国鱼类系统检索)

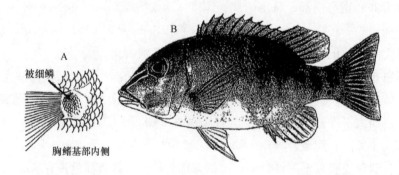

图 1036　长鳍裸颊鲷 L. erythropterus (Valenciennes) (全长 267 mm)
(A. 依 Fischer and Whitehead (Eds.), 1974; B. 仿 Mansor and al., 1998)

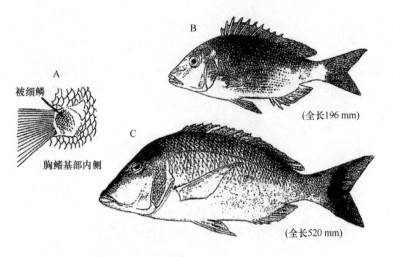

图 1037　星斑裸颊鲷 *L. nebulosus*（Forskål）
（A. 依 Fischer and Whitehead（Eds.），1974；B. 仿 Sadovy and Cornish，2000；C. 仿 Mansor and al.，1998）

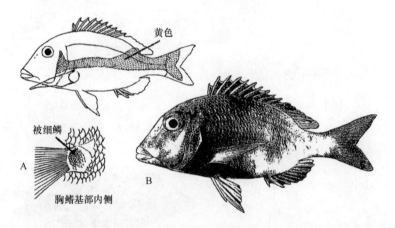

图 1038　太平洋裸颊鲷 *L. atkinsoni*（Seale）（全长 248 mm）
（A. 依 Fischer and Whitehead（Eds.），1974；B. 仿 Sadovy and Cornish，2000）

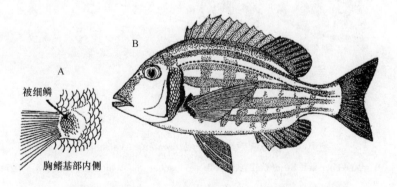

图 1039　短吻裸颊鲷 *L. ornatus*（Valenciennes）（全长 215 mm）
（A. 依 Fischer and Whitehead（Eds.），1974；B. 自备图）

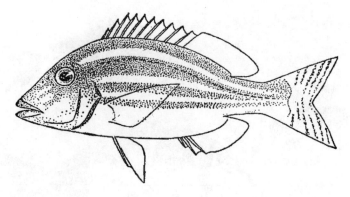

图 1040　四带裸颊鲷 L. leutjanus (Lacépède)
(仿王存信, 1987, 中国鱼类系统检索, 图 1674)

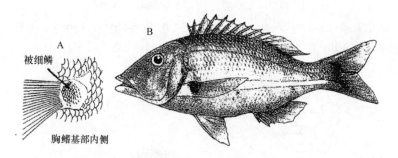

图 1041　橘带裸颊鲷 L. obsoletus (Forskål) (全长 249 mm)
(A. 依 Fischer and Whitehead (Eds.), 1974; B. 自备图)

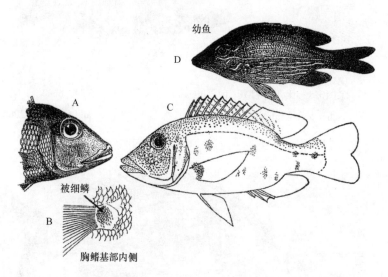

图 1042　黄点裸颊鲷 L. erythracanthus (Valenciennes)
(A. 依 Weber and Beaufort, 1936; B. 依 Fischer and Whitehead (Eds.), 1974
C. 自备图; D. 仿 Randall, Allen and Steene, 1997)

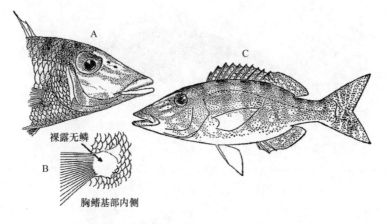

图1043　长吻裸颊鲷 L. miniatus (Forster)
(A. 依 Weber and Beaufort, 1936; B. 依 Fischer and Whitehead (Eds.), 1974;
C. 仿王存信, 1987, 中国鱼类系统检索, 图1667)

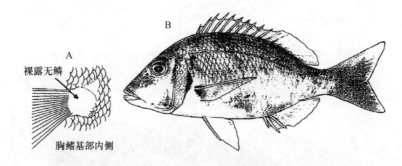

图1044　扁裸颊鲷 L. lentjan (Lacépède) (全长203 mm)
(A. 仿 Fischer and Whitehead (Esd.), 1974; B. 仿 Mansor and al., 1998)

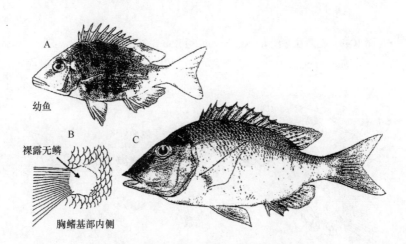

图1045　红鳍裸颊鲷 L. haematopterus (Temminck et Schlegel)
(全长: A. 131 mm; C. 182 mm)
(A. 仿 Sadovy and Cornish, 2000; B. 仿 Fischer and Whitehead (Esd.), 1974;
C. 仿沈世杰主编, 1993, 台湾鱼类志)

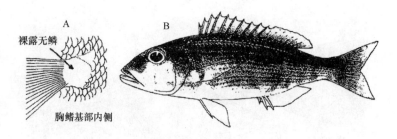

图 1046　杂色裸颊鲷 L. variegatus（Valenciennes）
(A. 仿 Fischer and Whitehead（Eds.），1974；B. 仿 Randall, Allen and Steene, 1997)

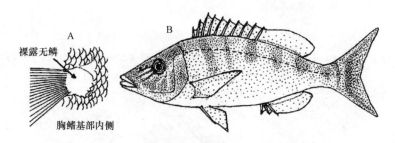

图 1047　小齿裸颊鲷 L. microdon（Valenciennes）（全长 585 mm）
(A. 依 Fischer and Whitehead（Eds.），1974；B. 自备图)

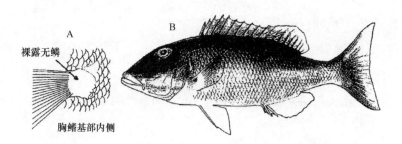

图 1048　黄唇裸颊鲷 L. xanthochilus（Klunzinger）（全长 400 mm）
(A. 仿 Fischer and Whitehead（Eds.），1974；B. 仿沈世杰主编，1993，台湾鱼类志)

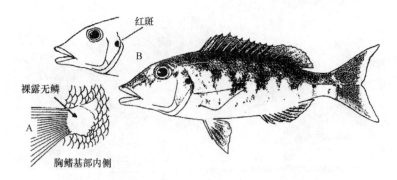

图 1049　红鳃裸颊鲷 L. rubrioperculatus（Sato）（全长 585 mm）
(A. 仿 Fischer and Whitehead（Eds.），1974；B. 自备图)

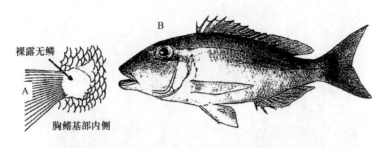

图1050 半带裸颊鲷 L. semicinctus (Valenciennes)（体长210 mm）
(A. 仿 Fischer and Whitehead (Eds.), 1974; B. 自备图)

鲷科 Sparidae

属的检索表

1 (2) 两颌两侧齿带均为圆锥齿而无臼齿，前方齿为犬齿（上颌4，下颌6）；眼间隔明显隆突，背鳍鳍棘正常 ·· 牙鲷属 Dentex
2 (1) 两颌两侧齿带具1~4行臼齿，两颌前方齿为犬齿，下颌外侧齿呈门齿状。
3 (4) 臼齿1行 ·· 单列齿鲷属 Monotaxis
4 (3) 臼齿2~4行。
5 (10) 上颌前方具犬齿4枚，下颌前方具犬齿4~6枚；两颌各具臼齿2行；头背鳞片始于两眼上侧缘连线；生活时体呈红色。
6 (7) 臀鳍鳍条9；犁骨有少数圆锥齿 ·· 犁齿鲷属 Evynnis
7 (6) 臀鳍鳍条8；犁骨无齿。
8 (9) 背鳍鳍棘不呈丝状延长 ·· 赤鲷属 Pagrus
9 (8) 背鳍最前1~2鳍棘短小，第2~6或3和4鳍棘呈丝状延长 ············ 四长棘鲷属 Argyrops
10 (5) 两颌前方各具犬齿6枚，两颌侧部具3行以上臼齿；头背鳞片始于两眼上侧缘连线后上方；生活时体呈银灰色。
11 (12) 臀鳍鳍条10~12（常11）；背鳍鳍棘部中央下方处的侧线上方鳞列6.5（0.5代表小鳞1列）以上；侧线管较粗；吻圆钝，吻轮廓陡 ·················· 平鲷属 Rhabdosargus
12 (11) 臀鳍鳍条8~9（常8）；背鳍鳍棘部中央下方处的侧线上方鳞列3.5~5.5（0.5代表小鳞1列）；侧线管较细；吻较尖，吻轮廓缓斜 ·················· 棘鲷属 Acanthopagrus

牙鲷属 Dentex (Cuvier, 1815)

(本属有10种，南海产1种)

黄牙鲷 Dentex tumifrons (Temminck et Schlegel, 1843)〈图1051〉
〔同种异名：黄鲷 Taius tumifrons，南海鱼类志；东海鱼类志；中国鱼类系统检索〕

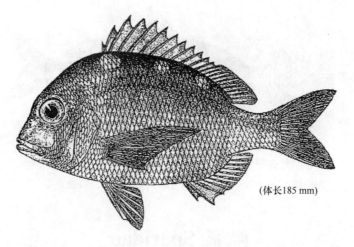

图 1051　黄牙鲷 *Dentex tumifrons* (Temminck et Schlegel)
(依成庆泰，1963，东海鱼类志)

体淡红色，上部有金黄色光泽，腹部银白色。背侧在侧线上方从前至后排列 3 个黄色大圆斑。各鳍红色。

分布：南海、东海、黄海；朝鲜半岛南部、日本南部。

单列齿鲷属 *Monotaxis* (Bennett, 1830)

(本属仅 1 种，南海有产)

单列齿鲷 *Monotaxis grandoculis* (Forskål, 1775) 〈图 1052〉

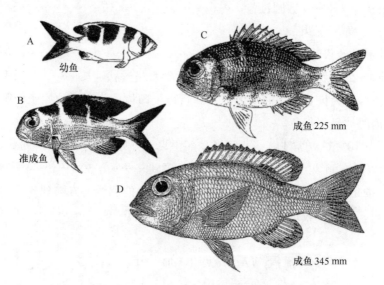

图 1052　单列齿鲷 *Monotaxis grandoculis* (Forskål)
(A、B 仿 Randall, Allen and Steene, 1997；C 仿 Mansor and al., 1998；
D. 仿王存信，1979，南海诸岛海域鱼类志，图 129)

两颌各具1侧行臼齿。胸鳍基部内侧有小鳞。头背面在眼前方隆突。体绿褐色，腹部银白色，体侧自后头部至背鳍基后端下方有3个暗色大鞍状斑，后两斑伸达背鳍。胸鳍浅红色，腹鳍灰红色；背鳍和臀鳍淡绿褐色，边缘红色；尾鳍上下叶各有1暗色斜带纹（幼鱼明显）。

分布：南海诸岛海域，台湾省南部；日本；印度-西太平洋。

犁齿鲷属 Evynnis （Jordan et Thompson，1912）

（本属有2种，南海皆产）

种的检索表

1（2） 背鳍第3和第4鳍棘稍延长；鳃盖骨后缘皮膜几全为红色；体长为体高2.1倍以上。体浅红色，背侧有约4条不明显宽横条斑，侧部有几条浅蓝色点线状纵纹（分布：南海、东海、黄海；日本、朝鲜半岛东部、菲律宾） ··
·· 日本犁齿鲷 Evynnis japonica（Tanaka，1931）〈图1053〉

2（1） 背鳍第3和第4鳍棘甚延长，呈丝状；鳃盖骨后缘皮膜上半部为红色；体长为体高2.2倍以下。体浅红色，腹部色较淡，体侧有若干条亮蓝色纵条纹（分布：南海、东海和台湾省海域；日本南部、印度尼西亚） ··
··· 二长棘犁齿鲷 E. cardinalis（Lacépède，1802）〈图1054〉
〔同种异名：二长棘鲷 Parargyrops edita（Tanaka，1916），南海鱼类志；中国鱼类系统检索〕

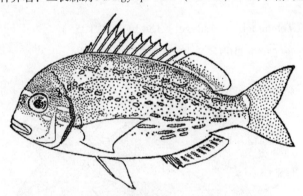

图1053　日本犁齿鲷 Evynnis japonica（Tanaka）
（仿王存信，1987，中国鱼类系统检索，图1677）

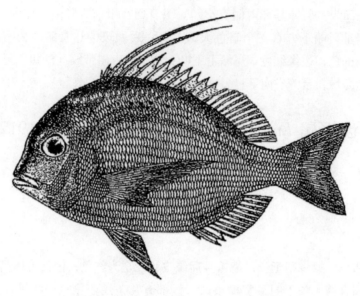

图 1054　二长棘犁齿鲷 E. cardinalis (Lacépède)（体长 160 mm）
（仿成庆泰，1963，东海鱼类志，图 235）

赤鲷属 Pagrus（Cuvier，1816）

（本属有 5 种，南海产 1 种）

真赤鲷 Pagrus major (Temminck et Schlegel, 1843)〈图 1055〉
〔同种异名：真鲷 Pagrosomus major，南海鱼类志；中国鱼类系统检索〕

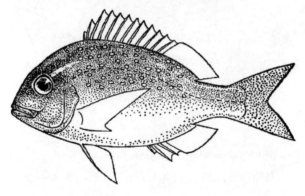

图 1055　真赤鲷 Pagrus major (Temminck et Schlegel)
（仿王存信，1987，中国鱼类系统检索，图 1678）

体长为体高 2 倍以上。体浅红色，大型个体色深或带有黑褐色。体上侧散布许多亮蓝色斑点。
分布：南海、东海、黄海；日本、朝鲜半岛南部、越南；西太平洋。

四长棘鲷属 Argyrops（Swainson，1839）

（本属有4种，南海产2种）

种的检索表

1（2） 背鳍鳍棘Ⅺ，仅第1鳍棘短小，前方从第2鳍棘起有5（成鱼）和6（幼鱼）鳍棘甚延长，呈丝状；头及体侧共有6条深红色横带。体浅红色，有银色光泽（分布：南海、台湾海峡东侧；日本、印度尼西亚）……… 四长棘鲷 Argyrops bleekeri（Oshima, 1927）〈图1056〉

2（1） 背鳍鳍棘Ⅻ，第1、2鳍棘均短小，前方第3、4鳍棘延长呈丝状；头及体侧无横带。体浅红色，有银色光泽（分布：南海、台湾海峡东侧；马来西亚东部、菲律宾；印度-西太平洋）…………………………………… 高体四长棘鲷 A. spinifer（Forskål, 1775）〈图1057〉

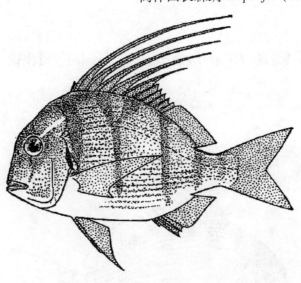

图 1056　四长棘鲷 Argyrops bleekeri（Oshima）
（仿王存信，1987，中国鱼类系统检索，图1680）

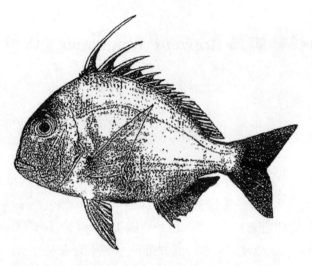

图1057　高体四长棘鲷 A. spinifer (Forskål)（体长201 mm）
(仿 Mansor and al., 1998)

平鲷属 Rhabdosargus (Fowler, 1838)

(本属有5种，南海产1种)

平鲷 Rhabdosargus sarba (Forskål, 1775)〈图1058〉
〔同种异名：Sparus sarba〕

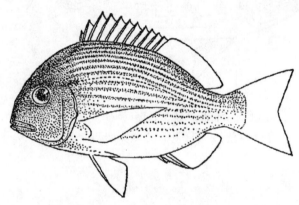

图1058　平鲷 Rhabdosargus sarba (Forskål)
(仿王存信，1987，中国鱼类系统检索，图1681)

头背缘圆钝。两颌前端各具门牙6枚；侧行牙为臼齿，各5行。犁骨、腭骨和舌无齿。颊鳞5行。体灰褐色，体侧各鳞中央具1黄褐色斑点，沿鳞行纵列形成许多纵条纹。背鳍灰褐色，鳍膜具暗色小圆斑，有2纵列；胸鳍、腹鳍、臀鳍和尾鳍深黄色，尾鳍后缘暗色。液浸标本体呈青灰色，体侧纵条纹灰黑色，鳍上黄色消褪。

分布：南海、东海、黄海；日本南部、朝鲜半岛、越南、菲律宾、马来西亚、印度尼西亚、泰国；印度-西太平洋。

棘鲷属 *Acanthopagrus* (Peters, 1855)

(本属有8种，南海产4种)

种的检索表

1(4) 背鳍鳍棘部基底中点与侧线之间横列鳞4。
2(3) 尾鳍下半部、腹鳍和臀鳍黄色（固定后呈乳白色）；体长约为体高的2.4倍。体青灰色稍带黄色，体侧有若干条暗色纵条纹（分布：南海、东海台湾海峡；日本南部、越南、菲律宾、印度尼西亚、马来西亚、泰国；印度－西太平洋）……………………………………………………………………… 黄鳍棘鲷 *Acanthopagrus latus* (ttouttuyn, 1782) 〈图1059〉
〔同种异名：黄鳍鲷 *Sparus latus*，南海鱼类志；东海鱼类志；福建鱼类志；中国鱼类系统检索〕
3(2) 各鳍均为暗灰色（固定后呈淡灰色）；体长约为体高的2.2倍。体灰黑色，体侧有一些暗色纵条纹；臀鳍中间具1黑色纵带（分布：南海、东海台湾海峡；日本、菲律宾、马来西亚、印度尼西亚、泰国；印度－西太平洋）…………………………………………… 灰鳍棘鲷 *A. berda* (Forskål, 1775) 〈图1060〉
〔同种异名：灰鳍鲷 *Sparus berda*，南海鱼类志；福建鱼类志；中国鱼类系统检索〕
4(1) 背鳍鳍棘部基底中点与侧线之间横列鳞5~6。
5(6) 背鳍鳍棘部基底中点与侧线之间横列鳞6；侧线鳞48~56；侧线始部具1不规则黑斑；体侧有约8条黑色宽横带。体及各鳍灰黑色；体侧有多条暗色纵条纹；背鳍具黑色宽边（分布：我国沿海；日本，朝鲜半岛东南部；西太平洋）……………………………………… 黑棘鲷 *A. schlegeli* (Bleeker, 1854) 〈图1061〉
〔同种异名：黑鲷 *Sparus macrocephalus* (Basilewsky, 1855)，南海鱼类志；东海鱼类志；福建鱼类志；中国鱼类系统检索〕
6(5) 背鳍鳍棘部基底中点与侧线之间横列鳞5；侧线鳞44~47；侧线始部无黑斑；体侧无黑色横带。体褐黄色；胸鳍和腹鳍黄色，胸鳍基上端有1黑色斑点；背鳍灰黑色，边缘黑色；臀鳍黑色；尾鳍褐色，有黑色宽后缘（分布：南海南部陆架海域，台湾省北部；澳大利亚）………………………………………… 澳洲棘鲷 *A. australis* (Günther, 1859) 〈图1062〉

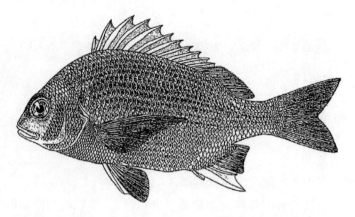

图 1059 黄鳍棘鲷 Acanthopagrus latus (Ttouttuyn)（体长 153 mm）
（仿成庆泰等，1962，南海鱼类志，图 415）

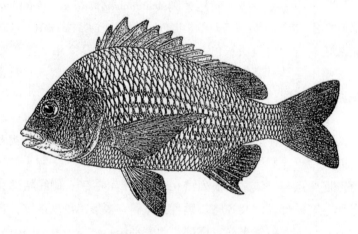

图 1060 灰鳍棘鲷 A. berda (Forskål)（体长 235 mm）
（仿成庆泰，1962，南海鱼类志，图 414）

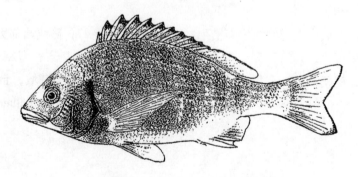

图 1061 黑棘鲷 A. schlegeli (Bleeker)（体长 350 mm）
（仿 Masuda and Allen，1987）

图1062 澳洲棘鲷 A. australis（Günther）（体长120 mm）
（仿 Mansor and al.，1998）

松鲷科 Lobotidae

松鲷属 *Lobotes*（Cuvier，1830）

（本属仅1种，南海有产）

松鲷 *Lobotes surinamensis*（Bloch，1790）〈图1063〉

体呈长椭圆形，纵高而侧扁。头小，后头部背面凹。吻短；眼小。前鳃盖骨后缘具长锯齿状棘；鳃盖隅角具2棘。犁骨、腭骨和舌面无齿。成鱼全身黑褐色，胸鳍灰白色。幼鱼体短高，体侧有一些不规则的暗色小斑块，体长220 mm以下小鱼背鳍鳍条部上半部和尾鳍、臀鳍、腹鳍等的后半部呈橙红色（鲜本）。

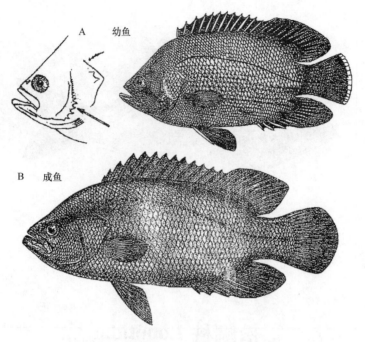

图 1063 松鲷 Lobotes surinamensis (Bloch)
(A. 依 Weber and Beaufort, 1936; B. 依成庆泰, 1963, 东海鱼类志)

分布：我国沿海；日本南部；太平洋、印度洋和大西洋的温带至热带海域。

寿鱼科 Banjosidae

寿鱼属 Banjos (Bleeker, 1876)

（本属仅1种，南海有产）

寿鱼 Banjos banjos (Richardson, 1846) 〈图1064〉

图 1064 寿鱼 Banjos banjos (Richardson)
（仿山田梅芳等, 1995）

体纵高，侧扁，背缘隆起度明显大于腹缘。吻较长，钝尖，吻长稍大于眼径。眼大。前鳃盖骨后缘具小锯齿，鳃盖骨无棘。鳍棘强壮；背鳍X11~12，第3鳍棘最长，鳍棘部与鳍条部之间有深缺刻；臀鳍Ⅲ7，第2鳍棘特长；腹鳍Ⅰ5。体侧在头部和前背有8条暗色条带，躯干中间从背部至腹部有一甚宽幅的浅褐色域。背鳍和臀鳍鳍条部基底之间有1较深色横带。背鳍鳍棘部边缘灰黑色，鳍条部前部上方具1黑斑；臀鳍中间有1深色带状斑；尾鳍后部近后缘处有1黑色横带；腹鳍黑色，边缘无色；胸鳍无色。幼鱼体侧具虫状暗色纵纹。为栖息于陆架边缘海域的小型鱼类。

分布：南海、东海台湾海峡；日本南部。

金线鱼科 Nemipteridae

金线鱼属 *Nemipterus*（Swainson，1839）

（本属有26种，南海产15种）

体常呈桃红色，体侧常有若干条黄色纵带。尾鳍叉形，上叶边缘鳍条多有呈丝状延长。腹鳍基上方具1腋鳞。背鳍X9；臀鳍Ⅲ7~8（通常7）。

固定标本褪色严重，难据以准确鉴定到种。最好据鲜本或其速冻品进行鉴定，如无条件，可拍摄原色照片与固定标本对照。

种的检索表

1（2）　背鳍第1、2鳍棘紧连，联合形成1黄色丝状延长，末端可伸达背鳍基后端。体桃红色，体侧具多条浅黄色纵带；腹鳍白色稍带红色，其余各鳍桃红色；尾鳍上叶边缘鳍条丝状延长，呈黄色。最大体长250 mm（分布：南海南部陆架海域；越南南部、马来西亚、菲律宾、印度尼西亚；印度；印度-西太平洋） ··
 ································ 长丝金线鱼 *Nemipterus nematophorus*（Bleeker，1853）〈图1065〉

2（1）　背鳍无丝状延长鳍棘。

3（14）　尾鳍上叶边缘鳍条呈丝状延长。

4（7）　两颌均有犬齿。

5（6）　体较窄长，体长为体高3.8~4.6倍；头前部具2条黄色短纵带；背鳍第1、2鳍棘间膜无斑。体桃红色，体侧具数条不明显黄色纵带；腹部有1条黄色纵带；背鳍淡桃红色略带黄绿色，边缘具1条三色窄带，最外缘红色，中间黄色，内侧浅蓝色；腹鳍透明，腋部和腋鳞黄色；臀鳍白色，中间具1列近似方形的黄色小斑；胸鳍桃红色；尾鳍桃红色，叉凹部色较深，上叶尖端和丝状延长部黄色。最大体长280 mm（分布：南海南部陆架海域；台湾省南部；日本、菲律宾、马来西亚、印度尼西亚；印度-西太平洋） ·····················
 ·································· 长体金线鱼 *N. zyson*（Bleeker，1856）〈图1066〉
〔同种异名：*N. metopias*（Bleeker，1857）（圆额金线鱼）〕

6（5） 体较高，体长为体高3.4～3.5倍；头前部无黄色短纵带；背鳍第1、2鳍棘之间的鳍膜上部具1深红色斑。体桃红色，头部和背部色深，腹部近银白色，体侧中部具2条黄色宽纵带；各鳍桃红色，尾鳍色较深；臀鳍鳍膜中间具1纵列黄色小斑；尾鳍上缘和丝状延长黄色。最大体长250 mm（分布：南海南部陆架海域；越南南部、菲律宾、马来西亚；印度-西太平洋） …… 红棘金线鱼（双带金线鱼）*N. nemurus*（Bleeker，1857）〈图1067〉

7（4） 仅上颌具犬齿。

8（9） 臀鳍鳍条8。侧线始部具1深红色短窄纵斑，长约占3～4鳞片；吻部在眼前方具1黄色短斜条；上颌犬齿3～4对。体和各鳍鲜红色，体侧具6～7条金黄色窄纵带；背鳍近基部处具1浅黄色窄纵带，鳍缘橘红色；臀鳍具2条黄色窄纵带，其中1条接近鳍缘，鳍缘橘红色；尾鳍丝状延长黄色。一般体长150～280 mm，最大体长400 mm。俗名"红三"、"吊三"（分布：南海、东海和台湾省海域；日本南部、朝鲜半岛、越南、菲律宾） ………………………………………………………………………… 金线鱼 *N. virgatus*（Houttuyn，1782）〈图1068〉

9（8） 臀鳍鳍条7。

10（13） 体侧具2条黄色宽纵带。

11（12） 上颌前方具3～4对犬齿；背鳍鳍膜中间具许多黄色S形蠕虫状斑，鳍缘黄色；除体侧具2条黄色宽纵带外，腹部尚具1黄色宽纵带，始于颌部，于腹鳍和臀鳍之间分为2条，自臀鳍起点又合为1条，沿鳍基延伸至尾柄；侧线始部附近下方无斑；吻部无条纹；腹鳍无明显延长鳍条。体浅桃红色略带淡蓝色银光；腹鳍基部和尾鳍上缘及丝状延长黄色。一般体长200 mm，最大体长雄鱼280 mm，雌鱼240 mm（分布：南海、台湾海峡；日本南部、马来西亚） ……………………………………………………………………
…………………… 深水金线鱼（黄肚金线鱼）*N. bathybius*（Snyder，1911）〈图1069〉

12（11） 上颌前方具5对犬齿；背鳍中间具1条前段单一，中段以后分为三支的黄色纵带，鳍缘黄色；仅体侧具2黄色宽纵带，腹部无纵带；侧线始部附近下方具1约与眼径同大的暗红色椭圆斑，叠盖在第1条纵带上；吻部具2条黄色斜条纹；腹鳍最前方鳍条明显延长。体鲜红色，头部和背部色较深；背鳍和臀鳍浅蓝绿色；胸鳍、腹鳍和尾鳍包括丝状延长均呈暗红色；臀鳍具2黄色纵条纹。最大体长200 mm（分布：南海南部陆架海域；越南南部、泰国湾、印度尼西亚、马来西亚、菲律宾）……………………………………
………………………… 苏门答腊金线鱼 *N. mesoprion*（Bleeker，1853）〈图1070〉

13（10） 体侧具11～12条黄色窄纵带；侧线始部附近下方具1长约为眼径2倍的橘红色椭圆斑；上颌前方具5～6对犬齿。体桃红色，头部和背部色较深，各鳍与体同色；背鳍沿基部具1浅黄色宽纵带，鳍缘黄色；臀鳍具几条不连贯的黄色条纹；尾鳍上叶丝状延长黄色。最大体长320 mm。俗名"瓜三"（分布：南海、东海和台湾省海域；日本、越南、泰国、马来西亚、菲律宾；印度洋北部）………………………………………
………………………………… 日本金线鱼 *N. japonicus*（Bloch，1791）〈图1071〉

14（3） 尾鳍上叶边缘鳍条不呈丝状延长。

15（20） 两颌均具犬齿；背鳍鳍棘间膜无深缺刻。

16（17） 背鳍和臀鳍中间具明显黄色窄纵带，且其上下方各有1条与之靠拢并平行的浅蓝色窄带，背鳍纵带自鳍基前端逐渐斜升达背鳍的后上端，鳍缘黄色，臀鳍纵带位于鳍中间部。体桃红色，头部和背部色较深；体侧具5～6条黄色纵带；侧线始部具1不甚明显的暗红色斑；尾鳍上叶末端黄色；两颌各具2~3对犬齿。最大体长300 mm（分布：南海、东海台湾海峡；日本、越南、泰国、马来西亚、菲律宾、印度尼西亚）………………………………………………………… 六齿金线鱼 *N. hexodon* (Quoy et Gaimard, 1824)〈图1072〉

17（16） 背鳍和臀鳍中间无明显纵带。

18（19） 体侧具7~8条暗红色宽幅长横带，并具6~7条淡黄色窄纵带；上颌具犬齿3对，下颌具4对；尾鳍下缘无异色。体和鳍桃红色；背鳍上小半部及尾鳍橙黄色，背鳍基部另有1窄纵带，尾鳍下缘白色（分布：南海；菲律宾、印度尼西亚等）……………………………………………………………… 横带金线鱼 *N. ovenii* (Bleeker, 1854)〈图1073〉

19（18） 体背方具约9个棕红色鞍状斑，位于背鳍第3~5鳍棘基底下方的鞍状斑明显，其余各斑均不甚明显，体侧面无黄色纵带；两颌各具犬齿2~3对；尾鳍下缘明显呈白色。体桃红色；背鳍、胸鳍和尾鳍下缘部以上桃红色，下叶侧缘白色；腹鳍近乳白色；臀鳍无色。最大体长350 mm（分布：南海、台湾省南部；日本；马来西亚、菲律宾；印度-西太平洋）……………… 鞍斑金线鱼 *N. furcosus* (Valenciennes, 1830)〈图1074〉

20（15） 仅上颌具犬齿；背鳍鳍棘间膜有或无深缺刻。

21（22） 背鳍鳍棘间膜具深缺刻。体浅桃红色；背方自后头部至尾柄具8~9个不明显的暗红色鞍状斑（横跨背部），侧线始部附近另有1棕红色圆斑，体侧面无黄色纵带；尾鳍上叶尖端黄色，下叶侧缘不呈白色。最大体长300 mm（分布：南海、台湾海峡；日本南部、马来西亚、菲律宾；印度-西太平洋）……………………………………………………………… 裴氏金线鱼 *N. peronii* (Valenciennes, 1830)〈图1075〉

〔同种异名：波鳍金线鱼 *N. tolu* (Valenciennes, 1830)，南海鱼类志；福建鱼类志；中国鱼类系统检索〕

〔提示：鞍斑金线鱼 *N. furcosus* 与裴氏金线鱼 *N. peronii* 近似，易鉴误。请注意：背鳍鳍棘间膜是否具深缺刻，两颌均具犬齿还是仅上颌具犬齿，侧线始部附近是否另具1圆斑及尾鳍下缘是否明显呈白色〕

22（21） 背鳍鳍棘间膜无深缺刻。

23（24） 尾鳍上叶末端圆。体桃红色，头部和背部色深；体侧有5~6条淡黄色纵带；背鳍浅黄色，边缘为1黄色窄带，另于近鳍基处具1橘红色窄纵带；腹鳍前方鳍条丝状延长；胸鳍、腹鳍和臀鳍透明；臀鳍中间具1淡黄色窄纵带；尾鳍桃红色（分布：南海、台湾省南部；日本南部、马来西亚）……… 赤黄金线鱼 *N. aurora* (Russell, 1993)〈图1076〉

24（23） 尾鳍上叶末端尖，黄色。

25（26） 体侧具5条黄色纵带，侧线上方1条，下方4条；腹缘另具1条黄色纵带。体桃红色，头部和背部色深；吻部具2条黄色斜条；背鳍、胸鳍和尾鳍桃红色，尾鳍色深；臀鳍和腹鳍淡色；背鳍边缘深黄色，鳍基部浅黄色；臀鳍中间有1浅黄色窄纵纹。最大体长300 mm（分布：南海南部陆架海域；日本，越南，马来西亚，菲律宾）………………………………………………………… 五带金线鱼 *N. tambuloides* (Bleeker, 1853)〈图1077〉

26（25） 体侧具2条黄色纵带，均位于侧线下方；腹缘无黄色纵带。

27（28） 背鳍除边缘黄色外，中间具1条淡黄色纵带。体桃红色，头部、背部和尾鳍色深，胸鳍色淡；腹鳍和臀鳍近白色（分布：南海南部陆架海域，台湾省南部；日本、马来西亚、菲律宾、泰国）………………………………… 黄缘金线鱼 *N. thosaporni* (Russell, 1991)〈图1078〉

28（27） 背鳍边缘为1黄色窄纵带，下方又有3条平行的黄色窄纵带，四带间隙相等，带隙和最下面一条纵带的下缘均呈浅蓝色。体和鳍桃红色，头部、背部和尾鳍色深，其余各鳍色浅。最大体长220 mm（分布：南海南部陆架海域；马来西亚、菲律宾；印度洋东部）……………………………… 缘边金线鱼 *N. marginatus*（Valenciennes，1830）〈图1079〉

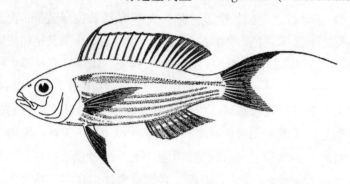

图1065　长丝金线鱼 *Nemipterus nematophorus*（Bleeker）
（仿 Fischer and Whitehead（Eds.），1974）

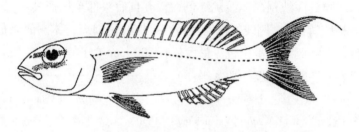

图1066　长体金线鱼 *N. zyson*（Bleeker）
（仿 Fischer and Whitehead（Eds.），1974）

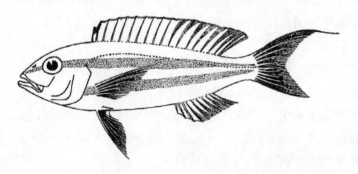

图1067　红棘金线鱼（双带金线鱼）*N. nemurus*（Bleeker）
（仿 Fischer and Whitehead（Eds.），1974）

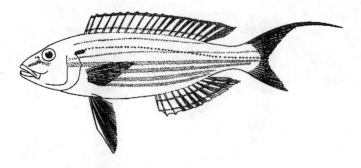

图 1068　金线鱼 N. *virgatus*（Houttuyn）
（仿 Fischer and Whitehead（Eds.），1974）

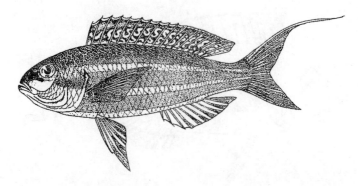

图 1069　深水金线鱼 N. *bathybius*（Snyder）（体长 173 mm）
（绘图：陈铮）

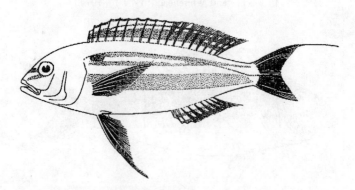

图 1070　苏门答腊金线鱼 N. *mesoprion*（Bleeker）
（仿 Fischer and Whitehead（Eds.），1974）

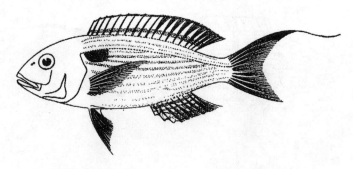

图 1071　日本金线鱼 N. japonicus (Bloch)
(仿 Fischer and Whitehead (Eds.), 1974)

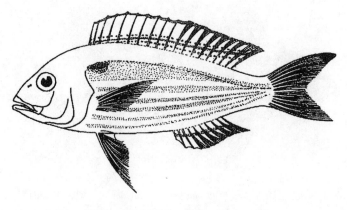

图 1072　六齿金线鱼 N. hexodon (Quoy et Gaimard)
(仿 Fischer and Whitehead (Eds.), 1974)

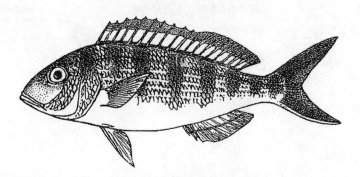

图 1073　横带金线鱼 N. ovenii (Bleeker)
(自备图)

图 1074 鞍斑金线鱼 *N. furcosus* (Valenciennes)
(仿 Fischer and Whitehead (Eds.), 1974)

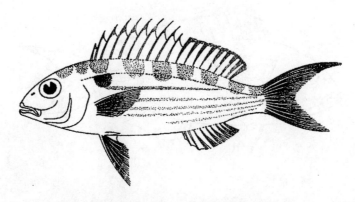

图 1075 裴氏金线鱼 *N. peronii* (Valenciennes)
(仿 Fischer and Whitehead (Eds.), 1974)

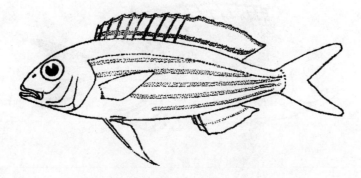

图 1076 赤黄金线鱼 *N. aurora* (Russell)
(自备图)

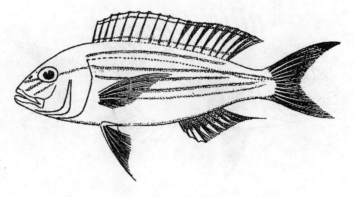

图 1077　五带金线鱼 N. tambuloides (Bleeker)
(仿 Fischer and Whitehead (Eds.), 1974)

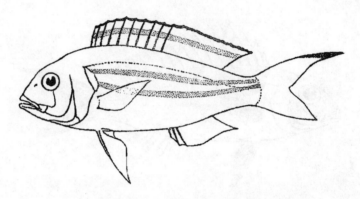

图 1078　黄缘金线鱼 N. thosaporni (Russell)
(自备图)

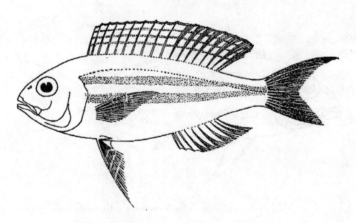

图 1079　缘边金线鱼 N. marginatus (Valenciennes)
(仿 Fischer and Whitehead (Eds.), 1974)